石油和化工行业"十四五"规划教材

普通高等教育教材

无机化学与化学分析

Inorganic Chemistry and Chemical Analysis

田 昀
刘华姬
马亚鲁
主编

化学工业出版社
·北京·

内容简介

《无机化学与化学分析》全书共16章。其中第1～8章讲述化学基本原理，包括化学热力学、化学平衡、化学动力学、物质的结构与性质、元素周期性、配合物等基本知识；第9～14章讲述元素化学中的核心内容；第15、16章讲述化学分析的基本知识。为方便读者巩固所学知识，提高解决问题的能力，每章均配有丰富的思考题和习题。同时考虑到不同读者的需求，每章适当介绍了一些本学科相关的前沿知识，读者可扫二维码阅读参考。

与本书配套的“无机化学”“化学分析”在线开放课程已在中国大学MOOC平台上线，在线课程包括微课视频、章节课件、模拟动画、演示实验、学习笔记、习题库、在线作业与试题等多种形式，读者在使用本书的同时可开展线上学习。

本书可作为高等学校化学化工类、近化学类各专业的无机化学与化学分析课程教材或普通化学课程教材，亦可作为其他专业的参考书。

图书在版编目（CIP）数据

无机化学与化学分析 / 田昀，刘华姬，马亚鲁主编．北京：化学工业出版社，2025．9．--（石油和化工行业“十四五”规划教材）（普通高等教育教材）．-- ISBN 978-7-122-48218-1

Ⅰ．O6

中国国家版本馆CIP数据核字第202573130S号

责任编辑：提　岩　刘心怡　　　文字编辑：朱　允
责任校对：张茜越　　　装帧设计：王晓宇

出版发行：化学工业出版社
（北京市东城区青年湖南街13号　邮政编码100011）
印　　装：北京新华印刷有限公司
850mm×1168mm　1/16　印张26½　彩插1　字数830千字
2025年11月北京第1版第1次印刷

购书咨询：010-64518888　　　售后服务：010-64518899
网　　址：http://www.cip.com.cn
凡购买本书，如有缺损质量问题，本社销售中心负责调换。

定　　价：58.00元

前　言

天津大学无机化学与化学分析课程经历了从国家级精品课、国家级资源共享课、国家级精品在线开放课到国家级一流课程的建设历程。作为课程建设的重要内容，适应当代社会发展的新形态教材建设也势在必行。

《无机化学与化学分析》新形态教材在保持可读性、可讲授性和注重基础的前提下，秉承“承前启后，深入浅出，注重实验”的理念，根据学科发展特性对内容进行及时更新。

教材删减了无机化学和分析化学中重复的内容，合并了相近的内容。全书共16章：其中第1～8章讲述化学基本原理，包括化学热力学、化学平衡、化学动力学、物质的结构与性质、元素周期性、配合物等基本知识；第9～14章讲述元素化学中的核心内容；第15、16章讲述化学分析的基本知识。

为方便读者巩固所学知识，提高解决问题的能力，每章均配有丰富的思考题和习题。同时考虑到不同读者的需求，每章适当介绍了一些本学科相关的前沿知识，读者可扫二维码阅读参考。

与本书配套的“无机化学”“化学分析”在线开放课程已在中国大学MOOC平台上线，在线课程包括微课视频、章节课件、模拟动画、演示实验、学习笔记、习题库、在线作业与试题等多种形式，读者在使用本书的同时可开展线上学习。本书基于超星平台构建的知识图谱，突破传统知识呈现模式，将零散的化学概念、反应原理、分析方法等核心内容串联成系统的知识网络。既便于初学者快速把握学科脉络，也为进阶学习者提供了跨章节、跨领域的关联思考路径，极大地提升了教材的可读性与实用性。

《无机化学与化学分析》是以国家级一流课程为依托，利用已有资源丰富、内容完备的中国大学MOOC和超星线上平台，在创新教育理念下对教学内容进行的重新整合。力求打造一套丰富教学手段、体现科技前沿、凸显工科背景的无机化学新形态教材体系，满足新工科建设的需求。

本书由田昀、刘华姬、马亚鲁担任主编，具体编写分工为：田昀负责编写第12、15、16章，刘华姬负责编写第3、4、10、11章，马亚鲁负责编写绪论及第1、7、8章和附录，马骁飞负责编写第2、13、14章，鲁凡丽负责编写第5、6、9章；高洪苓、邢肖肖、靳晓宁、安颖、全迎萍、李萌萌负责演示实验。全书由田昀统稿，崔建中教授主审。在本书编写过程中，得到教研组许多教师的大力支持和协助，因此本书实际上是无机化学教研组教师共同努力的成果。

本书的编写工作得到了天津大学的大力支持，在此深表感谢。

由于编者水平所限，书中不足之处在所难免，恳请广大读者批评指正！

编者

2025年3月于天大北洋园

目 录

第 7 章 固体的结构与性质 151

第 8 章 配合物的结构与性质 173

第 9 章 氢及稀有气体 195

第 10 章 碱金属和碱土金属元素 208

第 11 章 卤素和氧族元素 220

第 15 章 化学分析概述 329

第 16 章 滴定分析法 346

附　录　391

参考文献　410

二维码资源目录

续表

序号	资源名称	资源类型	页码
40	铬酸盐沉淀	视频	288
41	重铬酸钾与钡、铅、银离子反应	视频	289
42	重铬酸根的鉴定	视频	289
43	水合二氧化锰	视频	290
44	锰离子的特征鉴定反应	视频	291
45	高锰酸根离子的氧化性	视频	291
46	铁离子的鉴定（1）	视频	296
47	亚铁离子的鉴定	视频	296
48	铁离子的鉴定（2）	视频	296
49	钴离子的鉴定	视频	296
50	镍离子的鉴定	视频	296
51	氯化亚铜的生成	视频	305
52	稀释氯化铜浓溶液	视频	305
53	银离子序	视频	308
54	锌离子的鉴定	视频	311
55	奈斯勒试剂	视频	313

绪 论

化学是在分子、原子水平上研究物质的组成、结构、性质、变化规律及其应用的一门基础学科，其特征是从微观层次认识物质，以符号形式描述物质，在不同层面创造物质。

0.1 化学的研究对象

首先，化学并不研究所有物质，如电子、原子核、质子、中子、电磁波、电磁场、引力场等都是物质，但化学并不研究这些物质；其次，化学也不在所有层次上研究物质，宇观物质（空间尺度 $>10^6$km，如宇宙、银河系、太阳、地球、星云等）、宏观物质（空间尺度在 $10^{-6}\sim10^6$m，如交通工具、亭台楼阁、花草树木等）、介观物质（空间尺度在 $10^{-9}\sim10^{-7}$m，如光学显微镜尺度、微米尺度、纳米尺度的物质等）和微观物质（空间尺度在 $<10^{-9}$m，如分子、离子、原子、亚原子微粒等）属于不同的物质层次，并非都是化学的研究对象。

化学所研究的化学物质，其最低层次是原子（也包括原子发生电子得失形成的单原子离子等）。比原子更低的物质层次，如电子、质子、中子及由质子和中子组成的原子核通称为亚原子微粒，不再是化学研究的对象。比原子高一个层次的化学物质是原子以强相互作用力（即化学键，包括离子键、共价键和金属键等）相互结合形成的原子聚集体。如果把所有单独存在的原子和所有原子聚集体都称为“分子”的话，则化学着重研究这些“分子”的组成、结构、性质及变化规律。显然，此处的“分子”概念与中学教材中传统意义的“分子”概念有所不同。传统意义的“分子”指的是保持物质性质的最小微粒；这里的“分子”既包括各种单原子分子（如稀有气体原子）、各种气态原子或单核离子，也包括以共价键结合的传统意义的分子，还包括离子晶体（如氯化钠）、原子晶体（如碳化硅）或者金属晶体（如铁）等的单晶（其晶粒可大可小）及各种聚合度不同的高分子。恩格斯在《自然辩证法》中曾把化学定义为关于原子的科学，即研究原子间的化合与化分，实质上是指原子间的强相互作用力的形成和破坏，或者说在分子层次上研究分子的形成与破坏。比分子再高一个层次的是超分子层次，即若干个分子以弱相互作用力（即分子间作用力，包括范德华力和氢键等）相联系，通过化学自组装形成某种高级结构的超分子。长期以来，人类以为只有活的生命体才具备将分子组装成超分子的能力，如 DNA 纳米结构的自组装等；然而近年来的科研成果已证实，自组装是超分子的普遍特性，不是生命体的特有现象。1987 年诺贝尔化学奖获得者，法国科学家 J. M. Lehn 首次提出了“超分子化学”这一概念，并明确指出："基于共价键存在着分子化学领域，基于分子组装体和分子间力而存在着超分子化学。"目前人类能够很好地控制超分子自组装过程，实现按照预期目标更简单、更可靠地得到具有特定结构和功能的化合物。

综上所述，化学所研究的化学物质小到原子层次（包括原子电离形成的单原子离子），大到分子层次，再大到超分子层次。化学就是在原子、分子和超分子层次上研究化学物质的组成、结构、性质和变化的科学。然而比超分子更高的层次则不再是化学研究的对象，例如，细胞的组成、结构、性质和变化是生物学的研究范畴，材料的组成、结构、性质和变化则是材料学的研究对象。

化学不仅与经济发展、社会文明和人类生产、生活密切相关，并在促进人类文明和可持续发展中发挥着十分重要的作用。化学作为"中心科学"的地位越来越受到人们的重视，也是材料科学、能源科学、生命科学和环境科学等现代科学技术的重要基础。在长期的科学发展进程中，化学学科与其他自然科学之间相互影响、相互渗透，不但推动了化学研究和化学理论的发展，也促进和推动了其他自然科学学科如物理学、生物学、天文学、地质学、材料科学等的发展。

0.2 化学的发展进程

化学是最古老的学科之一，在改善人类生活方面，它又是最有成效的学科之一。英国化学家波意耳（Robert Boyle，1627—1691）提出了化学元素的科学概念，被誉为近代化学之父，恩格斯说"波意耳把化学确立为科学"。化学的历史非常悠久，依据化学的发展进程，大致可分为古代化学（17 世纪中叶以前）、近代化学（从 17 世纪中叶到 19 世纪末）和现代化学（19 世纪末开始至今）三个时期。在古代及中古时代，就有火的利用，陶器的出现和发展，酿造，染色与油漆，金属冶炼，煤、石油及天然气等燃料，造纸术、火药的发明等。在 17 世纪后半叶至 18 世纪末近代化学的孕育和发展时期，有人以 1803 年道尔顿提出原子假说作为近代化学的起点，此时提出了化学元素的概念，建立了科学的燃烧学说，发现了一些重要的元素，建立了原子 - 分子学说，发现了元素周期律，近代无机化学工业、有机化学工业及分析化学、物理化学得到了确立和发展。现代化学时期已发展了核化学、制备无机化学、仪器分析化学、现代有机化学和高分子化学。现代化学从揭示原子内部结构和微观粒子运动规律及分子结构的本质入手，从宏观向微观不断深入。目前，现代化学的发展呈现五大特点：① 20 世纪以来，人类已用实验打开认识原子之门，运用量子力学理论探讨原子内的电子排布、能量变化等。② 20 世纪 60 年代以来，计算机技术大规模地引进化学领域，分析测定从定性和半定量化向高度定量化不断深入。③对物质的研究从静态向动态延伸。近代化学对物质的研究基本上停留在静态的水平或从静态出发，推出一些动态情况。例如，从热力学定律出发，通过状态函数的变化，从始态及终态情况推断反应变化中一些可能的情况。而现代化学已摆脱了这种间接研究推理，采用直接的方法去了解或描述动态情况，特别是激光技术、同位素技术、皮秒技术、分子束技术在现代化学中的大规模应用，使化学家已能了解皮秒内微粒运动的情况，反应中化学键的断裂以及能量交换等情况。特别值得一提的是有关动态薛定谔方程的研究，一旦成功它将会为动态研究开辟光辉前景。④由描述向推理或设计深化。近代化学几乎全凭经验，主要通过实验来了解和阐述物质。虽然也有一些理论如溶液理论、结构理论等可以指示研究方向，但总体来说近代化学基本上是描述性的，化学中的四大学科（无机化学、有机化学、分析化学、物理化学）彼此存在很大的独立性。然而现代化学已打破传统的界限，化学不仅自身各学科相互渗透，而且与物理学、生物学、数学、医学等学科相互交融和渗透。特别是近年来量子化学的发展，已渗透到各学科，使化学达到了可以预测和推理，然后用实验来验证或合成。例如，当今许多高难度的合成工作都事先根据理论设计，然后决定合成路线。著名的维生素 B_{12} 的合成工作就是一个典范，它标志着化学已从描述向设计飞跃。⑤向研究分子群深入。近代化学的研究通常只停留在一个或几个分子间的作用，即所谓0级、1级、2级、3级反应，对多分子的反应是无能为力的。但是近代化学远远不能满足实际需要，特别是研究生物体内的化学反应，就要研究多个分子甚至一大群分子间的反应或分子群关系，已成为现代化学的一个特点。例如，一个活细胞内往往需要几十种酶作催化剂，同时催化许多化学反应。

现代化学的发展方向之一是向分子设计方向前进。分子设计就是说化学家像建筑师造房子那样设计好再建造。计算机、各种能谱技术、皮秒技术、激光技术、同位素技术等在化学上的应用，使分子设计逐渐趋向现实。上面提及的美国著名有机合成科学家伍德沃德（R. B. Woodward）于1972年成功合成难度极大的维生素 B_{12}，就是按他创立的分子轨道对称守恒原理出发，计算后设计出最佳合成路线和原料配比，一举成功并传为佳话。目前全世界每年合成几千种抗癌药，大都是先设计好合成路线，而后进入生产的。

现代化学的发展方向之二是向分子群研究进军。在自然界中生物的活动常常同时发生几十个甚至几百个化学反应，才能使生物体生命延续。就是完成一项简单工作也必须是多个分子同时工作才能实现。例如，根瘤菌体内的固氮酶，就有两种蛋白质分子，一种是含铁的，另一种是含钼的，这两种分子必须同时工作才能把氮气固定下来。目前化学家已合成主要生命基础物质，并引进酶技术、仿生技术、膜技术等，使研究分子群的情况成为可能，这也是为揭开生命秘密做好基础工作。

总之，现代化学的特点决定现代化学的发展方向，反过来现代化学的发展方向也影响着现代化学的五大特点，它们是相辅而成、相得益彰的。

0.3

现代化学的主要分支

随着化学研究的深入发展，自19世纪30年代，按照化学研究对象、方法及目的的不同，现代化学被划分为无机化学、分析化学、有机化学、物理化学和高分子化学5个二级学科，形成化学的主要分支。

（1）无机化学 无机化学是研究无机物质（一般指除了碳以外的化学元素及化合物，但包括CO、CO_2、碳酸盐等含碳化合物）的组成、结构、性质变化、制备及相关理论和应用的科学。现代无机化学主要涉及元素化学、配位化学、同位素化学、无机固体化学、无机分离化学、无机合成化学、生物无机化学、金属无机化学等。

（2）分析化学 分析化学是研究并确定物质的化学组成，测定各组成的含量，表征物质的化学结构、形态、能态，并在时空范畴跟踪其变化的各种分析方法及其相关理论的一门科学。现代分析化学吸取了当代科学技术的最新成就，利用物质的一切可以利用的性质，研究新的检测原理，开发新的仪器设备，建立表征测量的新方法和新技术，最大限度地从时间和空间的领域里获取物质的结构信息和质量信息。分析化学按照分析方法分为化学分析和仪器分析；按分析要求分为成分分析、定量分析和结构分析；按分析对象分为无机分析和有机分析；按分析样品量多少分为常量分析、半微量分析、微量分析和痕量分析等。

（3）有机化学 有机化学是关于碳化合物的化学或碳氢化合物及其衍生物的化学，是研究有机物的结构性质、合成及其有关理论的科学。有机化学的重要分支有：元素有机化学、天然有机化学、有机固体化学、有机合成化学、有机光化学、物理有机化学、生物有机化学、立体化学、理论有机化学、有机分析化学等。

（4）物理化学 物理化学由化学热力学、化学动力学和结构化学（物质结构）三部分组成。化学热力学研究化学反应中能量的转化及化学反应的方向和限度。化学动力学研究化学反应进行的速度及化学反应中的机理。而结构化学则是以量子力学为基础，研究原子、分子、晶体内部的结构及物质性质的关系。物理化学的重要分支学科有：化学热力学、化学动力学、结构化学、胶体与界面化学、催化化学、量子化学、热化学、磁化学、光化学、电化学、高能化学、计算化学、晶体化学等。

（5）高分子化学 高分子化学是以高分子化合物为研究对象的科学，包括高分子化合物的合成方法、反应机理、反应热力学、反应动力学、高分子化合物改性、高分子化合物材料的加工成型及高分子化合物的应用。高分子化学的重要分支有：无机高分子化学、天然高分子化学、功能高分子、高分子合成化学、高分子物理化学、高分子光化学等。

具体到高等院校所开设的化学课程及课程设置，可用图 0.1 简示。

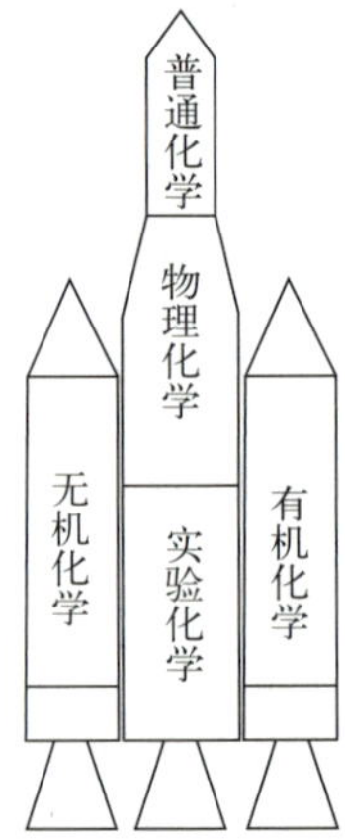

图 0.1 化学课程设置

高等学校化学专业的课程设置以普通化学为先导，实验化学和物理化学为主体，有机化学和无机化学为两翼助推器。

普通化学主要包括基本原理（物理化学初步）、元素化学、化学的近代发展和化学在近代科技进步中的作用。

无机化学的主要内容是基础理论，包括无机化合物的结构与对称性、配位场理论、近代配位化学、金属键理论、原子簇化学、固体化学与无机材料化学等。

西方高校化学专业课程设置中取消了分析化学，原因在于分析化学没有自己的基本理论，而仅是一门化学技术，完全可以在实验化学中学习。实验化学正按综合性、设计性和应用性的要求将原有的二级学科的实验内容进行整合和重排，随着电子技术的发展，借助于光学性质和电学性质的光度分析法以及测定物质内部结构的 X 射线衍射法、红外光谱法、紫外光谱法、核磁共振法等则是近代的仪器分析方法，这些方法可以快速灵敏地进行检测。

有机化学是最大的化学分支学科，它以碳氢化合物及其衍生物为研究对象，也可以说有机化学就是“碳的化学”。医药、农药、染料、化妆品等等无不与有机化学有关。在有机化学中有些小分子，如乙烯、氯乙烯、丙烯腈、己内酰胺等，在一定温度、压力和有催化剂的条件下，可以聚合成为分子量几十万的高分子材料，如 PE、PVC 塑料管材、聚碳酸酯、尼龙 -66 等，它们已经走进千家万户、各行各业。

物理化学是化学学科的理论核心。它是从化学变化与物理变化的联系入手，研究化学反应的可能性和现实性（即化学反应的方向和条件）、化学反应的速度和限度、化学反应的机理及物质微观结构与宏观性质间的关系的一个分支。

在研究各类物质的性质和变化规律的过程中，化学逐渐发展为若干分支学科，但在探索和处理具体课题时，这些分支学科又相互联系、相互渗透。普通化学是必备的基础知识，而无机物或有机物的合成总是研究（或生产）的起点，在进行研究的过程中必定要靠实验化学分析和测定的结果来指示合成工作中原料、中间体、产物的组成和结构，这一切当然都离不开物理化学的理论指导。

0.4 无机化学与分析化学的发展趋势

（1）无机化学的发展趋势 无机化学的发展总趋势是从描述性的科学向推理性的科学过渡，从定性向定量过渡，从宏观向微观深入，力图建立一个比较完整的、理论化的、定量化和微观化的现代无机化学新体系。未来无机化学的发展特点是各学科纵横交叉、解决实际问题，即化学学科的自身继续发展和相关学科融合发展相结合；化学学科内部的传统分支继续发展和作为整体发展相结合；研究科学基本问题与解决实际问题相结合。当前无机化学的活跃领域主要体现在现代无机合成、配位化学、原子簇化学、固体无机化学、稀土化学、生物无机化学、核化学和放射化学、非金属无机化学、富勒烯化学、金属有机化合物等方面。

无机化学发展在广度上不断拓宽。无机化学在化学学科范围内与有机化学相互渗透，形成元素有机化学、金属有机化学。与物理化学大面积交叉而形成物理无机化学。在化学学科范围之外，与材料科学结合，形成固体无机化学和固体材料化学。向生物化学渗透，形成生物无机化学，研究生命过程中无机离子的作用机制。环境科学中的很多化学问题是无机化学问题。因此，与数十年前相比较，无机化学学科所研究问题的综合性已使其发生了巨大改变。

无机化学发展在深度上不断推进。无机化学研究广泛采用物理学和物理化学的实验手段和理论方法，深入到原子、分子或离子层次去弄清物质的结构及其与性能的关系，以及化学反应的微观历程和宏观化学规律的微观依据等。各种谱学方法，如扩展X射线吸收精细结构谱（EXAFS）、X射线吸收近边结构谱（XANES）等被普遍采用。量子化学理论方法已扩展到用来研究过渡金属、稀土元素、锕系元素等重金属元素化合物的成键规律、特征性质、反应机制和相对论效应等问题。分子力学和分子动力学方法结合谱学数据，用于研究复杂无机体系的工作正在飞速进展。实际上，现代无机化学与物理化学已很难划出一个清楚的界限了。

(2) 分析化学的发展趋势 分析化学随着化学和其他相关学科的发展而不断发展，20世纪以来，其发展大致经历了三次巨大的变革。

第一次变革是在20世纪初到30年代，以1894年德国物理化学家奥斯特瓦尔德（F. W. Ostwald）发表专著《分析化学科学基础》为标志，物理化学为分析技术提供了理论基础，建立了溶液理论。溶液四大平衡理论的建立，使得分析反应过程中各种平衡的状态、各成分的浓度变化和反应的完全程度均有了较高的预见性，将分析化学从“一种技术”演变成为“一门科学”，该时期可以称为分析化学与物理化学相结合的时代。

第二次变革是20世纪40～60年代，物理学、半导体及电子学、原子能工业的发展，促进了分析化学中物理和物理化学分析方法的建立和发展，从而改变了分析化学以经典化学为主的局面，发展成为以仪器分析为主的现代分析化学，仪器分析法获得了迅速发展。这次变革的实质不仅仅在于仪器化本身，而是使得各个学科领域的基本概念对分析化学产生了广泛影响，且同时使得分析化学得以更加深入地为其他学科作出贡献。该时期可以称为分析化学与物理学、电子学相结合的时代。

第三次变革是在20世纪70年代末开始发展至今。生命科学、环境科学、新材料科学等发展的需要，信息科学、计算机技术、生物技术等新技术的引进，尤其是基因组学、蛋白质组学和代谢组学研究的出现，向分析化学提出了更高的挑战，从而促使分析化学发生着更加深刻广泛的变革。现代分析化学已经不能只局限于测定物质的组成和含量，而是要对物质的形态（例如价态、晶型等）、结构进行分析，实现微区、薄层和无损分析，要对化学活性物质和生物活性物质等进行瞬时跟踪和过程控制等，从而进一步认识自然、与自然和谐发展的科学。现代分析化学所采用的手段已经远远超出了化学学科的领域，它在采用光、电、磁、热、声等物理现象的基础上，进一步采用了数学、计算机科学和生物科学等新成就，尤其是以计算机为代表的新技术的迅速发展，为分析化学建立高灵敏性、高准确性、高选择性、自动化或智能化的新方法创造了良好条件，从而丰富了分析化学的内容，使其有了飞速发展。仪器分析的发展，以及化学计量学的广泛应用，使得当今分析化学已发展成为“以计算机为基础的分析化学”，分析化学与许多密切相关的学科渗透交织，对物质作全面的纵深分析，继而形成一门综合性的科学。在近三四十年间，光谱分析、色谱分析、联用技术、电化学分析、微型分析等领域均有了显著发展。

进入21世纪以来，新材料学、微电子学、生命科学等学科的发展，为分析化学的发展提供了前所未有的机遇。以生命科学领域的发展为例，2001年人类30亿个碱基对序列的破译奠定了基因组学研究的里程碑和后基因组或者蛋白质组学研究的开始，同时生命科学的其他领域也呈现出快速发展的势头，例如，脑认知和神经生物学、干细胞和发育生物学、生命起源和进化生物学等，上述研究都体现了大规模、高通量、信息化等显著特点。

生命分析化学的兴起，众所周知，“人类基因组计划”为有史以来最有影响的科学研究计划，其本质为“人类基因的化学测序计划”，虽然该计划是由生物学家提出来的，但是在分析化学家的大力协助下完成的。当代，后基因组学、蛋白质组学已经登上了生命科学研究领域的制高点，从而使分析化学家迎来了大展身手的时代，其中与各种重大疾病相关联的大量未知基因、富集、蛋白质的分离、识别、鉴定以及复杂相互作用的研究均成为此领域的热点。

环境科学、材料科学、宇宙科学、生命科学以及化学学科的发展，既促进了分析化学的发展，又对分析化学提出了更高的要求。现代分析化学已不再局限于测定物质的组成和含量，它实际上已成为“从事科学研究的科学”，正向着更深、更广阔的领域发展。当前的发展趋势主要表现在以下几个方面：

① 智能化：主要体现在计算机的应用和化学计量学的发展方面。计算机在分析数据处理、实验条件的最优化选择、数字模拟、专家系统和各种理论计算的研究中，以及在农业、生物、环境测控与管理中都起着非常重要的作用。

② 自动化：主要体现在自动分析、遥测分析等方面。如遥感监测地面污染情况，就可以通过植物的种类、长势及其受害程度，间接判断土壤受污染的程度，这是因为植物受污染后发生的生理病变可在陆地卫星影像上有明显的显示。又如红外遥测技术在环境监测（大气污染、烟尘排放等），流程控制，火箭、导弹飞行器尾气组分测定等方面具有独特作用。

③ 精确化：主要体现在提高灵敏度和分析结果的准确度方面。如激光微探针质谱法对有机化合物的检出限为 10^{-15}～10^{-12}g，对某些金属元素的检出限可达 10^{-20}～10^{-19}g，且能分析生物大分子和高分子聚合物；电子探针分析所用试液体积可低至 10～12mL，高含量的相对误差值已达到 0.01% 以下。

④ 微观化：主要体现在表面分析与微区分析等方面。如电子探针、X 射线微量分析法可分析半径和深度为 1～3μm 的微区，其相对检出限为 0.01%～0.1%。

分析化学的发展必须也必将和当代科学技术的发展同步进行，并将广泛吸收当代各领域（如化学、物理、数学与信息学、生命科学、计算科学、材料科学等）的最新成果，利用一切可以利用的性质和手段，完善和建立新的表征、测定方法和技术，并广泛应用和服务于各个科学领域。同时计算机技术、激光、纳米技术、光导纤维、功能材料、等离子体、化学计量学等新技术、新材料和新方向同分析化学的交叉研究，更促进了分析化学的进一步发展。因此，分析化学已经不是单纯提供信息的科学，它已经发展成一门以多学科为基础的综合性科学。它将继续沿着高灵敏度（达原子级、分子级水平）、高选择性（复杂体系）、快速、简便、经济、分析仪器自动化、数字化、计算机化和信息化的纵深方向发展，以解决更多、更新、更复杂的课题。

0.5

“无机与分析化学”课程的任务和内容

“无机与分析化学”是化学、化工、生物、医药、材料、能源、环境、食品等专业的基础课程，主要涉及化学反应基本原理、物质结构、定量化学分析等内容。化学反应基本原理将会回答化学反应的热效应、化学反应进行的方向、化学平衡、化学反应的速率大小等问题。物质结构部分是从本质出发找到相应的规律，从电子在原子中的运动状态来认识原子的结构、认知原子形成分子的基本规律。

在新物质的产生、新反应的设计、新原理的应用等方面，帮助人们掌握物质结构的基本规律。定量化学分析（包括容量分析和重量分析）用来确定待分析物的组成与含量，获取研究对象的组成、每个组分的含量等相关信息。

“无机与分析化学”是为后续课程的学习和解决科研中与化学基本理论有关的问题打好基础的一门重要课程。通过化学反应基本规律和物质结构理论的学习，使学生了解当代化学学科的概貌，能运用化学的理论、方法、观点审视人们关注的环境、能源、材料、生命和健康等社会热点问题，了解化学对人类社会的作用和贡献。对新工科专业，着重点是把化学理论、方法与工程技术的观点结合起来，用化学的观点分析工程技术中存在的化学问题。

通过“无机与分析化学”课程的学习，掌握化学科学的基本内容及化学变化的基本规律，学会从化学反应产生的能量、反应的方向、反应的速率、反应进行的程度等方面来分析化学反应的条件，从而优化化学反应的条件；学会用原子结构、分子结构的观点解释元素及其化合物的性质；正确处理各类化学平衡（酸碱平衡、沉淀溶解平衡、氧化还原平衡、配位解离平衡）的移动及平衡之间的转换；学会用定量分析的方法（酸碱滴定、配位滴定、氧化还原滴定、重量分析等）来测定物质的量，从而解决生产、科研中的实际问题，为进一步学习各门有关的专业课程打下基础。

第 1 章

化学反应中的质量关系和能量关系

学习要求：

1. 了解气体的计量方法，掌握理想气体状态方程和道尔顿分压定律。
2. 了解体系与环境、状态函数、热、功、热力学能的概念和化学计量数、反应进度、恒压反应热、焓、标准摩尔生成焓的含义。
3. 熟悉热化学方程式的书写，掌握赫斯定律的应用，理解恒压反应热与焓变的关系。
4. 掌握应用热化学方程式和标准摩尔生成焓计算反应的标准摩尔焓变。

1.1 气体的计量

在化学领域中，往往要测定或计算物质的质量、溶液的浓度、反应的温度以及气体的压力和体积等。化学中常用的量及其单位在高中阶段已学习和掌握，如原子量、分子量、物质的量、摩尔质量、摩尔体积、物质的量浓度等等，此处不再赘述。这里仅介绍气体的计量及相关定律。

1.1.1 理想气体状态方程

气体计量单位是指用于测量气体体积、压力、温度、质量等物理量的单位。实际工作中，一定温度下的气体常用气体的压力或体积进行计量。当压力不太高、温度不太低的情况下，气体分子间的距离大，分子本身的体积和分子间的作用力均可忽略，气体的压力、体积、温度以及物质的量之间的关系可近似地用理想气体状态方程来描述：

$$pV = nRT \tag{1-1-1}$$

式中，p 为气体的压力，Pa；V 为气体的体积，m^3；n 为气体的物质的量，mol；T 为气体的热力学温度，简称气体温度，K；R 为摩尔气体常数。

实验测知 1mol 气体在标准状况下的体积为 $22.414\times10^{-3}m^3$，则 R 值可求出：

$$\begin{aligned}R&=\frac{pV}{nT}\\&=\frac{101.325\times10^3\text{Pa}\times22.414\times10^{-3}\text{m}^3}{1\text{mol}\times273.15\text{K}}\\&=8.3144\frac{\text{Pa}\cdot\text{m}^3}{\text{mol}\cdot\text{K}}=8.3144\text{Pa}\cdot\text{m}^3\cdot\text{mol}^{-1}\cdot\text{K}^{-1}\\&=8.3144\text{J}\ [1]\ \cdot\text{mol}^{-1}\cdot\text{K}^{-1}\end{aligned}$$

实际计算时，R 常用值为 $8.314\text{J}\cdot\text{mol}^{-1}\cdot\text{K}^{-1}$。

【例 1.1】 在 298.15K 下，一个体积为 $50dm^3$ 的氧气钢瓶中氧气的压力降为 1500kPa 时，钢瓶中剩余的氧气质量为多少？

解： 由理想气体状态方程［式（1-1-1）］可得：

$$\begin{aligned}n&=\frac{pV}{RT}=\frac{1.5\times10^6\text{Pa}\times50\times10^{-3}\text{m}^3}{8.314\text{J}\cdot\text{mol}^{-1}\cdot\text{K}^{-1}\times298.15\text{K}}\\&=30.26\text{mol}\end{aligned}$$

氧气的摩尔质量为 $32.00\text{g}\cdot\text{mol}^{-1}$，所剩余的氧气的质量为

$$30.26\text{mol}\times32.00\text{g}\cdot\text{mol}^{-1}=968.3\text{g}\approx0.97\text{kg}$$

1.1.2　理想气体分压定律

在实际工作中常遇到多组分的气体混合物，其中某一组分气体 B 对器壁所施加的压力，称为该气体的分压（p_B），它等于相同温度下该气体单独占有与混合气体相同体积时所产生的压力。混合气体的总压力等于各组分气体的分压力之和，此经验规则称为**道尔顿分压定律**，其数学表达式为

$$p=\sum p_B \tag{1-1-2}$$

如组分气体 B 和混合气体的物质的量分别为 n_B 和 n，它们的压力分别为

$$p_B=n_B\frac{RT}{V} \tag{1-1-2a}$$

$$p=n\frac{RT}{V} \tag{1-1-2b}$$

式中，V 为混合气体的体积。将式（1-1-2a）除以式（1-1-2b），可得下式：

$$\frac{p_B}{p}=\frac{n_B}{n}$$

或

$$p_B=\frac{n_B}{n}p \tag{1-1-3}$$

式中，n_B/n 为组分气体 B 的摩尔分数。式（1-1-3）为分压定律的另一种表达形式，它表明混合气体中任一组分气体 B 的分压（p_B）等于该气体的摩尔分数与总压之积。

[1] 因为 1 帕斯卡为 1 牛顿力作用在 1 平方米面积上所产生的压力 ($Pa=N/m^2$)，而 1 焦耳为 1 牛顿力作用在物体上使之移动 1 米距离所做的功 ($J=N\cdot m$)，所以：$Pa\cdot m^3=(N/m^2)\cdot m^3=N\cdot m=J$。

工业上常用各组分气体的体积分数表示混合气体的组成。由于同温同压下，气态物质的量与它的体积成正比，不难导出混合气体中组分气体 B 的体积分数等于物质 B 的摩尔分数：

$$\frac{V_B}{V}=\frac{n_B}{n} \tag{1-1-4}$$

式中，V_B、V 分别表示组分气体 B 和混合气体的体积。把式（1-1-4）代入式（1-1-3）得下式：

$$p_B=\frac{V_B}{V}p \tag{1-1-5}$$

【例 1.2】 有一煤气罐其容积为 30.0L，27.00℃时内压为 600kPa。经气体分析，储罐内煤气中 CO 的体积分数为 0.600，H_2 的体积分数为 0.100，其余气体的体积分数为 0.300。求该储罐中 CO、H_2 的质量和分压。

解：已知

$$V=30.0\text{L}=0.0300\text{m}^3$$

$$p=600\text{kPa}=6.00\times10^5\text{Pa}$$

$$T=(273.15+27.00)\text{K}=300.15\text{K}$$

则

$$n=\frac{pV}{RT}=\frac{6.00\times10^5\text{Pa}\times0.0300\text{m}^3}{8.314\text{Pa}\cdot\text{m}^3\cdot\text{mol}^{-1}\cdot\text{K}^{-1}\times300.15\text{K}}$$

$$=7.21\text{mol}$$

根据

$$(V_B/V)=(n_B/n) \text{和} M=m/n:$$

$$n(\text{CO})=7.21\text{mol}\times0.600=4.33\text{mol}$$

$$n(\text{H}_2)=7.21\text{mol}\times0.100=0.72\text{mol}$$

$$m(\text{CO})=n(\text{CO})M(\text{CO})=121\text{g}$$

$$m(\text{H}_2)=n(\text{H}_2)M(\text{H}_2)=1.44\text{g}$$

再根据 $p_B=\frac{V_B}{V}p$：

$$p(\text{CO})=\frac{V(\text{CO})}{V}p=0.600\times600\text{kPa}=360\text{kPa}$$

$$p(\text{H}_2)=\frac{V(\text{H}_2)}{V}p=0.100\times600\text{kPa}=60.0\text{kPa}$$

分压定律适用于理想气体混合物，对低压下的真实气体混合物近似适用。

1.2 化学反应中的质量关系

化学是在原子、分子水平上研究物质的组成、结构、性质、变化规律及其应用的科学。化学反应是化学研究的核心部分。物质发生化学反应时，常伴随有质量和能量（热、电、光能等）的变化。例如，在空气中燃烧 24.3g 镁条，不仅会发出耀眼的白光，释放出热能，而且最终生成了 40.3g 氧化镁。

1.2.1 应用化学反应方程式的计算

化学反应方程式是根据质量守恒定律，用元素符号和化学式表示化学变化中质和量关系的式

子。例如，氢氧化钠与硫酸发生中和反应，生成硫酸钠和水。可表示为

$$2NaOH + H_2SO_4 \longrightarrow Na_2SO_4 + 2H_2O$$

上式是一个配平了的反应方程式，它表明化学反应中各物质的物质的量之比等于其化学式前的系数之比。据此，可从已知反应物的量，计算生成物的理论产量；或从所需产量计算反应物的量。

【例 1.3】

氯碱工业用电解法制取氯气：

$$2NaCl + 2H_2O \xlongequal{\text{电解}} 2NaOH + H_2\uparrow + Cl_2\uparrow$$

某厂若每投入 9.0×10^2 kg NaCl，制得的氯气在标准状况下只有 $150m^3$，试计算其产率。

解：

$$2NaCl + 2H_2O \xlongequal{\text{电解}} 2NaOH + H_2\uparrow + Cl_2\uparrow$$

$$\begin{array}{ll} 2.0\text{mol} & 22.4\times10^{-3}\,\text{m}^3 \\ n(\text{NaCl}) & x\ \text{m}^3 \end{array}$$

已知

$$n(\text{NaCl}) = \frac{m(\text{NaCl})}{M(\text{NaCl})} = \frac{9.0\times10^2\times10^3\,\text{g}}{(22.99+35.45)\text{g}\cdot\text{mol}^{-1}}$$

$$= \frac{9.0\times10^5}{58.44}\text{mol} = 1.5\times10^4\,\text{mol}$$

根据反应式可列出：

$$2.0\text{mol} : 1.5\times10^4\,\text{mol} = 22.4\times10^{-3}\,\text{m}^3 : x\ \text{m}^3$$

$$x = \frac{1.5\times10^4\,\text{mol}\times22.4\times10^{-3}\,\text{m}^3}{2.0\text{mol}\cdot\text{m}^3} = 1.7\times10^2$$

即标准状况下理论上可产出 $1.7\times10^2\,\text{m}^3$ 的氯气。则

$$\text{产率} = \frac{\text{实际产量}}{\text{理论产量}}\times100\% = \frac{150\text{m}^3}{1.7\times10^2\,\text{m}^3}\times100\% = 88\%$$

1.2.2 化学计量数与反应进度

1.2.2.1 化学计量数（ν）

某化学反应方程式：

$$c\text{C} + d\text{D} \xlongequal{\quad} y\text{Y} + z\text{Z}$$

若移项表示：

$$0 = -c\text{C} - d\text{D} + y\text{Y} + z\text{Z}$$

随着反应的进行，反应物 C、D 不断减少，产物 Y、Z 不断增加，因此令

$$-c = \nu_{\text{C}}, -d = \nu_{\text{D}}, y = \nu_{\text{Y}}, z = \nu_{\text{Z}}$$

代入上式得：

$$0 = \nu_{\text{C}}\text{C} + \nu_{\text{D}}\text{D} + \nu_{\text{Y}}\text{Y} + \nu_{\text{Z}}\text{Z}$$

可简化写出化学计量方程式的通式（任一反应的标准缩写法）：

$$0 = \sum_{\text{B}}\nu_{\text{B}}\text{B}$$

通式中，B 表示包含在反应中的分子、原子或离子，而 ν_{B} 为数字或简分数，称为（物质）B 的化学计量数。根据规定，反应物的化学计量数为负，而产物的化学计量数为正。这样，ν_{C}、

ν_D、ν_Y、ν_Z 分别为物质 C、D、Y、Z 的化学计量数。例如合成氨反应：

$$N_2 + 3H_2 \longequal 2NH_3$$

移项：

$$0 = -N_2 - 3H_2 + 2NH_3 \longequal \nu(N_2)N_2 + \nu(H_2)H_2 + \nu(NH_3)NH_3 \tag{1-2-1}$$

$\nu(N_2) = -1$，$\nu(H_2) = -3$，$\nu(NH_3) = 2$，分别为对应于该反应方程式中物质 N_2、H_2、NH_3 的化学计量数，表明反应中每消耗 1mol N_2 和 3mol H_2 必生成 2mol NH_3。

1.2.2.2 反应进度

为了表示化学反应进行的程度，我国国家标准规定了一个量——反应进度（ξ）❶。

对于化学计量方程式 $0 = \sum_B \nu_B B$：

$$d\xi = \nu_B^{-1} dn_B \tag{1-2-2}$$

式中，n_B 为 B 的物质的量，ν_B 为 B 的化学计量数，ξ 的单位为 mol。若将式（1-2-2）改写为

$$dn_B = \nu_B d\xi \tag{1-2-3}$$

再将式（1-2-3）从反应开始时 ξ_0=0 的 $n_B(\xi_0)$ 积分到 ξ 时的 $n_B(\xi)$，可得：

$$n_B(\xi) - n_B(\xi_0) = \nu_B(\xi - \xi_0)$$

则

$$\Delta n_B = \nu_B \xi$$

可见，随着反应的进行，任一化学反应各反应物及产物的改变量 (Δn_B) 均与反应进度 (ξ) 及各自的计量数 (ν_B) 有关。

对产物 B 而言，若 ξ_0=0，$n_B(\xi_0)$=0，则更有

$$n_B = \nu_B \xi$$

例如，对于合成氨反应：

$$N_2 + 3H_2 \longequal 2NH_3$$

$\nu(N_2) = -1, \nu(H_2) = -3, \nu(NH_3) = 2$，当 ξ_0=0 时，若有足够量的 N_2 和 H_2，而 $n(NH_3)$=0，根据 $\Delta n_B = \nu_B \xi, \xi = \Delta n_B / \nu_B, \Delta n_B$ 与 ξ 的对应关系如下：

$\Delta n(N_2)$ / mol	$\Delta n(H_2)$ / mol	$\Delta n(NH_3)$ / mol	ξ / mol
0	0	0	0
$-\frac{1}{2}$	$-\frac{3}{2}$	1	$\frac{1}{2}$
−1	−3	2	1
−2	−6	4	2

可见对同一化学反应方程式来说，反应进度（ξ）的值与选用反应式中何种物质物质的量的变化进行计算无关。但是，同一化学反应如果化学反应方程式的写法不同（亦即 ν_B 不同），相同反应进度时对应各物质的量的变化会有区别。例如当 ξ=1mol 时：

化学反应方程式	$\Delta n(N_2)$ / mol	$\Delta n(H_2)$ / mol	$\Delta n(NH_3)$ / mol
$\frac{1}{2}N_2 + \frac{3}{2}H_2 \longequal NH_3$	$-\frac{1}{2}$	$-\frac{3}{2}$	1
$N_2 + 3H_2 \longequal 2NH_3$	−1	−3	2

❶ “ξ” 读作 “克赛”。

反应进度是计算化学反应中质量和能量变化以及反应速率时常用的物理量，应用此量时必须指明相应化学反应计量方程式。

1.3 化学反应中的能量关系

化学反应是反应物分子中旧键的削弱、断裂和产物分子新键形成的过程。前者需要吸收能量，后者则会释放能量。因此，化学反应过程不仅有质量的变化，而且往往伴随有能量的吸收或释放。例如，煤燃烧时放热，碳酸钙分解要吸热；原电池反应可产生电能，电解食盐水要消耗电能；镁条燃烧时会发出耀眼的光，叶绿素在光作用下使二氧化碳和水转化为糖类。热力学是专门研究能量相互转换规律的一门科学。利用热力学的基本原理研究化学反应的学科称为化学热力学。本节首先介绍一些常用的基本概念，进而运用热力学理论研究化学反应中的能量变化关系。

1.3.1 基本概念和术语

1.3.1.1 体系和环境

宇宙间各事物总是相互联系的。为了研究方便，常把要研究的那部分物质和空间与其他物质或空间人为地分开。被划分出来作为研究对象的那部分物质和空间称为**体系**（亦称物系、系统）。体系之外并与体系有密切联系的其他物质和空间称为**环境**。例如，一杯水，如果只研究杯中的水，水就是体系，而杯和杯以外的物质和空间则为环境。

按照体系和环境之间物质和能量的交换情况，可将体系分为以下三类：

敞开体系——体系和环境之间，既有物质交换，又有能量交换；

封闭体系——体系和环境之间，没有物质交换，但有能量交换；

孤立体系——体系和环境之间，既没有物质交换，也没有能量交换。

应用热力学理论研究、分析问题时，首先要准确划分体系和环境。

1.3.1.2 状态和状态函数

体系的状态是指体系所有宏观性质的综合表现。任何体系都可以用一系列宏观可测的物理量，如物质的种类、质量、体积、压力、温度、密度、黏度等来描述其状态。决定体系状态的那些物理量均属体系的宏观性质。体系的状态就是这些宏观性质的综合表现。当体系的宏观性质不随时间变化时，则体系处于确定的状态。反之，当体系处于一定状态时，所对应的宏观性质也必定有唯一确定的值。如果某种或几种性质发生变化，则体系状态也就发生变化。这些能够表征体系特性的宏观性质，称为体系的**状态函数**。

状态函数所具有的特征如下。①状态函数是状态的单值函数。例如，p、V、n、T 等宏观性质的综合表现决定理想气体的状态。②体系的各状态函数之间往往是有联系的。因此，通常只需确定体系的某几个状态函数，其他的状态函数也随之而定。例如，一种理想气体，如果知道了压力（p）、体积（V）、温度（T）、物质的量（n）这四个状态函数中的任意三个，就能利用气体状态方程（$pV=nRT$）来确定第四个状态函数。③当体系状态发生变化时，状态函数的改变量只与体系的起始状态和最终状态有关，而与状态变化的具体途径无关。例如，一种理想气体，若使其温度由300K变为350K，无论是由始态的300K直接加热到终态的350K，或先从始态的300K冷却到280K，再加热到350K，状态函数温度 T 的变化 ΔT 只由体系的初态（300K）和终态（350K）

所决定（ΔT=350K−300K=50K），而与变化的途径无关。

根据各宏观性质是否与体系的物质的量有关，可将状态函数分为两类。①强度性质：凡与体系中物质的量无关，仅与体系自身特性有关的性质，称为强度性质。如温度、压强、浓度等。强度性质不具有加和性。②广度性质（又叫容量性质）：凡与体系中物质的量成正比的状态函数称为广度性质。如体积、质量、物质的量等，广度性质具有加和性。两个广度性质之比可以构成一个强度性质，例如摩尔质量为质量除以物质的量，摩尔质量是强度性质。

1.3.1.3 过程和途径

体系状态发生的任何变化称为热力学过程，简称过程。完成一个过程所经历的具体路线称为途径。一个过程可经过不同的途径来实现，如图 1.1 所示，等温条件下 1mol 理想气体从 M（p_1,V_1）沿曲线变化到 N（p_2,V_2），记作途径 a。这个从始态 M 到终态 N 的等温变化过程也可以通过其他途径来实现，例如途径 b、途径 c 等。

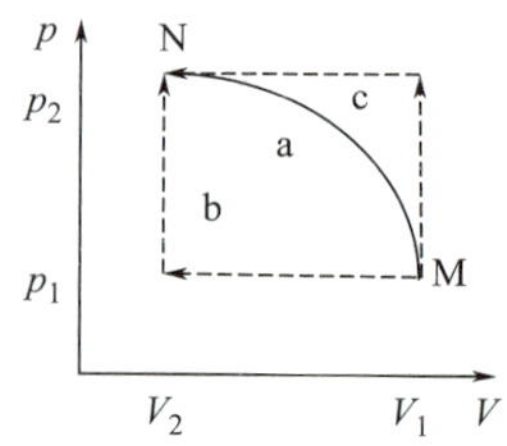

图 1.1 等温条件下理想气体状态发生变化的不同途径示意图

常见的热力学过程有：

（1）等温过程 体系状态的变化是在等温条件下进行的。

（2）等压过程 体系的始态和终态压强相等的过程。

（3）等容过程 体系的始态和终态体积相等的过程。

（4）绝热过程 体系的状态变化是在绝热条件下进行的。

（5）循环过程 体系的变化由初始态出发，经历一系列变化，又回到原来的初始态。显然始态和终态为同一状态，此过程的状态函数改变量为零。

实际上，化学反应的途径非常复杂，但根据状态函数的性质，抛开具体的变化途径，从始态和终态就可以直接计算状态函数的变化量。热力学方法之所以简便，就是基于该原理。

1.3.1.4 热和功

热和功是体系发生某过程时与环境之间交换或传递能量的两种不同形式。体系和环境之间因温差而传递的能量称为热。除热以外，其他各种形式被传递的能量都称为**功**。功有多种形式。化学反应涉及较广的是那种由于体系体积变化反抗外力作用而与环境交换的功，这种功称为体积功。除体积功外的其他功，统称为非体积功（如电功、表面功等）。通常以 Q 表示热量，以 W 表示功，它们的单位均以焦耳（J）或千焦耳（kJ）来表示。

根据国际最新规定，以体系的得失能量为标准，$Q>0$（体系吸热）和 $W>0$（环境对体系作功，亦即体系得功）[1] 均表示体系能量的增加；反之 $Q<0$（体系放热）和 $W<0$（体系对环境作功，亦即体系失功）均表示体系能量的减少。必须注意，既然热和功都是体系发生某过程时与环境之间交换或传递能量的两种形式，因此热和功不仅与体系的始、终态有关，而且与过程的具体途径有关，所以热和功不是状态函数。

在化学热力学中，体积功也称为膨胀功，当一个过程在等压条件下进行，体系只做体积功，$W=-p\Delta V$，如图 1.2 所示，带活塞的气缸中装有某种气体，假设活塞无质量，且移动时与气缸壁无摩擦力，活塞的内面积为 A，若气缸内气体受热反抗恒定外压（环境压力 p）膨胀（体系由始态 V_1 增到终态 V_2，$\Delta V>0$）做功，体系失功：

$$W(\text{膨胀})=-p(V_2-V_1)=-p\Delta V<0$$

反之，气缸内气体受恒定外压作用被压缩（$\Delta V<0$），体系得功：

$$W(\text{压缩})=-p(V_2-V_1)=-p\Delta V>0$$

必须注意，既然热和功都是体系发生某过程时与环境之间交换或传递能量的两种形式，因此热和功不仅与体系始、终态有关，而且与过程的具体途径有关，所以热和功不是状态函数。

[1] 以往习惯规定，$Q>0$（体系吸热）和 $W<0$（环境对体系做功，亦即体系做负功）表示系统能量增加。

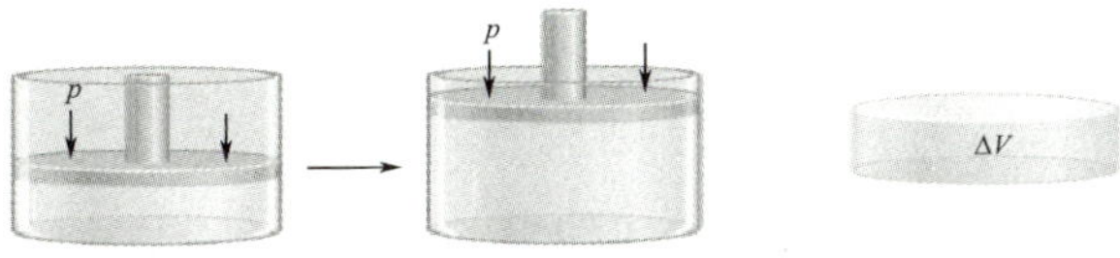

图 1.2　体积功示意图

1.3.1.5　热力学能

体系是大量微观粒子的集合体，这些微观粒子处于不断的运动和相互作用中，微观粒子具有动能和势能，其中动能包括所有微观粒子运动的平动能、转动能、振动能等；势能则包括粒子之间的相互作用能等。体系内部所含的总能量称为体系的**热力学能**（以往称内能），用符号“U”表示，单位以焦耳（J）或千焦耳（kJ）来表示。由于体系内部质点运动及相互作用很复杂，因而热力学能的绝对值难以确定。不过既然它是体系自身的属性，体系在一定状态下，其热力学能应有一定的数值，因此热力学能（U）是一个状态函数，其改变量（ΔU）只取决于体系的始、终态，而与体系变化过程的具体途径无关。

1.3.1.6　能量守恒与转化定律（热力学第一定律）

人们经过长期实践认识到，在孤立体系中能量是不会自生自灭的，它可以变换形式，但总量不变，这就是所谓的**能量守恒与转化定律**，即**热力学第一定律**。

对于孤立体系而言，热力学第一定律的数学表达式为：$\Delta U = 0$。

对于一个封闭体系而言，其发生了一个变化过程，环境对其做功（W），并从环境吸热（Q）使其热力学能由 U_1 的状态变化到 U_2 的状态，根据能量守恒与转化定律，体系热力学能的变化（ΔU）为[1]

$$\Delta U = U_2 - U_1 = Q + W \tag{1-3-1}$$

式（1-3-1）为热力学第一定律的数学表达式。它的含义是封闭体系热力学能的变化等于体系吸收的热与体系从环境所得的功之和，实为能量守恒与转化定律在热传递过程中的具体表述。值得注意的是，热力学能是状态函数，热力学能变（ΔU）只取决于始态和终态，与变化途径无关；而功和热不是状态函数，与变化途径有关；故式（1-3-1）仅表示等号左右数值大小相等，但各物理量的物理含义各不相同。

例如，某一封闭体系发生了变化，环境对体系做了 200J 的功，同时向环境放出 70J 的热量，即 $W = 200\text{J}$，$Q = -70\text{J}$，则体系的热力学能变 $\Delta U = Q+W = (-70+200)\text{J} = 130\text{J}$。

1.3.2　化学反应的热效应

1.3.2.1　恒容反应热（Q_v）和热力学能变（ΔU）

恒容反应热也称等容反应热，是指封闭体系在等容过程、不做非体积功条件下体系与环境之间传递的热，用 Q_v 表示。因为是恒容过程，$\Delta V = 0$，体系与环境之间不做非体积功，$W = 0$，根据热力学第一定律，该变化过程中体系的热力学能变为：

$$\Delta U = Q_v \tag{1-3-2}$$

由此可见，对于封闭体系在不做非体积功的恒容过程中，体系吸收的热等于体系热力学能的增量。

[1] 以往曾表达为 $\Delta U=Q-W$。

1.3.2.2 恒压反应热（Q_p）和反应焓变（ΔH）

大多数化学反应总是伴随着吸热或放热。例如，H_2 和 Cl_2 化合成 HCl 时会放热；煅烧石灰石生产石灰时要吸热。化学反应时，如果体系不做非体积功，当反应终了的温度恢复到反应前的温度时，体系所吸收或放出的热量，称为该反应的**反应热**。

通常化学反应是在恒压条件下进行的，如果体系不做非体积功，此过程的反应热称为**恒压反应热**，由符号 Q_p 表示。对有气体参加或产生的反应，可能会引起体积变化（由 V_1 变到 V_2），则体系对环境所做的体积功为

$$W=-p\left(V_2-V_1\right)$$

对于封闭体系，体系只做体积功的恒压过程，由热力学第一定律可得出：

$$\Delta U=Q_p+W=Q_p-p\left(V_2-V_1\right)$$

$$Q_p=\left(U_2+pV_2\right)-\left(U_1+pV_1\right)$$

令 $H=U+pV$，H 称为焓。因为 U、p、V 均为状态函数，所以 H 也是状态函数。焓和热力学能一样，其绝对值难以测知，能测定并有实际意义的则是状态改变时焓的变化值 ΔH（称为焓变）。ΔH 只与体系始态和终态有关，而与变化过程无关。在恒压及反应始、终态温度相等的条件下，反应热恰好为生成物与反应物的焓差：

$$Q_p=H_2-H_1=\Delta H \tag{1-3-3}$$

式（1-3-3）表示恒压条件下的反应热等于体系的焓变。例如，在恒压条件下：

$$H_2(g)+\frac{1}{2}O_2(g)\longrightarrow H_2O(g)\text{；}\Delta H=Q_p=-241.82\text{kJ}\cdot\text{mol}^{-1}$$

体系的焓值减小（$\Delta H<0$），表明此反应为放热反应。例如：

$$N_2(g)+2O_2(g)\longrightarrow 2NO_2(g)\text{；}\Delta H=Q_p=66.36\text{kJ}\cdot\text{mol}^{-1}$$

体系的焓值增加（$\Delta H>0$），表明此反应为吸热反应。

有些化学反应，人们对其反应热比对反应产物更有兴趣，如燃料的燃烧热等。

1.3.2.3 热化学方程式

表示化学反应与热效应关系的方程式称为热化学方程式。例如：

$$H_2(g)+\frac{1}{2}O_2(g)\xrightarrow[100\text{kPa}]{298.15\text{K}}H_2O(g)\text{；}Q_p=\Delta_r H_m=-241.82\text{kJ}\cdot\text{mol}^{-1}$$ [1]

上式表示：在 298.15K、100kPa 下，当反应进度为 1mol 时，亦即 1mol H_2 与 $\frac{1}{2}$ mol O_2 反应生成 1mol $H_2O(g)$ 时，放出 241.82kJ 的热量。$\Delta_r H_m$ 称为摩尔反应焓变，下标 r（reaction 的首字母）表示一般的化学反应，m（molar 的首字母）表示该反应的反应进度为 1mol。

由于反应热与反应方向、反应条件、物态、物量有关，因此书写热化学方程式应注意以下几点：

① 应注明反应的温度和压力。如果是 298.15K 和 100kPa，可略去不写。严格说来，反应温度对化学反应的焓变值是有影响的，但一般影响不大，通常计算可按 298.15K 时处理。

② 必须标出物质的聚集状态。通常以 g、l 和 s 分别表示气、液和固态。因为状态不同，反应热的数值亦不同。如上例，若生成的 H_2O 为液态，则 Q_p=−285.83kJ · mol^{-1}。

③ 同一反应，反应式系数不同，Q_p 值也不同，如上例若写成：

$$2H_2(g)+O_2(g)\longrightarrow 2H_2O(g)\text{；}Q_p=\Delta_r H_m=-483.64\text{kJ}\cdot\text{mol}^{-1}$$

④ 正、逆反应的 Q_p 绝对值相同，符号相反。例如：

[1] 这里的 mol 是反应进度的单位符号。

$$HgO(s) \longrightarrow Hg(l) + \frac{1}{2}O_2(g);\quad Q_p = \Delta_r H_m = 90.83kJ \cdot mol^{-1}$$

$$Hg(l) + \frac{1}{2}O_2(g) \longrightarrow HgO(s);\quad Q_p = \Delta_r H_m = -90.83kJ \cdot mol^{-1}$$

⑤ 不宜把热量的变化写在热化学方程式中，例如氢和氧生成水蒸气的反应，过去有过如下写法：

$$H_2(g) + \frac{1}{2}O_2(g) \longrightarrow H_2O(g) + 241.82kJ$$

这种写法由于与化学热力学中以反应焓变值的正、负表示体系吸热、放热的规定不配套，又没有反应进度的表示，而且恒压反应热与反应温度、压力有关的事实也没有表示，因此已被废除。

1.3.2.4　赫斯（Hess）定律

反应热一般可以通过实验测出。但是，有些复杂反应的某步反应若难以控制，该步反应的反应热就不易准确测定。例如，在恒温、恒压下，碳燃烧生成 CO_2 的反应可以按两种不同途径来完成：一种途径是碳燃烧直接生成 CO_2；另一种是碳先氧化成CO，CO再氧化成 CO_2，如图1.3所示。其中碳燃烧生成CO的反应热很难测定，因为碳不完全燃烧的产物中会混杂有少量的 CO_2。

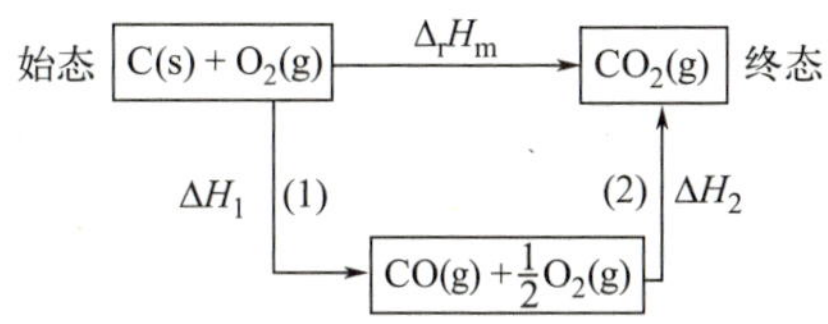

图 1.3　碳燃烧生成 CO_2 的途径

1840年，赫斯[1]根据大量的实验结果总结出一条规律：一个化学反应如果分几步完成，则总反应的反应热等于各步反应的反应热之和。此即**赫斯定律**。从热力学观点来讲：化学反应的焓变只取决于反应的始态和终态，而与变化过程的具体途径无关。这样，若碳燃烧生成 CO_2 的反应热和CO燃烧生成 CO_2 的反应热已知：

$$C(s) + O_2(g) \longrightarrow CO_2(g);\quad Q_p = \Delta_r H_m = -393.51kJ \cdot mol^{-1}$$

$$CO(g) + \frac{1}{2}O_2(g) \longrightarrow CO_2(g);\quad Q_2 = \Delta H_2 = -282.98kJ \cdot mol^{-1}$$

根据赫斯定律：

$$\Delta_r H_m = \Delta H_1 + \Delta H_2$$

则

$$\Delta H_1 = \Delta_r H_m - \Delta H_2$$

$$= [(-393.51) - (-282.98)]kJ \cdot mol^{-1}$$

$$= -110.53kJ \cdot mol^{-1}$$

应用赫斯定律通过计算不仅可以得到某些恒压反应热，从而减少大量实验测定工作，而且可以计算出难以或无法用实验测定的某些反应的反应热。

1.3.3　应用标准摩尔生成焓计算标准摩尔反应焓变

1.3.3.1　标准状态

出于理论研究的需要，化学热力学规定了物质的**标准状态**（简称**标准态**），如表1.1所示。

表 1.1　物质的标准态

物质	标准态
气体	标准压力（$p^\ominus = 100kPa$）下纯气体的状态
液体、固体	标准压力（$p^\ominus$）下最稳定的纯液体、纯固体的状态
溶液中的溶质	标准压力（$p^\ominus$）下质量摩尔浓度为 $1mol \cdot kg^{-1}$（常近似为 $1mol \cdot L^{-1}$）时的状态

[1] 以往按俄文名 recc 译成盖斯。

可见物质的标准态并无温度的规定。

以往的标准压力曾长期定为$p^{\ominus}$ =1atm=101.325kPa，然而此数值使用时总感不便，为此国际标准化组织（ISO）已把标准压力由101.325kPa改为100kPa（或1bar），以便更方便地采用SI单位，我国国家技术监督局于1993年公布的国家标准（GB 3100～3102—93）也已作了相应的变动。但是，由于标准压力的新、旧值相差很小，因此标准压力改为100kPa后，只是气态物质的某些热力学函数值有微小的变动，而对凝聚态物质体系以及反应前后物质的量不变的气态物质体系来说，其影响极微（变动值一般远小于实验误差），甚至可以说基本没有影响。本书附录4提供了与标准压力新值（100kPa）配套的标准热力学数据。

1.3.3.2 标准摩尔生成焓

在标准态下，由最稳定的纯态单质生成单位物质的量的某物质的焓变（即恒压反应热），称为该物质的**标准摩尔生成焓**。标准摩尔生成焓用符号$\Delta_f H_m^{\ominus}$表示，上标“$\ominus$”表示标准态，下标“f”（formation的首字母）表示生成反应。$\Delta_f H_m^{\ominus}$的单位常用$kJ \cdot mol^{-1}$表示，通常使用的是298.15K的标准摩尔生成焓数据。

一种元素若有几种同素异性体，如在标准态下，碳就有石墨、金刚石等多种单质，其中石墨是最稳定的。根据标准摩尔生成焓的定义，最稳定单质本身的标准摩尔生成焓为零，这样$\Delta_f H_m^{\ominus}$(石墨)=0。

已知在标准态下，298.15K时，C(石墨)$\longrightarrow$C(金刚石)的标准摩尔反应焓变($\Delta_r H_m^{\ominus}$)为$1.895kJ \cdot mol^{-1}$，这样金刚石的标准摩尔生成焓：

$$\begin{aligned}\Delta_f H_m^{\ominus}(\text{金刚石}) &= \Delta_r H_m^{\ominus} + \Delta_f H_m^{\ominus}(\text{石墨}) \\ &= 1.895kJ \cdot mol^{-1} + 0 = 1.895kJ \cdot mol^{-1}\end{aligned}$$

根据$\Delta_f H_m^{\ominus}$值可以判断同类型化合物的相对热稳定性。例如，298.15K下CaO(s)的$\Delta_f H_m^{\ominus}$ = $-635.09kJ \cdot mol^{-1}$，CaO加热不分解；CuO(s)的$\Delta_f H_m^{\ominus} = -157.3kJ \cdot mol^{-1}$，CuO高温时分解为$Cu_2O$和$O_2$。这表明$\Delta_f H_m^{\ominus}$数值越小，化合物越稳定。

1.3.3.3 标准摩尔反应焓变的计算

一般的化学反应其反应热可以通过实验直接测定，也可以利用热力学数据通过计算得出。根据**标准摩尔生成焓**的定义，应用赫斯定律可以导出：化学反应的标准摩尔反应焓变等于生成物的标准摩尔生成焓的总和减去反应物的标准摩尔生成焓的总和。

对于一般的化学反应：

$$cC + dD \xlongequal{} yY + zZ$$

任一物质均处于温度T的标准状态下，它的标准摩尔反应焓变为

$$\Delta_r H_m^{\ominus} = \left[y\Delta_f H_m^{\ominus}(Y) + z\Delta_f H_m^{\ominus}(Z)\right] - \left[c\Delta_f H_m^{\ominus}(C) + d\Delta_f H_m^{\ominus}(D)\right] \quad (1\text{-}3\text{-}4)$$

或表示为

$$\Delta_r H_m^{\ominus} = \sum \nu_i \Delta_f H_m^{\ominus}(\text{生成物}) + \sum \nu_i \Delta_f H_m^{\ominus}(\text{反应物}) \quad (1\text{-}3\text{-}5)$$

式中，ν_i表示反应式中物质i的化学计量数。当查到有关物质的标准摩尔生成焓的数据后，应用式（1-3-1）或式（1-3-2）可计算出反应的标准摩尔反应焓变。

【例1.4】 计算如下恒压反应的标准摩尔反应焓变，并判断此反应是吸热还是放热。

$$2Al(s) + Fe_2O_3(s) \longrightarrow Al_2O_3(s) + 2Fe(s)$$

解： 由附录4查得：

$$\begin{array}{lcccc} & 2Al(s) + & Fe_2O_3(s) \longrightarrow & Al_2O_3(s) + & 2Fe(s) \\ \Delta_f H_m^{\ominus}/(kJ \cdot mol^{-1}) & 0 & -824.2 & -1675.7 & 0 \end{array}$$

$$\Delta_r H_m^\ominus = \left[\Delta_f H_m^\ominus(Al_2O_3,s) + 2\Delta_f H_m^\ominus(Fe,s)\right] - \left[2\Delta_f H_m^\ominus(Al,s) + \Delta_f H_m^\ominus(Fe_2O_3,s)\right]$$

$$= [(-1675.7) + 2\times 0]kJ\cdot mol^{-1} - [2\times 0 + (-824.2)]kJ\cdot mol^{-1}$$

$$= -851.5kJ\cdot mol^{-1}$$

通过计算得知，$\Delta_r H_m^\ominus = -851.5kJ\cdot mol^{-1} < 0$，可判断此反应为放热反应。铝热法正是利用此反应放出的热量熔化和焊接铁件的。

【例 1.5】

已知下列反应：

（1）$2Cu_2O(s) + O_2(g) \longrightarrow 4CuO(s)$；$(\Delta_r H_m^\ominus)_1 = -292kJ\cdot mol^{-1}$

（2）$CuO(s) + Cu(s) \longrightarrow Cu_2O(s)$；$(\Delta_r H_m^\ominus)_2 = -11.3kJ\cdot mol^{-1}$

在不查 $\Delta_f H_m^\ominus$ 数据表的前提下，试计算 CuO(s) 的 $\Delta_f H_m^\ominus$。

解：

（2）式 ×2=（3）式：$2CuO(s) + 2Cu(s) \longrightarrow 2Cu_2O(s)$；

$$(\Delta_r H_m^\ominus)_3 = 2(\Delta_r H_m^\ominus)_2 = -22.6kJ\cdot mol^{-1}$$

（3）式 +（1）式 =（4）式：$2Cu(s) + O_2(g) = 2CuO(s)$；

$$(\Delta_r H_m^\ominus)_4 = (\Delta_r H_m^\ominus)_3 + (\Delta_r H_m^\ominus)_1 = -314.6kJ\cdot mol^{-1}$$

$$\Delta_f H_m^\ominus(CuO,s) = \frac{(\Delta_r H_m^\ominus)_4}{2} = \frac{-314.6kJ\cdot mol^{-1}}{2}$$

$$= -157.3kJ\cdot mol^{-1}$$

化学视野

化学与化工

化学与化工是两个既密切联系又有区别的学科领域。

从定义看，正如周公度教授主编的《化学辞典》（化学工业出版社，2004 年）所述那样，化学是在原子和分子水平上研究元素、化合物和材料等物质的组成、制备、性质、结构、应用和互相转化规律的科学；而化工是化学工业、化学工程学和化学工艺学的总称，主要研究化学工业生产过程的化学变化和物理变化的规律，寻求技术先进、经济合理的方法、流程、单元操作和设备，生产出优质、价廉的产品，并符合环境保护和可持续发展的要求。

开发一个化工产品，从“小试”开始，要经历“中试”到建厂、试车、投产的全过程。化学实验室的研究工作主要考虑合成原理、路线、方法、步骤，原料的选择，仪器设备的配置，实验条件的控制，以及产品的纯化等，是化工生产的基础与先导。化工生产相对要复杂很多。化工生产除了要考虑、解决一般工业生产起步时共同遇到的诸如产品市场需求、生产规模、厂址选择、总体布局、公用工程、土建设计、基建投资、流动资金、水电供应、运输贮存、能源环保、安全卫生、劳动组合、人事编制等问题外，还有原料选择、中试、工艺设计、“三废”处理、防毒、防火、防爆等突出问题。

化学实验与化工生产也是密切联系而又有区别的，如下表所示。

化学实验与化工生产过程的对比

项目	化学实验	化工生产
原料	数量少、纯度较高、易贮存，无须预处理，一般不受费用限制	数量大，要考虑来源、价格、质量的稳定性，需专用库房，使用前要进行预处理，需要流动资金
工艺	操作较简单、变更容易、控制方便，易于实现最佳控制条件、无明显的中间检测	操作复杂、不容随意变更。因传质、传热的制约，单元操作控制难度大、出现滞后、不易实现最佳工艺条件，要求中间检测
设备	对强度要求较低、以玻璃材质为主。易于防腐及清洗、通用性好、价格较低	对强度要求高，受防腐、清洗、操作条件的限制，设备专一性强。为满足传质、传热等要求设备结构复杂，固定投资大

续表

项目	化学实验	化工生产
产品	数量少、采集简单	数量大，必须进行专门的分离与精制过程，并设有中间检测、产品分析、包装、贮存、市场销售等专门机构
公用工程	简易、无特殊要求及专用设施	必须设置专用供水、供电、动力、安全、运输等设施
环保	排放量小、易治理、无须复杂的专用设施	排放量大、必须治理，需设置专门的废气、废水、废渣的捕集回收及综合利用设备和相应的管理机构及制度
管理	规模小，简单、易管理	规模大，已构成多种专业与岗位的系统工程，需设置技术、生产、供应、销售、组织与经济等多种专业岗位和机构
性质	探索性、投资少、允许成功与失败、可随机变换实验方案	已定型。投资需经反复论证，一旦定案，不允许轻易更动

资料来源：段世铎主编《工业化学概论》(高等教育出版社，1994 年)。

思考题

1．一气柜如下图所示：

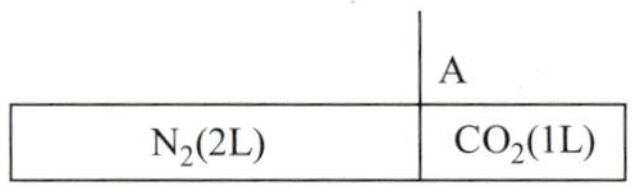

假设隔板（A）两侧 N_2 和 CO_2 的 T、p 相同。试问：

（1）隔板两边气体物质的量是否相等？浓度是否相等？

（2）抽掉隔板（假设不影响气体体积和气柜密闭性）后，气柜内的 T 和 p 是否会改变？N_2、CO_2 物质的量和浓度是否会改变？

2．标准状况与标准态有何不同？

3．化学反应方程式的系数与化学计量数有何异同？

4．判断下列各说法是否正确：

（1）热的物体比冷的物体含有更多的热量。

（2）甲物体的温度比乙物体高，表明甲物体的热力学能比乙物体大。

（3）热是一种传递中的能量。

5．判断下列各过程中，哪个的 ΔU 最大：

（1）体系放出了60kJ 热，并对环境做了40kJ 功。

（2）体系吸收了60kJ 热，环境对体系做了40kJ 功。

（3）体系吸收了40kJ 热，并对环境做了60kJ 功。

（4）体系放出了40kJ 热，环境对体系做了60kJ 功。

6．下列各说法是否正确？

（1）体系的焓等于等压反应热。

（2）体系的焓等于体系的热量。

（3）体系的焓变等于等压反应热。

（4）最稳定单质的焓值等于零。

（5）最稳定的纯态单质的标准生成焓等于零。

（6）由于反应焓变的单位为 $kJ \cdot mol^{-1}$，所以热化学方程式的系数不影响反应的焓变值。

7．下列纯态物质中，哪些单质的标准摩尔生成焓不等于零？

（1）金刚石　（2）Fe(s)　　（3）O_3（臭氧）

（4）Hg(g)　（5）Br_2(l)　　（6）石墨

8．在标准态下 CO_2(g) 的 $\Delta_f H_m^\ominus$ 为下列哪个反应的 $\Delta_r H_m^\ominus$ 值？

（1）C（金刚石）$+O_2(g) \longrightarrow CO_2(g)$

（2）$CO(g)+\frac{1}{2}O_2(g) \longrightarrow CO_2(g)$

（3）C（石墨）$+O_2(g) \longrightarrow CO_2(g)$

习题

1．一氧气瓶的容积是32L，其中氧气的压力为13.2×10^3kPa。规定瓶内氧气压力降至1.01×10^3kPa时就要充氧气，以防混入别的气体。今有实验设备每天需用101.325kPa氧气400L，一瓶氧气能用几天？

2．一个容积为21.2L的氧气罐安装有在24.3×10^5Pa下能自动打开的安全阀，冬季时曾灌入624g氧气。夏季某天阀门突然自动打开了，试问该天气温达多少摄氏度？

3．设有10mol $N_2(g)$和20mol $H_2(g)$在合成氨装置中混合，反应后有5.0mol $NH_3(g)$生成，试分别按下列反应方程式中各物质的化学计量数（ν_B）和物质的量的变化，计算反应进度并得出结论。

（1）$\frac{1}{2}N_2(g)+\frac{3}{2}H_2(g) \longrightarrow NH_3(g)$

（2）$N_2(g)+3H_2(g) \longrightarrow 2NH_3(g)$

4．某气缸中有气体1.20L，从环境吸收了800J热量后，在等压（97.3kPa）下体积膨胀到1.50L，试计算体系热力学能变化（ΔU）。

5．用热化学方程式表示下列内容：在25℃及标准态下，每氧化1mol $NH_3(g)$生成NO(g)和$H_2O(g)$并将放热226.2kJ。

6．在一敞口试管内加热氯酸钾晶体，发生下列反应：$2KClO_3(s) \longrightarrow 2KCl(s)+3O_2(g)$，并放出89.5kJ热量（298.15K）。试求298.15K下该反应的$\Delta_r H_m$和$\Delta_r U_m$。

7．在高炉中炼铁，主要反应有：

$$C(s)+O_2(g) \longrightarrow CO_2(g)$$

$$\frac{1}{2}CO_2(g)+\frac{1}{2}C(s) \longrightarrow CO(g)$$

$$CO(g)+\frac{1}{3}Fe_2O_3(s) \longrightarrow \frac{2}{3}Fe(s)+CO_2(g)$$

（1）分别计算298.15K时各反应的$\Delta_r H_m^\ominus$和各反应$\Delta_r H_m^\ominus$值之和；

（2）将上列三个反应式合并成一个总反应方程式，应用各物质的$\Delta_r H_m^\ominus(298.15K)$值计算总反应的$\Delta_r H_m^\ominus$，并与（1）计算结果比较，得出结论。

8．已知298.15K时反应：

$$3H_2(g)+N_2(g) \longrightarrow 2NH_3(g);\ (\Delta_r H_m^\ominus)_1=-92.22kJ\cdot mol^{-1}$$

$$2H_2(g)+O_2(g) \longrightarrow 2H_2O(g);\ (\Delta_r H_m^\ominus)_2=-483.636kJ\cdot mol^{-1}$$

试计算下列反应的$(\Delta_r H_m^\ominus)_3$：

$$4NH_3(g)+3O_2(g) \longrightarrow 2N_2(g)+6H_2O(g)$$

9．铝热法反应如下：

$$8Al(s)+3Fe_3O_4(s) \longrightarrow 4Al_2O_3(s)+9Fe(s)$$

（1）利用$\Delta_f H_m^\ominus$数据计算等压反应热；

（2）在此反应中若用去267.0g铝，能释放出多少热量？

10．利用$\Delta_f H_m^\ominus$数据，试计算下列反应的等压反应热：

（1）$Fe_3O_4(s)+4H_2(g) \longrightarrow 3Fe(s)+4H_2O(g)$

（2） $4NH_3(g)+5O_2(g) \longrightarrow 4NO(g)+6H_2O(g)$

（3） $3NO_2(g)+H_2O(l) \longrightarrow 2HNO_3(l)+NO(g)$

11. 已知$Ag_2O(s)+2HCl(g) \longrightarrow 2AgCl(s)+H_2O(l)$；$\Delta_r H_m^\ominus=-324.9kJ\cdot mol^{-1}$及$\Delta_f H_m^\ominus(Ag_2O,s)=-31.0kJ\cdot mol^{-1}$，试求 AgCl 的标准摩尔生成焓。

12．某天然气中CH_4占 85.0%，C_2H_6占 10.0%，其余为不可燃组分。若已知：

$$C_2H_6(g)+\frac{7}{2}O_2(g) \xrightarrow[p^\ominus]{298.15K} 2CO_2(g)+3H_2O(l)；\Delta_r H_m^\ominus=-1559.8kJ\cdot mol^{-1}$$

试计算完全燃烧 $1.00m^3$ 这种天然气的等压反应热。

第 2 章

化学反应的方向、速率和限度

学习要求：

1. 初步了解化学反应速率方程和以反应进度定义的反应速率的概念。
2. 能用活化能和活化分子的概念解释浓度、温度、催化剂对反应速率的影响。
3. 初步了解熵、吉布斯自由能的概念，熟悉 $\Delta_r G_m^\ominus$ 及 $\Delta_r G_m$ 的计算，会用 $\Delta_r G_m$ 判断反应的方向，以及由标准吉布斯自由能变计算标准平衡常数。
4. 深刻理解化学平衡的概念、平衡常数的意义，掌握化学平衡移动的规律，能用平衡常数计算平衡体系各组分的浓度（或分压），以及转化率、产率等。

2.1 化学反应的方向和吉布斯自由能变

2.1.1 化学反应的自发过程

自然界发生的过程都有一定的方向性。例如水总是自动地从高处向低处流，而不会自动地反方向流动。又如铁在潮湿的空气中易生锈，而铁锈决不会自发地还原为金属铁。这种在一定条件下不需外界做功，一经引发就能自动进行的过程，称为**自发过程**（若为化学过程则称为自发反应）。

要使非自发过程得以进行，外界必须做功。例如。欲使水从低处输送到高处，可借助水泵做机械功来实现。又例如常温下水虽然不能自发地分解为氢气和氧气，但是可以通过电解强行使水分解。

必须提及，能自发进行的反应，并不意味着其反应速率一定很大。事实上有些自发反应其反应速率的确很大，而有些自发反应其反应速率却很小。

2.1.2 影响化学反应方向的因素

2.1.2.1 化学反应的焓变

在研究各种体系的变化过程时，人们发现自然界的自发过程一般都朝着能量降低的方向进行。很多放热反应（$\Delta_r H_m < 0$）在298.15K、标准态下是自发的。例如：

$$3Fe(s) + 2O_2(g) \longrightarrow Fe_3O_4(s);\ \Delta_r H_m^{\ominus} = -1118.4kJ \cdot mol^{-1}$$

$$C(s) + O_2(g) \longrightarrow CO_2(g);\ \Delta_r H_m^{\ominus} = -393.509kJ \cdot mol^{-1}$$

$$CH_4(g) + 2O_2(g) \longrightarrow CO_2(g) + 2H_2O(l);\ \Delta_r H_m^{\ominus} = -890.36kJ \cdot mol^{-1}$$

因此有人曾试图以反应的焓变（$\Delta_r H_m$）作为反应自发性的判据。认为在等温、等压条件下，当

$\Delta_r H_m < 0$ 时：化学反应自发进行；

$\Delta_r H_m > 0$ 时：化学反应不能自发进行。

但是，实践表明：有些吸热过程（$\Delta_r H_m > 0$）亦能自发进行。例如，水的蒸发、NH_4Cl 溶于水以及 Ag_2O 的分解等都是吸热过程，但在298.15K、标准态下均能自发进行：

$$NH_4Cl(s) \longrightarrow NH_4^+(aq) + Cl^-(aq);\ \Delta_r H_m^{\ominus} = 14.7kJ \cdot mol^{-1}$$

$$Ag_2O(s) \longrightarrow 2Ag(s) + \frac{1}{2}O_2(g);\ \Delta_r H_m^{\ominus} = 31.05kJ \cdot mol^{-1}$$

又如，$CaCO_3$ 的分解反应是吸热反应（$\Delta_r H_m > 0$）：

$$CaCO_3(s) \longrightarrow CaO(s) + CO_2(g);\ \Delta_r H_m^{\ominus} = 178.32kJ \cdot mol^{-1}$$

在298.15K、标准态下，反应是非自发的。但当温度升高到约1123K时，$CaCO_3$ 的分解反应就变成自发过程，而此时反应的焓变仍近似等于 $178.32kJ \cdot mol^{-1}$（温度对焓变影响甚小）。

由此可见，把焓变作为化学反应自发性的普遍判据是不准确、不全面的。因为除了反应焓变以外，体系混乱度的增加和温度的改变。也是许多化学和物理过程自发进行的影响因素。

2.1.2.2 化学反应的熵变

下面以 NH_4Cl 的溶解和 Ag_2O 的分解为例说明之。

NH_4Cl 晶体中的 NH_4^+ 和 Cl^-，在晶体中的排列是整齐、有序的。NH_4Cl 晶体投入水中后，形成水合离子（以aq表示）并在水中扩散。在 NH_4Cl 溶液中，无论是 NH_4^+(aq)、Cl^-(aq) 还是水分子，它们的分布情况比 NH_4Cl 溶解前要混乱得多。

Ag_2O 的分解反应式表明，反应前后对比，不但物质的种类和“物质的量”增多，更重要的是产生了热运动自由度很大的气体，整个物质体系的混乱程度增大了。

分析可见，上述自发过程是朝着混乱程度（简称混乱度）增大的方向进行。

体系内组成物质粒子运动的混乱程度，在热力学中用另一个物理量——“熵”（符号为 S）来表示。一定条件下处于一定状态的物质及整个体系都有其各自确定的熵值。因此，熵是描述物质混乱度大小的物理量，同时也是体系的状态函数。物质（或体系）的混乱度越大，对应的熵值就越大。基于在0K时，一个完整无损的纯净晶体，其组分粒子（原子、分子或离子）都处于完全有序的排列状态。因此，可以把任何纯净的完整晶态物质在0K时的熵值规定为零[1]（S_0=0，下标“0”表示在0K），并以此为基础，可求得在其他温度下的熵值（S_T）。例如将一种纯晶体物质从

[1] 这就是热力学第三定律的最普遍的表述。它是由普朗克提出，经路易斯和吉布森等人修正后完成的。

0K 升温到任一温度（T），并测量此过程的熵变量（ΔS），则

$$\Delta S = S_T - S_0 = S_T - 0 = S_T$$

S_T 即为该纯物质在 T 时的熵。某单位物质的量的纯物质在标准态下的熵值称为标准摩尔熵（$S_m^\ominus$），单位为 $J \cdot mol^{-1} \cdot K^{-1}$。通常手册中给出 298.15K 下一些常见物质的标准摩尔熵（$S_m^\ominus$），显然，即使是纯净单质在 298.15K 时的 $S_m^\ominus$ 也不为零。物质的聚集状态不同其熵值不同，同种物质的 $S_m^\ominus(g) > S_m^\ominus(l) > S_m^\ominus(s)$。物质的熵值随温度的升高而增大。气态物质的熵值随压力的增大而减小。

熵与焓一样，也是一种状态函数，故化学反应的熵变与反应焓变的计算原则相同，只取决于反应的始态和终态，而与变化的途径无关。因此应用标准摩尔熵（$S_m^\ominus$）的数值可以算出化学反应的**标准摩尔反应熵变**（$\Delta_r S_m^\ominus$）：

$$\Delta_r S_m^\ominus = \Sigma \nu_i S_m^\ominus(\text{生成物}) + \Sigma \nu_i S_m^\ominus(\text{反应物}) \tag{2-1-1}$$

【例 2.1】 试计算反应：$2SO_2(g)+O_2(g) \longrightarrow 2SO_3(g)$ 在 298.15K 时的标准摩尔熵变（$\Delta_r S_m^\ominus$），并判断该反应是熵增还是熵减。

解: $2SO_2(g)+O_2(g) \longrightarrow 2SO_3(g)$

由附录 4 查得：

$S_m^\ominus /(J \cdot mol^{-1} \cdot K^{-1})$ 248.22 205.138 256.76

$$\Delta_r S_m^\ominus = \Sigma \nu_i S_m^\ominus(\text{生成物}) + \Sigma \nu_i S_m^\ominus(\text{反应物})$$

$$= \left(2 \times 256.76 J \cdot mol^{-1} \cdot K^{-1}\right) + \left[-\left(2 \times 248.22 J \cdot mol^{-1} \cdot K^{-1}\right) - 205.138 J \cdot mol^{-1} \cdot K^{-1}\right]$$

$$= -188.06 J \cdot mol^{-1} \cdot K^{-1}$$

$\Delta_r S_m^\ominus < 0$，故在 298.15K、标准态下该反应为熵值减小的反应。

虽然熵增有利于反应的自发进行，但是与反应焓变一样，不能仅用熵变作为反应自发性的判据[1]。研究表明：过程（或反应）的自发性不仅与焓变和熵变有关，而且与温度条件有关。

2.1.2.3 化学反应的吉布斯自由能变——热化学反应方向的判据

1878 年美国著名的物理化学家 J. W. Gibbs（吉布斯，1839—1903 年）提出一个综合了体系焓变、熵变和温度三者关系的新的状态函数变量，称为摩尔吉布斯自由能变量[2]（简称自由能变），以 $\Delta_r G_m$ 表示，它们之间的关系（推导从略）如下：

$$\Delta_r G_m = \Delta_r H_m - T\Delta_r S_m \tag{2-1-2}$$

式（2-1-2）称为吉布斯公式。

Gibbs 提出：在等温、等压的封闭体系内，不做非体积功的前提下，$\Delta_r G_m$ 作为热化学反应自发过程的判据为

$$\Delta_r G_m \begin{Bmatrix} < \\ = \\ > \end{Bmatrix} 0 \quad \begin{matrix} \text{自发过程，化学反应可正向进行} \\ \text{平衡状态} \\ \text{非自发过程，化学反应可逆向进行} \end{matrix}$$

亦即等温、等压的封闭体系内，不做非体积功的前提下，任何自发过程总是朝着吉布斯自由能（G）减小的方向进行。$\Delta_r G_m = 0$ 时，反应达平衡，体系的 G 降低到最小值。此即为著名的最小自由能原理。

由式（2-1-2）可以看出，在等温、等压下，$\Delta_r G_m$ 值取决于 $\Delta_r H_m$、$\Delta_r S_m$ 和 T。

按 $\Delta_r H_m$、$\Delta_r S_m$ 的符号及温度（T）对化学反应 $\Delta_r G_m$ 的影响，可归纳为四种情况，见表 2.1。

[1] 对孤立体系（该体系与环境之间无物质和能量的交换）来说，可以用熵判据确定反应的方向，这将在物理化学中进行讨论。

[2] 吉布斯自由能 (G) 又称吉布斯函数，定义为 $G=H-TS$，G 也为体系的状态函数，旧称自由焓、等温等压位。

表 2.1　等压下 $\Delta_r H_m$、$\Delta_r S_m$ 及 T 对 $\Delta_r G_m$ 及反应方向的影响[1]

各种情况	$\Delta_r H_m$ 的符号	$\Delta_r S_m$ 的符号	$\Delta_r G_m$ 的符号	反应情况
1	(−)	(+)	(−)	任何温度下均为自发反应
2	(+)	(−)	(+)	任何温度下均为非自发反应
3	(+)	(+)	常温（+） 高温（−）	常温下为非自发反应 高温下为自发反应
4	(−)	(−)	常温（−） 高温（+）	常温为自发反应 高温为非自发反应

2.1.3　热化学反应方向的判断

2.1.3.1　标准摩尔吉布斯自由能变（$\Delta_r G_m^\ominus$）的计算和反应方向的判断

标准态时，吉布斯公式 [式（2-1-2）] 变为：

$$\Delta_r G_m^\ominus = \Delta_r H_m^\ominus - T\Delta_r S_m^\ominus \tag{2-1-3}$$

显然，等温、等压下反应在标准态时自发反应判据是 $\Delta_r G_m^\ominus < 0$。

$\Delta_r G_m^\ominus$ 除可根据式（2-1-3）求算外，还可由标准摩尔生成吉布斯自由能 $\Delta_f G_m^\ominus$ 求算。在标准态下，由最稳定的纯态单质生成单位物质的量的某物质时的吉布斯自由能变称为该物质的标准摩尔生成吉布斯自由能（以 $\Delta_f G_m^\ominus$ 表示）。根据此定义，不难理解，任何最稳定的纯态单质（如石墨、银、铜、氢气等）在任何温度下的 $\Delta_f G_m^\ominus$ 均为零。

反应的吉布斯自由能变（$\Delta_r G_m$）与反应焓变（$\Delta_r H_m$）、反应熵变（$\Delta_r S_m$）的计算原则相同，即与反应的始态和终态有关，与反应的具体途径无关。在标准态下，反应的标准摩尔吉布斯自由能变（$\Delta_r G_m^\ominus$）可按下式计算：

$$\Delta_r G_m^\ominus = \sum \nu_i \Delta_f G_m^\ominus（生成物）+ \sum \nu_i \Delta_f G_m^\ominus（反应物） \tag{2-1-4}$$

需要指出的是，由于温度对焓变和熵变的影响较小，通常可认为 $\Delta_r H_m^\ominus(T) \approx \Delta_r H_m^\ominus(298.15\text{K})$、$\Delta_r S_m^\ominus(T) \approx \Delta_r S_m^\ominus(298.15\text{K})$，这样任一温度 T 时的标准摩尔吉布斯自由能变可按下式作近似计算：

$$\begin{aligned}\Delta_r G_m^\ominus(T) &= \Delta_r H_m^\ominus(T) - T\Delta_r S_m^\ominus(T)\\ &\approx \Delta_r H_m^\ominus(298.15\text{K}) - T\Delta_r S_m^\ominus(298.15\text{K})\end{aligned} \tag{2-1-5}$$

【例 2.2】 在 298.15K、标准压力下，碳酸钙能否分解为氧化钙和二氧化碳？

解： 由附录 4 查得：

	$CaCO_3(s)$ ═══	$CaO(s)$ +	$CO_2(g)$
$\Delta_f G_m^\ominus / (\text{kJ}\cdot\text{mol}^{-1})$	−1128.79	−604.03	−394.359
$\Delta_f H_m^\ominus / (\text{kJ}\cdot\text{mol}^{-1})$	−1206.92	−635.09	−393.509
$S_m^\ominus / (\text{J}\cdot\text{mol}^{-1}\cdot\text{K}^{-1})$	92.9	39.75	213.74

（1）
$$\begin{aligned}\Delta_r G_m^\ominus(298.15\text{K}) &= \sum \nu_i \Delta_f G_m^\ominus（生成物）+ \sum \nu_i \Delta_f G_m^\ominus（反应物）\\ &= \left[\left(-394.359\text{kJ}\cdot\text{mol}^{-1}\right) + \left(-604.03\text{kJ}\cdot\text{mol}^{-1}\right)\right]\\ &\quad + (-1)\times\left(-1128.79\text{kJ}\cdot\text{mol}^{-1}\right)\\ &= 130.40\text{kJ}\cdot\text{mol}^{-1}\end{aligned}$$

[1] 高温是指当 $T > \dfrac{\Delta_r H_m}{\Delta_r S_m}$ 时。

由于 $\Delta_r G_m^\ominus(298.15\text{K}) > 0$，故在 298.15 K、标准态下碳酸钙不会自发分解。

（2）$\Delta_r H_m^\ominus(298.15\text{K}) = \sum \nu_i \Delta_f H_m^\ominus$（生成物）$+\sum \nu_i \Delta_f H_m^\ominus$（反应物）

$$= \left(-393.509\text{kJ} \cdot \text{mol}^{-1}\right) + \left(-635.09\text{kJ} \cdot \text{mol}^{-1}\right) + (-1) \times \left(-1206.92\text{kJ} \cdot \text{mol}^{-1}\right)$$

$$= 178.32\text{kJ} \cdot \text{mol}^{-1}$$

$$\Delta_r S_m^\ominus(298.15\text{K}) = \sum \nu_i S_m^\ominus\text{（生成物）} + \sum \nu_i S_m^\ominus\text{（反应物）}$$

$$= 213.74\text{J} \cdot \text{mol}^{-1} \cdot \text{K}^{-1} + 39.75\text{J} \cdot \text{mol}^{-1} \cdot \text{K}^{-1} + (-1) \times 92.9\text{J} \cdot \text{mol}^{-1} \cdot \text{K}^{-1}$$

$$= 160.6\text{J} \cdot \text{mol}^{-1} \cdot \text{K}^{-1}$$

$$\Delta_r G_m^\ominus(298.15\text{K}) = \Delta_r H_m^\ominus(298.15) - T\Delta_r S_m^\ominus(298.15\text{K})$$

$$= 178.32\text{kJ} \cdot \text{mol}^{-1} - 298.15\text{K} \times 160.6 \times 10^{-3}\text{kJ} \cdot \text{mol}^{-1} \cdot \text{K}^{-1}$$

$$= 130.4\text{kJ} \cdot \text{mol}^{-1} > 0$$

由上计算可知，该分解反应是焓增、熵增反应，298.15K、标准压力下不能自发进行。

2.1.3.2　非标准态摩尔吉布斯自由能变（$\Delta_r G_m$）的计算和反应方向的判断

在等温、等压及非标准状态下，对任一反应来说：

$$c\text{C} + d\text{D} \longrightarrow y\text{Y} + z\text{Z}$$

根据热力学推导，反应摩尔吉布斯自由能变有如下关系式：

$$\Delta_r G_m = \Delta_r G_m^\ominus + RT\ln J \tag{2-1-6}$$

此式称为化学反应等温方程式，式中，J 为反应商。

对于气体反应：
$$J = \frac{\{p(\text{Y})/p^\ominus\}^y \{p(\text{Z})/p^\ominus\}^z}{\{p(\text{C})/p^\ominus\}^c \{p(\text{D})/p^\ominus\}^d}$$

对于水溶液中的（离子）反应：
$$J = \frac{\{c(\text{Y})/c^\ominus\}^y \{c(\text{Z})/c^\ominus\}^z}{\{c(\text{C})/c^\ominus\}^c \{c(\text{D})/c^\ominus\}^d}$$

由于固态或液态处于标准态与否对反应的 $\Delta_r G_m$ 影响较小，故它们在反应商 (J) 表达式中不出现。例如反应：

$$\text{MnO}_2(\text{s}) + 4\text{H}^+(\text{aq}) + 2\text{Cl}^-(\text{aq}) \longrightarrow \text{Mn}^{2+}(\text{aq}) + \text{Cl}_2(\text{g}) + 2\text{H}_2\text{O}(\text{l})$$

非标准态时：
$$\Delta_r G_m = \Delta_r G_m^\ominus + RT\ln J$$

式中，$J = \dfrac{\left\{c\left(\text{Mn}^{2+}\right)/c^\ominus\right\}\left\{p\left(\text{Cl}_2\right)/p^\ominus\right\}}{\left\{c\left(\text{H}^+\right)/c^\ominus\right\}^4\left\{c\left(\text{Cl}^-\right)/c^\ominus\right\}^2}$。

【例 2.3】 计算下列可逆反应在 723K 和某非标准态时的 $\Delta_r G_m$ 值，并判断该反应自发进行的方向。

	$2\text{SO}_2(\text{g})$	+ $\text{O}_2(\text{g})$	$\rightleftharpoons 2\text{SO}_3(\text{g})$
非标准态分压 /Pa	1.0×10^4	1.0×10^4	1.0×10^8

解： 根据 $\Delta_r G_m(T) = \Delta_r G_m^\ominus(T) + RT\ln J$，先计算出 $\Delta_r G_m^\ominus(T)$、$RT\ln J$ 两项。

（1）
$$2\text{SO}_2(\text{g}) + \text{O}_2(\text{g}) \rightleftharpoons 2\text{SO}_3(\text{g})$$

$\Delta_f H_m^{\ominus}(298.15K)/(kJ\cdot mol^{-1})$　　−296.830　　0　　−395.72

$S_m^{\ominus}(298.15K)/(J\cdot mol^{-1}\cdot K^{-1})$　　248.22　　205.138　　256.76

$$\begin{aligned}\Delta_r H_m^{\ominus}(298.15K) &= \sum \nu_i \Delta_f H_m^{\ominus}（生成物）+\sum \nu_i \Delta_f H_m^{\ominus}（反应物）\\ &= 2\times(-395.72kJ\cdot mol^{-1}) + \left[(-2)\times(-296.830kJ\cdot mol^{-1})+0\right]\\ &= -197.78kJ\cdot mol^{-1}\end{aligned}$$

$$\begin{aligned}\Delta_r S_m^{\ominus}(298.15K) &= \sum \nu_i S_m^{\ominus}（生成物）+\sum \nu_i S_m^{\ominus}（反应物）\\ &= (2\times 256.76J\cdot mol^{-1}\cdot K^{-1}) + [(-2)\times 248.22J\cdot mol^{-1}\cdot K^{-1}\\ &\qquad +(-1)\times 205.138J\cdot mol^{-1}\cdot K^{-1}]\\ &= -188.06J\cdot mol^{-1}\cdot K^{-1}\end{aligned}$$

$$\begin{aligned}\Delta_r G_m^{\ominus}(723K) &= \Delta_r H_m^{\ominus}(723K) - 723K\times\Delta_r S_m^{\ominus}(723K)\\ &\approx \Delta_r H_m^{\ominus}(298.15K) - 723K\times\Delta_r S_m^{\ominus}(298.15K)\\ &= -197.78kJ\cdot mol^{-1} - 723K\times(-188.06J\cdot mol^{-1}\cdot K^{-1})\\ &= -61813J\cdot mol^{-1}\end{aligned}$$

（2）$$\begin{aligned}RT\ln J &= 2.303RT\lg\frac{\left[p(SO_3)/p^{\ominus}\right]^2}{\left[p(SO_2)/p^{\ominus}\right]^2\left[p(O_2)/p^{\ominus}\right]}\\ &= 2.303\times 8.314J\cdot mol^{-1}\cdot K^{-1}\times 723K\times\lg\frac{\left(1.0\times10^8/1.0\times10^5\right)^2}{\left(1.0\times10^4/1.0\times10^5\right)^2\left(1.0\times10^4/1.0\times10^5\right)}\\ &= 2.303\times 8.314J\cdot mol^{-1}\cdot K^{-1}\times 723K\times 9.0\\ &= 124590.5J\cdot mol^{-1}\end{aligned}$$

（3）$$\begin{aligned}\Delta_r G_m(723K) &= \Delta_r G_m^{\ominus}(723K) + RT\ln J\\ &\approx (-61813+124590.5)J\cdot mol^{-1}\\ &= 62777J\cdot mol^{-1} = 62.777kJ\cdot mol^{-1} > 0\end{aligned}$$

计算结果表明，该反应在本题条件下逆向自发进行。

2.1.4　使用 $\Delta_r G_m$ 判据的条件

根据热力学原理，使用 $\Delta_r G_m$ 判据有三个先决条件。

① 反应体系必须是封闭体系，反应过程中体系与环境之间不得有物质的交换，如不断加入反应物或取走生成物等。

② $\Delta_r G_m$ 只给出了某温度、压力条件下（而且要求始态和终态各物质温度、压力相等）[1]反应的可能性，未必能说明其他温度、压力条件下反应的可能性。例如，反应 $2SO_2(g)+O_2(g) \rightleftharpoons 2SO_3(g)$ 在 298.15K、标准态下 $\Delta_r G_m^{\ominus}$ (298.15K) < 0，反应自发向右进行；而在 723K 和 $p(SO_3)=1.0\times10^8Pa$、$p(SO_2)=p(O_2)=1.0\times10^4Pa$ 的非标准态下，$\Delta_r G_m$ (723K) > 0，反应不能自发向右进行。

③ 反应体系必须不做非体积功（或者不受外界如“场”的影响），反之，判据将不适用。例如 $2NaCl(s) \longrightarrow 2Na(s)+Cl_2(g)$，$\Delta_r G_m > 0$。按热力学原理此反应是不能自发进行的，但如果采

[1] 此问题较复杂，留待物理化学课程中解释。

用电解的方法（环境对体系做电功），则可以强制其向右进行。

最后，对 $\Delta_r G_m^\ominus < 0$ 的某些反应，例如：

$$H_2(g) + \frac{1}{2}O_2(g) \longrightarrow H_2O(l)$$

在 298.15K 和标准态下的 $\Delta_r G_m^\ominus$ (298.15K)=−237.129kJ · mol^{-1} < 0，按理说应该能自发向右进行，但因反应速率极小而实际上可以认为不发生，若有催化剂或点火引发则可剧烈反应，甚至还会发生爆炸。

2.2 化学反应速率

2.2.1 反应速率的定义

2.2.1.1 传统的定义

为了定量地比较反应进行得快慢，引入了反应速率的概念。传统的说法，反应速率是指在一定条件下单位时间内某化学反应的反应物转变为生成物的速率。对于均匀体系的恒容反应，习惯用单位时间内反应物浓度的减少或生成物浓度的增加来表示，而且习惯取正值。浓度单位通常用 $mol \cdot L^{-1}$，时间单位视反应快慢，可分别用秒（s）、分（min）或小时（h）等表示。这样，化学反应速率的单位可为 $mol \cdot L^{-1} \cdot s^{-1}$、$mol \cdot L^{-1} \cdot min^{-1}$、$mol \cdot L^{-1} \cdot h^{-1}$……例如，在给定条件下，合成氨反应：

	N_2	+ $3H_2 \longrightarrow$	$2NH_3$
起始浓度 / $(mol \cdot L^{-1})$	2.0	3.0	0
2s 末浓度 / $(mol \cdot L^{-1})$	1.8	2.4	0.4

该反应平均速率若根据不同物质的浓度变化可分别表示为

$$\bar{v}(N_2) = -\frac{\Delta c(N_2)}{\Delta t} = -\frac{(1.8-2.0)mol \cdot L^{-1}}{(2-0)s} = 0.1 mol \cdot L^{-1} \cdot s^{-1}$$

$$\bar{v}(H_2) = -\frac{\Delta c(H_2)}{\Delta t} = -\frac{(2.4-3.0)mol \cdot L^{-1}}{(2-0)s} = 0.3 mol \cdot L^{-1} \cdot s^{-1}$$

$$\bar{v}(NH_3) = \frac{\Delta c(NH_3)}{\Delta t} = \frac{(0.4-0)mol \cdot L^{-1}}{(2-0)s} = 0.2 mol \cdot L^{-1} \cdot s^{-1}$$

式中，Δt 表示反应的时间，$\Delta c(N_2)$、$\Delta c(H_2)$、$\Delta c(NH_3)$ 分别表示 Δt 时间内反应物 N_2、H_2 和生成物 NH_3 浓度的变化。

显然，在这里 $\bar{v}(N_2):\bar{v}(H_2):\bar{v}(NH_3)$=1∶3∶2，它们之间的比值为反应方程式中相应物质分子式前的系数比。

以上介绍的是在 Δt 时间内的平均速率。某瞬间（即 $\Delta t \to 0$）的反应速率，称为瞬间速率，例如：

$$v(NH_3) = \lim_{\Delta t \to 0} \frac{\Delta c(NH_3)}{\Delta t} = \frac{dc(NH_3)}{dt}$$

可见，同一反应的反应速率，按照传统的定义，当以系统中不同物质表示时，其数值可能有所不同。

2.2.1.2 用反应进度定义的反应速率

按国际纯粹与应用化学联合会（IUPAC）推荐，反应速率的定义为：单位体积内反应进行程度随时间的变化率，即

$$v = \frac{1}{V} \times \frac{d\xi}{dt} \quad (2\text{-}2\text{-}1)$$

式中，V 为体系的体积。将式（1-2-2）代入式（2-2-1）得

$$v = \frac{1}{V}\left(\frac{\nu_B^{-1} dn_B}{dt}\right) = \frac{1}{\nu_B} \times \frac{dn_B}{V dt}$$

对于恒容反应，V 不变，令 $dn_B / V = dc_B$ 则得

$$v = \frac{1}{\nu_B} \times \frac{dc_B}{dt}$$

对于上述 $N_2 + 3H_2 \longrightarrow 2NH_3$ 化学计量方程式：

$$v = \frac{1}{V} \times \frac{d\xi}{dt} = \frac{1}{\nu_B} \times \frac{dc_B}{dt}$$

$$= -\frac{1}{1} \times \frac{dc(N_2)}{dt} = -\frac{1}{3} \times \frac{dc(H_2)}{dt} = \frac{1}{2} \times \frac{dc(NH_3)}{dt}$$

显然，用反应进度定义的反应速率的量值与表示速率物质的选择无关，亦即一个反应就只有一个反应速率值，但与化学计量数有关，所以在表示反应速率时，必须写明相应的化学计量方程式。

2.2.2 反应速率理论

2.2.2.1 碰撞理论

分子碰撞理论认为，反应物分子（或原子、离子）之间必须相互碰撞，才有可能发生化学反应。但是反应物分子之间并不是每一次碰撞都能发生反应。例如，713K 下 H_2 与 I_2 合成 HI(g) 的反应，若 $H_2(g)$ 与 $I_2(g)$ 浓度均为 $0.02 mol \cdot L^{-1}$，碰撞频率高达 1.27×10^{29} 次 /(mL · s)，而其中实际上每发生 10^{13} 次碰撞中才有一次能发生反应，其他绝大多数碰撞是无效的弹性碰撞，不能发生反应。对一般反应来说，事实上只有少数或极少数分子碰撞时能发生反应。能发生反应的碰撞称为有效碰撞。分子发生有效碰撞所必须具备的最低能量若以 E_c 表示，则具有等于或超过 E_c 的分子称为**活化分子**，能量低于 E_c 的分子称为非活化分子或普通分子。

2.2.2.2 过渡状态理论

一定温度下，体系中反应物分子具有一定的平均能量（$\bar{E}$），大部分分子的能量接近 $\bar{E}$ 值，能量大于 $\bar{E}$ 或小于 $\bar{E}$ 值的分子只占极少数或少数。非活化分子要吸收足够的能量才能转变为活化分子。活化分子具有的平均能量（$\bar{E}^*$）与反应物分子的平均能量（$\bar{E}$）之差称为反应的活化能[1](E_a)：

$$E_a = \bar{E}^* - \bar{E}$$

例如，N_2O_5 的分解反应：

$$N_2O_5(g) \longrightarrow 2NO_2(g) + \frac{1}{2}O_2(g)$$

[1] 自1889年瑞典人Arrhenius提出反应活化能概念以来，化学教育界对其定义有不同的说法。本书采用的是近20多年来国内学术界主要采用的 Tolman 的说法。

325K 时 N_2O_5 的 $\bar{E}^* = 106.13\text{kJ}\cdot\text{mol}^{-1}$，$\bar{E} = 4.03\text{kJ}\cdot\text{mol}^{-1}$

$$E_a = \bar{E}^* - \bar{E} = (106.13 - 4.03)\text{kJ}\cdot\text{mol}^{-1} = 102.10\text{kJ}\cdot\text{mol}^{-1}$$

每一个反应都有其特定的活化能。E_a 可以通过实验测出，所以属经验活化能。大多数化学反应的活化能约为 60～250$\text{kJ}\cdot\text{mol}^{-1}$。活化能小于 42$\text{kJ}\cdot\text{mol}^{-1}$ 的反应，活化分子百分数大，有效碰撞次数多，反应速率很大，可瞬间进行，如酸碱中和反应等。活化能大于 420$\text{kJ}\cdot\text{mol}^{-1}$ 的反应，其反应速率则很小。例如：

$$(NH_4)_2S_2O_8 + 3KI \longrightarrow (NH_4)_2SO_4 + K_2SO_4 + KI_3$$

$E_a = 56.7\text{kJ}\cdot\text{mol}^{-1}$，活化能较小，反应速率较大。

$$2SO_2(g) + O_2(g) \longrightarrow 2SO_3(g)$$

E_a=250.8$\text{kJ}\cdot\text{mol}^{-1}$，活化能较大，反应速率较小。

可见，反应的活化能是决定化学反应速率大小的重要因素。反应活化能越小，反应速率越大。

碰撞理论较好地解释了有效碰撞，但它不能说明反应过程及其能量的变化，为此，过渡状态理论应运而生。

过渡状态理论认为：化学反应在碰撞后先要经过一个中间的过渡状态，即首先形成一种活性基团（活化配合物），然后再分解为产物。例如 NO_2 和 CO 的反应中，当 NO_2 和 CO 的活化分子碰撞之后，就形成了一种活化配合物 [ONOCO]，如图 2.1 所示。

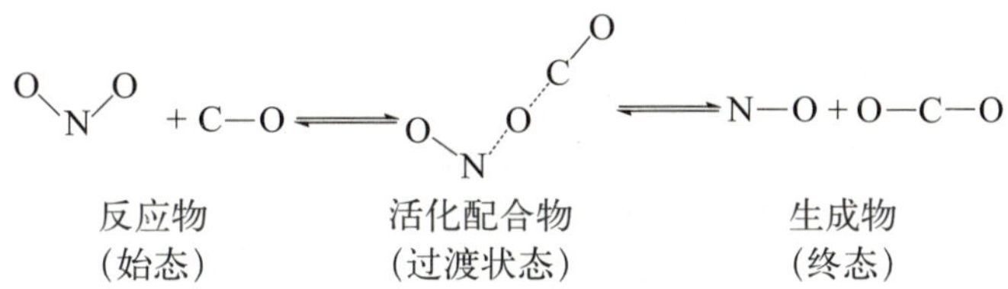

图 2.1　NO_2 和 CO 的反应过程

活化配合物中的价键结构处于原有化学键被削弱、新化学键正在形成的一种过渡状态，其势能较高［由（NO_2+CO）活化分子对相对运动的平动能转化而来］，极不稳定，因此活化配合物一经形成就极易分解。它既可分解为产物 NO 和 CO_2，也可分解为原反应物。当活化配合物 [ONOCO] 中靠近 C 原子的那一个 N—O 键完全断开，新形成的 O—C 键进一步强化时，即形成了产物 NO 和 CO_2，此时整个体系的势能降低，反应即完成。图 2.2 中，c 点对应的能量为基态活化配合物 [ONOCO] 的势能，a、b 点对应的能量分别为基态反应物（NO_2+CO）分子对、基态生成物（NO+CO_2）分子对的势能。$E_{b,正}$、$E_{b,逆}$分别表示基态活化配合物 [ONOCO] 与基态反应物（NO_2+CO）分子对、基态生成物（NO+CO_2）分子对的势能差。在过渡状态理论中，活化能是指使反应进行所必须克服的势能垒，因而属理论活化能范畴。由此可见，过渡状态理论中活化能的定义与分子碰撞理论中活化能的定义有所不同，但其含义实质上是一致的，而且 E_b 的数值与 E_a 也差别很小。

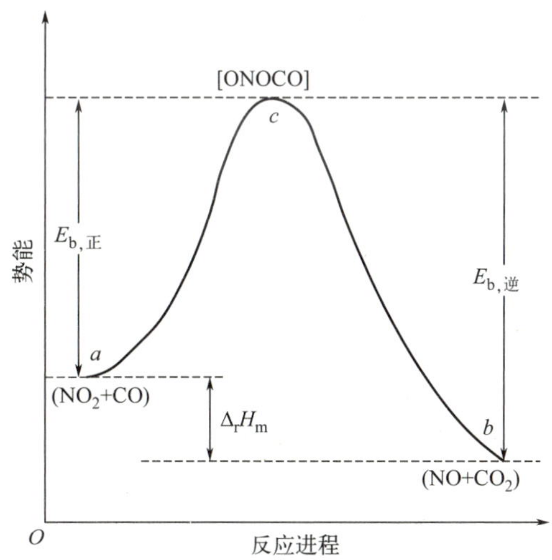

图 2.2　反应过程中势能变化示意图

2.2.3　影响化学反应速率的因素

化学反应速率的大小，首先取决于反应物的本性。此外，反应速率还与反应物的浓度（或压力）、温度和催化剂等因素有关。

2.2.3.1 浓度（或压力）对反应速率的影响

实验表明：在一定温度下，基元反应的反应速率与各反应物浓度幂（幂次等于反应方程式中该物质分子式前的系数）的乘积成正比，这一规律称为质量作用定律。对某一基元反应：

$$cC + dD \longrightarrow yY + zZ$$

表示式为

$$v = k_c\{c(C)\}^c\{c(D)\}^d \tag{2-2-2}$$ [1]

式中，v 为反应的瞬时速率；物质的浓度为瞬时浓度；k_c 称为反应速率常数。式（2-2-2）称为经验速率方程。例如：

（1）$2NO_2 \longrightarrow 2NO + O_2$

$$v_1 \propto \{c(NO_2)\}^2$$

$$v_1 = k_1\{c(NO_2)\}^2$$

（2）$NO_2 + CO \longrightarrow NO + CO_2$

$$v_2 \propto c(NO_2)c(CO)$$

$$v_2 = k_2c(NO_2)c(CO)$$

一定温度下，不同反应的 k 值往往不同。对同一个反应来说，k 值与反应物浓度、分压无关，只与反应的性质、温度及催化剂等因素有关。k 值越大，表明给定条件下的反应速率越大。

必须指出，质量作用定律只适用于由反应物一步就直接转变为生成物的反应——基元反应（亦称简单反应）。大多数化学反应其反应物要经过若干步基元反应才能转变为生成物，这类复杂反应称为**非基元反应**。对非基元反应来说，质量作用定律只适用于非基元反应中的每一步基元反应，因此，一般不能根据非基元反应的总反应式直接书写速率方程。例如，非基元反应：$2NO+2H_2 \longrightarrow N_2+2H_2O$，根据实验测定结果，该反应的速率方程为

$$v = k\{c(NO)\}^2c(H_2)$$

而不是

$$v = k\{c(NO)\}^2\{c(H_2)\}^2$$

原因是该反应实际上分两步进行：

第一步（慢）　$2NO + H_2 \longrightarrow N_2 + H_2O_2$

第二步（快）　$H_2O_2 + H_2 \longrightarrow 2H_2O$

由于第一步反应进行得慢，成为影响整个非基元反应快慢的决定性步骤，所以总反应的快慢就取决于第一步反应的速率，即

$$v = k\{c(NO)\}^2c(H_2)$$

在书写速率方程式时，请注意以下情况：

① 稀溶液中的化学反应，即溶剂也参与反应，其速率方程中不必列出溶剂的浓度。因为在稀溶液中，溶剂量相对很大，在整个反应过程中，溶剂量变化甚微，因此溶剂的浓度可近似地看作常数而合并到速率常数项中。例如蔗糖稀溶液中，蔗糖水解为葡萄糖和果糖的反应：

$$\underset{\text{蔗糖}}{C_{12}H_{22}O_{11}} + \underset{\text{溶剂}}{H_2O} \xrightarrow{\text{酸催化}} \underset{\text{葡萄糖}}{C_6H_{12}O_6} + \underset{\text{果糖}}{C_6H_{12}O_6}$$

根据质量作用定律　$v = k'c(C_{12}H_{22}O_{11})c(H_2O)$

[1] 若反应物为气体，式（2-2-2）可改写为 $v = k_p\{p(C)\}^c\{p(D)\}^d$

令
$$k_c = k'c(H_2O)$$

可得
$$v = k_c c(C_{12}H_{22}O_{11})$$

由此可见，若反应过程中，某一反应物的浓度变化甚微时，速率方程式中不必列出该物质的浓度。

② 固体或纯液体参加的化学反应，如果它们不溶于其他反应介质，则不存在“浓度”的概念，而它们的“密度”各有定值，可体现在 k 内。因此，在速率方程式中不必列出固体或纯液体的“浓度”项。

2.2.3.2　温度对反应速率的影响

阿伦尼乌斯公式

温度对反应速率的影响比较复杂。

1884 年，荷兰物理化学家 J.H.Van't Hoff 根据实验事实归纳出一条经验规则：反应温度每升高 10K，反应速率或反应速率常数一般增大 2～4 倍。即

$$\frac{v_{(T+10\,K)}}{v_T} = \frac{k_{(T+10\,K)}}{k_T} = 2 \sim 4$$

例如，N_2O_5 分解为 NO_2 和 O_2 的反应，308K 时的反应速率为 298K 时的 3.81 倍。研究表明，升高温度不仅能使分子间碰撞次数增多，更重要的是更多的分子获得能量转变为活化分子。因此，对大多数化学反应来说，温度升高，反应速率增大。

2.2.3.3　催化剂对反应速率的影响

催化剂是那些能显著改变反应速率，而在反应前后自身组成、质量和化学性质基本不变的物质。其中，能加快反应速率的称为正催化剂；能减慢反应速率的称为负催化剂。例如合成氨生产中使用的铁，硫酸生产中使用的 V_2O_5，以及促进生物体化学反应的各种酶（如淀粉酶、蛋白酶、脂肪酶等）均为正催化剂；减慢金属腐蚀的缓蚀剂，防止橡胶、塑料老化的防老剂等均为负催化剂。不过通常所说的催化剂一般是指正催化剂。催化剂之所以能显著地增大化学反应速率，是由于催化剂的加入，与反应物之间形成一种势能较低的活化配合物，改变了反应的历程，与无催化反应的历程相比较，所需的活化能显著地降低（如图 2.3 所示，$E_b > E'_b$），从而使活化分子百分数和有效碰撞次数增多，导致反应速率增大。表 2.2 列举了某些催化剂对若干化学反应活化能的影响。

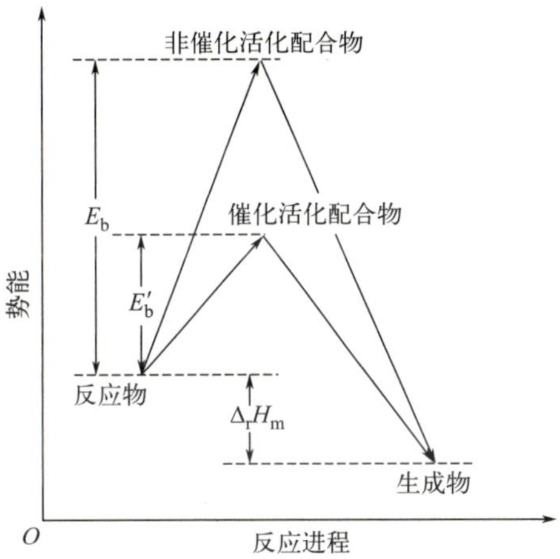

图 2.3　催化剂改变放热反应活化能示意图

表 2.2　某些催化剂对若干化学反应活化能的影响

化学反应式	E_b(非催化) / (kJ · mol^{-1})	E'_b(催化) / (kJ · mol^{-1})
$2SO_2 + O_2 \longrightarrow 2SO_3$	251	63（Pt）
$2N_2O \longrightarrow 2N_2 + O_2$	245	136（Pt）
$2HI \longrightarrow H_2 + I_2$	183.1	58（Pt）
$N_2 + 3H_2 \longrightarrow 2NH_3$	326.4	176（Fe）
$CH_3CHO \xrightarrow{791K} CH_4 + CO$	190.4	136.0（碘蒸气）
$C_{12}H_{22}O_{11}$（蔗糖）$+ H_2O \longrightarrow C_6H_{12}O_6$（果糖）$+ C_6H_{12}O_6$（葡萄糖）	1340	109（H^+） 48.1（转化酶）

研究表明，在化学反应前后，虽然催化剂的组成、质量和化学性质不发生变化，但在许多催化反应中发现它实际上参与了化学反应，而且发生相应的变化，只不过在反应后又被复原。例如，SO_2 和 O_2 生成 SO_3 的反应，加入 NO 作催化剂后改变了 SO_2 转变为 SO_3 的反应历程：

第一步：$2NO(g)+O_2(g) \longrightarrow 2NO_2(g)$（反应较快）

第二步：$2SO_2(g)+2NO_2(g) \longrightarrow 2SO_3(g)+2NO(g)$（反应很快）

总反应式：$2SO_2(g)+O_2(g) \xrightarrow{NO(g)} 2SO_3(g)$（反应较快）

以上两步反应所需的活化能比原来未加 NO 催化剂的反应所需的活化能小，所以反应速率增大；而第一步反应消耗掉的 NO(g) 在第二步反应中又获得再生。

需要注意以下几点：

① 催化剂只能通过改变反应途径来改变反应速率，但不能改变反应的焓变 ($\Delta_r H_m$)、方向和限度。

② 在反应速率方程中，催化剂对反应速率的影响体现在反应速率常数 (k) 内。对确定反应来说，反应温度一定时，采用不同的催化剂一般有不同的 k 值。

③ 对同一可逆反应来说，催化剂等值地降低了正、逆反应的活化能。

④ 催化剂具有选择性。某一反应或某一类反应使用的催化剂往往对其他反应无催化作用。化工生产上，在复杂的反应系统中常常利用催化剂加速反应并抑制其他反应的进行，以提高产品的质量和产量。

催化剂在现代化学、化工中起着极为重要的作用。据统计，化工生产中约有 85% 的化学反应需要使用催化剂。

2.2.3.4 其他因素对反应速率的影响

物系中物理状态和化学组成完全相同的均匀部分称为一个“相”。根据体系和相的概念，可以把化学反应分为单相反应和多相反应两类。

单相反应（均匀系反应）：反应体系中只存在一个相的反应。例如气相反应、某些液相反应均属单相反应。

多相反应（不均匀系反应）：反应体系中同时存在着两个或两个以上相的反应。例如气 - 固相反应（如煤的燃烧、金属表面的氧化等）、固 - 液相反应（如金属与酸的反应）、固 - 固相反应（如水泥生产中的若干主反应等）、某些液 - 液相反应（如油脂与 NaOH 水溶液的反应）等均属多相反应。

在多相反应中，由于反应在相与相间的界面上进行，因此多相反应的反应速率除了上述的几种因素外，还可能与反应物接触面大小和接触机会多少有关。为此，化工生产上往往把固态反应物先行粉碎、拌匀，再进行反应；将液态反应物喷淋、雾化，使其与气态反应物充分混合、接触；对于溶液中进行的多相反应则普遍采用搅拌、振荡的方法，强化扩散作用，增加反应物的碰撞频率并使生成物及时脱离反应界面。

此外，超声波、激光以及高能射线的作用，也可能影响某些化学反应的反应速率。

2.3 化学反应的限度

2.3.1 可逆反应与化学平衡

事实上，仅有少数的化学反应其反应物能全部转变为生成物，亦即反应能进行到底。例如：

$$\mathrm{HCl + NaOH \longrightarrow NaCl + H_2O}$$

$$\mathrm{2KClO_3 \xrightarrow[\triangle]{MnO_2} 2KCl + 3O_2}$$

这类反应称为**不可逆反应**。但大多数反应不是如此。例如，SO_2 转化为 SO_3 的反应，当压力为 101.3kPa、温度为 773K，SO_2 与 O_2 以 2∶1 体积比在密闭容器内进行反应时，在反应“终止”后，SO_2 转化为 SO_3 的最大转化率为 90%，这是因为 SO_2 与 O_2 生成 SO_3 的同时，部分 SO_3 在相同条件下又分解为 SO_2 和 O_2。这种在同一条件下可同时向正、逆两个方向进行的反应称为**可逆反应**。上述反应表示为

$$\mathrm{2SO_2(g) + O_2(g) \xrightleftharpoons{V_2O_5} 2SO_3(g)}$$

在一定的温度下，定量的反应物在密闭容器内进行可逆反应，随着反应物不断消耗、生成物不断增加，正反应速率将不断减小，逆反应速率将不断增大，直至某时刻，反应进行到一定程度，正反应速率和逆反应速率相等，各反应物、生成物的浓度不再变化，即反应进行到了极限，这时反应体系所处的状态称为“化学平衡”，如图 2.4 所示。

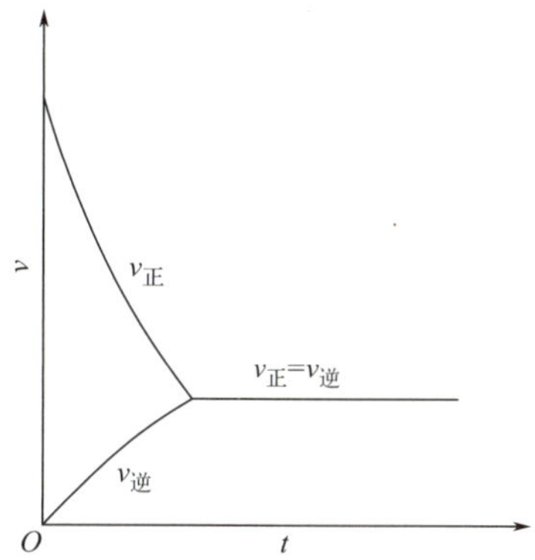

图 2.4 可逆反应的反应速率变化示意图

化学平衡具有以下特征：

① 化学平衡状态最主要的特征是可逆反应的正、逆反应速率相等（$v_{正} = v_{逆}$）。因此可逆反应达到平衡后，只要外界条件不变，反应体系中各物质的量将不随时间而变。

② 化学平衡是一种动态平衡。反应体系达到平衡后，反应似乎是“终止”了，但实际上正反应和逆反应始终都在进行着，反应物与生成物处于动态平衡。

③ 化学平衡是有条件的。化学平衡只能在一定的外界条件下才能保持，当外界条件改变时，原平衡就会被破坏，随后在新的条件下建立起新的平衡。

2.3.2 平衡常数

2.3.2.1 实验平衡常数

实验发现：任何可逆反应，不管反应始态如何，在一定温度下达平衡时，各生成物平衡浓度幂的乘积与反应物平衡浓度幂的乘积之比值为一常数，称为**化学平衡常数**。其中，以浓度表示的称为浓度平衡常数 (K_c)，以分压表示的称为压力平衡常数 (K_p)。例如，反应：

$$c\mathrm{C(g)} + d\mathrm{D(g)} \rightleftharpoons y\mathrm{Y(g)} + z\mathrm{Z(g)}$$

$$K_c = \frac{\{c(\mathrm{Y})\}^y \{c(\mathrm{Z})\}^z}{\{c(\mathrm{C})\}^c \{c(\mathrm{D})\}^d} \tag{2-3-1}$$

$$K_p = \frac{\{p(\mathrm{Y})\}^y \{p(\mathrm{Z})\}^z}{\{p(\mathrm{C})\}^c \{p(\mathrm{D})\}^d} \tag{2-3-2}$$

$$\Delta n = (y + z) - (c + d)$$

由于 K_c 和 K_p 都是把实验测定值直接代入平衡常数表达式中计算所得，因此它们均属**实验平衡常数**（或经验平衡常数），其数值和量纲随分压或浓度所用的单位不同而异，其量纲一般不为 1，除非 Δn=0 时量纲为 1。

平衡常数是表明给定条件下该化学反应所能进行的限度（亦即反应所能达到或完成的最大程

度）的一种特征值。在一定温度下，不同的反应各有其特定的平衡常数。平衡常数越大，表示正反应进行得越完全。平衡常数值与温度及反应式的书写形式有关，但不随浓度、压力而变。利用平衡常数表达式计算平衡常数时，固体、纯液体或稀溶液的溶剂的“浓度项”不必列出。

【例 2.4】 实验测知，制备水煤气的反应：

$$C(s)+H_2O(g) \rightleftharpoons CO(g)+H_2(g)$$

在 1000K 下达到平衡时，$c(CO)=c(H_2)=7.6\times10^{-3}mol\cdot L^{-1}$，$c(H_2O)=4.6\times10^{-3}mol\cdot L^{-1}$；平衡分压分别为$p(CO)=p(H_2)=0.63\times10^5Pa$、$p(H_2O)=0.38\times10^5Pa$。试计算该反应的$K_c$、$K_p$。

解：

$$C(s)+H_2O(g) \rightleftharpoons CO(g)+H_2(g)$$

	$H_2O(g)$	$CO(g)$	$H_2(g)$
平衡浓度 /($10^{-3}mol\cdot L^{-1}$)	4.6	7.6	7.6
平衡分压 /10^5Pa	0.38	0.63	0.63

则

$$K_c=\frac{c(CO)c(H_2)}{c(H_2O)}=\frac{\left(7.6\times10^{-3}mol\cdot L^{-1}\right)^2}{\left(4.6\times10^{-3}mol\cdot L^{-1}\right)}$$

$$=1.2\times10^{-2}mol\cdot L^{-1}$$

$$K_p=\frac{p(CO)p(H_2)}{p(H_2O)}=\frac{\left(0.63\times10^5Pa\right)^2}{0.38\times10^5Pa}$$

$$=1.0\times10^5Pa$$

对于气相反应，反应物和生成物均为理想气体时，其K_p与K_c的关系式为$K_p=K_c(RT)^{\Delta n}$，此处R的取值和量纲随压力所取单位而有所不同（表 2.3）。

表 2.3　*R* 的取值

压力单位（符号）	*R* 值
大气压 (atm[1])	$0.0821atm\cdot dm^3\cdot mol^{-1}\cdot K^{-1}$
巴 (bar)	$0.0831bar\cdot dm^3\cdot mol^{-1}\cdot K^{-1}$
帕 [斯卡](Pa)	$8.314Pa\cdot m^3\cdot mol^{-1}\cdot K^{-1}$

2.3.2.2　标准平衡常数（$K^\ominus$）

平衡常数也可由化学反应等温方程式导出，根据式（2-1-6）：

$$\Delta_r G_m=\Delta_r G_m^\ominus+RT\ln J$$

若体系处于平衡状态，则$\Delta_r G_m=0$，并且反应商J项中各气体物质的分压或各溶质的浓度均指平衡分压或平衡浓度，亦即$J=K^\ominus$。这时：

$$\Delta_r G_m^\ominus+RT\ln K^\ominus=0$$

得

$$\Delta_r G_m^\ominus=-RT\ln K^\ominus=-2.303RT\lg K^\ominus \tag{2-3-3}$$

$$\lg K^\ominus=-\frac{\Delta_r G_m^\ominus}{2.303RT} \tag{2-3-4}$$

式（2-3-3）中的$K^\ominus$称为**标准平衡常数**（旧称热力学平衡常数），式（2-3-4）反映了标准平衡常数$K^\ominus$与$\Delta_r G_m^\ominus$、T之间的关系，对于可逆反应：

$$S^{2-}(aq)+2H_2O(l) \rightleftharpoons H_2S(g)+2OH^-(aq)$$

标准平衡常数（$K^\ominus$）的表达式被规定为[2]

[1] 1atm=101.325kPa。

[2] 这样规定的目的是把$K^\ominus$变成量纲为 1 或旧称无量纲的纯数，以便在计算中能满足取对数的要求。

$$K^{\ominus}=\frac{\{p(H_2S)/p^{\ominus}\}\cdot\{c(OH^-)/c^{\ominus}\}^2}{\{c(S^{2-})/c^{\ominus}\}}$$

与实验平衡常数表达式相比，不同之处在于每种溶质的平衡浓度项均应除以标准浓度，每种气体物质的平衡分压均应除以标准压力。可见按照传统的说法，$K^{\ominus}$ 是无量纲的，但按照新国标（GB/T 3102.8—93）的说法，$K^{\ominus}$ 为量纲一的量。

事实上对于凝聚态反应或 $\sum \nu_{B(g)}=0$ 的气相反应，标准压力改变后化学反应的标准平衡常数基本不变或变化值远小于实验误差。

标准平衡常数只与温度有关，与压力选用何种单位无关；但实验平衡常数不仅与以浓度表示还是以压力表示有关，而且与压力选用何种单位有关。

【例 2.5】 根据【例 2.4】给出的条件，计算 1000K 下制备水煤气反应的标准平衡常数。

解：

$$C(s)+H_2O(g)\rightleftharpoons CO(g)+H_2(g)$$

$$K^{\ominus}=\frac{\{p(CO)/p^{\ominus}\}\{p(H_2)/p^{\ominus}\}}{\{p(H_2O)/p^{\ominus}\}}$$

$$=\frac{\left(0.63\times10^5\,Pa/1\times10^5\,Pa\right)^2}{\left(0.38\times10^5\,Pa/1\times10^5\,Pa\right)}=1.0$$

【例 2.6】 试写出反应：$C(s)+CO_2(g)\rightleftharpoons 2CO(g)$ 的标准平衡常数表达式，并分别求出温度为 298.15K 和 1173K 时的平衡常数 $K^{\ominus}$（按焓变和熵变不随温度变化考虑）。

解：

$$C(s)+CO_2(g)\rightleftharpoons 2CO(g)$$

$$K^{\ominus}=\frac{\{p(CO)/p^{\ominus}\}^2}{\{p(CO_2)/p^{\ominus}\}}$$

由附录 4 查得：

	C(s) +	$CO_2(g)\rightleftharpoons$	2CO(g)
$\Delta_f H_m^{\ominus}/(kJ\cdot mol^{-1})$	0	−393.509	−110.525
$S_m^{\ominus}/(J\cdot mol^{-1}\cdot K^{-1})$	5.740	213.74	197.674
$\Delta_f G_m^{\ominus}/(kJ\cdot mol^{-1})$	0	−394.359	−137.168

$$\Delta_r G_m^{\ominus}=\sum\nu_i\Delta_f G_m^{\ominus}(\text{生成物})+\sum\nu_i\Delta_f G_m^{\ominus}(\text{反应物})$$

$$=-137.168kJ\cdot mol^{-1}\times2+(-1)\times(-394.359kJ\cdot mol^{-1})$$

$$=120.023kJ\cdot mol^{-1}$$

$$\Delta_r G_m^{\ominus}=-2.303RT\lg K^{\ominus}$$

$$\lg K^{\ominus}(298.15K)=-\frac{120.023\times10^3\,J\cdot mol^{-1}}{2.303\times8.314J\cdot mol^{-1}K^{-1}\times298.15K}$$

$$=-21.02$$

$$K^{\ominus}(298.15K)=9.5\times10^{-22}$$

$$\Delta_r H_m^{\ominus}(298.15K)=\sum\nu_i\Delta_f H_m^{\ominus}(\text{生成物})+\sum\nu_i\Delta_f H_m^{\ominus}(\text{反应物})$$

$$=2\times\left(-110.525kJ\cdot mol^{-1}\right)+(-1)\times\left(-393.509kJ\cdot mol^{-1}\right)$$

$$=172.459kJ\cdot mol^{-1}$$

$$\Delta_r S_m^{\ominus}(298.15K)=\sum\nu_i S_m^{\ominus}（\text{生成物}）+\sum\nu_i S_m^{\ominus}（\text{反应物}）$$

$$=2\times(197.674J\cdot mol^{-1}\cdot K^{-1})+(-1)\times213.74J\cdot mol^{-1}\cdot K^{-1}$$

$$+(-1)\times 5.740\text{J}\cdot\text{mol}^{-1}\cdot\text{K}^{-1}$$

$$=175.87\text{J}\cdot\text{mol}^{-1}\cdot\text{K}^{-1}$$

$$\Delta_r G_m^\ominus(T)\approx\Delta_r H_m^\ominus(298.15\text{K})-T\Delta_r S_m^\ominus(298.15\text{K})$$

$$\Delta_r G_m^\ominus(1173\text{K})\approx 172.459\text{J}\cdot\text{mol}^{-1}\times 10^3-1173\text{K}\times 175.87\text{J}\cdot\text{mol}^{-1}\cdot\text{K}^{-1}$$

$$=-33836.51\text{J}\cdot\text{mol}^{-1}$$

$$\lg K^\ominus(1173\text{K})=-\frac{\Delta_r G_m^\ominus(1173\text{K})}{2.303RT}$$

$$=\frac{33836.51\text{J}\cdot\text{mol}^{-1}}{2.303\times 8.314\text{J}\cdot\text{mol}^{-1}\cdot\text{K}^{-1}\times 1173\text{K}}$$

$$=1.507$$

$$K^\ominus(1173\text{K})=32.14$$

2.3.2.3 多重平衡规则

相同温度下，假设存在多个化学平衡体系，且各有其对应的$\Delta_r G_m^\ominus$和$K^\ominus$；

（1）$N_2(g)+O_2(g)\rightleftharpoons 2NO(g)$；$K_1^\ominus$ $\Delta_r G_1^\ominus$

（2）$2NO(g)+O_2(g)\rightleftharpoons 2NO_2(g)$；$K_2^\ominus$ $\Delta_r G_2^\ominus$

（3）$N_2(g)+2O_2(g)\rightleftharpoons 2NO_2(g)$；$K_3^\ominus$ $\Delta_r G_3^\ominus$

由赫斯定律可知：

$$\text{反应}(1)+\text{反应}(2)=\text{反应}(3)$$

$$\Delta_r G_1^\ominus+\Delta_r G_2^\ominus=\Delta_r G_3^\ominus$$

根据 $\Delta_r G_m^\ominus=-RT\ln K^\ominus$

$$RT\ln K_1^\ominus+RT\ln K_2^\ominus=RT\ln K_3^\ominus$$

$$\ln K_1^\ominus K_2^\ominus=\ln K_3^\ominus$$

$$K_1^\ominus K_2^\ominus=K_3^\ominus$$

由此可见，当几个反应式相加得到另一反应式时，其平衡常数等于几个反应平衡常数之积，此规则称为**多重平衡规则**。应用多重平衡规则，可以由若干个已知反应的平衡常数求得某个反应的平衡常数，而无须通过实验。

【例 2.7】 已知下列反应在 1123K 时的标准平衡常数：

（1）C（石墨）$+CO_2(g)\rightleftharpoons 2CO(g)$；$K_1^\ominus=1.3\times 10^{14}$

（2）$CO(g)+Cl_2(g)\rightleftharpoons COCl_2(g)$；$K_2^\ominus=6.0\times 10^{-3}$

计算反应（3）$2COCl_2(g)\rightleftharpoons$ C（石墨）$+CO_2(g)+2Cl_2(g)$ 在 1123K 时的$K^\ominus$。

解:（2）式乘 2 得（4）式，（4）式加（1）式得（5）式：

（4）$2CO(g)+2Cl_2(g)\rightleftharpoons 2COCl_2(g)$　　$K_4^\ominus=(K_2^\ominus)^2$

+（1）C（石墨）$+CO_2(g)\rightleftharpoons 2CO(g)$　　$K_1^\ominus$

（5）C（石墨）$+CO_2(g)+2Cl_2(g)\rightleftharpoons 2COCl_2(g)$　　$K_5^\ominus$

$$K_5^\ominus=K_4^\ominus K_1^\ominus=(K_2^\ominus)^2K_1^\ominus$$

由于（3）式为（5）式的逆反应，则

$$K_3^{\ominus}=\frac{1}{K_5^{\ominus}}=\frac{1}{(K_2^{\ominus})^2K_1^{\ominus}}=\frac{1}{(6.0\times10^{-3})^2\times1.3\times10^{14}}$$

$$=2.1\times10^{-10}$$

2.3.3　化学平衡的计算

某一反应物的平衡转化率是指化学反应达平衡后，该反应物转化为生成物，从理论上能达到的最大转化率（以α表示）：

$$\alpha=\frac{\text{某反应物已转化的量}}{\text{反应开始时该反应物的总量}}\times100\%$$

若反应前后体积不变，又可表示为

$$\alpha=\frac{\text{某反应物起始浓度}-\text{某反应物平衡浓度}}{\text{反应物的起始浓度}}\times100\%$$

转化率越大，表示正反应进行程度越大。转化率与平衡常数有所不同，转化率与反应体系的起始状态有关，而且必须明确是指反应物中的哪种物质的转化率。

注意：“转化率”是对反应物（即原料）而言的；“产率”（或“收率”）是对所指的某产物而言的。产率的定义为：某产物的实际产量在原料全部转变为该产物应得到的产物量中所占的百分数，即

$$\text{产率}=\frac{\text{某产物的实际产量}}{\text{原料全部转变为该产物应得的产物量}}\times100\%$$

【例 2.8】 763.8K 时，反应 $H_2(g)+I_2(g)\rightleftharpoons 2HI(g)$ 的 $K_c=45.7$ 。

（1）如果反应开始时 H_2 和 I_2 的浓度均为 $1.00mol\cdot L^{-1}$，求反应达平衡时各物质的平衡浓度及 I_2 的平衡转化率。

（2）假定平衡时要求有 $90\%I_2$ 转化为 HI，开始时 I_2 和 H_2 应按怎样的浓度比混合？

解：（1）设达平衡时 $c(HI)=x mol\cdot L^{-1}$

	$H_2(g)$	+	$I_2(g)$	$\rightleftharpoons$	$2HI(g)$
始态浓度 /$(mol\cdot L^{-1})$	1.00		1.00		
变化浓度 /$(mol\cdot L^{-1})$	$-\frac{x}{2}$		$-\frac{x}{2}$		$+x$
平衡浓度 /$(mol\cdot L^{-1})$	$1.00-\frac{x}{2}$		$1.00-\frac{x}{2}$		x

则

$$K_c=\frac{\{c(HI)\}^2}{c(H_2)c(I_2)}=\frac{x^2}{\left(1.00-\frac{x}{2}\right)\left(1.00-\frac{x}{2}\right)}=45.7$$

$$x=1.54$$

所以平衡时各物质的浓度为

$$c(H_2)=c(I_2)=(1.00-1.54/2)mol\cdot L^{-1}=0.23mol\cdot L^{-1}$$

$$c(HI)=1.54mol\cdot L^{-1}$$

I_2 的平衡转化率　　$\alpha=(0.77/1.00)\times100\%=77\%$

（2）设开始时　　$c(H_2)=x mol\cdot L^{-1}$

$$c(I_2) = y\text{mol} \cdot L^{-1}$$

	$H_2(g)$	+ $I_2(g)$	$\rightleftharpoons$ $2HI(g)$
始态浓度 /$(\text{mol} \cdot L^{-1})$	x	y	0
平衡浓度 /$(\text{mol} \cdot L^{-1})$	$x-0.90y$	$y-0.90y$	$1.8y$

则
$$K_c = \frac{\{c(HI)\}^2}{c(I_2)c(H_2)}$$

因为温度不变，故 K_c 值仍为 45.7：

$$K_c = \frac{(1.8y)^2}{(x-0.90y)(y-0.90y)} = 45.7$$

$$x / y = 1.6 / 1.0$$

所以当开始时 H_2 和 I_2 的浓度若以 1.6:1.0 混合，I_2 的平衡转化率可达 90%。

【例 2.9】 在容积为 5.00L 的容器中装有等物质的量的 $PCl_3(g)$ 和 $Cl_2(g)$。在 523K 下反应：

$$PCl_3(g) + Cl_2(g) \longrightarrow PCl_5(g)$$

达平衡时，$p(PCl_5) = p^\ominus, K^\ominus = 0.767$，求：

（1）开始装入的 PCl_3 及 Cl_2 的物质的量；

（2）PCl_3 的平衡转化率。

解：（1）设 $PCl_3(g)$ 及 $Cl_2(g)$ 始态分压为 x。

	$PCl_3(g)$	+ $Cl_2(g)$	$\rightleftharpoons$ $PCl_5(g)$
始态分压 /Pa	x	x	0
平衡分压 /Pa	$x-p^\ominus$	$x-p^\ominus$	$p^\ominus$

$$K^\ominus = \frac{\{p(PCl_5)/p^\ominus\}}{\{(x-p^\ominus)/p^\ominus\}|(x-p^\ominus)/p^\ominus|}$$

$$0.767 = \frac{1}{\{(x-10^5\,\text{Pa})/10^5\,\text{Pa}\}^2}$$

$$x = 214155\text{Pa}$$

$$n(PCl_3) = n(Cl_2) = \frac{pV}{RT}$$

$$= \frac{214155\text{Pa} \times 5.00 \times 10^{-3}\,\text{m}^3}{8.314\text{Pa} \cdot \text{m}^3 \cdot \text{K}^{-1} \cdot \text{mol}^{-1} \times 523\text{K}}$$

$$= 0.246\text{mol}$$

（2）$\alpha(PCl_5) = \dfrac{p^\ominus}{x} \times 100\% = \dfrac{10^5\,\text{Pa}}{214155\text{Pa}} \times 100\%$

$= 47.0\%$

2.4 化学平衡的移动

外界条件改变使可逆反应从一种平衡状态向另一种平衡状态转变的过程，称为化学平衡的移动。如上所述，从质的变化角度来说，化学平衡是可逆反应的正、逆反应速率相等时的状态；从能量变化角度说，可逆反应达平衡时，$\Delta_r G_m = 0$，$J = K^{\ominus}$。因此一切能导致 $\Delta_r G_m$ 或 J 值发生变化的外界条件（浓度、压力、温度）都会使平衡发生移动。

2.4.1 浓度对化学平衡的影响

对于某一可逆反应：

$$cC + dD \rightleftharpoons yY + zZ$$

在一定温度下，根据式（2-1-6）$\Delta_r G_m = \Delta_r G_m^{\ominus} + RT\ln J$ 和式（2-3-3）$\Delta_r G_m^{\ominus} = -RT\ln K^{\ominus}$ 可得：

$$\Delta_r G_m = -RT\ln K^{\ominus} + RT\ln J = RT\ln\frac{J}{K^{\ominus}} \tag{2-4-1}$$

式（2-4-1）称为化学反应等温方程式。它表明了在等温、等压条件下，化学反应自由能变化与反应的 $K^{\ominus}$、参加反应的各物质浓度（或分压）之间的关系。应用最小自由能原理，并结合此等温方程式可判断平衡移动的方向。当

$$\Delta_r G_m = RT\ln\frac{J}{K^{\ominus}}\begin{Bmatrix}<\\=\\>\end{Bmatrix}0\text{时，}J\,❶\begin{Bmatrix}<\\=\\>\end{Bmatrix}K^{\ominus}\quad\begin{matrix}\text{正向移动}\\\text{平衡状态}\\\text{逆向移动}\end{matrix}$$

对于已达平衡的体系，如果增加反应物的浓度或减少生成物的浓度，则使 $J < K^{\ominus}$，平衡即向正反应方向移动，移动的结果，使 J 增大，直至 J 重新等于 $K^{\ominus}$，体系又建立起新的平衡。反之，如果减少反应物的浓度或增加生成物的浓度，则 $J > K^{\ominus}$，平衡向逆方向移动。

【例 2.10】 含有 $0.100\text{mol}\cdot\text{L}^{-1}\text{AgNO}_3$、$0.100\text{mol}\cdot\text{L}^{-1}\text{Fe(NO}_3)_2$ 和 $0.0100\text{mol}\cdot\text{L}^{-1}\text{Fe(NO}_3)_3$ 的溶液中发生如下反应：$Fe^{2+} + Ag^{+} \rightleftharpoons Fe^{3+} + Ag$，25℃时，$K^{\ominus} = 2.98$。

（1）反应向哪个方向进行？

（2）平衡时 Ag^{+}、Fe^{2+}、Fe^{3+} 的浓度各为多少？

（3）Ag^{+} 的转化率为多少？

（4）如果保持 Ag^{+}、Fe^{3+} 的浓度不变，而使 Fe^{2+} 的浓度变为 $0.300\text{mol}\cdot\text{L}^{-1}$，求在新条件下 Ag^{+} 的转化率。

解：（1）开始时：

$$J = \frac{\{c(Fe^{3+})/c^{\ominus}\}}{\{c(Fe^{2+})/c^{\ominus}\}\{c(Ag^{+})/c^{\ominus}\}} = \frac{0.0100}{0.100\times0.100} = 1.00$$

即 $$J < K^{\ominus}$$

所以反应向正方向进行。

（2）平衡组成的计算：

	Fe^{2+}	+ Ag^{+}	$\rightleftharpoons$ Fe^{3+} + Ag
开始浓度 /(mol·L^{-1})	0.100	0.100	0.0100
浓度变化 /(mol·L^{-1})	$-x$	$-x$	$+x$
平衡浓度 /(mol·L^{-1})	$0.100-x$	$0.100-x$	$0.0100+x$

$$\frac{\{c(Fe^{3+})/c^{\ominus}\}}{\{c(Fe^{2+})/c^{\ominus}\}\{c(Ag^{+})/c^{\ominus}\}} = K^{\ominus}$$

$$\frac{0.0100+x}{(0.100-x)^2} = 2.98$$

❶ 平衡常数为 K_c、K_p，则用 J_c、J_p 分别与 K_c、K_p 相比，以判断移动方向。

$$x = 0.0130$$

即 $$c(Fe^{3+}) = (0.0100 + 0.0130)mol \cdot L^{-1} = 0.0230mol \cdot L^{-1}$$

$$c(Fe^{2+}) = c(Ag^{+}) = (0.100 - 0.0130)mol \cdot L^{-1} = 0.087mol \cdot L^{-1}$$

（3） $$\alpha(Ag^{+}) = \frac{x}{0.100} = \frac{0.0130}{0.100} \times 100\% = 13.0\%$$

（4） $$Fe^{2+} \quad + \quad Ag^{+} \rightleftharpoons Fe^{3+} \quad + \quad Ag$$

新平衡浓度 /$(mol \cdot L^{-1})$　$0.300-0.100\alpha'$　$0.100-0.100\alpha'$　$0.0100+0.100\alpha'$

$$\frac{0.0100 + 0.100\alpha'}{(0.300 - 0.100\alpha')(0.100 - 0.100\alpha')} = 2.98$$

$$\alpha' = 38.1\%$$

由此可见，增大某反应物的浓度，可使平衡向正反应方向移动，且使另一反应物的转化率增大。

2.4.2 压力对化学平衡的影响

对于有气态物质参加或生成的可逆反应，在恒温条件下，改变体系的总压力，常常会引起化学平衡的移动。

① 对反应方程式两边气体分子总数不等的反应（亦即 $\Delta n[(y+z)-(c+d)] \neq 0$），压力对化学平衡的影响如表 2.4 所示。

表 2.4　压力对化学平衡的影响

压力变化	$\Delta n > 0$（气体分子总数增加的反应）	$\Delta n < 0$（气体分子总数减少的反应）
压缩体积以增加体系总压力	$J > K^{\ominus}$ 平衡向逆反应方向移动	$J < K^{\ominus}$ 平衡向正反应方向移动
	均向气体分子总数减少的方向移动	
增大体积以降低体系总压力	$J < K^{\ominus}$ 平衡向正反应方向推动	$J > K^{\ominus}$ 平衡向逆反应方向移动
	均向气体分子总数增多的方向移动	

② 对反应方程式两边气体分子总数相等的反应（$\Delta n=0$），由于体系总压力的改变，同等程度地改变反应物和生成物的分压（降低或增加同等倍数），但 J 值不变（仍等于 $K^{\ominus}$），故对平衡不发生影响。

③ 与反应体系无关的气体（指不参加反应的气体）的引入，对化学平衡是否有影响，要视反应具体条件而定：恒温、恒容条件下，对化学平衡无影响；恒温、恒压条件下，无关气体的引入，反应体系体积的增大，造成各组分气体分压的减小，化学平衡向气体分子总数增加的方向移动。

【例 2.11】 将 1.0molN_2O_4 置于一密闭容器中，$N_2O_4(g)$ 按下式分解：

$$N_2O_4(g) \rightleftharpoons 2NO_2(g)$$

在 25℃及 100kPa 下达平衡，测得 N_2O_4 的转化率为 50%，计算：

（1）反应的 $K^{\ominus}$；

（2）25℃、1000kPa 达平衡时，N_2O_4 的转化率及 N_2O_4 和 NO_2 的分压；

（3）由计算说明压力对此平衡移动的影响。

解：（1）

	$N_2O_4(g)$ $\rightleftharpoons$	$2NO_2(g)$
始态物质的量 /mol	1.0	0
变化量 /mol	-1.0α	$+2(1.0\alpha)$
平衡量 /mol	$1.0(1.0-\alpha)$	2.0α

平衡时 N_2O_4、NO_2 的分压为

$$p(N_2O_4)=\frac{1.0-\alpha}{1.0+\alpha}p_{总}$$

$$p(NO_2)=\frac{2.0\alpha}{1.0+\alpha}p_{总}$$

$$K^{\ominus}=\frac{\{p(NO_2)/p^{\ominus}\}^2}{\{p(N_2O_4)/p^{\ominus}\}}=\frac{\left\{\left(\frac{2.0\alpha}{1.0+\alpha}\right)\left(\frac{p_{总}}{p^{\ominus}}\right)\right\}^2}{\left\{\left(\frac{1.0-\alpha}{1.0+\alpha}\right)\left(\frac{p_{总}}{p^{\ominus}}\right)\right\}}$$

$$=\left(\frac{4.0\alpha^2}{1.0-\alpha^2}\right)\left(\frac{p_{总}}{p^{\ominus}}\right)$$

$$=\frac{4.0\times(0.50)^2}{1.0-(0.50)^2}\times1.0$$

$$=1.3$$

（2）1000kPa 时，$K^{\ominus}$ 不变（因为 T 未变）

$$K^{\ominus}=\left(\frac{4.0\alpha'^2}{1.0-\alpha'^2}\right)\left(\frac{p_{总}}{p^{\ominus}}\right)$$

$$1.3=\left(\frac{4.0\alpha'^2}{1.0-\alpha'^2}\right)\times10$$

$$\alpha'=0.18=18\%$$

平衡时各组分的分压：

$$p(N_2O_4)=\left[\frac{(1.0-\alpha')}{(1.0+\alpha')}\right]p_{总}=\left(\frac{1.0-0.18}{1.0+0.18}\right)\times1000\text{kPa}$$

$$=694.9\text{kPa}$$

$$p(NO_2)=\frac{2.0\alpha'}{1.0+\alpha'}p_{总}=\left(\frac{2.0\times0.18}{1.0+0.18}\right)\times1000\text{kPa}$$

$$=305.1\text{kPa}$$

（3）总压力由 100kPa 增加到 1000kPa，N_2O_4 的转化率由 50% 降至 18%，说明平衡向左移动，即向气体分子数减少的方向移动。

2.4.3　温度对化学平衡的影响

对于一定反应来说，$\ln K^{\ominus}(T)$ 与 $1/T$ 呈线性关系，即

$$\ln K^{\ominus}(T)=\frac{\Delta_rS_m^{\ominus}(T)}{R}-\frac{\Delta_rH_m^{\ominus}(T)}{RT}$$

或

$$\ln K^{\ominus}(T)\approx\frac{\Delta_rS_m^{\ominus}(298.15\text{K})}{R}-\frac{\Delta_rH_m^{\ominus}(298.15\text{K})}{RT}$$

设某一可逆反应，在温度为 T_1、T_2 时，对应的平衡常数为 $K_1^\ominus$ 和 $K_2^\ominus$，代入上式中，即得

$$\ln K_1^\ominus \approx \frac{\Delta_r S_m^\ominus(298.15\text{K})}{R} - \frac{\Delta_r H_m^\ominus(298.15\text{K})}{RT_1}$$

$$\ln K_2^\ominus \approx \frac{\Delta_r S_m^\ominus(298.15\text{K})}{R} - \frac{\Delta_r H_m^\ominus(298.15\text{K})}{RT_2}$$

将上两式的后式减前式即得

$$\ln\frac{K_2^\ominus}{K_1^\ominus} \approx \frac{-\Delta_r H_m^\ominus(298.15\text{K})}{R}\left(\frac{1}{T_2}-\frac{1}{T_1}\right)$$

$$= \frac{\Delta_r H_m^\ominus(298.15\text{K})}{R}\left(\frac{T_2-T_1}{T_1T_2}\right) \tag{2-4-2}$$

式（2-4-2）不仅更清楚地表示出 $K^\ominus$ 与 T 的变化关系，而且还可以看出其变化关系和反应的标准摩尔焓变（$\Delta_r H_m^\ominus$）有关。如表 2.5 所示。

表 2.5　温度对化学平衡的影响

T 变化	$\Delta_r H_m^\ominus < 0$（放热反应）	$\Delta_r H_m^\ominus > 0$（吸热反应）
T 升高时	$K^\ominus$（T）值变小	$K^\ominus$（T）值增大
T 降低时	$K^\ominus$（T）值增大	$K^\ominus$（T）值变小

【例 2.12】 已知下列反应：

$$2SO_2(g) + O_2(g) \rightleftharpoons 2SO_3(g)$$

在 298.15K 时的平衡常数 $K^\ominus = 6.8\times10^{24}$，$\Delta_r H_m^\ominus(298.15\text{K}) = -197.78\text{kJ}\cdot\text{mol}^{-1}$，求 723K 时 $K^\ominus$ 值（近似计算，不查热力学数据），并说明此反应是放热反应还是吸热反应。

解：根据式（2-4-2）$\ln\dfrac{K_2^\ominus}{K_1^\ominus} \approx \dfrac{\Delta_r H_m^\ominus(298.15\text{K})}{R}\left(\dfrac{T_2-T_1}{T_1T_2}\right)$ 进行计算。

已知：$T_1 = 298.15\text{K}$，$K_1^\ominus = K^\ominus(298.15\text{K}) = 6.8\times10^{24}$，$\Delta_r H_m^\ominus(298.15\text{K}) = -197.78\text{kJ}\cdot\text{mol}^{-1}$，$T_2 = 723\text{K}$，$R = 8.314\text{J}\cdot\text{mol}^{-1}\cdot\text{K}^{-1}$。

则
$$\lg\frac{K^\ominus(723\text{K})}{6.8\times10^{24}} \approx \frac{-197.78\text{kJ}\cdot\text{mol}^{-1}}{2.303\times8.314\text{J}\cdot\text{mol}^{-1}\cdot\text{K}^{-1}}\times\left(\frac{723\text{K}-298.15\text{K}}{298.15\text{K}\times723\text{K}}\right)$$

$$= -20.36$$

$$\lg K^\ominus(723\text{K}) = -20.36 + \lg\left(6.8\times10^{24}\right)$$

$$= -20.36 + 0.833 + 24 = 4.47$$

$$K^\ominus(723\text{K}) = 2.95\times10^4$$

$$K^\ominus(723\text{K}) = 2.95\times10^4 < 6.8\times10^{24} = K^\ominus(298.15\text{K})$$

表明温度升高平衡向逆反应方向（吸热方向）移动，其正反应为放热反应。

2.4.4 催化剂和化学平衡

催化剂虽能改变反应速率，但对于任一确定的可逆反应来说，不会影响反应的始态、终态，即不会改变反应的标准吉布斯自由能变 [$\Delta_r G_m^\ominus(T)$]。根据 $\Delta_r G_m^\ominus(T) = -RT\ln K^\ominus(T)$，则 $K^\ominus(T)$ 也

不变，说明催化剂不会影响化学平衡状态。但催化剂加入尚未达到平衡的可逆反应体系中，可以缩短到达平衡的时间。

综合上述各种因素对化学平衡的影响，1884 年法国人 Le Chatelier 归纳、总结出了一条关于平衡移动的普遍规律：当体系达到平衡后，若改变平衡状态的任一条件（如浓度、压力、温度），平衡就向着能减弱其改变的方向移动。这条规律称为**吕·查德里原理**。此原理既适用于化学平衡体系，也适用于物理平衡体系，但值得注意的是：平衡移动原理只适用于已达平衡的体系，而不适用于非平衡体系。

化学视野

极端条件对化学反应的影响

以上根据热力学原理，讨论了反应焓变、反应熵变和反应温度与热化学反应方向的关系。极端条件下，如超高压、超高温、超高真空、超低温、强电场、强激光、强磁场、超声场、等离子体技术以及摩擦的作用，对化学反应会造成某些影响。下面略介绍几类反应。

1. 超高压化学反应

在极高压力下，不仅会压缩反应物分子、原子、离子之间的距离，甚至会影响到反应物电子层的结构，如使原子轨道出现重叠，以致会发生某些在一般条件下不会发生的反应。例如，石墨(s) $\longrightarrow$ 金刚石 (s) 为焓增、熵减的反应 [$\Delta_r G_m^\ominus$ (298.15K)=2.9kJ·mol^{-1} > 0]，是在任何温度下均不能自发进行的反应，但在超高压、高温作用下反应得以进行：

$$\text{石墨(s)} \xrightarrow[1500℃]{5\times10^9\,\text{Pa}} \text{金刚石(s)}$$

2. 光化学反应

反应物（分子、原子或离子）在光辐照下因吸收光子而诱发的反应称为光化学反应。吸收了光子的反应粒子处于激发态，比基态有较高的反应能量，反应时易于越过最低势能垒，因而能发生有别于热化学反应的光化学反应。例如，水在光催化下能发生热化学所不能进行的水的光解反应：

$$H_2O(l) \xrightarrow{h\nu} H_2(g) + \frac{1}{2}O_2(g)\text{；}\ \Delta_r G_m^\ominus(298.15\text{K}) = 237.129\text{kJ}\cdot\text{mol}^{-1} > 0$$

其反应速率主要取决于光的强度，与温度关系不大，光辐射相当于给系统做非体积功。

3. 等离子体化学反应

气体因电离产生大量带电粒子（离子、电子）和中性粒子（分子、原子）所组成的混合体系，因正、负电荷总量相等，称等离子体。处于等离子体状态的物系具有特殊的反应活性。例如，1976 年研究成功的用甲烷和氢气作原料人工合成金刚石薄膜的反应，就是在低压和较低的温度条件下采用等离子体合成技术实现的：

$$CH_4(g) + H_2(g) \xrightarrow[\text{激发}]{\text{等离子体技术}} \text{等离子态} \xrightarrow[T<723\text{K}]{p<1.0\times10^4\text{Pa}} \text{金刚石薄膜}$$

等离子体技术在 20 世纪 70 年代可以说是异军突起，作为当代一种高科技源，30 多年来已在化学合成、新材料研制、表面处理等领域创造出一系列新工艺、新技术。

4. 摩擦化学反应

提起“钻木取火”，人们往往只想到“摩擦生热”。但是，自 19 世纪末科学家们陆续发现经过摩擦、研磨过的某些反应物系，其化学反应竟然与一般热化学反应有所不同。

第一种情况：能进行某些无法实现的（$\Delta_r H_m > 0$，$\Delta_r S_m < 0$，$\Delta_r G_m > 0$）热化学反应。

例如：

$$2Cu(s) + CO_2(g) \xrightarrow{\text{摩擦化学反应}} 2CuO(s) + C(s)$$

$$Au(s) + \frac{3}{4}CO_2(g) \xrightarrow{\text{摩擦化学反应}} \frac{1}{2}Au_2O_3(s) + \frac{3}{4}C(s)$$

第二种情况：反应产物与某些热化学反应有所不同。

例如：

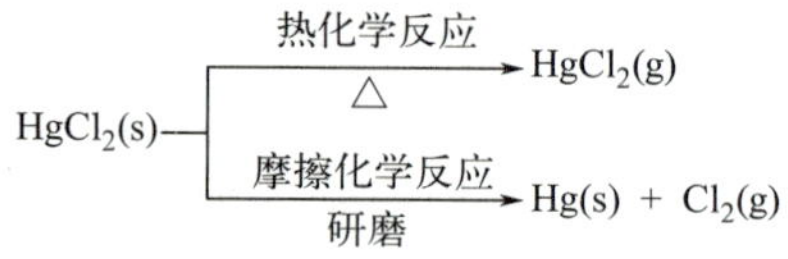

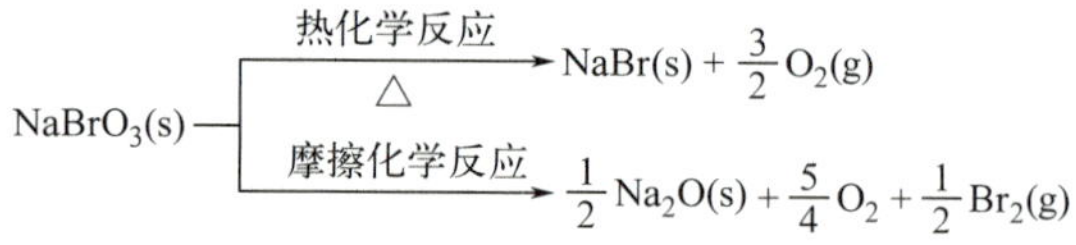

摩擦作用对于化学过程的影响显然不能简单归纳为“生热”（或升高温度）；即升高反应物分子热运动的平动能（或提供反应所需的活化能），而更重要的应该考虑反应物分子势能的升高可能使反应体系达到某种“摩擦等离子态”，以至于反应体系不仅能沿着热化学反应通道越过反应所需最低的势能垒（如第一种情况所示），甚至可能以比反应最低势能垒更高的能量状态，开拓另一些反应通道，并形成不同的反应产物（如第二种情况所示）。

摩擦化学反应目前在室温和低温固 - 固相合成中取得可喜的成果。

5. 超声化学反应

“超声”是指振动频率高于 16kHz 的声波。在超声作用下引起的化学反应称为超声化学反应。随着超声波声压的变化，溶剂受压缩和稀疏作用，使流体急剧运动而产生含大量振动能的微气泡——气穴，这些微气泡在长大以致突然爆裂时产生的冲击波在微小空间内相当于营造了高压（局部空间可产生高达 10^{11}Pa 压力）和高温（气穴中心温度可高达 $10^4 \sim 10^6$K）的反应条件。例如，超声波可使水分解为氢氧自由基（·OH）和氢原子（H），以致产生下列反应：

$$2H_2O(l) \xrightarrow{超声波} H_2O_2(l) + H_2(g)$$

除改变反应条件外，超声波还可能促进某些化学反应、提高产率，有些甚至会得到不同于热化学反应的产物。目前超声技术主要应用在有机合成化学工业上。

思考题

1. 下列说法是否正确？

（1）质量作用定律适用于任何化学反应。

（2）反应速率常数取决于反应温度，与反应物的浓度无关。

（3）反应活化能越大，反应速率也越大。

（4）要加热才能进行的反应一定是吸热反应。

（5）放热反应均是自发反应。

（6）$\Delta_r S_m$ 为负值的反应均不能自发进行。

（7）冰在室温下自动溶化成水，是熵增起了主要作用。

2. 由锡石（SnO_2）生产金属锡，要求温度尽可能低。可以单独加热矿石（产生 O_2），或将锡石与碳一起加热（产生 CO_2），或将锡石与氢气一起加热（产生水蒸气）。根据热力学原理，应选用何种方法？

3. 已知下列反应的平衡常数：

$$H_2(g) + S(s) \rightleftharpoons H_2S(g) \quad K_1^\ominus$$

$$S(s) + O_2(g) \rightleftharpoons SO_2(g) \quad K_2^\ominus$$

则反应 $H_2(g) + SO_2(g) \rightleftharpoons O_2(g) + H_2S(g)$ 的平衡常数是下列中的哪一个？

（1）$K_1^\ominus - K_2^\ominus$　（2）$K_1^\ominus K_2^\ominus$　（3）$K_2^\ominus / K_1^\ominus$　（4）$K_1^\ominus / K_2^\ominus$

4. 区分下列概念：

（1）$\Delta_f H_m^\ominus$ 与 $\Delta_r H_m^\ominus$　（2）$\Delta_r G_m^\ominus$ 与 $\Delta_r G_m$

（3）J 与 J_c、J_p　（4）$K^\ominus$ 与 K_c、K_p

5. 状态函数 p、T、V、U、H、S、G 中哪些具有加和性（指其值与体系中物质的量有关）？

6. 评论下列陈述是否正确。

（1）因为 $\Delta_r G_m^\ominus(T) = -RT\ln K^\ominus$，所以温度升高，平衡常数减小。

（2）$\Delta_r G_m^\ominus(T) \approx \sum \nu_i \Delta_f G_m^\ominus(298.15\text{K})$（生成物）$+\sum \nu_i \Delta_f G_m^\ominus(298.15\text{K})$（反应物）。

（3）$CaCO_3$ 在常温下不分解，是因为其分解反应是吸热反应；在高温 $(T > 1173\text{K})$ 下分解，是因为此时分解放热。

7. 向 5L 密闭容器中加入 3molHCl(g) 和 $2\text{mol}O_2(g)$，反应 $4HCl(g) + O_2(g) \rightleftharpoons 2H_2O(g) + 2Cl_2(g)$ 的 $\Delta_r H_m^\ominus = -114.408\text{kJ}\cdot\text{mol}^{-1}$，在 723K 达到平衡，其平衡常数为 $K^\ominus$。试问：

（1）根据以上条件能计算出平衡常数吗？若不能，还需要什么数据？

（2）标准态下，试比较 723K 和 823K 时 $K^\ominus$ 的大小。

（3）若下列两反应的平衡常数分别为 $K_1^\ominus$ 和 $K_2^\ominus$：

$$2H_2O(g) \rightleftharpoons 2H_2(g) + O_2(g) \quad K_1^\ominus$$

$$2HCl(g) \rightleftharpoons H_2(g) + Cl_2(g) \quad K_2^\ominus$$

那么，$K^\ominus$ 与 $K_1^\ominus$ 和 $K_2^\ominus$ 之间有什么关系（以式子表示）？

8. 对于可逆反应：

$$C(s) + H_2O(g) \rightleftharpoons CO(g) + H_2(g); \quad \Delta_r H_m > 0$$

下列说法你认为对否？为什么？

（1）达平衡时各反应物和生成物的分压一定相等。

（2）改变生成物的分压，使 $J < K^\ominus$，平衡将向右移动。

（3）升高温度使 $v_正$ 增大、$v_逆$ 减小，故平衡向右移动。

（4）由于反应前后分子数目相等，所以增加压力对平衡无影响。

（5）加入催化剂使 $v_正$ 增加，故平衡向右移动。

9. 可逆反应：A(g) 十 B(s) $\rightleftharpoons$ 2C(g) 的 $\Delta_r H_m^\ominus(298.15\text{K}) < 0$，达平衡时，如果改变下述各项条件，试将其他各项发生的变化填入表中。

操作条件	$v_正$	$v_逆$	$k_正$	$k_逆$	平衡常数	平衡移动方向
增加 A(g) 分压						
压缩体积						
降低温度						
使用正催化剂						

10. 根据平衡移动原理，讨论下列反应：

$$2Cl_2(g) + 2H_2O(g) \rightleftharpoons 4HCl(g) + O_2(g); \quad \Delta_r H_m^\ominus(298.15\text{K}) > 0$$

将 Cl_2、H_2O、HCl、O_2 四种气体混合后，反应达平衡时，若进行下列各项操作，对平衡数值各有何影响（操作项目中没有注明的是指温度不变、体积不变）？

操作项目	平衡数值
（1）加 O_2	H_2O 的物质的量
（2）加 O_2	HCl 的物质的量
（3）加 O_2	O_2 的物质的量
（4）增大容器的体积	H_2O 的物质的量
（5）减小容器的体积	Cl_2 的物质的量
（6）减小容器的体积	Cl_2 的分压
（7）减小容器的体积	$K^\ominus$
（8）升高温度	$K^\ominus$
（9）升高温度	HCl 的分压
（10）加催化剂	HCl 的物质的量

11．设有反应 A(g) + B(g) $\longrightarrow$ 2C(g)，A、B、C 都是理想气体，在 25℃、1×10^5Pa 条件下，若分别按下列两种过程发生变化，那么变化过程的 Q、$W_{非体积}$、$\Delta_r U_m^\ominus$、$\Delta_r H_m^\ominus$、$\Delta_r S_m^\ominus$、$\Delta_r G_m^\ominus$ 各是多少？

（1）体系放热 $41.8\text{kJ}\cdot\text{mol}^{-1}$，而没有做功。

（2）体系做了最大功，放出 $1.64\text{kJ}\cdot\text{mol}^{-1}$ 的热。

过程	Q	$W_{非体积}$	$\Delta_r U_m^\ominus$	$\Delta_r H_m^\ominus$	$\Delta_r S_m^\ominus$	$\Delta_r G_m^\ominus$
（1）						
（2）						

12．能否用 $K^\ominus$ 来判断反应自发性？为什么？

13．若基元反应 A $\longrightarrow$ 2B 的活化能为 E_a，而其逆反应活化能为 E_a'，问：

（1）加催化剂后，E_a 和 E_a' 各有何变化？

（2）加不同的催化剂对 E_a 的影响是否相同？

（3）改变起始浓度，E_a 有何变化？

习题

1．应用公式 $\Delta_r G_m^\ominus(T) = \Delta_r H_m^\ominus(T) - T\Delta_r S_m^\ominus(T)$，计算下列反应的 $\Delta_r G_m^\ominus$ (298.15K) 值，并判断反应在 298.15K 及标准态下能否自发向右进行。

$$8Al(s) + 3Fe_3O_4(s) \longrightarrow 4Al_2O_3(s) + 9Fe(s)$$

2．通过计算说明下列反应：

$$2CuO(s) \longrightarrow Cu_2O(s) + \frac{1}{2}O_2(g)$$

（1）在常温（298.15K）、标准态下能否自发进行？

（2）在 700K、标准态下能否自发进行？

3．碘钨灯可提高白炽灯的发光效率并延长其使用寿命，其原理是灯管内所含少量碘发生了如下可逆反应，即

$$W(s) + I_2(g) \rightleftharpoons WI_2(g)$$

当生成的 $WI_2(g)$ 扩散到灯丝附近的高温区时，又会立即分解出 W 而重新沉积至灯管上。已知 298.15K 时：

	W(s)	$WI_2(g)$
$\Delta_f H_m^\ominus / (\text{kJ}\cdot\text{mol}^{-1})$	0	−8.37
$S_m^\ominus / (\text{J}\cdot\text{mol}^{-1}\cdot\text{K}^{-1})$	33.5	251

（1）若灯管壁温度为 623K，计算上式反应的 $\Delta_r G_m^\ominus$ (623K)。

（2）求 $WI_2(g)$ 在灯丝上发生分解所需的最低温度。

4．写出下列反应的平衡常数 K_c、K_p、$K^\ominus$ 的表达式：

（1）$CH_4(g) + H_2O(g) \rightleftharpoons CO(g) + 3H_2(g)$

（2）$NH_3(g) \rightleftharpoons \frac{1}{2}N_2(g) + \frac{3}{2}H_2(g)$

（3）$CaCO_3(s) \rightleftharpoons CaO(s) + CO_2(g)$

（4）$Al_2O_3(s) + 3H_2(g) \rightleftharpoons 2Al(s) + 3H_2O(g)$

5．298.15K时，反应 $2H_2O_2(l) \rightleftharpoons 2H_2O(l) + O_2(g)$ 的 $\Delta_r H_m^\ominus = -196.10\text{kJ}\cdot\text{mol}^{-1}$，$\Delta_r S_m^\ominus = 125.76\ \text{J}\cdot\text{mol}^{-1}\cdot\text{K}^{-1}$。试分别计算该反应在 298.15K 和 373.15K 的 $K^\ominus$ 值。

6．试判断下列反应：

$$N_2(g) + 3H_2(g) \longrightarrow 2NH_3(g)$$

（1）在 298.15K、标准态下能否自发进行？

（2）计算 298.15K 时该反应的 $K^{\ominus}$ 值。

7. 将空气中的 $N_2(g)$ 变成各种含氮的化合物的反应叫作固氮反应。根据 $\Delta_r G_m^{\ominus}$ 计算下列 3 种固氮反应的 $\Delta_r G_m^{\ominus}$ 及 $K^{\ominus}$，并从热力学角度分析选择哪个反应最好。

$$N_2(g) + O_2(g) \longrightarrow 2NO(g)$$

$$2N_2(g) + O_2(g) \longrightarrow 2N_2O(g)$$

$$N_2(g) + 3H_2(g) \longrightarrow 2NH_3(g)$$

8. 求下列反应的 $\Delta_r H_m^{\ominus}$、$\Delta_r S_m^{\ominus}$ 和 $\Delta_r G_m^{\ominus}$，并用这些数据分析利用该反应净化汽车尾气中 NO 和 CO 的可能性。

$$CO(g) + NO(g) \longrightarrow CO_2(g) + \frac{1}{2}N_2(g)$$

9. 设汽车内燃机内温度因燃料燃烧反应达到 1300℃，试计算此温度时下列反应的 $\Delta_r G_m^{\ominus}$ 和 $K^{\ominus}$ 值。

$$\frac{1}{2}N_2(g) + \frac{1}{2}O_2(g) \longrightarrow NO(g)$$

10. 在 699K 时，反应 $H_2(g)+I_2(g) \rightleftharpoons 2HI(g)$ 的 K_p=55.3，如果将 2.00mol H_2 和 2.00mol I_2 作用于 4.00L 的容器内，在该温度下达到平衡时合成了多少 HI？

11. 反应 $CO(g)+H_2O(g) \rightleftharpoons CO_2(g)+H_2(g)$ 在某温度下 K_p=1，在此温度下于 6.0L 容器中加入：

$$2.0L、3.04\times10^5 Pa 的 CO(g)$$

$$3.0L、2.02\times10^5 Pa 的 CO_2(g)$$

$$6.0L、2.02\times10^5 Pa 的 H_2O(g)$$

$$1.0L、2.02\times10^5 Pa 的 H_2(g)$$

反应向哪个方向进行？

12. 在 294.8K 时反应 $NH_4HS(s) \rightleftharpoons NH_3(g)+H_2S(g)$ 的 $K^{\ominus}$ =0.070，求：

（1）平衡时该气体混合物的总压。

（2）在同样的实验中，NH_3 的最初分压为 25.3kPa 时，H_2S 的平衡分压为多少？

13. 反应：$PCl_5(g) \rightleftharpoons PCl_3(g)+Cl_2(g)$

（1）523K 时，将 0.70mol 的 PCl_5 注入容积为 2.0L 的密闭容器中，平衡时有 0.50mol PCl_5 被分解了。试计算该温度下的平衡常数 K_c、$K^{\ominus}$ 和 PCl_5 的分解百分数。

（2）若在上述容器中已达平衡后，再加入 0.10mol Cl_2，则 PCl_5 的分解百分数与未加 Cl_2 时相比有何不同？

（3）如开始时注入 0.70mol PCl_5 的同时，注入了 0.10mol Cl_2，则平衡时 PCl_5 的分解百分数又是多少？比较（2）、（3）所得结果，可得出什么结论？

14. 在 673K 下，1.0L 容器内 N_2、H_2、NH_3 三种气体的平衡浓度分别为：$c(N_2)$=1.0mol·L^{-1}，$c(H_2)$=0.50mol·L^{-1}，$c(NH_3)$=0.50mol·L^{-1}。若使 N_2 的平衡浓度增加到 1.2mol·L^{-1}，需从容器中取走多少摩尔的 H_2 才能使体系重新达到平衡？

15. 在 749K 条件下，在密闭容器中进行下列反应：

$CO(g) + H_2O(g) \rightleftharpoons CO_2(g) + H_2(g) \qquad K_c = 2.6$，求：

（1）当 H_2O 与 CO 物质的量之比为 1 时，CO 的转化率为多少？

（2）当 H_2O 与 CO 物质的量之比为 3 时，CO 的转化率为多少？

（3）根据计算结果，你能得出什么结论？

16. 将 NO 和 O_2 注入一保持在 673K 的固定容器中，在反应发生以前，它们的分压

分别为 $p(\mathrm{NO})=101\mathrm{kPa}, p(\mathrm{O_2})=122\mathrm{kPa}$。当反应 $2\mathrm{NO(g)}+\mathrm{O_2(g)} \rightleftharpoons 2\mathrm{NO_2(g)}$ 达平衡时，$p(\mathrm{NO_2})=79.2\mathrm{kPa}$。计算该反应的 $K^{\ominus}$ 和 $\Delta_r G_m^{\ominus}$ 值。

*17．已知反应 $\frac{1}{2}\mathrm{H_2(g)}+\frac{1}{2}\mathrm{Cl_2(g)} \longrightarrow \mathrm{HCl(g)}$ 在298.15K时的 $K^{\ominus}=4.9\times10^{16}$，$\Delta_r H_m^{\ominus}(298.15\mathrm{K})=-92.307\mathrm{kJ\cdot mol^{-1}}$，求在500K时的 $K^{\ominus}$ 值 [近似计算，不查 $S_m^{\ominus}$(298.15 K）和 $\Delta_f G_m^{\ominus}$（298.15K）数据]。

18．在298.15K及标准态下，有以下两个化学反应：

（1）$\mathrm{H_2O(l)}+\frac{1}{2}\mathrm{O_2(g)} \longrightarrow \mathrm{H_2O_2(aq)}, (\Delta_r G_m^{\ominus})_1=105.3\mathrm{kJ\cdot mol^{-1}}>0$

（2）$\mathrm{Zn(s)}+\frac{1}{2}\mathrm{O_2(g)} \longrightarrow \mathrm{ZnO(s)}, (\Delta_r G_m^{\ominus})_2=-318.3\mathrm{kJ\cdot mol^{-1}}<0$

可知前者不能自发进行，若把两个反应耦合起来：

$$\mathrm{Zn(s)}+\mathrm{H_2O(l)}+\mathrm{O_2(g)} \longrightarrow \mathrm{ZnO(s)}+\mathrm{H_2O_2(aq)}$$

不查热力学数据，请问此耦合反应在298.15K下能否自发进行？为什么？

19．根据下列热力学数据，计算 $\mathrm{Na_2CO_3(s)}$ 分解的最低温度。

	$\mathrm{Na_2CO_3(s)}$ $\longrightarrow$	$\mathrm{Na_2O(s)}$ +	$\mathrm{CO_2(g)}$
$\Delta_f H_m^{\ominus}$ /(kJ·mol^{-1})	−1130.68	−414.2	−393.51
$S_m^{\ominus}$ /(J·mol^{-1}·K^{-1})	134.98	75.04	213.74

20．已知反应：$2\mathrm{NO(g)}+\mathrm{O_2(g)} \rightleftharpoons 2\mathrm{NO_2(g)}$，在温度为298K下进行的 $\Delta_r H_m^{\ominus}=-69.7\mathrm{kg\cdot mol^{-1}}$，计算反应的 $K^{\ominus}$，当反应体系中 $p(\mathrm{NO})$=20kPa、$p(\mathrm{O_2})$=10kPa、$p(\mathrm{NO_2})$=70kPa时，判断反应进行方向。

第 3 章

酸碱反应和沉淀反应

学习要求：

1. 熟悉溶液的酸碱性与 pH 值，弱电解质的解离平衡与解离度、稀释定律，盐的水解、同离子效应、缓冲溶液、沉淀 - 溶解平衡、溶度积规则等内容。
2. 会计算一元弱酸、碱的解离平衡组成（含同离子效应和缓冲溶液的 pH 值计算）。
3. 会用溶度积规则判断沉淀的产生、溶解、分步沉淀、沉淀的转化及有关计算。

3.1 水的解离反应和溶液的酸碱性

3.1.1 酸碱的解离理论

1884 年瑞典化学家 S. A. Arrhenius（1859—1927 年）提出的**酸碱电离理论**认为：酸是在水溶液中解离产生的阳离子全部是氢离子（H^+）[1]的化合物；碱是在水溶液中解离产生的阴离子全部是氢氧根离子（OH^-）的化合物。酸碱中和反应的实质就是 H^+ 和 OH^- 结合为 H_2O 的反应。酸碱的相对强弱可以根据它们在水溶液中解离出 H^+ 或 OH^- 程度的大小来衡量。电离理论尽管创立年代久远，而且只适用于水溶液体系，但由于水是地球上最大量、最易获得的溶剂，因而仍具有实用价值。

3.1.2 水的解离反应

水有微弱的解离，在纯水中存在极微量的 H_3O^+ 和 OH^-。经实验测知，298.15K 时纯水中

[1] 水溶液中的氢离子实际上是质子(H^+)和水结合生成的水合质子(H_3O^+)及其水合离子（如$H_9O_4^+$），但书写时除非必须注明其物态，一般仍可简写为 H^+。

$c(H^+)$ 和 $c(OH^-)$ 均为 $1.0\times10^{-7}mol\cdot L^{-1}$。研究揭示，在纯水或稀溶液中，存在着水的解离平衡：

$$H_2O(l) \rightleftharpoons H^+(aq) + OH^-(aq)$$

而且
$$\{c(H^+)/c^\ominus\}\{c(OH^-)/c^\ominus\} = K_w^\ominus \tag{3-1-1}$$

298.15K 时可测知 $K_w^\ominus=1.0\times10^{-14}$，此值也可通过热力学计算求出：

$$\lg K_w^\ominus = \frac{-\Delta_r G_m^\ominus}{2.303RT}$$

$$= \frac{-79.89\times10^3 J\cdot mol^{-1}}{2.303\times8.314J\cdot mol^{-1}\cdot K^{-1}\times298.15K}$$

$$= -13.99$$

$$K_w^\ominus = 1.0\times10^{-14}$$

$K_w^\ominus$ 称为**水的离子积**。$K_w^\ominus$ 与其他平衡常数一样，是温度的函数。不同温度下水的离子积见表 3.1。

表 3.1　不同温度下水的离子积

t/℃	5	10	20	25	50	100
$K_w^\ominus/10^{-14}$	0.185	0.292	0.681	1.007	5.47	55.1

3.1.3　溶液的酸碱性和 pH

溶液的酸碱性取决于溶液中 $c(H^+)$ 与 $c(OH^-)$ 的相对大小：

酸性溶液　　$c(H^+) > 1.0\times10^{-7}mol\cdot L^{-1} > c(OH^-)$

纯水（或中性溶液）　　$c(H^+) = 1.0\times10^{-7}mol\cdot L^{-1} = c(OH^-)$

碱性溶液　　$c(H^+) < 1.0\times10^{-7}mol\cdot L^{-1} < c(OH^-)$

当溶液中 $c(H^+)$ 或 $c(OH^-)$ 小于 $1mol\cdot L^{-1}$ 时，用浓度直接表示溶液的酸碱性显得不方便，可采用 pH 表示：

$$pH = -\lg\{c(H^+)/c^\ominus\}$$

根据
$$c(H^+) = \frac{K_w^\ominus}{c(OH^-)}(c^\ominus)^2$$

$$pH = -\lg\{K_w^\ominus c^\ominus / c(OH^-)\}$$

又因为 $pK_w^\ominus = -\lg K_w^\ominus$，$pOH = -\lg\{c(OH^-)/c^\ominus\}$

则
$$pH = pK_w^\ominus - pOH = 14 - pOH$$

例如：（1）$0.10mol\cdot L^{-1}HOAc$ [1] 溶液中，$c(H^+) = 1.34\times10^{-3}mol\cdot L^{-1}$，$pH = -\lg\{c(H^+)/c^\ominus\} = -\lg(1.34\times10^{-3}) = 2.87$。

（2）在纯水中，$c(H^+) = 1.0\times10^{-7}mol\cdot L^{-1}$

$$pH = -\lg\{c(H^+)/c^\ominus\} = -\lg(1.0\times10^{-7}) = 7.0$$

（3）$0.10mol\cdot L^{-1}NH_3\cdot H_2O$ 溶液中，$c(OH^-) = 1.32\times10^{-3}mol\cdot L^{-1}$

[1] HOAc 为醋酸 CH_3COOH 的简式。OAc^- 表示 CH_3COO^-。

$$\begin{aligned}\mathrm{pH}&=14-\mathrm{pOH}=14+\lg\left\{c\left(\mathrm{OH}^-\right)/c^{\ominus}\right\}=14+\lg\left(1.32\times10^{-3}\right)\\&=14+0.12-3=11.12\end{aligned}$$

由上可知，pH 越大，溶液酸性越弱，碱性越强。

溶液的 pH 通常可用酸碱指示剂或 pH 试纸来确定。**酸碱指示剂**是一些有色的有机弱酸或弱碱，其颜色只能在一定 pH 范围内保持，因而能用来确定溶液的 pH。指示剂发生颜色变化的 pH 范围称为酸碱指示剂的变色范围。溶液酸碱性及常用指示剂的变色范围如图 3.1 所示。

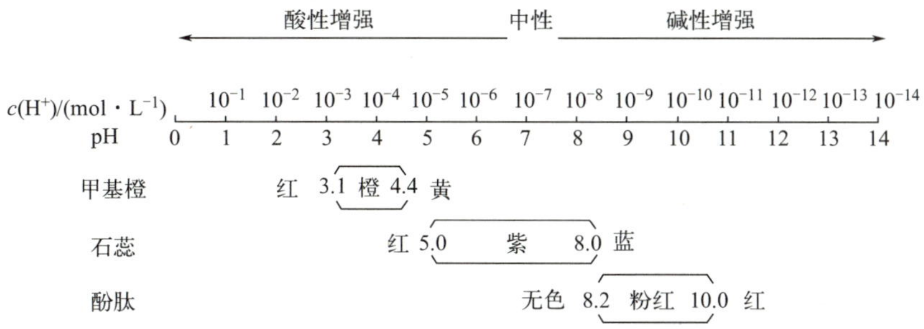

图 3.1 溶液酸碱性及常用指示剂变色范围

pH 试纸是将过滤纸经多种指示剂的混合液浸透、晾干而制成的，这种试纸在不同的 pH 溶液中，会显示出不同的颜色。将它与标准色列比较，即可判定溶液的 pH。

3.2 弱电解质的解离反应

3.2.1 解离平衡和解离常数

根据阿伦尼乌斯电离理论，弱电解质在水溶液中是部分解离的，在溶液中存在着已解离的弱电解质的组分离子和未解离的弱电解质分子之间的平衡，这种平衡称为**解离平衡**。例如在一元弱酸（HA）的水溶液中存在着如下平衡：

$$\mathrm{HA(aq)}\rightleftharpoons\mathrm{H^+(aq)}+\mathrm{A^-(aq)}$$

根据化学平衡原理，HA 解离平衡常数表达式严格来说应为

$$K_i^{\ominus}(\mathrm{HA})=\frac{\left\{c\left(\mathrm{H}^+\right)/c^{\ominus}\right\}\left\{c\left(\mathrm{A}^-\right)/c^{\ominus}\right\}}{c(\mathrm{HA})/c^{\ominus}}$$

式中，$c(\mathrm{H^+})$、$c(\mathrm{A^-})$、$c(\mathrm{HA})$ 分别表示达平衡时 $\mathrm{H^+}$、$\mathrm{A^-}$ 和 HA 的平衡浓度，单位为 $\mathrm{mol\cdot L^{-1}}$；$K_i^{\ominus}$ 为 HA 的标准解离常数，其值可根据 $\lg K_i^{\ominus}=-\Delta_r G_m^{\ominus}/2.303RT$ 求得。若通过实验测得的称为实验解离常数（K_i）。考虑到 $c^{\ominus}=1.0\mathrm{mol\cdot L^{-1}}$，为演算简便起见，本书后面涉及的具体演算式中，一般可以不再出现 $c^{\ominus}$ 项。而且，无论是实验的还是标准的解离平衡常数，一律以 $K_i^{\ominus}$ 表示。如 HA 的解离平衡常数表达式可简写为

$$K_i^{\ominus}(\mathrm{HA})=\frac{c\left(\mathrm{H}^+\right)c\left(\mathrm{A}^-\right)}{c(\mathrm{HA})}\tag{3-2-1}$$

一般以 $K_a^{\ominus}$ 表示弱酸的解离常数，$K_b^{\ominus}$ 表示弱碱的解离常数。解离常数 $K_i^{\ominus}$ 是表征弱电解质解离限度大小的特性常数，$K_i^{\ominus}$ 越小，表示弱电解质解离越困难，即电解质越弱。一般把 $K_i^{\ominus}\leqslant10^{-4}$ 的电解质称为弱电解质；$K_i^{\ominus}=10^{-2}\sim10^{-3}$ 的电解质称为中强电解质。

$K_i^\ominus$ 具有一般平衡常数的特性，它与浓度无关，与温度有关。但是，温度对 $K_i^\ominus$ 的影响不显著，室温下研究解离平衡时，一般可以不考虑温度对 $K_i^\ominus$ 的影响。

由于实验方法和实验条件差别，通过实验测得的解离常数之间可能略有不同，而且与利用热力学数据计算求得的 $K_i^\ominus$ 未必完全吻合。本书附录 5 列出了一些常见弱酸、弱碱的实验解离常数。但是，考虑到 $K_i^\ominus$ 与 K_i 数值上实际上相差不大，在粗略计算时常常可以混用。

【例 3.1】 试求 298.15K、标准态下醋酸（HOAc）的 $K_a^\ominus$ 值。

解： 标准态下 HOAc 为非纯态醋酸，已部分解离，计算 $K_a^\ominus$ 值时要用下面提供的 $\Delta_f G_m^\ominus$ 数据：

$$\begin{array}{lccc} & \text{HOAc} \rightleftharpoons & \text{H}^+ & + \text{OAc}^- \\ \Delta_f G_m^\ominus / (\text{kJ}\cdot\text{mol}^{-1}) & -396.46 & 0 & -369.31 \end{array}$$

$$\Delta_r G_m^\ominus = [(-369.31) + 0 - (-396.46)]\text{kJ}\cdot\text{mol}^{-1}$$

$$= 27.15\text{kJ}\cdot\text{mol}^{-1}$$

$$\lg K_a^\ominus = \frac{-\Delta_r G_m^\ominus}{2.303RT} = \frac{-27.15\times10^3\,\text{J}\cdot\text{mol}^{-1}}{2.303\times8.314\text{J}\cdot\text{mol}^{-1}\cdot\text{K}^{-1}\times298.15\text{K}}$$

$$= -4.75$$

$$K_a^\ominus(\text{HOAc}) = 1.8\times10^{-5}$$

3.2.2 解离度和稀释定律

弱电解质在溶剂中解离达平衡后，已解离的弱电解质分子的百分数，称为**解离度**。实际应用时常以已解离的那部分弱电解质浓度百分数来表示：

$$\text{解离度}(\alpha) = \frac{\text{解离部分弱电解质浓度}}{\text{未解离前弱电解质浓度}}\times100\%$$

解离度是表征弱电解质解离程度大小的特征常数，在温度、浓度相同条件下，α 越小，电解质越弱。

解离度与解离常数之间有一定关系。设一元弱酸（HA）的浓度为 c，解离度为 α，则

$$K_a^\ominus = \frac{\{c(\text{H}^+)/c^\ominus\}\{c(\text{A}^-)/c^\ominus\}}{c(\text{HA})/c^\ominus}$$

$$= \left(\frac{\alpha^2}{1-\alpha}\right)\frac{c}{c^\ominus}$$

若 $(c/c^\ominus)/K_i^\ominus \geqslant 500$❶，则 $1-\alpha\approx1$，上式可改写为

$$K_i^\ominus \approx \left(\frac{c}{c^\ominus}\right)\alpha^2 \quad \alpha \approx \sqrt{\frac{K_i^\ominus}{c/c^\ominus}} \tag{3-2-2}$$

从式（3-2-2）可见，浓度越小，解离度越大。这种关系称为**稀释定律**。由于 α 随 c 而变，而 $K_i^\ominus$ 不随 c 而变，因此 $K_i^\ominus$ 能更本质地反映弱电解质的解离特性。

3.2.3 弱酸或弱碱溶液中离子浓度的计算

若已知溶液的浓度及该浓度下弱电解质的解离度，即可计算弱电解质溶液的离子浓度。例如，任何 HA 型弱酸，若其 $K_i^\ominus \gg K_w^\ominus$，且其浓度 $c(\text{mol}\cdot\text{L}^{-1})$ 不是非常小，则水的解离可忽略，达解离平衡时：

❶ 计算表明，当 $(c/c^\ominus)/K_{a(1)}^\ominus \geqslant 500$ 时，解离度 < 5%，计算相对误差 < 2%，因此如果精确度要求不高，可按 $1-\alpha\approx1$ 来处理。

$$HA \rightleftharpoons H^+ + A^-$$

平衡浓度 /($mol \cdot L^{-1}$)　　$c-x$　　x　　x

如果 $(c/c^{\ominus})/K_a^{\ominus} \geqslant 500$，$x \ll c$，$c-x \approx c$，则

$$K_a^{\ominus} = \frac{x^2}{(c-x)} \approx x^2/c$$

$$x \approx \sqrt{cK_a^{\ominus}} \tag{3-2-3}$$

$$pH = -\lg\sqrt{\left(\frac{c}{c^{\ominus}}\right)K_a^{\ominus}} = \frac{1}{2}\left\{pK_a^{\ominus} + p\left(\frac{c}{c^{\ominus}}\right)\right\} \tag{3-2-4}$$

式（3-2-3）、式（3-2-4）是计算 HA 型弱酸溶液中 $c(H^+)$ 和 pH 最常用的近似公式。

同理可推得，在 BOH 型弱碱溶液中：

$$c\left(OH^-\right) \approx \sqrt{(cc^{\ominus})K_b^{\ominus}} \tag{3-2-5}$$

$$pOH = \frac{1}{2}\left\{pK_b^{\ominus} + p\left(\frac{c}{c^{\ominus}}\right)\right\} \tag{3-2-6}$$

$$pH = 14 - \frac{1}{2}\left\{pK_b^{\ominus} + p\left(\frac{c}{c^{\ominus}}\right)\right\} \tag{3-2-7}$$

【例 3.2】 计算 $0.100 mol \cdot L^{-1}$ 氨水溶液中的 $c\left(OH^-\right)$、pH 和 $NH_3 \cdot H_2O$ 的解离度 (α) [$K_b^{\ominus}(NH_3 \cdot H_2O) = 1.8 \times 10^{-5}$]。

解： $K_b^{\ominus}\left(NH_3 \cdot H_2O\right) = 1.8 \times 10^{-5}$，$K_w^{\ominus} = 1.0 \times 10^{-14}$

$$K_b^{\ominus}\left(NH_3 \cdot H_2O\right) \gg K_w^{\ominus}$$

所以可忽略水的解离，做近似计算。

设 $c\left(OH^-\right) = x mol \cdot L^{-1}$，

$$NH_3 \cdot H_2O \rightleftharpoons NH_4^+ + OH^-$$

平衡浓度 /($mol \cdot L^{-1}$)　　$0.100 - x$　　x　　x

$$K_b^{\ominus} = \frac{c\left(NH_4^+\right)c\left(OH^-\right)}{c\left(NH_3 \cdot H_2O\right)} = \frac{x^2}{0.100 - x} = 1.8 \times 10^{-5}$$

因为　$\left(c/c^{\ominus}\right)/K_b^{\ominus}\left(NH_3 \cdot H_2O\right) = \left(0.100/1.8 \times 10^{-5}\right) > 500$

所以可忽略 $NH_3 \cdot H_2O$ 的解离量 x，即 $0.100 - x \approx 0.100$，则

$$x = 1.34 \times 10^{-3}$$

$$c\left(OH^-\right) = 1.34 \times 10^{-3} mol \cdot L^{-1}$$

$$c\left(H^+\right) = \frac{1.0 \times 10^{-14}}{1.34 \times 10^{-3}} = 7.5 \times 10^{-12} mol \cdot L^{-1}$$

$$pH = -\lg\left\{c\left(H^+\right)/c^{\ominus}\right\} = -\lg\left(7.5 \times 10^{-12}\right) = 11.12$$

$$\alpha = \frac{x}{c} \times 100\% = \frac{1.34 \times 10^{-3} mol \cdot L^{-1}}{0.100 mol \cdot L^{-1}} \times 100\% = 1.34\%$$

或根据

$$\alpha = \sqrt{\frac{K_b^{\ominus}}{c/c^{\ominus}}} = \sqrt{\frac{1.8 \times 10^{-5}}{0.100}}$$

$$= 1.34\%$$

3.2.4 多元弱酸的分步解离

多元弱酸在水溶液中的解离是分步（或分级）进行的，平衡时每一级解离平衡都有一个相应的解离平衡常数。例如，二元弱酸氢硫酸 (H_2S) 在水溶液中存在两个解离平衡，其解离平衡常数分别为 $K^{\ominus}_{a(1)}$ 和 $K^{\ominus}_{a(2)}$：

$$H_2S \rightleftharpoons H^+ + HS^- ;\ K^{\ominus}_{a(1)} = \frac{c(H^+)c(HS^-)}{c(H_2S)} = 1.1\times10^{-7}$$

$$HS^- \rightleftharpoons H^+ + S^{2-} ;\ K^{\ominus}_{a(2)} = \frac{c(H^+)c(S^{2-})}{c(HS^-)} = 1.3\times10^{-13}$$ ❶

显然，解离常数逐级减小。多元弱酸的强弱主要取决于 $K^{\ominus}_{a(1)}$ 的大小；多元弱酸溶液中 H^+ 浓度主要由第一级解离决定，并且由于第二级解离程度更小，HS^- 消耗很少，故溶液中 $c(H^+) \approx c(HS^-)$。

【例 3.3】 常温、常压下 H_2S 在水中的溶解度为 $0.10\text{mol}\cdot L^{-1}$，试求 H_2S 饱和溶液中 $c(H^+)$、$c(S^{2-})$ 及 H_2S 的解离度。

解： 由于 $K^{\ominus}_w \ll K^{\ominus}_{a(1)}, K^{\ominus}_{a(2)} \ll K^{\ominus}_{a(1)}$，故可根据第一级解离平衡计算 $c(H^+)$。

设溶液中 $c(H^+)$ 为 $x\text{mol}\cdot L^{-1}$

$$H_2S \rightleftharpoons H^+ + HS^-$$

平衡浓度 /$(\text{mol}\cdot L^{-1})$ $\quad 0.10 - x \quad x \quad x$

因为 $$(c/c^{\ominus})/K^{\ominus}_{a(1)} = 0.10/(1.1\times10^{-7}) > 500$$

所以 $$0.10 - x \approx 0.10$$

故 $$x^2/0.10 \approx 1.1\times10^{-7},\ x = 1.0\times10^{-4}$$

$$c(H^+) = 1.0\times10^{-4}\text{mol}\cdot L^{-1}$$

$c(S^{2-})$ 可由二级解离平衡计算：

$$\frac{c(H^+)c(S^{2-})}{c(HS^-)} = K^{\ominus}_{a(2)}$$

$$c(S^{2-}) = K^{\ominus}_{a(2)}\frac{c(HS^-)}{c(H^+)}$$

因为 $K^{\ominus}_{a(2)} \ll K^{\ominus}_{a(1)}$，所以 $c(HS^-) \approx c(H^+)$

故 $$c(S^{2-}) \approx K^{\ominus}_{a(2)}c^{\ominus} = 1.3\times10^{-13}\text{mol}\cdot L^{-1}$$

$$\alpha = \sqrt{\frac{K^{\ominus}_{a(1)}}{c/c^{\ominus}}} = \sqrt{\frac{1.1\times10^{-7}}{0.10}} = 0.10\%$$

计算表明：二元弱酸（如 H_2S）溶液中酸根离子浓度 $c(S^{2-})$ 近似地等于 $K^{\ominus}_{a(2)}$，而与弱酸的浓度关系不大。

利用多重平衡规则，亦可求得 H_2S 溶液中的 $c(S^{2-})$。

$$H_2S \rightleftharpoons H^+ + HS^- ;\ K^{\ominus}_{a(1)} = \frac{\{c(H^+)/c^{\ominus}\}\{c(HS^-)/c^{\ominus}\}}{c(H_2S)/c^{\ominus}}$$

$$= \frac{c(H^+)c(HS^-)}{c(H_2S)c^{\ominus}}$$

❶ 近百年来，由于实验和推算方法不同，不同文献、手册提供的 $K^{\ominus}_{a(2)}$ (H_2S) 值可能差别很大，至今尚未取得共识。

$$HS^- \rightleftharpoons H^+ + S^{2-};\ K_{a(2)}^{\ominus} = \frac{\{c(H^+)/c^{\ominus}\}\{c(S^{2-})/c^{\ominus}\}}{c(HS^-)/c^{\ominus}}$$

$$= \frac{c(H^+)c(S^{2-})}{c(HS^-)c^{\ominus}}$$

两式相加得：

$$H_2S \rightleftharpoons 2H^+ + S^{2-};\ K_a^{\ominus} = K_{a(1)}^{\ominus}K_{a(2)}^{\ominus}$$

即
$$\frac{\{c(H^+)\}^2 c(S^{2-})}{c(H_2S)(c^{\ominus})^2} = K_{a(1)}^{\ominus}K_{a(2)}^{\ominus} \tag{3-2-8}$$

式（3-2-8）表明了二元弱酸 (H_2S) 溶液中 $c(H^+)$、$c(S^{2-})$ 与未解离 $c(H_2S)$ 之间的关系。常温常压下，H_2S 饱和溶液中 $c(H_2S)=0.10mol\cdot L^{-1}$，式（3-2-8）可写成：

$$\{c(H^+)\}^2 c(S^{2-}) = 0.10K_{a(1)}^{\ominus}K_{a(2)}^{\ominus}(c^{\ominus})^2\ mol\cdot L^{-1}$$

$$= 0.10\times1.1\times10^{-7}\times1.3\times10^{-13}(c^{\ominus})^2\ mol\cdot L^{-1}$$

即
$$\{c(H^+)\}^2 c(S^{2-}) = 1.4\times10^{-21}(c^{\ominus})^2\ mol\cdot L^{-1}$$

或
$$c(S^{2-}) = \frac{1.4\times10^{-21}(c^{\ominus})^2}{\{c(H^+)\}^2}\ mol\cdot L^{-1}$$

上式表明，在 H_2S 饱和溶液中 $c(S^{2-})$ 与 $\{c(H^+)\}^2$ 成反比，如果在 H_2S 溶液中加入强酸以增大 $c(H^+)$，则可显著地降低 $c(S^{2-})$，因此调节 H_2S 溶液的酸度，可有效地控制 H_2S 溶液中 $c(S^{2-})$。

除多元弱酸外，多元弱碱如 $Al(OH)_3$，中强酸如 H_3PO_4，以及少数的盐如 $HgCl_2$、$Hg(CN)_2$ 等，在溶液中也是分步解离的。

3.2.5 解离平衡的移动——同离子效应

同离子效应

解离平衡和其他平衡一样，当维持平衡体系的外界条件改变时，会引起解离平衡的移动。

在 HOAc 溶液中，若加入与 HOAc 含有相同离子（如 OAc^-）的易溶强电解质 NaOAc，溶液中 $c(OAc^-)$ 的增大，会导致 HOAc 解离平衡逆向移动。

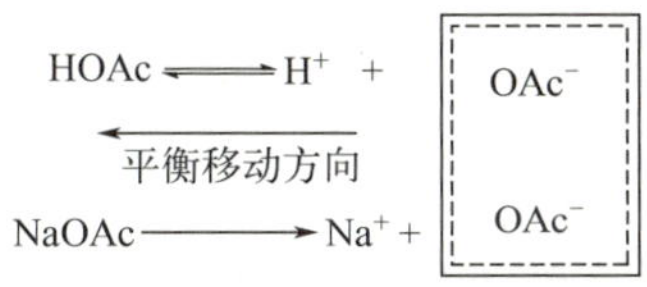

达到新平衡时，溶液中 $c(HOAc)$ 比原平衡中 $c(HOAc)$ 大，即 HOAc 的解离度降低了。同理，若在 $NH_3\cdot H_2O$ 溶液中加入铵盐（如 NH_4Cl），也会使 $NH_3\cdot H_2O$ 的解离度降低。这种在弱电解质溶液中，加入含有相同离子的易溶的强电解质，使弱电解质解离度降低的作用称为**同离子效应**。

【例 3.4】 在 $0.100mol\cdot L^{-1}$ HOAc 溶液中，加固体 NaOAc 使其浓度为 $0.100mol\cdot L^{-1}$，求此混合溶液中 $c(H^+)$ 和 HOAc 的解离度。

解： NaOAc 为强电解质，在水溶液中完全解离，因此由 NaOAc 解离提供的 $c(OAc^-) = 0.100mol\cdot L^{-1}$，

在忽略水解离的前提下，设由 HOAc 解离的 $c(H^+) = x\ mol\cdot L^{-1}$

$$HOAc \rightleftharpoons H^+ + OAc^-$$

平衡浓度 /$(mol \cdot L^{-1})$ $\qquad 0.100 - x \quad x \quad 0.100 + x$

$$\frac{c(H^+)c(OAc^-)}{c(HOAc)} = K_a^{\ominus}(HOAc)$$

$$\frac{x(0.100 + x)}{0.100 - x} = 1.8 \times 10^{-5}$$

因为 $(c/c^{\ominus})/K_a^{\ominus}(HOAc) = 0.100/1.8 \times 10^{-5} > 500$，再加上同离子效应的作用，HOAc 的解离量 x 更小，所以

$$0.100 - x \approx 0.100，0.100 + x \approx 0.100$$

故上式可改写为：$0.100x/0.100 = 1.8 \times 10^{-5}$，$x = 1.8 \times 10^{-5}$

$$c(H^+) \approx 1.8 \times 10^{-5} mol \cdot L^{-1}$$

$$\alpha_1 = \frac{1.8 \times 10^{-5} mol \cdot L^{-1}}{0.100 mol \cdot L^{-1}} \times 100\% = 0.018\%$$

而未加固体 NaOAc 时，在 $0.100 mol \cdot L^{-1}$ HOAc 溶液中（读者可以自己演算）

$$c(H^+) = 1.34 \times 10^{-3} mol \cdot L^{-1}$$

$$\alpha_2 = 1.34\%$$

$$\frac{\alpha_1}{\alpha_2} = \frac{1.8 \times 10^{-2}\%}{1.34\%}, \alpha_1 = 0.013\alpha_2$$

计算表明，由于同离子效应，$c(H^+)$ 和 HOAc 的解离度都大大降低。在生产和实验中可以利用同离子效应调节溶液的酸碱性；控制弱酸溶液中酸根离子的浓度（如 H_2S、$H_2C_2O_4$、H_3PO_4 等溶液中 S^{2-}、$C_2O_4^{2-}$ 和 PO_4^{3-} 浓度），使某些金属离子沉出，另一些离子不沉出，从而达到分离、提纯的目的。

3.2.6 缓冲溶液

一般的水溶液，若受到酸、碱或水的作用，其 pH 易发生明显变化，但许多化学反应和生产过程常要求在一定的 pH 范围内才能进行或进行得比较完全。那么，怎样的溶液才具有维持自身 pH 基本不变的作用呢？实践发现，弱酸与弱酸盐、弱碱与弱碱盐等混合液具有这种作用。能抵抗少量外来酸、碱及水的稀释而保持体系 pH 值相对稳定的溶液称为缓冲溶液。

3.2.6.1 缓冲原理

现以 HOAc-NaOAc 组成的缓冲溶液为例，说明缓冲作用的原理。这种缓冲溶液的特点是：体系中同时含有大量的 HOAc 和 OAc^-，并存在着 HOAc 的解离平衡：

外加适量碱（OH^-），平衡向右移动 $\longrightarrow$

$$HOAc \rightleftharpoons H^+ + OAc^-$$

大量 $\qquad$ 极小量 $\quad$ 大量

$\longleftarrow$ 外加适量酸（H^+），平衡向左移动

根据平衡移动原理，当外加适量酸时，溶液中的 OAc^- 瞬间即与外加 H^+ 结合成 HOAc；当外加适量碱时，溶液中未解离的 HOAc 就继续解离以补充 H^+ 的消耗，从而使溶液的 pH 基本不变。其中 OAc^- 是体系的抗酸组分，HOAc 是体系的抗碱组分。当加水稀释时，各物质浓度降低，

HOAc 的解离度随浓度的减小略有增大，溶液的 pH 近似不变。

3.2.6.2 缓冲溶液 pH 的计算

缓冲作用原理的本质是同离子效应，缓冲溶液实际上就是含有同离子的弱酸或弱碱溶液，因此缓冲溶液 pH 的计算与前面同离子效应 pH 的计算类似，我们同样以 HOAc-NaOAc 缓冲溶液为例进行分析。

$$HOAc \rightleftharpoons OAc^- + H^+$$

相对平衡浓度 $\quad c_{酸}-x \qquad c_{盐}+x \qquad x$

$$K_a^\ominus = \frac{c(OAc^-)c(H^+)}{c(HOAc)} = \frac{(c_{盐}+x)x}{(c_{酸}-x)}$$

如果 HOAc 和 OAc^- 的浓度不太小，且由于存在同离子效应，近似有

$$c_{酸}-x \approx c_{酸}, c_{盐}+x \approx c_{盐}$$

$$c(H^+) = x = K_a^\ominus \frac{c_{酸}}{c_{盐}} \tag{3-2-9}$$

$$pH = pK_a^\ominus - \lg\frac{c_{酸}}{c_{盐}} \tag{3-2-10}$$

上式说明，弱酸 - 弱酸盐缓冲溶液的 pH 首先取决于弱酸的强度，其次取决于弱酸和弱酸盐的浓度比。同理，弱碱 - 弱碱盐缓冲溶液中：

$$c(OH^-) = K_b^\ominus \frac{c_{碱}}{c_{盐}} \tag{3-2-11}$$

$$pOH = pK_b^\ominus - \lg\frac{c_{碱}}{c_{盐}} \tag{3-2-12}$$

3.2.6.3 缓冲容量和缓冲范围

任何缓冲溶液的缓冲能力都是有一定的限度的，若加入过多的酸、碱或过度稀释，都会使缓冲溶液失去作用。在分析化学中定义：使缓冲溶液 pH 改变 1.0 所需强酸或强碱的量，称为该缓冲溶液的缓冲容量。缓冲溶液中发挥作用的弱酸 - 弱酸盐（弱碱 - 弱碱盐）称为缓冲对。影响缓冲容量的因素有缓冲对的总浓度和缓冲比（缓冲对的浓度比）。当缓冲比一定时，缓冲对总浓度越大，抵御外来酸碱影响的作用越强，缓冲溶液的缓冲容量越大；当缓冲对总浓度一定时，缓冲比越接近 1∶1，缓冲容量越大。

根据公式 $pH=pK_a^\ominus - \lg\frac{c_{酸}}{c_{盐}}$ 可以看出，当 $c_{酸}=c_{盐}$时，$pH=pK_a^\ominus$，此时缓冲容量最大，缓冲溶液的缓冲能力最强。当缓冲比小于 1∶10 或大于 10∶1 时，可以认为超出缓冲溶液的缓冲范围，缓冲溶液失去作用。当 1∶10 < 缓冲比 < 10∶1 时，缓冲溶液能发挥缓冲作用，此时缓冲溶液的缓冲范围为：

$$pH = pK_a^\ominus \pm 1 \tag{3-2-13}$$

因此，配制缓冲溶液时，首先找出 $pK_a^\ominus$ 值（$pK_b^\ominus$）与所需 pH（pOH）尽量接近的弱酸（弱碱），然后再与该弱酸的强碱盐（弱碱的强酸盐）按一定的比例配成合适的缓冲溶液。一些常见缓冲溶液及其缓冲范围见表 3.2。

表 3.2　常见缓冲溶液及其缓冲范围

缓冲溶液	pK_i	pH 值范围
HOAc-NaOAc	4.76	3.6 ～ 5.6
$NH_3 \cdot H_2O$-NH_4Cl	4.76	8.3 ～ 10.3
$NaHCO_3$-Na_2CO_3	10.33	9.2 ～ 11.0
KH_2PO_4-K_2HPO_4	7.20	5.9 ～ 8.0
H_3BO_3-$Na_2B_4O_7$	9.2	7.2 ～ 9.2

除弱酸和弱酸盐、弱碱和弱碱盐可组成缓冲溶液外，由多元弱酸所组成的两种不同酸度的盐如 $NaHCO_3$-Na_2CO_3 混合溶液、NaH_2PO_4-Na_2HPO_4 的混合溶液等也有缓冲作用，其中 HCO_3^-、$H_2PO_4^-$ 起着弱酸的作用。

前面讨论的缓冲溶液都含有两种物质，一种是能抵消酸（H^+）的物质，另一种是能抵消碱（OH^-）的物质，两种物质合称缓冲混合物。但是实践中有时只需对 H^+ 或对 OH^- 有抵消作用即可，由此可以根据需要选用合适的弱碱（或弱酸盐）作为对酸的缓冲剂；选用合适的弱酸（或弱碱盐）作为对碱的缓冲剂。例如在电镀等工业上常选用单一的 H_3BO_3、HOAc、柠檬酸、酒石酸、NaOAc、NaF 等作为缓冲剂。

缓冲溶液不仅在化学、化工生产中，而且在生命活动方面都有极其重要的意义。例如人体血液中由于含有 H_2CO_3-$NaHCO_3$、NaH_2PO_4-Na_2HPO_4 等缓冲溶液，使人体血液的 pH 维持在 7.35～7.45，保证了细胞代谢的正常进行和整个机体的正常运行。

3.3

盐类的水解反应

3.3.1　水解反应和水解常数

3.3.1.1　水解反应

盐类的**水解反应**，是指盐的组分离子与水解离出来的 H^+ 或 OH^- 结合成弱电解质的反应，它是中和反应的逆反应。

（1）强碱弱酸盐　例如，NaOAc 在水溶液中的水解过程可以表示如下：

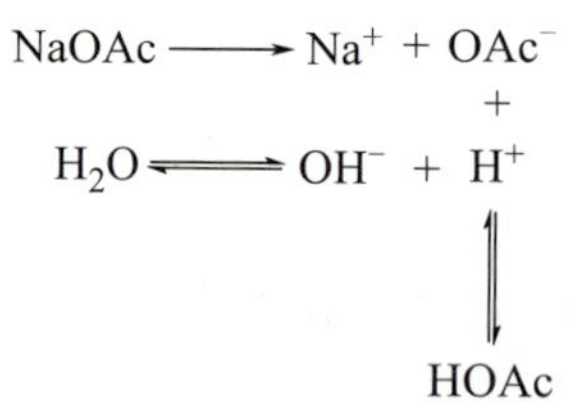

其离子方程式为　　$OAc^- + H_2O \rightleftharpoons HOAc^- + OH^-$

由此可见，强碱弱酸盐（如 NaOAc）的水解实际上只是其阴离子（如 OAc^-）发生水解，使溶液呈碱性。

（2）强酸弱碱盐　例如，NH_4Cl 在水溶液中的水解过程如下：

$$\begin{array}{ccc} NH_4Cl \longrightarrow & NH_4^+ & + \ Cl^- \\ & + & \\ H_2O \rightleftharpoons & OH^- & + \ H^+ \\ & \updownarrow & \\ & NH_3 \cdot H_2O & \end{array}$$

其离子方程式为　　　　$NH_4^+ + H_2O \rightleftharpoons NH_3 \cdot H_2O + H^+$

可见，强酸弱碱盐（如 NH_4Cl）的水解实际上是其阳离子（如 NH_4^+）发生水解，使溶液呈酸性。

(3) 弱酸弱碱盐　弱酸弱碱盐解离出来的阴、阳离子均能发生水解，例如 AB 型弱酸弱碱盐的水解：

$$\underset{}{A^+ + B^- + H_2O} \rightleftharpoons \underset{(弱酸)}{HB} + \underset{(弱碱)}{AOH}$$

弱酸弱碱盐溶液的酸碱性视水解产物的 $K_a^\ominus(HB)$ 和 $K_b^\ominus(AOH)$ 的相对大小而定。例如：

$$NH_4F: NH_4^+ + F^- + H_2O \rightleftharpoons NH_3 \cdot H_2O + HF$$

$$K_a^\ominus(HF) > K_b^\ominus(NH_3 \cdot H_2O) \qquad 显酸性$$

$$NH_4OAc: NH_4^+ + OAc^- + H_2O \rightleftharpoons NH_3 \cdot H_2O + HOAc$$

$$K_a^\ominus(HOAc) \approx K_b^\ominus(NH_3 \cdot H_2O) \qquad 基本显中性$$

$$NH_4CN: NH_4^+ + CN^- + H_2O \rightleftharpoons NH_3 \cdot H_2O + HCN$$

$$K_a^\ominus(HCN) < K_b^\ominus(NH_3 \cdot H_2O) \qquad 显碱性$$

3.3.1.2　水解常数

水解反应与 H_2O 的解离平衡和弱酸（或弱碱）的解离平衡有关。例如，强碱弱酸盐（NaOAc）的水解反应式可由下列两解离平衡式相减得到：

$$H_2O \rightleftharpoons H^+ + OH^-; \ K_w^\ominus$$

$$HOAc \rightleftharpoons H^+ + OAc^-; \ K_a^\ominus$$

$$OAc^- + H_2O \rightleftharpoons HOAc + OH^-; \ K_h^\ominus$$

$$\frac{\{c(HOAc)/c^\ominus\}\{c(OH^-)/c^\ominus\}}{\{c(OAc^-)/c^\ominus\}} = K_h^\ominus = \frac{K_w^\ominus}{K_a^\ominus} \tag{3-3-1}$$

$K_h^\ominus$ 是水解反应的平衡常数，称为**水解常数**。

同理可推得一元弱碱强酸盐水解常数关系式为

$$K_h^\ominus = \frac{K_w^\ominus}{K_b^\ominus} \tag{3-3-2}$$

一元弱酸弱碱盐水解常数关系式为

$$K_h^\ominus = \frac{K_w^\ominus}{K_a^\ominus K_b^\ominus} \tag{3-3-3}$$

各种水解反应的水解常数（$K_h^\ominus$）没有现成数据可查，需要通过计算求得。$K_h^\ominus$ 值越大，表示相应盐的水解限度越大。

盐类的水解程度，可以用水解度（h）来衡量：

$$水解度(h)=\frac{盐水解部分的“物质的量”(或浓度)}{始态盐的“物质的量”(或浓度)}\times 100\%$$

3.3.2 分步水解

与多元弱酸（或多元弱碱）的分步解离相对应，多元弱酸盐（或多元弱碱盐）的水解也是分步进行的。例如，Na_2S 的水解是分两步进行的：

$$S^{2-}+H_2O \rightleftharpoons HS^-+OH^-;\ K^{\ominus}_{h(1)}$$

$$HS^-+H_2O \rightleftharpoons H_2S+OH^-;\ K^{\ominus}_{h(2)}$$

根据多重平衡可推知：

$$K^{\ominus}_{h(1)}=\frac{K^{\ominus}_w}{K^{\ominus}_{a(2)}(H_2S)}=\frac{1.0\times10^{-14}}{1.3\times10^{-13}}=7.7\times10^{-2}$$

$$K^{\ominus}_{h(2)}=\frac{K^{\ominus}_w}{K^{\ominus}_{a(1)}(H_2S)}=\frac{1.0\times10^{-14}}{1.1\times10^{-7}}=9.1\times10^{-8}$$

由此可见，多元弱酸盐（或多元弱碱盐）的水解同多元弱酸（或多元弱碱）分步解离一样，也是逐级减小的。由于 $K^{\ominus}_{h(2)} \ll K^{\ominus}_{h(1)}$，因此在计算多元弱酸盐或多元弱碱盐溶液中的 $c(OH^-)$ 或 $c(H^+)$ 时，一般只考虑第一级水解即可。

$FeCl_3$ 的水解实际上只是 Fe^{3+} 水解，读者试写出 Fe^{3+} 三级水解的离子反应式。

3.3.3 盐溶液 pH 的近似计算

盐溶液 pH 的计算，虽属水解平衡计算范畴，但只要计算出盐的水解常数，具体方法与解离平衡计算相同。

【例 3.5】 计算 $0.10mol\cdot L^{-1}NH_4Cl$ 溶液的 pH 和水解度。

解：

$$NH_4^++H_2O \rightleftharpoons NH_3\cdot H_2O+H^+$$

$$K^{\ominus}_h=\frac{K^{\ominus}_w}{K^{\ominus}_b}=\frac{1.0\times10^{-14}}{1.8\times10^{-5}}=5.6\times10^{-10}$$

因为 $K^{\ominus}_h \gg K^{\ominus}_w$，所以可以忽略 H_2O 解离所提供的 H^+。

设达平衡时，$c(H^+)=x mol\cdot L^{-1}$

$$NH_4^++H_2O \rightleftharpoons NH_3\cdot H_2O+H^+$$

平衡浓度 $/(mol\cdot L^{-1})$　　$0.10-x$　　x　　x

$$\frac{c(NH_3\cdot H_2O)c(H^+)}{c(NH_4^+)}=K^{\ominus}_h$$

$$\frac{x^2}{0.10-x}=5.6\times10^{-10}$$

因为 $(c/c^{\ominus})/K^{\ominus}_h=0.10/(5.6\times10^{-10})>500$，所以 $0.10-x\approx0.10$。

故

$$\frac{x^2}{0.10}=5.6\times10^{-10},\ x=7.5\times10^{-6}$$

$$c(H^+)=7.5\times10^{-6}mol\cdot L^{-1}$$

$$pH = -\lg\{c(H^+)/c^{\ominus}\} = -\lg(7.5\times10^{-6}) = 5.12$$

$$水解度(h) = \frac{7.5\times10^{-6}\,mol\cdot L^{-1}}{0.10\,mol\cdot L^{-1}}\times100\% = (7.5\times10^{-3})\%$$

3.3.4 影响盐类水解度的因素

如上讨论可知，盐类水解度的大小主要取决于水解离子的本性，当水解产物——弱酸或弱碱越弱，即 $K_a^{\ominus}$ 或 $K_b^{\ominus}$ 越小，则 $K_h^{\ominus}$、h 越大。另外，水解产物的难溶性亦是增大水解度的重要因素之一。如果水解产物是很弱的电解质，又是溶解度很小的难溶物质或挥发性气体，则水解度极大，甚至可达完全水解。例如 Al_2S_3 的水解，就是完全水解的典型例子：

$$Al_2S_3 + 6H_2O \longrightarrow 2Al(OH)_3\downarrow + 3H_2S\uparrow$$

可见上述物质直接溶于水，得到的是水解产物，而得不到其水溶液。

此外，根据平衡移动原理，盐溶液的浓度、温度和酸度也是影响盐类水解的重要因素。一般来说，盐溶液浓度越小，温度越高，盐的水解度越大；降低（或升高）溶液的 pH，可增大阴离子（或阳离子）的水解度。

3.3.5 盐类水解的抑制和利用

锑盐水解的抑制

铋盐水解的抑制

抑制或利用盐类水解服务于生产和科研的实际例子很多。现略举数例略加说明。

① 在实验室中，配制一些易水解盐 [如 Na_2S、$SnCl_2$、$SbCl_3$、$Bi(NO_3)_3$ 等] 的溶液时，为抑制其水解，必须先将它们溶解在相应的碱或酸中。如配制 $SnCl_2$、$SbCl_3$ 溶液时，必须先加入适量的 HCl；配制 $Bi(NO_3)_3$ 溶液时，必须先加入适量的 HNO_3；配制 Na_2S 溶液时，必须先加入适量的 NaOH。以免因水解产生碱式盐 [如 Sn(OH)Cl]、酰基[1]化合物沉淀（SbOCl、$BiONO_3$ 等）或挥发性酸（H_2S）。

② 在分析化学中，常利用盐类的水解反应达到物质的分离、鉴定和提纯的目的。例如，利用锑盐、铋盐的水解特性来鉴定锑、铋；利用 Fe^{3+} 易水解性以除去溶液中的 Fe^{2+} 或 Fe^{3+}，方法是先用氧化剂（如 H_2O_2）将 Fe^{2+} 氧化为 Fe^{3+}，然后加热和降低酸度（加入适量碱或碱性氧化物）至 pH=3～4，促使 Fe^{3+} 完全水解，形成 $Fe(OH)_3$ 沉淀而除去。

③ 在生产中利用水解的例子更多。例如用 NaOH 和 Na_2CO_3 的混合液作为化学除油液，就是利用了 Na_2CO_3 的水解性。从除油机理来看，主要是利用 NaOH 与油脂发生皂化反应，生成可溶性的肥皂而将油脂除去，就此而言似乎只需用 NaOH 除油就可以了，由于皂化反应的进行，OH^- 因不断消耗而减少，但是若有 Na_2CO_3 存在，由于 Na_2CO_3 的水解，会不断地补充 OH^-，从而保证皂化反应的进行。

在生产上还利用盐类的水解提纯一些物质。例如，可利用 $Bi(NO_3)_3$ 易水解的特性制取高纯度的 Bi_2O_3，方法是将 $Bi(NO_3)_3$ 浓溶液稀释并加热煮沸，使其发生完全水解，生成 $BiONO_3$ 沉淀，以除去可溶性的杂质，得到纯度较高的 $BiONO_3$，然后经过滤、灼烧即可得到纯度较高的 Bi_2O_3。

3.4 沉淀反应

在化学实验和化工生产中，常利用沉淀反应进行离子的分离、鉴定和除杂以及制取某些难溶

[1] 无机或有机含氧酸分子中除去羟基（—OH）后残余的原子团称为酰基。例如磺 (酰) 基（RSO_2—）、锑酰基（SbO—）、乙酰基（CH_3CO—）、苯甲酰基（C_6H_5CO—）等。

化合物。沉淀反应的利用，关键是如何创造条件，保证沉淀能够生成并沉淀完全。这涉及难溶电解质的沉淀和溶解。本节将讨论难溶电解质沉淀、溶解的原理及应用。

3.4.1 难溶电解质的溶度积和溶解度

3.4.1.1 溶度积常数

严格来说，在水中绝对不溶的物质是没有的。通常把在水中溶解度小于 0.01g/100g H_2O 的物质称为难溶物质；溶解度在 0.01～0.1g/100g H_2O 的物质称为微溶物质；溶解度较大者称为易溶物质。

难溶强电解质（如 $BaSO_4$）在水中虽然难溶，但还会有一定数量的 Ba^{2+} 和 SO_4^{2-} 离开晶体表面而进入水中。同时，已溶解的部分 Ba^{2+} 和 SO_4^{2-} 又有可能回到 $BaSO_4$ 晶体表面而析出。在一定温度下，当溶解与沉淀的速率相等时，$BaSO_4$ 晶体和溶液相应的离子之间达到动态的多相离子平衡，简称溶解平衡：

$$BaSO_4(s) \underset{\text{沉淀}}{\overset{\text{溶解}}{\rightleftharpoons}} Ba^{2+}(aq) + SO_4^{2-}(aq)$$

其平衡常数表达式为

$$K_{sp}^{\ominus}(BaSO_4) = c(Ba^{2+})c(SO_4^{2-})/(c^{\ominus})^2$$

对于一般难溶电解质（A_mB_n），其溶解平衡通式可表示为

$$A_mB_n(s) \underset{\text{沉淀}}{\overset{\text{溶解}}{\rightleftharpoons}} mA^{n+} + nB^{m-}$$

溶解平衡常数表达式为

$$K_{sp}^{\ominus}(A_mB_n) = \{c(A^{n+})\}^m \{c(B^{m-})\}^n / (c^{\ominus})^{m+n} \tag{3-4-1}$$

此溶解平衡常数称为**溶度积常数**（简称**溶度积**）。上式表明：在一定温度下，难溶电解质的饱和溶液中，各组分离子浓度幂的乘积为一常数。

$K_{sp}^{\ominus}$ 是表征难溶电解质溶解能力的特征常数，与其他平衡常数一样，$K_{sp}^{\ominus}$ 也是温度的函数，它可以由实验测定，也可以通过热力学数据计算。本书附录 6 列出了常温下某些难溶电解质的溶度积的实验数据 K_{sp}，粗略计算时其数值可当作 $K_{sp}^{\ominus}$ 使用。

值得注意的是：上述溶度积常数表达式 [式（3-4-1）] 虽是根据难溶强电解质的多相离子平衡推导而来，但其结论同样适用于难溶弱电解质的多相离子平衡。现以 AB 型难溶弱电解质为例来阐述。在 AB 型难溶弱电解质的多相体系中存在着下列平衡：

$$AB(s) \rightleftharpoons AB(aq)；K_1^{\ominus} = c(AB)/c^{\ominus}$$

$$AB(aq) \rightleftharpoons A^+ + B^-；K_2^{\ominus} = \frac{c(A^+)c(B^-)}{c(AB)}/c^{\ominus}$$

根据多重平衡规律：

$$AB(s) \rightleftharpoons A^+ + B^-$$

$$K_1^{\ominus}K_2^{\ominus} = c(A^+)c(B^-)/(c^{\ominus})^2 = K_{sp}^{\ominus}(AB)$$

$$K_{sp}^{\ominus}(AB) = c(A^+)c(B^-)/(c^{\ominus})^2 \tag{3-4-2}$$

式（3-4-2）实际上与式（3-4-1）相同。

3.4.1.2 溶解度和溶度积的相互换算

根据溶度积常数关系式，难溶电解质的溶度积和溶解度之间可以互相换算。但在换算时，应注意浓度单位必须采用 $mol \cdot L^{-1}$；另外，由于难溶电解质的溶解度很小，溶液浓度很小，难溶电

解质饱和溶液的密度可近似认为等于水的密度。

【例3.6】 已知$BaSO_4$在298.15K时的溶度积为1.08×10^{-10}，求$BaSO_4$在298.15K时的溶解度。

解：设$BaSO_4$的溶解度(s)为$x\text{mol}\cdot L^{-1}$

因$BaSO_4$为难溶强电解质，且Ba^{2+}、SO_4^{2-}基本上不水解，所以在$BaSO_4$饱和溶液中：

$$BaSO_4(s) \rightleftharpoons Ba^{2+} + SO_4^{2-}$$

离子浓度/(mol·L^{-1})　　　　x　　x

$$c(Ba^{2+})c(SO_4^{2-}) = K_{sp}^{\ominus}(BaSO_4)(c^{\ominus})^2$$

$$x^2 = 1.08\times10^{-10}$$

$$x = 1.04\times10^{-5}$$

则

$$s(BaSO_4) = 1.04\times10^{-5}\,\text{mol}\cdot L^{-1}$$

计算结果表明：对于基本上不水解的AB型难溶强电解质，其溶解度(s)在数值上等于其溶度积的平方根。即

$$s = \sqrt{K_{sp}^{\ominus}}\times c^{\ominus} \tag{3-4-3}$$

同理可推导出AB_2（或A_2B）型难溶电解质（如CaF_2、Ag_2CrO_4等）的溶度积和溶解度的关系为

$$s = \sqrt[3]{\frac{K_{sp}^{\ominus}}{4}}\times c^{\ominus} \tag{3-4-4}$$

式（3-4-3）、式（3-4-4）也近似地适用于微弱水解的AB型、AB_2（或A_2B）型难溶强电解质，如$CaSO_4$、AgCl、AgBr、AgI等，但不适用于易水解的难溶电解质（如ZnS）和难溶弱电解质及在溶液中易以离子对形式存在的难溶电解质。（为什么？请读者思考。）

由式（3-4-3）和式（3-4-4）可看出，对于同一类型难溶电解质，可以用$K_{sp}^{\ominus}$的大小来比较它们溶解度的大小；但对不同类型的，则不能认为溶度积小的，溶解度也一定小。

应用溶度积不但可以计算难溶电解质的溶解度，更重要的是可以用它判断溶液中沉淀的生成或溶解。

3.4.2 沉淀反应

3.4.2.1 溶度积规则

根据吉布斯自由能变判据：

$$\Delta_r G_m \begin{Bmatrix} < \\ = \\ > \end{Bmatrix} 0 \begin{cases} \text{反应正向进行} \\ \text{反应处于平衡状态} \\ \text{反应逆向进行} \end{cases}$$

根据式（2-4-1）可得：

$$\Delta_r G_m = RT(\ln J - \ln K^{\ominus})$$

把上式应用于沉淀-溶解平衡：

$$A_mB_n(s) \rightleftharpoons mA^{n+} + nB^{m-}$$

$$J = \{c(A^{n+})\}^m\{c(B^{m-})\}^n/(c^{\ominus})^{(m+n)}$$

式中，J为难溶电解质的离子积。

则存在着如下关系：

$$J\begin{Bmatrix}<\\=\\>\end{Bmatrix}K_{sp}^{\ominus}\begin{cases}\text{沉淀溶解或无沉淀析出}\\\text{平衡态,饱和溶液}\\\text{生成沉淀}\end{cases}$$

以上规律称为**溶度积规则**。应用溶度积规则可以判断沉淀的生成和溶解。

【例 3.7】 在 $10\text{mL}0.10\text{mol}\cdot\text{L}^{-1}\text{MgSO}_4$ 溶液中加入 $10\text{mL}0.10\text{mol}\cdot\text{L}^{-1}\text{NH}_3\cdot\text{H}_2\text{O}$，有无 Mg(OH)_2 沉淀生成？若有沉淀生成，需在混合溶液中加入多少克固体 NH_4Cl 才能使生成的 Mg(OH)_2 沉淀全部溶解？

解： 由于等体积混合，所以各物质的浓度均减小一半，即

$$c\left(\text{Mg}^{2+}\right)=\frac{1}{2}\times0.10\text{mol}\cdot\text{L}^{-1}=5.0\times10^{-2}\text{mol}\cdot\text{L}^{-1}$$

$$c\left(\text{NH}_3\cdot\text{H}_2\text{O}\right)=\frac{1}{2}\times0.10\text{mol}\cdot\text{L}^{-1}$$

$$=5.0\times10^{-2}\text{mol}\cdot\text{L}^{-1}$$

（1）设混合后反应前 $c\left(\text{OH}^-\right)=x\ \text{mol}\cdot\text{L}^{-1}$

$$\text{NH}_3\cdot\text{H}_2\text{O}\rightleftharpoons\text{NH}_4^++\text{OH}^-$$

平衡浓度 $/(\text{mol}\cdot\text{L}^{-1})$　　$0.050-x$　　x　　x

$$\frac{c\left(\text{NH}_4^+\right)c\left(\text{OH}^-\right)}{c\left(\text{NH}_3\cdot\text{H}_2\text{O}\right)}=K_b^{\ominus}\left(\text{NH}_3\cdot\text{H}_2\text{O}\right)$$

因为 $\left(c/c^{\ominus}\right)/K_b^{\ominus}=0.050/1.8\times10^{-5}>500$，所以 $0.050-x\approx0.050$。

则

$$\frac{x^2}{0.050}=1.8\times10^{-5}\text{，}x=9.5\times10^{-4}$$

$$c\left(\text{OH}^-\right)=9.5\times10^{-4}\text{mol}\cdot\text{L}^{-1}$$

$$\frac{c\left(\text{Mg}^{2+}\right)\left\{c\left(\text{OH}^-\right)\right\}^2}{\left(c^{\ominus}\right)^3}=5.0\times10^{-2}\times\left(9.5\times10^{-4}\right)^2$$

$$=4.5\times10^{-8}>K_{sp}^{\ominus}[\text{Mg(OH)}_2]=5.61\times10^{-12}$$

则有 Mg(OH)_2 沉淀生成。

（2）要使生成的 Mg(OH)_2 沉淀完全溶解，加入的 $\text{NH}_4\text{C1(s)}$ 必须使溶液中 $c(\text{OH}^-)$ 降低到符合下式要求：

$$c\left(\text{Mg}^{2+}\right)\left\{c\left(\text{OH}^-\right)\right\}^2<K_{sp}^{\ominus}[\text{Mg(OH)}_2]\times\left(c^{\ominus}\right)^3$$

$$c\left(\text{OH}^-\right)<\sqrt{\frac{K_{sp}^{\ominus}[\text{Mg(OH)}_2]}{c\left(\text{Mg}^{2+}\right)}\times\left(c^{\ominus}\right)^3}$$

$$=\sqrt{\frac{5.61\times10^{-12}\left(\text{mol}\cdot\text{L}^{-1}\right)^2}{5.0\times10^{-2}}}=1.1\times10^{-5}\text{mol}\cdot\text{L}^{-1}$$

这样，溶液中的 $c\left(\text{NH}_4^+\right)$ 至少要达到 $y\text{mol}\cdot\text{L}^{-1}$。

$$\text{NH}_3\cdot\text{H}_2\text{O}\rightleftharpoons\text{NH}_4^+\ +\ \text{OH}^-$$

平衡浓度 $/(\text{mol}\cdot\text{L}^{-1})$　　$5.0\times10^{-2}-1.1\times10^{-5}$　　y　　1.1×10^{-5}

$$\frac{1.1\times10^{-5}y}{5.0\times10^{-2}}=1.8\times10^{-5}, y=8.2\times10^{-2}$$

则

$$c\left(NH_4^+\right)>8.2\times10^{-2}mol\cdot L^{-1}$$

其中 $1.1\times10^{-5}mol\cdot L^{-1}$ 的 OH^- 是 $NH_3\cdot H_2O$ 解离所提供的，加入部分为

$$c\left(NH_4^+\right)>8.2\times10^{-2}mol\cdot L^{-1}-1.1\times10^{-5}mol\cdot L^{-1}$$

$$\approx 8.2\times10^{-2}mol\cdot L^{-1}$$

因此在 20mL 溶液中至少应加入 NH_4Cl 的量为

$$8.2\times10^{-2}mol\cdot L^{-1}\times0.020L\times53.5g\cdot mol^{-1}=8.8\times10^{-2}g$$

3.4.2.2 影响沉淀反应的因素

(1) 同离子效应对沉淀反应的影响 同离子效应不仅会使弱电解质的解离度降低，而且会使难溶电解质的溶解度降低。在难溶电解质饱和溶液中，加入含有相同离子的易溶强电解质，使难溶电解质溶解度降低的作用称为**同离子效应**。

$$BaSO_4(s) \rightleftharpoons Ba^{2+} + SO_4^{2-}$$

$$\xleftarrow[\text{平衡移动方向}]{\text{加入}BaCl_2\text{或}Na_2SO_4}$$

【例 3.8】 计算 $BaSO_4$ 在 298.15K、$0.10mol\cdot L^{-1}$ Na_2SO_4 溶液中的溶解度（s）。

考虑到 $BaSO_4$ 基本上不水解，设 $s=x\ mol\cdot L^{-1}$

$$BaSO_4(s) \rightleftharpoons Ba^{2+} + SO_4^{2-}$$

平衡浓度 / $(mol\cdot L^{-1})$ $\qquad x \qquad x+0.10$

$$c\left(Ba^{2+}\right)c\left(SO_4^{2-}\right)=K_{sp}^{\ominus}\left(BaSO_4\right)\times\left(c^{\ominus}\right)^2$$

$$x(x+0.10)=1.08\times10^{-10}$$

因为 $K_{sp}^{\ominus}\left(BaSO_4\right)$ 值甚小，x 比 0.10 小得多，所以 $0.10+x\approx0.10$。

故

$$0.10x=1.08\times10^{-10}，x=1.1\times10^{-9}$$

$$s=1.1\times10^{-9}mol\cdot L^{-1}$$

即 $BaSO_4$ 在 298.15K、$0.10mol\cdot L^{-1}$ Na_2SO_4 溶液中的溶解度为 $1.1\times10^{-9}mol\cdot L^{-1}$，相当于在纯水中的溶解度（$1.04\times10^{-5}mol\cdot L^{-1}$）的万分之一。

由此可见，利用同离子效应，可以使某种离子沉淀得更完全。因此在进行沉淀反应时，为确保沉淀完全（一般来说，离子浓度小于 $10^{-5}mol\cdot L^{-1}$ 时，可以认为基本沉淀完全），可加入适当过量（一般过量 20%～50% 即可）的沉淀剂。同理，在洗涤沉淀时，也常利用同离子效应来减少洗涤过程中沉淀的损失。例如，在洗涤 AgCl 沉淀时，可使用少量稀盐酸溶液。值得注意的是，加入沉淀剂太多时，同离子效应作用并不明显，相反还可能引起其他副反应的发生，使难溶电解质溶解度增大。例如，AgCl 沉淀中加入过量浓盐酸，发生配位反应生成 $[AgCl_2]^-$，从而使 AgCl 溶解。同时，加入过多沉淀剂也会引起盐效应，使难溶电解质溶解度增大。

(2) 盐效应对沉淀反应的影响 在难溶电解质饱和溶液中，加入不含相同离子的易溶强电解质，会使难溶电解质的溶解度增大。例如，相同温度下，AgCl 在 KNO_3 溶液中的溶解度大于其在纯水中的溶解度，并随 KNO_3 溶液浓度的增大而增大。这种现象不能用 AgCl 和 KNO_3 发生化学反应来解释，也不能用同离子效应来解释。唯一的解释是 KNO_3 溶液中带电荷离子数增多引起溶液**离子强度**的变化。

在理想溶液中，各组分之间不存在相互作用，即它们之间互不影响，各组分在化学反应中实

际发挥作用的浓度（称有效浓度）只取决于单位体积内含有的离子数量，即组分的有效浓度等于其真实浓度。

在实际电解质溶液中，由于离子之间以及离子和溶剂之间的相互作用，影响了离子在溶液中的活动性。溶液中离子浓度越大，或离子所带电荷数越多，离子之间的相互作用就越强。我们定义**离子强度** I 来衡量离子间相互作用的大小：

$$I=\frac{1}{2}\sum b_i z_i^2$$

式中，z_i 表示第 i 种离子的电荷数；b_i 表示第 i 种离子的质量摩尔浓度。

在实际电解质溶液中，由于离子间作用力的影响，离子在化学反应中表现出的有效浓度低于其真实浓度。离子在化学反应中实际发挥作用的有效浓度称为离子的**活度**。在有关化学平衡的计算中，严格意义上应该用活度而不是浓度。

离子的活度 a 与浓度 c 之间的关系是

$$a=\gamma c$$

式中，γ 称为**活度系数**，通常小于 1，它衡量了实际溶液对理想溶液的偏差。对于极稀溶液，离子之间相距很远，离子之间的相互作用可以忽略，此时溶液可视为理想溶液，$\gamma\approx1.0$，$a\approx c$。随着溶液浓度的增大，$\gamma<1.0$，$a<c$。

电解质溶液的浓度越大，离子强度越大，浓度与活度之间的偏差就会越大，此时若直接用浓度进行计算，所得结果将偏离实际情况较远，故此时有必要用活度进行计算和讨论。但在无机化学和化学分析的计算中，溶液的浓度一般不大，离子强度也较小，近似认为活度系数为 1.0，即可用浓度代替活度。

在弱电解质、难溶电解质的水溶液中，加入不含相同离子的易溶强电解质，使弱电解质的解离度增大或难溶电解质的溶解度增大的现象称为**盐效应**。例如，$CaCO_3$ 在 KNO_3 溶液中的溶解度大于其在纯水中的溶解度，而且 KNO_3 溶液浓度越大，$CaCO_3$ 溶解度也越大。这是由于加入易溶的强电解质后，溶液中各种离子的总浓度增大，离子强度增大，活度系数偏离 1.0 的程度增大，使溶液中 Ca^{2+} 和 CO_3^{2-} 的有效浓度降低，平衡向溶解的方向移动，当达到新的沉淀 - 溶解平衡时，难溶电解质的溶解度就增大了。

盐效应不只限于加入盐类，当加入强酸或强碱时，在不发生其他化学反应的前提下，由于加入强酸或强碱使溶液中离子的总浓度增大，离子强度增大，也会产生盐效应，使难溶电解质的溶解增大。同样，当利用同离子效应使难溶电解质沉淀完全时，若沉淀剂过量太多，同离子效应并不明显，而盐效应则会随溶液中离子总浓度增大而显著，使难溶电解质溶解度增大。

一般来说，在较稀的溶液中或难溶电解质的溶度积较小时，盐效应引起的弱电解质解离度或难溶电解质溶解度增大并不明显，特别是有同离子效应存在时可忽略盐效应的影响。

（3）pH 对某些沉淀反应的影响 要使沉淀完全，除了选择并加入适当过量的沉淀剂外，对于某些沉淀反应（如生成难溶弱酸盐和难溶氢氧化物等的沉淀反应）还必须控制溶液的 pH，才能确保沉淀完全。

现以生成金属氢氧化物为例进行讨论。由于难溶金属氢氧化物的溶度积不同，故沉淀时的 OH^- 浓度或 pH 也不相同。例如，在 $M(OH)_n$ 型难溶氢氧化物的多相离子平衡中：

$$M(OH)_n(s)\rightleftharpoons M^{n+}+nOH^-$$

$$c\left(M^{n+}\right)\left\{c\left(OH^-\right)\right\}^n=K_{sp}^{\ominus}[M(OH)_n]\times\left(c^{\ominus}\right)^{n+1}$$

$$c\left(OH^-\right)=\sqrt[n]{\frac{K_{sp}^{\ominus}[M(OH)_n]}{c\left(M^{n+}\right)}\times\left(c^{\ominus}\right)^{n+1}}$$

若溶液中金属离子的浓度 $c\left(M^{n+}\right)=1mol\cdot L^{-1}$，则氢氧化物开始沉淀时 OH^- 的最低浓度为：

$$c\left(OH^-\right)>\sqrt[n]{K_{sp}^{\ominus}[M(OH)_n]}mol\cdot L^{-1}$$

M^{n+}沉淀完全[溶液中$c\left(M^{n+}\right)\leqslant 10^{-5}mol\cdot L^{-1}$]时，$OH^-$的最低浓度为

$$c'\left(OH^-\right)\geqslant\sqrt[n]{\frac{K_{sp}^{\ominus}[M(OH)_n]}{10^{-5}}}mol\cdot L^{-1}$$

同理，各种不同溶度积的难溶性弱酸盐（如硫化物）开始沉淀和沉淀完全的pH也是不同的。

由此可见，难溶性金属氢氧化物（或硫化物）从溶液中开始沉淀和沉淀完全的$c(OH^-)$或pH主要取决于其溶度积的大小。调节溶液的pH，即可使溶液中某些金属离子沉淀为氢氧化物（或硫化物），其他金属离子仍留于溶液中，从而达到分离、提纯的目的。例如，对含有杂质Fe^{3+}的$ZnSO_4$溶液，若单纯考虑除Fe^{3+}，则pH越高，Fe^{3+}被除得越完全，但实际上pH不能大于5.7，否则Zn^{2+}沉淀为$Zn(OH)_2$。金属氢氧化物沉淀的pH见表3.3。

表3.3 金属氢氧化物沉淀的pH

金属氢氧化物		开始沉淀时的pH		沉淀完全时的pH
分子式	$K_{sp}^{\ominus}$	金属离子浓度 $1mol\cdot L^{-1}$	金属离子浓度 $0.1mol\cdot L^{-1}$	金属离子浓度 $\leqslant 10^{-5}mol\cdot L^{-1}$
$Mg(OH)_2$	5.61×10^{-12}	8.37	8.87	10.87
$Co(OH)_2$	5.92×10^{-15}	6.89	7.38	9.38
$Cd(OH)_2$	7.2×10^{-15}	6.9	7.4	9.4
$Zn(OH)_2$	3×10^{-17}	5.7	6.2	8.24
$Fe(OH)_2$	4.87×10^{-17}	5.8	6.34	8.34
$Pb(OH)_2$	1.43×10^{-15}	6.58	7.08	9.08
$Be(OH)_2$	6.92×10^{-22}	3.42	3.92	5.92
$Sn(OH)_2$	5.45×10^{-28}	0.367	0.87	2.87
$Fe(OH)_3$	2.79×10^{-39}	1.15	1.48	2.81

所以在化学试剂$ZnSO_4$的生产中，为了提纯上述含有杂质Fe^{3+}的$ZnSO_4$溶液，一般调节pH在3～4之间，在此条件下，$ZnSO_4$溶液中Fe^{3+}浓度可降低至$10^{-5}\sim10^{-8}mol\cdot L^{-1}$。其计算如下：当除$Fe^{3+}$后，溶液对$Fe(OH)_3$是饱和的，溶液中$Fe^{3+}$和$OH^-$浓度之间存在着如下关系：

$$c\left(Fe^{3+}\right)\{c(OH^-)\}^3/\left(c^{\ominus}\right)^4=K_{sp}^{\ominus}[Fe(OH)_3]=2.79\times10^{-39}$$

当$pH=3$时，$pOH=14-pH=14-3=11$

$$-\lg\left\{c\left(OH^-\right)/c^{\ominus}\right\}=11,\ c\left(OH^-\right)=1.0\times10^{-11}mol\cdot L^{-1}$$

$$c\left(Fe^{3+}\right)=\frac{K_{sp}^{\ominus}[Fe(OH)_3]\times\left(c^{\ominus}\right)^4}{\left\{c\left(OH^-\right)\right\}^3}=\frac{2.79\times10^{-39}}{\left(1.0\times10^{-11}\right)^3}mol\cdot L^{-1}$$

$$=2.79\times10^{-6}mol\cdot L^{-1}$$

当pH=4时，用同样方法可求得$c(Fe^{3+})=2.79\times10^{-9}mol\cdot L^{-1}$。

从表3.3可以看出，当pH=3～4时，并不能使Fe^{2+}沉淀为$Fe(OH)_2$。因此，若$ZnSO_4$溶液中除Fe^{3+}外还存在Fe^{2+}时，在除铁前要用适当方法（如加入H_2O_2）把Fe^{2+}氧化为Fe^{3+}。

3.4.2.3 分步沉淀

分步沉淀

在实际工作中，常常会遇到体系中同时含有多种离子，这些离子可能与加入的某一沉淀剂发生沉淀反应，生成难溶电解质，这种情况下离子积（J）首先超过溶度积的难溶电解质先沉出。例如，将稀$AgNO_3$溶液逐滴加入含有等浓度Cl^-和I^-的混合溶液中，首先析出的是黄色的AgI沉淀，随着$AgNO_3$溶液的继续加入，才出现白色的AgCl沉淀。这种在混合溶液中多种离子发生

先后沉淀的现象称为**分步沉淀**。

根据溶度积规则，可分别计算生成 AgCl 和 AgI 所需 Ag^+ 的最低浓度。

$$AgCl: c_1\left(Ag^+\right) > \frac{K_{sp}^{\ominus}(AgCl)}{c\left(Cl^-\right)}\left(c^{\ominus}\right)^2 = \frac{1.77\times10^{-10}}{c\left(Cl^-\right)}\left(c^{\ominus}\right)^2$$

$$AgI: c_2\left(Ag^+\right) > \frac{K_{sp}^{\ominus}(AgI)}{c\left(I^-\right)}\left(c^{\ominus}\right)^2 = \frac{8.52\times10^{-17}}{c\left(I^-\right)}\left(c^{\ominus}\right)^2$$

若溶液中 $c\left(Cl^-\right)=c\left(I^-\right)=1.0\times10^{-2}\,mol\cdot L^{-1}$，析出 AgCl、AgI 沉淀所需 Ag^+ 的最低浓度为

$$AgCl: c_1\left(Ag^+\right) > \left(\frac{1.77\times10^{-10}}{1.0\times10^{-2}}\right)mol\cdot L^{-1} = 1.77\times10^{-8}\,mol\cdot L^{-1}$$

$$AgI: c_2\left(Ag^+\right) > \left(\frac{8.52\times10^{-17}}{1.0\times10^{-2}}\right)mol\cdot L^{-1} = 8.52\times10^{-15}\,mol\cdot L^{-1}$$

$$c_1\left(Ag^+\right) \gg c_2\left(Ag^+\right)$$

因此，当滴加 $AgNO_3$ 溶液时，AgI 先沉淀出来，随着 I^- 不断被沉淀为 AgI，溶液中 $c(I^-)$ 不断减小，若要继续沉淀，必须不断增加 $c(Ag^+)$，当达到 AgCl 开始沉淀所需 $c(Ag^+)$ 时，AgI 和 AgCl 将同时沉出。在 AgI 和 AgCl 同时沉淀的前一瞬间，溶液中 $c(Ag^+)$ 必须同时满足下列两个关系式：

$$c\left(Ag^+\right)c\left(I^-\right) = K_{sp}^{\ominus}(AgI)\times\left(c^{\ominus}\right)^2$$

$$c\left(Ag^+\right)c\left(Cl^-\right) = K_{sp}^{\ominus}(AgCl)\times\left(c^{\ominus}\right)^2$$

即

$$c\left(Ag^+\right) = \frac{K_{sp}^{\ominus}(AgI)}{c(I^-)}\times\left(c^{\ominus}\right)^2 = \frac{K_{sp}^{\ominus}(AgCl)}{c\left(Cl^-\right)}\times\left(c^{\ominus}\right)^2$$

由于两种离子（Cl^-、I^-）的起始浓度均为 $1.0\times10^{-2}mol\cdot L^{-1}$，在 AgCl 开始沉淀前一瞬间 $c(I^-)$ 为

$$c\left(I^-\right) = \frac{K_{sp}^{\ominus}(AgI)c\left(Cl^-\right)}{K_{sp}^{\ominus}(AgCl)}$$

$$= \frac{8.52\times10^{-17}\times1.0\times10^{-2}\,mol\cdot L^{-1}}{1.77\times10^{-10}}$$

$$= 4.81\times10^{-9}\,mol\cdot L^{-1}$$

计算表明，当 AgCl 开始沉淀时，$c(I^-)\leqslant 4.81\times10^{-9}mol\cdot L^{-1}$（已小于 $10^{-5}mol\cdot L^{-1}$），所以通过逐滴加入 $AgNO_3$ 溶液即可达到 I^- 与 Cl^- 分离的目的。

【例 3.9】 某种混合溶液中，含有 $0.20mol\cdot L^{-1}$ 的 Ni^{2+}、$0.30mol\cdot L^{-1}$ 的 Fe^{3+}，若通过滴加 NaOH 溶液（忽略溶液体积的变化）分离这两种离子，溶液的 pH 应控制在什么范围？

解： 根据溶度积规则，$0.20mol\cdot L^{-1}\,Ni^{2+}$、$0.30mol\cdot L^{-1}\,Fe^{3+}$ 的混合溶液中开始析出 $Ni(OH)_2$、$Fe(OH)_3$ 所需 $c\left(OH^-\right)$ 最低浓度为

$$c_1\left(OH^-\right) > \sqrt{\frac{K_{sp}^{\ominus}[Ni(OH)_2]}{c\left(Ni^{2+}\right)}\times\left(c^{\ominus}\right)^3} = \left(\sqrt{\frac{5.48\times10^{-16}}{0.20}}\right)mol\cdot L^{-1}$$

$$= 5.23\times10^{-8}\,mol\cdot L^{-1}$$

$$c_2\left(OH^-\right) > \sqrt[3]{\frac{K_{sp}^{\ominus}[Fe(OH)_3]}{c\left(Fe^{3+}\right)}\times\left(c^{\ominus}\right)^4} = \left(\sqrt[3]{\frac{2.79\times10^{-39}}{0.30}}\right)mol\cdot L^{-1}$$

$$= 2.10\times10^{-13}\,mol\cdot L^{-1}$$

因为 $c_1\left(OH^-\right)\gg c_2\left(OH^-\right)$，所以 $Fe(OH)_3$ 先沉淀。

$Fe(OH)_3$ 沉淀完全时所需 OH^- 最低浓度为

$$c\left(OH^-\right) > \sqrt[3]{\frac{K_{sp}^{\ominus}[Fe(OH)_3]}{c\left(Fe^{3+}\right)} \times \left(c^{\ominus}\right)^4}$$

$$= \left(\sqrt[3]{\frac{2.79\times10^{-39}}{10^{-5}}}\right) mol\cdot L^{-1}$$

$$= 6.53\times10^{-12} mol\cdot L^{-1}$$

$Ni(OH)_2$ 不沉出所容许的 OH^- 最高浓度则为

$$c\left(OH^-\right) \leqslant 5.23\times10^{-8} mol\cdot L^{-1}$$

即 $c\left(OH^-\right)$ 应控制在

$$\left(6.53\times10^{-12} \sim 5.23\times10^{-8}\right) mol\cdot L^{-1}$$

$$pH_{min} = 14.00 - \left\{-\lg\left(6.53\times10^{-12}\right)\right\} = 2.81$$

$$pH_{max} = 14.00 - \left\{-\lg\left(5.23\times10^{-8}\right)\right\} = 6.72$$

所以若要分离这两种离子，溶液的 pH 应控制在 2.81～6.72。

3.4.3　沉淀的溶解和转化

3.4.3.1　沉淀的溶解

根据溶度积规则，沉淀溶解的必要条件是 $J < K_{sp}^{\ominus}$。因此，一切能有效地降低多相离子平衡体系中有关离子浓度，使 $J < K_{sp}^{\ominus}$ 的方法，都能促使沉淀 - 溶解平衡向着沉淀溶解的方向移动。溶解难溶电解质常用的有以下三种方法。

沉淀的溶解

(1) 生成弱电解质　利用酸与难溶电解质的组分离子结合成可溶性弱电解质。例如，难溶弱酸盐 $CaCO_3$ 溶于盐酸，正是由 H^+ 与 CO_3^{2-} 结合成 HCO_3^-、H_2CO_3，使 $J < K_{sp}^{\ominus}(CaCO_3)$ 所致。

$$CaCO_3(s) \rightleftharpoons Ca^{2+} + CO_3^{2-}$$

$$K_{sp}^{\ominus}\left(CaCO_3\right) = c\left(Ca^{2+}\right)c\left(CO_3^{2-}\right)/\left(c^{\ominus}\right)^2$$

$$CO_3^{2-} + H^+ \rightleftharpoons HCO_3^-;\ K_2^{\ominus} = 1/K_a^{\ominus}\left(HCO_3^-\right)$$

$$+\quad HCO_3^- + H^+ \rightleftharpoons H_2CO_3;\ K_3^{\ominus} = 1/K_a^{\ominus}\left(H_2CO_3\right)$$

$$\overline{CaCO_3(s) + 2H^+ \rightleftharpoons Ca^{2+} + H_2CO_3;\ K^{\ominus} = K_{sp}^{\ominus}\left(CaCO_3\right)K_2^{\ominus}K_3^{\ominus}}$$

$$K^{\ominus} = \frac{K_{sp}^{\ominus}\left(CaCO_3\right)}{K_a^{\ominus}\left(HCO_3^-\right)K_a^{\ominus}\left(H_2CO_3\right)}$$

$$= \frac{2.8\times10^{-9}}{4.5\times10^{-7}\times4.7\times10^{-11}} = 1.3\times10^8$$

由于 $K^{\ominus}$ 值很大，所以 $CaCO_3$ 的酸溶解反应能进行完全。可以推论：难溶弱酸盐的 $K_{sp}^{\ominus}$ 越大，对应弱酸的 $K_a^{\ominus}$ 越小，难溶弱酸盐越易被酸溶解。又如：

$$FeS(s) + 2HCl \longrightarrow FeCl_2 + H_2S\uparrow$$

但是，并非所有的难溶弱酸盐都能溶于强酸，例如 CuS、HgS、As_2S_3 等，由于它们的 $K_{sp}^{\ominus}$ 实在太小，即使采用浓盐酸也不能有效地降低 $c(S^{2-})$ 而使之溶解。

难溶氢氧化物如 $Al(OH)_3$、$Fe(OH)_3$、$Cu(OH)_2$ 等都可以用强酸溶解，是由于其生成难解离的 H_2O。有的不太难溶的氢氧化物如 $Mg(OH)_2$、$Mn(OH)_2$ 等甚至溶于铵盐，是由于生成弱碱 $NH_3 \cdot H_2O$。

(2) 氧化还原法 利用氧化还原反应降低难溶电解质组分离子的浓度。例如，硫化铜（CuS）溶于硝酸，正是由于 S^{2-} 被 HNO_3 氧化为 S，$c(S^{2-})$ 显著降低，使 $J < K_{sp}^{\ominus}$ (CuS)。

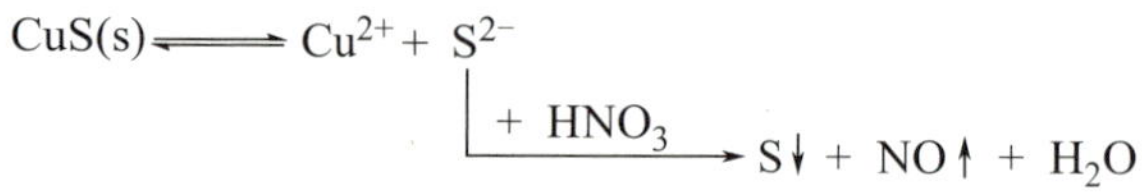

(3) 生成难解离的配离子

例如：

$$AgCl(s) + 2NH_3 \cdot H_2O \longrightarrow \left[Ag\left(NH_3\right)_2\right]^+ + Cl^- + 2H_2O$$

$$PbI_2(s) + 2I^- \longrightarrow \left[PbI_4\right]^{2-}$$

3.4.3.2 沉淀的转化

沉淀的转化

借助于某一试剂的作用，把一种难溶电解质转化为另一难溶电解质的过程，称为**沉淀的转化**。例如为了除去附在锅炉内壁的锅垢（主要成分为既难溶于水、又难溶于酸的 $CaSO_4$），可借助于 Na_2CO_3，将 $CaSO_4$ 转化为疏松且可溶于酸的 $CaCO_3$，其反应过程为

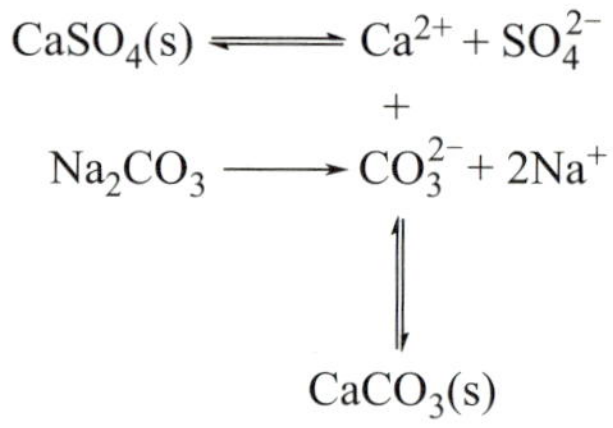

由于 $CaSO_4$ 的溶度积（$K_{sp}^{\ominus}=4.93\times10^{-5}$）大于 $CaCO_3$ 的溶度积（$K_{sp}^{\ominus}=2.8\times10^{-9}$），$Ca^{2+}$ 与加入的 CO_3^{2-} 结合成溶度积更小的 $CaCO_3$ 沉淀，从而降低了溶液中 Ca^{2+} 浓度，破坏了 $CaSO_4$ 的溶解平衡，使 $CaSO_4$ 不断转化为 $CaCO_3$。总反应式可表示为

$$CaSO_4(s) + CO_3^{2-} \rightleftharpoons CaCO_3(s) + SO_4^{2-}$$

$$K^{\ominus} = \frac{c\left(SO_4^{2-}\right)}{c\left(CO_3^{2-}\right)} = \frac{c\left(SO_4^{2-}\right)c\left(Ca^{2+}\right)}{c\left(CO_3^{2-}\right)c\left(Ca^{2+}\right)} = \frac{K_{sp}^{\ominus}\left(CaSO_4\right)}{K_{sp}^{\ominus}\left(CaCO_3\right)}$$

$$= \frac{4.93\times10^{-5}}{2.8\times10^{-9}} = 1.8\times10^4$$

计算表明，上述沉淀转化反应向右进行的趋势较大。

可见，类型相同的难溶电解质，沉淀转化程度的大小取决于两种难溶电解质溶度积的相对大小。一般来说，溶度积较大的难溶电解质容易转化为溶度积较小的难溶电解质。而且，两者的溶度积相差越大，沉淀转化越完全。

沉淀转化原理在化工生产中获得广泛的应用。例如，生产锶盐时，考虑到原料天青石（含 65%～85%$SrSO_4$）既不溶于水，也不为一般的酸所分解，于是先采用 Na_2CO_3 溶液将捣碎的 $SrSO_4$ 逐步转化为可溶于酸的 $SrCO_3$：

$$SrSO_4(s) + CO_3^{2-} \rightleftharpoons SrCO_3(s) + SO_4^{2-}$$

$$K^{\ominus} = \frac{c\left(SO_4^{2-}\right)}{c\left(CO_3^{2-}\right)} = \frac{K_{sp}^{\ominus}\left(SrSO_4\right)}{K_{sp}^{\ominus}\left(SrCO_3\right)} = \frac{3.44\times10^{-7}}{5.60\times10^{-10}} = 6.14\times10^2$$

3.4.4　沉淀反应的应用

3.4.4.1　制备难溶的化合物

例如，生产 $PbSO_4$、$MnCO_3$、$Cu(OH)_2$ 试剂的主要反应分别如下：

$$Pb(NO_3)_2 + H_2SO_4 \longrightarrow PbSO_4\downarrow + 2HNO_3$$

$$Mn(NO_3)_2 + 2NH_4HCO_3 \longrightarrow MnCO_3\downarrow + 2NH_4NO_3 + CO_2\uparrow + H_2O$$

$$CuSO_4 + 2NaOH \longrightarrow Cu(OH)_2\downarrow + Na_2SO_4$$

3.4.4.2　除去溶液中的杂质

例如，氯碱工业饱和食盐水的精制一般采用 Na_2CO_3-NaOH-$BaCl_2$ 精制法，以除去食盐中可溶性杂质 Ca^{2+}、Mg^{2+}、Ba^{2+}：

$$Ca^{2+} + CO_3^{2-} \longrightarrow CaCO_3\downarrow$$

$$Mg^{2+} + 2OH^- \longrightarrow Mg(OH)_2\downarrow$$

$$Ba^{2+} + SO_4^{2-} \longrightarrow BaSO_4\downarrow$$

英国、日本、巴基斯坦等国采用 $BaCO_3$ 代替 Na_2CO_3 和 $BaCl_2$ 得到很好效果：

$$Ca^{2+} + SO_4^{2-} + BaCO_3(s) \longrightarrow CaCO_3\downarrow + BaSO_4\downarrow$$

3.4.4.3　离子鉴定

例如，Ag^+、Cu^{2+}、Ni^{2+}、Ba^{2+}、Mg^{2+} 可通过下列沉淀反应分别鉴定：

（1）Ag^+ 的鉴定

$$Ag^+ + Cl^- \longrightarrow AgCl\downarrow$$

$$AgCl(s) + 2NH_3\cdot H_2O \longrightarrow [Ag(NH_3)_2]^+ + Cl^- + H_2O$$

$$[Ag(NH_3)_2]^+ + Cl^- + 2H^+ \longrightarrow \underset{(白色)}{AgCl\downarrow} + 2NH_4^+$$

（2）Cu^{2+} 的鉴定

$$2Cu^{2+} + [Fe(CN)_6]^{4-} \xrightarrow{中性或酸性介质} Cu_2[Fe(CN)_6]\downarrow\ (红褐色)$$

（Fe^{3+}、Bi^{3+}、Co^{2+} 等离子与 $[Fe(CN)_6]^{4-}$ 亦可发生反应，会干扰对 Cu^{2+} 的鉴定。）

（3）Ni^{2+} 的鉴定

$$Ni^{2+} + 丁二酮肟 \xrightarrow{氨水或醋酸钠介质} 玫瑰红色沉淀$$

（Co^{2+}、Cu^{2+}、Fe^{2+}、Bi^{3+}、Fe^{3+}、Mn^{2+} 等离子与丁二酮肟亦可发生反应，会干扰对 Ni^{2+} 的鉴定。）

（4）Ba^{2+} 的鉴定

$$Ba^{2+} + CrO_4^{2-} \xrightarrow{中性或弱酸性} BaCrO_4\downarrow\ (黄色)$$

（Sr^{2+}、Pb^{2+}、Ni^{2+}、Ag^+、Zn^{2+}、Cu^{2+}、Bi^{3+} 等离子与 CrO_4^{2-} 亦可发生反应，会干扰对 Ba^{2+} 的鉴定。）

（5）Mg^{2+} 的鉴定

$$Mg^{2+} + 镁试剂(对硝基偶氮间苯二酚) \longrightarrow 天蓝色沉淀$$

（Fe^{2+}、Cr^{3+}、Ca^{2+}、Ni^{2+}、Ag^+、Hg^{2+}、Cu^{2+}、Mn^{2+} 等离子亦可与镁试剂反应，会干扰对 Mg^{2+} 的鉴定。）

3.4.4.4　离子分离

例如，含 Mg^{2+}、Ba^{2+}、Ni^{2+}、Cu^{2+}、Ag^+ 的混合液，利用沉淀反应可以逐个分离。分离步骤如下。

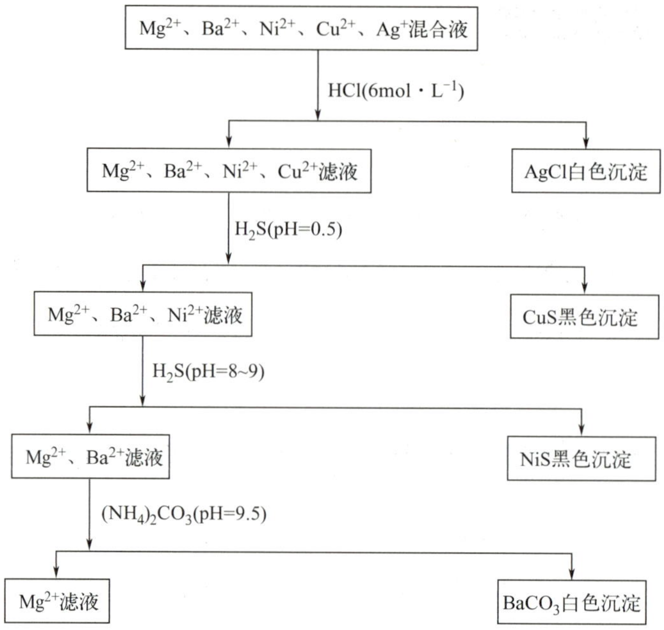

化学视野

近代酸碱理论

随着科学的不断发展，人们对酸碱的认识经历了一个由浅入深的过程，提出了不同的理论来揭示酸碱的本质。1884 年，瑞典化学家 H. A. Arrhenius 提出了酸碱电离理论，第一次从本质上定义了酸碱：酸是在水溶液中解离出的阳离子全为 H^+ 的物质；碱是在水溶液中解离出的阴离子全为 OH^- 的物质；酸碱反应的本质是 H^+ 和 OH^- 生成水。Arrhenius 酸碱电离理论是酸碱理论发展的重要里程碑，至今仍在广泛应用。但这一理论将酸碱局限在水溶液中，不适用于非水溶剂和无溶剂体系。

为了克服 Arrhenius 酸碱电离理论的缺点，1905 年美国化学家 E. C. Franklin 提出了酸碱溶剂理论，对酸碱定义如下：在某溶剂的溶液中，凡能解离产生该溶剂特征阳离子或增大特征阳离子浓度的物质称为酸；凡能解离产生该溶剂特征阴离子或增大特征阴离子浓度的物质称为碱。酸碱溶剂理论不仅概括了水溶液中的酸碱概念，而且把酸碱概念引入非水溶剂。例如在液氨中存在氨分子的自偶解离：

$$2NH_3 \rightleftharpoons NH_4^+ + NH_2^-$$

根据酸碱溶剂理论，NH_4Cl 等铵盐表现为酸，$NaNH_2$ 等氨基化物表现为碱，反应 $NH_4Cl + NaNH_2 \longrightarrow NaCl + 2NH_3$ 为酸碱中和反应。常见的无机非水溶剂有液氨、硫酸、液态氟化氢、液态二氧化硫、三氟化溴等。酸碱溶剂理论在解释非水体系中的酸碱反应方面是成功的，若体系溶剂是水，则该理论还原为 Arrhenius 酸碱电离理论。但酸碱溶剂理论只能描述能发生自偶解离的溶剂中的酸、碱，不能概括气相和固相中的酸碱反应。

1923 年丹麦化学家 Brönsted 和英国化学家 Lowrey 分别独立提出酸碱质子理论：凡能给出质子的物质都是酸，凡能接受质子的物质都是碱，质子酸与碱因一个质子的得失相互转变的关系为共轭关系，即共轭酸 $\rightleftharpoons$ 共轭碱 + H^+，酸碱反应的实质是质子转移或传递的结果。例如：

$$HCl(g) + NH_3(g) \xrightarrow{\quad} NH_4Cl(s) \quad (H^+ \text{ 由 } HCl \text{ 转移至 } NH_3)$$

酸碱质子理论发展了 Arrhenius 酸碱电离理论，扩大了酸碱的范畴，将水溶液中解离、中和、水解等反应都统一为质子传递（或转移）反应，在酸碱质子理论中只有酸、碱，没有盐的概念。该理论所指的碱包括了所有显示碱性的物质，但对于酸的定义仍限制在含氢的物质上，故酸碱反应也仅局限于包含质子转移的反应。

针对酸碱质子理论的不足，1923 年美国物理化学家 Lewis 提出了更为广义的酸碱电子理论：凡是能给出电子对的物质（分子、离子或原子团）为碱，凡是能接受电子对的物质（分子、离子或原子团）为酸。酸碱反应不再是质子的转移而是电子的转移，是碱性物质提供电子对与酸性物质生成配位共价键的反应，例如：

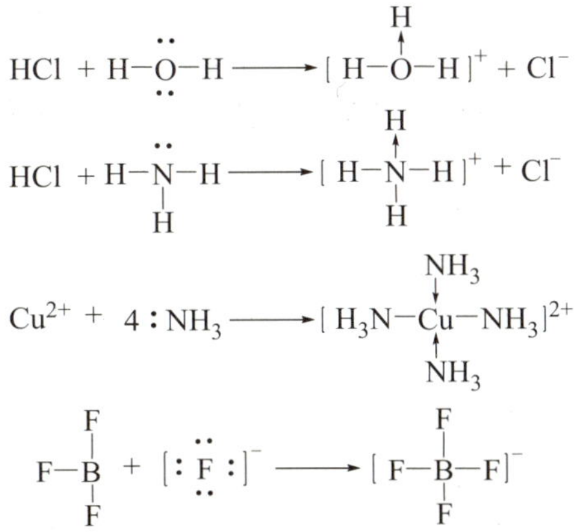

Lewis酸　Lewis碱

以上反应都可以看作酸碱反应，其本质是 Lewis 酸接受了 Lewis 碱所提供的电子对。可见，Lewis 酸碱定义着眼于物质的结构，使酸碱理论与物质微观结构产生了有机的联系。Lewis 碱的概念与质子碱的概念类似，但 Lewis 酸的范围扩大了，作为 Lewis 酸的物质不仅是质子（含氢的物质），而且也包括了配合物的形成体——金属离子或原子，以及缺电子的中性分子。由于很多无机及有机化合物中都存在配位共价键，故这一理论具有高度概括性。同时这一优点也决定了酸碱电子理论中的酸碱的特征不明显，没有统一的标度确定酸碱的相对强弱，这也正是该理论的不足之处。

为了区分各类酸碱特性，确定酸碱强弱，1963 年，美国化学家 R. G. Pearson 提出了软硬酸碱理论，它是在 Lewis 酸碱理论的基础上，根据 Lewis 酸碱对外层电子吸引力的大小将酸碱划分为软硬酸碱。硬酸指的是电荷数较多、半径较小、不易变形的阳离子，如 Fe^{3+}、Al^{3+}、H^+ 等；软酸指的是电荷数较少、半径较大、变形性较大的阳离子，如 Cu^+、Ag^+、Hg^{2+} 等。硬碱则是以 F、N、O 等电负性大、半径小、难变形的原子为配位原子的配体，如 F^-、OH^-、H_2O 等；软碱则是以 S、P、I 等电负性小、半径大、易变形的原子为配位原子的配体，如 SCN^-、I^- 等。并总结出一个软硬酸碱（HSAB）规则："软亲软，硬亲硬，软硬结合不稳定。"例如，SCN^- 中 S、N 都有孤电子对，都有可能与形成体形成配位键。若形成体是 Fe^{3+}，则与 N 原子配位形成 $[Fe(NCS)_6]^{3-}$；若形成体是 Ag^+，则与 S 原子配位形成 $[Ag(SCN)_2]^-$。当然，软硬酸碱理论基本上属于经验规则，比较粗略，目前尚不能用其全面阐述配合物的稳定性。总之，各种酸碱理论均有其优缺点，作为化学工作者，应该了解各理论中酸碱的本质概念及其适用范围，以便用其更好地说明问题。

思考题

1. 阐述下列化学名词、概念的含义。

解离常数，解离度，分步解离，水解常数，水解度，分步水解，水的离子积，缓冲溶液，溶度积，溶度积规则，分步沉淀，沉淀完全，沉淀转化

2. 在氨水中加入下列物质时，$NH_3 \cdot H_2O$ 的解离度和溶液的 pH 将如何变化？

（1）加 NH_4Cl　（2）加 NaOH　（3）加 HCl　（4）加水稀释

3. 是非题

（1）酸性水溶液中不含 OH^-，碱性水溶液中不含 H^+。

（2）$1\times10^{-5}mol\cdot L^{-1}$ 的盐酸溶液稀释 1000 倍，溶液的 pH 等于 8.0。

（3）使甲基橙显黄色的溶液一定是碱性的。

（4）在一定温度下，改变溶液的 pH，水的离子积不变。

（5）弱电解质的解离度随弱电解质浓度降低而增大。

（6）H_2S 溶液中 $c(H^+)=2c(S^{2-})$。

4．下列说法是否正确，为什么？

（1）将氨水和 NaOH 溶液的浓度各稀释为原来的 1/2，则两种溶液中 OH^- 浓度均减小为原来的 1/2。

（2）若 HCl 溶液的浓度为 HOAc 溶液的 2 倍，则 HCl 溶液中 H^+ 浓度也为 HOAc 溶液中 H^+ 浓度的 2 倍。

（3）中和同浓度、等体积的一元酸所需的碱量基本上是相等的，所以同浓度的一元酸溶液中 H^+ 浓度基本上也是相等的。

（4）氨水的浓度越小，解离度越大，溶液中 OH^- 浓度也必越大。

5．根据弱电解质的解离常数，确定下列各溶液在相同浓度下，pH 由大到小的顺序。

NaOAc，NaCN，Na_3PO_4，H_3PO_4，$(NH_4)_2SO_4$, $HCOONH_4$，NH_4OAc，H_2SO_4，HCl，NaOH。

6．试回答下列问题：

（1）如何配制 $SnCl_2$、$Bi(NO_3)_3$、Na_2S 溶液？

（2）将 Na_2CO_3 和 $FeCl_3$ 溶液混合，其产物是什么？

7．现有 $0.20mol \cdot L^{-1}$ HCl 溶液与 $0.20mol \cdot L^{-1}$ 氨水，在下列各情况下如何计算混合溶液的 pH？

（1）两种溶液等体积混合。

（2）两种溶液按 2∶1 的体积混合。

（3）两种溶液按 1∶2 的体积混合。

8．农村用草木灰作为钾肥（含碳酸钾），试解释为什么草木灰不宜与氮肥（如 NH_4Cl）混合使用。

9．试解答下列问题：

（1）能否将 $0.1mol \cdot L^{-1}$NaOH 溶液稀释至 $c(OH^-)=1.0\times10^{-8}mol \cdot L^{-1}$？

（2）$CaCO_3$ 在下列哪种试剂中的溶解度最大？

纯水；$0.1mol \cdot L^{-1}$ $NaHCO_3$ 溶液；$0.1mol \cdot L^{-1}$ Na_2CO_3 溶液；$0.1mol \cdot L^{-1}$ $CaCl_2$ 溶液；$0.5mol \cdot L^{-1}$ KNO_3 溶液。

（3）洗涤 $BaSO_4$ 沉淀时，往往使用稀 H_2SO_4，而不用蒸馏水。

（4）Ag_2CrO_4 在 $0.01mol \cdot L^{-1}$ $AgNO_3$ 溶液中的溶解度小于在 $0.01mol \cdot L^{-1}$ K_2CrO_4 溶液中的溶解度。

10．许多难溶于水的化学试剂如难溶的碳酸盐、硫化物、银盐、钡盐、铬酸盐等，常用沉淀法合成。沉淀工艺条件一般为：操作液浓度宜适当稀一点，合成温度宜高一点，加沉淀剂宜慢一点，为什么？（提示：与获得的晶粒大小、纯度有关。）

习题

1．计算下列溶液的 $c(H^+)$、$c(OH^-)$ 及 pH。

（1）$0.010mol \cdot L^{-1}$ NaOH。

（2）$0.050mol \cdot L^{-1}$ HOAc。

2．试计算：

（1）pH=1.00 与 pH=2.00 的 HCl 溶液等体积混合后溶液的 pH；

（2）pH=2.00 的 HCl 溶液与 pH=13.00 的 NaOH 溶液等体积混合后溶液的 pH。

3．健康人血液的 pH 为 7.35～7.45。患某种疾病的人的血液 pH 可暂时降到 5.90，问此时血液中 $c(H^+)$ 为正常状态的多少倍？

4．某浓度为 $0.10mol \cdot L^{-1}$ 的一元弱酸溶液，其 pH 为 2.77，求这一弱酸的解离常数及该条件下的解离度。

5．在 1.0L $0.10mol \cdot L^{-1}$ 氨水溶液中，应加入多少克 NH_4Cl 固体，才能使溶液的 pH 等于 9.00（忽略固体的加入对溶液体积的影响）。

6．取 10g $NaOAc \cdot 3H_2O$，加入 13mL $6.0mol \cdot L^{-1}$ HOAc 溶液，然后用水稀释至 1.0L，此缓冲溶液的 pH 是多少？若向此溶液中通入 0.10mol HCl 气体（忽略溶液体积的变化），溶液的 pH

变化多少？

7．分别计算下列溶液的 pH。

（1）$0.010mol \cdot L^{-1} NH_4Cl$ 溶液。

（2）$0.10mol \cdot L^{-1} NaCN$ 溶液。

8．已知下列两反应的 $\Delta_r G_m^\ominus$（298.15K）值：

（1）$HClO \rightleftharpoons H^+ + ClO^-$；$\Delta_r G_m^\ominus = 43kJ \cdot mol^{-1}$

（2）$AgI(s) \rightleftharpoons Ag^+ + I^-$；$\Delta_r G_m^\ominus = 91.72kJ \cdot mol^{-1}$

试分别计算 $K_a^\ominus$ (HClO) 和 $K_{sp}^\ominus$ (AgI) 值。

9．已知 CaF_2 的溶度积为 5.2×10^{-9}，求 CaF_2 在下列情况时的溶解度（以 $mol \cdot L^{-1}$ 表示）。

（1）在纯水中。

（2）在 $1.0\times10^{-2} mol \cdot L^{-1}$ NaF 溶液中。

（3）在 $1.0\times10^{-2} mol \cdot L^{-1}$ $CaCl_2$ 溶液中。

10．工业废水的排放标准规定 Cd^{2+} 降到 $0.10mg \cdot L^{-1}$ 以下即可排放。若用加消石灰中和沉淀法除去 Cd^{2+}，按理论计算，废水溶液中的 pH 至少应为多大？

11．（1）在 10mL $1.5\times10^{-3} mol \cdot L^{-1}$ $MnSO_4$ 溶液中，加入 5.0mL $0.15mol \cdot L^{-1}$ $NH_3 \cdot H_2O$，能否生成 $Mn(OH)_2$ 沉淀？

（2）若在原 $MnSO_4$ 溶液中，先加入 0.495g $(NH_4)_2SO_4$ 固体（忽略体积变化），然后再加入上述 $NH_3 \cdot H_2O$ 5mL，能否生成 $Mn(OH)_2$ 沉淀？

12．某溶液中含有 $0.10mol \cdot L^{-1}$ Ba^{2+} 和 $0.10mol \cdot L^{-1}$ Ag^+，在滴加 Na_2SO_4 溶液时（忽略体积的变化），哪种离子首先沉淀出来？当第二种离子沉淀析出时，第一种被沉淀离子是否沉淀完全？两种离子有无可能用沉淀法分离？

13．现有一瓶含有 Fe^{3+} 杂质的 $0.10mol \cdot L^{-1}$ $MgCl_2$ 溶液，欲使 Fe^{3+} 以 $Fe(OH)_3$ 沉淀形式除去，溶液的 pH 应控制在什么范围？

14．试计算下列沉淀转化反应的 $K^\ominus$ 值：

（1）$PbCrO_4(s) + S^{2-} \rightleftharpoons PbS(s) + CrO_4^{2-}$

（2）$Ag_2CrO_4(s) + 2Cl^- \rightleftharpoons 2AgCl(s) + CrO_4^{2-}$

*15．在 25℃的酸性溶液里用碘量法测定碘酸铜 $[Cu(IO_3)_2]$ 的溶度积。取用 20.0mL 的碘酸铜饱和水溶液，用去 30.0mL $0.100mol \cdot L^{-1}$ 的硫代硫酸钠 $(Na_2S_2O_3)$ 溶液。

（1）计算溶液中 Cu^{2+} 的起始浓度。

（2）确定碘酸铜的溶度积。

提示：

$$2Cu^{2+} + 4IO_3^- + 24I^- + 24H^+ \longrightarrow 2CuI\downarrow + 13I_2 + 12H_2O$$

$$13I_2 + 26S_2O_3^{2-} \longrightarrow 26I^- + 13S_4O_6^{2-}$$

*16．在 100mL 含 $0.10mol \cdot L^{-1} Cu^{2+}$ 和 $0.10mol \cdot L^{-1} H^+$ 的溶液中，通入 H_2S 使其饱和，计算残留在溶液中 Cu^{2+} 有多少克。

*17．某化工厂用盐酸、加热处理粗 CuO 的方法制备 $CuCl_2$，在所得溶液中每 100mL 有 0.0568gFe^{2+} 杂质，请回答：

（1）能否以氢氧化物形式直接沉淀出 $Fe(OH)_2$ 以达到提纯 $CuCl_2$ 的目的？

（2）为除去杂质铁，常先用 H_2O_2 使 Fe^{2+} 氧化为 Fe^{3+}，再调节 pH 以沉淀出 $Fe(OH)_3$。请在 $NH_3 \cdot H_2O$、Na_2CO_3、ZnO、CuO 等化学品中选择一种合适的用以调节溶液 pH，并说明理由。

（3）$Fe(OH)_3$ 开始沉淀时的 pH 为多少？

（4）$Fe(OH)_3$ 沉淀完全时的 pH 为多少？

第 4 章

氧化还原反应与应用电化学

学习要求：

1. 理解氧化数的概念，会用氧化数法和离子－电子法配平氧化还原反应式。
2. 了解原电池的构成及表示方法，熟悉氧化还原平衡和电极电势的概念，能通过计算说明分压、浓度（含酸度）对电极电势的影响。
3. 会用电极电势来判断氧化剂（或还原剂）的相对强弱，计算原电池的电动势，计算 $K_i^\ominus$、$K_{sp}^\ominus$；会用 $\Delta_r G_m$、E 判断氧化还原反应进行的方向；理解标准平衡常数和标准电动势之间的关系并掌握有关计算。
4. 熟悉元素的标准电极电势图的应用。

4.1 氧化还原方程式的配平

配平氧化还原方程式的方法很多，常用的有电子法、氧化数法、离子－电子法。但是，无论何种方法，都不能违背电中性原则：孤立的中性原子、分子、基团，其本身的净电荷数为零。

4.1.1 氧化数法

4.1.1.1 氧化数

为表示各元素在化合物中所处的化合状态，无机化学中引进了氧化数（又称氧化值）的概念。

1970 年，国际纯粹与应用化学联合会（IUPAC）确定：氧化数是某一元素一个原子的荷电数，这个荷电数可由假设把每个键中的电子指定给电负性更大的原子而求得。由此可见，元素的氧化数是指元素原子在其化合态中的形式电荷数。在离子化合物中，简单阳、阴离子所带的电荷数就是该元素原子的氧化数。例如，在 NaCl 中，Na 的氧化数为 +1，Cl 为 −1。对共价化合物来说，共用电子对偏向吸引电子能力较大的原子，如在 HCl (H∶Cl) 中，Cl 原子的形式电荷为 −1，H 原子的形式电荷为 +1。为了便于确定元素原子的氧化数，现列出如下一些规则：

① 在单质中，元素原子的氧化数为零。

② H 的氧化数一般为 +1，只有在活泼金属的氢化物（如 NaH、CaH_2）中，H 的氧化数为 −1。

③ O 的氧化数一般为 −2，但在氟化物（如 O_2F_2、OF_2）中，氧的氧化数分别为 +1、+2；在过氧化物（如 H_2O_2、Na_2O_2）中，氧的氧化数为 −1。

④ 在中性分子中，各元素原子的氧化数的代数和为零；在复杂离子中，各元素原子氧化数的代数和等于离子的总电荷数。

【例 4.1】 求 NH_4^+ 中 N 的氧化数。

解： 已知 H 的氧化数为 +1，设 N 的氧化数为 x。

根据复杂离子中，各元素原子氧化数代数和等于离子的总电荷数的规则可列出：

$$x+(+1)\times 4=+1$$

$$x=-3$$

所以 N 的氧化数为 −3。

【例 4.2】 求 Fe_3O_4 中 Fe 的氧化数。

解： 已知 O 的氧化数为 −2，设 Fe 的氧化数为 x。

根据化合物中各元素原子氧化数的代数和为零的规则可列出：

$$3x+(-2)\times 4=0$$

$$x=+\frac{8}{3}$$

所以 Fe_3O_4 中 Fe 的平均氧化数为 +8/3。由此可知，氧化数可为整数，也可能为分数。必须指出，在判断共价化合物中元素原子的氧化数时，不要与共价键数相混淆。例如 H_2 分子中 H 的氧化数为 0，而共价键数为 1。

4.1.1.2　配平方法

配平原则：

① 元素原子氧化数升高的总数等于元素原子氧化数降低的总数；

② 反应前后各元素的原子总数相等。

配平步骤：

① 写出未配平的反应方程式。例如：

$$S+HNO_3 \longrightarrow SO_2+NO+H_2O$$

② 找出元素原子氧化数降低值与元素原子氧化数升高值。

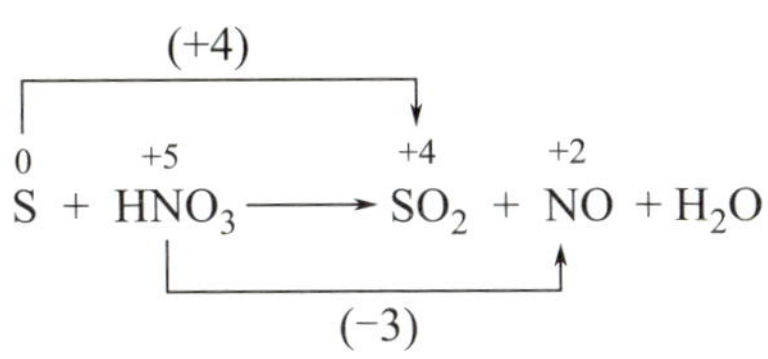

③ 各元素原子氧化数的变化值乘以相应系数，使其符合第一条原则。

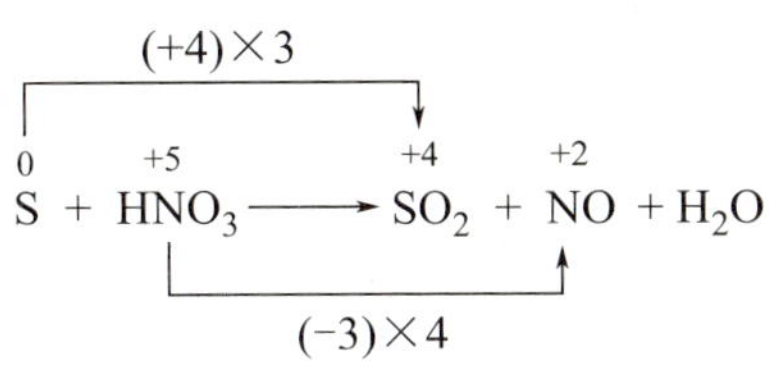

④ 用观察法配平氧化数未改变的元素原子数目，则得

$$3S + 4HNO_3 \xlongequal{} 3SO_2 + 4NO + 2H_2O$$

氧化数法的优点是简单、快速，既适用于水溶液中的氧化还原反应，也适用于气、固相的氧化还原反应。

4.1.2 离子 - 电子法（或半电池法）

配平原则：

① 反应过程中氧化剂所夺得的电子数必须等于还原剂所失去的电子数。

② 反应前后各元素的原子总数相等。

配平步骤：

① 写出未配平的离子反应方程式。例如：

$$MnO_4^- + SO_3^{2-} + H^+ \longrightarrow Mn^{2+} + SO_4^{2-} + H_2O$$

② 将反应分解为两个半反应方程式，并使两边相同元素的原子数相等。

$MnO_4^- \longrightarrow Mn^{2+}$ 式中，左边多 4 个 O 原子，若加 8 个 H^+，则在右边要加 4 个 H_2O 分子：

$$MnO_4^- + 8H^+ \longrightarrow Mn^{2+} + 4H_2O$$

而在 $SO_3^{2-} \longrightarrow SO_4^{2-}$ 式中，左边少 1 个 O 原子，若加 1 个 H_2O 分子，则右边要加 2 个 H^+：

$$SO_3^{2-} + H_2O \longrightarrow SO_4^{2-} + 2H^+$$

③ 用加、减电子数方法使两边电荷数相等：

$$MnO_4^- + 8H^+ + 5e^- \longrightarrow Mn^{2+} + 4H_2O$$

$$SO_3^{2-} + H_2O - 2e^- \longrightarrow SO_4^{2-} + 2H^+$$

④ 根据第一条原则，用适当系数乘以两个半反应方程式，然后将两个半反应方程式相加、整理，即得配平的离子反应方程式。

$$\begin{array}{r|l} 2 & MnO_4^- + 8H^+ + 5e^- \longrightarrow Mn^{2+} + 4H_2O \\ +\ 5 & SO_3^{2-} + H_2O - 2e^- \longrightarrow SO_4^{2-} + 2H^+ \\ \hline \multicolumn{2}{c}{2MnO_4^- + 16H^+ + 5SO_3^{2-} + 5H_2O \longrightarrow 2Mn^{2+} + 8H_2O + 5SO_4^{2-} + 10H^+} \end{array}$$

经整理可得：

$$2MnO_4^- + 5SO_3^{2-} + 6H^+ \xlongequal{} 2Mn^{2+} + 5SO_4^{2-} + 3H_2O$$

在配平半反应方程式时，如果反应物和生成物内所含的氧原子数目不等，可根据介质的酸碱性，分别在半反应方程式中加 H^+、OH^- 或 H_2O 使反应式两边的氧原子数相等，其经验规则如表 4.1 所示。

表 4.1　不同介质条件下配平氧原子数的经验规则

介质条件	反应方程式箭号左边添加物	
	反应式左边氧原子数多于右边时	反应式左边氧原子数少于右边时
酸性	H^+	H_2O
碱性	H_2O	OH^-
中性	H_2O	H_2O

用离子 - 电子法配平时不需要知道元素的氧化数，可直接写出离子反应方程式，能反映出在水溶液中氧化还原反应的实质。但是，对于气相或固相反应式的配平，离子 - 电子法无能为力。

4.2

电极电势

4.2.1 原电池

4.2.1.1 原电池的概念

铜锌原电池

将 Zn 片放入 $CuSO_4$ 溶液中，可以看到 $CuSO_4$ 溶液的蓝色逐渐变浅，同时在 Zn 片上不断析出紫红色的 Cu，此现象表明 Zn 和 $CuSO_4$ 之间发生了氧化还原反应：

$$Zn + Cu^{2+} \longrightarrow Zn^{2+} + Cu$$

由于 Zn 片与 $CuSO_4$ 溶液接触，电子从 Zn 直接转移给 Cu^{2+}，电子的转移是无秩序的，反应放出的化学能转变成热能。

若采取图 4.1 装置：在一个烧杯中放入 $ZnSO_4$ 溶液并插入 Zn 片，在另一个烧杯中放入 $CuSO_4$ 溶液并插入 Cu 片，两个烧杯用盐桥（一个倒置的 U 形管，管内充满含饱和 KCl 溶液的琼脂胶冻）连接起来，再用导线连接 Zn 片和 Cu 片，中间串联一个检流计，则可以看到检流计的指针发生偏转，这表明导线中有电流通过。由检流计指针偏转方向可知，电子从 Zn 极流向 Cu 极，亦即电流由正极（电子流入的电极）流向负极（电子流出的电极）。

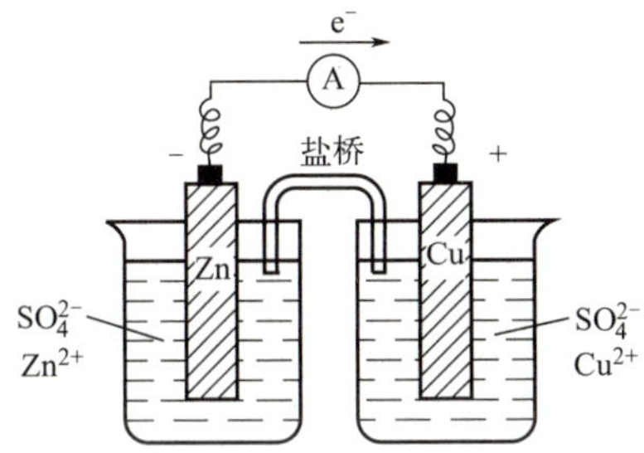

图 4.1 铜锌原电池

在两极发生的反应（电极反应或半电池反应）为

负极 (Zn)：	$Zn - 2e^- \longrightarrow Zn^{2+}$	氧化反应
正极 (Cu)：	$Cu^{2+} + 2e^- \longrightarrow Cu$	还原反应
电池反应：	$Zn + Cu^{2+} \longrightarrow Zn^{2+} + Cu$	

由此可见，图 4.1 装置发生的氧化、还原反应，和 Zn 与 Cu^{2+} 直接接触所发生的氧化还原反应实质是一样的，只不过这种装置使氧化反应和还原反应分别在负极和正极进行，电子由锌极向铜极定向转移而形成电流。这种能使氧化、还原反应产生电流的装置称为原电池。在原电池中化学能转变为电能。

每一种原电池都是由两个“半电池”所组成。例如 Cu-Zn 原电池就是由 Zn 和 $ZnSO_4$ 溶液、Cu 和 $CuSO_4$ 溶液所构成的两个“半电池”组成。每个半电池含有同一元素不同氧化数的两种物质，其中高氧化数的称为氧化型物质，如 Cu-Zn 原电池中锌半电池的 Zn^{2+} 和铜半电池的 Cu^{2+}；低氧化数的称为还原型物质，如锌半电池的 Zn 和铜半电池的 Cu。同一种元素的氧化型物质和还原型物质构成氧化还原电对，如 Zn^{2+}/Zn、Cu^{2+}/Cu。非金属单质及其相应的离子，也可以构成氧化还原电对，例如 H^+/H_2、O_2/OH^- 等。

氧化型物质和还原型物质在一定条件下，可以互相转化：

$$\text{氧化型} + ze^- \rightleftharpoons \text{还原型}$$

$$Zn^{2+} + 2e^- \rightleftharpoons Zn$$

$$Cu^{2+} + 2e \rightleftharpoons Cu$$

$$2H^+ + 2e^- \rightleftharpoons H_2$$

$$O_2 + 2H_2O + 4e^- \rightleftharpoons 4OH^-$$

4.2.1.2 原电池的表示方法

电化学中常用特定方式表示原电池。例如，Cu-Zn 原电池可以表示为

$$(-)\mathrm{Zn}\left|\mathrm{ZnSO_4}(c_1)\right\|\mathrm{CuSO_4}(c_2)\left|\mathrm{Cu}(+)\right.$$

即把负极（−）写在左边，正极（+）写在右边；其中“|”表示两相界面，“‖”表示盐桥；c 表示溶液的浓度（气体以分压表示）。如果组成电极的物质是非金属单质及其相应的离子，或者是同一种元素不同氧化数的离子，如 H^+/H_2、O_2/OH^-、Sn^{4+}/Sn^{2+}、Fe^{3+}/Fe^{2+} 等，则需外加惰性电极。惰性电极是一种能够导电而不参加电极反应的电极，如铂、石墨等。

例如，以锌电极与氢电极组成原电池，该电池的符号为

$$(-)\mathrm{Zn}\left|\mathrm{ZnSO_4}(c_1)\right\|\mathrm{H_2SO_4}(c_2)\left|\mathrm{H_2}(p^\ominus),\mathrm{Pt}(+)\right.$$

又如，以氢电极和 Fe^{3+}/Fe^{2+} 电极组成原电池，其符号为

$$(-)\mathrm{Pt},\mathrm{H_2}(p^\ominus)\left|\mathrm{H^+}(c_1)\right\|\mathrm{Fe^{3+}}(c_2),\mathrm{Fe^{2+}}(c_3)\left|\mathrm{Pt}(+)\right.$$

4.2.2 电极电势的产生

在 Cu-Zn 原电池中，电流从 Cu 极流向 Zn 极，说明 Cu 极电势比 Zn 极高。为什么这两个电极的电势不等，电极电势又是怎样产生的呢？这与金属及其盐溶液之间的相互作用有关。

当把金属浸入其盐溶液时，则会出现两种倾向：一种是金属表面的原子因热运动和受极性水分子的作用以离子形式进入溶液（金属越活泼或溶液中金属离子的浓度越小，这种倾向越大）；另一种是溶液中的金属离子受金属表面自由电子的吸引而沉积在金属表面上（金属越不活泼或溶液中金属离子浓度越大，这种倾向就越大）。当金属在溶液中溶解和沉积的速率相等时，则达到动态平衡：

$$\mathrm{M(s)} \rightleftharpoons \mathrm{M}^{n+} + ze^-$$

若金属溶解的倾向大于沉积的倾向，则达平衡时金属带负电荷，而靠近金属的溶液带正电荷。这样，在金属表面与其盐溶液之间就产生电势差，这种电势差称为该金属的平衡电极电势（简称电极电势）。若用两种活泼性不同的金属分别组成两个电极电势不等的电极，再将这两个电极以原电池的形式连接起来，就能产生电流。例如 Cu-Zn 原电池中，由于 Zn 比 Cu 活泼，Cu 电极的电极电势比 Zn 电极的电极电势高，造成电子从 Zn 电极流向 Cu 电极。

4.2.3 电极电势的测定

4.2.3.1 标准氢电极

迄今为止，平衡电极电势的绝对值还无法测量，然而可用比较的方法确定它的相对值，就如同以海平面为基准来测定山丘的高度一样。通常采用标准氢电极作为比较的标准，规定其电极电势为零。标准氢电极如图 4.2 所示，将镀有一层铂黑的铂片浸入 H^+ 浓度为 $1\mathrm{mol \cdot L^{-1}}$ 的溶液中，在 298.15K 时通入压力为 100kPa 的纯氢气让铂黑吸附并维持饱和状态，这样的电极作为标准氢电极，电极电势表示为 $E^\ominus(H^+/H_2) = 0V$。

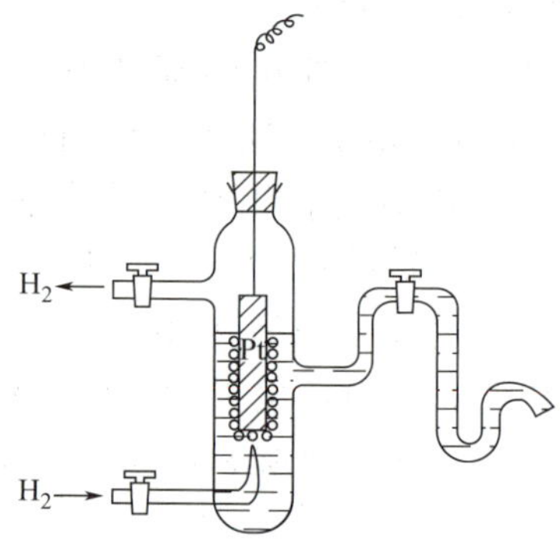

图 4.2 标准氢电极

4.2.3.2 电极电势的测定

欲确定某电极的电极电势，可把该电极与标准氢电极组成原电池，由于 $E^\ominus(H^+/H_2)=0V$，这样测量该原电池的电动势（E[1]）即可确定欲测电极的电极电势：$E=E_{(+)}-E_{(-)}$。为了便于比较，提出了

[1] 当通过原电池的电流趋于零时，两电极间最大电势差称为该原电池的电动势，亦即原电池两个平衡电极电势之差。

标准电极电势的概念。若待测电极处于标准态（物质皆为纯净物，组成电对的有关物质的浓度为 $1.0\text{mol}\cdot\text{L}^{-1}$，若涉及气体，气体的分压为 100kPa），所测得的电动势称为标准电动势（$E^{\ominus}$）。

$$E^{\ominus}=E^{\ominus}_{(+)}-E^{\ominus}_{(-)}$$

例如，欲测定铜电极的标准电极电势，应组成下列原电池：

$(-)\ \text{Pt}, H_2(100\text{kPa})\,|H^+(1.0\text{mol}\cdot\text{L}^{-1})\,||\,Cu^{2+}(1.0\text{mol}\cdot\text{L}^{-1})\,|\text{Cu}\ (+)$

在 298.15K 时，测得该电池的电动势 $E^{\ominus}=0.340\text{V}$。

即 $$E^{\ominus}=E^{\ominus}(Cu^{2+}/Cu)-E^{\ominus}(H^+/H_2)=0.340\text{V}$$

因为 $$E^{\ominus}(H^+/H_2)=0\text{V}$$

所以 $$E^{\ominus}(Cu^{2+}/Cu)=+0.340\text{V}$$

用类似的方法可测得一系列电对的标准电极电势。附录 7 列出了 298.15K 时一些常用电对的标准电极电势 $E^{\ominus}_{A}$（在酸性溶液中）和 $E^{\ominus}_{B}$（在碱性溶液中）。

必须注意，附录 7 中的电极反应均为还原反应，所以采用的是还原电势 ❶。$E^{\ominus}$ 代数值越小，表示该电对所对应的还原型物质的还原能力越强，氧化型物质的氧化能力越弱。如附录 7 所示，Li 的还原性最强而 Li^+ 氧化能力最弱。$E^{\ominus}$ 代数值越大，表示该电对所对应的还原型物质的还原能力越弱，氧化型物质的氧化能力越强。

4.2.4　影响电极电势的因素

电极电势的大小，不仅取决于电极的性质，还与温度和溶液中离子的浓度、气体的分压有关。

W. H. Nernst 从理论上推导出电极电势与浓度之间的关系：

$$\text{氧化型}+ze^- \rightleftharpoons \text{还原型}$$

$$E=E^{\ominus}+\frac{RT}{zF}\ln\frac{[\text{氧化型}]}{[\text{还原型}]} \tag{4-2-1}$$

此式称为能斯特方程。式中，E 为电对在某一浓度时的电极电势；$E^{\ominus}$ 为电对的标准电极电势；[氧化型]、[还原型] 为分别表示电极反应中在氧化型、还原型一侧各物种相对浓度幂的乘积；R 为摩尔气体常数；T 为热力学温度；F 为法拉第常数；z 为电极反应式中转移的电子数。

当电极电势单位用 V、浓度单位用 $\text{mol}\cdot\text{L}^{-1}$、压力用 Pa 表示时，则 $R=8.314\text{J}\cdot\text{K}^{-1}\cdot\text{mol}^{-1}$。

如果将自然对数改为常用对数，R 取 $8.314\text{J}\cdot\text{K}^{-1}\cdot\text{mol}$，$F$ 取 $96485\text{J}\cdot\text{V}^{-1}\cdot\text{mol}^{-1}$，则在 298.15K 时：

$$\frac{RT}{zF}\ln\frac{[\text{氧化型}]}{[\text{还原型}]}=\frac{0.0592\text{V}}{z}\lg\frac{[\text{氧化型}]}{[\text{还原型}]}$$

从能斯特方程可看出，当体系温度一定时，对确定的电对来说，其电极电势主要与 $E^{\ominus}$ 有关，另外还与 [氧化型]/[还原型] 的比值大小有关。

【例 4.3】 计算 298.15K 下，$c(Zn^{2+})=0.100\text{mol}\cdot\text{L}^{-1}$ 时的 $E(Zn^{2+}/Zn)$ 值。

解： 电极反应为 $$Zn^{2+}+2e^- \rightleftharpoons Zn$$

$$E\left(Zn^{2+}/Zn\right)=E^{\ominus}\left(Zn^{2+}/Zn\right)+\left\{\frac{0.0592\text{V}}{2}\lg c\left(Zn^{2+}\right)/c^{\ominus}\right\}$$

$$=-0.7626\text{V}+\frac{0.0592\text{V}}{2}\lg 0.100$$

$$=-0.7922\text{V}$$

❶ 采用还原电势是 1933 年 IUPAC 所规定的，但在美洲习惯采用氧化电势。对同一电对而言，还原电势与氧化电势其绝对值相等，正、负号相反。

即当 $c(Zn^{2+})$ 减小为 $c^{\ominus}(Zn^{2+})$ 的 1/10 时，$E(Zn^{2+}/Zn)$ 值比 $E^{\ominus}(Zn^{2+}/Zn)$ 仅减小 0.03V。

【例 4.4】 计算 298.15K 下，$c(OH^-) = 0.100mol \cdot L^{-1}$ 时的 $E(O_2/OH^-)$ 值。[已知 $p(O_2)=10^5Pa$。]

解： 电极反应为

$$O_2 + 2H_2O + 4e^- \rightleftharpoons 4OH^-$$

$$E\left(O_2/OH^-\right) = E^{\ominus}\left(O_2/OH^-\right) + \frac{0.0592V}{4}\lg\frac{p(O_2)/p^{\ominus}}{\left\{c\left(OH^-\right)/c^{\ominus}\right\}^4}$$

$$= +0.401V + \frac{0.0592V}{4}\lg\frac{1}{(0.100)^4}$$

$$= +0.460V$$

【例 4.5】 在 298.15K 下，将 Pt 片浸入 $c(Cr_2O_7^{2-}) = c(Cr^{3+}) = 1.00mol \cdot L^{-1}$、$c(H^+) = 10.0mol \cdot L^{-1}$ 溶液中。计算 $E(Cr_2O_7^{2-}/Cr^{3+})$ 值。

解： 电极反应为

$$Cr_2O_7^{2-} + 14H^+ + 6e^- \rightleftharpoons 2Cr^{3+} + 7H_2O$$

$$E\left(Cr_2O_7^{2-}/Cr^{3+}\right) = E^{\ominus}\left(Cr_2O_7^{2-}\right)/Cr^{3+}\right) +$$

$$\frac{0.0592V}{z}\lg\frac{\left[c\left(Cr_2O_7^{2-}\right)/c^{\ominus}\right]\left[c\left(H^+\right)/c^{\ominus}\right]^{14}}{\left[c\left(Cr^{3+}\right)/c^{\ominus}\right]^2}$$

$$= +1.36V + \frac{0.0592V}{6}\lg\frac{1.00\times(10.0)^{14}}{1}$$

$$= +1.50V$$

酸度对电极电势的影响

说明含氧酸盐在酸性介质中其氧化性增强。

由上可见，离子浓度对电极电势虽有影响，但影响一般不大；若 H^+ 或 OH^- 也参与了电极反应，那么溶液的酸度往往对电对电极电势有较大的影响。另外，沉淀和弱电解质的生成对电极电势也有较大的影响（见例 4.6～例 4.8）。

【例 4.6】 在含有 Ag^+/Ag 电对的体系中，电极反应为

$$Ag^+ + e^- \rightleftharpoons Ag\ ;\ E^{\ominus}\left(Ag^+/Ag\right) = 0.7991V$$

若加入 NaCl 溶液至溶液中 $c(Cl^-)$ 维持 $1.00mol \cdot L^{-1}$ 时，试计算 $E(Ag^+/Ag)$ 值。

解： 当加入 NaCl 溶液，便生成 AgCl 沉淀：

$$Ag^+ + Cl^- \longrightarrow AgCl\downarrow$$

这时

$$c\left(Ag^+\right) = \frac{K_{sp}^{\ominus}(AgCl)\left(c^{\ominus}\right)^2}{c\left(Cl^-\right)}$$

当 $c\left(Cl^-\right) = 1.00mol \cdot L^{-1}$ 时：

$$c\left(Ag^+\right) = \left(\frac{1.77\times10^{-10}}{1.00}\right)mol \cdot L^{-1} = 1.77\times10^{-10}mol \cdot L^{-1}$$

把 $c(Ag^+)$ 值代入下式：

$$E(Ag^+/Ag) = E^{\ominus}(Ag^+/Ag) + \frac{0.0592V}{1}\lg\left\{c\left(Ag^+\right)/c^{\ominus}\right\}$$

$$= 0.7991V + \frac{0.0592V}{1}\lg(1.77\times10^{-10})$$

$$= 0.22V$$

$E(Ag^+/Ag)$ 值与 $E^\ominus(Ag^+/Ag)$ 值相比较，由于 AgCl 沉淀的生成，Ag^+ 平衡浓度减小，Ag^+/Ag 电对的电极电势下降了 0.57V，使 Ag^+ 的氧化能力降低。

【例 4.7】 假若以电对 Ag^+/Ag 与 AgCl/Ag 组成原电池，在此体系中加入 NaCl 溶液至溶液中 $c(Cl^-)$ 保持 $1.00mol \cdot L^{-1}$ 时，试计算此时的 $E^\ominus(AgCl/Ag)$ 值。

解：
$$Ag^+ + e^- \rightleftharpoons Ag；E(Ag^+ / Ag)$$
$$AgCl(s) + e^- \rightleftharpoons Ag + Cl^-；E(AgCl / Ag)$$

该原电池反应达平衡时两电对的电极电势必然相等，即
$$E(Ag^+ / Ag) = E(AgCl / Ag)$$
$$E^\ominus(Ag^+ / Ag) + \frac{0.0592V}{1}\lg\left\{c\left(Ag^+\right)/c^\ominus\right\} = E^\ominus(AgCl / Ag) + \frac{0.0592V}{1}\lg\left\{\frac{1}{c\left(Cl^-\right)/c^\ominus}\right\}$$

由【例 4.6】计算得知，当 $c(Cl^-) = 1.00mol \cdot L^{-1}$ 时，$c(Ag^+) = 1.77\times10^{-10}mol \cdot L^{-1}$，把 $c(Cl^-)$、$c(Ag^+)$ 代入上式，可得 $E^\ominus(AgCl/Ag)=0.22V$。

对照【例 4.6】表明:【例 4.6】计算所得的 $E(Ag^+/Ag)$ 实际上正是【例 4.7】求得的 $E^\ominus(AgCl/Ag)$ 值。

【例 4.8】 在下列体系中：
$$2H^+ + 2e^- \rightleftharpoons H_2；E^\ominus(H^+ / H_2) = 0$$

若加入 NaOAc 溶液即生成 HOAc。当 $p(H_2)=1.00\times10^5Pa$，$c(HOAc)=c(OAc^-)=1.00mol \cdot L^{-1}$ 时，试计算 $E(H^+/H_2)$ 值。

解：
$$c(H^+) = \frac{K_a^\ominus(HOAc)c(HOAc)/c^\ominus}{c(OAc^-)/(c^\ominus)^2} = 1.8\times10^{-5}mol \cdot L^{-1}$$

则
$$E(H^+ / H_2) = E^\ominus(H^+ / H_2) + \frac{0.0592V}{2}\lg\frac{\left\{c\left(H^+\right)/c^\ominus\right\}^2}{p\left(H_2\right)/p^\ominus}$$
$$= 0 + \frac{0.0592V}{2}\lg\frac{(1.8\times10^{-5})^2}{1.00\times10^5 / 1.00\times10^5}$$
$$= -0.28V$$

$E(H^+/H_2)$ 值与 $E^\ominus(H^+/H_2)$ 值比较，由于 HOAc 的生成，H^+ 平衡浓度减小，H^+/H_2 电对的电极电势下降了 0.28V，使 H^+ 的氧化能力降低。

同理可知，【例 4.8】计算所得的 $E(H^+/H_2)$ 值实际上正是 $E^\ominus(HOAc/H_2)$。

4.2.5 电极电势的应用

4.2.5.1 判断原电池的正、负极，计算原电池的电动势

在原电池中，电极电势代数值较大的电极为正极，电极电势代数值较小的电极为负极。

【例 4.9】 试判断下列原电池的正、负极，并计算其电动势。
$$Zn\left|Zn^{2+}\left(0.001mol \cdot L^{-1}\right)\right\|Zn^{2+}\left(1mol \cdot L^{-1}\right)\left|Zn\right.$$

解：由附录 7 查得 $E^\ominus(Zn^{2+}/Zn) = -0.7626V$。

根据能斯特方程可写出：
$$E(Zn^{2+} / Zn) = E^\ominus(Zn^{2+} / Zn) + \frac{0.0592V}{2}\lg\left\{c\left(Zn^{2+}\right)/c^\ominus\right\}$$
$$= -0.7626V + \left(\frac{0.0592V}{2}\lg 0.001\right)$$
$$= -0.8514V$$

又根据 E 代数值大的电对作为正极，E 代数值小的电对作为负极，所以盐桥左边为负极，盐桥右边为正极，即

$$(-)Zn \mid Zn^{2+}(0.001mol \cdot L^{-1}) \parallel Zn^{2+}(1mol \cdot L^{-1}) \mid Zn(+)$$

$$\begin{aligned} E &= E_{(+)} - E_{(-)} \\ &= -0.7626V - (-0.8514V) \\ &= 0.0888V \end{aligned}$$

上述原电池的正、负两极电对相同，只是半电池内 $c(Zn^{2+})$ 不同。这种原电池称为浓差电池。

4.2.5.2 判断氧化剂、还原剂的相对强弱

电极电势代数值的大小反映了电对中氧化型物质得电子和还原型物质失电子能力的强弱，因此，根据电极电势代数值的相对大小，可以比较氧化剂或还原剂的相对强弱。

在附录 7 标准电极电势表中存在下列关系：

在酸性溶液中

电对	氧化还原能力递变规律	$E^{\ominus}$/V
Li^+/Li ⋮ Zn^{2+}/Zn ⋮ H^+/H_2 ⋮ Cu^{2+}/Cu ⋮ XeF/Xe	氧化型物质 氧化能力增强 XeF 为氧化能力最强氧化型物质 Li 为还原能力最强的还原型物质 还原型物质 还原能力增强	代数值增大

在碱性水溶液中

电对	氧化还原能力递变规律	$E^{\ominus}$/V
$Ca(OH)_2/Ca$ ⋮ $Zn(OH)_2/Zn$ ⋮ SO_4^{2-}/SO_3^{2-} ⋮ S/S^{2-} ⋮ O_3/OH^-	氧化型物质 氧化能力增强 O_3 为氧化能力最强氧化型物质 Ca 为还原能力最强的还原型物质 还原型物质 还原能力增强	代数值增大

实验室中常用强氧化剂电对的 $E^{\ominus}$ 值一般都大于 1.0V，例如 $KMnO_4$、$K_2Cr_2O_7$、H_2O_2 等；常用的强还原剂电对的 $E^{\ominus}$ 值一般都小于 0 或稍大于 0，例如 Fe、Zn、Sn^{2+} 等。化工生产中采用的氧化剂和还原剂更要综合考虑性能、成本、安全、来源等因素。常用氧化剂、还原剂及其反应产物如附录 8 所示。

4.2.5.3 计算弱电解质解离常数（$K_i^{\ominus}$）

【例 4.10】 已知 $E^{\ominus}(HCN/H_2) = -0.545V$，计算 $K_a^{\ominus}$ (HCN) 值。

解： 电极反应为：

$$2HCN + 2e^- \rightleftharpoons H_2 + 2CN^-$$

根据

$$E^{\ominus}(HCN/H_2) = E^{\ominus}(H^+/H_2) + \frac{0.0592V}{2}\lg\frac{\{c(H^+)/c^{\ominus}\}^2}{p(H_2)/p^{\ominus}}$$

标准态下

$$p(H_2)=1.00\times10^5Pa,\ c(HCN)=c(CN^-)=1.00mol \cdot L^{-1}$$

则

$$E^{\ominus}(\mathrm{HCN/H_2})=E^{\ominus}(\mathrm{H^+/H_2})+\frac{0.0592\mathrm{V}}{2}\lg\frac{\left\{c\left(\mathrm{H^+}\right)/c^{\ominus}\right\}^2}{p\left(\mathrm{H_2}\right)/p^{\ominus}}$$

$$=0+0.0592\mathrm{V}\lg\left\{c\left(\mathrm{H^+}\right)/c^{\ominus}\right\}$$

$$=0.0592\mathrm{V}\lg\frac{K_a^{\ominus}(\mathrm{HCN})c(\mathrm{HCN})/c^{\ominus}}{c(\mathrm{CN^-})/c^{\ominus}}$$

所以

$$E^{\ominus}(\mathrm{HCN/H_2})=0.0592\mathrm{V}\lg K_a^{\ominus}(\mathrm{HCN})$$

$$\lg K_a^{\ominus}(\mathrm{HCN})=\frac{E^{\ominus}(\mathrm{HCN/CN^-})}{0.0592\mathrm{V}}=\frac{-0.545\mathrm{V}}{0.0592\mathrm{V}}=-9.21$$

$$K_a^{\ominus}(\mathrm{HCN})=6.2\times10^{-10}$$

4.2.5.4　计算难溶电解质溶度积（$K_{sp}^{\ominus}$）

【例 4.11】 已知 $E^{\ominus}(\mathrm{PbSO_4/Pb})=-0.356\mathrm{V}$，$E^{\ominus}(\mathrm{Pb^{2+}/Pb})=-0.126\mathrm{V}$，求 $K_{sp}^{\ominus}(\mathrm{PbSO_4})$。

解：

$$E^{\ominus}(\mathrm{PbSO_4/Pb})=E(\mathrm{Pb^{2+}/Pb})$$

$$=E^{\ominus}(\mathrm{Pb^{2+}/Pb})+\frac{0.0592\mathrm{V}}{2}\lg\left\{c(\mathrm{Pb^{2+}})/c^{\ominus}\right\}$$

$$=E^{\ominus}(\mathrm{Pb^{2+}/Pb})+\frac{0.0592\mathrm{V}}{2}\lg\frac{\left\{c(\mathrm{Pb^{2+}})/c^{\ominus}\right\}\left\{c(\mathrm{SO_4^{2-}})/c^{\ominus}\right\}}{c(\mathrm{SO_4^{2-}})/c^{\ominus}}$$

$$=E^{\ominus}(\mathrm{Pb^{2+}/Pb})+\frac{0.0592\mathrm{V}}{2}\lg\frac{K_{sp}^{\ominus}(\mathrm{PbSO_4})}{c(\mathrm{SO_4^{2-}})/c^{\ominus}}$$

标准态下

$$c(\mathrm{SO_4^{2-}})=1.0\mathrm{mol\cdot L^{-1}}$$

$$E^{\ominus}(\mathrm{PbSO_4/Pb})=E^{\ominus}(\mathrm{Pb^{2+}/Pb})+\frac{0.0592\mathrm{V}}{2}\lg K_{sp}^{\ominus}(\mathrm{PbSO_4})$$

则

$$\lg K_{sp}^{\ominus}(\mathrm{PbSO_4})=\frac{2\times\left\{E^{\ominus}(\mathrm{PbSO_4/Pb})-E^{\ominus}(\mathrm{Pb^{2+}/Pb})\right\}}{0.0592\mathrm{V}}$$

$$=\frac{2\times\{-0.356-(-0.126)\}\mathrm{V}}{0.0592\mathrm{V}}=-7.77$$

$$K_{sp}^{\ominus}(\mathrm{PbSO_4})=1.7\times10^{-8}$$

电极电势最重要的应用是判断氧化还原反应的方向和限度。故下面作专节介绍。

4.3 氧化还原反应的方向和限度

4.3.1　氧化还原反应的方向

如前所述，化学反应自发进行的条件为 $\Delta_r G_m<0$，又因为 $\Delta_r G_m$ 与原电池电动势之间存在如下关系：

摩尔吉布斯自由能变与原电池电动势的关系

$$\Delta_r G_m = -z'FE \tag{4-3-1}$$

式中，z' 为电池反应中转移的电子数，F 为法拉第常数。

当 $\Delta_r G_m < 0$ 时，$E > 0$，该化学反应能自发进行。可见，原电池电动势 (E) 值亦可以作为氧化还原反应自发进行的判据。又因为 $E=E_{(+)}-E_{(-)}$，可知只有电极电势代数值较大的电对的氧化型物质才能与电极电势代数值较小的电对的还原型物质反应。氧化还原反应方向的规律是：较强的氧化剂 + 较强的还原剂⟶较弱的还原剂 + 较弱的氧化剂。

【例 4.12】 试判断下述反应：

$$Pb^{2+} + Sn \rightleftharpoons Pb + Sn^{2+}$$

在（1）标准态；（2）非标准态，且 $\dfrac{c(Pb^{2+})}{c(Sn^{2+})} = \dfrac{0.0010}{1.0}$ 时反应自发进行的方向。

解：（1）标准态时：

$$\begin{aligned} E^{\ominus} &= E^{\ominus}(Pb^{2+}/Pb) - E^{\ominus}(Sn^{2+}/Sn) \\ &= -0.126V - (-0.136V) \\ &= 0.010V > 0 \end{aligned}$$

上述反应自发向右进行。

（2）非标准态时：

$$E = \left\{E^{\ominus}(Pb^{2+}/Pb) + \frac{0.0592V}{2}\lg\left[c(Pb^{2+})/c^{\ominus}\right]\right\} - \left\{E^{\ominus}(Sn^{2+}/Sn) + \frac{0.0592V}{2}\lg\left[c(Sn^{2+})/c^{\ominus}\right]\right\}$$

$$= E^{\ominus} + \frac{0.0592V}{2}\lg\frac{c(Pb^{2+})/c^{\ominus}}{c(Sn^{2+})/c^{\ominus}} = 0.010V + \frac{0.0592V}{2}\lg\frac{0.0010}{1.00}$$

$$= -0.079V < 0$$

所以上述反应的方向发生逆转，即自发地向左进行。

对于某些有含氧酸及其盐（例如 $KMnO_4$、$K_2Cr_2O_7$、H_3AsO_4 等）参加的氧化还原反应，溶液的酸度有时会导致反应方向的改变。例如，下列可逆反应：

$$H_3AsO_4 + 2I^- + 2H^+ \underset{\text{弱碱性介质}}{\overset{\text{强酸性介质}}{\rightleftharpoons}} HAsO_2 + I_2 + 2H_2O$$

pH≈8 时，I_2 可定量地被 AsO_2^- 还原，而在 $c(H^+)$ 等于 4～6mol·L^{-1} 时，H_3AsO_4 可以定量地被 I^- 还原。（读者可以自己通过计算证实。）

判断氧化还原反应的方向，严格来说，应该根据能斯特方程式分别求得在给定条件下各电对的电极电势值，然后再进行比较和判断。不过浓度（或气体分压）的变化对电对电极电势的影响不太大，如果两个电对的标准电极电势相差比较大 [$E^{\ominus}=E^{\ominus}$(氧化剂)$-E^{\ominus}$(还原剂)$>0.2V$]，一般可以用标准电极电势来判断氧化还原反应进行的方向；但是，如果相差较小 ($E^{\ominus} < 0.2V$)，离子浓度的变化较大，有可能导致氧化还原反应逆向进行。

【例 4.13】 电子工业制造印刷电路板，采用 $FeCl_3$ 溶液腐蚀铜箔，试问在标准态下此反应能否自发向右进行？

解：

$$2FeCl_3 + Cu \longrightarrow CuCl_2 + 2FeCl_2$$

由附录 7 查得

$$E^{\ominus}(Fe^{3+}/Fe^{2+}) = 0.771V$$

$$E^{\ominus}(Cu^{2+}/Cu) = 0.340V$$

$$\begin{aligned} E^{\ominus} &= E^{\ominus}(Fe^{3+}/Fe^{2+}) - E^{\ominus}(Cu^{2+}/Cu) \\ &= 0.771V - 0.340V = 0.431V \end{aligned}$$

$E^{\ominus} > 0.2\text{V}$，在标准态下该反应能自发向右进行。

4.3.2 氧化还原反应的限度

如前所述，化学反应进行的限度可以用平衡常数来衡量。由 2.3.2 小节已知：

$$\lg K^{\ominus} = -\frac{\Delta_r G_m^{\ominus}}{2.303RT}$$

在标准态下原电池的 $\Delta_r G_m^{\ominus} = -z'FE^{\ominus}$，则

$$\lg K^{\ominus} = \frac{z'FE^{\ominus}}{2.303RT}$$

在 298.15K 下，将 R、F 值代入上式可得

$$\lg K^{\ominus} = \frac{z'E^{\ominus}}{0.0592\text{V}} \tag{4-3-2}$$

$$\lg K^{\ominus} = \frac{z'\left\{E_{(+)}^{\ominus} - E_{(-)}^{\ominus}\right\}}{0.0592\text{V}} \tag{4-3-3}$$

由此可见，氧化还原反应的平衡常数 ($K^{\ominus}$) 只与标准电动势 ($E^{\ominus}$) 有关，而与物质浓度无关。$E^{\ominus}$ 值越大，$K^{\ominus}$ 值越大，正反应有可能进行得越完全。

【例 4.14】 试计算下列反应在 298.15K 时的平衡常数 ($K^{\ominus}$)。

$$Cu^{2+} + Zn \rightleftharpoons Cu + Zn^{2+}$$

解： 由附录 7 查得

$$E^{\ominus}(Cu^{2+}/Cu) = 0.340\text{V}$$

$$E^{\ominus}(Zn^{2+}/Zn) = -0.7626\text{V}$$

所以

$$E^{\ominus} = E^{\ominus}_{(+)} - E^{\ominus}_{(-)} = E^{\ominus}(Cu^{2+}/Cu) - E^{\ominus}(Zn^{2+}/Zn)$$

$$= 0.340 - (-0.7626) = 1.103\text{V}$$

$$\lg K^{\ominus} = \frac{z'E^{\ominus}}{0.0592\text{V}} = \frac{2\times1.103\text{V}}{0.0592\text{V}} = 37.26$$

$$K^{\ominus} = \frac{c(Zn^{2+})/c^{\ominus}}{c(Cu^{2+})/c^{\ominus}} = 1.8\times10^{37}$$

平衡常数 $K^{\ominus}$ 值很大，表明该反应进行得很完全，即达平衡时，Cu^{2+} 几乎都被 Zn 置换，沉积为金属铜。

【例 4.15】 试计算在 298.15K 时下列反应的平衡常数。若 Pb^{2+} 的初始浓度为 $2.0\text{mol}\cdot\text{L}^{-1}$，反应达平衡后 $c(Pb^{2+})$ 还有多大？

$$Pb^{2+} + Sn \rightleftharpoons Pb + Sn^{2+}$$

解：

$$E^{\ominus} = E^{\ominus}(Pb^{2+}/Pb) - E^{\ominus}(Sn^{2+}/Sn)$$

$$= (-0.126\text{V}) - (-0.136\text{V}) = 0.010\text{V}$$

$$\lg K^{\ominus} = \frac{z'E^{\ominus}}{0.0592\text{V}} = \frac{2\times0.010\text{V}}{0.0592\text{V}} = 0.34$$

$$K^{\ominus} = 2.2$$

$$Pb^{2+} + Sn \rightleftharpoons Pb + Sn^{2+}$$

平衡浓度 /$(\text{mol}\cdot\text{L}^{-1})$　　$2.0 - x$　　　　x

$$K^{\ominus}=\frac{c(\text{Sn}^{2+})/c^{\ominus}}{c(\text{Pb}^{2+})/c^{\ominus}}=\frac{x}{2.0-x}=2.2$$

$$x=1.4$$

$$c(\text{Pb}^{2+})=(2.0-x)\text{mol}\cdot\text{L}^{-1}=0.6\text{mol}\cdot\text{L}^{-1}$$

由于 $K^{\ominus}$ 较小，平衡时 $c(Pb^{2+})$ 仍较大，该反应进行得很不完全。

通过上面讨论可以看出，根据电极电势的相对大小，能够判断氧化还原反应自发进行的方向和限度。但是要指明，电极电势的大小不能判断反应速率的大小。例如：

$$2\text{MnO}_4^-+5\text{Zn}+16\text{H}^+\longrightarrow 2\text{Mn}^{2+}+5\text{Zn}^{2+}+8\text{H}_2\text{O}$$

该反应的 $E^{\ominus}(MnO_4^-/Mn^{2+})=+1.51V$，$E^{\ominus}(Zn^{2+}/Zn)=-0.7626V$；标准电动势为 $E^{\ominus}=2.27V$；计算出反应的平衡常数 $K^{\ominus}=2.7\times10^{383}$。

计算表明，上述反应可以进行完全。然而实验证明，在酸性介质中，如果用纯锌与高锰酸盐作用，因反应速率小而不易察觉，只有在 Fe^{3+} 的催化下，反应才明显进行。

高锰酸钾与锌反应

4.4

电势图及其应用

表示同一元素不同氧化数物质氧化还原能力相对强弱的图示法有多种。本节只介绍一种：元素标准电极电势图。

许多元素常具有多种氧化数。同一元素的不同氧化数物质其氧化或还原能力是不同的。因此，为了突出表示同一元素各种不同氧化数物质的氧化还原能力，以及它们相互之间的关系，W. M. Latimer 建议把同一元素的不同氧化数物质所对应电对的标准电极电势，按各物质的氧化数由高到低的顺序排列，并在两种氧化数物质之间标出对应电对的标准电极电势。例如，标准态下，氧在酸、碱介质中的标准电极电势图为

氧化数　　0　　　　−1　　　　−2

$E_A^{\ominus}/V$　　$O_2 \xrightarrow{0.695} H_2O_2 \xrightarrow{1.763} H_2O$；$O_2$ 与 H_2O 之间：1.229

$E_B^{\ominus}/V$　　$O_2 \xrightarrow{-0.076} HO_2^- \xrightarrow{0.867} OH^-$；$O_2$ 与 OH^- 之间：0.401

这种表示元素各种氧化数物质之间标准电极电势变化的关系图，称为元素标准电极电势图（简称元素电势图）。它清楚地表明了同种元素的不同氧化数物质氧化、还原能力的相对大小。元素电势图还有以下用途。

① 根据几个相邻电对的已知标准电极电势，求算其他电对的标准电极电势。

例如有下列元素电势图：

$A \xrightarrow[z_1]{E_1^{\ominus}} B \xrightarrow[z_2]{E_2^{\ominus}} C \xrightarrow[z_3]{E_3^{\ominus}} D$；A 与 D 之间：$E^{\ominus}$，$z$

从理论上可导出下列公式：

$$zE^{\ominus}=z_1E_1^{\ominus}+z_2E_2^{\ominus}+z_3E_3^{\ominus}$$

$$E^{\ominus}(\text{A}/\text{D})=\frac{z_1E_1^{\ominus}+z_2E_2^{\ominus}+z_3E_3^{\ominus}}{z}\tag{4-4-1}$$

式中，z_1、z_2、z_3、z 分别为各电对中对应元素氧化型与还原型的氧化数之差（均取正值）。

【例 4.16】 根据下面列出的碱性介质中溴的电势图：

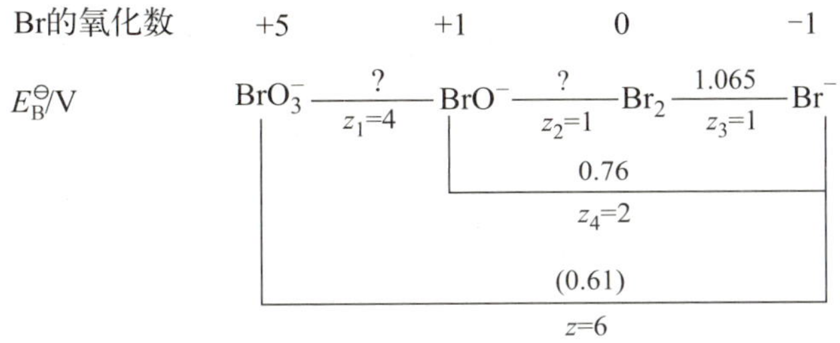

求算 $E_B^\ominus(BrO^-/Br_2)$ 和 $E_B^\ominus(BrO_3^-/BrO^-)$ 值。

解： 根据式（4-4-1）：

$$(1)\ E_B^\ominus\left(BrO^-/Br_2\right)=\frac{z_4\times E_B^\ominus\left(BrO^-/Br^-\right)-z_3\times E_B^\ominus\left(Br_2/Br^-\right)}{z_2}$$

$$=\left(\frac{2\times0.76-1\times1.065}{1}\right)V=0.46V$$

$$(2)\ E_B^\ominus\left(BrO_3^-/BrO^-\right)=\frac{z\times E_B^\ominus\left(BrO_3^-/Br^-\right)-z_4\times E_B^\ominus\left(BrO^-/Br^-\right)}{z_1}$$

$$=\left(\frac{6\times0.61-2\times0.76}{4}\right)V=0.54V$$

② 判断能否发生歧化反应。歧化反应是一种自身氧化还原反应。例如：

$$2Cu^+ \longrightarrow Cu+Cu^{2+}$$

在此反应中，一部分 Cu^+ 氧化为 Cu^{2+}，另一部分 Cu^+ 还原为金属 Cu。当一种元素处于中间氧化数时，它一部分向高氧化数状态变化（即被氧化），另一部分向低氧化数状态变化（即被还原），这类反应称为歧化反应。

铜的元素电势图为

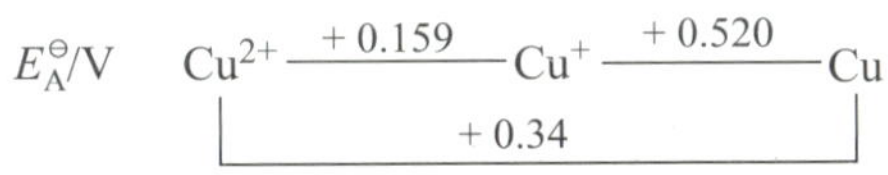

因为$E^\ominus(Cu^+/Cu)$大于$E^\ominus(Cu^{2+}/Cu^+)$，即$E^\ominus=E^\ominus(Cu^+/Cu)-E^\ominus(Cu^{2+}/Cu^+)=0.520V-0.159V=0.361V>0$，所以 Cu^+ 容易发生歧化为 Cu^{2+} 和 Cu 的反应。

由个别到一般，歧化反应发生的规律是：当电势图 $(M^{2+}\ \frac{E_左^\ominus}{}\ M^+\ \frac{E_右^\ominus}{}\ M)$ 中 $E_右^\ominus>E_左^\ominus$ 时，M^+ 容易发生如下歧化反应。

$$2M^+ \longrightarrow M^{2+}+M$$

反之，当 $E_左^\ominus>E_右^\ominus$ 时，M^+ 虽处于中间氧化数，不能发生歧化反应，而逆向反应则是可以进行的。即发生如下反应：

$$M^{2+}+M \longrightarrow 2M^+$$

③ 解释元素的氧化还原特性。根据元素电势图，还可以描绘出某一元素的一些氧化还原特性。例如，金属铁在酸性介质中的元素电势图为

$$E_A^\ominus/V\quad Fe^{3+}\ \underline{+0.771}\ Fe^{2+}\ \underline{-0.44}\ Fe$$

利用此电势图，可以预测金属铁在酸性介质中的一些氧化还原特性。因为 $E^\ominus(Fe^{2+}/Fe)$ 为负值，而 $E^\ominus(Fe^{3+}/Fe^{2+})$ 为正值，故在稀盐酸或稀硫酸等非氧化性稀酸中，Fe 主要被氧化为 Fe^{2+} 而非 Fe^{3+}：

$$Fe+2H^+ \longrightarrow Fe^{2+}+H_2\uparrow$$

但是在酸性介质中，Fe^{2+} 也是不稳定的，易被空气中氧所氧化：

因为 $Fe^{3+} + e^- \rightleftharpoons Fe^{2+}$；$E^\ominus(Fe^{3+}/Fe^{2+}) = +0.771V$

$$O_2 + 4H^+ + 4e^- \rightleftharpoons 2H_2O；E^\ominus(O_2/H_2O) = +1.229V$$

所以 $4Fe^{2+} + O_2 + 4H^+ \longrightarrow 4Fe^{3+} + 2H_2O$

由于 $E^\ominus(Fe^{2+}/Fe) < E^\ominus(Fe^{3+}/Fe^{2+})$，故 Fe^{2+} 不会发生歧化反应，却可以发生歧化反应的逆反应：

$$Fe + 2Fe^{3+} \longrightarrow 3Fe^{2+}$$

因此，在 Fe^{2+} 盐溶液中，加入少量金属铁，能避免 Fe^{2+} 被空气中氧气氧化为 Fe^{3+}。

4.5 实用电池

理论上讲任何一个氧化还原反应都可以设计成一个原电池。但是，要制造一种真正有实用价值的电池并不那么简单。目前大家熟悉的商品化电池大致有以下几种。

4.5.1 一次电池

4.5.1.1 锌锰干电池

人们日常生活中使用最多的干电池，其电容量按体积大小分 5 种型号，电压一般为 1.5V。Zn-Mn 干电池结构如图 4.3 所示。用锌皮（负极）作外壳，用一根石墨棒作正极，在石墨棒周围裹上一层 MnO_2、炭黑及 NH_4Cl 溶液的混合物。在混合物和锌皮之间注入由 NH_4Cl、$ZnCl_2$ 和淀粉制成的浆糊状物作为电解液。锌筒上口用松香蜡、沥青等物密封。

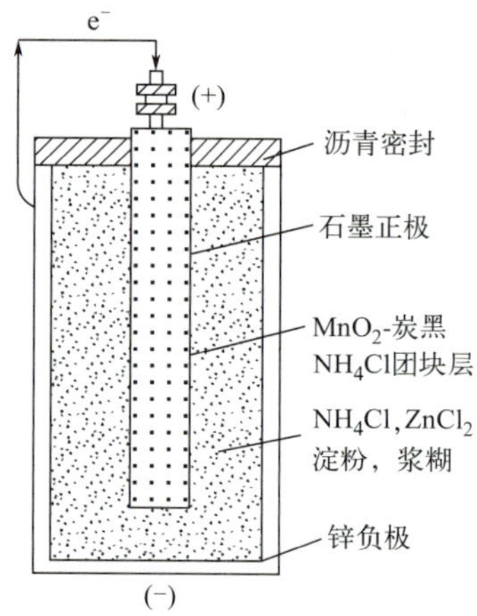

图 4.3　Zn-Mn 干电池

Zn-Mn 干电池的电极反应可简化表达为：

负极：$Zn \longrightarrow Zn^{2+} + 2e^-$

正极：$2NH_4^+ + 2MnO_2 + 2e^- \longrightarrow 2NH_3 + 2MnO(OH)$

电池反应：$Zn + 2MnO_2 + 2NH_4^+ \longrightarrow Zn^{2+} + 2MnO(OH) + 2NH_3$

随着反应的进行，锌皮及 MnO_2 不断被消耗，电池电压不断降低，直至电能耗尽。因此，干电池属一次性电池。

现在常用的干电池是碱性锌锰干电池，电池使用氢氧化钾（KOH）或氢氧化钠（NaOH）的水溶液做电解质溶液。与传统锌锰电池不同的是其负极结构由锌片改为锌粉，反应面积成倍增加。外壳改用钢皮，正极仍为石墨和二氧化锰，电解液由原来的中性变为离子导电性更好的碱性。碱性锌锰干电池的比能量和放电电流均比传统干电池有显著的提高。其电极和电池反应为：

负极：$Zn + 2OH^- \longrightarrow ZnO + H_2O + 2e^-$

正极：$2MnO_2 + 2H_2O + 2e^- \longrightarrow 2MnO(OH) + 2OH^-$

电池反应：$Zn + 2MnO_2 + H_2O \longrightarrow ZnO + 2MnO(OH)$

4.5.1.2 Ag-Zn 微型电池

微型电池是指电子手表、微型照相机及录音机等小型精密仪器内使用的一种体积小、质量轻的“纽扣”电池。其中银锌电池较常见，其电极材料是 Ag_2O 和 Zn，电极和电池反应为

负极：$Zn + 2OH^- \longrightarrow Zn(OH)_2 + 2e^-$

正极：$Ag_2O + H_2O + 2e^- \longrightarrow 2Ag + 2OH^-$

电池反应： $Zn + Ag_2O + 2H_2O \longrightarrow Zn(OH)_2 + 2Ag$

4.5.2 二次电池

与一次电池不同，二次电池（蓄电池）是一类能经历数百次反复放电、充电使用的电池。

4.5.2.1 铅蓄电池

1859 年由 G.Plante 发明的铅蓄电池是工业上和实验室里用得最多的蓄电池，汽车启动电源也常用它。铅蓄电池的极板是用铅锑合金制作的栅状框架，正极填充 PbO_2，负极填充灰铅。正、负极板交替排列，并浸泡在 30%H_2SO_4 溶液（密度 1.2kg · L^{-1}）中。

放电时，电极反应为

负极(灰铅)： $Pb + SO_4^{2-} \longrightarrow PbSO_4 + 2e^-$

正极 (PbO_2)： $PbO_2 + SO_4^{2-} + 4H^+ + 2e^- \longrightarrow PbSO_4 + 2H_2O$

电池反应： $PbO_2 + Pb + 2H_2SO_4 \underset{充电}{\overset{放电}{\rightleftharpoons}} 2PbSO_4 + 2H_2O$

铅蓄电池每个单元电压为 2.0V 左右。放电后，若单元电压降到 1.8V（或硫酸密度降为 1.05kg · L^{-1}）时就得充电。充电时电极反应恰为放电时的逆过程。

铅蓄电池的主要优点是电压稳定、电容量较大、功率高、价格便宜。老型号的铅蓄电池主要缺点是笨重、不便携带，防震性差、易逸出酸雾、渗出酸液；20 世纪 80 年代后生产的新型铅蓄电池采用玻璃纤维作为隔膜，利用负极过量、贫液等方法，实现了少维护或者免维护。

4.5.2.2 碱性蓄电池

化学电源中，凡采用碱性电解液（如 KOH、NaOH 等）的电池，均属碱性电池。

与铅蓄电池相比，碱性蓄电池体积小、质量轻、使用寿命长（可反复充、放电 2×10^3～4×10^3 次），但价格较贵，其体积、电压和 Zn-Mn 干电池相近。市售商品有镍镉（Ni-Cd）电池（1899 年瑞典人 Jüngner 发明）和镍铁（Ni-Fe）电池（1900 年 Edison 发明）两类。镍镉电池主要用于电动工具中。镍铁电池最大的优势是价格低廉，但镍铁电池充电效率低。镍铁电池能够长时间小电流放电，所以一般在铁路信号发送及备用电源方面得到广泛的应用。

它们的电池反应为

$$Cd + 2NiO(OH) + 2H_2O \underset{充电}{\overset{放电}{\rightleftharpoons}} 2Ni(OH)_2 + Cd(OH)_2$$

$$Fe + 2NiO(OH) + 2H_2O \underset{充电}{\overset{放电}{\rightleftharpoons}} 2Ni(OH)_2 + Fe(OH)_2$$

镍氢电池被认为是可取代镍镉电池的新型碱性电池，其能量密度高，同型号的容量比镍镉电池高 50%～100%。无镉污染，可大电流充放电，电压为 1.2V，与镍镉电池具有互换性。

镍氢电池的正极材料为 $Ni(OH)_2$，负极材料为储氢合金（通常为 $LaNi_5$ 型混合稀土系储氢合金，表示为 M），它的电池反应为

$$MH(金属型氢化物) + NiO(OH) \underset{充电}{\overset{放电}{\rightleftharpoons}} Ni(OH)_2 + M$$

我国研制的高能密封镍氢电池（储氢材料为 $LaNi_5$ 系合金）用于动力轿车，最高速度 140km/h，行程 260km。

4.5.3 锂离子电池

锂是金属中密度最小的，也是金属中电极电势代数值最小的，所以一直是化学电源领域中关注的热点。

锂离子电池采用可使锂离子嵌入和脱嵌的碳材料（LiC_6）代替金属锂作为负极材料。正极材

料常用 Li_xCoO_2，也可用 Li_xNiO_2、Li_xMnO_4 和 Li_xFePO_4。$LiPF_6$-EC(碳酸乙烯酯)-DEC(碳酸二乙酯) 非水电解质作为电池电解液。

锂离子电池的充放电过程反应式为：

$$LiCoO_2 + C_6 \underset{充电}{\overset{放电}{\rightleftharpoons}} CoO_2 + LiC_6$$

锂离子电池也称为“摇椅电池”，是指锂离子在正、负极之间往返嵌入和脱嵌。锂离子电池具有高的工作电压（平均工作电压 3.6～3.7V）和高的比能量（$100W \cdot h \cdot g^{-1}$ 以上），循环寿命长（ > 1000 次）及无污染等特点。

4.5.4 燃料电池

燃料电池是一种连续地将燃料与氧化剂的化学能直接转变为电能的原电池。最早的燃料电池是 1839 年 William Grove 发明的，现代燃料电池其正极和负极都用微孔惰性材料（如铁、碳、镍、银、铂等）制成。负极方面连续送入气态燃料（如氢、天然气、发生炉煤气、水煤气等），正极方面连续送入空气或氧。电解质可用酸、碱或金属氧化物。

碱性的氢 - 氧燃料电池结构如图 4.4 所示。以多孔的镍电极为电池负极，多孔氧化镍覆盖的镍为正极。用多孔隔膜将电池分成三部分，中间部分盛有 70% KOH 溶液，左侧通入燃料 H_2，右侧通入氧化剂 O_2。气体通过隔膜扩散到 KOH 溶液部分，发生下列电极反应：

负极：$$H_2(g) + 2OH^- - 2e^- \longrightarrow 2H_2O\ (l)$$

正极：$$\frac{1}{2}\ O_2(g) + H_2O + 2e^- \longrightarrow 2OH^-$$

总反应式：$$H_2(g) + \frac{1}{2}\ O_2(g) \longrightarrow H_2O(l)$$

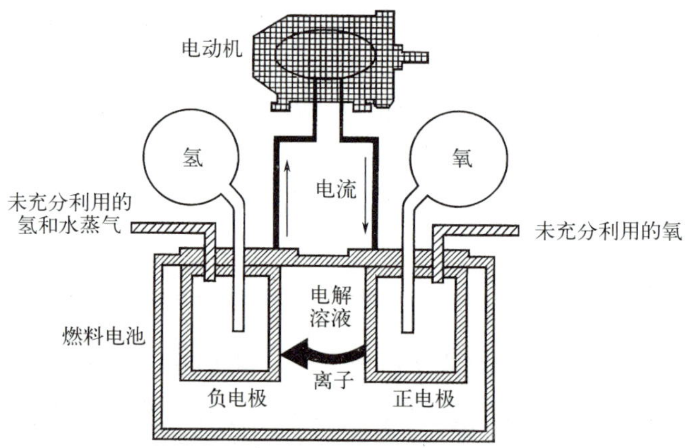

图 4.4　氢 - 氧燃料电池示意图

由于化学能直接转变电能，其能源利用率可高达约 80%，大大超过了火力发电（35% 左右），并且燃料电池的产物为水，对环境没有污染。目前，国外已用于公共汽车和载人宇宙飞船。更有趣的是电池产生的水可供宇航员饮用。

除以上介绍的几种化学电池外，钠硫电池、光电化学电池、导电高聚物电池、超级电容器等新型储能元件也先后研究开发出来。这些新型储能元件一般具有电动势较高、比功率高、电容量较大、无污染等优点。

化学视野

无机非水溶液中的无机化学反应

之前涉及的酸碱反应（即质子转移反应）、沉淀反应、氧化还原反应（即电子转移反应）都是在水溶液中进行的无机反应，这部分将简要介绍无机非水溶液中的这三类反应。

水是最易获得、价格最低廉的溶剂，因此人们最常用的、研究最多的无机溶剂就是水。除此以外，常见的无机非水溶剂有$NH_3(l)$、$SO_2(l)$、$H_2SO_4(l)$、$HF(l)$等，由于它们的物理、化学性质都与水有差异，因而决定了其适用范围和作为一种溶剂的某些反应规律可能与水溶剂有所不同。

1. 酸碱反应

无机非水溶剂有与水类似的自偶解离平衡：

$$2H_2O(l) \rightleftharpoons H_3O^+ + OH^-$$

$$2H_2SO_4(l) \rightleftharpoons H_3SO_4^+ + HSO_4^-$$

$$2SO_2(l) \rightleftharpoons SO^{2+} + SO_3^{2-}$$

$$2NH_3(l) \rightleftharpoons NH_4^+ + NH_2^-$$

因此，在无机非水溶剂（如液氨）中也会发生类似于水中的中和反应：

$$H_3O^+ + OH^- \longrightarrow 2H_2O(l)$$

$$NH_4^+ + NH_2^- \longrightarrow 2NH_3(l)$$

根据酸碱的质子理论，醋酸在水（极弱酸）中表现为弱酸，在液氨（比水更弱的酸）中表现为强酸，在无水H_2SO_4（强酸）中则表现为碱。

HOAc、HNO_3、$HClO_4$在某些溶剂中的酸碱性见下表。

几种溶质在某些溶剂中的酸碱性

溶质	$H_2O(1)$	$NH_3(1)$	$H_2SO_4(1)$	HF(1)
HOAc	弱酸性	强酸性	碱性	碱性
HNO_3	强酸性	强酸性	弱酸性	酸性
$HClO_4$	强酸性	强酸性	弱酸性	酸性

2. 沉淀反应

根据极性相似者易溶的规律，强极性、离子性溶质是易溶于极性溶剂的。由于水分子的极性比NH_3、SO_2分子强而比H_2SO_4、HF分子弱，因而非极性或弱极性的物质在$NH_3(l)$、$SO_2(l)$中的溶解度和离子性、强极性的物质在$H_2SO_4(l)$、$HF(l)$中的溶解度都比在水中的溶解度大。例如，AgCl的共价成分比$BaCl_2$大，极性比$BaCl_2$小，所以

$$2AgNO_3 + BaCl_2(s) \underset{液氨}{\overset{水}{\rightleftharpoons}} 2AgCl(s) + Ba(NO_3)_2$$

3. 氧化还原反应

由于同一氧化还原电对在不同溶剂中的标准电极电势（$E^\ominus$）值不同，因而同一反应在不同溶剂中进行的方向和程度要作具体考察、判断。例如，某些电极反应在水和液氨中的标准电极电势如下表所示。

某些电极反应在水和液氨中的标准电极电势（298.15K）

电极反应	水中的$E^\ominus$/V	液氨中的$E^\ominus$/V
$H^+ + e^- \longrightarrow \frac{1}{2}H_2$	0	0
$Li^+ + e^- \rightleftharpoons Li$	−3.040	−2.34
$Na^+ + e^- \rightleftharpoons Na$	−2.714	−1.89
$Mg^{2+} + 2e^- \rightleftharpoons Mg$	−2.356	−1.74
$Zn^{2+} + 2e^- \rightleftharpoons Zn$	−0.7626	−0.54
$Pb^{2+} + 2e^- \rightleftharpoons Pb$	−0.126	0.28
$Cu^{2+} + e^- \rightleftharpoons Cu^+$	0.159	0.44

续表

电极反应	水中的$E^{\ominus}$/V	液氨中的$E^{\ominus}$/V
$Cu^{2+}+2e^- \rightleftharpoons Cu$	0.340	0.40
$Cu^{+}+e^- \rightleftharpoons Cu$	0.52	0.36
$Ag^{+}+e^- \rightleftharpoons Ag$	0.7991	0.76
$Hg^{2+}+2e^- \rightleftharpoons Hg$	0.8535	0.67
$Cl_2+2e^- \rightleftharpoons 2Cl^-$	1.3583	1.91
$F_2+2e^- \rightleftharpoons 2F^-$	2.87	3.50

从表中数据可看出，大多数氧化还原电对在液氨中的标准电极电势值比在水中的标准电极电势值有所升高，但也有些是降低的（如 Cu^+/Cu, Ag^+/Ag）。

$$\text{水中的}E_A^{\ominus}/V \quad Cu^{2+}\ \overline{0.159}\ Cu^{+}\ \overline{0.52}\ Cu$$

$$\text{液氨中的}E^{\ominus}/V \quad Cu^{2+}\ \overline{0.44}\ Cu^{+}\ \overline{0.36}\ Cu$$

不难判断下列氧化还原反应方向为

$$2Cu^{+} \underset{\text{液氨中}}{\overset{\text{水中}}{\rightleftharpoons}} Cu^{2+}+Cu$$

思考题

1. 判断下列氧化还原反应方程式书写是否正确，并把错误的改正。

（1）$3Ag_2S+8HNO_3 \longrightarrow 6AgNO_3+3S\downarrow+2NO\uparrow+4H_2O$

（2）$4MnO_4^-+4H^+ \longrightarrow 4MnO_2+2O_2\uparrow+2H_2O$

（3）$NO_2^-+2H^++2I^- \longrightarrow NO\uparrow+I_2+H_2O$

（4）$K_2Cr_2O_7+6Fe^{2+}+14H^+ \longrightarrow 2Cr^{3+}+6Fe^{3+}+2K^++7H_2O$

（5）$FeS+4HNO_3 \longrightarrow Fe(NO_3)_3+S\downarrow+NO\uparrow+2H_2O$

（6）$Fe^{2+}+NO_3^-+4H^+ \longrightarrow Fe^{3+}+NO+2H_2O$

2. 指出下列各原电池符号的表示式是否正确，并把错误的改正。

（1）氧化还原反应：

$$Fe(s)+Ag^+(aq) \longrightarrow Fe^{2+}(aq)+Ag(s)$$

原电池符号：

$$(-)Ag|Ag^+\|Fe^{2+}|Fe(+)$$

（2）氧化还原反应：

$$2Fe^{3+}(aq)+2I^-(aq) \longrightarrow I_2(s)+2Fe^{2+}(aq)$$

原电池符号：

$$(-)\ Pt, I_2(s)\ |I^-(c_1)\ \|\ Fe^{2+}(c_2)\ |Fe^{3+}(c_3)\ (+)$$

（3）氧化还原反应：

$$2Fe^{2+}(0.010mol\cdot L^{-1})+Cl_2(100kPa) \longrightarrow 2Fe^{3+}(0.10mol\cdot L^{-1})+2Cl^-(2.0mol\cdot L^{-1})$$

原电池符号：

$$(-)Pt\ |\ Fe^{2+}(0.010mol\cdot L^{-1}),\ Fe^{3+}(0.10mol\cdot L^{-1})\ \|\ Cl_2(100kPa)\ |\ Cl^-(2.0mol\cdot L^{-1}),\ Pt(+)$$

3. 氧化还原电对中氧化型或还原型物质发生下列变化时，电极电势将发生怎样的变化？

（1）氧化型物质生成沉淀。

（2）还原型物质生成弱酸。

4. 填写下列空白。

（1）下列氧化剂：$KClO_3$、Br_2、$FeCl_3$、$KMnO_4$、H_2O_2。当其溶液中 H^+ 浓度增大时，氧化能力增强的是________，不变的是________。

（2）下列电对中 $E^{\ominus}$ 值最小的是________。

H^+/H_2 H_2O/H_2 HF/H_2 HCN/H_2

5．下列电对中，若 H^+ 浓度增大，________的电极电势增大、不变或减小。

$$Cl_2 / Cl^- \quad Cr_2O_7^{2-} / Cr^{3+} \quad Fe(OH)_3 / Fe(OH)_2$$

6．回答下列问题：

（1）化学反应的 $\Delta_r H_m$、$\Delta_r S_m$、$\Delta_r G_m$ 和电池电动势及电极电势的大小，哪些与化学反应方程式的写法无关？

（2）为何 H_2S 水溶液不能长期保存？

（3）能否用铁制容器盛放 $CuSO_4$ 溶液？

（4）配制 $SnCl_2$ 溶液时，为防止 Sn^{2+} 被空气中氧所氧化，通常在溶液中加入少许 Sn 粒，为什么？

（5）铁溶于过量盐酸或过量稀硝酸溶液，其氧化产物有何不同？

（6）为何金属 Ag 不能从稀 H_2SO_4 或 HCl 中置换出 H_2，却能从氢碘酸 (HI) 中置换出 H_2？

7．下列说法是否正确？

（1）由于 $E^\ominus(Fe^{2+}/Fe) = -0.44V$，$E^\ominus(Fe^{3+}/Fe^{2+}) = +0.771V$，故 Fe^{3+} 与 Fe^{2+} 能发生氧化还原反应。

（2）因为电极反应：$Ni^{2+} + 2e^- \rightleftharpoons Ni$ 的 $E_1^\ominus = -0.25V$，故 $2Ni^{2+} + 4e^- \rightleftharpoons 2Ni$ 的 $E_2^\ominus = 2E_1^\ominus$。

（3）在氧化还原反应中，若两个电对的 $E^\ominus$ 值相差越大，则反应进行得越快。

8．化学试剂厂制备 $FeCl_3 \cdot 6H_2O$，首先用盐酸与铁作用制取 $FeCl_2$ 溶液，然后考虑到原料来源、成本、反应速率、产品纯度、设备安全条件等因素选择把 Fe^{2+} 氧化成 Fe^{3+} 的氧化剂。现有过氧化氢、氯气、硝酸三种候选氧化剂，请问采用哪种为宜？

［提示］成本：$Cl_2 < HNO_3 < H_2O_2$

反应速率：$HNO_3 > H_2O_2 > Cl_2$

9．根据下列元素电势图：

$$E_A^\ominus / V \quad Cu^{2+} \xrightarrow{0.159} Cu^+ \xrightarrow{0.520} Cu$$
$$Ag^{2+} \xrightarrow{1.980} Ag^+ \xrightarrow{0.7991} Ag$$
$$Fe^{3+} \xrightarrow{0.771} Fe^{2+} \xrightarrow{-0.44} Fe$$
$$Au^{3+} \xrightarrow{1.36} Au^+ \xrightarrow{1.83} Au$$

试问：

（1）Cu^+、Ag^+、Fe^{2+}、Au^+ 等离子哪些能发生歧化反应？

（2）在空气中（注意氧气的存在），上述四种元素各自最稳定的是哪种离子？

习题

1．用氧化数法配平下列各氧化还原方程式：

（1）$Cu + HNO_3$（稀）$\longrightarrow Cu(NO_3)_2 + NO$

（2）$Zn + H_2SO_4$（浓）$\longrightarrow ZnSO_4 + H_2S$

（3）$KClO_3 + FeSO_4 + H_2SO_4 \longrightarrow KCl + Fe_2(SO_4)_3$

（4）$Cu_2S + HNO_3 \longrightarrow Cu(NO_3)_2 + H_2SO_4 + NO$

2．用离子 - 电子法配平下列反应方程式：

（1）$I^- + H_2O_2 + H^+ \longrightarrow I_2 + H_2O$

（2）$Cr_2O_7^{2-} + H_2S + H^+ \longrightarrow Cr^{3+} + S$

（3）$ClO_3^- + Fe^{2+} + H^+ \longrightarrow Cl^- + Fe^{3+}$

（4）$Cl_2 + OH^- \longrightarrow Cl^- + ClO^-$

（5）$MnO_4^- + SO_3^{2-} + OH^- \longrightarrow MnO_4^{2-} + SO_4^{2-}$

3．将下列氧化还原反应设计成原电池，并写出原电池符号：

（1）$Cl_2(g) + 2I^- \longrightarrow I_2(s) + 2Cl^-$

（2）$MnO_4^- + 5Fe^{2+} + 8H^+ \longrightarrow Mn^{2+} + 5Fe^{3+} + 4H_2O$

（3）$Zn + CdSO_4 \longrightarrow ZnSO_4 + Cd$

4．下列物质在一定条件下均可作为氧化剂：$KMnO_4$、$K_2Cr_2O_7$、$FeCl_3$、H_2O_2、I_2、Br_2、Cl_2、F_2、PbO_2。试根据它们在酸性介质中对应的标准电极电势数据，把上述物质按其氧化能力递增顺序重新排列，并写出它们对应的还原产物。

5．下列物质在一定条件下均可作为还原剂：$SnCl_2$、$FeCl_2$、KI、Zn、H_2、Mg、Al、H_2S。试根据它们在酸性介质中标准电极电势数据，把上述物质按其还原能力递增顺序排列，并写出它们对应的氧化产物。

6．根据给定条件，判断下列反应自发进行的方向：

（1）标准态下根据 $E^{\ominus}$ 值：

$$2Br^-(aq) + 2Fe^{3+}(aq) \rightleftharpoons Br_2(l) + 2Fe^{2+}(aq)$$

（2）实验测知 Cu-Ag 原电池 E 值为 0.48V

$$(-)Cu \mid Cu^{2+}(0.052mol \cdot L^{-1}) \parallel Ag^+(0.50mol \cdot L^{-1}) \mid Ag(+)$$

$$Cu^{2+} + 2Ag \rightleftharpoons 2Ag^+ + Cu$$

（3）$H_2(g) + \frac{1}{2}O_2(g) \rightleftharpoons H_2O(l)$；$\Delta_r G_m^{\ominus} = -237.129kJ \cdot mol^{-1}$

7．写出按下列各反应设计成的原电池符号，并计算各原电池的 E（注：浓度单位均为 $mol \cdot L^{-1}$）。

（1）$Zn(s) + Ni^{2+}(0.080) \longrightarrow Zn^{2+}(0.020) + Ni(s)$

（2）$Cr_2O_7^{2-}(1.0) + 6Cl^-(10) + 14H^+(10) \longrightarrow 2Cr^{3+}(1.0) + 3Cl_2(100kPa)\uparrow + 7H_2O(l)$

8．求下列情况下在 298.15K 时有关电对的电极电势：

（1）金属铜放在 $0.50mol \cdot L^{-1}$ 的 Cu^{2+} 溶液中，$E(Cu^{2+}/Cu) = ?$

（2）在上述（1）的溶液中加入固体 Na_2S，使溶液中的 $c(S^{2-})=1.0mol \cdot L^{-1}$，$E(Cu^{2+}/Cu) = ?$

（3）100kPa 氢气中通入 $0.10mol \cdot L^{-1}$ 的 HCl 溶液中，$E(H^+/H_2) = ?$

（4）在 1.0L 上述（3）的溶液中加入 0.10mol 固体 NaOH，$E(H^+/H_2) = ?$

（5）在 1.0L 上述（3）的溶液中加入 0.10mol 固体 NaOAc，$E(H^+/H_2) = ?$

（4）、（5）均忽略加入固体时引起溶液体积的变化。

9．已知在 298.15K 时，下列原电池的电动势为 0.436V。试计算 Ag^+ 的浓度。

$$(-)Cu \mid Cu^{2+}(0.010mol \cdot L^{-1}) \parallel Ag^+(x mol \cdot L^{-1}) \mid Ag(+)$$

10．已知半电池反应：

$$Ag^+ + e^- \rightleftharpoons Ag；E^{\ominus}\left(Ag^+ / Ag\right) = +0.7991V$$

$$AgBr(s) + e^- \rightleftharpoons Ag + Br^-；E^{\ominus}(AgBr / Ag) = +0.0711V$$

试计算 $K_{sp}^{\ominus}$ (AgBr)。

11．计算下列反应在 298.15K 下的标准平衡常数 ($K^{\ominus}$)。

$$MnO_2 + 2Cl^- + 4H^+ \rightleftharpoons Mn^{2+} + Cl_2 + 2H_2O$$

12．在 Ag^+、Cu^{2+} 浓度分别为 $1.0\times10^{-2}mol \cdot L^{-1}$ 和 $0.10mol \cdot L^{-1}$ 的混合溶液中加入 Fe 粉，哪种金属离子先被还原？当第二种离子被还原时，第一种金属离子在溶液中的浓度为多少？

13．已知反应：$2Ag^+ + Zn \rightleftharpoons 2Ag + Zn^{2+}$

（1）开始时 Ag^+ 和 Zn^{2+} 的浓度分别为 $0.10mol \cdot L^{-1}$ 和 $0.30mol \cdot L^{-1}$，求 $E(Ag^+/Ag)$、$E(Zn^{2+}/Zn)$ 及 E 值。

（2）计算反应的 $K^{\ominus}$、$E^{\ominus}$ 及 $\Delta_r G_m^{\ominus}$。

（3）求达平衡时溶液中剩余的 Ag^+ 浓度。

14．已知锰的元素电势图：

$E_A^{\ominus}/V$　$MnO_4^- \xrightarrow{+0.56} MnO_4^{2-} \xrightarrow{?} MnO_2 \xrightarrow{?} Mn^{3+} \xrightarrow{+1.5} Mn^{2+} \xrightarrow{-1.18} Mn$

（$MnO_4^- \to MnO_2$：+1.70；$MnO_2 \to Mn^{2+}$：+1.23）

（1）求 $E_A^\ominus(MnO_4^{2-}/MnO_2)$ 和 $E_A^\ominus(MnO_2/Mn^{2+})$ 值。

（2）图中哪些物质能发生歧化反应？

（3）金属 Mn 溶于稀 HCl 或 H_2SO_4 中的产物是 Mn^{2+} 还是 Mn^{3+}，为什么？

15．根据铬在酸性介质中的电势图：

$$E_A^\ominus/V \quad Cr_2O_7^{2-} \xrightarrow{+1.36} Cr^{3+} \xrightarrow{-0.424} Cr^{2+} \xrightarrow{-0.90} Cr$$

（1）计算 $E^\ominus(Cr_2O_7^{2-}/Cr^{2+})$ 和 $E^\ominus(Cr^{3+}/Cr)$。

（2）判断 Cr^{3+}、Cr^{2+} 在酸性介质中是否稳定。

*16．今有氢电极（氢气压力为100kPa）。该电极所用的溶液由浓度均为 $1.0mol \cdot L^{-1}$ 的弱酸（HA）及其钾盐（KA）所组成。若将此氢电极与另一电极组成原电池，测得其电动势 $E = 0.38V$，并知氢电极为正极，另一电极的 $E = -0.65V$。问该氢电极中溶液的 pH 和弱酸（HA）的解离常数各为多少？

第 5 章

原子结构与元素周期性

学习要求：

1. 了解核外电子运动的特征——波粒二象性。了解原子轨道、波函数、概率、概率密度、电子云等概念。理解波函数、电子云的角度分布图。
2. 熟悉四个量子数对核外电子运动状态的描述，理解电子层、亚层、能级、能级组的含义。
3. 熟悉原子核外电子排布原理、一般规律和各区元素原子电子层结构的特征。
4. 了解电离能、电子亲和能、电负性及主要氧化数的周期性变化。

在前面已介绍了化学热力学、化学动力学的基础知识，从宏观角度讨论了解离、水解、沉淀和氧化还原等化学反应的方向、速率及限度问题。本章开始至第 7 章，依次介绍原子、分子和固体的结构知识，从微观角度讨论物质的结构及其与性质的关系。

5.1 原子结构的经典概念

人类对原子结构的认识在经历过道尔顿原子模型（1803 年）、汤姆逊原子模型（1904 年）及卢瑟福原子模型（1911 年）以后，1913 年 N.Bohr 在前人工作基础上提出了玻尔原子模型，其要点如下：

（1）定态轨道概念 氢原子中的电子是在氢原子核的势能场中运动，其运动轨道不是任意的，电子只能在以原子核为中心的某些能量（E_n）确定的圆形轨道上运动。这些轨道的能量状态不随时间而改变，因而被称为定态轨道。电子在定态轨道上运动时，既不吸收也不释放能量。

（2）轨道能级的概念 不同的定态轨道能量是不同的。离核越近的轨道，能量越低，电子被原子核束缚得越牢；离核越远的轨道，能量越高。轨道的这些不同的能量状态，称为**能级**。氢原子轨道能级如图 5.1 所示。在正常状态下，电子尽可能处于离核最近、能量较低的轨道上，这时原子所处的状态称为基态。在高温火焰、电火花或电弧作用下，基态原子中的电子因获得能量，能跃迁到离核较远、能量较高的空轨道上去，这时原子所处的状态称为激发态。$n \to \infty$时，电子所处的轨道能量定为零，意味着电子被激发到这样的能级时，由于获得足够大的能量，可以完全摆脱核势能场的束缚而电离。因此，离核越近的轨道，能级越低，势能值越负。

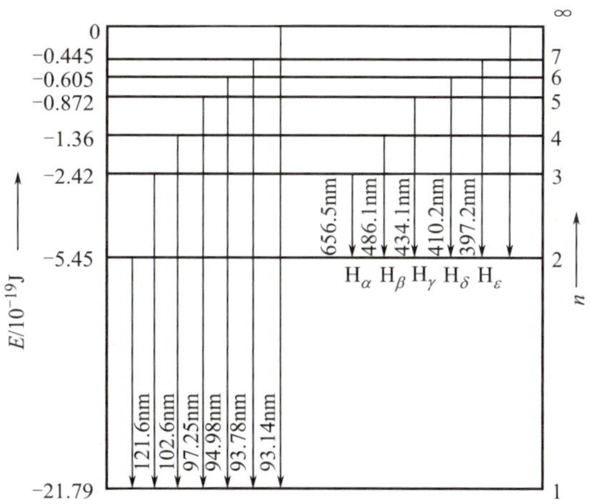

图 5.1 氢原子轨道能级示意图

玻尔原子模型成功地解释了氢原子和类氢原子（如 He^{+}、Li^{2+}、Be^{3+} 等）的光谱现象。时至今日，玻尔提出的关于原子中轨道能级的概念，仍然有用。但是玻尔理论有着严重的局限性，它只能解释单电子原子（或离子）光谱的一般现象，不能解释多电子原子光谱，其根本原因在于玻尔的原子模型是建立在牛顿的经典力学理论基础上的。它的假设是把原子描绘成一个太阳系，认为电子在核外运动就犹如行星围绕着太阳转一样，会遵循经典力学的运动规律，但实际上电子这样微小、运动速度又极快的粒子在极小的原子体积内的运动，是根本不遵循经典力学的运动定律的。玻尔理论的缺陷，促使人们去研究和建立能描述原子内电子运动规律的量子力学原子模型。

5.2 原子结构的近代概念

1926 年奥地利科学家 E.Schrödinger（薛定谔，1887—1961 年）建立起描述微观粒子（如原子、电子等）运动规律的量子力学（又称波动力学）理论。人们运用量子力学理论研究原子结构，逐步形成了原子结构的近代概念。

5.2.1 电子的波粒二象性

20 世纪初人们已经发现，光不仅有微粒的性质，而且有波动的性质，即具有波粒二象性。原子中的电子是一种有确定体积（直径约为 10^{-15}m）和质量（9.1091×10^{-31}kg）的粒子。因此，电子具有粒子性在此无须论证，而且这一点也早为玻尔等人所认识。问题是电子运动时是否也像光子一样，表现出波动的性质。

1924年，法国物理学家L. de Broglie在光的波粒二象性的启发下，作出了物质微粒（如电子）具有波动性的假设，并提出了著名的 de Broglie 关系式：

$$\lambda = \frac{h}{mv} = \frac{h}{p}$$

式中，λ为微粒的波长；m为微粒的质量；v为运动速度；p为动量；h为普朗克常数。

1927 年美国物理学家 C.J.Davisson 等通过电子衍射实验证实了电子运动时确实具有波动性，如图 5.2 所示，当高速运动的电子束穿过晶体光栅投射到感光底片上时，得到的不是一个感光点，而是明暗相间的衍射环纹，与光的衍射图相似。

后来还相继发现质子、中子等粒子流均能产生衍射现象，具有宏观物体难以表现出来的波动性，而这一特点恰好是经典力学解释不了的。

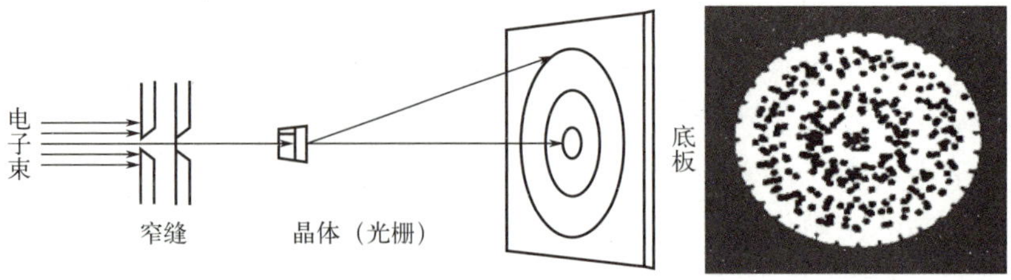

图 5.2 电子衍射实验示意图

5.2.2 不确定原理

宏观粒子和微观粒子的不同之处在于：宏观粒子波动性不明显，其坐标和速度可同时准确测定，有确定的运动轨迹，可以用经典力学来描述。微观粒子**波动性显著**，其位置和速度**不可能同时准确**测定，没有确定的运动轨迹，不能用经典力学来描述。

1927 年德国物理学家海森堡推出了不确定原理（uncertainty principle）关系式：

$$\Delta x \times \Delta p \approx h$$

式中，Δx 表示沿 x 方向的粒子位置的不确定度；Δp 表示粒子在 x 方向上动量的不确定度。不确定原理表明，要同时准确测定微观粒子的位置和动量是不可能的。微观粒子位置的准确度越高，则相应的动量越不准确，反之亦然。位置不确定程度和动量不确定程度的乘积约等于普朗克常数 h。

不确定原理表明，微观粒子有波动性，微观粒子的运动是遵循着更深刻的一种规律——量子力学。核外电子不可能沿着一条如玻尔理论所指的固定轨道运动，核外电子的运动规律，只能用统计的方法，指出它在核外某处出现的可能性——概率的大小。

5.2.3 概率

用慢射电子枪（可控制射出电子数的电子发射装置）取代电子束进行类似图 5.2 所示的实验，结果发现，每个电子在感光底片上的位置是无法预料的，说明电子运动是没有确定的轨道的；但是当单个的电子不断地发射以后，在感光底片上仍然可以得到明暗相间的衍射环纹，这说明电子运动还是有规律的。亮环纹处无疑衍射强度大，说明电子出现的机会多，亦即概率大；暗环纹处则正好相反。

量子力学认为，原子中个别电子运动的轨迹是无法确定的，亦即没有确定的轨道，这一点与经典力学有原则上的差别。但是原子中电子在原子核外的分布还是有规律的：核外空间某些区域电子出现的概率较大，而另一些区域电子出现的概率较小。

电子在原子核外空间某处单位体积内出现的概率，称为概率密度。

5.2.4 原子轨道

5.2.4.1 波函数

1926 年，薛定谔根据波粒二象性的概念提出了一个描述微观粒子运动的基本方程——薛定谔方程。这个方程是一个二阶偏微分方程，它的形式如下：

$$\frac{\partial^2\psi}{\partial x^2}+\frac{\partial^2\psi}{\partial y^2}+\frac{\partial^2\psi}{\partial z^2}+\frac{8\pi^2 m}{h^2}(E-V)\psi=0$$

式中，ψ 叫作波函数；h 为普朗克常数；m 为微粒的质量；x、y、z 为微粒的空间坐标；E 为氢原子的总能量；V 为电子的势能（亦即核对电子的吸引能）；m 为电子的质量。对氢原子体系来说，波函数 ψ 是描述氢核外电子运动状态的数学表示式，是空间坐标 x、y、z 的函数 $\psi=f(x, y, z)$。

薛定谔方程可以作为处理原子、分子中电子运动的基本方程，它的每一个合理解 ψ 都描述该电子运动的某一稳定状态，与这个解相应的 E 值就是粒子在此稳定状态下的能量。薛定谔方程在量子力学中的地位相当于牛顿运动定律在经典力学中的地位。正是由于薛定谔在发展原子理论方面的出色工作，他获得了 1933 年诺贝尔物理学奖。

解一个体系（例如氢原子体系）的薛定谔方程，一般可以得到一系列的波函数 ψ_{1s}、ψ_{2s}、ψ_{2px}，…，ψ_i 和相应的一系列能量值 E_{1s}，E_{2s}，E_{2p}，…，E_i。方程式的每一个合理的解 ψ_i 就代表体系中电子的一种可能的运动状态。例如，基态氢原子中电子所处的能态：

$$\psi_{1s}=\sqrt{\frac{1}{\pi a_0^3}}\mathrm{e}^{-r/a_0} \qquad E_{1s}=-2.18\times10^{-18}\,\mathrm{J}$$

式中，r 为电子离原子核的距离；a_0 称玻尔半径[1]（53pm）；π 为圆周率；e 为自然对数的底数。

求解薛定谔方程需要较深的数学知识，将在后续课程中解决。这里简要介绍量子力学处理原子结构问题的思路和一些重要结论。

球坐标也是一种空间坐标。在球坐标中空间任一点可以用一组确定的 (r,θ,φ) 来描述。例如，氢原子核外电子的球坐标见图 5.3。球坐标 (r,θ,φ) 与直角坐标转换关系是：

$$x=r\sin\theta\cos\varphi$$

$$y=r\sin\theta\sin\varphi$$

$$z=r\cos\theta$$

$$r=\sqrt{x^2+y^2+z^2}$$

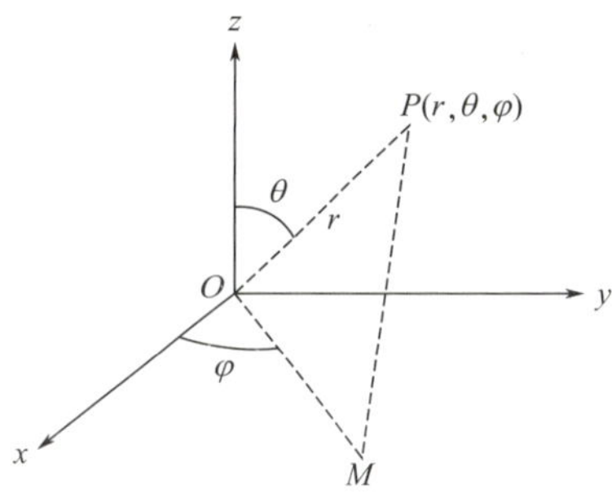

图 5.3　氢原子核外电子的球坐标

转换为球坐标后，薛定谔方程具有如下的形式：

$$\frac{1}{r^2}\frac{\partial}{\partial\gamma}\left(r^2\frac{\partial\psi}{\partial\gamma}\right)+\frac{1}{r^2\sin\theta}\frac{\partial}{\partial\gamma}\left(\sin\theta\frac{\partial\psi}{\partial\theta}\right)+\frac{1}{r^2\sin^2\theta}\frac{\partial^2\psi}{\partial\varphi^2}+\frac{8\pi^2m}{h^2}\left(E+\frac{ze^2}{r}\right)\psi=0$$

这样变换后的势能表达式中，只涉及一个变量 r。

坐标变换之后要分离变量，即将一个含有三个变量的方程转化成三个只含一个变量的方程，以便求解。令

$$\psi(r,\theta,\varphi)=R(r)Y(\theta,\varphi)$$

式中，$R(r)$ 称为波函数 ψ 的径向部分；$Y(\theta,\varphi)$ 称为波函数 ψ 的角度部分。再令

$$Y(\theta,\varphi)=\Theta(\theta)\Phi(\varphi)$$

将 $\psi(r,\theta,\varphi)=R(r)\Theta(\theta)\Phi(\varphi)$ 代入薛定谔方程中，得到如下三个只含一个变量的常微分方程

$$\frac{1}{R}\frac{\mathrm{d}}{\mathrm{d}r}\left(r^2\frac{\mathrm{d}R}{\mathrm{d}r}\right)+\frac{8\pi^2mr^2}{h^2}(E-V)=\beta$$

$$\frac{\sin\theta}{\Theta}\frac{\mathrm{d}}{\mathrm{d}\theta}\left(\sin\theta\frac{\mathrm{d}\Theta}{\mathrm{d}\theta}\right)+\beta\sin^2\theta=v \text{ 和 } -\frac{1}{\Phi}\times\frac{\mathrm{d}^2\Phi}{\mathrm{d}\varphi}=v$$

在解 $R(r)$ 方程的过程中，引进参数 n，n 为自然数。在解 $\Theta(\theta)$ 方程的过程中，引进参数 l，l 需满足条件：l=0，1，2，3，…，$n-1$。在解 $\Phi(\varphi)$ 方程的过程中，为了保证解的合理性，需引进一个参数 m，且满足 $m=0$，±1，±2，…，±l。由解得的 $R(r)$、$\Theta(\theta)$ 和 $\Phi(\varphi)$ 即可求得波函数 $\psi(r,\theta,\varphi)$，且 $\psi(r,\theta,\varphi)$ 是一个三变数 r、θ、φ 和三参数 n、l、m 的函数式。例如 n=1，l=0，m=0 时：

[1] 玻尔应用经典力学计算所得的氢原子半径值。

$$\psi_{1,0,0}=\sqrt{\frac{Z}{\pi a_0^3}}e^{-\frac{Zr}{a_0}}$$

n=2，l=0，m=0 时

$$\psi_{2,0,0}=\frac{1}{4}\sqrt{\frac{Z^3}{2\pi a_0^3}}\left(2-\frac{Zr}{a_0}\right)e^{-\frac{Zr}{2a_0}}$$

而 n=2，l=1，m=0 时

$$\psi_{2,1,0}=\frac{1}{4}\sqrt{\frac{Z^3}{2\pi a_0^3}}\left(\frac{Zr}{a_0}\right)e^{-\frac{Zr}{2a_0}}\cos\theta$$

对应于一组合理的 n、l、m 取值则有一个确定的波函数 $\psi_{n,l,m}(r,\theta,\varphi)$。$n$、$l$、$m$ 称为量子数，它们决定着波函数某些性质的量子化情况。在解薛定谔方程，求解 $\psi_{n,l,m}(r,\theta,\varphi)$ 表达式的同时，还求出了对应于每一个 $\psi_{n,l,m}(r,\theta,\varphi)$ 特有的能量 E 值。对于氢原子来说，薛定谔方程可以得出合理的解 ψ 和能量 E，见表 5.1。

表 5.1 氢原子的某些波函数

轨道	波函数 $\psi(r,\theta,\varphi)$	$R(r)$	$Y(\theta\psi)$	能量 /J
1s	$\sqrt{\frac{1}{\pi a_0^3}}e^{-\frac{r}{a_0}}$	$2\sqrt{\frac{1}{a_0^3}}e^{-\frac{r}{a_0}}$	$\sqrt{\frac{1}{4\pi}}$	-2.18×10^{-18}
2s	$\frac{1}{4}\sqrt{\frac{1}{2\pi a_0^3}}\left(2-\frac{r}{a_0}\right)e^{-\frac{r}{a_0}}$	$\sqrt{\frac{1}{8a_0^3}}\left(2-\frac{r}{a_0}\right)e^{-\frac{r}{2a_0}}$	$\sqrt{\frac{1}{4\pi}}$	$-\frac{1}{4}\times2.18\times10^{-18}$
$2p_z$	$\frac{1}{4}\sqrt{\frac{1}{2\pi a_0^3}}\left(\frac{r}{a_0}\right)e^{-\frac{r}{2a_0}}\cos\theta$	$\sqrt{\frac{1}{24a_0^3}}\left(\frac{r}{a_0}\right)e^{-\frac{r}{2a_0}}$	$\sqrt{\frac{3}{4\pi}}\cos\theta$	$-\frac{1}{4}\times2.18\times10^{-18}$
$2p_x$	$\frac{1}{4}\sqrt{\frac{1}{2\pi a_0^3}}\left(\frac{r}{a_0}\right)e^{-\frac{r}{2a_0}}\sin\theta\cos\varphi$	$\sqrt{\frac{1}{24a_0^3}}\left(\frac{r}{a_0}\right)e^{-\frac{r}{2a_0}}$	$\sqrt{\frac{3}{4\pi}}\sin\theta\cos\varphi$	$-\frac{1}{4}\times2.18\times10^{-18}$
$2p_y$	$\frac{1}{4}\sqrt{\frac{1}{2\pi a_0^3}}\left(\frac{r}{a_0}\right)e^{-\frac{r}{2a_0}}\sin\theta\sin\varphi$	$\sqrt{\frac{1}{24a_0^3}}\left(\frac{r}{a_0}\right)e^{-\frac{r}{2a_0}}$	$\sqrt{\frac{3}{4\pi}}\sin\theta\sin\varphi$	$-\frac{1}{4}\times2.18\times10^{-18}$

可见，在量子力学中是用波函数和与其对应的能量来描述微观粒子运动状态的。

原子中电子的波函数 ψ 既是描述电子运动状态的数学表示式，又是空间坐标的函数，其空间图像可以形象地理解为电子运动的空间范围，俗称“原子轨道”。这里需要特别提醒：此处提到的原子轨道与玻尔原子模型所指的原子轨道截然不同。前者指电子在原子核外运动的某个空间范围，后者是指原子核外电子运动的某个确定的圆形轨道。有时为了避免与经典力学中的玻尔轨道相混淆，又称为**原子轨函**（原子轨道函数之意），亦即波函数的空间图像就是原子轨道，原子轨道的数学表示式就是波函数。为此，波函数与原子轨道常作同义语混用。

5.2.4.2 氢原子的径向分布函数

电子在核外出现的概率还与空间体积有关。因为

$$概率=概率密度\times体积=\psi^2\ d\tau$$

式中，$d\tau$为空间微体积。

如果我们考虑一个离核距离为 r，厚度为 dr 的薄层球壳，由于以 r 为半径的球面的面积为 $4\pi r^2$，球壳的体积为 $d\tau=4\pi r^2dr$，则在此球壳内电子出现的概率为 $4\pi r^2\psi^2dr$。

令 $D(r)=4\pi r^2\psi^2$，并把 $D(r)$ 定义为径向分布函数，它是半径 r 的函数：它表示电子在原子核外距离为 r 的单位厚度球壳内的概率。现以基态氢原子为例，讨论 $D(r)$ 随 r 变化的图形。氢原子 1s 电子云是一个以原子核为球心的球体。设想把一个球体分割成许多薄球壳，则半径为 r、厚度

为 dr 的薄球壳的体积为 $dV = 4\pi r^2 dr$（图 5.4）。电子在该球壳出现的概率为：

$$概率 = 概率密度 \times 薄球壳体积$$

$$= |\Psi|^2 \times 4\pi r^2 dr = D(r)dr$$

仔细观察图 5.5，可以得出如下结论。

① 核外电子是分层排布的，并且层中有层。如 K 电子层只有一个电子层 1s，L 电子层就有 2s、2p 两个亚层，M 电子层就有 3s、3p、3d 三个亚层等。

② 每种状态的峰值数为（$n-l$）个。例如 2s 有两个峰，2p 有一个峰，3s 有三个峰，当 n 相同时，l 越小，则峰值越多，说明核附近出现的概率越大。

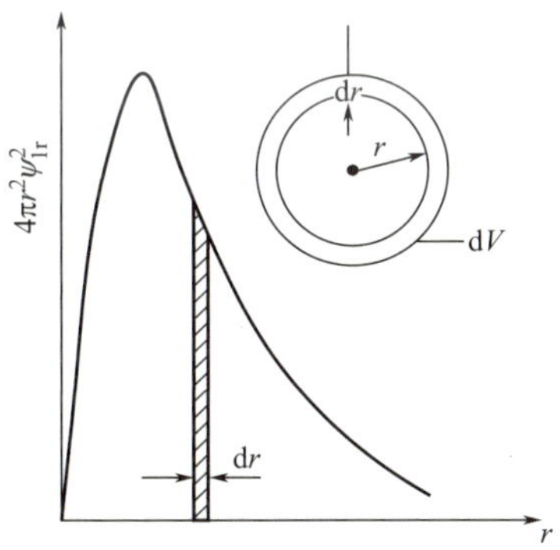

图 5.4　球壳薄层示意图

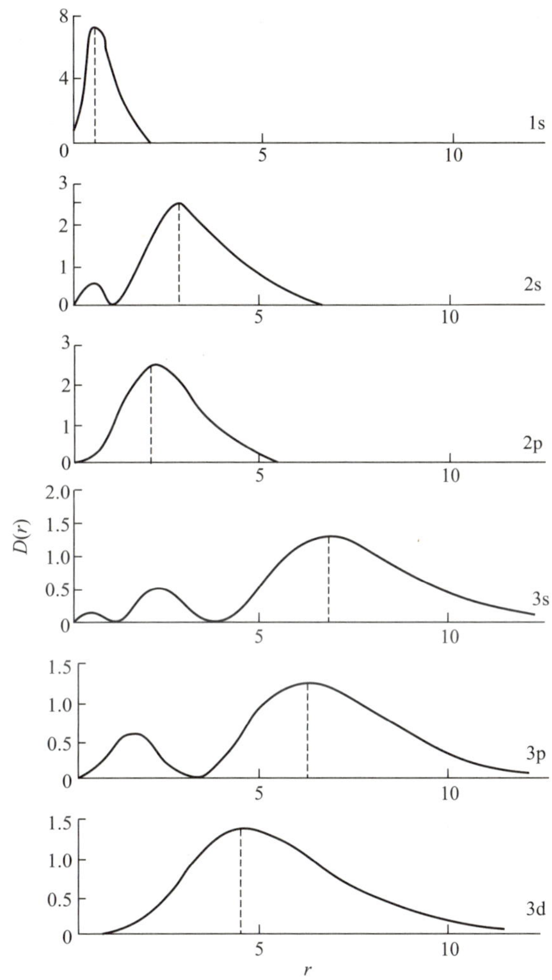

图 5.5　氢原子某些状态径向分布函数图

5.2.4.3　原子轨道的角度分布图

为了求解薛定谔方程，一般需要进行坐标变换，把直角坐标（x、y、z）变换成球坐标（r、θ、φ）。在球坐标下，ψ 是 r、θ、φ 的函数，采用变数分离法可得

$$\psi(r、\theta、\varphi)=R(r)Y(\theta, \varphi)$$

式中，$R(r)$ 称为波函数的径向部分或径向波函数，表示波函数在径向 r 上的分布情况；$Y(\theta, \varphi)$ 称为波函数的角度部分或角度波函数，表示波函数是方位角 θ 和 φ 的函数。

波函数的空间图像由角度分布函数决定，因此将波函数 ψ 的角度分布部分 $Y(\theta, \varphi)$ 作图，所得的图像就称为原子轨道的角度分布图，如图 5.6 实线部分所示。

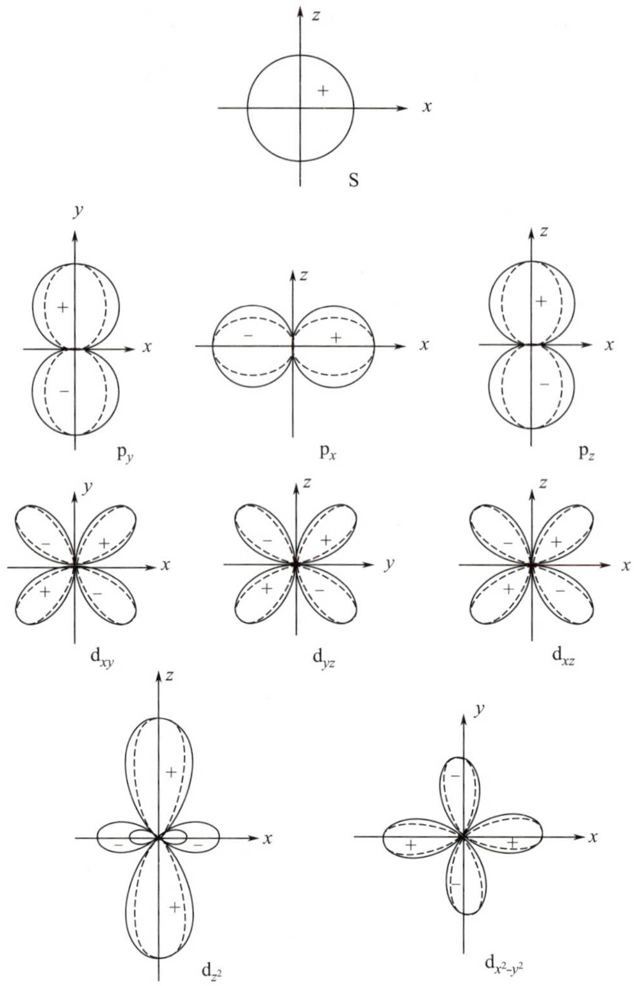

图 5.6 s、p、d 原子轨道（实线部分）、电子云（虚线部分）角度分布剖面图

f 轨道

5.2.5 电子云

5.2.5.1 概率密度

在光的波动方程中，ψ 代表电磁波的电磁场强度。由于

$$\text{光的强度} \propto \frac{\text{光子数目}}{V(\text{体积})} = \text{光子密度}$$

而光的强度又与电磁场强度（ψ）的绝对值平方成正比：

$$\text{光的强度} \propto |\psi|^2$$

所以，光子密度与 $|\psi|^2$ 成正比。同理，在原子核外某处空间，电子出现的概率密度（ρ）和电子波在该处的强度（ψ）的绝对值平方成正比：

$$\rho \propto |\psi|^2$$

但在研究 ρ 时，有实际意义的只是它在空间各处的相对密度，而不是其绝对值本身，故作图时可不考虑 ρ 与 $|\psi|^2$ 之间的比例常数，因而电子在原子内核外某处出现的概率密度可直接用 $|\psi|^2$ 来表示。

5.2.5.2 电子云图像

为了形象地表示核外电子运动的概率分布情况，化学上惯用小黑点分布的疏密表示电子出现概率密度的相对大小。小黑点较密的地方，表示概率密度较大，单位体积内电子出现的机会多。用这种方法来描述电子在核外出现的概率密度分布所得的空间图像称为电子云。

既然以小黑点的疏密来表示概率密度大小所得的图像称为电子云，概率密度又可以直接用 $|\psi|^2$ 来表示，那么若以 $|\psi|^2$ 作图，应得到电子云的近似图像。

将 $|\psi|^2$ 的角度分布部分（$|Y|^2$）作图，所得的图像就称为电子云角度分布图（见图5.6虚线部分）。电子云的角度分布剖面图与相应的原子轨道角度分布剖面图基本相似，但有两点不同：①原子轨道分布图带有正、负号，而电子云角度分布图均为正值（习惯不标出正号）；②电子云角度分布图比原子轨道角度分布图要“瘦”些，这是因为 Y 值一般是小于1的，所以 $|Y|^2$ 值就更小些。

从以上介绍可以看出：原子轨道和电子云的空间图像既不是通过实验得到的，也不是直接观察到的，而是根据量子力学计算得到的数据绘制出来的。

5.2.6　量子数

欲描述某海轮在茫茫大海中的位置，只要知道该海轮的经度和纬度就足够了。但是描述原子中各电子的状态（指电子所在的电子层和原子轨道的能级、形状、伸展方向，以及电子的自旋方向等）则需要四个参数（主量子数、副量子数、磁量子数和自旋量子数）才行。

(1) 主量子数 (n)　主量子数可为零以外的正整数。例如 n=1，2，3，4，…。其中每一个 n 值代表一个电子层：

主量子数 (n)：	1	2	3	4	5
电子层：	第一层	第二层	第三层	第四层	第五层
电子层符号：	K	L	M	N	O

n 值越小，该电子层离核越近，其能级越低。

(2) 副量子数 (l)　n 值确定后，副量子数可为零到 $(n-l)$ 的正整数。例如 l=0，1，2，…，$(n-1)$。其中每一个 l 值代表一个电子亚层：

副量子数 (l)：	0	1	2	3	4	5
电子亚层符号：	s	p	d	f	g	h

对于多电子原子来说，同一电子层中的 l 值越小，该电子亚层的能级越低。例如2s亚层的能级比2p亚层的低。

(3) 磁量子数 (m)　磁量子数的取值决定于 l 值，可取 $(2l+1)$ 个从 $-l$ 到 $+l$(包括零在内)的整数。每一个 m 值代表一个具有某种空间取向的原子轨道。例如副量子数 (l) 为1时，磁量子数 (m) 值只能取 −1、0、+1 三个数值，这三个数值表示 p 亚层上的三个相互垂直的 p 原子轨道。

(4) 自旋量子数 (m_s)　自旋量子数只有 $+\frac{1}{2}$ 或 $-\frac{1}{2}$ 这两个数值，其中每一个数值表示电子的一种自旋方向（如顺时针或逆时针方向）。例如，在原子核外第四电子层上 s 亚层的 4s 轨道内，以顺时针方向自旋为特征的那个电子的运动状态，可以用 n=4、l=0、m=0、$m_s=+\frac{1}{2}$ 四个量子数来描述。

5.3

原子中电子的分布

5.3.1　基态原子中电子分布原理

根据原子光谱实验的结果和对元素周期系的分析、归纳，总结出核外电子分布的基本原理。

(1) 泡利(Pauli)不相容原理 在同一原子中，不可能有四个量子数完全相同的电子存在。每一个轨道内最多只能容纳两个自旋方向相反的电子。

(2) 能量最低原理 多电子原子处在基态时，核外电子的分布在不违反泡利不相容原理的前提下，总是先分布在能量较低的轨道，以使原子处于能量最低的状态。

(3) 洪德(Hund)规则 原子在同一亚层的等价轨道上分布电子时，将尽可能单独分布在不同的轨道，而且自旋方向相同（或称自旋平行）。这样分布时，原子的能量较低，体系较稳定。例如N原子（$1s^22s^22p^3$）的轨道表示式❶为

5.3.2 多电子原子轨道的能级

5.3.2.1 鲍林(Pauling)近似能级图

原子轨道的能量主要与主量子数(n)有关。对多电子原子来说（除H外其他元素原子的统称），原子轨道的能量还与副量子数(l)和原子序数有关。

原子中各原子轨道能级的高低主要根据光谱实验确定，但也可从理论上去推算。原子轨道能级的相对高低情况，若用图示法近似表示，就是所谓近似能级图。在无机化学中比较实用的是鲍林（Pauling）近似能级图。

某元素只要根据其原子光谱中的谱线所对应的能量，就可以作出该元素原子的原子轨道能级图。1939年L. Pauling对周期表中各元素原子的原子轨道能级图进行分析、归纳，总结出多电子原子中原子轨道能级图，以表示各原子轨道之间能量的相对高低顺序（见图5.7）。

在图中每一个小圆圈代表一个原子轨道。每个小圆圈所在的位置的高低就表示这个轨道能量的高低（但并未按真实比例绘出）。图中还根据各轨道能量大小的相互接近情况，把原子轨道划分为若干个能级组（图中实线方框内各原子轨道的能量较接近，构成一个能级组）。以后我们将会了解："能级组"与元素周期表的周期是相对应的。

从图5.7中可以看出：

① 各电子层能级相对高低为K＜L＜M＜N＜O＜……

② 同一原子同一电子层内，对多电子原子来说，电子间的相互作用造成同层能级的分裂。各亚层能级的相对高低为：

$$E_{ns} < E_{np} < E_{nd} < E_{nf} < \cdots\cdots$$

③ 同一电子亚层内，各原子轨道能级相同：如$E_{np_x} = E_{np_y} = E_{np_z}$。

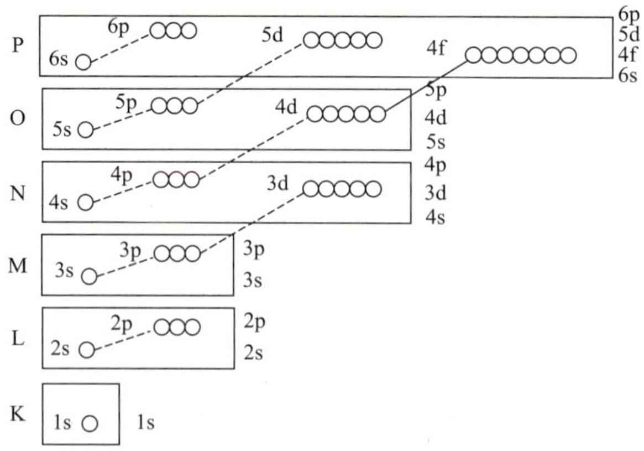

图5.7 近似能级图

❶ 圆圈中每一个箭头代表一个电子，箭头方向相同的表示电子自旋方向相同。

④ 同一原子内，不同类型的亚层之间，有能级交错现象。例如：$E_{4s} < E_{3d} < E_{4p} < E_{5s} < E_{4d} < E_{5p}$，$E_{6s} < E_{4f} < E_{5d} < E_{6p}$。

对鲍林近似能级图，需要明确几点：

① 如前所述，它是从周期表中各元素原子轨道能级图中归纳出来的一般规律，不可能完全反映出每种元素的原子轨道能级的相对高低，所以只有近似意义。

② 它原意是要反映同一原子内各原子轨道能级之间的相对高低。所以，不能用鲍林近似能级图来比较不同元素原子轨道能级的相对高低。

③ 经进一步研究发现，鲍林近似能级图实际上只反映同一原子外电子层中原子轨道能级的相对高低，而不一定能完全反映内电子层中原子轨道能级的相对高低。

④ 电子在某一轨道上的能量，实际上与原子序数（更本质地说与核电荷数）有关。核电荷数越多，对电子的吸引力越大，电子离核越近的结果使其所在轨道能量降得越低。轨道能级之间的相对高低情况，与鲍林近似能级图会有所不同。

5.3.2.2　屏蔽效应

多电子原子的薛定谔方程无法求得精确解。有一种称为中心力场模型的近似处理方法，它把多电子原子中其余电子对指定的某电子的作用近似地看作抵消一部分核电荷对该指定电子的吸引。**这种由核外其余电子抵消部分核电荷对指定电子吸引的作用称为屏蔽效应（shielding effect）。**

斯莱特规则

5.3.2.3　钻穿效应

从电子云径向分布图（图 5.5）可见，*n* 值较大的电子在离核较远的地方出现概率大，但在较近的地方也有出现的概率。这种外层电子向内层钻穿的效应称为钻穿效应（penetration effect，或穿透效应）。钻穿效应主要表现在穿入内层的小峰上，峰的数目越多 [峰的数目为 $(n-l)$]，钻穿效应越大。如果钻穿效应大，电子云深入内层，内层对它的屏蔽效应变小，能量降低。

5.3.2.4　徐光宪规则

徐光宪先生根据光谱实验数据，对基态多电子原子轨道的能级高低提出一种定量的近似规则，即轨道的 $(n+0.7l)$ 值愈大，轨道能级愈高，并把 $(n+0.7l)$ 值的第一位数字相同的各能级组合为一组，称为一个能级组。根据徐光宪公式计算可以明确原子能级由低到高依次为

1s，(2s，2p)，(3s，3p)，(4s，3d，4p)，(5s，4d，5p)，(6s，4f，5d，6p)…

括号表示**能级组**。徐光宪规则可以帮助同学们更好地理解和记忆鲍林近似能级图。

5.3.3　基态原子中电子的分布

5.3.3.1　核外电子填入轨道的顺序

核外电子的分布是客观事实，本来不存在人为地向核外原子轨道填入电子以及填充电子的先后次序问题，但这作为研究原子核外电子运动状态的一种科学假想，对了解原子电子层的结构，事实证明是有益的。

对多电子原子来说，由于紧靠核的电子层一般都布满了电子，所以其核外电子的分布主要看外层电子是怎样分布的。前面已经提到，鲍林近似能级图能反映核外电子层中原子轨道能级的相对高低，因此也就能反映核外电子填入轨道的最后顺序。

应用鲍林近似能级图，并根据能量最低原理，可以设计出核外电子填入轨道顺序图（图 5.8）。有了核外电子填入轨道顺序图，再根据泡利不相容原理、洪德规则和能量最低原理，就可以准确无误地写出 91 种元素原子的核外电子分布式。例如，21Sc 原子的电子分布式为

$$1s^2 2s^2 2p^6 3s^2 3p^6 3d^1 4s^2$$

在已知的118种元素当中，只有19种元素（它们是：24Cr、29Cu、41Nb、42Mo、44Ru、45Rh、46Pd、47Ag、57La、58Ce、64Gd、78Pt、79Au、89Ac、90Th、91Pa、92U、93Np、96Cm）原子外层电子的分布情况稍有例外。根据原子核外电子分布情况，又可以归纳出一条特殊规律，就是对于同一电子亚层，当电子分布为全充满（p^6 或 d^{10} 或 f^{14}）、半充满（p^3 或 d^5 或 f^7）和全空（p^0 或 d^0 或 f^0）时，电子云分布呈球状，原子结构较稳定。亚层全充满分布的例子如29Cu，它的电子分布式为…$3d^{10}4s^1$，而不是…$3d^9 4s^2$，此外46Pd、47Ag、79Au也有类似情况；亚层半充满的例子如24Cr，它的电子分布式为…$3d^5 4s^1$，而不是$3d^4 4s^2$，此外42Mo、64Gd、96Cm也有类似情况。

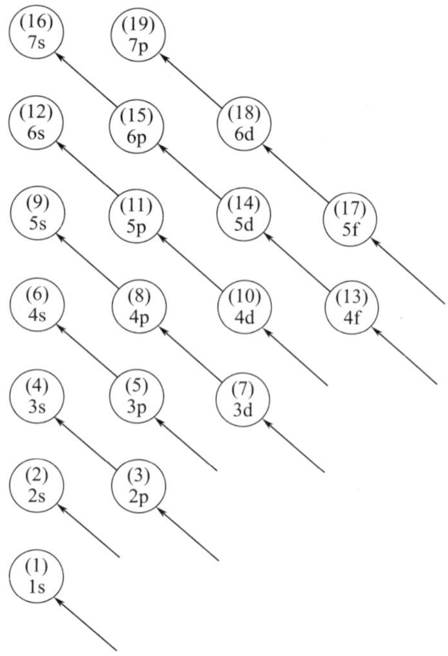

图 5.8　核外电子填入轨道顺序图

5.3.3.2　基态原子的价层电子构型

价电子所在的亚层统称价层。原子的价层电子构型是指价层的电子分布式，它能反映出该元素原子电子层结构的特征。但价层中的电子并非一定全是价电子，例如Ag的价层电子构型为$4d^{10}5s^1$，而其氧化数只有+1、+2、+3。在书写原子核外电子分布式时，为简便起见，可用该元素前一周期的稀有气体的元素符号作为原子实❶，代替相应电子分布部分。如表5.2所示。

表 5.2　基态原子的电子分布

周期序号	原子序数	元素	电子分布式
一	1	H	$1s^1$
	2	He	$1s^2$
二	3	Li	$[He]2s^1$
	4	Be	$[He]2s^2$
	5	B	$[He]2s^2 2p^1$
	6	C	$[He]2s^2 2p^2$
	7	N	$[He]2s^2 2p^3$
	8	O	$[He]2s^2 2p^4$
	9	F	$[He]2s^2 2p^5$
	10	Ne	$[He]2s^2 2p^6$
三	11	Na	$[Ne]3s^1$
	12	Mg	$[Ne]3s^2$
	13	Al	$[Ne]3s^2 3p^1$
	14	Si	$[Ne]3s^2 3p^2$
	15	P	$[Ne]3s^2 3p^3$
	16	S	$[Ne]3s^2 3p^4$
	17	Cl	$[Ne]3s^2 3p^5$
	18	Ar	$[Ne]3s^2 3p^6$
四	19	K	$[Ar]4s^1$
	20	Ca	$[Ar]4s^2$
	21	Sc	$[Ar]3d^1 4s^2$
	22	Ti	$[Ar]3d^2 4s^2$
	23	V	$[Ar]3d^3 4s^2$
	24	Cr	$[Ar]3d^5 4s^1$
	25	Mn	$[Ar]3d^5 4s^2$

❶ 原子实是指原子中除去最高能级组以外的原子实体。

续表

周期序号	原子序数	元素	电子分布式
四	26	Fe	$[Ar]3d^64s^2$
	27	Co	$[Ar]3d^74s^2$
	28	Ni	$[Ar]3d^84s^2$
	29	Cu	$[Ar]3d^{10}4s^1$
	30	Zn	$[Ar]3d^{10}4s^2$
	31	Ga	$[Ar]3d^{10}4s^24p^1$
	32	Ge	$[Ar]3d^{10}4s^24p^2$
	33	As	$[Ar]3d^{10}4s^24p^3$
	34	Se	$[Ar]3d^{10}4s^24p^4$
	35	Br	$[Ar]3d^{10}4s^24p^5$
	36	Kr	$[Ar]3d^{10}4s^24p^6$
五	37	Rb	$[Kr]5s^1$
	38	Sr	$[Kr]5s^2$
	39	Y	$[Kr]4d^15s^2$
	40	Zr	$[Kr]4d^25s^2$
	41	Nb	$[Kr]4d^45s^1$
	42	Mo	$[Kr]4d^55s^1$
	43	Tc	$[Kr]4d^55s^2$
	44	Ru	$[Kr]4d^75s^1$
	45	Rh	$[Kr]4d^85s^1$
	46	Pd	$[Kr]4d^{10}$
	47	Ag	$[Kr]4d^{10}5s^1$
	48	Cd	$[Kr]4d^{10}5s^2$
	49	In	$[Kr]4d^{10}5s^25p^1$
	50	Sn	$[Kr]4d^{10}5s^25p^2$
	51	Sb	$[Kr]4d^{10}5s^25p^3$
	52	Te	$[Kr]4d^{10}5s^25p^4$
	53	I	$[Kr]4d^{10}5s^25p^5$
	54	Xe	$[Kr]4d^{10}5s^25p^6$
六	55	Cs	$[Xe]6s^1$
	56	Ba	$[Xe]6s^2$
	57	La	$[Xe]5d^16s^2$
	58	Ce	$[Xe]4f^15d^16s^2$
	59	Pr	$[Xe]4f^36s^2$
	60	Nd	$[Xe]4f^46s^2$
	61	Pm	$[Xe]4f^56s^2$
	62	Sm	$[Xe]4f^66s^2$
	63	Eu	$[Xe]4f^76s^2$
	64	Gd	$[Xe]4f^75d^16s^2$
	65	Tb	$[Xe]4f^96s^2$
	66	Dy	$[Xe]4f^{10}6s^2$
	67	Ho	$[Xe]4f^{11}6s^2$
	68	Er	$[Xe]4f^{12}6s^2$
	69	Tm	$[Xe]4f^{13}6s^2$
	70	Yb	$[Xe]4f^{14}6s^2$
	71	Lu	$[Xe]4f^{14}5d^16s^2$
	72	Hf	$[Xe]4f^{14}5d^26s^2$
	73	Ta	$[Xe]4f^{14}5d^36s^2$
	74	W	$[Xe]4f^{14}5d^46s^2$
	75	Re	$[Xe]4f^{14}5d^56s^2$

续表

周期序号	原子序数	元素	电子分布式	
六	76	Os	$[Xe]4f^{14}5d^{6}6s^{2}$	
	77	Ir	$[Xe]4f^{14}5d^{7}6s^{2}$	
	78	Pt	$[Xe]4f^{14}5d^{9}6s^{1}$	
	79	Au	$[Xe]4f^{14}5d^{10}6s^{1}$	
	80	Hg	$[Xe]4f^{14}5d^{10}6s^{2}$	
	81	Tl	$[Xe]4f^{14}5d^{10}6s^{2}6p^{1}$	
	82	Pb	$[Xe]4f^{14}5d^{10}6s^{2}6p^{2}$	
	83	Bi	$[Xe]4f^{14}5d^{10}6s^{2}6p^{3}$	
	84	Po	$[Xe]4f^{14}5d^{10}6s^{2}6p^{4}$	
	85	At	$[Xe]4f^{14}5d^{10}6s^{2}6p^{5}$	
	86	Rn	$[Xe]4f^{14}5d^{10}6s^{2}6p^{6}$	
七	87	Fr	$[Rn]7s^{1}$	
	88	Ra	$[Rn]7s^{2}$	
	89	Ac	$[Rn]6d^{1}7s^{2}$	
	90	Th	$[Rn]6d^{2}7s^{2}$	
	91	Pa	$[Rn]5f^{2}6d^{1}7s^{2}$	
	92	U	$[Rn]5f^{3}6d^{1}7s^{2}$	
	93	Np	$[Rn]5f^{4}6d^{1}7s^{2}$	
	94	Pu	$[Rn]5f^{6}7s^{2}$	
	95	Am	$[Rn]5f^{7}7s^{2}$	
	96	Cm	$[Rn]5f^{7}6d^{1}7s^{2}$	
	97	Bk	$[Rn]5f^{9}7s^{2}$	
	98	Cf	$[Rn]5f^{10}7s^{2}$	
	99	Es	$[Rn]5f^{11}7s^{2}$	
	100	Fm	$[Rn]5f^{12}7s^{2}$	
	101	Md	$[Rn]5f^{13}7s^{2}$	
	102	No	$[Rn]5f^{14}7s^{2}$	
	103	Lr	$[Rn]5f^{14}6d^{1}7s^{2}$	
	104	Rf	$[Rn]5f^{14}6d^{2}7s^{2}$	
	105	Db	$[Rn]5f^{14}6d^{3}7s^{2}$	
	106	Sg	$[Rn]5f^{14}6d^{4}7s^{2}$	按规则推测
	107	Bh	$[Rn]5f^{14}6d^{5}7s^{2}$	
	108	Hs	$[Rn]5f^{14}6d^{6}7s^{2}$	
	109	Mt	$[Rn]5f^{14}6d^{7}7s^{2}$	
	110	Ds	$[Rn]5f^{14}6d^{8}7s^{2}$	
	111	Rg	$[Rn]5f^{14}6d^{9}7s^{2}$	
	112	Cn	$[Rn]5f^{14}6d^{10}7s^{2}$	
	113	Nh	$[Rn]5f^{14}6d^{10}7s^{2}7p^{1}$	
	114	Ung	$[Rn]5f^{14}6d^{10}7s^{2}7p^{2}$	
	116	Unh	$[Rn]5f^{14}6d^{10}7s^{2}7p^{4}$	
	118	Uuo	$[Rn]5f^{14}6d^{10}7s^{2}7p^{6}$	

注：106～118 号元素电子分布按规则推测。

5.3.4 简单基态阳离子的电子分布

根据鲍林能级图，基态原子外层轨道能级高低顺序为：$E_{ns} < E_{(n-2)f} < E_{(n-1)d} < E_{np}$。若按此顺序，

Fe^{2+}的电子分布式似应为：$[Ar]3d^44s^2$，但根据实验证实，Fe^{2+}的电子分布式实为：$[Ar]3d^64s^0$。原因是阳离子的有效核电荷比原子的多，造成基态阳离子的轨道能级与基态原子的轨道能级有所不同。

通过对基态原子和离子内轨道能级的研究，从大量光谱数据中归纳出如下经验规律：

基态原子外层电子填充顺序：$ns \rightarrow (n-2)f \rightarrow (n-1)d \rightarrow np$

价电子电离顺序：$np \rightarrow ns \rightarrow (n-1)d \rightarrow (n-2)f$

5.3.5 元素周期系与核外电子分布的关系

5.3.5.1 区

根据元素原子价层电子构型的不同，可以把周期表中的元素所在位置分成s、p、d、ds和f五个区（图5.9）。

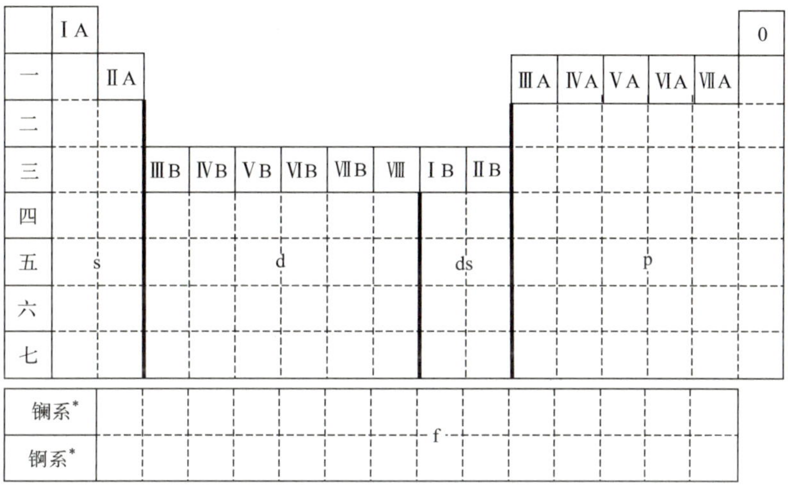

图5.9 长式周期表元素分区示意图

各区元素原子核外电子层分布的特点，如表5.3所示。

表5.3 各区元素原子核外电子层分布特点

区	原子价层电子构型	最后填入电子的亚层	包括的元素
s	$ns^{1\rightarrow2}$	最外层的s亚层	ⅠA，ⅡA族
p	$ns^2np^{1\rightarrow6}$	最外层的p亚层	ⅢA～ⅦA族，零族
d	$(n-1)d^{1\rightarrow9}ns^{1\rightarrow2}$	一般为次外层的d亚层	ⅢB～ⅦB族，Ⅷ族（过渡元素）
ds	$(n-1)d^{10}ns^{1\rightarrow2}$	一般为次外层的d亚层	ⅠB，ⅡB族
f	$(n-2)f^{0\rightarrow14}(n-1)d^{0\rightarrow2}ns^2$	一般为外数第三层的f亚层（有个别例外）	镧系元素，锕系元素（内过渡元素）

5.3.5.2 族

如表5.3所示，如果元素原子最后填入电子的亚层为s或p亚层的，该元素便属于主族元素；如果最后填入电子的亚层为d或f亚层的，该元素便属副族元素，又称过渡元素（其中填入f亚层的又称内过渡元素）。

书写时，以A表示主族元素，以B表示副族元素。如ⅡA表示第二主族元素，ⅢB表示第三副族元素。元素原子核外电子分布与族数的关系见表5.4。

表 5.4　元素原子核外电子分布与族数的关系

元素	族数
s、p、ds 区	等于最外层电子数
d 区	等于最外层电子数 + 次外层的 d 电子数
（其中Ⅷ族只适用于 Os、Fe、Ru）	
f 区	都属ⅢB 族

由此可见，元素在周期表中的位置（周期、区、族），是由该元素原子核外电子的分布所决定的。

5.3.6　元素周期表

在化学发展史中，元素周期表的出现是化学发展的重要里程碑。1869 年 2 月俄国科学家门捷列夫（1834—1907）公布了世界上第一张化学元素周期表。以后不断有人提出各种类型周期表不下 170 余种。归纳起来主要有以下类型：短式表（门捷列夫式为代表）、长式表（维尔纳式为代表）、特长表（玻尔塔式为代表）、平面螺线表和圆形表（达姆开夫式为代表）、立体周期表（莱西的圆锥柱立体表为代表）等。其中在教学上长期习用长式周期表。本书采用长式元素周期表（见本书最后附页）。

另外，1986 年 IUPAC 推荐了“族”的新表示法：原长式周期表由左向右按 18 族排列，如表 5.5 所示。考虑到“族”的旧表示法仍有许多优点，因此，在本书新、旧两种表示法暂时并存。

表 5.5　“族”的新表示法

区	s	d	ds	p
族	1 → 2	3 → 10	11 → 12	13 → 18

5.4 原子性质的周期性

原子的电子层结构随着核电荷的递增呈现周期性变化，影响到原子的某些性质，如原子半径、电离能、电子亲和能和电负性[1]等，也呈现周期性的变化。

5.4.1　原子半径

量子力学的原子模型认为，核外电子的运动是按概率分布的，由于原子本身没有鲜明的界面，因此原子核到最外电子层的距离，实际上是难以确定的。通常所说的原子半径是根据该原子存在的不同形式来定义的。常用的有以下三种：

（1）共价半径　两个相同原子形成共价键时，其核间距离的一半，称为原子的共价半径，如果没有特别注明，通常指的是形成共价单键时的共价半径。例如把 Cl-Cl 分子的核间距的一半（99pm）定为 Cl 原子的共价半径。

（2）金属半径　金属单质的晶体中，两个相邻金属原子核间距离的一半，称为该金属原子的金属半径。例如把金属铜中两个相邻 Cu 原子核间距的一半（128pm）定为 Cu 原子的半径。

[1] 这些原子性质统称为原子参数，对元素的性质往往有重要影响。

(3) 范德华半径 在分子晶体中，分子之间是以范德华力（即分子间力）结合的。例如稀有气体晶体，相邻分子核间距的一半，称为该原子的范德华半径。例如，氖（Ne）的范德华半径为 160pm。

表 5.6 列出元素周期表中各元素原子半径，其中非金属列出共价半径，金属列出金属半径（配位数为 12），稀有气体列出范德华半径。

表 5.6 原子半径（单位：pm）

H																	He
37																	122
Li	Be											B	C	N	O	F	Ne
152	111											88	77	70	66	64	160
Na	Mg											Al	Si	P	S	Cl	Ar
186	160											143	117	110	104	99	191
K	Ca	Sc	Ti	V	Cr	Mn	Fe	Co	Ni	Cu	Zn	Ga	Ge	As	Se	Br	Kr
227	197	161	145	132	125	124	124	125	125	128	133	122	122	121	117	114	198
Rb	Sr	Y	Zr	Nb	Mo	Tc	Ru	Rh	Pd	Ag	Cd	In	Sn	Sb	Te	I	Xe
248	215	181	160	143	136	136	133	135	138	144	149	163	141	141	137	133	217
Cs	Ba	Lu	Hf	Ta	W	Re	Os	Ir	Pt	Au	Hg	Tl	Pb	Bi	Po	At	Rn
265	217	173	159	143	137	137	134	136	136	144	160	170	175	155	153	145	

原子半径在周期中的变化：

同一周期的主族元素，自左向右，随着核电荷的增加，原子共价半径变化的总趋势是逐渐减小的。

同一周期的 d 区过渡元素，从左向右过渡时，随着核电荷的增加，原子半径只是略有减小；而且，从 IB 族元素起，由于次外层的 $(n-1)$d 轨道已经充满，较为显著地抵消核电荷对外层 ns 电子的引力，因此原子半径反而有所增大。

同一周期的 f 区内过渡元素，从左向右过渡时，由于新增加的电子填入外数第三层的 $(n-2)$f 轨道上，其结果与 d 区元素基本相似，只是原子半径减小的平均幅度更小。例如，镧系元素从镧 (La) 到镱 (Yb) 原子半径收缩不显著。镧系收缩的幅度虽然很小，但它收缩的影响却很大，使镧系后面的过渡元素铪 (Hf)、钽 (Ta)、钨 (W) 的原子半径与其同族相应的锆 (Zr)、铌 (Nb)、钼 (Mo) 的原子半径极为接近，造成 Zr 与 Hf、Nb 与 Ta、Mo 与 W 的性质十分相似，在自然界往往共生，分离时比较困难。

原子半径在族中的变化：

主族元素从上往下，原子半径显著增大。但是副族元素除钪分族外，从上往下原子半径一般略为增大，第五周期和第六周期的同族元素之间，原子半径非常接近。

原子半径越大，核对外层电子的引力越弱，原子就越易失去电子；相反，原子半径越小，核对外层电子的引力越强，原子就越易得到电子。但必须注意，难失去电子的原子，不一定容易得到电子。例如，稀有气体原子得、失电子都不容易。

5.4.2 电离能和电子亲和能

原子失去电子的难易可用电离能 (I) 来衡量，结合电子的难易可用电子亲和能 (E_A) 来定性地比较。

5.4.2.1 电离能 (I)

气态原子要失去电子变为气态阳离子（即电离），必须克服核电荷对电子的引力而消耗能量，这种能量称为电离能 (I)，其单位常采用 $kJ \cdot mol^{-1}$。

从基态（能量最低的状态）的中性气态原子失去一个电子形成气态阳离子所需要的能量，称为原子第一电离能 (I_1)；由氧化数为 +1 的气态阳离子再失去一个电子形成氧化数为 +2 的气态阳离子所需要的能量，称为原子的第二电离能 (I_2)；其余依次类推。例如：

$$Mg(g) - e^- \longrightarrow Mg^+(g)\text{；}I_1 = \Delta H_1 = 738kJ \cdot mol^{-1}$$

$$Mg^+(g) - e^- \longrightarrow Mg^{2+}(g)\text{；}I_2 = \Delta H_2 = 1451kJ \cdot mol^{-1}$$

……

显然，元素原子的电离能越小，原子就越易失去电子；反之，元素原子的电离能越大，原子越难失去电子。这样，就可以根据原子的电离能来衡量原子失去电子的难易程度。一般情况下，只应用第一电离能数据即可。

元素原子的电离能，可以通过实验测出。

同一周期主族元素，从左向右过渡时，电离能逐渐增大。副族元素从左向右过渡时，电离能变化不十分规律。

同一主族元素从上往下过渡时，原子的电离能逐渐减小。副族元素从上往下原子半径只是略微增大，而且第五、六周期元素的原子半径又非常接近，核电荷数增多的因素起了作用，电离能变化没有较好的规律。

值得注意，电离能的大小只能衡量气态原子失去电子变为气态离子的难易程度，至于金属在溶液中发生化学反应形成阳离子的倾向，还是应该根据金属的电极电势来进行估量。

5.4.2.2 电子亲和能 (E_A)

与电离能恰好相反，元素原子的第一电子亲和能是指一个基态的气态原子得到一个电子形成气态阴离子所释放出的能量。例如：

$$O(g) + e^- \longrightarrow O^-(g)\text{；}E_{A_1} = -141kJ \cdot mol^{-1}$$

元素原子的第一电子亲和能一般为负值，因为电子落入中性原子的核场里势能降低，体系能量减少。唯稀有气体原子 (ns^2np^6) 和ⅡA 族原子 (ns^2) 最外电子亚层已全充满，要加合一个电子，环境必须对体系做功，亦即体系吸收能量才能实现，所以第一电子亲和能为正值。所有元素原子的第二电子亲和能都为正值，因为阴离子本身是个负电场，对外加电子有排斥作用，要再加合电子时，环境也必须对体系做功。例如：

$$O^-(g) + e^- \longrightarrow O^{2-}(g)\text{；}E_{A_2} = 780kJ \cdot mol^{-1}$$

显然，元素原子的第一电子亲和能代数值越小，原子就越容易得到电子，反之元素原子的第一电子亲和能代数值越大，原子就越难得到电子。

由于电子亲和能的测定比较困难，所以目前测得的数据较少（尤其是副族元素尚无完整数据），准确性也较差，有些数据还只是计算值。

无论是在周期或族中，主族元素电子亲和能的代数值一般都是随着原子半径的减小而减小的。因为半径减小，核电荷对电子的引力增大，故电子亲和能在周期中从左向右过渡时，总的变化趋势是减小的。主族元素从上往下过渡时，总的变化趋势是增大的。值得注意：电子亲和能、电离能只能表征孤立气态原子或离子得、失电子的能力。

5.4.3 电负性

某原子难失去电子，不一定就容易得到电子；反之，某原子难得到电子，也不一定就容易失去电子。为了能比较全面地描述不同元素原子在分子中对成键电子吸引的能力，鲍林提出了电负性 (X) 的概念。电负性是指分子中元素原子吸引电子的能力。指定最活泼的非金属元素原子的

电负性 $X_p(F)=4.0$，然后通过热化学方法计算得到其他元素原子的电负性值。后人经过改进，把 $X_p(F)$ 定为 3.98，得出另一套鲍林电负性（X_p）数据。

从表 5.7 中可见，元素原子的电负性呈周期性变化。同一周期从左向右电负性逐渐增大。同一主族，从上往下电负性逐渐减小；至于副族元素原子，ⅢB～ⅤB 族从上往下电负性变小，ⅥB～ⅡB 族从上往下电负性变大。某元素的电负性越大，表示它的原子在分子中吸引成键电子（即习惯说的共用电子）的能力越强。

表 5.7　元素的电负性 (X_p)

s区		d区								ds区		p区				
H 2.1																
Li 1.0	Be 1.5											B 2.0	C 2.5	N 3.0	O 3.5	F 4.0
Na 0.9	Mg 1.2											Al 1.5	Si 1.8	P 2.1	S 2.5	Cl 3.0
K 0.8	Ca 1.0	Sc 1.3	Ti 1.5	V 1.6	Cr 1.6	Mn 1.5	Fe 1.8	Co 1.9	Ni 1.9	Cu 1.9	Zn 1.6	Ga 1.6	Ge 1.8	As 2.0	Se 2.4	Br 2.8
Rb 0.8	Sr 1.0	Y 1.2	Zr 1.4	Nb 1.6	Mo 1.8	Tc 1.9	Ru 2.2	Rh 2.2	Pd 2.2	Ag 1.9	Cd 1.7	In 1.7	Sn 1.8	Sb 1.9	Te 2.1	I 2.5
Cs 0.7	Ba 0.9	Lu 1.2	Hf 1.3	Ta 1.5	W 1.7	Re 1.9	Os 2.2	Ir 2.2	Pt 2.2	Au 2.4	Hg 1.9	Tl 1.8	Pb 1.9	Bi 1.9	Po 2.0	At 2.2

需要说明几点：①鲍林电负性是一个相对值，本身没有单位；②自从 1932 年鲍林提出电负性概念后，有不少人对这个问题进行探讨，由于定义及计算方法不同，现在已经有几套元素原子电负性数据，因此，使用数据时要注意出处，并尽量采用同一套电负性数据；③如何定义电负性至今仍在争论中。

5.4.4　元素的氧化数

元素的氧化数与原子的价电子数直接相关。

5.4.4.1　主族元素的氧化数

由于主族元素原子只有最外层的电子为价电子，能参与成键，因此，主族元素（F、O 除外）的最高氧化数等于该原子的价电子总数（亦即族数）。如表 5.8 所示，随着原子核电荷数的递增，主族元素的氧化数呈现周期性的变化。

表 5.8　主族元素的氧化数与价电子总数的对应关系

项目	ⅠA	ⅡA	ⅢA	ⅣA	ⅤA	ⅥA	ⅦA
价层电子构型	ns^1	ns^2	ns^2np^1	ns^2np^2	ns^2np^3	ns^2np^4	ns^2np^5
价电子总数	1	2	3	4	5	6	7
主要氧化数	+1	+2	+3	+4	+5	+6	+7
				+2	+3	+4	+5
					（N、P 有 −3）	−2	+3
				（C 有 −4）	（N 还有 +1、+2、+4）		+1
			（Tl 还有 +1）				−1
						（O 一般呈 −2、−1）	（F 一般只呈 −1）
最高氧化数	+1	+2	+3	+4	+5	+6	+7

5.4.4.2 副族元素的氧化数

ⅢB～ⅦB族元素原子最外层的s亚层和次外层d亚层的电子均为价电子，因此，元素的最高氧化数也等于价电子总数，如表5.9所示。

但是，ⅠB和Ⅷ族元素的氧化数变化不规律；ⅡB族的最高氧化数为+2。

表5.9 ⅢB～ⅦB族元素最高氧化数与价电子数的对应关系

项目	ⅢB	ⅣB	ⅤB	ⅥB	ⅦB
第四周期元素	Sc	Ti	V	Cr	Mn
价层电子构型	$3d^1 4s^2$	$3d^2 4s^2$	$3d^3 4s^2$	$3d^5 4s^1$	$3d^5 4s^2$
价电子数	3	4	5	6	7
最高氧化数	+3	+4	+5	+6	+7

5.4.5 元素的金属性和非金属性

在已经发现和合成的元素中，金属元素约占4/5。凡是金属都不同程度地具有不透明、金属光泽、导电传热和延展性。从化学角度说，金属最突出的特性是它在化学反应中容易失去电子。因此，在化学反应中，某元素原子如果容易失去电子变为低正氧化数阳离子，就表示它的金属性强；反之，若容易得到电子变为阴离子，就表示它的非金属性强。

元素金属性和非金属性相对强弱，可以应用原子参数进行比较。元素原子的电离能越小或电负性越小，元素的金属性越强；元素原子的电子亲和能的代数值越小，或电负性越大，元素的非金属性越强。

同一周期的元素，由左向右过渡，元素原子的电负性增大，元素的金属性逐渐减弱，元素的非金属性逐渐增强。

同一主族的元素由上往下过渡，元素原子的电负性减小，元素的金属性逐渐增强，元素的非金属性逐渐减弱。副族元素由上往下，ⅢB～ⅤB族电负性变小，金属性增强，ⅥB～ⅡB族电负性变大，金属性减弱。

化学视野

微观物质的深层次剖示

1. 关于基本粒子概念的演化

在公元前三百多年古希腊哲学家德谟克利特（Democritus）认为万物都是由被称为原子的不可分割的粒子组成的。1897年英国人汤姆逊（J. J. Thomson）通过阴极射线实验发现了从原子中释放出来的电子。1911年英国物理学家卢瑟福（E·Rutherford）用α射线“轰开”了原子的大门，科学家们先后从原子核中发现了质子（1919年）和中子（1932年）。质子和中子被称为核子，当时与电子、光子一起被认为是构成物质的基本粒子。但是，后来随着天体物理学的研究和高能加速器的应用，科学家们陆续发现了一大批（至今多达三百多种）比原子核更小，像质子、中子那样的下一个物质层次被称为亚原子的粒子。这些粒子绝大多数在自然界中不存在，是在高能实验室内“制造”出来的。

根据作用力不同，这些亚原子粒子被分为强子、轻子和传播子三大类。

亚原子粒子的分类

类别	作用力	粒子名称（发现年代）
强子	参与强力（或核力）作用	现有的绝大部分亚原子粒子，如质子（1919年）、中子（1932年）、π介子（1947年）
轻子	参与弱力、电磁力、引力作用	电子（1897年）、电子中微子（1956年） μ子（1936年）、μ子中微子（1988年） τ子（1975年）、τ子中微子（1998年）
传播子	传递强作用和弱作用	强作用：8种胶子（1979年） 弱作用：W^+、W^-、Z^0中间玻色子（1983年）

进一步研究发现，强子类的亚原子粒子是由更小的夸克和胶子组成的。夸克已发现6种：

上夸克、下夸克、奇异夸克（1964年提出）;

粲夸克（1974年）;

底（或“美”）夸克（1977年）;

顶夸克（1994年）。

例如，质子是由两个上夸克和1个下夸克组成的。

夸克、胶子在自然界中不能以自由的、孤立的形式存在。事实上宇宙中超过99.9%的可见物质是以原子核的形式凝聚的。综上所述，由粒子物理理论建立起来的标准模型，就目前的认识水平，只把夸克、轻子看作基本粒子。然而，夸克、轻子是否还能再“分”下去，这有待粒子物理学的进一步研究。

2. 反粒子

1928年，英国物理学家保罗·狄拉克（Paul Dirac）应用波动方程描述电子时，发现反物质的概念，即每个粒子都有它的反粒子，反粒子与它的（正）粒子有相同的质量，但其他所有量（如电荷、自旋）的符号却相反。

1932年，美国物理学家卡尔·安德森（C.Anderson）在宇宙线实验中发现了与电子质量相同但带单位正电荷的粒子——反电子（e^+）；1956年，美国物理学家O.Chamberlain等在加速器实验中发现了质量与正质子（p^+）相同但带单位负电荷的粒子——反质子（p^-）。以后又陆续发现了许多类似的情况，证实一切粒子都有与之相对应的反粒子。例如中子不带电但有一定的磁性，反中子则呈相反的磁性；又如1974年丁肇中和美国物理学家伯顿·里克特（Burton Richter）分别独立发现的J（或ψ）粒子，是由粲夸克和反粲夸克组成的。

据报道，欧洲核子研究中心的德国和意大利科学家从1995年9月开始的实验，已经成功地获得了反氢原子（由一个反质子p^-和一个反电子e^+结合而成），亦即获得了反物质。尽管这种反氢原子只能存在极短瞬间，但这项实验不仅为系统地探索反物质世界打开了大门，而且为自然辩证法提供了极为有力的佐证，具有重大的理论和实际意义。从哲学的角度而言，往小看物质是无限可分的，往大看宇宙是无限延伸的。微观粒子之小与宇宙之大是物质世界的两个极端。

思考题

1. 量子力学的轨道概念与玻尔原子模型的轨道有什么区别和联系？

2. 量子力学原子模型是如何描述核外电子运动状态的？

3. 下列各组量子数哪些是不合理的？为什么？

	n	l	m
（1）	2	1	0
（2）	2	2	−1
（3）	3	0	+1

4. 为什么任何原子的最外层最多只能有8个电子，次外层最多只能有18个电子？

5. 为什么周期表中各周期的元素数目并不一定等于原子中相应电子层的电子最大容量数（$2n^2$）？

6. 量子数n=3、l=1的原子轨道的符号是怎样的？该类原子轨道的形状如何？有几种空间取向？共有几个轨道？可容纳多少个电子？

7. 在下列各组电子分布中哪种属于原子的基态？哪种属于原子的激发态？哪种纯属错误？

（1）$1s^22s^1$　（2）$1s^22s^22d^1$　（3）$1s^22s^22p^43s^1$　（4）$1s^22s^42p^2$

8.（1）试写出s区、p区、d区及ds区元素的价层电子构型。

（2）具有下列价层电子构型的元素位于周期表中哪一个区？它们各是金属还是非金属？

ns^2　ns^2np^5　$(n-1)d^2ns^2$　$(n-1)d^{10}ns^2$

9. 已知某副族元素的A原子，电子最后填入3d，最高氧化数为+4；元素B的原子，电子最后填入4p，最高氧化数为+5。回答下列问题：

（1）写出 A、B 元素原子的电子分布式；

（2）根据电子分布，指出它们在周期表中的位置（周期、区、族）。

10．不参看周期表，试推测下列每一对原子中哪一个原子具有较高的第一电离能和较大的电负性值。

（1）19 和 29 号元素原子。

（2）37 和 55 号元素原子。

（3）37 和 38 号元素原子。

11．根据原子结构理论试预测：

（1）114 号元素原子的电子分布，并指出它将属于哪个周期、哪个族，可能与哪个已知元素的性质最为相似。

（2）原子核外出现第一个 5g 电子的元素原子序数是多少？

（3）第七周期最后一种元素的原子序数是多少？

（4）第八周期将包括多少种元素？

12．为什么第四周期副族元素排布电子时，先排 4s 轨道上的电子，再排 3d 轨道上的电子，而失电子时，先失去 4s 轨道上的电子，后失去 3d 轨道上的电子？

13．为什么从 Ca 到 Ga 原子半径的减少比 Mg 到 Al 的半径减少要大？换句话说，为什么 Al 的原子半径（143pm）比 Ga 的原子半径（122pm）要大？

14．为什么 N 原子的电子亲和能是正值？为什么电子亲和能最负值不是出现在 F 原子而是 Cl 原子？

习题

1．在下列各组量子数中，恰当填入尚缺的量子数。

（1）$n=?$　$l=2$　$m=0$　$m_s=+\frac{1}{2}$

（2）$n=2$　$l=?$　$m=-1$　$m_s=-\frac{1}{2}$

（3）$n=4$　$l=2$　$m=0$　$m_s=?$

（4）$n=2$　$l=0$　$m=?$　$m_s=+\frac{1}{2}$

2．在 26Fe 原子核外的 3d、4s 轨道内，下列电子分布哪个正确？哪个错误？为什么？

（1）(↑↓)(↑↓)(↑↓)(↑)(↑)　( )　（2）(↑↓)(↑↓)(↑↓)(↑↓)( )　( )　（3）(↑↓)(↑↓)(↑↓)( )( )　(↑↓)

（4）(↑)(↑)(↑)(↑)(↑↑)　(↑↓)　（5）(↑↓)(↑)(↑)(↑)(↑)　(↑↓)

3．（1）下列轨道中哪些是等价轨道？

$$2s\quad 3s\quad 3p_x\quad 4p_x\quad 2p_x\quad 2p_y\quad 2p_z$$

（2）量子数 $n=4$ 的电子层有几个亚层？各亚层有几个轨道？第四电子层最多能容纳多少个电子？

4．以（1）为例，完成下列（2）～（6）题。

（1）$Na(Z=11)$　$1s^22s^22p^63s^1$

（2）________　$1s^22s^22p^63s^23p^3$

（3）$Ca(Z=20)$　________

（4）____$(Z=24)$　$[?]3d^54s^1$

（5）________　$[Ar]3d^{10}4s^1$

（6）$Kr(Z=36)$　$[?]3d^?4s^?4p^?$

5．写出下列离子的电子分布式。

$$S^{2-}\quad K^+\quad Pb^{2+}\quad Ag^+\quad Mn^{2+}\quad Co^{2+}$$

6．试填写下表空格：

原子序数	电子分布式	各层电子数	周期	族	区	金属还是非金属
11						
21						
53						
60						
80						

7．填写下表空格：

元素	周期	族	最高氧化数	价层电子构型	电子分布式	原子序数
甲	3	ⅡA				
乙	6	ⅦB				
丙	4	ⅣA				
丁	5	ⅡB				

8．填写下表空格：

原子序数	电子分布式	价层电子构型	周期	族	区
49					
	$1s^2 2s^2 2p^6$				
		$4d^5 5s^1$			
			6	ⅡB	

9．有第四周期的A、B、C三种元素，其价电子数依次为1、2、7，其原子序数按A、B、C顺序增大。已知A、B次外层电子数为8，而C的次外层电子数为18，根据结构判断：

（1）哪些是金属元素？

（2）C与A的简单离子是什么？

（3）哪一元素的氢氧化物碱性最强？

（4）B与C两元素间能形成何种化合物？试写出化学式。

10．元素原子的最外层仅有一个电子，该电子的量子数是n=4，l=0，m=0，$m_s=+\frac{1}{2}$。

（1）符合上述条件的元素可以有几种？原子序数各为多少？

（2）写出相应元素原子的电子分布式，并指出在周期表中的位置。

11．设有元素A、B、C、D、E、G、M，试按下列所给的条件，推断它们的元素符号及在周期表中的位置（周期、族），并写出它们的价层电子构型。

（1）A、B、C为同一周期的金属元素，已知C有三个电子层，它们的原子半径在所属周期中排前3位，并且A＞B＞C。

（2）D、E为非金属元素，与氢化合生成HD和HE，在室温时D的单质为液体，E的单质为固体。

（3）G是所有元素中电负性最大的元素。

（4）M为金属元素，它有四个电子层，它的最高氧化数与氯的最高氧化数相同。

12．有A、B、C、D四种元素，其价电子依次为1、2、6、7，其电子层数依次减少。已知D^-的电子层结构与Ar原子相同，A和B次外层各只有8个电子，C次外层有18个电子。试判断这四种元素：

（1）原子半径由小到大的顺序；

（2）第一电离能由小到大的顺序；

（3）电负性由小到大的顺序；

（4）金属性由弱到强的顺序。

第 6 章

分子的结构与性质

学习要求：

1. 从价键理论理解共价键的形成、特性（方向性、饱和性）和类型（σ 键、π 键）。
2. 熟悉杂化轨道理论，掌握分子几何构型与杂化轨道类型的对应关系。
3. 了解键参数、离子键及键型过渡的概念。
4. 初步熟悉分子轨道理论及应用。
5. 熟悉分子间力、氢键、分子极化及其对物质性质的影响。

在第 5 章我们介绍了原子结构方面的知识，根据物质的原子结构理论，可以解释物质的某数宏观性质，如金属性、非金属性及其变化规律。但是，在自然界里人们通常所遇到的物质（除稀有气体外），不是以单原子存在的，而是以原子间相互作用结合成分子或晶体的状态存在，因此本章将介绍分子结构的基本理论以及分子间力与氢键，晶体结构将在第 7 章介绍。

分子结构通常包括两方面的内容：

（1）化学键　分子或晶体既然能存在，说明了分子或晶体内原子（或离子）之间必定存在着某种较强的相互结合力。化学上把分子或晶体内相邻原子（或离子）间强烈的相互结合力称为**化学键**。化学键按其性质大体可分为电价键（主要形式为离子键）、共价键（或称原子键）和金属键三种基本类型。

（2）分子的空间构型　实验证实，分子中的原子不是杂乱无章地堆积在一起的。而是按照一定的规律结合成的整体，使分子在空间呈现出一定的几何形状（即几何构型）。

此外，在分子之间还普遍存在着一种较弱的相互吸引作用，这种分子间的相互作用力通常称为分子间力或范德华力。有时分子间或分子内的某些基团之间还可能形成氢键。

6.1 键参数

化学键的性质可以用一些物理量来描述。例如，化学键的强弱（即牢固程度）可用键能来描述；键极性相对强弱可以用成键两元素电负性差值来描述。凡能表征化学键性质的物理量称为**键参数**，如键能、键长、键角和键的极性等。

6.1.1　键能

化学反应时旧键的断裂或新键的形成都会引起体系热力学能的变化。计算化学反应的能量变化，严格来说应计算热力学能的变化（即 $\Delta U=\Delta H-p\Delta V$）。但考虑到一般化学反应中体积功（$p\Delta V$）很小，因此可用反应过程的焓变（$\Delta_r H_m$）近似表示热力学能的变化（$\Delta U=\Delta H-p\Delta V\approx\Delta H$）。例如

$$HCl(g)\xrightarrow[\text{标准态下}]{298.15K}H(g)+Cl(g)$$

$$\Delta U_{298.15}^{\ominus}\approx\Delta H_{298.15}^{\ominus}=431kJ\cdot mol^{-1}$$

键能（$E^{\ominus}$）粗略而言是指气体分子在 298.15K、标准态下每断裂 1mol 的某键（6.022×10^{23} 个某化学键）时的焓变。例如 298.15K、标准态下，H—Cl 键的键能 $E^{\ominus}$（H—Cl）为 $431kJ\cdot mol^{-1}$。

键能可作为衡量化学键牢固程度的键参数，键能越大，键越牢固。

对双原子分子来说，键能在数值上就等于**键解离能**（D）。例如：

$$H_2(g)\xrightarrow{\text{标准态下，}298.15K}2H(g)$$

$$E^{\ominus}=D^{\ominus}=436kJ\cdot mol^{-1}$$

$$O_2(g)\xrightarrow{\text{标准态下，}298.15K}2O(g)$$

$$E^{\ominus}=D^{\ominus}=498.3kJ\cdot mol^{-1}$$

多原子分子（如 H_2O、CH_4）中若某种键不止一个，则该键键能为同种键逐级解离能的平均值。

$$H_2O(g)\longrightarrow H(g)+O—H(g)；\ D^{\ominus}(H—OH)=498kJ\cdot mol^{-1}$$

$$O—H(g)\longrightarrow H(g)+O(g)；\ D^{\ominus}(O—H)=428kJ\cdot mol^{-1}$$

$$E^{\ominus}(O—H)=\frac{1}{2}\left[D^{\ominus}(H—OH)+D^{\ominus}(O—H)\right]=463kJ\cdot mol^{-1}$$

键能的数值通常用热化学方法或光谱方法测定，还可利用生成焓计算。

6.1.2　键长

分子内成键两原子核间的平衡距离称为**键长**（L_b）。键长可以用分子光谱或 X 射线衍射方法测得。一些双原子分子的键长如表 6.1 所示。

表 6.1　一些双原子分子的键长

键	L_b/pm	键	L_b/pm
H—H	74.0	H—F	91.8
Cl—Cl	198.8	H—Cl	127.4
Br—Br	228.4	H—Br	140.8
I—I	266.6	H—I	160.8

同一种键在不同分子中的键长数值基本上是个定值。这说明一个键的性质主要取决于成键原子的本性。然而两个确定的原子之间，如果形成不同的化学键，其键长越短，键能就越大，键就

越牢固，如表 6.2 所示。

表 6.2　若干化学键的键长与键能

化学键	C—C	C=C	C≡C	N—N	N=N	N≡N	C—N	C=N	C≡N
L_b/pm	154	134	120	146	125	109.8	147	132	116
$E^{\ominus}$/(kJ·mol^{-1})	356	598	813	160	418	946	285	616	866

两个相同原子所组成的共价单键键长的一半，即为该原子的共价半径（简称原子半径）。A—B 键的键长约等于 A 和 B 共价半径之和。

6.1.3　键角

在分子中两个相邻化学键之间的夹角称为**键角**。像键长一样，键角数据也可以用分子光谱或 X 射线衍射法测得。

如果知道了某分子内全部化学键的键长和键角数据，那么这个分子的几何构型就确定了。可见，键角和键长是描述分子几何结构的两个要素，如图 6.1 所示。

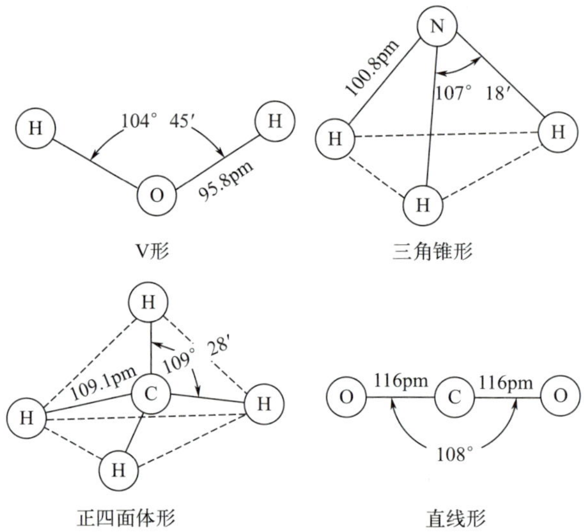

图 6.1　H_2O、NH_3、CH_4、CO_2 分子的几何构型

6.2

价键理论

价键理论主要是用于解释共价键是如何形成的。对于两个相同的原子或电负性相差不大的原子之间的成键问题，早在 1914—1916 年间，Lewis 就提出了电子配对的概念，认为原子之间是通过共用电子对结合成键的。1927 年 Heitler 和 London 应用量子力学阐明了共价键的本质。现代共价键理论是以量子力学为基础的，但因分子的薛定谔方程比较复杂，对它严格求解还是极为困难的，因此只好采用某些近似的假定以简化计算。不同的假定产生了不同的物理模型。一种认为，成键电子只能在以化学键相连的两原子间的区域内运动；另一种认为，成键电子可以在整个分子的区域内运动。前者发展为价键理论，后者则发展为**分子轨道理论**。

6.2.1　共价键

6.2.1.1　共价键的形成

下面以 H_2 分子为例说明共价键的形成。实验测知，H_2 分子的核间距（d）为 74pm，而 H 原子的玻尔半径为 53pm，可见 H_2 分子的核间距比两个 H 原子玻尔半径之和要小。这表明，在 H_2 分子中两个 H 原子的 1s 轨道必然发生重叠。正是成键电子轨道重叠的结果，使两核间形成了一个电子出现的概率密度较大的区域。这样，不仅削弱了两核间的正电排斥力，而且还增强了核间电子云对两氢核的吸引力，使体系能量降低，从而形成共价键，如图 6.2 所示。由此可见，共价键是原子间由于成键电子的原子轨道重叠而形成的化学键。

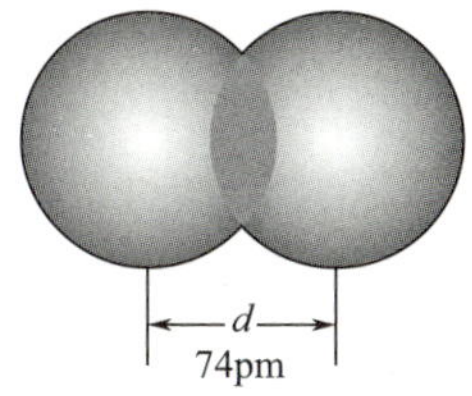

图 6.2　H_2 分子的核间距

价键理论的基本要点是：①两原子接近时，自旋方向相反的未成对的价电子可以配对，形成共价键；②成键电子的原子轨道如能重叠越多，所形成的共价键就越牢固——最大重叠原理。

6.2.1.2　共价键的特征

共价键的特征是具有饱和性和方向性。

按价键理论的基本要点①可知，原子的一个未成对电子，如果跟另一个原子的自旋方向相反的电子配对成键后，就不能跟第三个原子的电子配对成键。一个原子有几个未成对的价电子，一般就只能和几个自旋方向相反的电子配对成键。例如，N 原子因为含有三个未成对的价电子，因此两个 N 原子间最多只能形成三键，即形成 N≡N 分子。说明一个原子形成共价键的能力是有限的，这决定共价键具有**饱和性**。至于稀有气体，由于原子没有未成对电子，原子间不成键，因此以单原子分子的形式存在。

但是，原子中有些本来成对的价电子，在特定条件下也有可能被拆为单电子而参与成键。例如，硫原子的价层中原来只有两个未成对电子：

当遇电负性大的 F 原子时，价电子对可以拆开，使未成对电子数增至 6 个：

从而可与 6 个 F 原子的未成对电子配对成键，形成 SF_6 分子。

按价键理论的基本要点②可推知，形成共价键时，成键电子的原子轨道只有沿着轨道伸展的方向进行重叠（s 轨道与 s 轨道重叠例外），才能实现最大限度的重叠，这就决定了共价键具有**方向性**。

6.2.1.3　原子轨道的重叠

① 原子轨道重叠时并不是两原子任意的原子轨道重叠都会成键，只有当原子轨道对称性相同的部分重叠，两原子间电子出现的概率密度才会增大，才能形成化学键（称为**对称性原则**）。下面以 A、B 原子的两个原子轨道沿着 x 轴方向重叠为例，具体说明之。

当两个原子轨道以对称性相同的部分（即“+”与“+”，“−”与“−”）相重叠时，原子间电子出现的概率密度比重叠前增大，使两个原子间的结合力大于两核间的排斥力，导致体系能量降低，从而可形成共价键。显然，这种重叠对成键是有效的，称为有效重叠或正重叠。由于原子轨道角度分布突出处往往是有利于实现最大重叠的地方，所以讨论问题时，常常借用原子轨道角度分布图来表示原子轨道。图 6.3 给出原子轨道几种正重叠的示意图。

② 当两个原子轨道以对称性不同部分（即“+”与“−”）相重叠时，两原子间电子出现的概率密度比重叠前减小，在两原子核之间形成了一个垂直于 x 轴的、电子的概率密度几乎为零的平

面（称节面），由于核间排斥力占优势，因此体系能量升高，不能成键。这种重叠对成键是无效的，称为负重叠。图 6.4 给出了原子轨道几种负重叠的示意图。

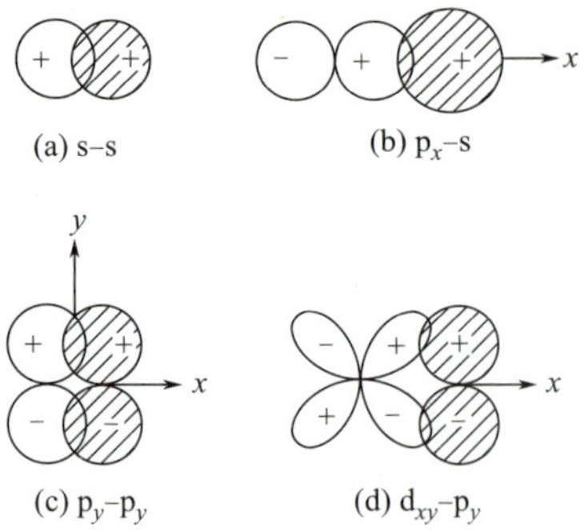

图 6.3　原子轨道几种正重叠示意图

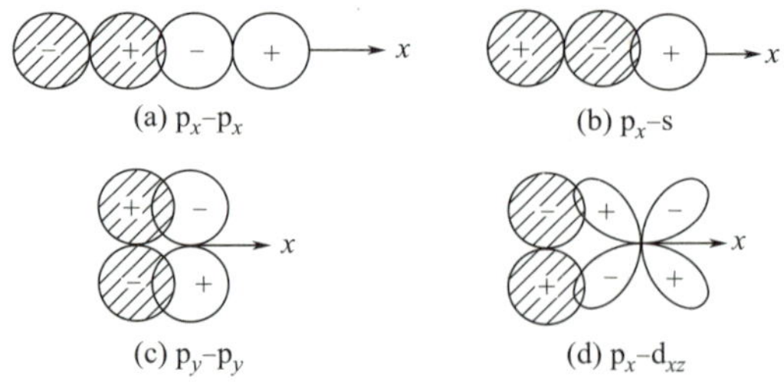

图 6.4　原子轨道几种负重叠示意图

6.2.1.4　共价键的类型

若根据原子轨道重叠部分所具有的对称性进行分类，则有：

(1) σ 键　若原子轨道的重叠部分对键轴（两原子的核间连线）具有圆柱形对称性，所成的键称为 **σ 键**。

例如，两个原子的 p_x 轨道对称性相同的部分沿 x 轴以“头碰头”的方式靠近、重叠，其重叠部分绕 x 轴旋转任意角度，形状和符号都不会改变，亦即对键轴（这里指 x 轴）具有圆柱形对称性。这样重叠所成的键，即为 σ 键，如卤素分子中的键，就属于这种（p_x-p_x）σ 键。形成 σ 键的电子叫 σ 电子。图 6.5 给出了几种不同组合形成的 σ 键示意图。

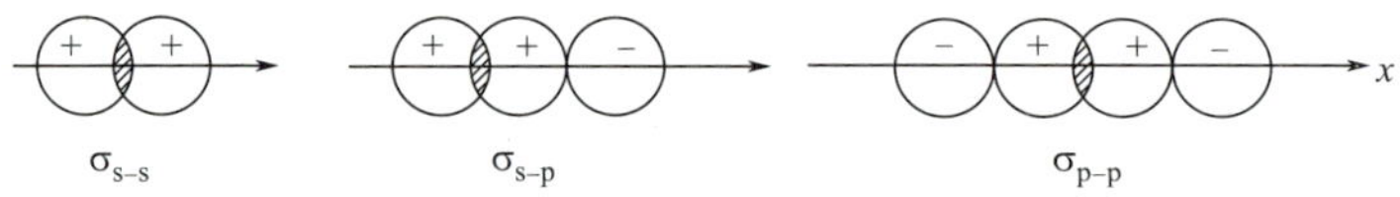

图 6.5　σ 键示意图

(2) π 键　若原子轨道的重叠部分，对包含键轴的某一特定平面具有反对称性，所成的键就称为 **π 键**。

例如，若两种原子的 p_z 轨道对称性相同的部分以“肩并肩”的方式，沿着 x 轴的方向靠近、重叠（图 6.6），其重叠部分对等地处在包含键轴（这里指 x 轴）的 xy 平面的上、下两侧，形状相同而符号相反，即对 xy 平面具有反对称性，这种重叠所成的键，即为 π 键。形成 π 键的电子叫 π 电子。

在含有双键或三键的两原子之间常常既有 σ 键又有 π 键。例如，N_2 分子内 N 原子之间就有 1 个 σ 键和 2 个 π 键。图 6.7 为 N_2 分子结构示意图。

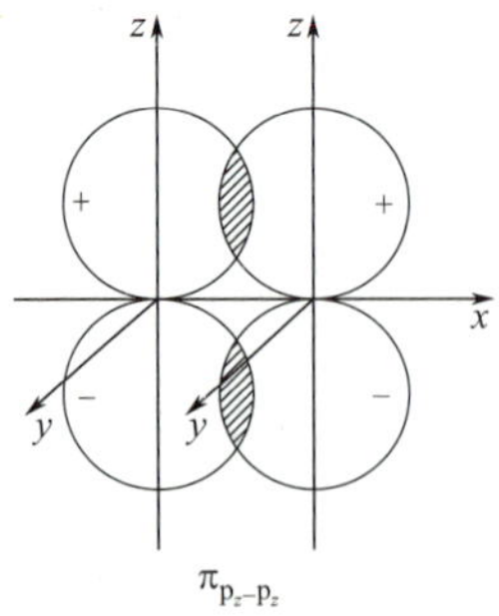

图 6.6　π 键

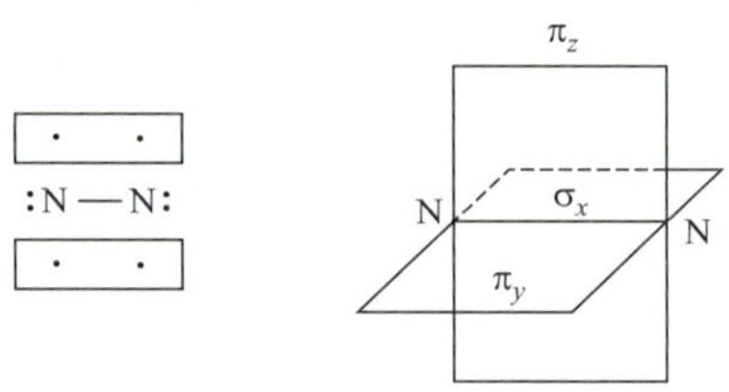

图 6.7　N_2 分子结构示意图

N_2 分子的价键结构如图 6.7 左图所示，式中短横线表示 σ_x 键，两个长方框分别表示 π_y、π_z 两个 π 键，框内电子表示 π 电子，元素符号侧旁的电子表示 2s 轨道上未成键的孤电子对。

6.2.1.5　配位共价键

共用电子对由一个原子单方提供而形成的共价键称为配位共价键，简称**配位键**。下面以 CO 分子为例，说明配位键的形成。C 原子价层内有一对 2s 电子，还有 2 个未成对的 2p 电子和 1 个空的 p 轨道；O 原子价层内有一对 2s 电子，还有 2 个未成对的 2p 电子和一对 2p 电子。化合时，除 C 原子两个未成对的 p 电子和 O 原子 2 个未成对的 p 电子形成 1 个 σ 键和 1 个 π 键外，O 原子的 p 电子对还可以和 C 原子空的 p 轨道形成一个 π 配键。

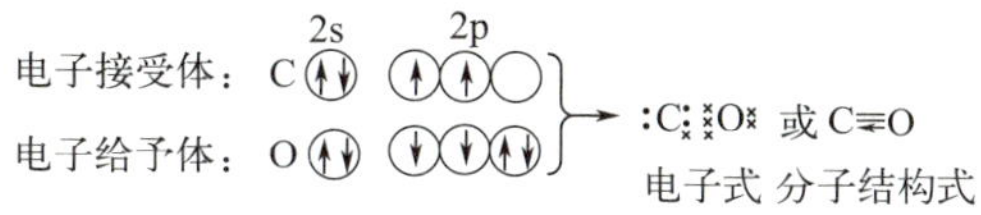

CO 分子的价键结构式为

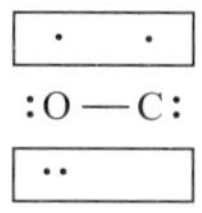

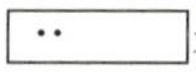表示 π 配键，长方框内的电子对点在 O 原子的上方，表示这配位键的共用电子对是由 O 原子单方面提供的。

形成配位键必须具备两个条件：①一个原子的价层有未共用的电子对（又称**孤电子对**）；②另一个原子的价层有空轨道。

6.2.2　离子键

6.2.2.1　离子键

离子键的概念是 1916 年 W.Kossel 根据稀有气体具有稳定结构的事实而提出的，他认为离子键的本质是阳、阴离子之间的静电引力。离子键大量存在于离子晶体中。

离子键的特征是既无方向性又无饱和性。由于离子电场具有球形对称性，阳、阴离子之间的静电引力与方向无关，离子在其任何方向上均可与相反电荷的离子相互吸引而形成离子键，因此离子键无方向性；当两个异电荷离子，例如，Na^+ 和 Cl^- 彼此吸引形成 Na^+Cl^- 离子型分子后，各自仍具有吸引异电荷离子的能力，只要空间条件许可（俗话说“挤得下”），每种离子均可尽可能多地结合异电荷离子，以至形成离子晶体，因此离子键无饱和性。

6.2.2.2　键型过渡

两原子的结合是形成共价键还是离子键，取决于两原子吸引电子能力差别的大小。例如，活泼的金属原子和活泼的非金属原子化合成键，成键电子有可能完全转移到吸电子能力强的原子上去，从而形成离子键；反之，若没有差别，则形成非极性键。因此，从键的极性角度来说，离子键可以看成是强极性键的极限，非极性共价键看成是弱极性键的极限，那么极性键可以视为介于非极性键与离子键之间的一种过渡键型，见图 6.8 和表 6.3。

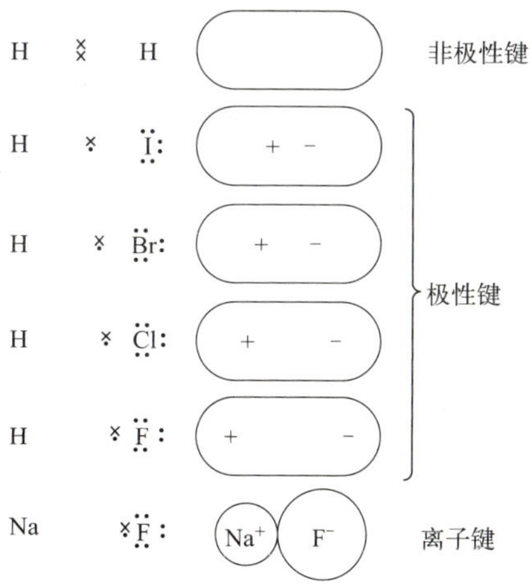

图 6.8　键型过渡示意图

表 6.3 键的极性与电负性的关系

键	电负性差值 $X_A-X_B=\Delta X$		键型过渡
H—H	2.1−2.1=0		非极性键
H—I	2.5−2.1=0.4	极性键	键极性增强↓
H—Br	2.8−2.1=0.7	极性键	
H—Cl	3.0−2.1=0.9	极性键	
H—F	4.0−2.1=1.9		
Na^+F^-	4.0−0.9=3.1		离子键

从表 6.3 可看出，成键两元素的电负性差值（ΔX）越大，键的极性越强。若把非极性键视为纯粹的 100% 的共价键，把理想中的纯粹的离子键视为 100% 的离子键，那么，从键型过渡的角度来说，极性共价键又可以看作为含有小部分离子键成分和大部分共价键成分的中间类型的化学键。当极性键向离子键过渡时，共价键成分（又称共价性）逐渐减少，而离子键成分（又称离子性）逐渐增加。因此，从这个意义上说，绝大多数的离子键都不是典型的，只是离子性占优势而已。

6.3 分子的几何构型

6.3.1 经典价键理论的局限性

价键理论较好地说明了不少双原子分子（如 H_2、Cl_2、N_2、CO、HCl 等）价键的形成。然而，当运用经典的价键理论去说明多原子分子的价键形成及几何构型时，遇到了困难。如甲烷（CH_4）分子，经实验测知，CH_4 分子具有正四面体空间结构，如图 6.9 所示。C 原子位于正四面体的中心，而 4 个 H 原子则分别位于正四面体的 4 个顶点上。4 个 C—H 键都是等同的（键长和键能都相等），其夹角（即键角）均为 109° 28′。

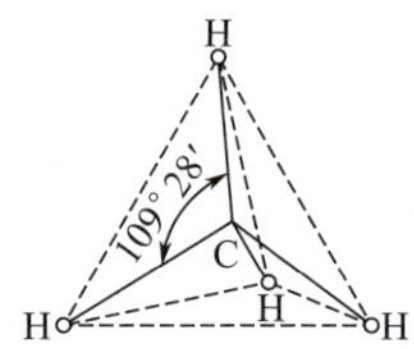

图 6.9 CH_4 分子的空间结构

但是按照经典的价键理论分析，对 CH_4 分子来说，由于基态 C 原子的价层电子构型是 $2s^22p^2$，只有 2 个未成对电子，与 2 个 H 原子只能形成 2 个 C—H 键，而且键角应该是 90° 左右，显然，这与上述实验事实不符。即使考虑到 C 原子价层有一个空的 2p 轨道，且能量比 2s 轨道只稍高一些，如果在成键时有一个 2s 电子被激发到 2p 的一个空轨道上去，而使价层内具有 4 个未成对电子，这样，可以和 4 个 H 原子形成 4 个 C—H 键（从能量的观点来说，2s 电子被激发到 2p 所需要的能量，可以被形成 4 个 C—H 键后放出的能量补偿而有余）。但是，这样形成的 4 个 C—H 键将是不完全等同的，由于 2p 轨道较 2s 轨道角度分布有一突出的部分，和相邻原子轨道重叠较大一些，因而由 p 电子构成的 C—H 键其键能理应较大一些，而由 s 电子所构成的 C—H 键其键能理应较小一些；另外由 p 电子所构成的 3 个 C—H 键理应互相垂直。显然，由经典的价键理论分析并经过推理所得出的结论仍然与实验事实不符，说明经典的价键理论是有局限性的，难以解释一般多原子分子的价键形成和几何构型问题。

6.3.2 杂化轨道理论

6.3.2.1 杂化轨道理论的要点

为了解决以上矛盾，鲍林（L.Pauling）在价键理论中引进了原子轨道杂化的概念，并发展为杂化轨道理论。杂化轨道理论的要点如下：

① 某原子成键时，在键合原子的作用下，价层中若干个能级相近的原子轨道有可能改变原有的状态，“混杂”起来并重新组合成一组利于成键的新的轨道（称**杂化轨道**），这一过程称为原子轨道的杂化（简称**杂化**）。可见，原子轨道的杂化在形成分子的过程中才会发生。

② 同一原子中能级相近的 n 个原子轨道，组合后只能得到 n 个杂化轨道。

例如，同一原子的一个 ns 轨道和一个 np 轨道，只能杂化成两个 sp 杂化轨道。这两个 sp 杂化轨道的形成过程以图 6.10 表示。

如果把这两个 sp 杂化轨道示意图合绘在一起，则得图 6.11。为了看得清楚，这两个轨道分别用虚、实线表示。由此可见，两个 sp 杂化轨道的形状一样，但其角度分布最大值在 x 轴上的取向相反。

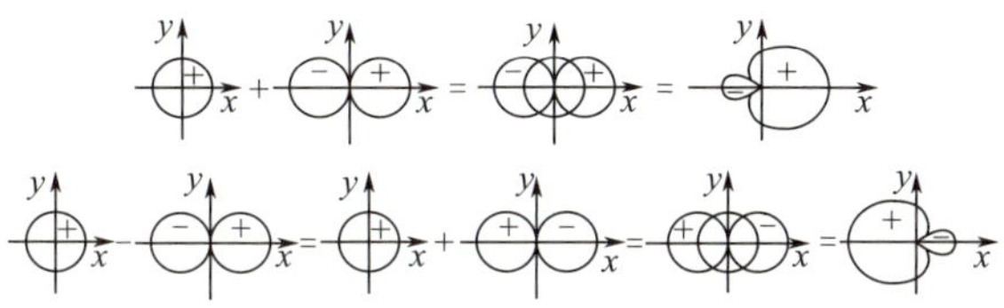

图 6.10　sp 杂化轨道的形成示意图

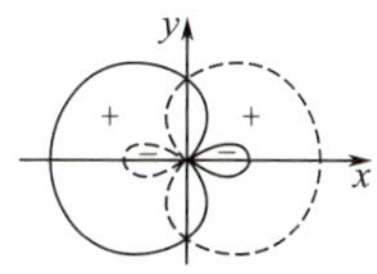

图 6.11　两个 sp 杂化轨道

③ 杂化轨道比原来未杂化的轨道成键能力强，形成的化学键键能大，使形成的分子更稳定。

由于成键原子轨道杂化后，轨道角度分布图的形状发生了变化（一头大，一头小），杂化轨道在某些方向上的角度分布，比未杂化的 p 轨道和 s 轨道的角度分布大得多，成键时从分布比较集中的一方（大的一头）与别的原子成键轨道重叠，能得到更大程度的重叠，因而形成的化学键比较牢固。

6.3.2.2　杂化类型与分子几何构型

（1）sp 杂化　同一原子内由一个 ns 轨道和一个 np 轨道发生的杂化，称为 sp 杂化。杂化后组成的轨道称为 sp 杂化轨道。sp 杂化可以而且只能得到两个 sp 杂化轨道。

如气态 $BeCl_2$ 是一个直线形的共价分子。Be 原子位于两个 Cl 原子的中间，键角 180°，两个 Be—Cl 键的键长和键能都相等。

基态 Be 原子的价层电子构型为 $2s^2$，表面看来似乎不能形成共价键，但杂化理论认为，成键时 Be 原子中的 1 个 2s 电子可以被激发到 2p 空轨道上去，使基态 Be 原子转变为激发态 Be 原子（$2s^12p^1$）：

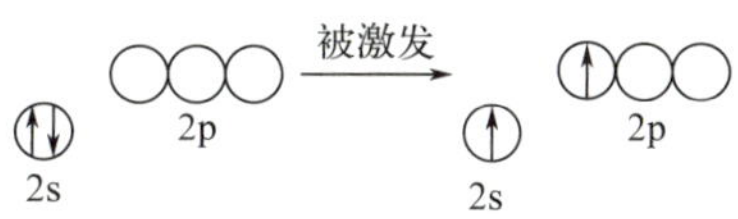

与此同时，Be 原子的 2s 轨道和一个刚跃进的电子的 2p 轨道发生 sp 杂化，形成两个能量等同的 sp 杂化轨道：

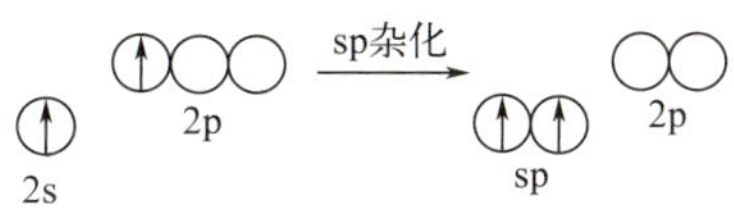

其中每一个 sp 杂化轨道都含有 $\frac{1}{2}$ s 轨道和 $\frac{1}{2}$ p 轨道的成分。见图 6.11，每个 sp 轨道的形状都是一头大，一头小。成键时，都是以杂化轨道比较大的一头与 Cl 原子的成键轨道重叠而形成两个 σ 键，这 2 个 sp 杂化轨道正好互成 180°，亦即在同一直线上。（注意：激发、杂化、成键是同时进行的。）

此外，周期表ⅡB 族 Zn、Cd、Hg 元素的某些共价化合物，其中心原子也多采取 sp 杂化。

（2）sp^2 杂化　同一原子内由 1 个 ns 轨道和 2 个 np 轨道发生的杂化，称为 sp^2 杂化。杂化

后组成的轨道称为 sp^2 杂化轨道。

如气态氟化硼（BF_3）具有平面三角形的结构。B 原子位于三角形的中心，3 个 B—F 键是等同的，键角为 120°，如图 6.12 所示。

基态 B 原子的价层电子构型为 $2s^22p^1$。成键时 B 原子中的一个 2s 电子可以被激发到一个空的 2p 轨道上去，使基态的 B 原子转变为激发态的 B 原子（$2s^12p^2$）；与此同时，B 原子的 2s 轨道与各填有一个电子的 2 个 2p 轨道发生 sp^2 杂化，形成 3 个能量等同的 sp^2 杂化轨道：

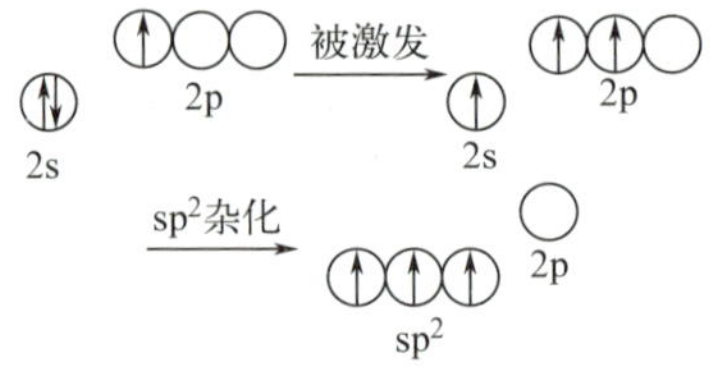

其中每一个 sp^2 杂化轨道都含有 $\frac{1}{3}$s 轨道和 $\frac{2}{3}$p 轨道的成分。sp^2 杂化轨道的形状和 sp 杂化轨道的形状类似（图 6.13），只是所含的 s 轨道和 p 轨道成分不同。成键时以杂化轨道的一头与 F 原子的成键轨道重叠而形成 3 个 σ 键，键角为 120°，BF_3 分子中的 4 个原子都在同一平面上。

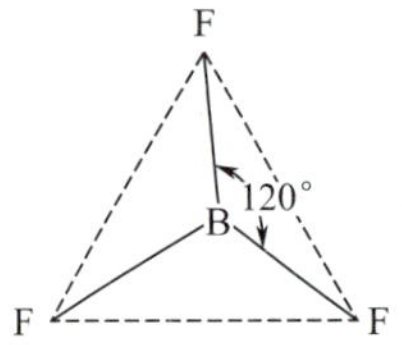

图 6.12　BF_3 分子的空间结构

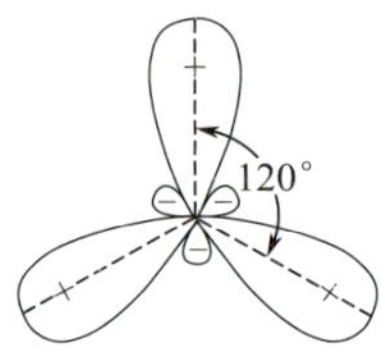

图 6.13　sp^2 杂化轨道

除 BF_3 气态分子外，其他气态卤化硼分子内，B 原子也是采取 sp^2 杂化的方式成键的。

（3）sp^3 杂化　同一原子内由 1 个 *n*s 轨道和 3 个 *n*p 轨道发生的杂化，称为 sp^3 杂化，杂化后组成的轨道称为 sp^3 杂化轨道。sp^3 杂化可以而且只能得到 4 个 sp^3 杂化轨道。

如 CH_4 分子的结构经实验测知为正四面体结构，4 个 C—H 键均等同，键角均为 109° 28′。杂化轨道理论认为，激发态 C 原子（$2s^12p^3$）的 2s 轨道与 3 个 2p 轨道发生 sp^3 杂化，从而形成 4 个能量等同的 sp^3 杂化轨道：

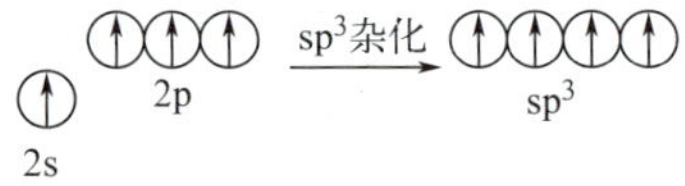

其中每一个 sp^3 杂化轨道都含 $\frac{1}{4}$ s 轨道和 $\frac{3}{4}$ p 轨道的成分。如图 6.14 所示，sp^3 杂化轨道的形状也和 sp 杂化轨道类似。成键时，以杂化轨道比较大的一头与 H 原子的成键轨道重叠而形成 4 个 σ 键。根据理论推算，键角为 109° 28′，表明 CH_4 分子为正四面体结构，与实验测得的结果完全相符。除 CH_4 分子外，CCl_4、CF_4、SiH_4、$SiCl_4$、$GeCl_4$ 等分子也是采取 sp^3 杂化的方式成键的。

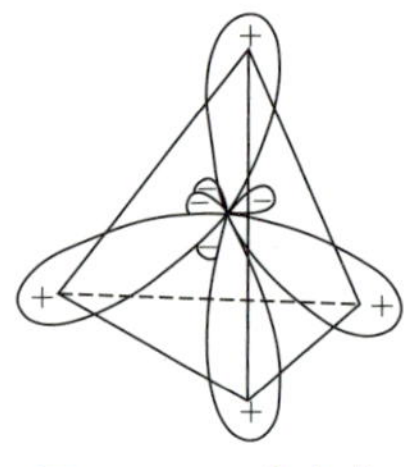

图 6.14　sp^3 杂化轨道

另外，有些分子，从表面来看与 CH_4 分子的成键似乎毫无共同之处，如 NH_3 分子的成键似乎与 BF_3 分子类似。但实测结果键角为 107° 18′，与 109° 28′ 接近。又如 H_2O 分子似乎与 $BeCl_2$ 分子类似，但实测结果键角为 104° 45′，也与 109° 28′ 接近。实际上，在 NH_3 和 H_2O 分子的成键过程中，中心原子也是采取 sp^3 杂化的方式成键的。所不同的是在所形成的 sp^3 杂化轨道中有些有孤电子对，这些轨道不再与 H 原子成键。

N 原子的价层电子构型为 $2s^22p^3$，成键时这 4 个价电子轨道发生 sp^3 杂化：

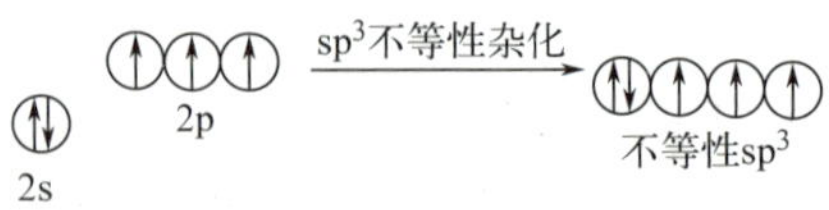

形成了4个sp^3杂化轨道。其中3个sp^3杂化轨道各有1个未成对电子，1个sp^3杂化轨道为一对电子所占据。成键时有3个sp^3杂化轨道分别与3个H原子的1s轨道重叠，形成3个N—H键；其余1个sp^3杂化轨道上的电子对没有参加成键，如图6.15（a）所示。这一对孤电子对因靠近N原子，其电子云在N原子外占据着较大的空间，对3个N—H键的电子云有较大的静电排斥力，使键角从109° 28′被压缩到107° 18′，以至于NH_3分子呈三角锥形，如图6.15（b）所示。由于孤电子对的电子云比较集中于N原子的附近，因而其所在的杂化轨道含有较多的s轨道成分，其余3个杂化轨道则含有较多的p轨道成分，使这4个sp^3杂化轨道不完全等同。这种产生不完全等同轨道的杂化称为**不等性杂化**。

至于H_2O分子，O原子的价层电子构型为$2s^22p^4$，成键时这4个价电子轨道也是发生sp^3不等性杂化：

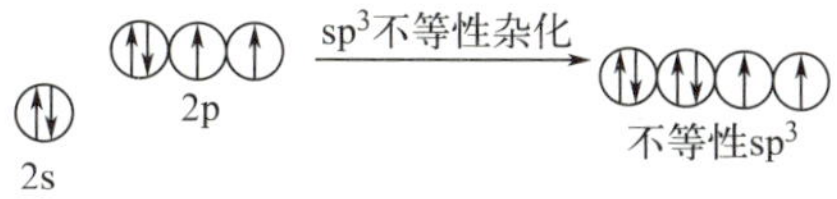

形成了4个不完全等同的sp^3杂化轨道，其中2个sp^3杂化轨道各有1个未成对电子，其电子分别与2个H原子的1s电子形成2个O—H键，其余2个sp^3杂化轨道各为一对孤电子对所占据，如图6.16（a）所示。这两对孤电子对因靠近O原子，其电子云在O原子外占据更大的空间，对两个O—H键的电子云有更大的静电排斥力，使键角从109° 28′被压缩到104° 45′，以至于H_2O分子的空间结构如图6.16（b）所示。

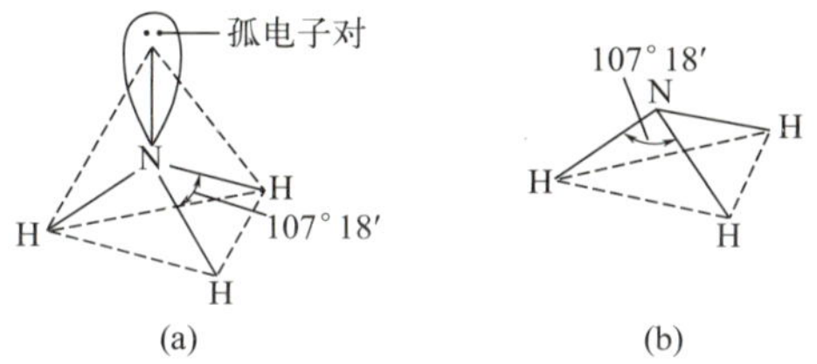

图6.15　NH_3分子的空间结构

图6.16　H_2O分子的空间结构

以上介绍了s轨道和p轨道的三种杂化形式，现简要归纳于表6.4中。

表6.4　s轨道和p轨道杂化与分子几何构型

杂化类型	sp	sp^2	sp^3		
杂化轨道几何构型	直线形	三角形	四面体		
杂化轨道中孤电子对数	0	0	0	1	2
分子几何构型	直线形	正三角形	正四面体形	三角锥形	折线（V）形
实例	$BeCl_2$，CO_2	BF_3，SO_3	CH_4，CCl_4，SiH_4	NH_3	H_2O
键角	180°	120°	109° 28′	107° 18′	104° 45′
分子极性	无	无	无	有	有

第三周期及其后的元素原子，价层中有d轨道，若*n*d或（*n*−1）d轨道与*n*s、*n*p轨道能级接近，成键时有可能参与成键。成键时发生s-p-d或d-s-p型杂化。如PF_5和SF_6分子中的S原子分别采取sp^3d和sp^3d^2杂化成键，SF_6分子的空间结构如图6.17所示。

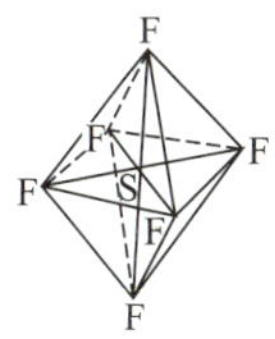

图6.17　SF_6分子的空间结构

6.3.3　价层电子对互斥理论

对AX_nE_m型分子（或离子，以下略）来说：A代表中心原子，X为配体，*n*为配体的数目，E代表A原子价层内孤电子对，*m*为孤电子对数。价层电子对是指在AX_nE_m分子中A原子价层内的成键电子对（简称键电子对）和孤电子对。价层电子对的数目简称价层电子对数（以VP表示）。例如CH_4分子中C原子的价层电子对数为4，这四对价层电子均为键电子对；又如NH_3分子中 N 原子的价层电子对数也是 4，但其中有三对为键电子对，一对为孤电子对。

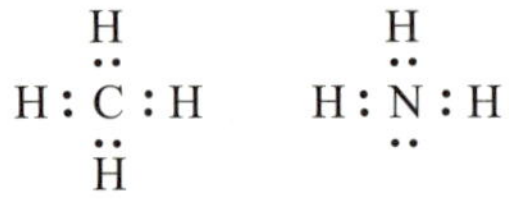

分子内价层电子对之间存在着互相排斥的作用。1940 年 N.V.Sidgwick 和 H.Powell 首先提出了分子的几何构型与价层电子对互斥作用有关的假说。例如对 BeH_2 分子来说：

H∶Be∶H

在 Be 原子价层内有两对键电子对，显然，这两对电子只有当它们彼此处在 Be 原子核相对的两侧位置时才能使排斥力达到尽可能的最小值：

∶—Be—∶

这时即为 BeH_2 分子最稳定的状态，因而可以推断，BeH_2 应为直线形的分子：

H—Be—H

实验完全证实了这种推断的正确性。

当中心原子的价层电子对数 > 2 时：若把价层的形状近似看作球面，根据上述推断方法，只有当各价层电子对在球面上都处在相距最远的位置时，才能使价层电子对之间的排斥力达到尽可能的最小值。由纯几何学的方法不难找出表 6.5 中的对应关系。价层电子对数超过 6 时，价层电子对分布的几何图形比较复杂，在此不再列出。

表 6.5　中心原子价层电子对的理想几何分布

价层电子对数（VP）	价层电子对的理想几何分布	排布形式
2	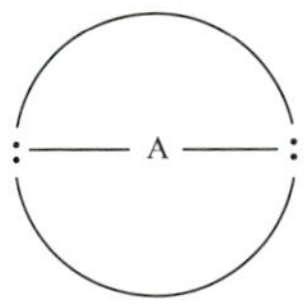 球体直径的两端	∶—— A ——∶ 直线形
3	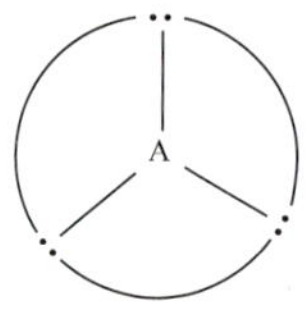 通过球心的内接三角形的顶点	 平面三角形
4	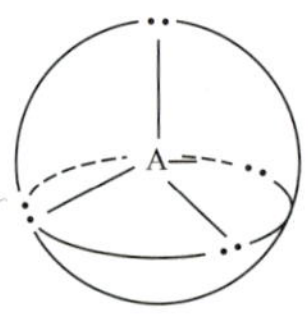 内接四面体的四个顶点	 四面体形
5	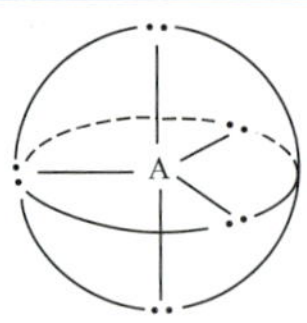 内接三角双锥的五个顶点	 三角双锥体形
6	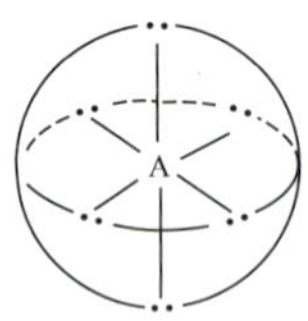 内接八面体的六个顶点	 八面体形

R. J.Gillespie 和 R.S.Nyholm 在 Sidgwick 和 Powell 假说的基础上进行了大量的研究工作，经过归纳、整理，终于在 1957 年正式提出了价层电子对互斥理论（VSEPR 理论）。

VSEPR 理论的基本要点为：AX_nE_m 型分子的几何构型主要由 A 原子价层电子对的相互排斥作用

所决定，采取电子对相互斥力最小的几何分布（亦即采取电子对彼此相距尽可能远离的那种结构）。

6.3.3.1　影响 AX_nE_m 分子结构的因素

（1）键电子对数（BP）　价层电子对全为键电子对的 AX_n 分子，根据 A 原子的键电子对数，分别具有表 6.5 所列相对应的几何构型。

（2）孤电子对数（LP）　价层中如有孤电子对存在，由于孤电子对的电子云在中心原子 A 周围占据着较大的空间，对邻近电子对的排斥作用大，往往会使键角变小。NH_3 和 H_2O 分子是典型例子。

不同种类价层电子对之间斥力大小顺序为：孤电子对之间 > 孤电子对与键电子对之间 > 键电子对之间。据此，可推断稀有气体化合物 XeF_2 分子的几何构型。基态 Xe 原子价层已有 8 个价电子，如与氟原子结合成 XeF_2：

在 XeF_2 中 Xe 原子价层内则有五对价电子对（其中有两对是键电子对，三对是孤电子对），其几何分布应为三角双锥，各价电子对和成键原子的相对位置则可能有三种不同的排布方式：

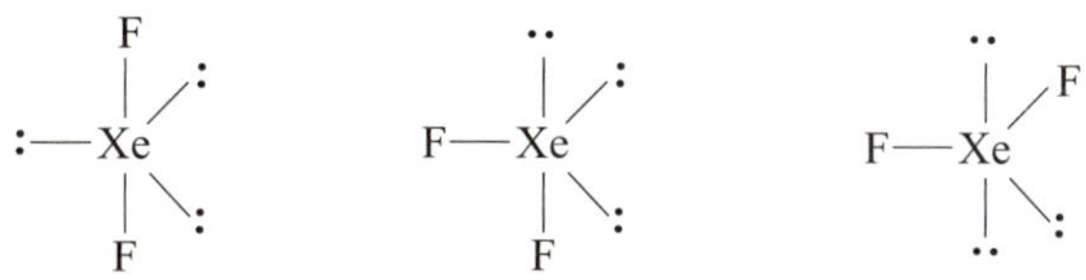

(a)　　(b)　　(c)

与（b）、（c）两种方式相比较，由于（a）种排布方式的孤电子对之间相距最远（均为 120°），分子体系的能量最低，因此，可以推断 XeF_2 分子的稳定结构应为直线形的。

（3）电负性　若中心原子（A）相同，由于键电子对之间的斥力随着配位原子电负性增加而减小，因而键角也减小。据此，可推测或解释某些分子键角的相对大小。例如 NF_3 与 NH_3 分子比较，由于 F 的电负性（为 4.0）比 H 的电负性（为 2.1）大，吸引键电子对的能力强，NF_3 分子中键电子对离 N 原子较远，键电子对之间斥力较小，因此可推测 NF_3 分子中的键角理应比 NH_3 分子中的键角小些。实验测知 NF_3 分子的键角（102° 6′）确比 NH_3 分子的键角（107° 18′）小些。

若配体（X）相同，由于键电子对之间的斥力随着中心原子电负性增加而增大，因而键角增大。例如：

分子	SbH_3	AsH_3	PH_3	NH_3
中心原子的电负性	1.9	2.0	2.1	3.0
键角	91° 18′	91° 50′	93° 18′	107° 18′

（4）重键　重键电子云在中心原子周围占据的空间比单键电子云大些，使斥力大小顺序为

三键 > 双键 > 单键

因而含重键的键角较大。例如，甲醛分子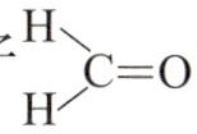中各键角为：∠HCO = 122° 6′，∠HCH = 115° 48′。但在推测 AX_nE_m 分子的大致构型时，可忽略重键和单键的区别，把重键当作单键处理。例如：

化合物名称	氢氰酸	二氧化硫	甲醛
分子结构式	H—C≡N	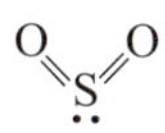	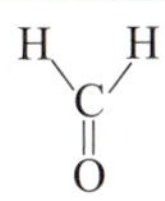
分子大致几何构型	直线形	V 形	三角形

6.3.3.2 推测 AX_nE_m 分子几何构型的步骤

(1) 确定中心原子(A)的价层电子对数 若 AX_nE_m 为分子，则 VP=BP+LP。如果配体 X 中只含 1 个配位原子，BP=n，LP 值的计算式为：

LP=1/2（中心原子价电子总数−n个基态配位原子未成对价电子数）

例如，SO_2 分子内，中心 S 原子的价电子总数为 6，基态氧原子未成对价电子数为 2，则 BP=n=2，LP=$\frac{1}{2}(6-2\times2)=1$，VP=BP+LP=2+1=3。

若 AX_nE_m 为阴离子（或阳离子），中心原子的价电子数还应加上（或减去）与离子电荷相应的电子数。例如：

离子	离子电荷	中心原子价电子数	BP	LP	VP
PO_4^{3-}	−3	5+3=8	4	0	4
NH_4^+	+1	5−1=4	4	0	4

(2) 推测中心原子(A)价层电子对理想几何分布 根据中心原子（A）的 VP 值等信息，可推出该分子或离子的中心原子（A）价层电子对理想几何分布。

(3) 推测 AX_nE_m 分子几何构型 应用 VSEPR 理论，即可推测该分子的几何构型。

【例 6.1】 推测 ClF_3 分子的几何构型。

解： 中心原子 Cl 的 BP=n=3

$$LP=\frac{1}{2}(7-3\times1)=2$$

$$VP=BP+LP=3+2=5$$

按表 6.6 可推测 ClF_3 分子内中心原子 Cl 价层电子对理想几何分布为三角双锥形。但键电子对和孤电子对的相对位置可能有三种不同的排布方式（图 6.18），电子对与中心原子连线之间有三种不同的夹角（90°、120°、180°），其中以夹角最小的电子对之间斥力最大，各种电子对在 ClF_3 分子中处于 90° 夹角位置的机会如表 6.6 所示。

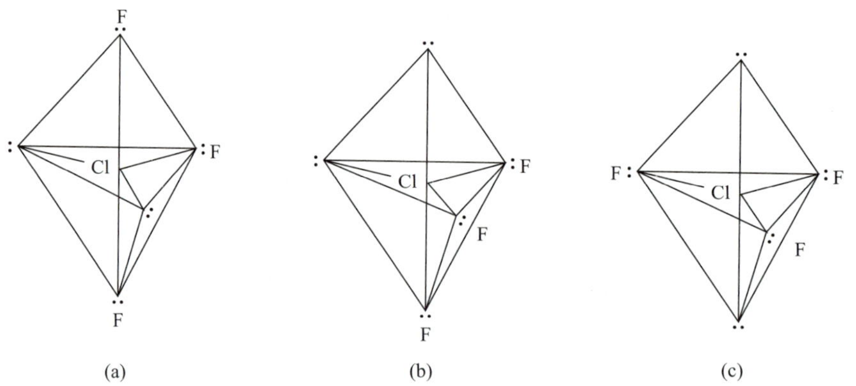

图 6.18 ClF_3 的三种可能空间构型

表 6.6 电子对在分子中处于 90° 夹角位置的机会

ClF_3 可能的空间结构	处于 90° 夹角位置的机会		
	孤电子对间	孤电子对－键电子对间	键电子对间
(a)	0	4	2
(b)	1	3	2
(c)	0	6	0

考虑到（a）、（c）结构中孤电子对间均无 90° 夹角的排斥机会，而且（a）结构中孤电子对与键电子对间的排斥机会又比（c）结构少，因此在（a）、（b）、（c）三种可能结构中，以（a）结构最稳定，可以推测 ClF_3 分子采取（a）结构可能性最大。另外，（a）结构中由于处于对称位置的键电子对受孤电子对的斥力比与孤电子对处于同一平面的键电子对的大，可以推测处于对称位置的 Cl—F 键的键长要长些，而且它们与处于平面的 Cl—F 键之间的键角 ∠FClF 应小于 90°。

以上推测为实验测定所证实，ClF_3 分子近似于 T 形结构。

价层电子对数及其种类与分子几何构型的对应关系如表 6.7 所示。

表 6.7　价层电子对与分子几何构型的对应关系

价层电子对数	价层电子对几何分布	键电子对数	孤电子对数	分子类型	分子几何构型	实例
2	直线形	2	0	AX_2	直线形	$HgCl_2$,CO_2
3	平面三角形	3	0	AX_3	平面三角形	BF_3,SO_3
		2	1	AX_2E	V 形	$PbCl_2$,SO_2
4	四面体形	4	0	AX_4	四面体形	CH_4,SO_4^{2-}
		3	1	AX_3E	三角锥形	NH_3,SO_3^{2-}
		2	2	AX_2E_2	V 形	H_2O,ClO_2^-
5	三角双锥形	5	0	AX_5	三角双锥形	PCl_5,AsF_5
		4	1	AX_4E	四面体形	SF_4,$TeCl_4$
5	三角双锥形	3	2	AX_3E_2	T 形	ClF_3,BrF_3
		2	3	AX_2E_3	直线形	XeF_2,I_3^-
6	八面体形	6	0	AX_6	八面体形	SF_6,$[FeF_6]^{3-}$
		5	1	AX_5E	四棱锥形	IF_5,$[SbF_5]^{2-}$
		4	2	AX_4E_2	四方形	XeF_4,ICl_4^-

从以上介绍可以看出，前面介绍过的杂化轨道理论和价层电子对互斥理论是从不同的角度（前者从原子轨道的杂化，后者从价层电子对的互斥作用）来探讨分子的几何构型，而所得的结果大致相同。

价层电子对互斥理论在推断 AX_nE_m 型分子（或离子）的几何构型上确实是很有用的。但正如任何理论都有它的适用范围一样，价层电子对互斥理论也有一定的局限性。

① 它主要适用于讨论中心原子是主族元素的 AX_nE_m 型分子（或离子）。至于副族元素，由于价层内 d 电子多，电子云的空间分布错综复杂，对分子的几何构型往往会产生影响。除非价层的 d 亚层恰好是全空、半满或全满（即 d^0、d^5、d^{10}），因为在这三种状态下，d 电子云可以近似认为是球形对称的，对分子的空间构型影响不大。

② 它只适用于讨论孤立的分子（或离子），而不适用于讨论固体的空间结构。

③ 它只能对分子的构型作定性的描述，而不能得出定量的结果（譬如不能给出键角、键长的数据）。

6.4

分子轨道理论

前面我们介绍了共价键理论中的价键理论，价键理论由于沿用了早期经典化学键理论中的价键概念（如两原子间电子配对成键等），比较直观，易为化学家所接受，因此，长期以来在化学界影响很深，直至目前在不少场合下，人们仍用它来说明一些分子的价键形成和空间构型。但是，实际上还有许多分子的结构和性质，价键理论是难以解释的。例如，按价键理论，O_2 分子中的电子都是成对的，应有一个 σ 键和一个 π 键，其结构式应为

$$\mathrm{\ddot{\underset{\cdot\cdot}{O}}::\ddot{\underset{\cdot\cdot}{O}}} \quad 或 \quad \mathrm{\ddot{\underset{\cdot\cdot}{O}}=\ddot{\underset{\cdot\cdot}{O}}}$$

但是，对 O_2 分子的磁性研究表明，O_2 分子有两个自旋方向相同的成单电子，这是价键理论无法解释的。又例如，经光谱实验证实，只有一个电子的氢分子离子 H_2^+ 是可以稳定存在的：$(H\cdot H)^+$。此两例均与价键理论的基本观点相违背，暴露了价键理论的局限性。

为了克服价键理论所遇到的困难，分子轨道理论应运而生。近年来，由于电子计算机的应用，分子轨道理论发展较快，已成功地说明很多分子的结构和反应性能问题，在共价键理论中占有非常重要的地位。

6.4.1 分子轨道的基本概念

分子轨道理论是把原子电子层结构的主要概念，推广到分子体系而形成的一种分子结构的理论。

在描述电子在原子中的状态时，原子结构理论把原子核作为原子的核心，电子按照一定的原理（泡利原理、能量最低原理）和规则（洪德规则）分布在原子核外若干个原子轨道内。分子轨道理论在描述电子在分子中的状态时与此十分相似。分子轨道理论把组成分子的各原子核（在分子中各有一定的平衡位置）作为分子的骨架，所有电子按照相同的原理和规则分布在骨架附近的若干个分子轨道内，每个分子轨道内最多只能容纳两个自旋方向相反的电子；每一个分子轨道都有各自相应的能量，在不违背泡利原理的前提下，电子尽先占据能量最低的分子轨道；电子填入等价分子轨道（指能量相同的分子轨道）时，将尽先单个地分别占据不同的等价分子轨道，且自旋平行。电子进入分子轨道后，若体系总能量有所降低，即能成键。

6.4.2 分子轨道的形成

量子力学认为，分子轨道由组成分子的各原子轨道组合而成。分子轨道总数等于组成分子的各原子轨道数目的总和。例如，当 2 个 H 原子形成 1 个 H_2 分子时，2 个 1s 原子轨道可以而且只能形成 2 个分子轨道；2 个 N 原子形成 1 个 N_2 分子时，2 个 1s 原子轨道可以形成 2 个分子轨道，2 个 2s 原子轨道可以形成 2 个分子轨道，6 个 2p 原子轨道可以形成 6 个分子轨道。

分子轨道的形状可以通过原子轨道的重叠，分别近似地描述。

6.4.2.1 s-s 原子轨道的组合

一个原子的 *n*s 原子轨道与另一个原子的 *n*s 原子轨道组合成 2 个分子轨道的情况，如图 6.19 所示。

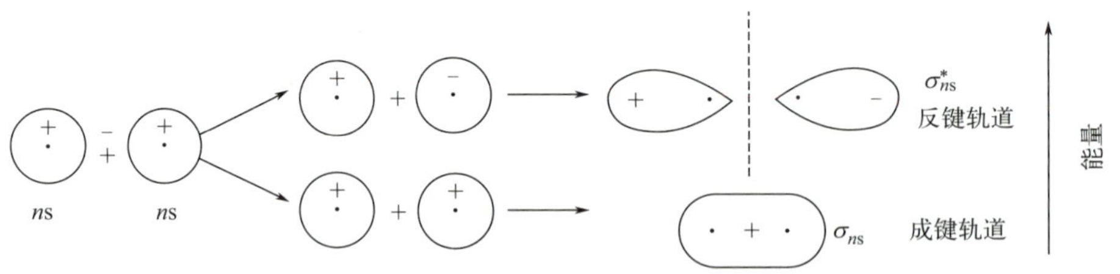

图 6.19 s-s 原子轨道组合成分子轨道示意图

由图 6.19 所得到的 2 个分子轨道的形状可以看出：电子若进入上面那种分子轨道，其电子云的分布偏于两核外侧，在核间的分布稀疏，不能抵消两核之间的斥力，对分子的稳定不利，对分子中原子的键合会起反作用，因此上面的分子轨道称为反键分子轨道（简称反键轨道）；电子若进入下面那种分

子轨道，其电子云在核间的分布密集，对两核的吸引能有效地抵消两核之间的斥力，对分子的稳定有利，使分子中原子间发生键合作用，因此下面的分子轨道称为成键分子轨道（简称成键轨道）。

由 s-s 原子轨道组合而成的这两种分子轨道，其电子云沿键轴（两原子核间的连线）对称分布，这类分子轨道称为 σ 分子轨道。为了进一步把这两种分子轨道区别开来，图 6.19 中上面那种称 σ_{ns}^* 反键分子轨道，图 6.19 中下面那种称为 σ_{ns} 成键分子轨道。通过理论计算和实验测定可知 σ_{ns}^* 分子轨道的能量比组合该分子轨道的 ns 原子轨道的能量要高，而 σ_{ns} 分子轨道的能量则比 ns 原子轨道的能量要低。电子进入 σ_{ns}^* 反键轨道会使体系能量升高，电子进入 σ_{ns} 成键轨道则会使体系能量降低，在 σ 轨道上的电子称为 σ 电子。

例如，氢分子轨道和氢原子轨道能量关系可用图 6.20 表示。图中每一实线表示 1 个轨道。当来自 2 个氢原子的自旋方向相反的 2 个 1s 电子成键时，根据能量最低原理，将进入能量较低的 σ_{1s} 成键分子轨道，体系能量降低的结果是形成 1 个以 σ 键结合的 H_2 分子。H_2 的分子轨道式可表示为：$H_2[(\sigma_{1s})^2]$。

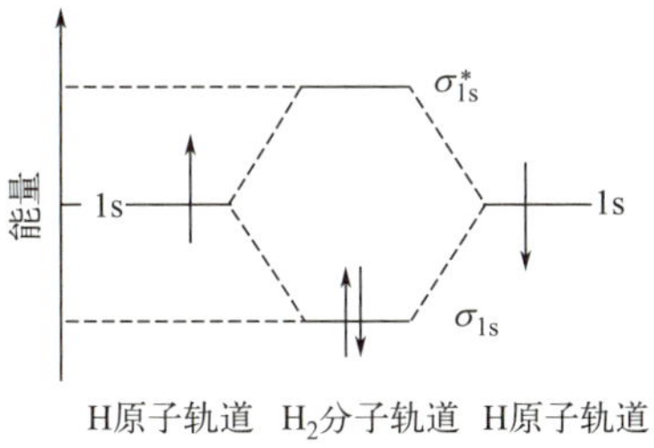

图 6.20　H_2 分子轨道能级示意图

6.4.2.2　p-p 原子轨道的组合

一个原子的 p 原子轨道和另一个原子的 p 原子轨道组合成分子轨道，可以有“头碰头”和“肩并肩”两种组合方式。

当一个原子的 np_x 原子轨道与另一个原子的 np_x 原子轨道沿键轴（x 轴）方向相互接近（“头碰头”的组合方式），如图 6.21 所示，所形成的 2 个分子轨道，其电子云沿键轴对称分布，其中一个称 σ_{np_x} 成键分子轨道，另一个称 $\sigma_{np_x}^*$ 反键分子轨道。$\sigma_{np_x}^*$ 分子轨道的能量比组合该分子轨道的 np_x 原子轨道的能量要高，而 σ_{np_x} 分子轨道的能量比组合该分子轨道的 np_x 原子轨道的能量要低。

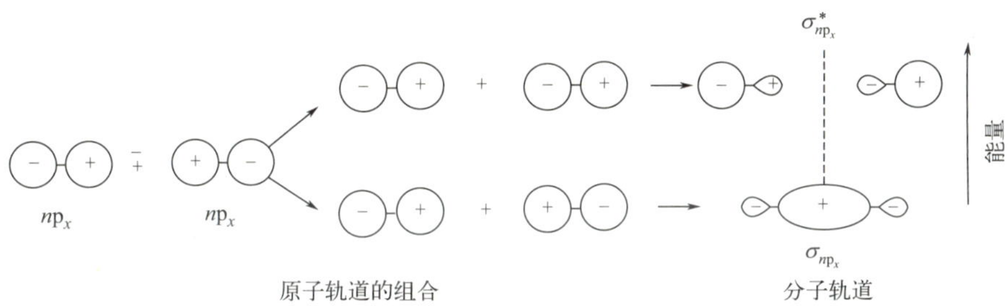

图 6.21　p_x-p_x 原子轨道组合成 σ 分子轨道示意图

当 2 个原子的 np_z 原子轨道沿着 x 轴的方向相互接近（“肩并肩”的组合方式），如图 6.22 所示，也可以组合成 2 个分子轨道，其电子云的分布有一对称面，此平面通过 x 轴，电子云则对称地分布在此平面的两侧，这类分子轨道称为 π 分子轨道。在这 2 个 π 分子轨道中，能量比组合该分子轨道的 np_z 原子轨道高的称 $\pi_{np_z}^*$ 反键分子轨道；而能量比组合该分子轨道的 np_z 原子轨道低的，称 π_{np_z} 成键分子轨道。

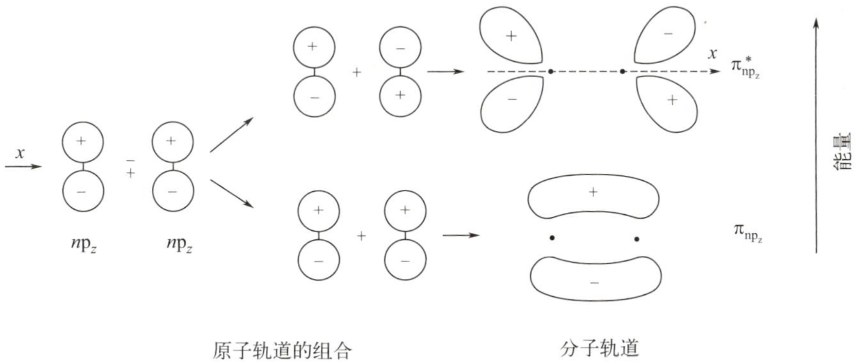

图 6.22　p_z-p_z 原子轨道组合成 π 分子轨道示意图

同样道理，当 2 个原子的 np_y 原子轨道沿着 x 轴的方向相互接近，可组合成 π_{np_y} 成键分子轨道和 $\pi^*_{np_y}$ 反键分子轨道。π_{np_y} 轨道与 π_{np_z} 轨道，形状相同，能量相等，只是空间取向互成 90°。

6.4.3 分子轨道的能级

每种分子的每个分子轨道都有确定的能量；不同种分子的分子轨道能量是不同的。由于分子轨道能量理论计算很复杂，目前主要借助光谱实验来确定。

如图 6.23 所示，对于第二周期元素所组成的多数同核双原子分子（除 O_2、F_2 外），其分子轨道能量高低次序大体可以排列如图 6.23（b）所示。O_2、F_2、Ne_2 分子轨道的能量如图 6.23（a）所示，与图 6.23（b）有所不同，分子中 π_{2p} 分子轨道的能量比 σ_{2p} 分子轨道的能量稍高些。σ_{np_x} 分子轨道的能量比 π_{np_y} 和 π_{np_z} 分子轨道的能量稍低些。但是总的来说，σ_{np_x} 和 π_{np_y}、π_{np_z} 轨道能量是比较接近的。

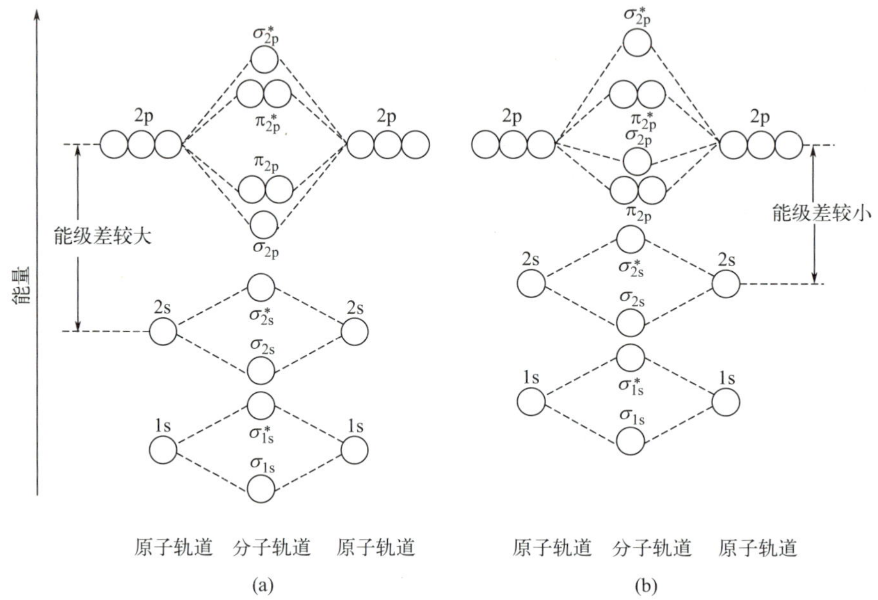

图 6.23 第二周期元素的同核双原子分子轨道相对能级示意图

下面应用分子轨道理论来描述某些同核双原子分子的结构。

【例 6.2】 说明 F_2 分子的结构。

F_2 分子由 2 个 F 原子组成。F 原子的电子层结构为 $1s^22s^22p^5$。通过实验知道，F_2 分子轨道能量的相对高低可用图 6.23（a）来表示。F_2 分子中的 18 个电子在各分子轨道中的分布为

$$F_2\left[(\sigma_{1s})^2(\sigma^*_{1s})^2(\sigma_{2s})^2(\sigma^*_{2s})^2(\sigma_{2p_x})^2(\pi_{2p_y})^2(\pi_{2p_z})^2(\pi^*_{2p_y})^2(\pi^*_{2p_z})^2\right]$$

其中 σ_{1s} 和 σ^*_{1s} 轨道上的电子为芯电子。量子力学认为，芯电子由于离核近，受到核的束缚，在形成分子时实际上不起作用，可以认为它们基本上仍留在原来的原子轨道中运动。因此 F_2 分子中电子的排布有时不写 σ_{1s} 和 σ^*_{1s} 轨道，而用符号 K 代表示。其中每一个 K 代表 K 层原子轨道上的 2 个电子。这样 F_2 分子的分子轨道式又可表达为

$$F_2\left[KK(\sigma_{2s})^2(\sigma^*_{2s})^2(\sigma_{2p_x})^2(\pi_{2p_y})^2(\pi_{2p_z})^2(\pi^*_{2p_y})^2(\pi^*_{2p_z})^2\right]$$

其中 $(\sigma_{2s})^2$ 与 $(\sigma^*_{2s})^2$、$(\pi_{2p_y})^2$ 与 $(\pi^*_{2p_y})^2$、$(\pi_{2p_z})^2$ 与 $(\pi^*_{2p_z})^2$，一为成键，一为反键，能量变化一降一升。对成键起作用的主要是 (σ_{2p_x}) 轨道上的 2 个 σ 电子，成键的 $(\sigma_{2p_x})^2$ 表示有 1 个 σ 键，所以 F_2 分子中 2 个 F 原子之间是以 1 个 σ 键结合的，这一点和价键理论的看法一致。

【例 6.3】 说明 N_2 分子的结构。

N_2 分子由 2 个 N 原子组成。N 原子的电子层结构为 $1s^22s^22p^3$。通过实验知道，N_2 分子轨道能量的相对高低可用图 6.23（b）来表示。N_2 分子中的 14 个电子，在分子轨道中分布为

$$N_2\left[KK(\sigma_{2s})^2(\sigma^*_{2s})^2(\pi_{2p_y})^2(\pi_{2p_z})^2(\sigma_{2p_x})^2\right]$$

其中有 4 个内层电子；$(\sigma_{2s})^2$ 和 $(\sigma^*_{2s})^2$，一为成键，一为反键，对成键起作用的主要是 (π_{2p_y})、(π_{2p_y}) 轨道上的 4 个 π 电子和 σ_{2p_x} 轨道上的 2 个 σ 电子，即 N_2 分子中 2 个原子间形成了 2 个 π 键和 1 个 σ 键，或者说形成了三键，这一点和价键理论的看法也是一致的。而且，N_2 分子的结构仍然可以采用与电子配对法相同的形式：

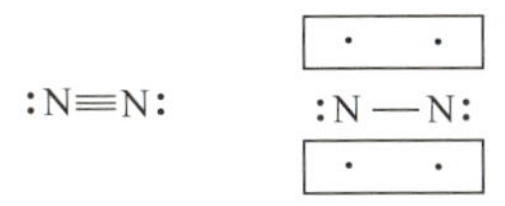

分子结构式　　价键结构式

在 N_2 的分子结构式子中，除画出三键外，还标明价层中有两对孤电子对。这两对孤电子对，分子轨道理论的解释为：由于 $(\sigma_{2s})^2$ 和 $(\sigma^*_{2s})^2$ 的作用相互抵消，原来属于 2s 原子轨道上的电子对，可以看成仍然分属于两个 N 原子。至于 K 层电子因是内层电子，在写结构式时不予标出。在 N_2 分子的价键结构式中还进一步把 σ 键和 π 键区别开来，即以短线表示 σ 键，两个长方框表示 (π_{2p_y}) 和 (π_{2p_z}) 分子轨道，长方框内的电子表示 π 电子，$\boxed{\cdot\quad\cdot}$表示双电子 π 键。至于由主量子数为 3 或 3 以上的原子轨道所组合而成的同核双原子分子轨道，其能量大小一般顺序尚不够明确。

6.4.4 分子轨道理论的应用

6.4.4.1 推测分子的存在和阐明分子的结构

第一、第二周期元素的同核双原子分子中：H_2、N_2、O_2、F_2 分子早已熟悉；H_2^+、He_2^+、Li_2、B_2 及 C_2 分子虽较少见，但在气相中已被观测到并被研究过；而 Be_2 和 Ne_2 分子则至今未发现。下面选择几个例子应用分子轨道理论加以说明。

（1）H_2^+ 分子离子与 Li_2 分子　H_2^+ 分子离子只有 1 个电子，根据同核双原子分子轨道能级图可写出其分子轨道式：$H_2^+\ [(\sigma_{1s})^1]$。由于有 1 个电子进入 (σ_{1s}) 成键轨道，体系能量降低了，因此从理论上推测 H_2^+ 分子离子是可能存在的。$[H\cdot H]^+$ 分子离子中的键称单电子 σ 键。Li_2 分子有 6 个电子，同理可写出其分子轨道式：$Li_2[KK(\sigma_{2s})^2]$。由于有 2 个价电子进入 (σ_{2s}) 轨道，体系能量也降低，因此从理论上推测 Li_2 分子也是可能存在的。Li-Li 分子中的键称单 (σ) 键。

H_2^+ 分子离子和 Li_2 分子的存在，实验已经证实，对于解释这类化学事实，价键理论是无能为力的。

（2）Be_2 分子　Be_2 分子有 8 个电子。假如这种分子能存在，根据同核双原子分子轨道能级图可写出它的分子轨道式：

$$Be_2[KK(\sigma_{2s})^2(\sigma^*_{2s})^2]$$

由于进入成键轨道和反键轨道的电子数目一样多，能量变化上相互抵消，因此从理论上推测 Be_2 分子不是高度不稳定就是根本不存在。事实上 Be_2 分子尚未被发现。

（3）He_2 分子与 He_2^+ 分子离子　He_2 分子有 4 个电子。假如 He_2 分子能存在，同理可写出其分子轨道式：

$$He_2\left[(\sigma_{1s})^2(\sigma^*_{1s})^2\right]$$

由于进入 (σ_{1s}) 和 (σ^*_{1s}) 轨道的电子均为 2 个，对体系能量的影响相互抵消，因此，与 Ne_2 分子一样，从理论上可以预言 He_2 分子是不存在的，这正是稀有气体为单原子分子的原因所在。

尽管 He_2 分子是不存在的，但 He_2^+ 分子离子的存在已经为光谱实验所证实。由于 He_2^+ 分子离子比 2 个 He 原子少 1 个电子，从 He_2^+ 分子离子的分子轨道式 $He_2^+\ [(\sigma_{1s})^2(\sigma^*_{1s})^1]$ 可以看出，进入 (σ_{1s})

成键轨道的电子有 2 个，而进入 (σ^*_{1s}) 反键轨道的电子只有 1 个，体系总的能量还是降低了，说明 He_2^+ 分子离子是可以存在的。为了区别于单电子 σ 键，$[He \vdots He]^+$ 分子离子中的化学键称为三电子 σ 键。

6.4.4.2 描述分子的结构稳定性

分子轨道理论中引入一个键参数——键级，来描述分子的结构稳定性。键级定义为分子中净成键电子数的一半：

$$键级 = \frac{净成键电子数}{2} = \frac{成键轨道的电子数 - 反键轨道的电子数}{2}$$

键级的多少与键能的大小有关，见表 6.8。一般来说，键级越高，键能越大，分子结构越稳定。键级为零，分子不可能存在。但是，需要指出的是键级只能定性地推断键能的大小，粗略地估计分子结构稳定性的相对大小。事实上键级相同的分子其稳定性也可能有差别。

表 6.8 键级与键能的关系

分子	He_2	H_2^+	H_2	N_2
键级	$\frac{2-2}{2}=0$	$\frac{1-0}{2}=\frac{1}{2}$	$\frac{2-0}{2}=1$	$\frac{10-4}{2}=3$
键能 /(kJ · mol^{-1})	0	256	436	946

6.4.4.3 预言分子的磁性

物质的磁性实验发现，凡有未成对电子的分子，在外加磁场中必顺着磁场方向排列。分子的这种性质称为**顺磁性**。具有这种性质的物质称为**顺磁性物质**。反之，电子完全配对的分子则具有**反磁性**。

若按价键理论，O_2 分子是以双键结合的，分子中无未成对电子，应具有反磁性。

$:\ddot{O}::\ddot{O}:$　　　　O═O

电子式　　　　分子结构式

但磁性实验说明 O_2 分子具有顺磁性，而且光谱实验还指出 O_2 分子中确实含有两个自旋平行的未成对电子。

若按照分子轨道理论来处理，O_2 分子轨道式为

$$O_2\left[KK(\sigma_{2s})^2(\sigma^*_{2s})^2(\sigma_{2p_x})^2(\pi_{2p_y})^2(\pi_{2p_z})^2(\pi^*_{2p_y})^1(\pi^*_{2p_z})^1\right]$$

如上式所列，当 O_2 分子中的 16 个电子依次填入到 (π_{2p}) 轨道以后，还剩余 2 个电子，这 2 个电子要填入 (π^*_{2p}) 轨道上去，由于 $(\pi^*_{2p_y})$ 轨道与 $(\pi^*_{2p_z})$ 轨道的能量是相等的，根据洪德规则，这 2 个电子以自旋平行的方式分别填入 $(\pi^*_{2p_y})$ 和 $(\pi^*_{2p_z})$ 轨道，也就是说，O_2 分子中含有两个自旋平行的未成对电子，所以 O_2 分子具有顺磁性，O_2 分子的价键结构式应为

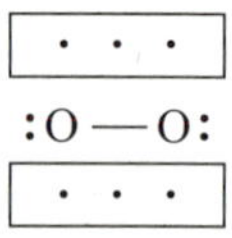

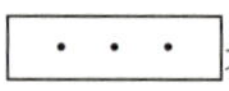表示 $(\pi_{2p})^2$ 与 $(\pi^*_{2p})^1$ 构成的三电子 π 键。

由此可见，分子轨道理论能预言分子的顺磁性与反磁性，这是价键理论所办不到的。

价键理论和分子轨道理论是处理分子结构的两种近似方法，如果把这两种理论加以对比，不难看出两者各有优缺点。

价键理论简明直观，价键概念突出，在描述分子的几何构型方面有其独到之处，容易为人们所掌握。但是价键理论把成键局限于两个相邻原子之间，构成定域键，而且该理论严格限定只有

自旋方向相反的两个电子配对才能成键，这就使得它的应用范围比较狭窄，对许多分子的结构和性能不能给出确切的解释。

分子轨道理论恰好克服了价键理论的缺点，它提出分子轨道的概念，把分子中电子的分布统筹安排，使分子具有整体性，这样成键就可以不局限于两个相邻原子之间，亦即还可以构成非定域键；而且该理论把成键条件放宽，认为单电子进入分子轨道后，只要分子体系的总能量得以降低也可以成键，这就使得它的应用范围比较宽广，能阐明一些价键理论不能解释的问题。但是分子轨道理论价键概念不明显，计算方法也比较复杂，不易为一般学习者运用和掌握，而且在描述分子的几何构型方面也不够直观。

由于电子计算机的应用，分子轨道理论发展得很快，应用也越来越广泛；同时价键理论也在不断地改进和演变。这两种理论各自取长补短，相辅相成，在新的更为成熟的分子结构理论尚未正式创立之前，无论对价键理论或者分子轨道理论，均不可偏废。

6.5 分子间力和氢键

水蒸气可凝聚成水，水可凝固成冰，这一过程表明分子间还存在着一种相互吸引作用。van der Waals 早在 1873 年就注意到这种作用力的存在并且进行了卓有成效的研究，所以后人把分子间力叫作范德华力。分子间力是决定物质的沸点、熔点、汽化热、熔化热、溶解度、表面张力以及黏度等物理性质的主要因素。

由于分子间力本质上属于电学性质的范畴，因此在介绍分子间力之前，先熟悉分子的两种电学性质——分子极性和变形性。

6.5.1 分子的极性和变形性

6.5.1.1 分子的极性

我们知道，每个分子都有带正电荷的原子核和带负电荷的电子，由于正、负电荷数量相等，整个分子是电中性的。但是对每一种电荷（正电荷或负电荷）量来说，都可以设想各集中于某点上，就像任何物体的重量可被认为集中在其重心上一样。我们把电荷的这种集中点叫作“电荷中心”。在分子中如果正、负电荷中心不重合在同一点上，那么这两个中心又可称作分子的两个极（正极和负极），这样的分子就具有极性。

对于双原子分子来说，问题比较简单。在由两个相同原子构成的分子如 H_2 分子中，由于分子的正、负电荷中心重合于一点［如图 6.24（a）所示，+、- 表示正、负电荷中心］，整个分子并不存在正、负两极，即分子不具有极性，这种分子叫作非极性分子。

在两个不同原子构成的分子如 HCl 分子中，由于成键电子云偏向于电负性较大的氯原子，使分子的负电荷中心比正电荷中心更偏向于氯，如图 6.24（b）所示。这种正、负电荷中心不重合的分子中就有正、负两极，分子具有极性，叫作极性分子。由此可见，对双原子分子来说，分子是否具有极性，决定于所形成的键是否具有极性。有极性键的分子一定是极性分子，极性分子内一定含有极性键。

对于多原子分子来说，情况稍微复杂些。分子是否有极性，不能单从键的极性来判断。因为含有极性键的多原子分子可能是极性分子，也可能是非极性分子，要视分子的组成和分子的几何构型而定。例如，H_2O 分子中 O—H 键为极性键，而且由于 H_2O 分子不是直线形分子，H_2O 分子中正、负电荷中心不重合，因此，水分子是极性分子，如图 6.25 所示。又如，在二氧化碳

（O═C═O）分子中，虽然 C═O 键为极性键，由于 CO_2 是一个直线形分子，2 个 C═O 键的极性互相抵消，整个 CO_2 分子中正、负电荷中心重合，所以 CO_2 分子则是非极性分子。

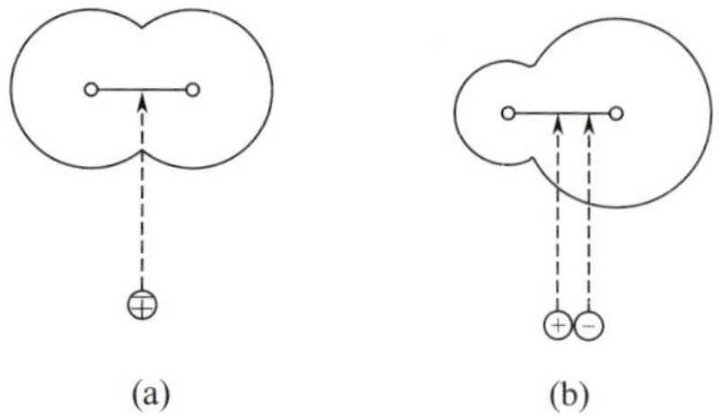

图 6.24　H_2（a）和 HCl（b）分子电荷分布示意图

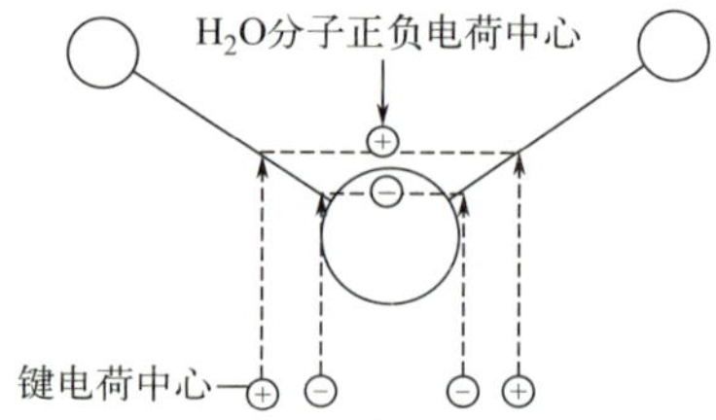

图 6.25　H_2O 分子中的电荷分布示意图

总之，共价键是否有极性，决定于相邻两原子间共用电子对是否偏移；而分子是否有极性，决定于整个分子正、负电荷中心是否重合。

为了衡量分子极性的大小，需要介绍一个描述分子极性的物理量——分子的偶极矩（图 6.26）。

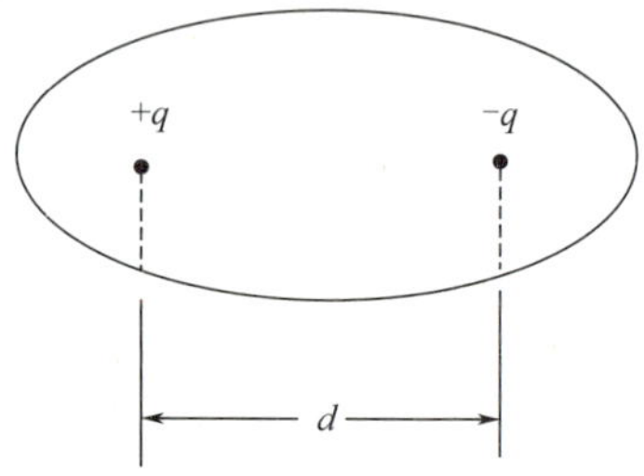

图 6.26　分子的偶极矩

偶极矩 (μ) 定义为分子中电荷中心（正电荷中心或负电荷中心）上的电荷量 (q) 与正、负电荷中心之间距离 (d) 的乘积：

$$\mu = qd$$

d 又称为偶极长度。分子偶极矩的具体数值可以通过实验测出，它的单位是 C · m。

显然，某种分子如果经实验测知其偶极矩等于 0，那么这种分子即为非极性分子；反之偶极矩不等于 0 的分子，就是极性分子。偶极矩越大，分子的极性越强。因而可以根据偶极矩数值的大小比较分子极性的相对强弱，如表 6.9 所示。

表 6.9　偶极矩与分子极性的关系

HX	μ /(10^{-36}C · m)	分子极性
HF	6.40	依次减弱（↓）
HCl	3.61	
HBr	2.63	
HI	1.27	

此外，还可以根据偶极矩数值验证和推断某些分子的几何构型。例如，通过实验测知 CS_2 分子的偶极矩为 0，说明 CS_2 分子中的正、负电荷中心是重合的，由此可以推断 CS_2 分子应为直线形分子。

6.5.1.2　分子的变形性

前面讨论分子的极性时，只是考虑孤立分子中电荷的分布情况，如果把分子置于外加电场 (E) 中，则其中电荷分布还可能发生某些变化。

如果把一非极性分子［图 6.27（a）］，置于电容器的两个极板之间［图 6.27（b）］，分子中带正电荷的原子核被吸引向负电极，而电子云被吸引向正电极，其结果，电子云与核发生相对位移，造成分子的形变（此过程称为分子变形极化），这使原来重合的正、负电荷中心彼此分离，分子出现了偶极，这种偶极称为**诱导偶极**（$\mu_{诱导}$）。电场越强，分子的变形越显著，诱导偶极越大。当外电场撤除后，诱导偶极自行消失，分子重新复原为非极性分子。

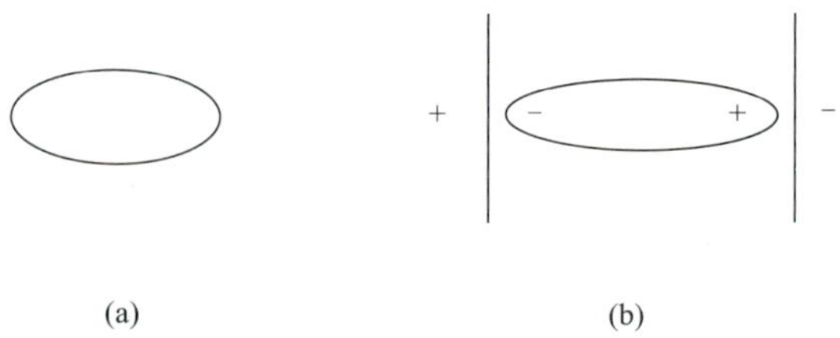

图 6.27　非极性分子在电场中的变形极化

由此可知：$\mu_{诱导} \propto E$。引入比例常数 α，使 $\mu_{诱导}=\alpha E$，显然 α 可作为衡量分子在电场作用下变形性大小的标度，叫作分子的诱导极化率，简称极化率。在一定强度的电场作用下，α 越大的分子，$\mu_{诱导}$越大，分子的变形性也就越大。

对于极性分子来说，本身就存在着偶极，这种偶极叫作固有偶极或永久偶极。在气态及液态时，如果没有外电场的作用，它们一般都做不规则的热运动［图 6.28（a）］。但在外电场作用下，极性分子的正极一端将转向负电极，负极一端则转向正电极，亦即都顺着电场的方向整齐地排列［图 6.28（b）］，这一过程叫作分子的定向极化。而且在电场的进一步作用下，产生诱导偶极。这时，分子的偶极为固有偶极和诱导偶极之和，分子的极性有所增强［图 6.28（c）］。

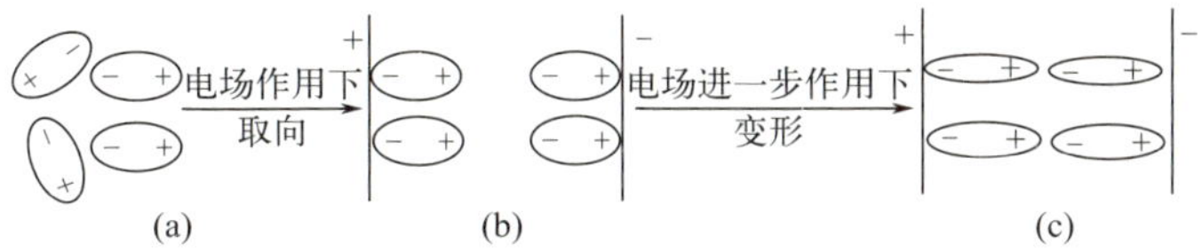

图 6.28　极性分子在电场中的极化

由此可见，极性分子在电场中的极化包括分子的定向极化和变形极化两方面。

另外，分子的极化不仅能在电容器的极板间发生，由于极性分子自身就存在着正、负两极，作为一个微电场，极性分子与极性分子之间，极性分子与非极性分子之间同样也会发生极化作用。这种极化作用对分子间力的产生有重要影响。

6.5.2　分子间力

6.5.2.1　分子之间的相互吸引作用

假定分子间不发生化学反应的前提下进行如下讨论。

（1）非极性分子和非极性分子之间　室温下溴为液体，碘、萘为固体，H_2、O_2、N_2 等非极性气体分子在低温下也会被液化甚至固化。这些物质能维持某种聚集状态，说明在非极性分子之间存在着一种相互作用力。

非极性分子之间的这种作用力是怎样产生的？在非极性分子例如氩分子中，在一段时间内，总的来说其电荷是对称分布的，所以其正、负电荷中心是重合的，分子没有极性［图 6.29（a）］。但是，由于每个分子中的电子都在不断地运动，原子核都在不停地振动，使电子云与原子核之间经常发生瞬时的相对位移，使分子的正、负电荷中心暂时不重合，产生瞬时偶极。每一个瞬时偶极存在的时间尽管是极为短暂的，但由于电子和原子核时刻都在运动，瞬时偶极不断地出现，异极相邻的状态不断地重现［图 6.29（b）、（c）］，使非极性分子之间只要接近到一定距离，就始终存在着一种持续不断的相互吸引作用。分子之间由于瞬时偶极而产生的作用力称为色散力，非极性物质分子之间正是由于色散力的作用才能凝聚为液体、凝固为固体的。

（2）非极性分子和极性分子之间　由于电子与原子核的相对运动，不仅非极性分子内部会出现瞬时偶极，而且极性分子内部也会出现瞬时偶极，因此非极性分子和极性分子之间也同样存在着色散力。除此之外，还应该注意到，非极性分子在极性分子固有偶极作用下会发生变形极化，产生诱导偶极（图 6.30），使非极性分子与极性分子之间还产生一种相互吸引作用，这种诱导偶极与固有偶极之间的作用力称为诱导力。

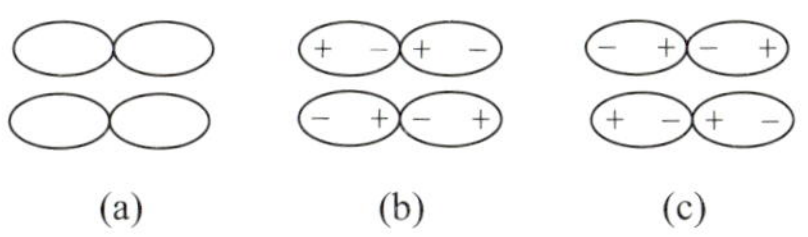

图 6.29　非极性分子相互作用示意图

图 6.30　极性分子和非极性分子相互作用示意图

(3) 极性分子与极性分子之间 极性分子由于有固有偶极，当极性分子相互靠近时，如前所述会发生定向极化，由于固有偶极的取向而产生的作用力称为取向力。另外，极性分子定向排列后还会进一步发生变形极化，产生诱导偶极。因此，极性分子之间还存在着诱导力。最后，应该特别提到的是极性分子之间也存在着色散力。

总之，在非极性分子之间只有色散力；在非极性分子和极性分子之间有色散力和诱导力；在极性分子之间有色散力、取向力和诱导力。由此可见，色散力存在于一切分子之间。

6.5.2.2 分子间力的特点和影响因素

分子间力有以下几个特点：

① 它是存在于分子间的一种电性作用力。

② 它是短程力，作用范围仅为几百皮米（pm）。当分子间距离为分子本身直径的4～5倍时，作用力就减弱到几乎可以忽略不计。

③ 它的作用能一般是几到几十千焦每摩尔。虽然比化学键键能约小1～2个数量级，但对由共价型分子所组成的物质的一些物理性质影响很大。

④ 它一般没有方向性和饱和性。

⑤ 在三种作用力中，如表6.10所示，除了极性很大而且分子间存有氢键的分子（例如H_2O）之外，对大多数分子来说，色散力是分子间主要的作用力。三种力的相对大小一般为：

$$色散力 >> 取向力 > 诱导力$$

表6.10 一些物质的分子间作用能（分子间距离为500pm，温度为298.15K）

分子	$E_{取向}$ /(kJ·mol^{-1})	$E_{诱导}$ /(kJ·mol^{-1})	$E_{色散}$ /(kJ·mol^{-1})	$E_{总}$ /(kJ·mol^{-1})
Ar	0.000	0.000	8.49	8.49
CO	0.003	0.008	8.74	8.75
HI	0.025	0.113	25.8	25.9
HBr	0.686	0.502	21.9	23.1
HCl	3.30	1.00	16.8	21.1
NH_3	13.3	1.55	14.9	29.8
H_2O	36.3	1.92	8.99	47.2

无论是取向力、诱导力或是色散力，都与分子间的距离有关。随着分子间距离的增大，作用力迅速减弱。

另外，取向力还与温度和分子的极性强弱（或偶极矩大小）有关。温度越高，分子取向越困难，取向力越弱；分子的偶极矩越大，取向力越强。

诱导力与极性分子的极性强弱和非极性分子的变形性大小有关。极性分子的偶极矩越大，非极性分子的极化率越大，诱导力也越强。

色散力主要与分子的变形性有关。分子的极化率越大，色散力也就越强。

6.5.2.3 分子间力对物质物理性质的影响

分子间力对物质物理性质的影响是多方面的。液态物质分子间力越大，汽化热就越大，沸点就越高；固态物质分子间力越大，熔化热就越大，熔点就越高。一般来说，结构相似的同系列物质分子量越大，分子变形性也越大，分子间力越强，物质的沸点、熔点也就越高。例如，稀有气体、卤素等，其沸点和熔点就是随着分子量的增大而升高的。分子量相等或近似而体积大的分子，电子位移可能性大，有较大的变形性，此类物质有较高的沸点、熔点。

分子间力对液体的互溶度以及固态、气态非电解质在液体中的溶解度也有一定影响。溶质或溶剂（指同系物）的极化率越大，分子变形性和分子间力越大，溶解度也越大（见表6.11）。

另外，分子间力对分子型物质的硬度也有一定的影响。分子极性小的聚乙烯、聚异丁烯等物质，分子间力较小，因而硬度不大；含有极性基团的有机玻璃等物质，分子间引力较大，具有一定的硬度。

表 6.11　稀有气体的熔点、沸点、溶解度与极化率的关系

稀有气体	$\alpha/(10^{-40}C\cdot m^2\cdot V^{-1})$	熔点 /℃	沸点 /℃	溶解度（溶质的摩尔分数）		
				H_2O	乙醇 (0℃)	丙醇 (0℃)
He	0.225	−272.2	−268.9	0.137	0.599	0.684
Ne	0.436	−248.67	−245.9	0.174	0.857	1.15
Ar	1.813	−189.2	−185.7	0.414	6.54	8.09
Kr	2.737	−156.0	−152.3	0.888	—	—
Xe	4.451	−111.9	−107	1.94	—	—
Rn	6.029	−71	−61.8	4.14	211.2	254.9
$\alpha/(10^{-40}C\cdot m^2\cdot V^{-1})$				1.65	5.89	7.33

6.5.3　氢键

结构相似的同系列物质的熔点、沸点一般随着分子量的增大而升高。但在氢化物中唯有 NH_3、H_2O、HF 的熔点、沸点明显偏高（如图 6.31 所示），原因是这些分子之间除有分子间力外，还有氢键。

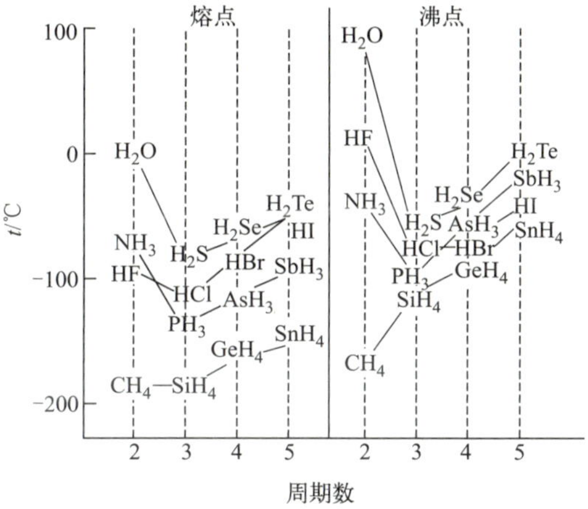

图 6.31　ⅣA～ⅦA 氢化物熔点、沸点递变情况

6.5.3.1　氢键的形成

现以 HF 为例说明氢键的形成。在 HF 分子中，由于 F 的电负性（4.0）很大，共用电子对强烈偏向 F 原子一边，而 H 原子核外只有 1 个电子，其电子云向 F 原子偏移的结果，使得它几乎要呈质子状态。这个半径很小、无内层电子的带部分正电荷的氢原子，使附近另一个 HF 分子中含有孤电子对并带部分负电荷的 F 原子有可能充分靠近它，从而产生静电吸引作用。这个静电吸引作用力就是氢键。例如：

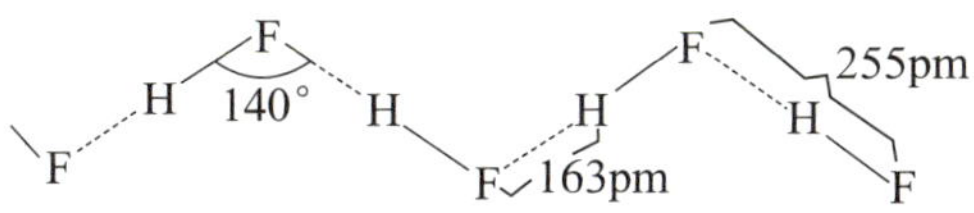

不仅同种分子之间可以存在氢键，某些不同种分子之间也可能形成氢键。例如，NH_3 与 H_2O 之间：

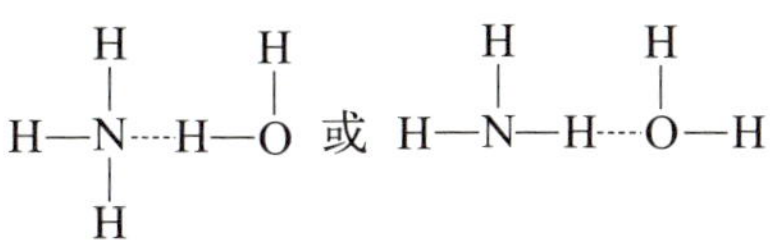

氢键结合的情况如果写成通式，可用 X—H---Y 表示。式中 X 和 Y 代表 F、O、N 等电负性大而原子半径较小的非金属原子。X 和 Y 可以是相同的元素，也可以是两种不同的元素。氢键存在虽然很普遍，对它的研究也在逐步深入，但是人们对氢键的定义至今仍有两种不同的理解。第一种把 X—H---Y 整个结构叫氢键，因此氢键的键长就是指 X 与 Y 之间的距离，如 F—H---F 的键长为 255pm。第二种把 H---Y 叫作氢键，这样 H---F 之间的距离 163pm 才算是氢键的键长。这种差别，在选用氢键键长数据时要加以注意。不过，对氢键键能的理解上是一致的，都是指把 X—H---Y—H 分解成为 HX 和 HY 所需的能量。

6.5.3.2 氢键的强度

氢键的牢固程度——键强度也可以用键能来表示。粗略而言，氢键键能是指每拆开单位物质的量的 H---Y 键所需的能量。氢键的键能一般都在 $42kJ \cdot mol^{-1}$ 以下，比共价键的键能小得多，而与分子间力更为接近些。例如，H_2O 分子中 O—H 键的键能为 $463kJ \cdot mol^{-1}$；O—H…O 中氢键的键能为 $18.83kJ \cdot mol^{-1}$。而且，氢键形成的空间条件较易出现，所以在物质不断运动情况下，氢键可以不断形成和断裂。

6.5.3.3 氢键形成对物质性质的影响

氢键通常是物质在液态时形成的，但形成后有时也能继续存在于某些晶态甚至气态物质之中。例如，在气态、液态和固态的 HF 中都有氢键存在。能够形成氢键的物质是很多的，如水、水合物、氨合物、无机酸和某些有机化合物。氢键的存在，影响到物质的某些性质。

（1）熔点、沸点 分子间有氢键的物质熔化或汽化时，除了要克服纯粹的分子间力外，还必须提高温度，额外地供应一份能量来破坏分子间的氢键，所以这些物质的熔点、沸点比同系列氢化物的熔点、沸点高。

（2）溶解度 在极性溶剂中，如果溶质分子与溶剂分子之间可以形成氢键，则溶质的溶解度增大。HF 和 NH_3 在水中的溶解度比较大，就是这个缘故。

（3）黏度 分子间有氢键的液体，一般黏度较大。例如，甘油、磷酸、浓硫酸等多羟基化合物，由于分子间可形成众多的氢键，这些物质通常为黏稠状液体。

（4）密度 液体分子间若形成氢键，有可能发生缔合现象，例如，液态 HF, 在通常条件下，除了正常简单的 HF 分子外，还有通过氢键联系在一起的复杂分子 $(HF)_n$。

$$n\mathrm{HF} \xrightleftharpoons{\text{缔合}} (\mathrm{HF})_n$$

式中，n 可以是 2，3，4，…。这种由若干个简单分子联成复杂分子而又不会改变原物质化学性质的现象，称为**分子缔合**。分子缔合的结果会影响液体的密度。

H_2O 分子之间也有缔合现象。

$$n\mathrm{H_2O} \xrightleftharpoons{\text{缔合}} (\mathrm{H_2O})_n$$

常温下液态水中除了简单 H_2O 分子外，还有 $(H_2O)_2$，$(H_2O)_3$，…，$(H_2O)_n$ 等缔合分子存在。降低温度，有利于水分子的缔合。温度降至 0℃时，全部水分子结成巨大的缔合物——冰。

6.5.3.4 非常规氢键

（1）X—H…M 氢键 价层 d 轨道充满电子的过渡金属（M）如 Pt 等，与 X—H 基团相遇时，能作为质子（H^+）的受体，形成氢键体系，如 N—H…Pt 氢键。

（2）X—H…H—Y 双氢键 自 20 世纪 90 年代以来先后发现不少如 $H_3N\text{-}BH_3$ 的分子，其分子没有孤电子对，分子间按理说不存在形成常规氢键的可能性，但事实上其熔点居然高达 104℃，显示出 $H_3N\text{-}BH_3$ 晶体内分子间存在较强的作用力。通过对含 NH-HB 体系的晶体进行结构分析及计算表明，NH-HB 键的键能远大于水分子间氢键的键能（$18.83kJ \cdot mol^{-1}$）；又如 BH_4^-…HCN 键键能高达 $75.44kJ \cdot mol^{-1}$，也远大于常规氢键的键能，从而论证了 X—H…H—Y

双氢键的存在。

此外，还有一些更为复杂的氢键存在于化合物中，对分子的聚合、晶体的形成及溶解、晶体水合物的形成有重要作用。

拓扑键和超分子

化学视野

分子概念的拓展与化学定义的演化

随着时代前进和学科的发展，分子的概念与化学的研究对象在拓展。

回顾化学发展史，1803年英国人道尔顿（J.Dalton）提出原子学说；1811年意大利人阿伏伽德罗（A.Avogadro）提出分子假说；1860年意大利人康尼查罗（S.Cannizzaro）建立原子-分子论。当时化学界认为：分子是由原子组成的，分子是保持物质物理性质的最小微粒；原子是参加化学反应的最小微粒，不同物质之间的化学反应是原子的重新排列、组合。因此，1880年恩格斯曾认为“化学是关于原子运动的科学”。

进入20世纪，化学家们更多关注的是物质的化学变化（亦即化学反应），而化学反应是物质的组成、结构、性质的变化过程，因此，从化学的研究对象角度考虑，化学的内涵被认为是“研究物质的组成、结构、性质及其变化的科学”。对于这个被化学教科书沿用了近半个多世纪的定义，化学界早有微词，例如有人认为原定义太笼统，理由是化学的研究对象仅限于宏观物质，而且是宏观物质中的化学物质（或化学物种）。到了20世纪下半叶，超分子化学的崛起拓展了分子的概念，纳米材料的出现突破了化学仅限于研究宏观化学物种的界限，于是有人提出“化学是一门研究分子和超分子层次的化学物种的组成、结构、性质和变化的自然科学”；也有人提出“化学是在原子和分子水平上研究元素、化合物和材料等物质的组成、制备、性质、结构、应用和互相转化规律的科学”。

面向21世纪，化学家们注意到化学的研究对象已经涉及10个层次：原子、分子碎片、结构单元、分子、超分子、高分子、生物分子、纳米分子和纳米聚集体、原子和分子的宏观聚集体、复杂分子体系及其组装体等。于是化学家们仿照泛太平洋会议、泛美航空公司的提法，把上述的21世纪化学的研究对象统称为“泛分子”，这样一来，21世纪的化学就是研究泛分子的科学。1997年我国化学家在北京召开了第128届香山科学会议，即“化学学科发展与优先领域讨论会”，会上对化学提出了一个颇有影响的定义：“化学是主要研究从原子、分子片、分子、超分子到分子和原子各种尺度和不同复杂程度的聚集态和组装态的合成和反应、分离和分析、结构和形态、物理性质和生物活性及其规律和应用的自然科学。”下面本书编者试解读其意：

化学是研究泛分子的 {各种尺度 / 不同复杂程度} 的 {聚集态 和 组装态} 的 {合成与反应 / 分离与分析 / 结构与形态 / 物理性质与生物活性} 及其 {规律 和 应用} 的自然科学

思考题

1．根据元素在周期表中的位置，试推测哪些元素原子之间易形成离子键，哪些元素原子之间易形成共价键。

2．下列说法中哪些是不正确的，并说明理由。

（1）键能越大，键越牢固，分子也越稳定。

（2）共价键的键长等于成键原子共价半径之和。

（3）sp^2杂化轨道是由某个原子的1s轨道和2p轨道混合形成的。

（4）中心原子中的几个原子轨道杂化时，必形成数目相同的杂化轨道。

（5）在CCl_4、$CHCl_3$和CH_2Cl_2分子中，碳原子都采用sp^3杂化，因此这些分子都呈正四面体形。

（6）原子在基态时没有未成对电子，就一定不能形成共价键。

（7）杂化轨道的几何构型决定了分子的几何构型。

3．试指出下列分子中哪些含有极性键。

$$Br_2 \quad CO_2 \quad H_2O \quad H_2S \quad CH_4$$

4．BF_3 分子具有平面三角形构型，而 NF_3 分子却是三角锥构型，试用杂化轨道理论加以解释。

5．CH_4、H_2O、NH_3 分子中键角最大的是哪种分子？键角最小的是哪种分子？为什么？

*6．已知 AX_nE_m 型分子的中心原子 A 的价层上有六对电子，试预测 A 原子价层 LP 值分别为 1、2、3 时各分子的几何构型。

*7．解释下列各组物质分子中键角的变化（括号内为键角数值）。

（1）PF_3(97.8°)、PCl_3(100.3°)、PBr_3(101.5°)

（2）H_2O(104°45′)、H_2S(92°16′)、H_2Se(91°)

8．（1）试用分子轨道法写出下列分子或离子的分子轨道表示式，并指出其中有哪几种键，是顺磁性还是反磁性的物质。

$$O_2 \quad O_2^{2-} \quad N_2 \quad N_2^{2-}$$

（2）Ne_2 分子至今尚未发现，无论应用图 6.23（a）或图 6.23（b）能级图处理，结论一致。为什么？

9．解释下列各对分子为什么极性不同，括号内为偶极矩数值（单位是 $10^{-30}C\cdot m$）。

（1）CH_4(0) 与 $CHCl_3$(3.50)

（2）H_2O(6.23) 与 H_2S(3.67)

10．用分子间力说明以下事实。

（1）常温下 F_2、Cl_2 是气体，Br_2 是液体，I_2 是固体。

（2）HCl、HBr、HI 的熔点、沸点随分子量的增大而升高。

（3）稀有气体 He、Ne、Ar、Kr、Xe 的沸点随着分子量的增大而升高。

11．判断下列物质熔点、沸点的相对高低。

（1）C_2H_6(偶极矩等于 0) 和 C_2H_5Cl(偶极矩等于 $6.84\times10^{-30}C\cdot m$)。

（2）乙醇 (C_2H_5OH) 和乙醚 ($C_2H_5OC_2H_5$)。

12．试解释：

（1）为什么水的沸点比同族元素氢化物的沸点高？

（2）为什么 NH_3 易溶于水，而 CH_4 则难溶于水？

（3）为什么 HBr 的沸点比 HCl 高，但又比 HF 的低？

（4）为什么室温下 CCl_4 是液体，CH_4 和 CF_4 是气体，而 CI_4 是固体？

13．举例说明下列说法是否正确。

（1）两个单键就组成一个双键。

（2）非极性分子中只有非极性键。

（3）同类分子，分子越大，分子间力也就越大。

（4）色散力只存在于非极性分子之间。

（5）一般来说，分子间力中，色散力是主要的。

（6）所有含氢化合物的分子之间，都存在着氢键。

（7）浓硫酸、甘油等液体黏度大，是由于它们分子间可形成众多的氢键。

（8）相同原子间的三键键能是单键键能的三倍。

（9）对多原子分子来说，其中键的键能就等于它的解离能。

14．试用对比的方式总结下列各组结构化学的名词、术语。

（1）电子：孤电子对、键电子对

s 电子、p 电子、d 电子

成键电子、反键电子

σ 电子、π 电子

（2）轨道：原子轨道、分子轨道

成键轨道、反键轨道、α 轨道、π 轨道

（3）键：离子键、共价键、极性键、非极性键

σ 键、π 键、强极性键、弱极性键

单键、单电子键、三键、三电子键

（4）结构式：

原子：电子结构式、电子分布式、原子轨道表示式

分子：分子式、化学式、分子结构式、价键结构式

分子轨道表示式、化学键示意图

（5）偶极：固有偶极、诱导偶极、瞬时偶极

（6）分子极化：定向极化、变形极化

极化力、极化率

（7）分于间力：色散力、诱导力、取向力

习题

1．C—C、N—N、N—Cl 键的键长分别为 154、145、175pm，试粗略估计 C—Cl 键的键长。

2．已知 H—F、H—Cl、H—Br 及 H—I 键的键能分别为 569、431、366 及 299kJ · mol^{-1}，试比较 HF、HCl、HBr 及 HI 气体分子的热稳定性。

3．根据电子配对法，写出下列各物质的分子结构式：

BBr_3　　CS_2　　SiH_4　　PCl_5　　C_2H_4

4．写出下列物质的分子结构式并指明 σ 键、π 键。

HClO　BBr_3　　C_2H_2

5．指出下列分子或离子中的共价键哪些是由成键原子的未成对电子直接配对成键，哪些是由电子激发后配对成键，哪些是配位键。

PH_3　NH_4^+　$[Cu(NH_3)_4]^{2+}$　AsF_5　PCl_5

6．根据电负性数据，在下列各对化合物中，判断哪一个化合物内键的极性相对较强些。

（1）ZnO 与 ZnS　（2）NH_3 与 NF_3　（3）AsH_3 与 NH_3

（4）H_2O 与 OF_2　（5）IBr 与 ICl

7．按键的极性由强到弱的次序重新排列以下物质。

O_2　　H_2S　　H_2O　H_2Se　Na_2S

8．试用杂化轨道理论，说明下列分子的中心原子可能采取的杂化类型，并预测其分子或离子的几何构型。

BBr_3　PH_3　H_2S　$SiCl_4$　CO_2　NH_4^+

*9．用价层电子对互斥理论推测下列离子或分子的几何构型。

$PbCl_2$　BF_3　NF_3　PH_4^+　BrF_5

SO_4^{2-}　NO_3^-　XeF_4　$CHCl_3$

*10．试用价层电子对互斥理论推断下列各分子的几何构型，并用杂化轨道理论加以说明。

$SiCl_4$　　CS_2　　　BBr_3　　　PF_3　　OF_2　　　SO_2

11．应用同核双原子分子轨道能级图，从理论上推断下列分子或离子是否可能存在，并指出它们各自成键的名称和数目，写出价键结构式或分子结构式。

H_2^+　He_2^+　C_2　Be_2　B_2　N_2^+　O_2^+

*12．通过计算键级，比较下列物质的结构稳定性。

O_2^+　O_2　O_2^-　O_2^{2-}　O_2^{3-}

13．根据分子轨道理论说明：

（1）He_2 分子不存在。

（2）N_2 分子很稳定，且具有反磁性。

（3）O_2^- 具有顺磁性。

14．根据键的极性和分子的几何构型，判断下列分子哪些是极性分子，哪些是非极性分子。

Ne　　Br_2　　HF　　NO　　H_2S（V 形）　　CS_2（直线形）

$CHCl_3$（四面体）　　CCl_4（正四面体）　　BF_3（正三角形）　　NF_3（三角锥形）

15．判断下列每组物质中不同物质分子之间存在着何种成分的分子间力。

（1）苯和四氯化碳　　（2）氦气和水　　（3）硫化氢和水

第 7 章

固体的结构与性质

学习要求：

1. 了解晶体、非晶体的概念。了解晶体内部结构和实际晶体的缺陷。
2. 理解不同类型晶体（离子晶体、原子晶体、分子晶体、金属晶体及混合型晶体）的结构特征及其与物质性质的关系。
3. 熟悉三种最简单离子晶体的结构类型。理解晶格能对离子化合物熔点、硬度的影响。
4. 了解离子极化的概念，并理解离子极化对物质性质的影响。

物质通常呈气、液、固三种聚集态。固态物质又分为晶体和非晶体。自然界中大多数固体物质是晶体，如岩石、矿石、砂子、冰等。本章主要介绍晶体物质的结构及其与物理性质的关系。

7.1 晶体和非晶体

7.1.1 晶体的特征

与非晶体相比较，晶体通常有如下特征。

7.1.1.1 有一定的几何外形

从外观看，晶体一般都具有一定的几何外形。如图 7.1 所示，食盐晶体是立方体，石英（SiO_2）晶体是六角柱体，方解石（$CaCO_3$）晶体是棱面体。

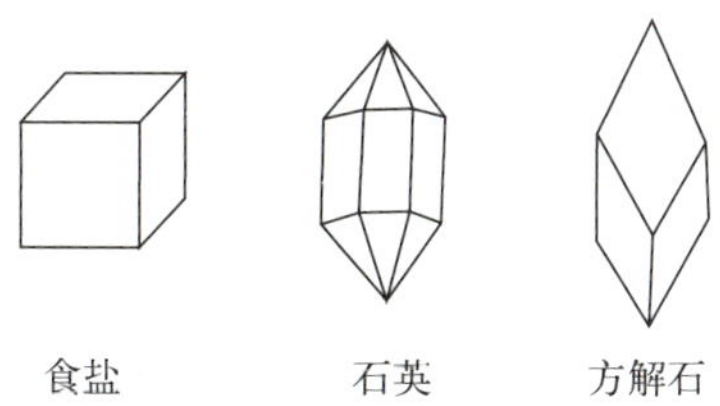

图 7.1 几种晶体的外形

非晶体如玻璃、松香、石蜡、动物胶、沥青、琥珀等，因没有一定的几何外形，所以又叫无定形体。

有一些物质（如炭黑和化学反应中刚析出的沉淀等）从外观看虽然不具备整齐的外观，但结构分析表明，它们是由极微小的晶体组成的，物质的这种状态称为微晶体。微晶体仍然属于晶体的范畴。

7.1.1.2 有固定的熔点

在一定压力下将晶体加热，只有达到某一温度（熔点）时，晶体才开始熔化，在晶体没有全部熔化之前，即使继续加热，温度仍保持恒定不变，这时所吸收的热能都消耗在使晶体从固态转变为液态，直至晶体完全熔化后温度才继续上升，这说明晶体都具有固定的熔点，例如常压下冰的熔点为0℃。非晶体则不同，加热时先软化成黏度很大的物质，随着温度的升高黏度不断变小，最后成为流动性的熔体，从开始软化到完全熔化的过程中，温度是不断上升的，没有固定的熔点，只能说有一段软化的温度范围。例如，松香在50～70℃之间软化，70℃以上才基本成为熔体。

7.1.1.3 各向异性

一块晶体的某些性质，如光学性质、力学性质、导热导电性、机械强度、溶解性等，从晶体的不同方向去测定时，常常是不同的。例如，云母特别容易按纹理面（称解理面）的方向裂成薄片；石墨晶体内，平行于石墨层方向比垂直于石墨层方向的热导率要大4～6倍，电导率要大5000倍左右。晶体的这种性质称为各向异性。非晶体是各向同性的。

晶体和非晶体性质上的差异，反映了两者内部结构的差别。应用X射线研究表明，晶体内部微粒（原子、离子或分子）的排列是有次序的、有规律的，它们总是在不同方向上按某些确定的规则重复性地排列，这种有次序的、周期性的排列规律贯穿于整个晶体内部（微粒分布的这种特点称为远程有序），而且在不同方向上的排列方式往往不同，因而造成晶体的各向异性。非晶体内部微粒的排列是无次序的、不规律的。图7.2为石英晶体和石英玻璃（非晶体）中微粒排列示意图。

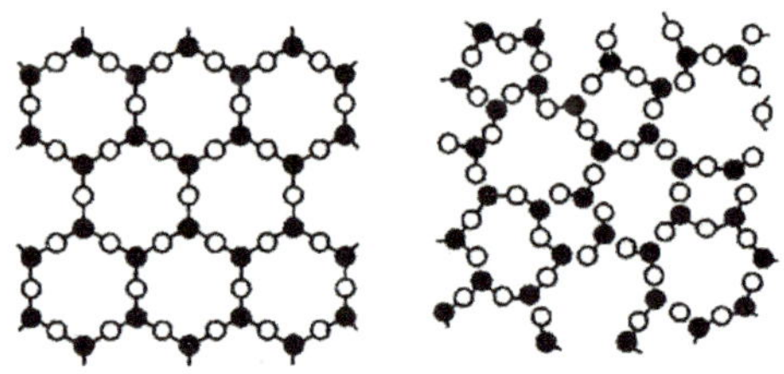

图7.2 石英晶体与石英玻璃结构特点示意图

7.1.2 晶体的内部结构

7.1.2.1 晶格

为了便于研究晶体中微粒（原子、分子或离子）的排列规律，法国结晶学家A. Bravais提出：把晶体中规则排列的微粒抽象为几何学中的点，并称为结点。这些结点的总和称为空间点阵。沿着一定的方向按某种规则把结点联结起来，则可以得到描述各种晶体内部结构的几何图像——晶体的空间格子（简称为晶格），图7.3为最简单的立方晶格示意图。

按照晶格结点在空间的位置，晶格可有各种形状。其中立方晶格具有最简单的结构，它可分为三种类型（见图7.4）。

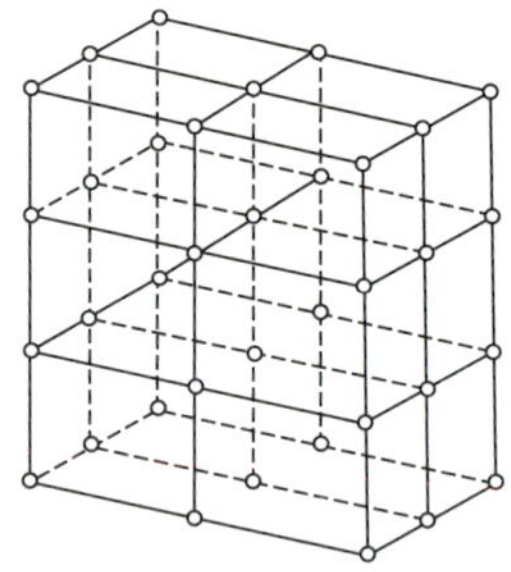

图7.3 晶格

7.1.2.2 晶胞

在晶格中，能表现出其结构的一切特征的基本重复单位称为晶胞。整个晶体就是按晶胞的组分、结构在三维空间重复排列。晶胞可看作为晶体的缩影。作为晶胞它必须：

① 为晶体的基本重复单位；

② 能代表晶体的化学组成；

③ 为平行六面体。

NaCl 晶体的晶胞如图 7.5 所示。

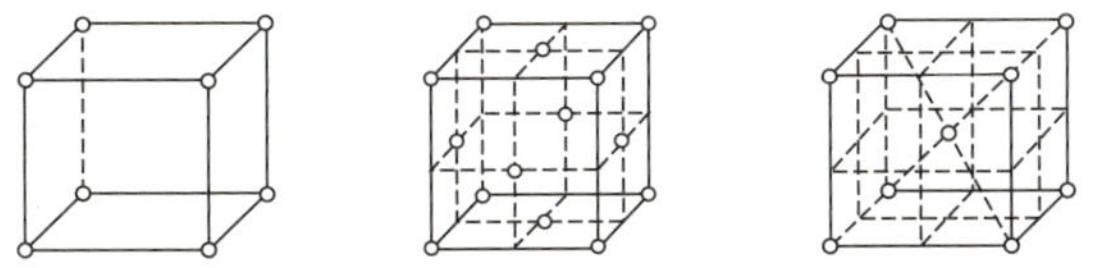

(a) 简单立方晶格　(b) 面心立方晶格　(c) 体心立方晶格

图 7.4　立方晶格

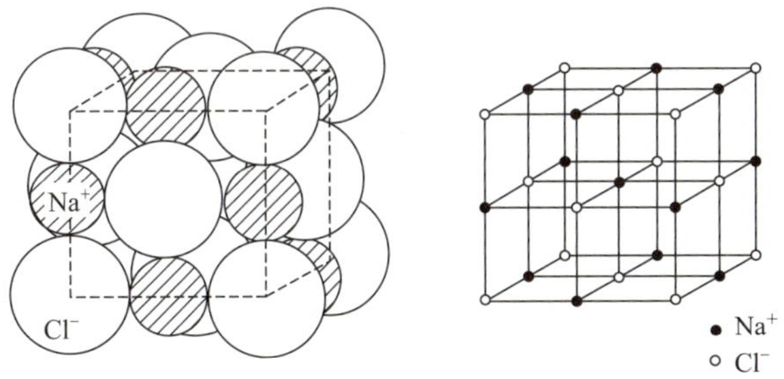

图 7.5　NaCl 晶体的晶胞结构

7.1.3　单晶体和多晶体

晶体可分为单晶体和多晶体两种。单晶体是由一个晶核（微小的晶体）各向均匀生长而成的，其晶体内部的粒子基本上按照某种规律整齐排列。例如单晶冰糖、单晶硅就是单晶体。单晶体要在特定的条件下才能形成，因而在自然界较少见（如宝石、金刚石等），但可人工制取。通常所见的晶体是由很多单晶颗粒杂乱地聚结而成的，尽管每颗小单晶的结构是相同的，是各向异性的，但由于单晶之间排列杂乱，各向异性的特征消失，使整个晶体一般不表现各向异性，这种晶体称为多晶体。多数金属和合金都是多晶体。

根据晶格结点上粒子种类及粒子间结合力不同，晶体又可分为离子晶体、原子晶体、分子晶体和金属晶体等基本类型。

7.1.4　非晶体物质

简言之，非晶体物质是指结构长程无序（近程可能有序）的固体物质。它是由不呈周期性排列的原子或分子凝聚而成，其外形依形成条件不同可能呈粉末、薄膜、块状、凝胶。玻璃体是典型的非晶固体，所以非晶固态又称玻璃态。重要的玻璃体物质有四大类：氧化物玻璃（简称玻璃）、金属玻璃、非晶半导体和高分子化合物。

玻璃体整体质地均匀，拉伸而成的玻璃纤维其强度大于尼龙纤维。由玻璃纤维织的布，被热熔性塑料黏结成的玻璃钢，可用以制造质轻、耐腐蚀、无磁性的管道、容器。以石英玻璃为主，添加 GeO_2、P_2O_5、B_2O_3 组成的光导纤维已用于长距离的光通信。氧化硅胶（$m\text{SiO}_2 \cdot n\text{H}_2\text{O}$）内表面积大，常用于气体吸收、干燥；硅海绵气凝胶的重量是玻璃的 1/1000，而隔热效率却是玻璃的 39 倍，是宇宙飞船理想的隔热材料。半导体非晶硅对阳光吸收能力比单晶硅强得多，可用作高效、经济的太阳能电池材料。光导纤维可用作通信光缆。目前人们的注意力更多放在寻找价格低、某些性能（如导电性、可塑性、光学性、化学活性等）优于晶体的非晶态物质，而价格昂贵、制备困难的晶态物质一般只限于必须使用单晶体的场合。

晶体与非晶体之间并不存在不可逾越的鸿沟。在一定条件下，晶体与非晶体可以相互转化，例如把石英晶体熔化并迅速冷却，可以得到石英玻璃。涤纶熔体若迅速冷却，可得无定形体；若慢慢冷却，则可得晶体。由此可见，晶态和非晶态是物质在不同条件下形成的两种不同的固体状态。从热力学角度说，晶态比非晶态稳定，非晶态物质有自发转变为晶态物质的倾向。

7.1.5 液晶

有些有机物质的晶体熔化后在一定温度范围内微粒分布部分地保留着远程有序性，因而仍部分地具有各向异性，这种介于液态和晶态之间的各向异性的凝聚流体称为**液晶**，如图 7.6 所示。

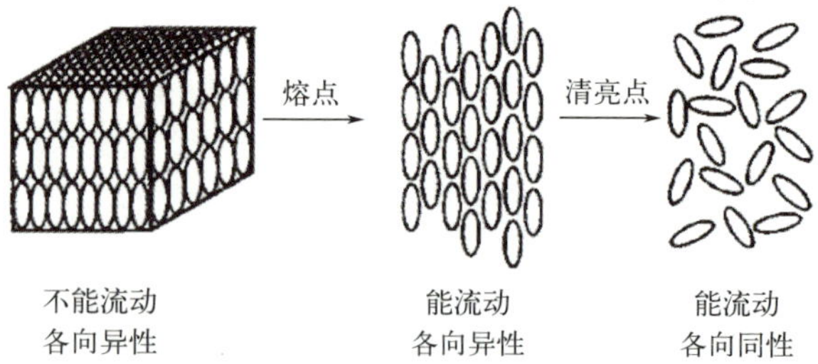

图 7.6 具有液晶态物质熔化过程示意图

液晶态物质能流动、不能承受切应力的性质有些近似液态；但其介电常数、折射率、电导率等性质的各向异性，又有些近似晶体。

已知的液晶物质都是有机化合物，目前发现、合成出来的约有 6000～7000 种，人体中的大脑、肌肉、神经髓鞘、眼睛的视网膜等可能存在液晶组织。液晶由于对光、电、磁、热、机械压力及化学环境变化都非常敏感，作为各种信息的显示和记忆材料，被广泛应用于科技领域中（如电子表、计算器、电脑、电视、仪表数字显示等），对生命科学的研究更有特殊意义。

7.2 离子晶体及其性质

7.2.1 离子晶体的特征和性质

凡靠离子间引力结合而成的晶体统称为**离子晶体**。离子化合物在常温下均为离子晶体，如 CsI、LiF、NaF 等。

离子晶体中，晶格结点上有规则地交替排列着阴、阳离子。例如，氯化钠晶体就是一种典型的离子晶体，如图 7.5 所示，Na^+ 和 Cl^- 按一定的规则在空间相隔排列着，每一个 Na^+ 的周围有 6 个 Cl^-，而每一个 Cl^- 的周围也有 6 个 Na^+。通常把晶体内（或分子内）某一粒子周围与之结合最接近的粒子数目，称为该粒子的配位数。NaCl 晶体内，Na^+ 和 Cl^- 的配位数都是 6，Na^+ 和 Cl^- 数目比为 1∶1，其化学组成习惯上以“NaCl”表示。所以 NaCl 称之为化学式比称其为分子式更确切。

离子晶体中晶格结点上阴、阳离子间静电引力较大，破坏离子晶体就需要克服这种引力，因而离子晶体物质一般熔点较高，硬度较大，难以挥发。例如：

离子化合物	硬度	熔点
NaF	2～2.5	993℃
MgF_2	5	1261℃

离子晶体物质质脆，原因是当离子晶体物质受机械力作用时，若晶格结点上离子发生了位移，原来异性离子相间排列的稳定状态变为同性离子相邻接触的排斥状态，晶体结构即被破坏。

离子晶体物质一般易溶于水，其水溶液或熔融态都能导电，导电时阴、阳离子同时向相反方向迁移，是典型的电解质。但是，科学家们发现有一类固体电解质，如 AgI 晶体受热时，因 Ag^+ 与 I^- 的有效质量不同和相互极化的影响，它们在晶格中振幅变化不同，到一定温度时有效质量较低的 Ag^+ 先行脱落，在 I^- 骨架（亚晶格）中可以无序地移动，若在电场作用下 Ag^+ 可以大规模迁移而造成单离子导电。目前已发现数百种固体电解质（又称为固体离子导体），室温传导离子有 H^+、Li^+、Cu^{2+} 等，高温传导离子有 Cl^-、F^-、O^{2-} 等，这些传导离子比骨架离子的体积小、质量轻。固体电解质这类特殊材料在能源、电解、环保、冶金等方面有着广泛应用。

7.2.2　离子晶体中最简单的结构类型

离子晶体中阳、阴离子在空间的排列情况是多种多样的。这里主要介绍 AB 型（只含有一种阳离子和一种阴离子，且两者电荷数相同）离子晶体中三种典型的结构类型：NaCl 型、CsCl 型和立方 ZnS 型。

7.2.2.1　NaCl 型

NaCl 型是 AB 型离子晶体中最常见的结构类型。如图 7.7（a）所示，它的晶胞形状是正立方体，阳、阴离子的配位数均为 6。许多晶体如 KI、LiF、NaBr、MgO、CaS 等均属 NaCl 型。

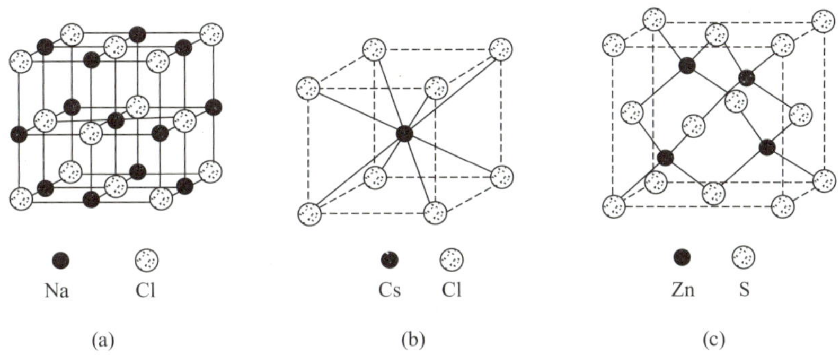

图 7.7　NaCl 型、CsCl 型和立方 ZnS 型晶体结构

7.2.2.2　CsCl 型

如图 7.7（b）所示，CsCl 型晶体的晶胞也是正立方体，其中每个阳离子周围有 8 个阴离子，每个阴离子周围同样也有 8 个阳离子，阴、阳离子的配位数均为 8。许多晶体如 TlCl、CsBr、CsI 等均属 CsCl 型。

7.2.2.3　立方 ZnS 型[1]

如图 7.7（c）所示，立方 ZnS 型晶体的晶胞也是正立方体，但粒子排列较复杂，阴、阳离子配位数均为 4。BeO、ZnSe 等晶体均属立方 ZnS 型。

离子晶体的构型与外界条件有关。当外界条件变化时，晶体构型也可能改变。例如，最简单的 CsCl 晶体，在常温下是 CsCl 型的，但在高温下可以转变为 NaCl 型。这种化学组成相同而晶体构型不同的现象称为同质多晶现象。

7.2.3　离子晶体的稳定性

7.2.3.1　离子晶体的晶格能

粗略而言，标准态下，拆开单位物质的量的离子晶体使其变为气态组分离子所需吸收的能量，称为离子晶体的**晶格能**（U）。例如，298.15K、标准态下拆开单位物质的量的 NaCl 晶体变为气态 Na^+ 和气态 Cl^- 时所需吸收的能量为 $786kJ \cdot mol^{-1}$。

$$\mathrm{NaCl(cr)} \xrightarrow[\text{标准态}]{298.15\mathrm{K}} \mathrm{Na^+(g)} + \mathrm{Cl^-(g)};\ U = 786\mathrm{kJ \cdot mol^{-1}}$$

由于实验技术上的困难，至今大多数离子晶体物质的晶格能是用热化学循环法间接计算出来的。以 NaCl 晶体为例，设计以下循环过程：

[1] ZnS 本身是共价化合物，但因某些 AB 型离子晶体内离子分布与其相似，结晶化学习惯上把此类型的离子晶体称为 ZnS 型。

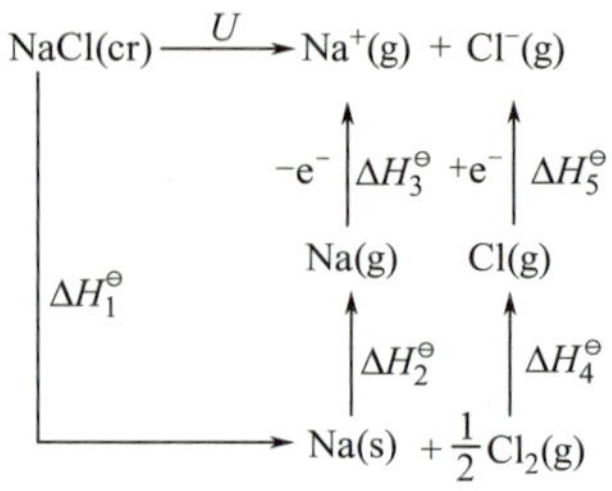

根据赫斯定律：

$$U = \Delta H_1^\ominus + \Delta H_2^\ominus + \Delta H_3^\ominus + \Delta H_4^\ominus + \Delta H_5^\ominus$$
$$= -\Delta_f H_m^\ominus(\text{NaCl, cr}) + \Delta H_{升华}^\ominus + I_1 + 1/2\,D(\text{Cl—Cl}) + E_{A_1}$$
$$= [-(-411)+106+495.8+121.3-348.7]\text{kJ} \cdot \text{mol}^{-1}$$
$$= 785.4\text{kJ} \cdot \text{mol}^{-1}$$

关于晶格能的定义，目前并不统一。有些教材把标准态下由气态阳离子和气态阴离子结合成单位物质的量的离子晶体所放出的能量称为晶格能，这样定义的晶格能为负值。本书采用的定义所导致的晶格能为正的数值，与国际规定的“体系吸热” $Q>0$ 是一致的。

7.2.3.2 离子晶体的稳定性

对晶体构型相同的离子化合物，离子电荷数越多，核间距越短，晶格能就越大。熔化或压碎离子晶体要消耗能量，晶格能大的离子晶体，必然是熔点较高，硬度较大。从表 7.1 可以看到一些离子晶体物质的物理性质与晶格能的对应关系。

表 7.1 部分 NaCl 型晶体的物理性质与晶格能

项目	NaI	NaBr	NaCl	NaF	BaO	SrO	CaO	MgO
离子电荷	1	1	1	1	2	2	2	2
核间距 /pm	318	294	279	231	277	257	240	210
晶格能 /($\text{kJ} \cdot \text{mol}^{-1}$)	704	747	785	923	3054	3223	3401	3791
熔点 /℃	661	747	801	993	1918	2430	2614	2852
硬度（金刚石 =10）	—	—	2.5	2 ～ 2.5	3.3	3.5	4.5	5.5

因此，利用晶格能数据可以解释和预测离子晶体物质的某些物理性质。晶格能值大小可作为衡量某种离子晶体稳定性的标志，晶格能（U）越大，该离子晶体越稳定。

7.3 原子晶体和分子晶体

7.3.1 原子晶体

有一类晶体物质，晶格结点上排列的是原子，原子之间通过共价键结合。凡靠共价键结合而成的晶体统称为**原子晶体**，又称**共价晶体**。例如，金刚石就是一种典型的原子晶体。

在金刚石晶体中，每个碳原子都被相邻的 4 个碳原子包围（配位数为 4），处在 4 个碳原子的中心，以 sp^3 杂化形式与相邻的 4 个碳原子结合，成为正四面体的结构（如图 7.8 所示）。由于每个碳原子都形成 4 个等同的 C—C 键（σ 键），把晶体内所有的碳原子联结成一个整体，因此在金刚石内不存在独立的小分子。

不同的原子晶体，原子排列的方式可能有所不同，但原子之间都是以共价键相结合的。由于共价键的结合力强，因此原子晶体熔点高，硬度大。例如：

原子晶体物质	硬度	熔点
金刚石	10	＞3550℃
金刚砂 (SiC)	9.5	2700℃

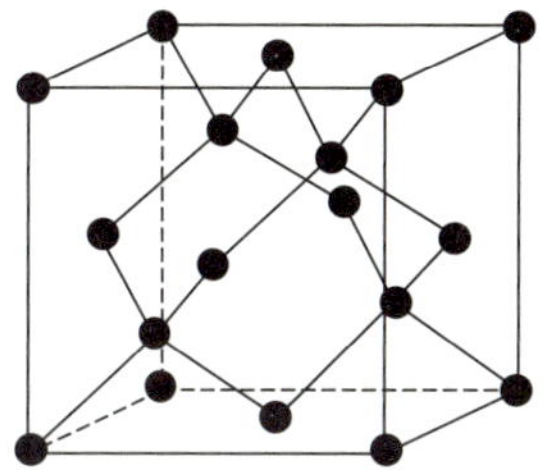

图 7.8　金刚石的晶体结构

原子晶体物质一般多为绝缘体，即使熔化也不能导电。

属于原子晶体的物质为数不多。除金刚石外，单质硅 (Si)、单质硼 (B)、碳化硅 (SiC)、石英 (SiO_2)、碳化硼 (B_4C)、氮化硼 (BN) 和氮化铝 (AlN) 等，亦属原子晶体。

7.3.2　分子晶体

凡靠分子间力（有时还可能有氢键）结合而成的晶体统称为**分子晶体**。分子晶体中晶格结点上排列的是分子（也包括像稀有气体那样的单原子分子）。干冰（固体 CO_2）就是一种典型的分子晶体。如图 7.9 所示，原子之间以共价键结合成 CO_2 分子，然后以整个分子为单位，占据晶格结点的位置。不同的分子晶体，分子的排列方式可能有所不同，但分子之间都是以分子间力相结合的。由于分子间力比离子键、共价键要弱得多，所以分子晶体物质一般熔点低、硬度小、易挥发、不导电。例如，白磷的熔点44.1℃，天然硫黄的熔点为112.8℃；有些分子晶体物质，如干冰（固态 CO_2），在常温常压下即以气态 CO_2 存在；有些分子晶体物质（如碘、萘等）甚至可以不经过熔化阶段而直接升华。

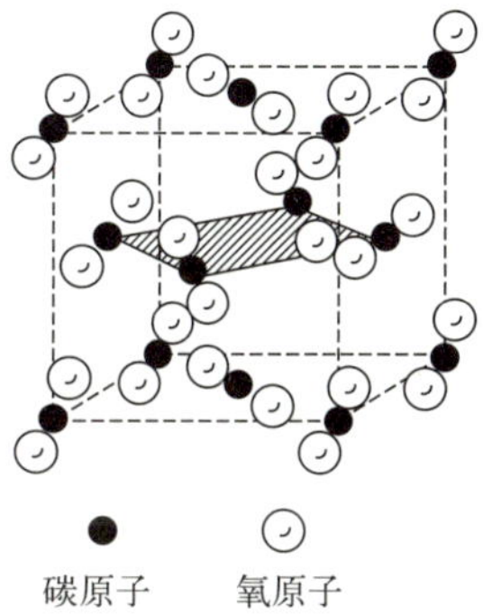

图 7.9　干冰的晶体结构

稀有气体、大多数非金属单质（如氢气、氮气、氧气、卤素单质、磷、硫黄等）、非金属之间的化合物（如 HCl、CO_2 等），以及大部分有机化合物，在固态时都是分子晶体。

有一些分子晶体物质，分子之间除了存在着分子间力外，还同时存在着更为重要的氢键作用力，例如冰、草酸、硼酸、间苯二酚等均属于氢键型分子晶体。

7.4

金属晶体

7.4.1　金属晶体的内部结构

金属晶体中，晶格结点上排列的粒子就是金属原子、金属阳离子。对于金属单质而言，晶体中原子在空间的排布情况，可以近似地看成是等径圆球的堆积。为了形成稳定的金属结构，金属原子将采取尽可能紧密的方式堆积起来，所以金属一般密度较大，而且每个原子都被较多的相同原子包围着，配位数较大。

根据研究，等径圆球的密堆积有三种基本构型：面心立方密堆积、六方密堆积和体心立方密堆积（见图 7.10）。

有些金属可以有几种不同的构型。例如，α-Fe 是体心立方密堆积，γ-Fe 是面心立方密堆积。

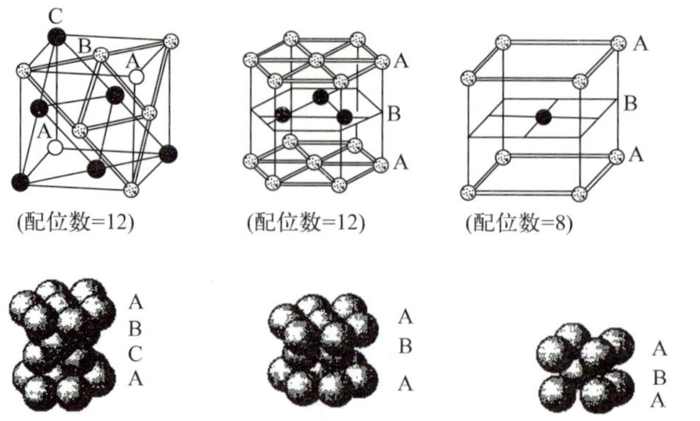

(a) 面心立方密堆积　(b) 六方密堆积　(c) 体心立方密堆积

图 7.10　金属晶体的密堆积构型

7.4.2　金属键

20 世纪初，P. Drude 和 H. A. Lorentz 就金属及其合金中电子的运动状态，提出了自由电子模型，认为金属原子电负性、电离能较小，价电子容易脱离原子的束缚，这些价电子有些类似理想气体分子，在阳离子之间可以自由运动，形成了离域的自由电子气。自由电子气把金属阳离子“胶合”成金属晶体。金属晶体中金属原子间的结合力称为**金属键**。金属键没有方向性和饱和性。

自由电子气的存在使金属具有良好的导电性、导热性和延展性。但金属结构毕竟是很复杂的，致使某些金属的熔点、硬度相差很大。例如：

金属	熔点	金属	硬度
汞	−38.87℃	钠	0.4
钨	3410℃	铬	9.0

7.4.3　金属键的能带理论

应用分子轨道理论研究金属晶体中金属原子之间的结合力后，逐步发展形成了金属键的能带理论。能带理论的基本内容简述如下。

7.4.3.1　金属晶体块的大分子概念

能带理论把任何一块金属晶体都可看作为一个大分子，然后应用分子轨道理论来描述金属晶体内电子的运动状态。

首先假定原子核都位于金属晶体内晶格结点上，构成一个联合核势场；然后电子也是按照分子建造原理分布在这种核势场中的分子轨道内。其中价电子作为自由电子，不隶属于任何一个特定的原子，可以在金属晶体内金属原子间运动，是所谓离域电子。

7.4.3.2　能带的概念

原子的体积是很小的，即使很小的一块金属，所含有的原子数目也大得惊人。例如，每立方厘米的金属锂晶体，所含的 Li 原子数目将近 4.6×10^{22} 个。如果根据 n 个原子轨道可以组成 n 个分子轨道的原则，对 Li 原子的 2s 原子轨道来说，就会有 4.6×10^{22} 个 2s 原子轨道组成 4.6×10^{22} 个能量稍有差别的分子轨道。每两个相邻分子轨道的能量差极微小，因此这些能级实际上已经分不清楚。我们就把由 n 条能级相同的原子轨道组成能量几乎连续的 n 条分子轨道总称**能带**。由 2s 原子轨道组成的能带就叫作 2s 能带。

7.4.3.3 能带的种类

按照组合能带的原子轨道能级以及电子在能带中分布的不同，有满带、导带和禁带等多种能带（图 7.11）。

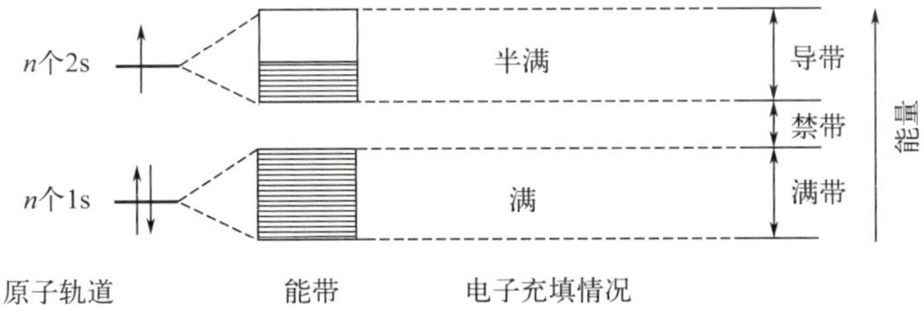

图 7.11 锂金属晶体内能带示意图

满带：由于能带内所含分子轨道数与参加组合的原子轨道数是相同的，同时每一个分子轨道最多也只能容纳 2 个电子，所以参加组合的原子轨道如完全为电子所充满，则组合的分子轨道群（能带）也必然完全为电子所充满。充满电子的低能量能带叫作**满带**。例如金属锂（$1s^22s^1$）的 $1s^2$ 能带就是满带。

导带：参加组合的原子轨道如未充满电子，则形成的能带也是未充满的，还有空的分子轨道存在。在这种能带上的电子，只要吸收微小的能量就能跃迁到带内能量稍高的空轨道上运动，从而使金属具有导电、导热作用。未充满电子的高能量能带叫作**导带**。例如金属锂的 2s 能带就是导带。

禁带：正如原子中各个能级间有能量差别一样。金属晶体中各个能带之间也有能量差别，这使相邻能带之间一般都有间隙，此间隙叫带隙。在相邻原子轨道间隙之中，电子是不能停留的；同样在金属晶体能带的带隙中，电子也不能停留。带隙是电子的禁区，所以又叫**禁带**。如果禁带不太宽，电子获得能量后，可以从满带越过禁带而跃迁到导带上去；如果禁带很宽，这种跃迁就很困难，甚至不可能实现。

能带存在的真实性已经被 X 射线发射光谱所证实。

7.4.3.4 能带的重叠

金属的紧密堆积结构使金属原子核间距一般都很小，使形成的能带之间的带隙一般也都很小。尤其是当金属原子相邻亚层原子轨道之间能级相近时，形成的能带会出现重叠现象。

能带理论可以用来阐明金属的一些物理性质。在外加电场作用下，金属导体内导带中的电子在能带中做定向运动，形成电流，所以金属能够导电，如图 7.12（a）所示。光照时导带中的电子可以吸收光能跃迁到能量较高的能带上，当电子跃回时把吸收的能量又发射出来，使金属具有金属光泽。局部加热时，电子运动和核的振动可以传热，使金属具有导热性。受机械力作用时，原子在导带中自由电子的润滑下可以相互滑动，而能带并不因此被破坏，所以金属具有良好的延展性。

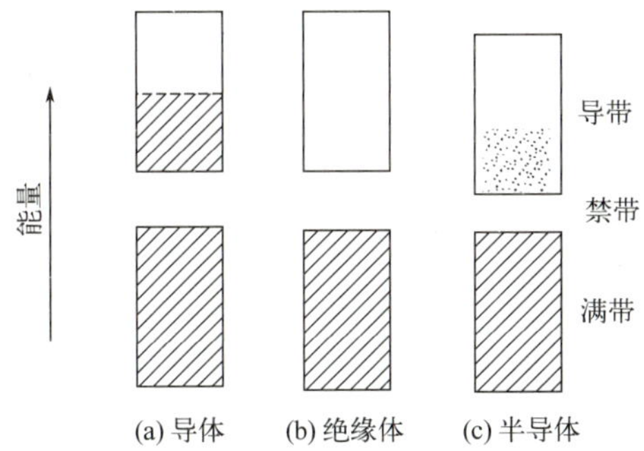

图 7.12 导体、绝缘体和半导体的能带

能带理论不仅应用于金属晶体，也能用来阐述其他晶体的导电性能。

非金属绝缘体由于电子都在满带上，而且禁带较宽，如图 7.12（b）所示，即使有外电场的作用，满带的电子也难以越过禁带而跃迁到导带上去，因而绝缘体不能导电。还有一类物质（如锗、硅、硒等），在常温下导带上只有少量激发电子，因此导电性能不好。它们的导电能力介于导体与绝缘体之间，因而叫作**半导体**。半导体在温度升高时，由于禁带较窄，如图 7.12（c）所示，满带中的电子容易被激发，能够越过禁带跃迁到导带上去，从而起到增强导电能力的作用（这种作用远远超过热运动加剧使电阻增大的作用）。而一般金属导体则不是这样，由于禁带宽，升高温度时不仅不能使满带中的电子跃入导带，以增加导带中的电子数目，相反，由于金属原子和金属阳离子的振动加剧，使导带中自由电子的流动受阻，从而减弱了导电能力。

以上先后介绍了晶体的四种基本类型，现总结于表 7.2 中。

表 7.2　晶体的四种基本类型对比

晶体类型	晶格结点上粒子的种类	粒子间的作用力	晶体的一般性质	物质示例
离子晶体	阳、阴离子	离子键	熔点较高、略硬而脆。除固体电解质外，固态时一般不导电（熔化或溶于水时能导电）	活泼金属的氧化物和盐类等
原子晶体	原子	共价键	熔点高、硬度大、不导电	金刚石、单质硅、单质硼、碳化硅 (SiC)、石英 (SiO_2)、氮化硼 (BN) 等
分子晶体	分子	分子间力、氢键	熔点低、易挥发、硬度小、不导电	稀有气体、多数非金属单质、非金属之间化合物、大部分有机化合物等
金属晶体	金属原子、金属阳离子	金属键	导电性、导热性、延展性好，有金属光泽，熔点、硬度差别大	金属或合金

7.5 混合型晶体和晶体的缺陷

7.5.1 混合型晶体

有一些晶体，晶体内可能同时存在着若干种不同的作用力，具有若干种晶体的结构和性质，这类晶体称为**混合型晶体**。石墨晶体就是一种典型的混合型晶体。

石墨晶体具有层状结构。如图 7.13 所示，处在平面层的每个碳原子采用 sp^2 杂化轨道与相邻的 3 个碳原子以 σ 键相连接，键角为 120°，形成由无数个正六角形连接起来的、相互平行的平面网状结构层。每个碳原子还剩下一个 p 电子，其轨道与杂化轨道平面垂直，这些 p 电子都参与形成同层碳原子之间的 π 键。这种由多个原子共同形成的 π 键叫作大 π 键。大 π 键中的电子沿层面方向的活动能力很强，与金属中的自由电子有某些类似之处（石墨可作电极材料），故石墨沿层面方向电导率大。石墨层内相邻碳原子之间的距离为 142pm，以共价键结合。相邻两层间的距离为 335pm，相对较远，因此层与层之间引力较弱，与分子间力相仿。正是由于层间结合力弱，当石墨晶体受到与石墨层相平行的力的作用时，各层较易滑动，裂成鳞状薄片，故石墨可用作铅笔芯和润滑剂。总之，石墨晶体内既有共价键，又有类似金属键那样的非定域键（成键电子并不定域于两个原子之间）和分子间力共同起作用，可称为混合键型的晶体。

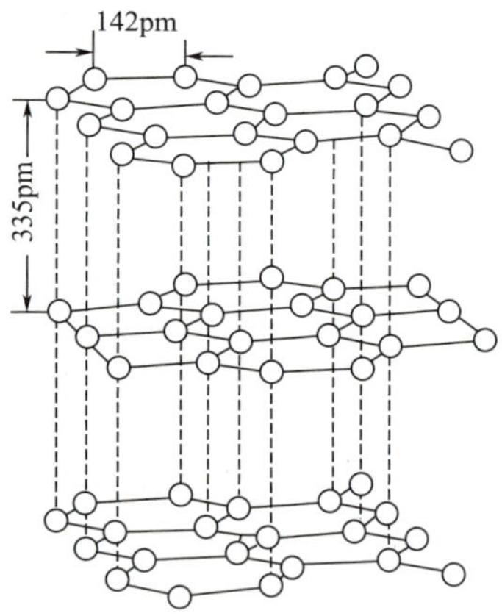

图 7.13　石墨层状结构

除石墨外，滑石、云母、黑磷等也都属于层状过渡型晶体。另外，纤维状石棉属链状过渡型晶体，链中 Si 和 O 间以共价键结合，硅氧链与阳离子以离子键结合，结合力不及链内共价键强，故石棉容易被撕成纤维。

7.5.2 实际晶体的缺陷及其影响

晶体内每一个粒子的排列完全符合某种规律的晶体可谓理想晶体。但是，这种完美无缺的晶体实际上是难以形成的。由于晶体生成条件（如物质的纯度、溶液的浓度和结晶温度等）难以控制到理想的程度，实际制得的真实晶体，无论外形上还是内部结构上都会有这样或那样的缺陷。

从晶体外形看，由于结晶时通常总是数目众多的微晶体聚集在一起同时生长，而各微晶体的晶面取向又不可能完全相同，这就使得长成的晶体外形发生不规则的变化。晶体在生长过程中，若某个晶面上吸附了结晶母液中的杂质，该晶面生长受到阻碍，也会使最后长成的晶体外形发生变化。

从几何学的角度划分，晶体缺陷可分为点、线、面、体四类缺陷，其中点缺陷最为直观和普遍。

晶体内部结构上的点缺陷类型大致分为空穴缺陷、置换缺陷和间充缺陷。

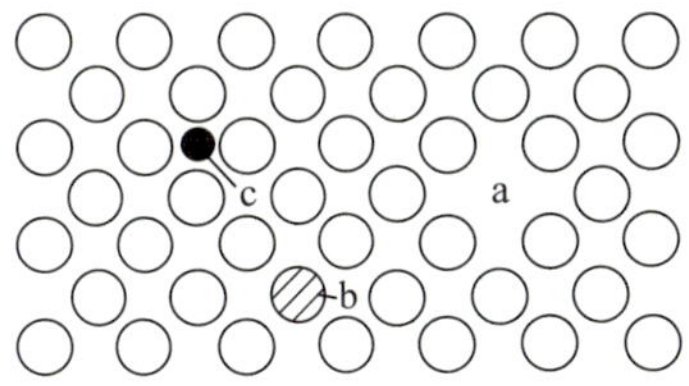

(a) 空穴缺陷　(b) 置换缺陷　(c) 间充缺陷

图 7.14　晶体点缺陷示意图

7.5.2.1　空穴缺陷

晶体内某些晶格结点位置上缺少粒子，使晶体内出现空穴［图 7.14（a）］。

① 晶体中某金属元素（如过渡金属元素）若有多种氧化态，当低氧化态阳离子被高氧化态阳离子取代，晶格结点上将会造成阳离子空穴缺陷。例如，硫化亚铁晶体中，若部分 Fe^{2+} 被 Fe^{3+} 代替，根据电中性原则，每 2 个 Fe^{3+} 即可代替 3 个 Fe^{2+}，并造成一个阳离子空穴。这样 Fe 与 S 原子数之比不再是 1∶1，其组成可以表示为：

$$Fe^{2+}_{(1-x)}\cdot S\cdot Fe^{3+}_{2x/3}$$

或者：

$$Fe^{2+}_{(1-3x/2)}\cdot S\cdot Fe^{3+}_{x}$$

② 晶体中若掺入某种相同原子，晶格结点上会瞬时出现阴离子空穴，但立刻被从原子电离出来的电子所占据。例如：

$$NaCl(cr)+xNa(g)\xrightarrow{\triangle}Na_{(1+x)}Cl(s)+xe^-$$

$$ZnO(cr)+xZn(g)\xrightarrow{\triangle}Zn_{(1+x)}O(s)+2xe^-$$

7.5.2.2　置换缺陷

晶体内组成晶体的某些粒子被少量别的粒子取代所造成的晶体缺陷即为置换缺陷［图 7.14（b）］。若晶体中掺入杂质，会造成置换缺陷。

例如：NiO 中渗入少量 Li_2O 杂质，每渗入 1 个 Li^+，必须有 1 个 Ni^{2+} 转变为 1 个 Ni^{3+}，并且再要少一个 Ni^{2+}，才能符合电中性原则，这样其组成可表示为：

$$Li^+_x\cdot Ni^{2+}_{(1-2x)}\cdot Ni^{3+}_x$$

又如 AgCl 晶体中渗入 Cd^{2+}，会造成置换缺陷和空穴缺陷：

$$AgCl(cr)+xCd^{2+}\longrightarrow Cd^{2+}_x\cdot Ag^+_{(1-2x)}\cdot Cl(s)\ +x(Ag^+\text{空穴})$$

7.5.2.3　间充（或填隙）缺陷

间充缺陷是指晶体内组成晶体粒子堆积的空隙位置被外来粒子所填充［图 7.14（c）］。

例如，由于氢原子、氢分子很小，可以渗入镧镍合金如 $LaNi_5$ 晶体内晶格的空隙形成 $LaNi_5H_x$。

晶体中的缺陷对晶体的物理、化学性质产生影响，如影响晶体的光、电、磁、声、力、热学等方面的物理性质和化学活性。晶体缺陷对晶体性质的影响有负面的，但更多的是正面的。例如，缺陷可能会造成晶体机械强度降低，对有些实用材料是需要克服的；但也有可能使实用材料性质有所改善，甚至获得某种特异性质。某些晶体缺陷在材料科学、多相反应动力学的领域中具有重要的理论意义和应用价值。例如，纯铁中加入少量碳或某些金属可制得各种性能优良的合金钢；纯锗中加入微量镓或砷，可以强化锗的半导体性能；晶体表面的缺陷位置往往正是多相催化反应催化剂的活性中心。

7.5.3 非化学计量化合物

非化学计量化合物是指其组成可在一个较小范围内变动，而又保持基本结构不变的固态化合物，这类化合物偏离了原子互为整数比的关系，因此又称非整比化合物或贝多莱体。现代结晶化学研究发现，化合物组成偏离整数比是很普遍的现象。尤其是过渡元素的二元化合物如氧化物、氢化物、硫化物等，其组成易发生非整比性。

氧化物	氢化物	硫化物
$TiO_{(0.7\sim1.25)}$	$TiH_{(1\sim2)}$	$ZrS_{(0.9\sim1.0)}$
$VO_{(0.9\sim1.20)}$	$ZrH_{(1.5\sim1.6)}$	$YS_{(0.9\sim1.0)}$
$NbO_{(0.9\sim1.04)}$	$HfH_{(1.7\sim1.8)}$	
$Fe_{(0.89\sim0.96)}O$	$NbH_{(0.64\sim1.0)}$	

除了人为“掺杂”外，晶体自身的缺陷也是非化学计量化合物的成因。组成基本相同的非化学计量化合物与化学计量化合物，在基本化学性质方面差别不大，但在化学活性以及光学性质、导电性、磁性方面有明显差别，正是这些差别，使人们对非化学计量化合物的研究和应用产生了巨大的兴趣并已取得可喜的成果。例如 1987 年合成得到高温超导 $YBa_2Cu_3O_{7-x}$ 就是一种非化学计量化合物。

7.5.4 实际晶体的键型变异

实际晶体中，晶体各结点粒子间的结合力只有少数属于纯粹离子键、共价键、金属键或分子间力其中一种。多数晶体物质实际上是混合键型或过渡键（又称杂化键型）。键型过渡现象又称为**键型变异**。

实际晶体中，不仅存在着离子键与共价键之间的过渡键型，而且存在着各种结合力之间的过渡键型，有的甚至很难确定究竟形成什么键，这说明物质结构的复杂性。图 7.15 为按周期规律排列的若干化合物的键型示意图，图中除三角形 3 个顶点上所标明的化合物的键型分别为离子键、共价键及金属键外，其余的化合物的键型实际上均属过渡键型。

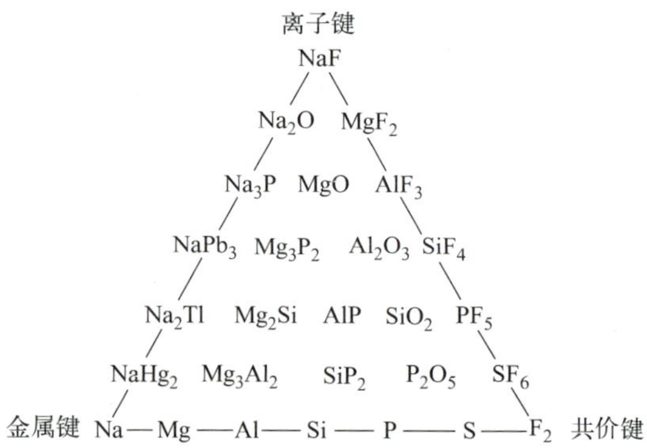

图 7.15 若干化合物的键型

北京大学唐有祺教授在 1963 年提出了键型变异原理，认为键型变异和离子极化、电子离域以及轨道重叠成键等因素有关。

7.6 离子极化对物质性质的影响

研究离子晶体发现，有些离子电荷相同、离子半径极为相近的物质，性质上却差别很大。例如，NaCl 和 CuCl 晶体的阳、阴离子电荷都相同，Na^+ 的半径（95pm）与 Cu^+ 的半径（96pm）

又极为相近，但这两种晶体在性质上却有很大的差别。如 NaCl 在水中溶解度很大，而 CuCl 却很小，这种现象表明除离子电荷、离子半径以外，还有别的因素也会影响离子晶体的性质，例如离子的电子构型。

7.6.1　离子的电子构型

所有简单阴离子（如 F^-、Cl^-、S^{2-} 等）的最外电子层，都有 8 个电子（ns^2np^6），即具有 8 电子构型。然而，对阳离子来说，情况就比较复杂。除有 8 电子构型的阳离子外，还有其他构型的阳离子存在（见表 7.3）。

表 7.3　离子的电子构型

离子外电子层电子分布通式	离子的电子构型	阳离子实例
$1s^2$	2（稀有气体型）	Li^+　Be^{2+}
ns^2np^6	8（稀有气体型）	Na^+　Mg^{2+}　Al^{3+}　Sc^{3+}　Ti^{4+}
$ns^2np^6nd^{1\sim9}$	9～17	Cr^{3+}　Mn^{2+}　Fe^{2+}　Fe^{3+}　Cu^{2+}
$ns^2np^6nd^{10}$	18	Ag^+　Zn^{2+}　Cd^{2+}　Hg^{2+}
$(n-1)s^2(n-1)p^6(n-1)d^{10}ns^2$	18+2	Sn^{2+}　Pb^{2+}　Sb^{3+}　Bi^{3+}

2 电子和 8 电子构型的离子，由于都具有稀有气体原子的电子层结构，自然可以稳定存在。但是，实际上，其他几种非稀有气体构型的离子，也有一定程度的稳定性。

离子的电子构型如何影响离子晶体的性质，需要从离子极化的角度来说明。

7.6.2　离子极化的概念

7.6.2.1　离子极化

分子极化的概念推广到离子体系，可以引出离子极化的概念。

离子和分子一样，也有变形性。对孤立的简单离子来说，离子的电荷分布基本上是球形对称的，离子本身正、负电荷中心是重合的，不存在偶极（如图 7.16 所示）。但当离子置于电场中，离子的原子核就会受到正电场的排斥和负电场的吸引；而离子中的电子则会受到正电场的吸引和负电场的排斥，离子就会发生变形而产生诱导偶极（如图 7.17 所示），这种过程称为**离子的极化**。

在离子晶体中，每个离子作为带电的粒子，本身就会在其周围产生相应的电场，所以离子极化现象普遍存在于离子晶体之中。阳离子的电场使阴离子发生极化（即阳离子吸引阴离子的电子云而引起阴离子变形），阴离子的电场则使阳离子发生极化（即阴离子排斥阳离子的电子云而引起阳离子变形），如图 7.18 所示。显然，离子极化的强弱决定于两个因素：一是离子的极化力，二是离子的变形性。

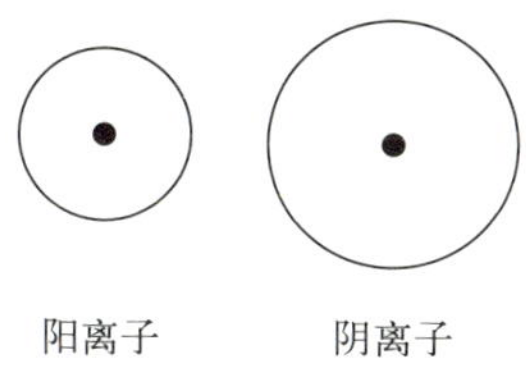

图 7.16　未极化的简单离子示意图

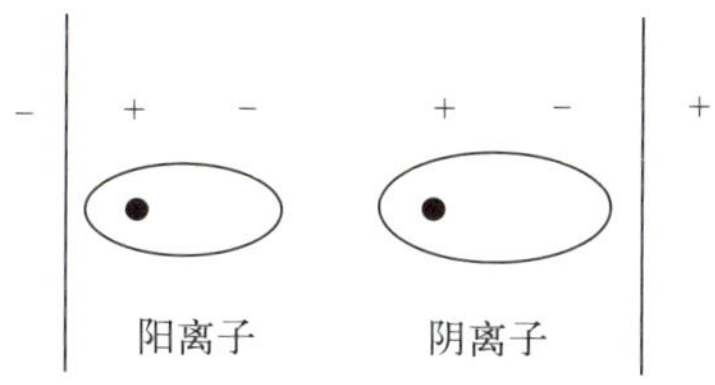

图 7.17　离子在电场中的极化

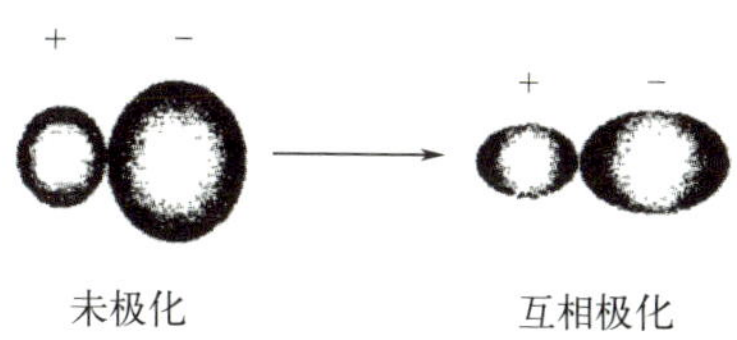

图 7.18　离子相互极化

7.6.2.2　离子的极化力

离子极化力与离子的电荷、离子的半径以及离子的电子构型等因素有关。离子的电荷越多、半径越小，产生的电场强度越强，离子的极化能力越强。当离子电荷相同，半径相近时，离子的电子构型对离子极化力起决定性影响。18 电子（如 Cu^+、Ag^+、Hg^{2+} 等）、(18+2) 电子（如 Sn^{2+}、Pb^{2+}、Bi^{3+} 等）以及 2 电子构型的离子（如 Li^+、Be^{2+}）具有强的极化力；(9～17) 电子构型（即过渡型）的离子（如 Fe^{2+}、Cu^{2+}、Mn^{2+} 等）次之；8 电子构型（即稀有气体构型）的离子（如 Na^+、K^+、Ca^{2+}、Ba^{2+} 等）极化力最弱。

7.6.2.3　离子的变形性

离子变形性主要决定于离子半径的大小。离子半径大，外层电子与核距离远，联系不牢固，在外电场作用下，外层电子与核容易产生相对位移，所以一般来说变形性也大。

电子构型相同的离子，阳离子的电子数少于核电荷数，外层电子与核的联系较牢固；而阴离子的电子数多于核电荷数，外层电子与核的联系较差，所以阴离子一般比阳离子容易变形。

当离子电荷相同、离子半径相近时，离子的电子构型对离子的变形性就产生决定性影响。非稀有气体构型的离子（即外层具有 9～17、18 和 18+2 个电子的离子），其变形性比稀有气体构型（即 8 电子构型）的大得多。

离子变形性大小可用离子极化率来度量。离子极化率 (α) 定义为离子在单位电场中被极化所产生的诱导偶极矩 (μ)。

$$\alpha = \frac{\mu}{E}$$

显然，E 一定时，μ 越大，α 也越大，亦即离子变形性越大。表 7.4 为由实验测得的一些常见离子的极化率。

表 7.4　常见离子的极化率

离子	$\alpha/(10^{-40}C \cdot m^2 \cdot V^{-1})$	离子	$\alpha/(10^{-40}C \cdot m^2 \cdot V^{-1})$	离子	$\alpha/(10^{-40}C \cdot m^2 \cdot V^{-1})$
Li^+	0.034	Ca^{2+}	0.52	OH^-	1.95
Na^+	0.199	Sr^{2+}	0.96	F^-	1.16
K^+	0.923	B^{3+}	0.0033	Cl^-	4.07
Rb^+	1.56	Al^{3+}	0.058	Br^-	5.31
Cs^+	2.69	Hg^{2+}	1.39	I^-	7.9
Be^{2+}	0.009	Ag^+	1.91	O^{2-}	4.32
Mg^{2+}	0.105	Zn^{2+}	0.317	S^{2-}	11.3

由表 7.4 可见，最容易变形的是体积大的阴离子和 18 及 (18+2) 电子构型、少电荷的阳离子；最不容易变形的是半径小、电荷数多的稀有气体构型的阳离子。

7.6.2.4　离子极化的规律

一般来说，阳离子由于带正电荷，外电子层上少了电子，所以极化力较强，变形性一般不大；而阴离子半径一般较大，外层上又多了电子，所以容易变形，极化力较弱。因此，当阳、阴离子相互作用时，多数情况下，阴离子对阳离子的极化作用可以忽略，而仅考虑阳离子对阴离子的极化作用，即阳离子使阴离子发生变形，产生诱导偶极。一般规律如下：

① 阴离子半径相同时，阳离子的电荷越多，阴离子越容易被极化，产生的诱导偶极越大［图 7.19（a）］；

② 阳离子的电荷相同时，阳离子越大，阴离子被极化程度越小，产生的诱导偶极越小［图 7.19（b）］；

③ 阳离子的电荷相同、大小相近时，阴离子越大，越容易被极化，产生的诱导偶极越大

[图 7.19（c）]。

7.6.2.5 离子的附加极化作用

当阳离子与阴离子一样，也容易变形时，除要考虑阳离子对阴离子的极化外，还必须考虑阴离子对阳离子的极化作用。

如图 7.20 所示，阴离子被极化所产生的诱导偶极会反过来诱导变形性大的非稀有气体型阳离子，使阳离子也发生变形，阳离子所产生的诱导偶极会加强阳离子对阴离子的极化能力，使阴离子诱导偶极增大，这种效应叫作附加极化作用。

在离子晶体中，每个离子的总极化能力等于该离子固有的极化力和附加极化力之和。

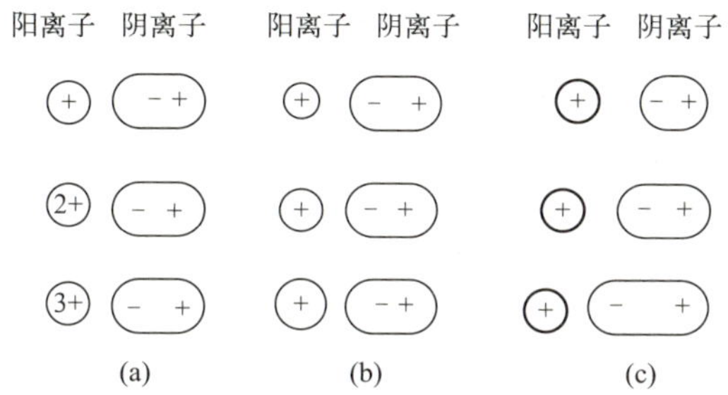

图 7.19 阴离子极化规律示意图

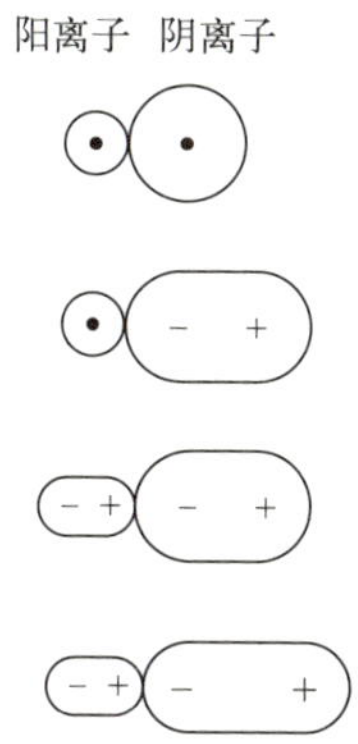

图 7.20 离子附加极化作用示意图

7.6.3 离子极化对物质结构和性质的影响

7.6.3.1 离子极化对键型的影响

阳、阴离子结合时，如果相互间完全没有极化作用，则形成的化学键纯属离子键。但是，实际上离子极化作用程度不同地存在于阳、阴离子之间。

当极化力强，变形性又大的阳离子与变形性大的阴离子相互接触时，由于阳、阴离子相互极化作用显著，阴离子的电子云便会向阳离子方面偏移，同时阳离子的电子云也会发生相应变形。这样导致阳、阴离子外层轨道程度不同地发生重叠现象，阳、阴离子的核间距缩短（即键长缩短），键的极性减弱，从而使键型有可能发生从离子键向共价键过渡的变化（如图 7.21 所示）。

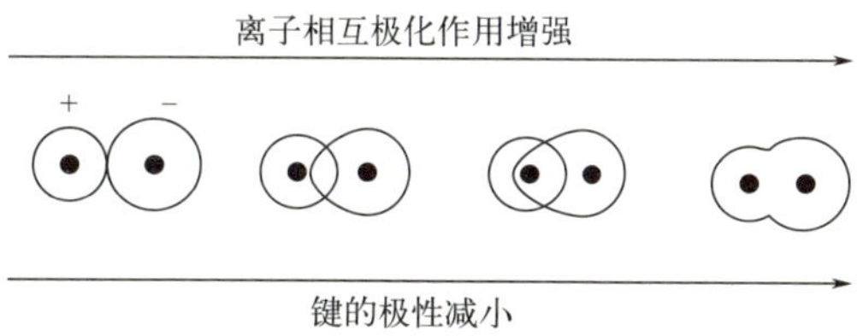

图 7.21 离子极化对键型的影响

表 7.5 列出了卤化银的键型。

表 7.5 卤化银的键型

卤化银	AgF	AgCl	AgBr	AgI
卤素离子半径 /pm	136	181	195	216
阳、阴离子半径之和 /pm	262	307	321	342
实测键长 /pm	246	277	288	299
键型	离子键	过渡键型	过渡键型	共价键

Ag^+ 是 18 电子构型的离子，极化力强，变形性较大。对 AgF 来说，由于 F^- 的离子半径较小，变形性不大，Ag^+ 与 F^- 之间相互极化作用不明显，因此，所形成的化学键属离子键。但是 Cl^-、

Br^-、I^- 离子半径依次递增，Ag^+ 与 X^- 之间相互极化作用不断增强，所形成化学键的极性不断减弱，对 AgI 来说，已经是以共价键结合了。

从图 7.21 可以看出，由离子键逐步过渡到共价键，中间经过一系列同时含有部分离子性和部分共价性的过渡键型的阶段。在无机化合物中，实际上有不少化学键就是属于过渡键型。

7.6.3.2 离子极化对晶体构型的影响

物质总是在不停地运动，晶体中的离子也不例外，总是在其平衡位置附近不断振动着［如图 7.22（a）所示］。当离子离开其正常位置而稍偏向某异电荷离子时［如图 7.22（b）所示］，该离子将产生诱导偶极。在阳离子极化力不大，阴离子变形性也不大的情况下，极化作用不显著，这样，由于诱导偶极的出现，该离子与它最邻近的异电荷离子之间所产生的附加引力，不足以破坏离子固有的振动规律，因此，在热运动作用下，该离子将能回到原来的正常位置，离子晶体的晶体构型维持不变。

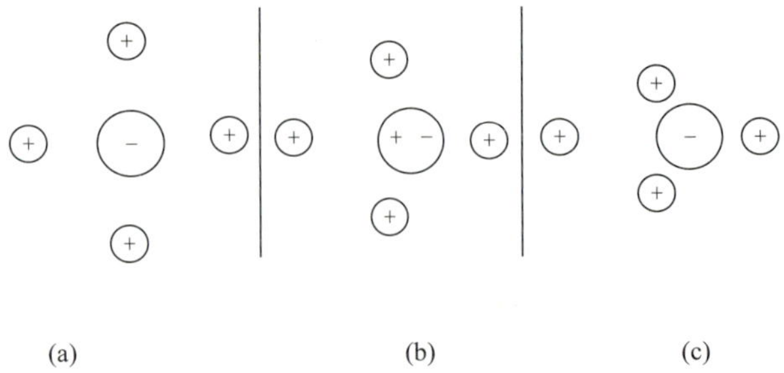

图 7.22 离子极化对晶体构型的影响

但是，如果离子极化作用很强、阴离子变形性大时，足够大的诱导偶极所产生的附加引力，就会破坏离子固有的振动规律，缩短了离子间的距离，使晶体向配位数减小的晶体构型转变，如图 7.22（c）所示。

下面还是以卤化银为例进行说明。

由于 AgI 晶体内离子间的极化作用比 AgCl、AgBr 要强得多，核间距离大大缩短了（从表 7.5 数据可知），这样使晶体从 NaCl 型突变为 ZnS 型。

既然离子极化对物质的结构能产生较显著的影响，那么，对物质的性质自然也会发生影响，CuCl 在水中的溶解度比 NaCl 小得多，正是由于 Cu^+ 是 18 电子构型而 Na^+ 是 8 电子构型，Cu^+ 比 Na^+ 极化力要强得多，CuCl 是共价键结合，而 NaCl 则是离子键结合。

7.7 固体的物性

以下对固体的物性做简要介绍。

7.7.1 解理性

晶体在外力作用（如敲打、挤压）下沿特定的结晶方向裂开成较光滑面的性质称为**解理性**。解理主要决定于晶体结构，若晶体内结合力不止一种，解理时断裂的是最弱的化学键或结合力。例如，白云母 $KAl_2(AlSi_3O_{10})\cdot(OH)_2$ 解理成薄片，断裂的是层间的 K—O 键；石膏 $CaSO_4\cdot 2H_2O$ 解理时断裂的是层间的弱氢键；沿解理面可劈开金刚石，是古代工匠的秘诀。

7.7.2 硬度

固体抵抗外来机械力（如刻画、压入、研磨）的程度称为**硬度**。1822 年，德国矿物学家 F.Mohs 把 10 种物质按彼此间抵抗刻画能力的大小顺序排列，将硬度分为 10 个等级（表 7.6）。

表 7.6 莫氏硬度表

矿物	硬度	矿物	硬度
滑石 $Mg_3(OH)_2[Si_2O_5]_2$	1	正长石 $KAl[Si_3O_8]$	6
石膏 $CaSO_4 \cdot 2H_2O$	2	石英 SiO_2	7
方解石 $CaCO_3$	3	托帕石（黄玉）$Al_2(F或OH)_2SiO_4$	8
萤石 CaF_2	4	刚玉 Al_2O_3	9
磷灰石 $Ca_5F(PO_4)_3$	5	金刚石 C	10

注：10 种标准矿物等级之间只表示硬度相对大小，各等级之间的差别并非均等。表中排在后面的矿物能刻画其前面的矿物。

硬度大小由固体中粒子（原子、分子、离子）间结合强度所决定，并有以下经验规律：

① 物质硬度大小与晶体类型有关。例如：

物质	干冰	冰	石膏	金刚石
晶体类型	分子晶体	氢键型分子晶体	离子晶体	原子晶体
硬度变化	小 ⟶			大

② 晶体类型相同的物质，离子电荷越多，核间距越短，该物质的硬度越大（如表 7.1 所示）。

③ 物质硬度大小与密度有关。例如：

物质	沸石	正长石	石英
密度 $/(g \cdot cm^{-3})$	2.2	2.56	2.65
硬度	5	6	7

④ 各向异性的物质如石墨等，往往是熔点较高而硬度较小。其原因在于熔点主要取决于最强的键，而硬度却取决于最弱的键。

⑤ 物质的硬度随温度的升高而变小。

7.7.3 磁性

物质的磁性源自其内部含有的未成对电子。按磁性强弱可大致分类于表 7.7 中。

表 7.7 物质磁性的分类及示例

强磁性	铁磁性	Fe、Co、Ni、Gd、Tb、Dy、Ho、Er、Tm 等金属和 Fe-Ni 合金
	亚铁磁性	Fe_3O_4、(Mn,Zn) Fe_2O_4、$NiFe_2O_4$
弱磁性	反铁磁性	MnO、Cr_2O_3、CoO
	顺磁性	O_2、NO

7.7.4 非线性光学效应

在传统的线性光学范围内，一束或多束频率不同的光通过晶体后，光的频率不会改变，这种效应称为**线性光学效应**。反之，光通过晶体后除含有原频率（v）的光外，有部分能量转换成倍频（nv）的光或不同频率的两种光（$v=v_1+v_2$），这种效应称为**非线性光学效应**。能产生非线性光学效应的晶体称为**非线性光学晶体**。例如铌酸钡钠（$Ba_2NaNb_5O_{15}$）等可用来制造倍频激光器、红外探测器、激光调制器。

7.7.5 超导性

1911 年，荷兰物理学家 H.K.Onnes 发现，当温度降至 4.2K 时，汞（Hg）的直流电阻消失。

这种现象被称为超导性。具有超导性的物质称为超导体。物质所处的零电阻状态叫超导态；电阻突然消失的温度称为临界温度（T_c）。

在 1986 年以前人们发现的超导体的 T_c 都较低，需要使用价格较贵的液氦（沸点为 4.25K）作为制冷剂，因而研究工作进展缓慢。1987 年由于高 T_c 的氧化物超导性的研究取得突破性进展，在全世界范围内出现了超导热。例如，1987 年，中国科学院赵忠贤等和美国休斯敦大学朱经武等分别独立地发现了 T_c 达 95K 的 Y-Ba-Cu-O 超导氧化物后，超导研究采用液氮（沸点为 77.36K）作制冷剂即可，因而研究工作进展很快，超导研究从“液氦时代”走进“液氮时代”。近年来陆续发现了 T_c 达到 105K 的 $Bi_2Sr_2Ca_2Cu_3O_{10}$、$TlBa_2Ca_3Cu_4O_{11}$ 的超导体，110K 的 $Tl_2Ba_2CaCu_2O_8$，以及 125K 的 $Tl_2Ba_2Ca_2Cu_3O_{10}$ 超导体，还有报道发现 T_c 达 160K 的超导体。至今为止，已发现 32 种元素（主要是导电性较差的金属元素）和上千种合金、化合物具有超导性，而 Ag、Au、Pt 等良导体（Cu 例外），具有铁磁性的 Fe、Co、Ni，以及多数碱金属和碱土金属不具有超导性。

对于低 T_c 超导体的超导机理，一般认为是在低温下，超导态时晶格振动小，电子之间的排斥力也很小，易形成库珀（Cooper）电子对，而这些电子对比单电子受到散射少，能通行无阻地定向移动。相反，良导体则不易形成库珀电子对。有关超导机理尤其是高 T_c 超导机理，目前尚未弄明白。

超导体的应用前景非常诱人。基于超导材料的电阻趋于零，人们期望能制造超导电缆，以减少输电的能量损耗。超导电力输送一旦成功，将彻底改变目前电力工业的面貌。磁悬浮列车（如图 7.23）是利用磁场同极相斥作用使列车悬浮离轨，又利用磁场异极相吸作用使列车前进的新型列车，具有高速（目前技术时速已达 550km）、静音、平稳、节能、环保等优点。2002 年 12 月 31 日，中德合作建设的世界上第一条商业磁悬浮运营线在上海建成通车，30km 的路程 8 分钟到达，最高时速可达 430km。

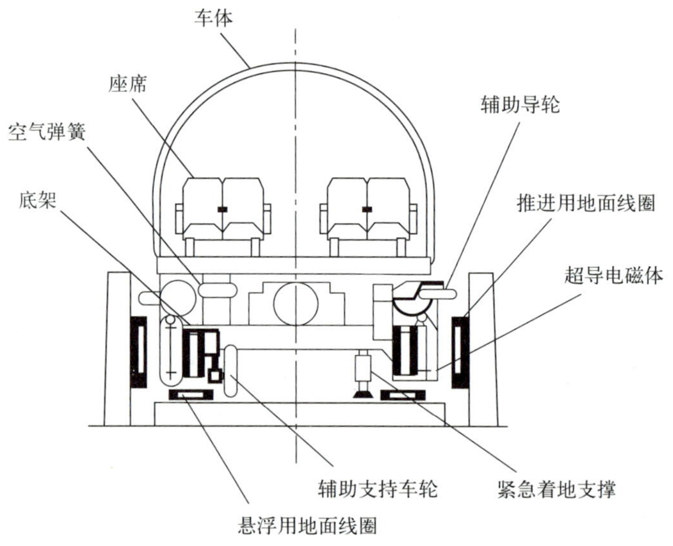

图 7.23　磁悬浮列车的结构

7.7.6　纳米物质的特异性

正如绪论中所述，在宏观物体和微观粒子之间还存在一些介观层次的物质。其中以纳米颗粒（1nm =10^{-9}m）最为重要。纳米颗粒是超细微的，单位体积内粒子数多，表面积大，而且处于粒子界面上的原子达总原子数的 50%，使纳米材料具有不寻常的表面效应、界面效应，具有与宏观材料截然不同的奇特的光、电、磁、热、力和化学性质。例如：

（1）催化能力增强　由于表面积大，活性中心多，催化能力增强，如纳米铂黑作为催化剂，能有效降低反应活化能，使乙烯氢化反应温度从600℃降至室温。

（2）熔点降低

例如：

物质	常态熔点	纳米态熔点
金（Au）	1064.18℃	330℃
银（Ag）	961.78℃	100℃

（3）吸光率提高，反射率降低　纳米颗粒越细，对光和电磁波吸收越多，反射率几乎降至10%左右。据此纳米金属材料可用作红外线吸收、检测材料和隐形飞机防雷达吸波材料。

（4）韧性增强　例如纳米 TiO_2 陶瓷在室温下可以弯曲；纳米铁抗断裂应力比常态铁提高12倍等。

化学视野

固相反应

传统的无机化学课程，主要介绍无机物在水溶液中的性质和化学反应，这与水是最廉价、最易获得的溶剂也不无关系。但是，事实上除水溶液化学外，从古代陶瓷、砖瓦、玻璃的制作到现代的金属、合金以及光、热、电、磁性等材料却与固体化学密切相关。为此，有必要在此介绍一些固相反应的知识。

1. 固相反应的特点、分类及影响因素

固相反应是指那些有固态物质参加，而且至少有一种反应产物为固态物质的化学反应。固相反应大致可归纳成几类：①一种固态物质的反应（如固体物质热分解、聚合）；②气-固相反应（如金属的锈蚀）；③液-固相反应；④固-固相反应（如固体复分解反应、烧结反应）；⑤固态物质表面上的反应（如固相催化反应）。

固相反应不同于溶液反应，除了化学反应的一般规律外，还必须考虑固态反应物质的晶体结构类型、固体内部（又称体相）的缺陷、固体表面（又称表相）的结构、固体粒度以及反应温度等。

2. 固态物质热分解反应

固体表层的化学组成以及粒子（原子、离子、分子）的配位数和体相是不同的。而且，从原子水平看，一般固体表面不可能像理想的二维点阵结构那样均匀、光滑，表层上粒子的活化状态也有所差别。再者，固体体相内大多存在点缺陷、位错、杂质等。正是在固体表相和体相中缺少对称性之处，容易成为分解反应的核心，先行形成固态产物的晶核。例如碳酸钙、高氯酸钾的热分解等即属于这类反应。

3. 固-固相反应

在任何聚集态的物质中，由于热运动的影响，即便是处于晶格结点上的分子、原于或离子，或多或少都有可能瞬间偏离正常的平衡位置，这些粒子（甚至空穴）在浓差因素驱动下会产生扩散。例如，两块经磨平抛光的铜、锌片在493K下紧密接触12h后，发现在接触面上形成约0.3mm厚的扩散层。固态反应物粒子的接触和扩散，是固态产物晶核得以形成并不断生长的重要条件。

例如，下列固-固相反应：

$$MgO(s)+Al_2O_3(s)\xrightarrow{1773K}MgAl_2O_4(s)$$

由于 O^{2-} 半径较大、扩散慢，可假定阳离子为扩散迁移主体。

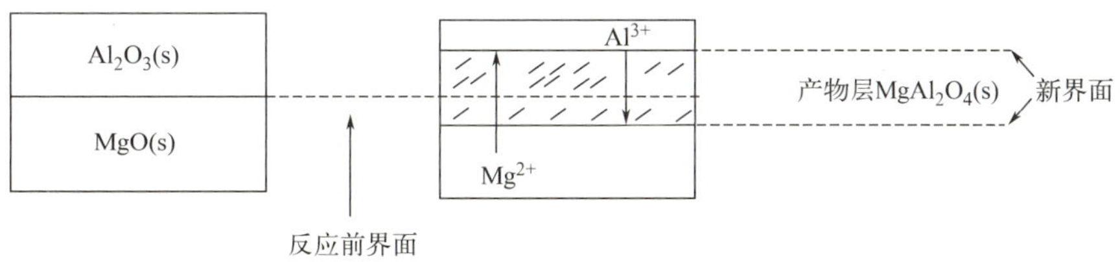

固-固相反应机理

在1773K下，首先在Al_2O_3和MgO晶粒界面上或邻近界面的反应物晶格中形成$MgAl_2O_4$晶核，然后反应物晶格中的Mg^{2+}、Al^{3+}相对扩散到$MgAl_2O_4$晶核附近使晶核不断生长，同时形成更多的晶核，随着产物层的加厚固相反应进行完全。

非金属陶瓷功能材料的制作工艺，先是在室温下将固态氧化物充分粉碎、混合均匀，再在钢模中挤压成型，然后高温烧结反应。高温条件无疑有利于破坏固态反应物的晶格和促进反应物粒子的扩散，但是必须注意，对有些反应体系采用不同的反应温度，有时会得到不同的反应产物。

氧化物、硅酸盐等物质的原子、离子间主要以共价键或离子键结合，结构稳定、粒子扩散慢，因此它们的固相反应常要在高温条件下进行；而大多数有机化合物和配位化合物（第8章介绍）在高温下不稳定，只能在室温或较低的温度（＜100℃）下合成。过去室温或较低温度下的固相反应一直未引起重视，近20年来南京大学忻新泉教授等利用室温或较低温度固相反应法，已经合成出许多新的化合物。例如，20℃下将浅蓝色的$CuCl_2 \cdot 2H_2O$（分析纯）和白色的对甲基苯胺（C_7H_9N）分别研磨、过筛（100目）后，按1∶2的物质的量之比装入一带塞的小试管中，摇动试管数秒后固体反应物即转变为褐色的$CuCl_2(C_7H_9N)_2$：

$$CuCl_2 \cdot 2H_2O(s) + 2C_7H_9N(s) \longrightarrow CuCl_2\left(C_7H_9N\right)_2(s) + 2H_2O$$

尽管许多室温或较低温度下的固相反应与溶液中发生的反应类似，但也有很多例外，例如：

（1）

$$K_3\left[Fe(CN)_6\right] + KI \xrightarrow{\text{液相中}} \text{不反应}$$

$$2K_3\left[Fe(CN)_6\right](s) + 2KI(s) \xrightarrow{\text{固相反应}} 2K_4\left[Fe(CN)_6\right](s) + I_2(s)$$

（2）

$$NiCl_2(s) + \left[\left(CH_3\right)_4N\right]Cl(s) \xrightarrow{\text{液相中}} \left[\left(CH_3\right)_4N\right]NiCl_3(s)$$

$$NiCl_2(s) + 2\left[\left(CH_3\right)_4N\right]Cl(s) \xrightarrow{\text{固相反应}} \left[\left(CH_3\right)_4N\right]_2NiCl_4(s)$$

固相反应不使用溶剂，具有高选择性、高产率、工艺过程简单等优点，已成为人们制备新型固体材料的重要方法。

思考题

1．常用的硫粉是硫的微晶，熔点为112.8℃，溶于CS_2、CCl_4等溶剂中，试判断它属于哪一类晶体。

2．已知下列两类晶体的熔点：

	物质	NaF	NaCl	NaBr	NaI
（1）	熔点/℃	993	801	747	661
	物质	SiF_4	$SiCl_4$	$SiBr_4$	SiI_4
（2）	熔点/℃	−90.2	−70	5.4	120.5

为什么钠的卤化物的熔点比相应硅的卤化物的熔点高？而且熔点递变趋势相反？

3．当气态离子Ca^{2+}、Sr^{2+}与F^-分别形成CaF_2、SrF_2晶体时，何者放出的能量多？为什么？

4．解释下列问题：

（1）NaF的熔点高于NaCl；

（2）BeO的熔点高于LiF；

（3）SiO_2的熔点高于CO_2；

（4）冰的熔点高于干冰（固态CO_2）；

（5）石墨软而导电，而金刚石坚硬且不导电。

5．下列说法是否正确？

（1）稀有气体是由原子组成的，属原子晶体。

（2）熔化或压碎离子晶体所需要的能量，数值上等于晶格能。

（3）溶于水能导电的晶体必为离子晶体。

（4）共价化合物呈固态时，均为分子晶体，因此熔、沸点都低。

(5) 离子晶体具有脆性，是由于阳、阴离子交替排列，不能错位。

6. 解释下列事实：

(1) MgO 可作为耐火材料；

(2) 金属 Al 和 Fe 都能压成片、抽成丝，而石灰石则不能；

(3) 在卤化银中，AgF 可溶于水，其余卤化银则难溶于水，且从 AgCl 到 AgI 溶解度减小；

(4) NaCl 易溶于水，而 CuCl 难溶于水。

7. 下列物质的键型有何不同？

Cl_2　　HCl　　AgI　　LiF

8. 已知 AlF_3 为离子型，$AlCl_3$、$AlBr_3$ 为过渡型，AlI_3 为共价型，试说明它们键型差别的原因。

9. 实际晶体内部结构上的点缺陷有几种类型？晶体内部结构上的缺陷对晶体的物理、化学性质有无影响？

10. 试用能带理论说明金属导体、半导体和绝缘体的导电性能。

11. 离子半径 $r(Cu^+) < r(Ag^+)$，所以 Cu^+ 的极化力大于 Ag^+，但 Cu_2S 的溶解度却大于 Ag_2S，何故？

习题

1. 已知下列各晶体：NaF、ScN、TiC、MgO。它们的核间距相差不大，试推测并排出这些化合物熔点高低、硬度大小的次序。

2. 下列物质中，试推测何者熔点最低，何者最高。

(1) NaCl　　KBr　　KCl　　MgO

(2) N_2　　Si　　NH_3

3. 写出下列各种离子的电子分布式，并指出它们各属于何种电子构型。

Fe^{3+}　　Ag^+　　Ca^{2+}　　Li^+　　S^{2-}　　Pb^{2+}　　Pb^{4+}　　Bi^{3+}

4. 试推测下列物质分别属于哪一类晶体。

物质	B	LiCl	BCl_3
熔点/℃	2300	605	−107.3

5. (1) 试推测下列物质可形成何种类型的晶体。

O_2　　H_2S　　KCl　　Si　　Pt

(2) 下列物质熔化时，要克服何种作用力？

AlN　　Al　　HF(s)　　K_2S

6. 根据所学晶体结构知识，填写下表。

物质	晶格结点上的粒子	晶格结点上粒子间的作用力	晶体类型	预测熔点（高或低）
N_2				
SiC				
Cu				
冰				
$BaCl_2$				

7. 用下列给出的数据，计算 AlF_3(s) 的晶格能 (U)。

$$Al(s) \longrightarrow Al(g);\quad \Delta_{sub}H_m^\ominus = 326.4kJ \cdot mol^{-1}$$

$$Al(g) - 3e^- \longrightarrow Al^{3+}(g);\quad I = I_1 + I_2 + I_3 = 5139.1kJ \cdot mol^{-1}$$

$$Al(s) + \frac{3}{2}F_2(g) \longrightarrow AlF_3(s);\quad \Delta_f H_m^\ominus(AlF_3, s) = -1510kJ \cdot mol^{-1}$$

$$F_2(g) \longrightarrow 2F(g);\quad D^\ominus(F—F) = 156.9kJ \cdot mol^{-1}$$

$$F(g) + e^- \longrightarrow F^-(g);\quad E_A = -322kJ \cdot mol^{-1}$$

8．已知KI的晶格能U=649kJ·mol^{-1}，K的$\Delta_{sub}H_m^\ominus$ =90kJ·mol^{-1}，K的电离能I_1=418.9kJ·mol^{-1}，I_2的解离能$D^\ominus$ (I—I)=152.549kJ·mol^{-1}，I的电子亲和能E_{A_1} =−295kJ·mol^{-1}，I_2的升华热$\Delta_{sub}H_m^\ominus$ = 62.4kJ·mol^{-1}，求KI的标准生成焓$\Delta_f H_m^\ominus$。

9．将下列两组离子分别按离子极化力及变形性由小到大的次序重新排列。

（1）Al^{3+}　Na^+　Si^{4+}

（2）Sn^{2+}　Ge^{2+}　I^-

10．试按离子极化作用由强到弱的顺序重新排出下列物质的次序。

$MgCl_2$　$SiCl_4$　NaCl　$AlCl_3$

11．比较下列各组中化合物的离子极化作用的强弱，并预测溶解度的相对大小。

（1）ZnS　CdS　HgS

（2）PbF_2　$PbCl_2$　PbI_2

（3）CaS　FeS　ZnS

12．（1）今有元素X、Y、Z，其原子序数分别为6、38、80，试写出它们的电子分布式，并说明它们在周期表中的位置。

（2）X、Y两元素分别与氯形成的化合物中哪一个熔点高？为什么？

（3）Y、Z两元素分别与硫形成的化合物中哪一个溶解度小？为什么？

（4）X元素与氯形成的化合物其分子偶极矩等于零，试用杂化轨道理论解释。

第 8 章

配合物的结构与性质

学习要求：

1. 熟悉配合物的基本概念、配合物的化学式和命名。
2. 熟悉配合物的价键理论，并能用此来说明配合物的几何构型、稳定性和磁性。
3. 掌握配位 - 解离平衡、稳定常数及有关计算，包括配位平衡与其他平衡共存时有关计算，能计算配体过量时配位平衡的组成。
4. 了解螯合物的概念和配合物的应用。

配位化合物（简称配合物）是指形成体与配体以配位键结合形成的复杂化合物，旧称“络合物”。1704 年，德国人 Diesbach 合成并作为染料和颜料使用的普鲁士蓝是最早有记载的配合物（后来证实其组成为 $[KFe^{II}Fe^{III}(CN)_6]\cdot H_2O$），但通常认为配位化学始于 1798 年 $CoCl_3\cdot 6NH_3$ 的发现。1893 年，化学家 A. Werner（1866—1919）提出了配合物的正确化学式和成键本质，被称为近代配位化学的创始人。几乎所有的化学元素都能形成配合物，其数量远远超过一般简单的无机化合物。配合物具有种种独特的性能，在各个领域的应用极为广泛，其研究也越来越深入，使配位化学成为化学中非常活跃的研究领域，并渗透到材料、生物、医学等许多学科中。

8.1 配合物的基本概念

8.1.1 配合物的组成

向硫酸铜溶液中加入过量氨水，形成 $[Cu(NH_3)_4]^{2+}$，四个 NH_3 通过 N 与 Cu^{2+} 以配位键结合，这种复杂离子称为**配离子**，为配合物的**内界**；SO_4^{2-} 仍为游离的离子，为配合物的**外界**。**内界**为配合物的特征部分，是中心离子（或原子）和配体之间通过配位键结合而成的一个稳定的整体，在配合物化学式中用方括号标明。方括号外的外界离子，离中心较远。内界与外界之间以离子键结合。

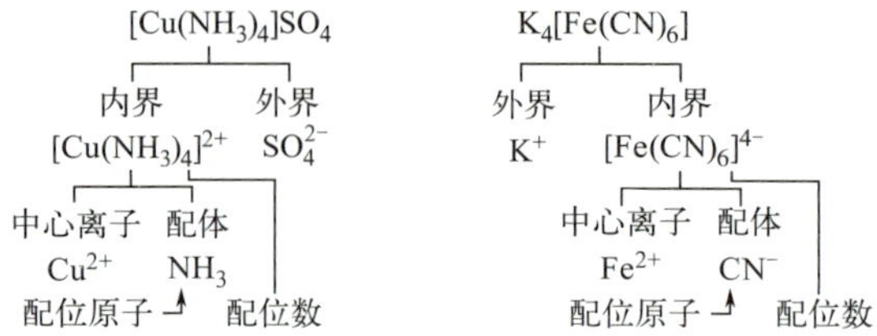

有些配合物不存在外界，如 $[PtCl_2(NH_3)_2]$、$[CoCl_3(NH_3)_3]$ 等。另外，有些配合物由中心原子与配体构成，如 $[Ni(CO)_4]$、$[Fe(CO)_5]$ 等。

8.1.1.1 形成体

中心离子（或中心原子）统称为**配合物的形成体**，大多数是带正电荷的金属阳离子，其中以过渡金属离子居多，如 Mn^{2+}、Fe^{3+}、Co^{2+}、Ni^{2+}、Cu^{2+}、Ag^+ 等，少数高氧化态的非金属元素也可作中心离子，如 $[BF_4]^-$、$[SiF_6]^{2-}$ 中的 B(Ⅲ)、Si(Ⅳ) 等。中心原子如 $[Ni(CO)_4]$、$[Fe(CO)_5]$ 中的 Ni、Fe 原子。

8.1.1.2 配位个体、配体及配位原子

由形成体结合一定数目的配体所形成的结构单元称为**配位个体**，即配合物的核心部分，如 $[Cu(NH_3)_4]^{2+}$（也称为配离子）、$[Ni(CO)_4]$ 等。

在配合物中与形成体结合的离子或中性分子称为**配体**，如 $[Cu(NH_3)_4]^{2+}$ 中的 NH_3、$[Fe(CN)_6]^{3-}$ 中的 CN^- 等。

在配体中提供孤电子对与形成体形成配位键的原子称为**配位原子**，如配体 NH_3 中的 N。常见的配位原子为电负性较大的非金属原子，如 N、O、S、C、P 和卤素等原子。

根据一个配体中所含配位原子数目的不同，可将配体分为**单齿配体**和**多齿配体**。**单齿配体**：一个配体中只有一个配位原子，如 NH_3、OH^-、X^-、CN^-、SCN^- 等。**多齿配体**：一个配体中有两个或两个以上的配位原子。常见的配体如表 8.1 所示。

表 8.1 常见的配体

	中性分子配体	配位原子	阴离子配体	配位原子	阴离子配体	配位原子
单齿配体	H_2O 水	O	F^- 氟	F	CN^- 氰	C
	NH_3 氨	N	Cl^- 氯	Cl	NO_2^- 硝基	N
	CO 羰基	C	Br^- 溴	Br	ONO^- 亚硝酸根	O
	CH_3NH_2 甲胺	N	I^- 碘	I	SCN^- 硫氰酸根	S
			OH^- 羟基	O	NCS^- 异硫氰酸根	N

	分子式	名称	缩写符号	分子式	名称	缩写符号
多齿配体	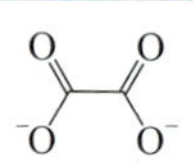	草酸根	ox	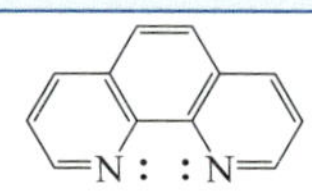	邻菲罗啉	*o*-phen
	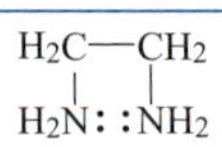	乙二胺	en	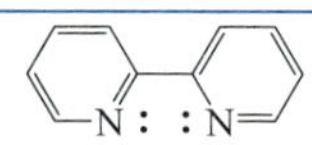	联吡啶	bpy
	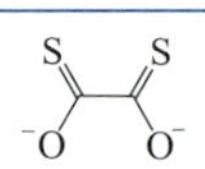	二硫代草酸根	dto	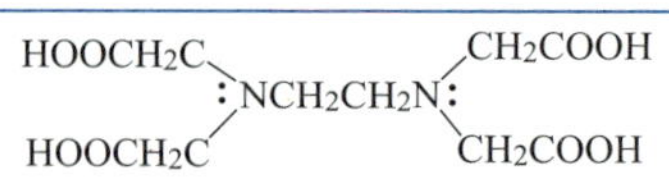	乙二胺四乙酸	edta

8.1.1.3 配位数

在配位个体中与一个形成体形成配位键的配位原子的总数称为该形成体的**配位数**。例如，$[Cu(NH_3)_4]^{2+}$ 中，Cu^{2+} 的配位数为 4；$[CoCl_3(NH_3)_3]$ 中 Co^{3+} 的配位数为 6。目前已知的配位数有 1～14，其中最常见的配位数为 6。由单齿配体形成的配合物，中心离子的配位数等于配体的数目；若配体是

多齿的，那么中心离子的配位数等于配体的数目乘以齿数。例如，$[Cu(en)_2]^{2+}$ 中的乙二胺 (en) 是双齿配体，即每 1 个 en 有 2 个 N 原子与中心离子 Cu^{2+} 配位，Cu^{2+} 的配位数是 4（即 2×2）。

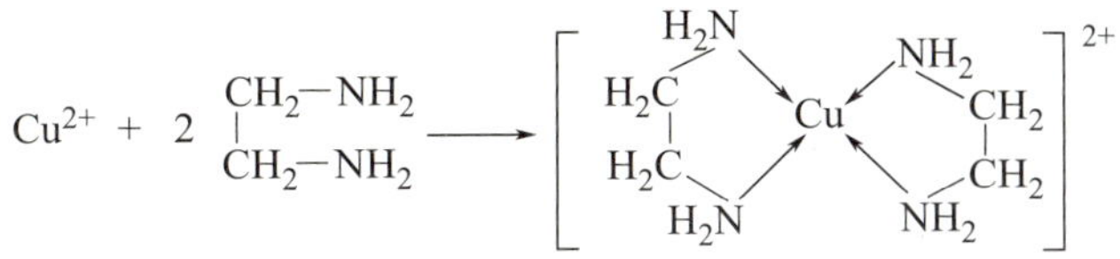

形成体配位数的多少一般取决于形成体和配体的性质，例如形成体和配体的电荷、半径和核外电子分布等。表 8.2 列出一些常见金属离子的配位数。

表 8.2　常见金属离子 (M^{n+}) 的配位数 (n)

M^+	n	M^{2+}	n	M^{3+}	n	M^{4+}	n
Cu^+	2,4	Cu^{2+}	4,6	Fe^{3+}	6	Pt^{4+}	6
Ag^+	2	Zn^{2+}	4,6	Cr^{3+}	6		
Au^+	2,4	Cd^{2+}	4,6	Co^{3+}	6		
		Pt^{2+}	4	Sc^{3+}	6		
		Hg^{2+}	2,4	Au^{3+}	4		
		Ni^{2+}	4,6	Al^{3+}	4, 6		
		Co^{2+}	4,6				

结合大量配合物的合成结果和表 8.2 中数据，不难发现：

① 中心离子正电荷越多，配位数越大，因为此时中心离子对配体的吸引能力强，易形成高配位的配合物。中心离子半径较大时，其周围可容纳较多的配体，易形成高配位的配合物（第五、六周期的原子或离子易形成高配位的配合物）。但是中心离子半径若过大时，它对配体的引力减小，有时配位数反而减小。例如，Hg^{2+}(101pm) 只能形成配位数为 4 的配离子（如 $[HgCl_4]^{2-}$）。

② 配体的负电荷越多，虽然增加了与中心离子的引力，但同时也增加了配体之间的斥力，配位数反而减少。例如，$[SiO_4]^{4-}$ 中 Si(Ⅳ) 的配位数比 $[SiF_6]^{2-}$ 中 Si(Ⅳ) 的配位数小。配体的半径增大时，中心离子周围可容纳的配体数减少，故配位数减小。例如，$[AlCl_4]^-$ 与 $[AlF_6]^{3-}$ 相比即为一例。

③ 配位数还与配体浓度、反应温度等因素有关。一般来说，配体浓度越大，反应温度越低，则易形成高配位的配合物。

8.1.1.4　配离子的电荷

配离子的电荷为形成体和配体电荷的代数和。例如，$K_3[Fe(CN)_6]$ 中配离子为 $[Fe(CN)_6]^{3-}$，其电荷数为 −3，可根据 Fe^{3+} 和 6 个 CN^- 电荷的代数和判定为 −3，也可根据配合物的外界离子（3 个 K^+）电荷数判定其电荷数为 −3。

8.1.2　配合物的化学式及命名

8.1.2.1　配合物的化学式

配合物的组成比较复杂，书写配合物的化学式应遵循两条原则：

① 含配离子的配合物，其化学式中阳离子写在前，阴离子写在后。

② 配位个体中，先列出形成体的元素符号，再依次列出阴离子和中性配体[1]；无机配体列在前面，有机配体列在后面，将整个配位个体的化学式括在方括号内。在括号内同类配体的次序，以配位原子元素符号的英文字母次序为准。例如 NH_3、H_2O 两种中性分子配体的配位原子分别为 N 原子和 O 原子，因而 NH_3 写在 H_2O 之前。

[1] 但是，有时对某些配合物因习惯不按此规定写出。例如把二氯 · 二氨合铂 (Ⅱ) 写成 $[Pt(NH_3)_2Cl_2]$。

8.1.2.2 配合物的命名

配合物的命名遵循一般**无机物的命名原则**。若配合物为配离子化合物，则命名时阴离子在前，阳离子在后，与无机盐的命名一样。若为配阳离子化合物，则叫作某化某或某酸某。若为配阴离子化合物，则在配阴离子与外界阳离子之间用“酸”字连接；若外界为氢离子，则在配阴离子之后缀以“酸”字。

配位个体按照以下原则进行命名：

① 配体名称列在形成体名称之前。不同配体名称的顺序同书写顺序，相互之间以黑点“·”分开，在最后一个配体名称之后缀以“合”字。

② 同类配体的名称按配位原子元素符号的英文字母顺序排列。

③ 配体个数用倍数词头二、三、四等数字表示。形成体的氧化数用带圆括号的罗马数字表示。

8.1.2.3 配体的命名

① 有些配体具有相同的化学式，但由于配位原子不同而有不同的命名。另外，某些分子或基团，作配体后读法有所改变，例如表 8.1 中配体 ONO^-（O 为配位原子）称亚硝酸根，而 NO_2^-（N 为配位原子）称硝基；SCN^-（S 为配位原子）称硫氰酸根，而 NCS^-（N 为配位原子）称异硫氰酸根；CO 作配体称羰基、OH^- 作配体称羟基等。

② 带倍数词头的无机含氧酸根阴离子配体，命名时要用括号括起来，如:（三磷酸根）。有的无机含氧酸阴离子，即使不含倍数词头，但含有一个以上代酸原子，也要用括号，如:（硫代硫酸根）。

表 8.3 为一些配合物命名的示例。

表 8.3 一些配合物的化学式、系统命名示例

类别	化学式	系统命名
配位酸	$H_2[SiF_6]$	六氟合硅(Ⅳ)酸
	$H_2[PtCl_6]$	六氯合铂(Ⅳ)酸
配位碱	$[Ag(NH_3)_2](OH)$	氢氧化二氨合银(Ⅰ)
配位盐	$[Cu(NH_3)_4]SO_4$	硫酸四氨合铜(Ⅱ)
	$[CrCl_2(H_2O)_4]Cl$	一氯化二氯·四水合铬(Ⅲ)
	$[Co(NH_3)_5(H_2O)]Cl_3$	三氯化五氨·一水合钴(Ⅲ)
	$K_4[Fe(CN)_6]$	六氰合铁(Ⅱ)酸钾
	$Na_3[Ag(S_2O_3)_2]$	二(硫代硫酸根)合银(Ⅰ)酸钠
	$K[PtCl_5(NH_3)]$	五氯·一氨合铂(Ⅳ)酸钾
	$NH_4[Cr(NCS)_4(NH_3)_2]$	四(异硫氰酸根)·二氨合铬(Ⅲ)酸铵
中性分子	$[Fe(CO)_5]$	五羰基合铁
	$[PtCl_4(NH_3)_2]$	四氯·二氨合铂(Ⅳ)
	$[Co(NO_2)_3(NH_3)_3]$	三硝基·三氨合钴(Ⅲ)

8.2
配合物的化学键理论

配合物中的化学键是指形成体与配体间的化学键，阐释这种键的理论有价键理论、晶体场理论、配位场理论和分子轨道理论等，在此仅对前两种理论作简单介绍。

8.2.1 配合物的价键理论

1931 年，美国化学家 L. Pauling 把杂化轨道理论应用于研究配合物的结构。后经他人修正、

补充和完善，形成近代配合物价键理论。

该理论认为：形成配合物时，形成体 (M) 的某些价层原子轨道在配体 (L) 作用下进行杂化，用空的杂化轨道接受配体提供的孤电子对，形成σ配位键 (M ← :L)。从近代结构理论的观点来说，亦即形成体的杂化轨道与配位原子的某个孤电子对原子轨道相互重叠，形成配位键。因而，配合物是由形成体与配体以配位键结合而成的复杂化合物。

8.2.1.1　配合物的几何构型和配位键类型

(1) 几何构型　由于形成体的杂化轨道具有一定的方向性，所以配合物具有一定的几何构型，如表 8.4 所示。

表 8.4　轨道杂化类型与配位个体的几何构型

配位数	杂化类型	几何构型	实例
2	sp	直线形 	$[Ag(NH_3)_2]^+$、$[Ag(CN)_2]^-$ $[CuCl_2]^-$
3	sp^2	平面等边三角形 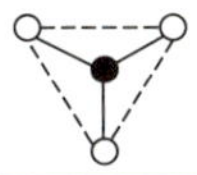	$[CuCl_3]^{2-}$、$[HgI_3]^-$
4	sp^3	正四面体形 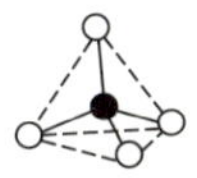	$[Ni(NH_3)_4]^{2+}$、$[Zn(NH_3)_4]^{2+}$、$[HgI_4]^{2-}$、$[Ni(CO)_4]$、 $[COCl_4]^{2-}$
	dsp^2	正方形 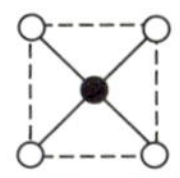	$[Ni(CN)_4]^{2-}$、$[Cu(NH_3)_4]^{2+}$、$[PtCl_4]^{2-}$、$[Cu(CN)_4]^{2-}$、 $[PtCl_2(NH_3)_2]$
5	dsp^3	三角双锥形 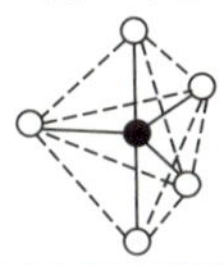	$[Fe(CO)_5]$、$[Co(CN)_5]^{3-}$
6	sp^3d^2	正八面体形 	$[FeF_6]^{3-}$、$[Fe(H_2O)_6]^{3+}$、$[CoF_6]^{3-}$
	d^2sp^3		$[Fe(CN)_6]^{3-}$、$[Fe(CN)_6]^{4-}$、$[Co(NH_3)_6]^{3+}$、$[PtCl_6]^{2-}$

注：●为形成体，○为配体。

例如，Co^{3+} 的价层电子结构为：

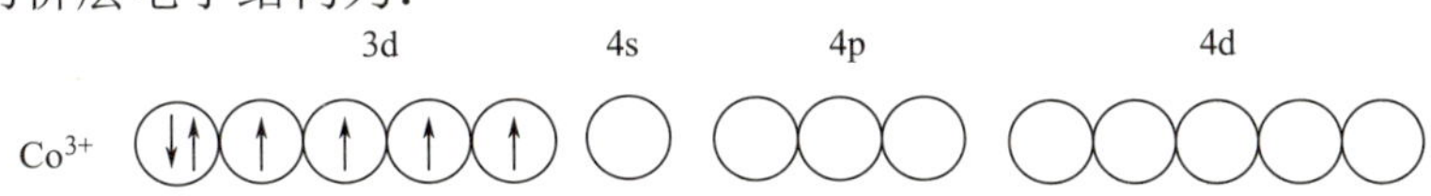

当 Co^{3+} 与 6 个 F^- 结合为 $[CoF_6]^{3-}$ 时，由于 F^- 的作用，Co^{3+} 的 6 个原子轨道（1 个 4s、3 个 4p 和 2 个 4d）进行杂化，组成 6 个 sp^3d^2 杂化轨道，接受 6 个 F^- 提供的 6 对孤电子对而形成 6 个配位键。所以 $[CoF_6]^{3-}$ 的几何构型为正八面体形。

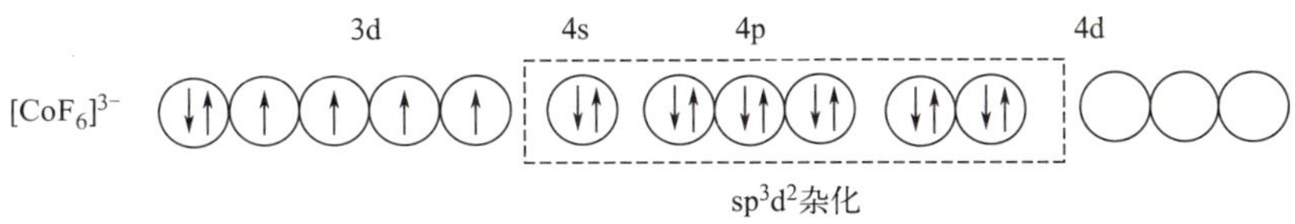

而当 Co^{3+} 与 6 个 NH_3 结合为 $[Co(NH_3)_6]^{3+}$ 时，配体 NH_3 的作用，导致 Co^{3+} 的价层电子结构重排，3d 轨道中的 6 个电子形成 3 对，空出 2 个 3d 轨道，这样 Co^{3+} 的 2 个 3d 与 1 个 4s 和 3 个 4p 轨道进行杂化，形成 6 个 d^2sp^3 杂化轨道，接受 6 个 NH_3 中 N 原子提供的 6 对孤电子对而形成 6 个配位键。所以 $[Co(NH_3)_6]^{3+}$ 的几何构型为正八面体形。

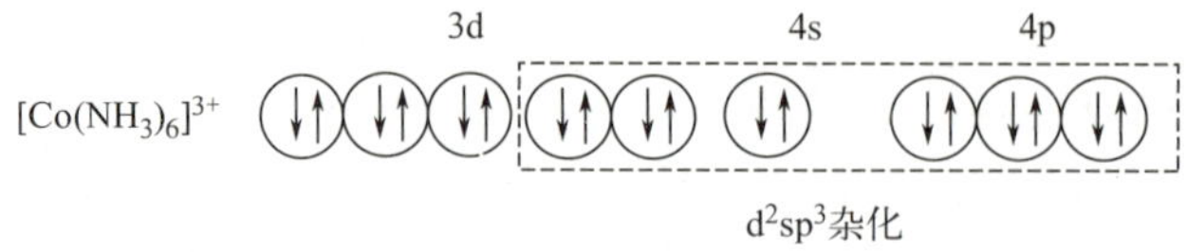

（2）配合物中配位键的类型 形成体杂化轨道类型不仅决定配位个体的几何构型，而且决定其配位键的类型。H. Taube提出**内轨配键**和**外轨配键**的概念：若形成体全以最外层轨道（ns, np, nd）杂化成键，配位键称为**外轨配键**，形成的配合物称为**外轨型配合物**，如$[CoF_6]^{3-}$、$[Ni(NH_3)_4]^{2+}$等；若形成体用了次外层轨道$(n-1)d$与外层轨道ns、np杂化成键，配位键称为**内轨配键**，形成的配合物称为**内轨型配合物**，如$[Fe(CN)_6]^{3-}$、$[Co(NH_3)_6]^{3+}$等。

配合物是内轨型还是外轨型与中心离子（电子构型、电荷）和配位原子的性质（电负性）有关。具有d^{10}构型的离子，只能用外层轨道形成外轨型配合物；具有d^8构型的离子（如Ni^{2+}、Pd^{2+}、Pt^{2+}等），大多数情况下形成内轨型配合物；具有d^4～d^7构型的离子，既可形成内轨型配合物，也可形成外轨型配合物。

中心离子的电荷增多有利于形成内轨型配合物。因为中心离子的电荷较多时，它对配位原子的孤电子对引力增强，有利于以其内层$(n-1)d$轨道参与成键。例如$[Co(NH_3)_6]^{2+}$为外轨型，而$[Co(NH_3)_6]^{3+}$为内轨型。

电负性大的原子（如F、O等），与电负性较小的C原子比较，通常不易提供孤电子对，它们作为配位原子时，中心离子以外层轨道与之成键，因而形成外轨型配合物。C原子作为配位原子时（如CN^-）则常形成内轨型配合物。

8.2.1.2 配合物的稳定性、磁性与键型的关系

由前面讨论可知，以sp^3d^2或sp^3杂化轨道成键的配合物为外轨型，而以$(n-1)d^2sp^3$或$(n-1)dsp^2$杂化轨道成键的配合物为内轨型。对于相同中心离子，由于sp^3d^2杂化轨道能量比$(n-1)d^2sp^3$杂化轨道能量高，sp^3杂化轨道能量比$(n-1)dsp^2$杂化轨道能量高，当形成相同配位数的配离子时，如$[FeF_6]^{3-}$和$[Fe(CN)_6]^{3-}$、$[Ni(NH_3)_4]^{2+}$和$[Ni(CN)_4]^{2-}$，其稳定性是不同的，一般内轨型比外轨型稳定。

价键理论不仅成功地说明了配合物的几何构型，而且也能根据配合物中未成对电子数的多少，较好地解释配合物的磁性。

物质的磁性与其中电子自旋运动有关。磁性强弱用磁矩μ表示，磁矩的基本单位为玻尔磁子（B.M.）。根据磁学理论，μ与物质内部未成对电子数(n)之间存在如下关系：

$$\mu = \sqrt{n(n+2)}$$

根据上式可估算出未成对电子数$n = 0$～5的μ值，从而可以确定该配合物的磁性（$\mu > 0$的具有顺磁性，$\mu=0$的具有反磁性）。反之，测定配合物的磁矩，也可以了解中心离子未成对电子数，进一步推断配合物是内轨型还是外轨型的。

例如实验测得$K_3[FeF_6]$的磁矩为5.90 B.M.，由表8.5可知，在$[FeF_6]^{3-}$中，仍有5个未成对电子，与自由Fe^{3+}的未成对电子数相同，说明Fe^{3+}以sp^3d^2杂化轨道与配位原子(F)形成外轨配键，则$[FeF_6]^{3-}$属外轨型；而由实验测得$K_3[Fe(CN)_6]$的磁矩为2.0 B.M.，此数值与具有一个未成对电子的磁矩理论值1.73 B.M.很接近，表明在成键过程中，中心离子的未成对d电子数减少，d电子重新分布，腾出2个空d轨道，而以d^2sp^3杂化轨道与配位原子(C)形成内轨配键，所以$[Fe(CN)_6]^{3-}$属内轨型。

表8.5 磁矩（μ）的理论值

未成对电子数	μ /B.M.
0	0
1	1.73
2	2.83
3	3.87
4	4.90
5	5.92

又如配位数为 4 的配离子 $[Ni(NH_3)_4]^{2+}$ 和 $[Ni(CN)_4]^{2-}$ 也可通过磁性实验来确定它们属于内轨型还是外轨型。实验测得前者 μ 接近于 2.83B.M.，而 $[Ni(CN)_4]^{2-}$ 的 μ 等于 0，表明前者属外轨型而后者属内轨型。

由于价键理论简单明了，又能解决一些问题，如它可以解释配离子的几何构型，形成体的配位数，以及配合物的某些化学性质和磁性，所以它有一定的用途。但是，这个理论也有缺陷，它忽略了配体对形成体的作用；而且到目前为止还不能定量地说明配合物的性质，如无法定量地说明过渡金属配离子的稳定性，也不能解释配离子的吸收光谱和特征颜色等。

8.2.2　晶体场理论

晶体场理论最初由物理学家 H. Bethe 和 J. H. Van Vleck 分别在 1929 年和 1932 年提出，用于解释离子晶体的性质，直到 1953 年化学家把它应用到过渡金属配合物，成功地解释了过渡金属配合物的光谱性质和其他一些性质后，这一理论在化学界才真正受到重视，并得到了充分发展。

8.2.2.1　晶体场理论要点

① 中心离子和配体阴离子（或极性分子）之间的相互作用，类似离子晶体中阳、阴离子之间（或离子与偶极分子之间）的静电作用。

② 中心离子的 5 个能量相同的 d 轨道，由于受周围配体负电场不同程度的排斥作用，能级发生分裂，有些轨道能量升高较大，有些轨道能量升高较小，发生能级分裂。

③ 由于 d 轨道能级的分裂，d 轨道上的电子将重新分布，体系总能量降低，变得比未分裂时稳定。

下面我们首先介绍中心离子 d 轨道能级分裂情况。

8.2.2.2　正八面体场中 d 轨道能级的分裂

配体作用前，作为中心离子的 5 个 d 轨道虽然空间取向不同，但具有相同的能量（E_o），见图 8.1（a）。如果中心离子处在一个带负电荷的球形场中心，则中心离子的 5 个 d 轨道都垂直地指向球壳，并受到球形场（平均电场）的静电排斥，各个 d 轨道的能量都升高到 E_s，见图 8.1（b），由于受到静电排斥的程度相同，因而能级升高但并不发生分裂。

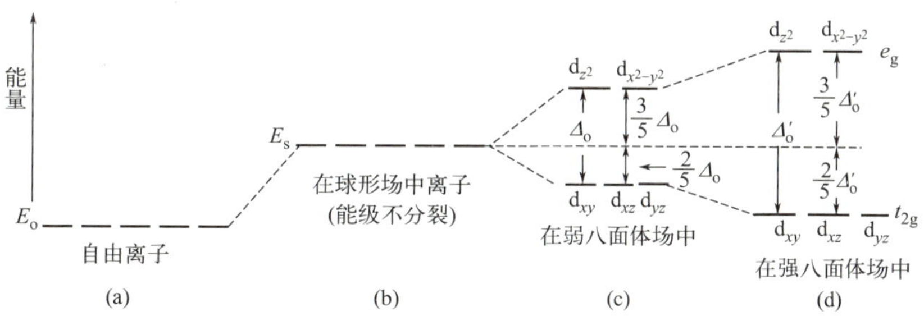

图 8.1　在正八面体场中中心离子 d 轨道能级的分裂

当中心离子形成配位数为 6 的配合物时，假定中心离子位于坐标原点，如果有 6 个相同的配体 L，沿着 x、y、z 坐标轴分别从正向和反向接近中心离子，形成正八面体配离子（见图 8.2），带正电的中心离子与配体阴离子（或极性分子带负电的一端）相互吸引；但同时中心离子 d 轨道上的电子受到配体负电性的排斥，5 个 d 轨道的能量相对于前面所述的 E_o 皆升高。由于 $d_{x^2-y^2}$ 和 d_{z^2} 轨道处于和配体迎头相碰的位置，因而这两个 d 轨道中的电子受到静电斥力较大，这两个 d 轨道的能量比球形对称场的能量高；而 d_{xy}、d_{yz}、d_{xz} 这三个轨道正好插在配体的空隙中间，因而处于这些轨道中的电子受到静电排斥力较小，它们的能量比球形对称场的能量低。

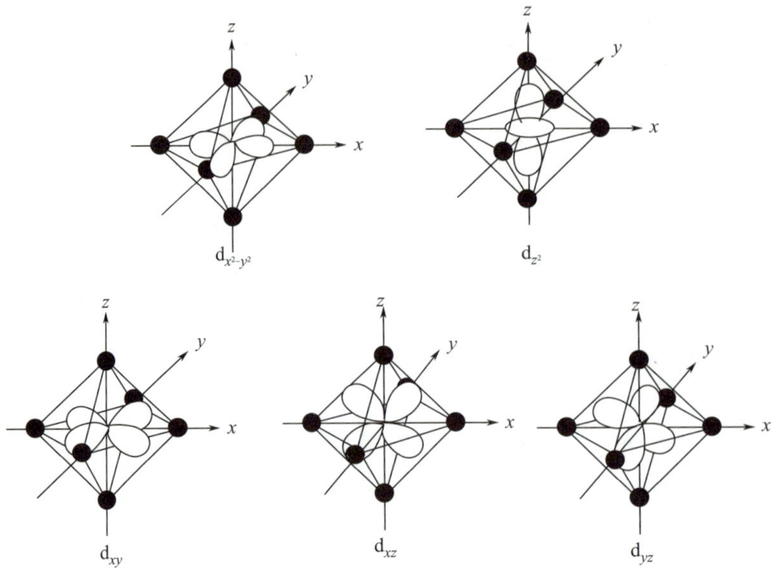

图 8.2　正八面体配合物内中心离子 d 轨道和配体的相对位置示意图

即在配体的影响下，原来能量相等的 d 轨道能级分裂为两组，见图 8.1（c）：一组为能量较高的 $d_{x^2-y^2}$ 和 d_{z^2} 轨道，称为 e_g 轨道，它们二者的能量相等；另一组为能量较低的 d_{xy}、d_{yz}、d_{xz} 轨道，称为 t_{2g} 轨道，它们三者的能量相等。

必须指出：

① 配体场越强，d 轨道能级分裂程度越大［图 8.1（d）］；

② 在不同构型的配合物中，中心离子 d 轨道能级分裂情况不同。

8.2.2.3　分裂能及其影响因素

中心离子的 d 轨道受不同构型配体电场的影响，能级发生分裂，分裂后最高能级和最低能级之差称为分裂能，以 Δ 表示。如在正八面体场中分裂能（通常用 Δ_o 表示）为 $\boldsymbol{E}_{e_g} - \boldsymbol{E}_{t_{2g}}$ 即 $\Delta_o = \boldsymbol{E}_{e_g} - \boldsymbol{E}_{t_{2g}}$。这相当于一个电子由 t_{2g} 轨道跃迁到 e_g 轨道所需要的能量。分裂能可通过配合物的光谱实验测得。

影响分裂能大小的主要因素如下。

（1）配合物的几何构型　在同种配体中，接近中心离子距离相同的条件下，根据计算得出，正四面体场中 d 轨道的分裂能 (Δ_t) 仅为正八面体场的 4/9，即 $\Delta_t=(4/9)\Delta_o$。

（2）配体的性质　同种中心离子，与不同配体形成相同构型的配离子时，其分裂能 Δ 值随配体场强弱不同而变化。表 8.6 列出 Cr^{3+} 与不同配体形成八面体配离子时分裂能的大小。

表 8.6　不同配体的晶体场分裂能

配离子	$[CrCl_6]^{3-}$	$[CrF_6]^{3-}$	$[Cr(H_2O)_6]^{3+}$
分裂能 Δ_o/(kJ·mol^{-1})	158	182	208
配离子	$[Cr(NH_3)_6]^{3+}$	$[Cr(en)_3]^{3+}$	$[Cr(CN)_6]^{3-}$
分裂能 Δ_o/(kJ·mol^{-1})	258	262	314

由表 8.6 可看出，Cl^- 作为配体时 Δ_o 值小，即它对中心离子 3d 电子的排斥作用较小；CN^- 作配体时，Δ_o 值大，即在 CN^- 的八面体场中，中心离子 3d 电子强烈地被 CN^- 排斥。显然 Cl^- 为弱场配体，CN^- 为强场配体。配体场强愈强，Δ_o 值就愈大。配体场强的强弱顺序排列如下：

弱场配体　　　　　　　　　　　　强场配体

————————————————————→场强增强

$I^- < Br^- < S^{2-} < SCN^- \approx Cl^- < F^- < OH^- < ONO^- < C_2O_4^{2-} < H_2O < NCS^- < edta < NH_3 < en < NO_2^- < CN^- \approx CO$

这个顺序是通过配合物的光谱实验确定的，故称为**光谱化学序列**。光谱化学序列中大体上可以将 H_2O、NH_3 作为分界弱场配体（如 I^-、Br^-、Cl^-、F^- 等）和强场配体（如 NO_2^-、CN^- 等）的界限。

(3)中心离子的电荷 同种配体与同一过渡元素中心离子形成的配合物，中心离子正电荷越多，其Δ值越大。这是由于随着中心离子正电荷的增多，配体更靠近中心离子，中心离子外层d电子与配体之间的斥力增大，从而使Δ值增大。表8.7列出第四周期某些M^{2+}和M^{3+}六水合离子的分裂能Δ_o值。

表8.7 $[M(H_2O)_6]^{2+}$和$[M(H_2O)_6]^{3+}$的分裂能

过渡元素			Ti	V	Cr	Mn	Fe	Co	Ni	Cu
氧化数	+2	中心离子d电子数	2	3	4	5	6	7	8	9
		Δ_o/(kJ·mol^{-1})	—	151	166	93	124	111	102	151
	+3	中心离子d电子数	1	2	3	4	5	6	7	8
		Δ_o/(kJ·mol^{-1})	243	211	208	251	164	—	—	—

(4)元素所在周期数 同种配体与相同氧化数同族过渡元素离子所形成的配合物，其Δ值随中心离子在周期表中所处的周期数而递增（见表8.8）。一般第二过渡系比第一过渡系的Δ大40%～50%，第三过渡系比第二过渡系大20%～25%。这主要是由于后两过渡系金属离子的d轨道比较扩展，受配体场的作用较强烈。

表8.8 不同周期元素的分裂能

周期	配离子	分裂能Δ_o/(kJ·mol^{-1})
四	$[Co(NH_3)_6]^{3+}$	274
五	$[Rh(NH_3)_6]^{3+}$	408
六	$[Ir(NH_3)_6]^{3+}$	490

8.2.2.4 电子成对能和配合物高、低自旋的预测

在八面体场中，中心离子的d轨道能级分裂为两组（t_{2g}和e_g），由于t_{2g}轨道比e_g轨道能量低，按照能量最低原理，电子将优先分布在t_{2g}轨道上。

对于具有d^1～d^3构型的离子，当其形成八面体配合物时，根据能量最低原理和洪德规则，d电子应分布在t_{2g}轨道上。例如Cr^{3+}（d^3构型）的3个d电子分布方式只有一种。

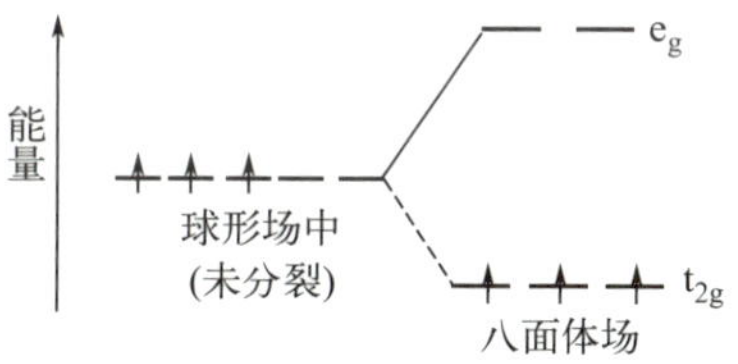

对于d^4～d^7构型的离子，当其形成八面体配合物时，d电子可以有两种分布方式。

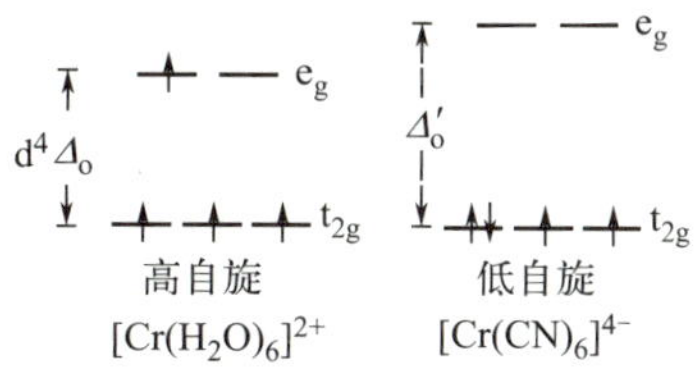

具有d^4构型的离子（如Cr^{2+}、Mn^{3+}），其第4个电子可进入e_g轨道，形成高自旋配合物（自旋平行电子数相对较多），此时需要克服分裂能Δ_o；这个电子也可进入已被d电子占据的t_{2g}轨道之一，并和原来占据该轨道的电子成对，形成低自旋配合物（自旋平行电子数相对较少），此时需要克服电子成对能。**电子成对能**（P）是指当一个轨道上已有一个电子时，如果另有一个电子进入该轨道与之成对，为克服电子间的排斥作用所需要的能量。

当d轨道分裂能较小（$\Delta_o < P$）时，电子尽可能占据较多的d轨道，保持较多的自旋平行电子，形成**高自旋型配合物**。

当d轨道分裂能较大（$\Delta_o > P$）时，电子尽可能占据能量低的t_{2g}轨道而自旋配对，成单电子数减少，形成**低自旋型配合物**。

具有 d^5、d^6、d^7 构型的离子的 d 电子也有高自旋和低自旋两种分布方式。而具有 d^8、d^9、d^{10} 构型的离子，其 d 电子分别只有一种分布方式，无高低自旋之分。

在八面体场中，中心离子的 d 电子在 t_{2g} 和 e_g 轨道中的分布如表 8.9 所示。

表 8.9 八面体场中中心离子的 d 电子在 t_{2g} 和 e_g 轨道中的分布

d^n	弱场						强场					
	t_{2g}			e_g		未成对电子数	t_{2g}			e_g		未成对电子数
d^1	↑					1	↑					1
d^2	↑	↑				2	↑	↑				2
d^3	↑	↑	↑			3	↑	↑	↑			3
d^4	↑	↑	↑	↑		4	↑↓	↑	↑			2
d^5	↑	↑	↑	↑	↑	5	↑↓	↑↓	↑			1
d^6	↑↓	↑	↑	↑	↑	4	↑↓	↑↓	↑↓			0
d^7	↑↓	↑↓	↑	↑	↑	3	↑↓	↑↓	↑↓	↑		1
d^8	↑↓	↑↓	↑↓	↑	↑	2	↑↓	↑↓	↑↓	↑	↑	2
d^9	↑↓	↑↓	↑↓	↑↓	↑	1	↑↓	↑↓	↑↓	↑↓	↑	1
d^{10}	↑↓	↑↓	↑↓	↑↓	↑↓	0	↑↓	↑↓	↑↓	↑↓	↑↓	0

由以上讨论可知，中心离子 d 轨道上的电子究竟按哪种方式分布，取决于分裂能 Δ 值和电子成对能 P 的相对大小。在**强场配体**（如 CN^-）作用下，分裂能 Δ 值较大，此时 $\Delta > P$，易形成**低自旋配合物**。在**弱场配体**（如 H_2O、F^-）作用下，分裂能 Δ 值较小，此时 $\Delta < P$，则易形成**高自旋配合物**。

除上述两种情况外，少数情况下，Δ 和 P 值相近，这时高自旋和低自旋两种状态具有相近的能量，在外界条件（如温度、溶剂）的影响下，这两种状态可以互变。

8.2.2.5 晶体场稳定化能

中心离子d轨道在八面体场中能级分裂为两组（t_{2g} 和 e_g）。d轨道在分裂前后总能量应当不变，若以分裂前的球形场中的离子为基准（设其能量 $E_s = 0$），则

$$2E_{e_g} + 3E_{t_{2g}} = 0$$

而 t_{2g} 和 e_g 能量差等于分裂能：

$$E_{e_g} - E_{t_{2g}} = \Delta_o$$

由上两式可以解出：

$$E_{e_g} = +\frac{3}{5}\Delta_o = +0.6\Delta_o$$

$$E_{t_{2g}} = -\frac{2}{5}\Delta_o = -0.4\Delta_o$$

即在八面体场中 d 轨道能级分裂的结果，与球形场中未分裂前比较，e_g 轨道的能量上升了 $0.6\Delta_o$，而 t_{2g} 轨道的能量下降了 $0.4\Delta_o$。d 电子进入分裂的轨道比处于未分裂轨道时的总能量有所降低。其总能量降低值称为**晶体场稳定化能**（crystal field stabilization energy，CFSE）。例如，$Ti^{3+}(d^1)$ 在八面体场中，其电子分布为 t_{2g}^1，相应的晶体场稳定化能 CFSE=$1\times(-0.4\Delta_o) = -0.4\Delta_o$；$Cr^{3+}(d^3)$ 在八面体场中，其电子分布为 t_{2g}^3，相应的晶体场稳定化能 CFSE=$3\times(-0.4\Delta_o) = -1.2\Delta_o$。但中心离子的 d 电子数为 4～7 时，在强场中晶体场稳定化能还应扣除电子成对能 P。八面体场的晶体场稳定化能（CFSE）如表 8.10 所示。

表 8.10 八面体场的晶体场稳定化能（CFSE）

d^n	弱场			强场		
	d 电子分布	未成对电子数	CFES	d 电子分布	未成对电子数	CFES
d^1	t_{2g}^1	1	$-0.4\Delta_o$	t_{2g}^1	1	$-0.4\Delta_o$
d^2	t_{2g}^2	2	$-0.8\Delta_o$	t_{2g}^2	2	$-0.8\Delta_o$
d^3	t_{2g}^3	3	$-1.2\Delta_o$	t_{2g}^3	3	$-1.2\Delta_o$

续表

d^n	弱场			强场		
	d 电子分布	未成对电子数	CFES	d 电子分布	未成对电子数	CFES
d^4	$t_{2g}^3e_g^1$	4	$-0.6\Delta_o$	t_{2g}^4	2	$-1.6\Delta_o+P$
d^5	$t_{2g}^3e_g^2$	5	$0\Delta_o$	t_{2g}^5	1	$-2.0\Delta_o+2P$
d^6	$t_{2g}^4e_g^2$	4	$-0.4\Delta_o$	t_{2g}^6	0	$-2.4\Delta_o+2P$
d^7	$t_{2g}^5e_g^2$	3	$-0.8\Delta_o$	$t_{2g}^6e_g^1$	1	$-1.8\Delta_o+P$
d^8	$t_{2g}^6e_g^2$	2	$-1.2\Delta_o$	$t_{2g}^6e_g^2$	2	$-1.2\Delta_o$
d^9	$t_{2g}^6e_g^3$	1	$-0.6\Delta_o$	$t_{2g}^6e_g^3$	1	$-0.6\Delta_o$
d^{10}	$t_{2g}^6e_g^4$	0	$0\Delta_o$	$t_{2g}^6e_g^4$	0	$0\Delta_o$

晶体场稳定化能与中心离子的 d 电子数有关，也与晶体场的场强有关，此外还与配合物的几何构型有关。晶体场稳定化能越负（代数值越小），体系越稳定。

8.2.2.6 晶体场理论的应用

由于电子成对能 P 和分裂能 Δ 可通过光谱实验数据求得，从而可推测配合物中心离子的电子分布及自旋状态。例如 Co^{3+}（d^6 构型）与弱场配体 F^- 形成 $[CoF_6]^{3-}$，测知其 Δ_o=155kJ·mol^{-1}，P = 251kJ·mol^{-1}，根据 $\Delta_o < P$，可推知中心离子 Co^{3+} 的 d 电子处于高自旋状态，未成对电子有 4 个，根据 μ 与 n 的关系，还可估算 $[CoF_6]^{3-}$ 的磁矩为 4.90B.M.。

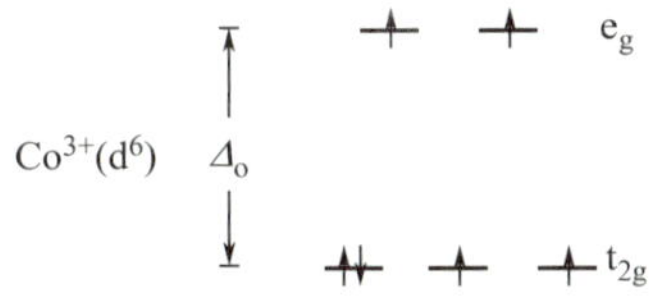

晶体场理论能较好地解释配合物的颜色。过渡元素水合离子为配离子，其中心离子在配体水分子的影响下，d 轨道能级分裂。而 d 轨道又常没有填满电子，当配离子吸收可见光区某一部分波长的光时，d 电子可从能级低的 d 轨道跃迁到能级较高的 d 轨道（例如八面体场中由 t_{2g} 轨道跃迁到 e_g 轨道），这种跃迁称为 **d-d 跃迁**。发生 d-d 跃迁所需的能量即为轨道的分裂能 Δ_o。吸收光的波长越短，表示电子被激发而跃迁所需要的能量越大，即分裂能 Δ_o 值越大。例如 $[Ti(H_2O)_6]^{3+}$，中心离子 Ti^{3+} 因吸收可见光后 d 电子发生 d-d 跃迁，其吸收光谱（如图 8.3 所示）显示最大吸收峰在 490nm 处（**蓝绿光**），最少吸收的光区为紫区和红区，所以它呈现与**蓝绿光**对应的补色——**紫红色**。对于不同的中心离子，虽然配体相同（都是水分子），但 t_{2g} 与 e_g 能级差不同，d-d 跃迁时吸收不同波长的可见光，故显不同颜色（如表 8.11 所示）。如果中心离子 d 轨道全空（d^0）或全满（d^{10}），则不可能发生上面所讨论的那种 d-d 跃迁，故其水合离子是无色的（如 $[Zn(H_2O)_6]^{2+}$、$[Sc(H_2O)_6]^{3+}$ 等）。

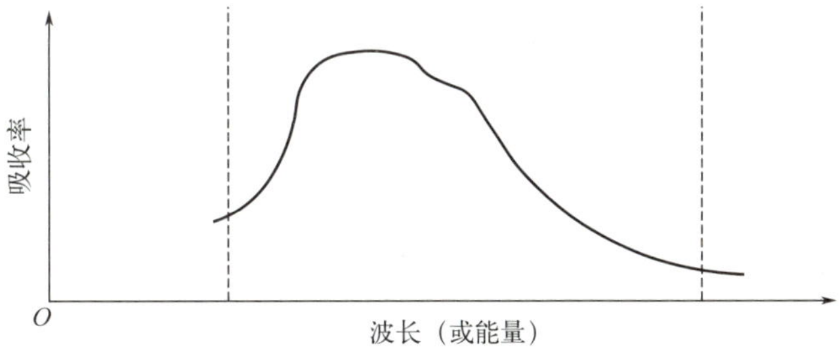

图 8.3 $[Ti(H_2O)_6]^{3+}$ 的吸收光谱

表 8.11 吸收波长与显色的关系

能量 /(kJ·mol^{-1})		301	241	199	169	151	
波长 /nm		400	500	600	700	800	
被吸收的颜色	不可见光区	可见光区					不可见光区
	紫外区	紫	蓝	绿	黄	橙	红	红外区
观察到的颜色	无色	黄绿	黄	紫红	蓝	绿蓝	蓝绿	无色

前面已介绍，八面体场中中心离子的分裂能随中心离子正电荷的增多而增大，因此高氧化态的中心离子易形成低自旋配合物，低氧化态的中心离子易形成高自旋配合物。例如 $[Co(NH_3)_6]^{2+}$ 为高自旋，而 $[Co(NH_3)_6]^{3+}$ 为低自旋。

晶体场理论能较好地解释配合物的构型、稳定性、磁性、颜色等，因而从20世纪50年代以来，有了很大的发展。但是它假设配体是点电荷或偶极子，只考虑中心离子与配体间的静电作用，相当于只考虑离子键作用，没有考虑二者之间有一定程度的共价结合。因此，对 $[Ni(CO)_4]$、$[Fe(C_5H_5)_2]$ 类配合物无法说明；也不能完全满意地解释光谱化学序列，如为什么 NH_3 分子的场强比卤素阴离子强，以及为什么 CN^- 及 CO 配体场强最强，这些可用配位场理论阐明，但已超出本教材范围。

8.3

配合物在水溶液中的稳定性

含配离子的可溶性配合物在水中的解离有两种情况：一种发生在内界与外界之间——全部解离；另一种发生在配离子的中心离子与配体之间——部分解离（类似弱电解质）。

8.3.1 配位－解离平衡及其平衡常数

在 $[Cu(NH_3)_4]SO_4$ 溶液中，加 $BaCl_2$ 溶液，会产生 $BaSO_4$ 白色沉淀，若加入少量 NaOH 溶液，却得不到 $Cu(OH)_2$ 沉淀；若加入 Na_2S 溶液，则可得到黑色的 CuS 沉淀。可见，$[Cu(NH_3)_4]^{2+}$ 在水溶液中只能微弱地解离出 Cu^{2+} 和 NH_3。在 $[Cu(NH_3)_4]SO_4$ 溶液中，实际上存在着如下平衡：

$$[Cu(NH_3)_4]^{2+} \rightleftharpoons Cu^{2+} + 4NH_3 \qquad K_d^\ominus = K_{不稳}^\ominus = \frac{c(Cu^{2+})[c(NH_3)]^4}{c([Cu(NH_3)_4]^{2+})}$$

$$Cu^{2+} + 4NH_3 \rightleftharpoons [Cu(NH_3)_4]^{2+} \qquad K_f^\ominus = K_{稳}^\ominus = \frac{c([Cu(NH_3)_4]^{2+})}{c(Cu^{2+})[c(NH_3)]^4}$$

前者是配离子的**解离反应**，后者则是配离子的**生成反应**。与之相应的标准平衡常数分别叫作配离子的**解离常数**和**生成常数**，分别用符号 $K_d^\ominus$ 和 $K_f^\ominus$ 表示（为了书写简便，此处及以后在平衡常数表达式中均省略了 $c^\ominus$）。$K_d^\ominus$ 是配离子不稳定性的量度，对相同配位数的配离子来说，$K_d^\ominus$ 越大，表示配离子越易解离；$K_f^\ominus$ 是配离子稳定性的量度，$K_f^\ominus$ 值越大，表示该配离子在水中越稳定。因而 $K_d^\ominus$ 和 $K_f^\ominus$ 又分别称为**不稳定常数**和**稳定常数**。显然任何一个配离子的 $K_f^\ominus$ 与 $K_d^\ominus$ 为倒数关系：

$$K_f^\ominus = \frac{1}{K_d^\ominus}$$

在溶液中配离子的生成是分步进行的，每一步都有一个对应的稳定常数，我们称它为**逐级稳定常数**（或**分步稳定常数**）。例如：

$$Cu^{2+} + NH_3 \rightleftharpoons [Cu(NH_3)]^{2+} \qquad K_1^\ominus = \frac{c([Cu(NH_3)]^{2+})}{c(Cu^{2+})c(NH_3)} = 10^{4.31}$$

$$[Cu(NH_3)]^{2+} + NH_3 \rightleftharpoons [Cu(NH_3)_2]^{2+} \qquad K_2^\ominus = \frac{c([Cu(NH_3)_2]^{2+})}{c([Cu(NH_3)]^{2+})c(NH_3)} = 10^{3.67}$$

$$[Cu(NH_3)_2]^{2+} + NH_3 \rightleftharpoons [Cu(NH_3)_3]^{2+} \qquad K_3^\ominus = \frac{c([Cu(NH_3)_3]^{2+})}{c([Cu(NH_3)_2]^{2+})c(NH_3)} = 10^{3.04}$$

$$[Cu(NH_3)_3]^{2+} + NH_3 \rightleftharpoons [Cu(NH_3)_4]^{2+} \qquad K_4^\ominus = \frac{c([Cu(NH_3)_4]^{2+})}{c([Cu(NH_3)_3]^{2+})c(NH_3)} = 10^{2.3}$$

多配体配离子的**总稳定常数**（或**累积稳定常数**）等于逐级稳定常数的乘积。例如：

$$Cu^{2+} + 4NH_3 \rightleftharpoons [Cu(NH_3)_4]^{2+} \qquad K_f^\ominus = K_1^\ominus K_2^\ominus K_3^\ominus K_4^\ominus = 10^{13.3}$$

一些常见配离子的稳定常数列于表 8.12 中。

表 8.12　一些常见配离子的稳定常数

配离子	$K_f^\ominus$	配离子	$K_f^\ominus$	配离子	$K_f^\ominus$
$[AgCl_2]^-$	1.1×10^5	$[Cd(NH_3)_4]^{2+}$	1.32×10^7	$[Fe(CN)_6]^{3-}$	1.0×10^{42}
$[AgI_2]^-$	5.5×10^{11}	$[Co(NCS)_4]^{2-}$	1.0×10^3	$[FeF_6]^{3-}$	2.04×10^{14}
$[Ag(CN)_2]^-$	1.26×10^{21}	$[Co(NH_3)_6]^{2+}$	1.29×10^5	$[HgCl_4]^{2-}$	1.17×10^{15}
$[Ag(NH_3)_2]^+$	1.12×10^7	$[Co(NH_3)_6]^{3+}$	1.58×10^{35}	$[HgI_4]^{2-}$	6.76×10^{29}
$[Ag(SCN)_2]^-$	3.72×10^7	$[Cu(CN)_2]^-$	1.0×10^{24}	$[Hg(CN)_4]^{2-}$	2.51×10^{41}
$[Ag(S_2O_3)_2]^{3-}$	2.88×10^{13}	$[Cu(en)_2]^{2+}$	1.0×10^{20}	$[Mg(edta)]^{2-}$	4.37×10^8
$[AlF_6]^{3-}$	6.9×10^{19}	$[Cu(NH_3)_2]^+$	7.24×10^{10}	$[Ni(CN)_4]^{2-}$	1.99×10^{31}
$[Au(CN)_2]^-$	1.99×10^{38}	$[Cu(NH_3)_4]^{2+}$	2.09×10^{13}	$[Ni(NH_3)_6]^{2+}$	5.50×10^8
$[Ca(edta)]^{2-}$	1.0×10^{11}	$[Fe(NCS)_2]^+$	2.29×10^3	$[Zn(CN)_4]^{2-}$	5.01×10^{16}
$[Cd(en)_2]^{2+}$	1.23×10^{10}	$[Fe(CN)_6]^{4-}$	1.0×10^{35}	$[Zn(NH_3)_4]^{2+}$	2.88×10^9

在溶液中配离子的解离也是分步进行的。因此在 $[Cu(NH_3)_4]SO_4$ 溶液中，除含有 $[Cu(NH_3)_4]^{2+}$、Cu^{2+}、SO_4^{2-} 外，还含有 $[Cu(NH_3)]^{2+}$、$[Cu(NH_3)_2]^{2+}$、$[Cu(NH_3)_3]^{2+}$ 等，溶液中 $c(Cu^{2+})$ 与 $c(NH_3)$ 之比不是 1∶4 的关系。

8.3.2　配离子稳定常数的有关计算

利用配离子的稳定常数，可以计算配合物溶液中有关离子的浓度，判断配离子与沉淀之间、配离子之间转化的可能性，此外还可利用 $K_f^\ominus$ 值计算有关电对的电极电势。

8.3.2.1　计算配合物溶液中有关离子的浓度

【例 8.1】 计算溶液中与 $1.0\times10^{-3}mol\cdot L^{-1}[Cu(NH_3)_4]^{2+}$ 和 $1.0mol\cdot L^{-1}$ NH_3 处于平衡状态时游离 Cu^{2+} 的浓度。

解： 设平衡时 $c(Cu^{2+})= x\ mol\cdot L^{-1}$

$$Cu^{2+} + 4NH_3 \rightleftharpoons [Cu(NH_3)_4]^{2+}$$

平衡浓度 /$(mol\cdot L^{-1})$　　x　　1.0　　1.0×10^{-3}

已知 $[Cu(NH_3)_4]^{2+}$ 的 $K_f^\ominus = 2.09\times10^{13}$，将上述各项代入累积稳定常数表示式：

$$K_f^\ominus = \frac{c([Cu(NH_3)_4]^{2+})}{c(Cu^{2+})[c(NH_3)]^4} = \frac{1.0\times10^{-3}}{x(1.0)^4} = 2.09\times10^{13}$$

$$x = \frac{1.0\times10^{-3}}{1\times2.09\times10^{13}} = 4.8\times10^{-17}$$

$$c(Cu^{2+}) = 4.8\times10^{-17}mol\cdot L^{-1}$$

由于一般配离子的逐级稳定常数彼此相差不太大，因此在计算配离子溶液中有关离子浓度时，应考虑各级配离子的存在；但在实际工作中，往往加入过量配位剂，此时中心离子基本上处于最高配位状态，而低级配离子可以忽略不计，这样一来可以根据总的稳定常数 $K_f^\ominus$ 进行计算。

【例 8.2】 将 10.0mL、0.20mol·L^{-1}$AgNO_3$ 溶液与 10.0mL、1.0mol·L^{-1}$NH_3·H_2O$ 混合，计算溶液中游离的 $c(Ag^+)$。

解：两种溶液混合后，因溶液中 NH_3 过量，Ag^+ 基本上转化为 $[Ag(NH_3)_2]^+$，由于 $K_f^\ominus$($[Ag(NH_3)_2]^+$) 值较大，$[Ag(NH_3)]^+$ 可忽略不计；且每形成 1mol $[Ag(NH_3)_2]^+$ 要消耗 2mol NH_3。

$$Ag^+ + 2NH_3 \rightleftharpoons [Ag(NH_3)_2]^+$$

起始浓度 /(mol·L^{-1})　　0.10　　0.50　　0

平衡浓度 /(mol·L^{-1})　　x　　$0.50-2\times0.10+2x$　　$0.10-x$

$$x \text{ 很小},\ 0.50-2\times0.10+2x = 0.30,\ 0.10-x = 0.10$$

$$x = \frac{c\left(\left[Ag(NH_3)_2\right]^+\right)}{\left[c(NH_3)\right]^2 K_f^\ominus} = \frac{0.10}{(0.30)^2\times1.12\times10^7} = 9.9\times10^{-8}$$

$$c(Ag^+) = 9.9\times10^{-8}mol\cdot L^{-1}$$

8.3.2.2 判断配离子与沉淀之间转化的可能性

【例 8.3】 在 1L 例 8.1 所述的溶液中，加入 0.001mol NaOH，有无 $Cu(OH)_2$ 沉淀生成？若加入 0.001mol Na_2S，有无 CuS 沉淀生成？（设溶液体积基本不变。）

解：（1）当加入 0.001mol NaOH 后，溶液中的 $c(OH^-)$ = 0.001mol·L^{-1}。

已知 $Cu(OH)_2$ 的 $K_{sp}^\ominus$ =2.2×10^{-20}，该溶液中有关离子浓度的乘积：

$$J= \frac{c(Cu^{2+})c^2(OH^-)}{(c^\ominus)^3} = 4.8\times10^{-17}\times(10^{-3})^2 = 4.8\times10^{-23}$$

$$4.8\times10^{-23} < K_{sp}^\ominus\ [Cu(OH)_2]= 2.2\times10^{-20}$$

故加入 0.001mol NaOH 后无 $Cu(OH)_2$ 沉淀生成。

（2）若加入 0.001mol Na_2S，溶液中 $c(S^{2-})$=0.001mol·L^{-1}(未考虑 S^{2-} 的水解)。

已知 $K_{sp}^\ominus$ (CuS)=6.3×10^{-36}，则溶液中有关离子浓度乘积：

$$J= \frac{c(Cu^{2+})c(S^{2-})}{(c^\ominus)^2} = 4.8\times10^{-17}\times10^{-3} = 4.8\times10^{-20}$$

$$4.8\times10^{-20} > K_{sp}^\ominus\ (CuS) = 6.3\times10^{-36}$$

故加入 0.001mol Na_2S 后有 CuS 沉淀产生。

8.3.2.3 判断配离子之间转化的可能性

配离子之间的转化，与沉淀之间的转化类似，反应向着生成更稳定的配离子的方向进行。两种配离子的稳定常数相差越大，转化越完全。如向含有$\left[Zn(NH_3)_4\right]^{2+}$的溶液中加入 KCN，此时可能发生下列反应：

$$\left[Zn(NH_3)_4\right]^{2+} + 4CN^- \rightleftharpoons [Zn(CN)_4]^{2-} + 4NH_3$$

根据平衡常数表示式可写出：

$$K^\ominus = \frac{c\left(\left[Zn(CN)_4\right]^{2-}\right)\left[c(NH_3)\right]^4}{c\left(\left[Zn(NH_3)_4\right]^{2+}\right)\left[c(CN^-)\right]^4}$$

分子分母同乘 $c(Zn^{2+})$ 后可得：

$$K^\ominus = \frac{c\left(\left[Zn(CN)_4\right]^{2-}\right)\left[c(NH_3)\right]^4 c\left(Zn^{2+}\right)}{c\left(\left[Zn(NH_3)_4\right]^{2+}\right)\left[c(CN^-)\right]^4 c\left(Zn^{2+}\right)} = \frac{K_f^\ominus\left(\left[Zn(CN)_4\right]^{2-}\right)}{K_f^\ominus\left(\left[Zn(NH_3)_4\right]^{2+}\right)}$$

已知 $[Zn(NH_3)_4]^{2+}$ 和 $[Zn(CN)_4]^{2-}$ 的 $K_f^\ominus$ 分别为 2.88×10^9 和 5.01×10^{16}，则

$$K^\ominus = (5.01\times10^{16})/(2.88\times10^9) = 1.74\times10^7$$

$K^{\ominus}$ 值之大说明转化反应能进行完全，$[Zn(NH_3)_4]^{2+}$ 可以完全转化为 $[Zn(CN)_4]^{2-}$。

配离子的转化具有普遍性，金属离子在水溶液中的配合反应，也是配离子之间的转化。例如：$[Cu(H_2O)_4]^{2+} + 4NH_3 \rightleftharpoons [Cu(NH_3)_4]^{2+} + 4H_2O$。

8.3.2.4 计算由金属配离子生成的半反应的电极电势

氧化还原电对的电极电势随着配合物的形成会发生改变。

【例 8.4】 已知 $E^{\ominus}(Ag^+/Ag)=0.7991V$，$[Ag(CN)_2]^-$ 的 $K_f^{\ominus}=1.26\times10^{21}$，计算 $E^{\ominus}([Ag(CN)_2]^-/Ag)$ 值。

解： 首先计算 $[Ag(CN)_2]^-$ 在标准状态下平衡时解离出的 Ag^+ 的浓度。

$$[Ag(CN)_2]^- \rightleftharpoons Ag^+ + 2CN^-$$

根据题意，配离子和配体的浓度均为 $1mol\cdot L^{-1}$，则

$$c(Ag^+)=1/K_f^{\ominus}([Ag(CN)_2]^-)=7.94\times10^{-22}mol\cdot L^{-1}$$

将 $c(Ag^+)$ 代入能斯特方程：

$$\begin{aligned}E^{\ominus}([Ag(CN)_2]^-/Ag) &= E(Ag^+/Ag)\\ &= E^{\ominus}(Ag^+/Ag)+\{0.0592\ \lg[c(Ag^+)]\}V\\ &= (+0.7991+0.0592\ \lg10^{-21.1})V\\ &= (+0.7991-1.25)V=-0.45V\end{aligned}$$

由此例可以看出，当 Ag^+ 形成配离子以后，$E^{\ominus}([Ag(CN)_2]^-/Ag^+) < E^{\ominus}(Ag^+/Ag)$，在有配体 CN^- 存在时，单质银的还原能力增强，易被氧化为 $[Ag(CN)_2]^-$。

一般形成配离子后，金属离子氧化性减弱，而对应的金属还原能力增强。

一种配体和同一元素不同氧化数的离子形成配位数相同的两种配离子，如 $[Co(NH_3)_6]^{2+}$ 和 $[Co(NH_3)_6]^{3+}$，可利用它们的 $K_f^{\ominus}$ 值求出 $E^{\ominus}([Co(NH_3)_6]^{3+}/[Co(NH_3)_6]^{2+})$ 值。

【例 8.5】 已知 $E^{\ominus}(Co^{3+}/Co^{2+})=+1.92V$，$K_f^{\ominus}([Co(NH_3)_6]^{3+})=1.58\times10^{35}$，$K_f^{\ominus}([Co(NH_3)_6]^{2+})=1.29\times10^5$，$E^{\ominus}([Co(NH_3)_6]^{3+}/[Co(NH_3)_6]^{2+})$ 为多少？

解： 根据已知条件，可以设计成一个原电池：

$$(-)Pt|[Co(NH_3)_6]^{2+}(c_1),[Co(NH_3)_6]^{3+}(c_2),NH_3(l)\parallel Co^{3+}(c_3),Co^{2+}(c_4)|Pt(+)$$

该电池反应为：

$$Co^{3+}+[Co(NH_3)_6]^{2+} \rightleftharpoons [Co(NH_3)_6]^{3+}+Co^{2+}$$

反应的平衡常数为：

$$K^{\ominus}=\frac{c(Co^{2+})c([Co(NH_3)_6]^{3+})[c(NH_3)]^6}{c(Co^{3+})c([Co(NH_3)_6]^{2+})[c(NH_3)]^6}$$

$$=\frac{K_f^{\ominus}([Co(NH_3)_6]^{3+})}{K_f^{\ominus}([Co(NH_3)_6]^{2+})}=\frac{1.58\times10^{35}}{1.29\times10^5}=1.22\times10^{30}$$

再根据氧化还原反应的平衡常数与电极电势的关系：

$$\lg K^{\ominus}=\frac{z'(E_{(+)}^{\ominus}-E_{(-)}^{\ominus})}{0.0592V}$$

即

$$\lg(1.22\times10^{30})=\frac{1\times(1.92V-E_{(-)}^{\ominus})}{0.0592V}$$

$$E_{(-)}^{\ominus}=E^{\ominus}([Co(NH_3)_6]^{3+}/[Co(NH_3)_6]^{2+})=0.14V$$

此值与 $E^{\ominus}(Co^{3+}/Co^{2+})$ 值 (+1.92V) 比较，可以推测 $[Co(NH_3)_6]^{2+}$ 的还原性比 Co^{2+} 强。空气中的氧即可将 $[Co(NH_3)_6]^{2+}$ 氧化为 $[Co(NH_3)_6]^{3+}$，而 Co^{2+} 在相同的条件下却很稳定；$[Co(NH_3)_6]^{3+}$ 的氧化能力极弱，而 Co^{3+} 却有极强的氧化性。

8.4

几类典型的配合物

配合物涉及的范围很广，在此简单介绍以下几类典型的配合物。

8.4.1 简单配合物

简单配合物是一类由单齿配体（如 NH_3、H_2O、X^- 等）与中心离子直接配位形成的配合物。例如 $[Cu(NH_3)_4]SO_4$、$[Ag(NH_3)_2]Cl$、$K_2[PtCl_4]$ 和 $Na_3[AlF_6]$ 等。另外大量水合物就是以水为配体的简单配合物，例如 $CuSO_4 \cdot 5H_2O$ 即 $[Cu(H_2O)_4]SO_4 \cdot H_2O$，$FeSO_4 \cdot 7H_2O$ 即 $[Fe(H_2O)_6]SO_4 \cdot H_2O$，$CrCl_3 \cdot 6H_2O$ 即 $[Cr(H_2O)_6]Cl_3$。这些简单配合物称为维尔纳型配合物。

8.4.2 螯合物

螯合物（旧称内络盐）是由中心离子和**多齿配体**结合而成的具有**环状结构**的配合物。通常把形成螯合物的配合剂称为**螯合剂**。如乙二胺四乙酸与大多数金属离子都能形成很稳定的螯合物。$[Ca(edta)]^{2-}$ 的结构如图 8.4 所示。

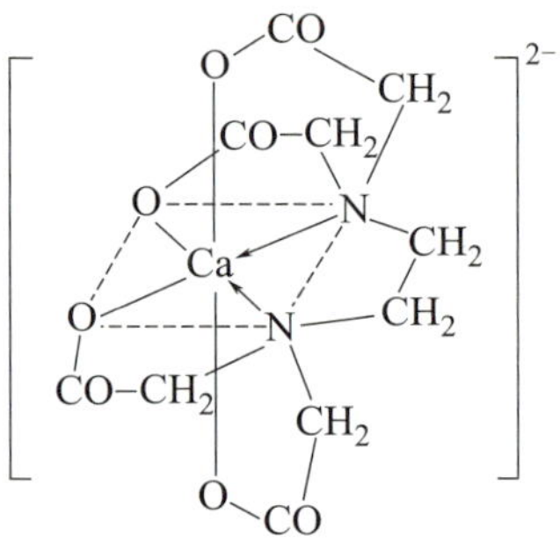

图 8.4 $[Ca(edta)]^{2-}$ 的结构

螯合物具有特殊的稳定性。表 8.13 列出一些金属离子分别与乙二胺形成的螯合物和一般配合物的稳定常数。

表 8.13 螯合物和某些配合物的稳定常数

螯合物	$K_f^{\ominus}$	一般配合物	$K_f^{\ominus}$
$[Cu(en)_2]^{2+}$	1.0×10^{20}	$[Cu(NH_3)_4]^{2+}$	2.09×10^{13}
$[Zn(en)_2]^{2+}$	6.76×10^{10}	$[Zn(NH_3)_4]^{2+}$	2.88×10^{9}
$[Co(en)_3]^{2+}$	6.6×10^{13}	$[Co(NH_3)_6]^{2+}$	1.29×10^{5}
$[Ni(en)_3]^{2+}$	2.14×10^{18}	$[Ni(NH_3)_6]^{2+}$	5.50×10^{8}

事实表明，螯合物比结构相似而且配位原子相同的非螯形配合物稳定。螯合物的稳定性还与螯环的大小和多少有关。一般五原子环或六原子环的螯合物最稳定。而且一个多齿配体与中心离子形成的螯环数越多，螯合物越稳定。例如：在螯合物 $[Ca(edta)]^{2-}$ 中有 5 个五原子环，因而它很稳定。

8.4.3 羰合物

以 CO 为配体的配合物称为**羰基配合物**（简称**羰合物**）。CO 几乎可以和全部过渡金属形成稳定的配合物，如 $Fe(CO)_5$、$Ni(CO)_4$、$Co_2(CO)_8$ 等。羰合物无论在结构、性质上都是比较特殊的一类配合物。

在羰合物中，一方面，C 原子提供孤电子对给予中心金属原子的空轨道以形成 σ 配键［图 8.5（a）］；另一方面，CO 分子以空的 $\pi^*(2p)$ 反键轨道接受金属原子 d 轨道上的孤电子对，形成反馈（d → p）π 键［图 8.5（b）］。这双方的键合称为 σ-π 配键，双方的电子授受作用正好互相结合，

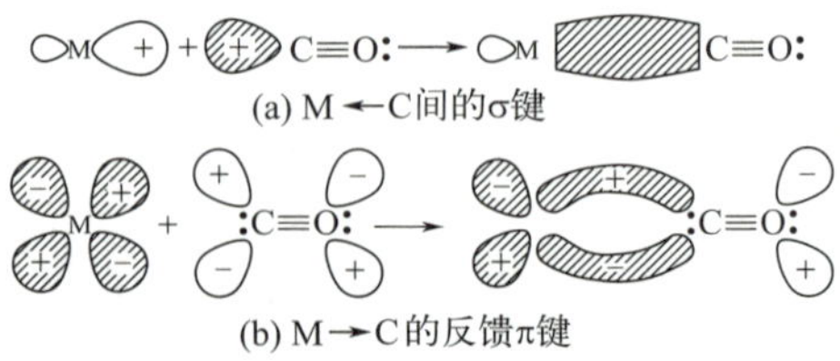

图 8.5 过渡金属 M 和 CO 间的化学键的形成

其结果使 M—C 键比共价单键略强。由此类配体形成的化合物中，金属原子常处于低正氧化态、零氧化态甚至负氧化态。

羰合物熔点、沸点一般不高，较易挥发（注意有毒!），不溶于水，一般易溶于有机溶剂，广泛用于纯制金属。羰基化合物与其他过渡金属有机化合物在配位催化领域应用广泛。

8.4.4　配合物形成体和配位原子在周期系中的分布

在周期表中几乎所有的金属元素均可作为配合物的形成体。一般来说，具有 9～17 电子构型、18 电子构型的离子是最好的形成体，既可形成螯合物，又可生成稳定的非螯形配合物。具有 8 电子稀有气体构型的离子，是配位能力较弱的形成体，仅能生成少数螯合物。在周期表中，位于左端的元素，是配位能力较弱的形成体；而位于周期表中部的元素，是配位能力很强的形成体。

作为配位原子，一般是电负性较大的、位于周期表右端的非金属元素，如 C、N、O、S 等。

配合物形成体和配位原子在周期表中的分布情况如表 8.14 所示。表中实线以内的 22 种元素能形成相当稳定的非螯形配合物和螯合物。表中实线以外点线以内的元素，形成的非螯形配合物不稳定，而其螯合物稳定。表中左侧虚线以内的元素仅能形成少数螯合物。由表可知，与螯合剂形成螯合物的元素多于形成非螯形配合物的元素。在元素周期表中，所有金属元素以及部分非金属元素都能形成螯合物。可作配位原子的元素一般分布在表中右侧虚线内。

表 8.14　配合物形成体和配位原子在周期系中的分布情况

H																	He
Li	Be											B	C	N	O	F	Ne
Na	Mg											Al	Si	P	S	Cl	Ar
K	Ca	Sc	Ti	V	Cr	Mn	Fe	Co	Ni	Cu	Zn	Ga	Ge	As	Se	Br	Kr
Rb	Sr	Y	Zr	Nb	Mo	Tc	Ru	Rh	Pd	Ag	Cd	In	Sn	Sb	Te	I	Xe
Cs	Ba	La系	Hf	Ta	W	Re	Os	Ir	Pt	Au	Hg	Tl	Pb	Bi	Po	At	Rn
Fr	Ra	Ac系															

8.5 配位化学的应用

配位化学已成为当代化学最活跃的前沿领域之一，它的发展打破了传统的无机化学和有机化学之间的界限，其新奇的特殊性能在科学研究、生产实践和社会生活中得到了广泛应用。下面从几个方面作简要介绍。

8.5.1　在分析化学方面

（1）离子的鉴定

① **形成有色配离子**：例如在溶液中 NH_3 与 Cu^{2+} 能形成**深蓝色**的 $[Cu(NH_3)_4]^{2+}$，借此配位反应可鉴定 Cu^{2+}。

② **形成难溶有色配合物**：例如丁二肟在弱碱性介质中与 Ni^{2+} 可形成**鲜红色**的难溶二(丁二肟)合镍(Ⅱ)沉淀。

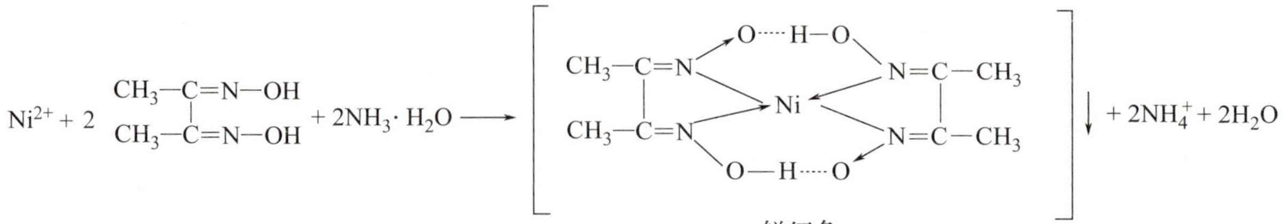

鲜红色

借此反应可以定性鉴定 Ni^{2+} 的存在，也可用于 Ni^{2+} 的定量测定。

(2) 离子的分离 例如，在含有 Zn^{2+} 和 Al^{3+} 的溶液中加入过量氨水：

$$(Zn^{2+}、Al^{3+}) \xrightarrow{过量NH_3\cdot H_2O} \begin{cases} [Zn(NH_3)_4]^{2+}\ (aq) \\ Al(OH)_3 \downarrow \end{cases}$$

可达到 Zn^{2+} 与 Al^{3+} 分离的目的。

(3) 离子的掩蔽 例如，加入配合剂 KSCN 鉴定 Co^{2+} 时，在丙酮溶液中，Co^{2+} 与配合剂将发生下列的反应：

$$\underset{(粉红)}{[Co(H_2O)_6]^{2+}} + 4SCN^- \xrightarrow{丙酮} \underset{(艳蓝)}{[Co(NCS)_4]^{2-}} + 6H_2O$$

但是如果溶液中同时含有 Fe^{3+}，Fe^{3+} 也可与 SCN^- 反应，形成血红色的 $[Fe(NCS)_n]^{3-n}$ 混合离子，妨碍了对 Co^{2+} 的鉴定。若事先在溶液中加入足量的配合剂 NaF(或 NH_4F)，使 Fe^{3+} 形成更为稳定的无色配离子 $[FeF_6]^{3-}$，这样就可以排除 Fe^{3+} 对鉴定 Co^{2+} 的干扰作用。在分析化学上，这种排除干扰作用的效应称为**掩蔽效应**，所用的配合剂称为**掩蔽剂**。

8.5.2 在配位催化方面

在有机合成中，凡利用配位反应而产生的催化作用，称为**配位催化**。其含义是单体分子先与催化剂活性中心配合，接着在配位界内进行反应。由于催化活性高、选择性专一以及反应条件温和，配位催化广泛应用于石油化学工业生产中。例如，用 Wacker 法由乙烯合成乙醛采用 $PdCl_2$ 和 $CuCl_2$ 的稀盐酸溶液催化，首先 C_2H_4、H_2O 和 Pd^{2+} 配合生成 $[PdCl_2(H_2O)(C_2H_4)]$，然后水解成中间产物 $[PdCl_2(OH)(C_2H_4)]^-$，由于 C_2H_4 分子与 Pd^{2+} 配位后，其中的双键 [$\rangle C{=}C\langle$] 在 Pd^{2+} 的影响下被削弱而活化，有利于双键的打开并加成，在常温常压下乙烯就能比较容易地氧化成乙醛，转化率高达 95%。其反应式为：

$$C_2H_4 + 1/2\ O_2 \xrightarrow{PdCl_2+CuCl_2,\ HCl溶液} CH_3CHO$$

8.5.3 在冶金工业方面

(1) 高纯金属的制备 绝大多数过渡元素都能与 CO 形成金属羰基配合物。与常见的相应金属化合物比较，它们容易挥发，受热易分解成金属和一氧化碳。利用上述特性，工业上采用羰基化精炼技术制备高纯金属。先将含有杂质的金属制成羰基配合物并使之挥发以与杂质分离；然后加热分解制得纯度很高的金属。例如，制造铁芯和催化剂用的高纯铁粉，正是采用这种技术生产的：

$$\underset{(细粉)}{Fe} + 5CO \xrightarrow{200℃,\ 20MPa} [Fe(CO)_5] \xrightarrow{200\sim250℃} \underset{(高纯)}{Fe} + 5CO$$

由于金属羰基配合物大多剧毒、易燃，在制备和使用时应特别注意安全。

(2) 贵金属的提取 众所周知，贵金属难氧化，从其矿石中提取有困难。但是当有合适的配合剂存在，例如在 NaCN 溶液中，由于 $E^{\ominus}([Au(CN)_2]^-/Au)$ 值比 $E^{\ominus}(O_2/OH^-)$ 值小得多，Au 的还原性增强，容易被 O_2 氧化，形成 $[Au(CN)_2]^-$ 而溶解。然后用锌粉自溶液中置换出金。

8.5.4 在电镀工业方面

欲获得牢固、均匀、致密、光亮的镀层，金属离子在阴极镀件上的还原速率不应太快，为此要控制镀液中有关金属离子的浓度。几十年来，镀 Cu、Ag、Au、Zn、Sn 等工艺中用 NaCN 使有关金属离子转变为氰合配离子，以降低镀液中简单金属离子的浓度。由于氰化物剧毒，20 世纪 70 年代以来人们开始研究无氰电镀工艺，目前已研究出多种非氰配合剂，例如 1- 羟基亚乙基 -1,1- 二膦酸便是一种较好的电镀通用配合剂，它与 Cu^{2+} 可形成羟基亚乙基二膦酸合铜 (Ⅱ) 配离子，电镀所得镀层达到质量标准。

8.5.5 在生物、医药学方面

生物体内各种各样起特殊催化作用的酶，几乎都与有机金属配合物密切相关。例如，植物进行光合作用所必需的叶绿素，是以 Mg^{2+} 为中心的复杂配合物。植物固氮酶是铁、钼的蛋白质配合物。

在医学上，常利用配合反应除去进入人体中的某些有毒元素。例如，edta 的钙盐是人体铅中毒的高效解毒剂。对于铅中毒病人，可注射溶于生理盐水或葡萄糖溶液的 $Na_2[Ca(edta)]$，这是因为：

$$Pb^{2+} + [Ca(edta)]^{2-} \longrightarrow [Pb(edta)]^{2-} + Ca^{2+}$$

$[Pb(edta)]^{2-}$ 及剩余的 $[Ca(edta)]^{2-}$ 均可随尿排出体外，从而达到解铅毒的目的。但是切不可用 Na_2H_2edta 代替 $Na_2[Ca(edta)]$ 作注射液，它会使人体缺钙。

另外，治疗糖尿病的胰岛素，治疗血吸虫病的酒石酸锑钾，以及抗癌药顺铂、二氯茂钛等都属于配合物。现已证实多种顺铂 ($[PtCl_2(NH_3)_2]$) 及其一些类似物对子宫癌、肺癌、睾丸癌有明显疗效。最近还发现金的配合物 $[Au(CN)_2]^-$ 有抗病毒作用。

化学视野

配位化学发展前景

配位化学是在无机化学基础上发展起来的一门边缘学科。它所研究的主要对象为配位化合物（简称配合物）。早期的配位化学集中在研究以金属阳离子受体为中心（作为酸）和以含 N、O、S、P 等给体原子的配体（作为碱）而形成的所谓“Werner 配合物”。1951 年对二茂铁的研究打破了传统无机和有机化合物的界限，从而开始了无机化学的复兴。

当代的配位化学沿着深度、广度和应用三个方向发展。在深度上表现在有众多与配位化学有关的学者获得了诺贝尔奖，在以他们为代表的开创性成就的基础上，配位化学在其合成、结构、性质和理论的研究方面取得了一系列进展。配位化合物还以其花样繁多的价键形式和空间结构促进了化学基础理论的发展。在广度上表现在自 Werner 创立配位化学以来，配位化学处于无机化学研究的主流，在与其他学科的相互渗透中，成为众多学科的交叉点。在应用方面，结合生产实践，配合物的传统应用继续得到发展，例如金属簇合物作为均相催化剂，在能源开发中 C_1 化学和烯烃等小分子的活化，螯合物稳定性差异在湿法冶金和元素分析、分离中的应用等。随着高新技术的日益发展，具有特殊物理、化学和生物化学功能的所谓功能配合物在国际上得到蓬勃的发展。

我国配位化学的研究在中华人民共和国成立前几乎属于空白。1949 年后随着国家经济建设的发展，仅在个别重点高等院校及科研单位开展了这方面的教学和科研工作。20 世纪 60 年代中期以前，主要工作集中在简单配合物的合成、性质、结构及其应用方面的研究，特别是在溶液配合物的平衡理论，混合和多核配合物的稳定性，取代动力学，过渡金属配位催化，稀土和 W、Mo 等我国丰产元素的分离提纯，以及配位场理论的研究。除了个别方面的研究外，总体来说与国际水平差距还较大。

20 世纪 80 年代后，我国的配位化学取得了突飞猛进的发展。我国无机化学工作者在研究了国际上的最新进展后，除了对传统的配合物体系继续发展之外，还开始填补一些诸如生物无机、有机金属、大环配位化学等原属空白的分支学科。从此我国配位化学研究已步入国际先进行列，研究水平大为提高。20世纪末起，国家优先发展如下领域：①新型大环、大分子配体配合物以及特异结构性能模型配合物；②主族元素和过渡元素金属有机化合物、簇合物及多核配合物；③具有光、电、热、磁等特性的新型配合物及其功能的微观机理；④配合物的光化学和电化学、固体和界面配位化学；⑤超分子配位化学和分子识别与组装。在研究对象上日益重视与材料科学和生命科学相结合。在从分子到材料合成的研究中更加重视功能体系的分子设计。

配位化学和其他相关学科日益相互渗透和交叉。一方面，超分子化学可以看作是广义的配位化学，另一方面，配位化学又包含在超分子化学概念之中。配位化学的原理和规律，无疑将在分子水平上对未来复杂的分子层次以及聚集态体系的研究起着重要作用，其概念及方法也将超越传统学科的界限。我国配位化学家在进一步促进它和有机化学、物理化学、分析化学、高分子化学、环境化学、材料化学、生物化学，以及凝聚态物理、分子电子学等学科的结合方面有了很好的开端，在一些薄弱领域，如配位光化学、界面配位化学、纳米配位化学、新型和功能配合物，以及配位超分子化合物、金属配合物的研究有明显的应用价值，进一步的发展必将给配位化学带来新的发展前景。

思考题

1．以下配合物中心离子的配位数为6，假定它们的浓度均为$0.001mol \cdot L^{-1}$，指出各溶液导电能力强弱的顺序，并把配离子写在方括号内。

（1）$Pt(NH_3)_6Cl_4$　（2）$Cr(NH_3)_4Cl_3$　（3）$Co(NH_3)_6Cl_3$　（4）K_2PtCl_6

2．$PtCl_4$和氨水反应，生成化合物的化学式为$Pt(NH_3)_4Cl_4$。将1mol此化合物用$AgNO_3$处理，得到2mol AgCl。试推断配合物内界和外界的组分，并写出其结构式。

3．下列说法哪些不正确？说明理由。

（1）配合物由内界和外界两部分组成。

（2）只有金属离子才能作为配合物的形成体。

（3）配位体的数目就是形成体的配位数。

（4）配离子的电荷数等于中心离子的电荷数。

（5）配离子的几何构型取决于中心离子所采用的杂化轨道类型。

4．实验测得下列配合物的磁矩数据（B.M.）如下：

$[CoF_6]^{3-}$　4.5　$[Ni(NH_3)_4]^{2+}$　3.0　$[Ni(CN)_4]^{2-}$　0

$[Fe(CN)_6]^{4-}$　0　$[Cr(NH_3)_6]^{3+}$　3.9　$[Mn(CN)_6]^{4-}$　1.8

试判断它们的几何构型，并指出哪个属于内轨型、哪个属于外轨型配合物。

5．下列配离子中哪个磁矩最大？

$[Fe(CN)_6]^{3-}$　$[Fe(CN)_6]^{4-}$　$[Co(CN)_6]^{3-}$　$[Ni(CN)_4]^{2-}$　$[Mn(CN)_6]^{3-}$

6．下列配离子（或中性配合物）中，哪个为平面正方形构型？哪个为正八面体构型？哪个为正四面体构型？

$[PtCl_4]^{2-}$　$[Zn(NH_3)_4]^{2+}$　$[Fe(CN)_6]^{3-}$　$[HgI_4]^{2-}$　$[Ni(H_2O)_6]^{2+}$　$[Cu(NH_3)_4]^{2+}$

7．用价键理论和晶体场理论分别描述下列配离子的中心离子价层电子分布。

（1）$[Ni(NH_3)_6]^{2+}$（外轨型）

（2）$[Co(en)_3]^{3+}$（低自旋）

8．构型为d^1到d^{10}的过渡金属离子，在八面体配合物中，哪些有高、低自旋之分？哪些没有？

9．试解释下列事实：

（1）用王水可溶解Pt、Au等惰性较大的贵金属，但单独用硝酸或盐酸则不能溶解。

（2）$[Fe(CN)_6]^{4-}$为反磁性，而$[Fe(CN)_6]^{3-}$为顺磁性。

（3）$[Fe(CN)_6]^{3-}$为低自旋，而$[FeF_6]^{3-}$为高自旋。

（4）$[Co(H_2O)_6]^{3+}$的稳定性比$[Co(NH_3)_6]^{3+}$差得多。

10．下列说法中哪些不正确？说明理由。

（1）某一配离子的$K_f^{\ominus}$值越小，该配离子的稳定性越差。

（2）某一配离子的$K_d^{\ominus}$值越小，该配离子的稳定性越差。

（3）对于不同类型的配离子，$K_f^\ominus$值越大，配离子越稳定。

（4）配合剂浓度越大，生成的配离子的配位数越大。

11．向含有 $[Ag(NH_3)_2]^+$ 的溶液中分别加入下列物质：

（1）稀 HNO_3　（2）$NH_3 \cdot H_2O$　（3）Na_2S 溶液

下列平衡的移动方向如何？

$$[Ag(NH_3)_2]^+ \rightleftharpoons Ag^+ + 2NH_3$$

12．AgI 在下列相同浓度的溶液中，溶解度最大的是哪一个？

KCN　$Na_2S_2O_3$　KSCN　$NH_3 \cdot H_2O$

13．根据配离子的 $K_f^\ominus$ 值判断下列 $E^\ominus$ 值哪个最小，哪个最大。

（1）$E^\ominus(Ag^+/Ag)$　（2）$E^\ominus([Ag(NH_3)_2]^+/Ag)$

（3）$E^\ominus([Ag(S_2O_3)_2]^{3-})/Ag)$　（4）$E^\ominus([Ag(CN)_2]^-/Ag)$

14．判断下列转化反应能否进行。

（1）$Cu(NH_3)_4]^{2+} + 4H^+ \longrightarrow Cu^{2+} + 4NH_4^+$

（2）$AgI + 2NH_3 \longrightarrow [Ag(NH_3)_2]^+ + I^-$

（3）$Ag_2S + 4CN^- \longrightarrow 2[Ag(CN)_2]^- + S^{2-}$

（4）$[Ag(S_2O_3)_2]^{3-} + Cl^- \longrightarrow AgCl + 2S_2O_3^{2-}$

习题

1．写出下列配离子的形成体、配体、配位原子及中心离子的配位数。

配离子	形成体	配体	配位原子	配位数
$[Cr(NH_3)_6]^{3+}$				
$[Co(H_2O)_6]^{2+}$				
$[Al(OH)_4]^-$				
$[Fe(OH)_2(H_2O)_4]^+$				
$[PtCl_5(NH_3)]^-$				

2．命名下列配合物，并写出配离子的电荷数和形成体的氧化数。

配合物	名 称	配离子电荷数	形成体的氧化数
$[Cu(NH_3)_4][PtCl_4]$			
$Cu[SiF_6]$			
$K_3[Cr(CN)_6]$			
$[Zn(OH)(H_2O)_3]NO_3$			
$[CoCl_2(NH_3)_3(H_2O)]Cl$			
$[PtCl_2(en)]$			

3．写出下列配合物的化学式：

（1）三氯·一氨合铂（Ⅱ）酸钾

（2）高氯酸六氨合钴（Ⅱ）

（3）二氯化六氨合镍（Ⅱ）

（4）四（异硫氰酸根）·二氨合铬（Ⅲ）酸铵

（5）一羟基·一草酸根·一水·一乙二胺合铬（Ⅲ）

（6）五氰·一羰基合铁（Ⅲ）酸钠

4．有下列三种铂的配合物，用实验方法确定它们的结构，其结果如下：

性质	Ⅰ	Ⅱ	Ⅲ
化学组成	$PtCl_4 \cdot 6NH_3$	$PtCl_4 \cdot 4NH_3$	$PtCl_4 \cdot 2NH_3$
溶液的导电性	导电	导电	不导电
可被 $AgNO_3$ 沉淀的 Cl^- 数	4	2	不发生
配合物化学式			

根据上述结果，写出以上三种配合物的化学式。

5．根据下列配离子中心离子未成对电子数及杂化类型，试绘制中心离子价层 d 电子分布示意图。

配离子	未成对电子数	杂化类型
$[Cu(NH_3)_4]^{2+}$	1	dsp^2
$[CoF_6]^{3-}$	4	sp^3d^2
$[Ru(CN)_6]^{4-}$	0	d^2sp^3
$[Co(NCS)_4]^{2-}$	3	sp^3

6．已知 $[MnBr_4]^{2-}$ 和 $[Mn(CN)_6]^{3-}$ 的磁矩分别为 5.9 B.M. 和 2.8 B.M.，试根据价键理论推测这两种配离子价层 d 电子分布情况及它们的几何构型。

7．在 50mL $0.20mol \cdot L^{-1}$ $AgNO_3$ 溶液中加入等体积的 $1.0mol \cdot L^{-1}$ 的 $NH_3 \cdot H_2O$，计算达平衡时溶液中 Ag^+、$[Ag(NH_3)_2]^+$ 和 $NH_3 \cdot H_2O$ 的浓度。

8．10mL $0.10mol \cdot L^{-1}$ $CuSO_4$ 溶液与 10mL $6.0mol \cdot L^{-1}$ $NH_3 \cdot H_2O$ 混合并达平衡，溶液中 Cu^{2+}、$NH_3 \cdot H_2O$ 及 $[Cu(NH_3)_4]^{2+}$ 的浓度各是多少？若向此混合溶液中加入 0.010molNaOH 固体，是否有 $Cu(OH)_2$ 沉淀生成？

9．通过计算比较 1.0L $6.0mol \cdot L^{-1}$ 氨水与 1.0L $1.0mol \cdot L^{-1}$KCN 溶液中哪一个可溶解较多的 AgI。

10．0.10g AgBr 固体能否完全溶解于 100mL $1.0mol \cdot L^{-1}$ 氨水中？

11．在 50.0mL $0.100mol \cdot L^{-1}$ $AgNO_3$ 溶液中加入密度为 $0.932g \cdot cm^{-3}$ 含 NH_3 18.2% 的氨水 30.0mL 后，再加水稀释到 100mL。

（1）计算溶液中 Ag^+、$[Ag(NH_3)_2]^+$ 和 $NH_3 \cdot H_2O$ 的浓度。

（2）向此溶液中加入 0.0745g 固体 KCl，有无 AgCl 沉淀析出？如欲阻止 AgCl 沉淀生成，在原来 $AgNO_3$ 和 NH_3 水的混合溶液中，$NH_3 \cdot H_2O$ 的最低浓度应是多少？

（3）如加入 0.120g 固体 KBr，有无 AgBr 沉淀生成？如欲阻止 AgBr 沉淀生成，在原来 $AgNO_3$ 和 NH_3 水的混合溶液中，$NH_3 \cdot H_2O$ 的最低浓度应是多少？根据（2）、（3）的计算结果，可得出什么结论？

12. 计算下列反应的平衡常数，并判断反应进行的方向。

（1）$[HgCl_4]^{2-} + 4I^- \rightleftharpoons [HgI_4]^{2-} + 4Cl^-$

已知：$K_f^\ominus$（$[HgCl_4]^{2-}$）$= 1.17\times10^{15}$　$K_f^\ominus$（$[HgI_4]^{2-}$ $= 6.76\times10^{29}$

（2）$[Cu(CN)_2]^- + 2NH_3 \rightleftharpoons [Cu(NH_3)_2]^+ + 2CN^-$

已知：$K_f^\ominus$（$[Cu(CN)_2]^-$）$=1.0\times10^{24}$　$K_f^\ominus$（$[Cu(NH_3)_2]^+$）$=7.24\times10^{10}$

（3）$[Fe(NCS)_2]^+ + 6F^- \rightleftharpoons [FeF_6]^{3-} + 2SCN^-$

已知：$K_f^\ominus$($[Fe(NCS)_2]^+$)$= 2.29\times10^3$　$K_f^\ominus$（$[FeF_6]^{3-}$）$= 2.04\times10^{14}$

13．已知：$E^\ominus(Ni^{2+}/Ni)= -0.257V$，$E^\ominus(Hg^{2+}/Hg)= 0.8535V$，计算下列电极反应的 $E^\ominus$ 值。

（1）$[Ni(CN)_4]^{2-} + 2e^- \rightleftharpoons Ni + 4CN^-$

（2）$[HgI_4]^{2-} + 2e^- \rightleftharpoons Hg + 4I^-$

14．已知：$E^\ominus(Cu^{2+}/Cu)=0.340V$，计算出电对 $[Cu(NH_3)_4]^{2+}/Cu$ 的 $E^\ominus$ 值。并根据有关数据说明：在空气存在下，能否用铜制容器储存 $1.0mol \cdot L^{-1}$ 的氨水？［假设 $p(O_2)=100kPa$ 且 $E^\ominus(O_2/OH^-)=0.401V$。］

第 9 章

氢及稀有气体

学习要求:

1. 了解元素的分类、存在形态及我国的自然资源分布。
2. 熟悉单质的制取方法。
3. 掌握氢的制备、性质和用途。
4. 了解稀有气体的性质和用途。

9.1 元素概述

9.1.1 元素的分类

迄今为止，在人类可探测的宇宙范围，已经发现的天然存在的元素和人工合成的元素加在一起，共有 118 种[1]，其中地球上天然存在的元素有 92 种，其余为人工合成元素。

118 种元素按其性质可以分为金属元素和非金属元素，其中金属元素 93 种，非金属元素 25 种，金属元素占元素总数的 4/5。它们在长式周期表中的位置可以通过硼 - 硅 - 砷 - 碲 - 砹和铝 - 锗 - 锑 - 钋之间的对角线来划分。位于这条对角线左下方的单质都是金属；右上方的都是非金属。这条对角线附近的锗、砷、锑、碲等称为准金属。准金属是指性质介于金属和非金属之间的单质。准金属大多数可作半导体。

在化学上将元素分为普通元素和稀有元素。稀有元素一般指在自然界中含量少或分布稀散，

[1] 1996 年德国达姆施塔特重离子研究中心宣布合成出 112 号元素，并于 2009 年获得 IUPAC 确认，2010 年 2 月 19 日命名为“Copernicium”，元素符号为“Cn”。由日本、俄罗斯、美国先后合成的 113～118 号元素中 114、116 号元素已经 IUPAC 验证、确认。

被人们发现较晚，难从矿物中提取的或在工业上制备和应用较晚的元素。例如钛，由于冶炼技术要求较高，难以制备，长期以来人们对它的性质了解得很少，被列为稀有元素，但它在地壳中的含量排第十位；而有些元素贮量并不多但矿物比较集中，如硼、金等早已被人们所熟悉，被列为普通元素。因此，普通元素和稀有元素的划分不是绝对的。

稀有元素一般分为以下几类：

轻稀有元素：锂 (Li)、铷 (Rb)、铯 (Cs)、铍 (Be)；

分散性稀有元素：镓 (Ga)、铟 (In)、铊 (Tl)、硒 (Se)、碲 (Te)；

高熔点稀有元素：钛 (Ti)、锆 (Zr)、铪 (Hf)、钒 (V)、铌 (Nb)、钽 (Ta)、钼 (Mo)、钨 (W)；

铂系元素：钌 (Ru)、铑 (Rh)、钯 (Pd)、锇 (Os)、铱 (Ir)、铂 (Pt)；

稀土元素：钪 (Sc)、钇 (Y) 及镧系元素；

放射性稀有元素：锕系元素、钫 (Fr)、镭 (Ra)、锝 (Tc)、钋 (Po) 等；

稀有气体：氦 (He)、氖 (Ne)、氩 (Ar)、氪 (Kr)、氙 (Xe)、氡 (Rn)。

随着稀有元素的应用日益广泛，新矿源的开发和研究工作的进展，稀有元素与普通元素之间有些界限已越来越不明显。

9.1.2 元素在自然界中的存在形态

元素在自然界中的存在形态主要有游离态（单质）和化合态（化合物）。除了一些化学活泼性较差的元素在自然界中可能以游离态形式存在以外，大多数元素在地球变化漫长的岁月中已经自发地达到吉布斯自由能较低的化合状态。

9.1.2.1 游离态

在自然界中以游离态存在的元素比较少，大致有三种情况：

① 气态非金属单质，如 N_2、O_2、稀有气体（He、Ne、Ar、Kr、Xe）等；

② 固态非金属单质，如碳（石墨、金刚石）、自然硫、硒；

③ 金属单质，如自然 Hg、Ag、Au、Sb、Bi 及铂系元素（Ru、Rh、Pd、Os、Ir、Pt）单质，还有由陨石❶引进的天然铜和铁。

9.1.2.2 化合态

大多数元素以化合态（氧化物、硫化物、卤化物、碳酸盐、磷酸盐、硫酸盐、硅酸盐、硼酸盐、铬酸盐、钨酸盐、钼酸盐等）存在，广泛存在于矿物及海水中。例如：

① 活泼金属元素（ⅠA 族和ⅡA 族中的 Mg）与ⅦA 族（卤素）元素形成的离子型卤化物，存在于海水、盐湖水、地下卤水、气井水及岩盐矿中。例如，钠盐 (NaCl)、钾盐 (KCl)、光卤石 ($KCl \cdot MgCl_2 \cdot 6H_2O$)、萤石 ($CaF_2$) 等。

② ⅡA 族元素还常以难溶碳酸盐形式存在于矿物中，如石灰石 ($CaCO_3$)、菱镁矿 ($MgCO_3$)、白云石 [$CaMg(CO_3)_2$]、方解石 ($CaCO_3$) 等；以硫酸盐形式存在的有石膏 ($CaSO_4$)、重晶石 ($BaSO_4$)、芒硝 ($Na_2SO_4 \cdot 10H_2O$) 等。

③ 准金属元素（B 除外）以及ⅠB、ⅡB 族元素常以难溶硫化物形式存在，例如辉锑矿 (Sb_2S_3)、辉铜矿 (Cu_2S)、闪锌矿 (ZnS)、辰砂矿 (HgS) 等。

④ ⅢB～ⅦB 族过渡元素主要以稳定的氧化物形式存在，如金红石 (TiO_2)、铬铁矿 ($FeO \cdot Cr_2O_3$)、软锰矿 (MnO_2)、磁铁矿 (Fe_3O_4)、赤铁矿 (Fe_2O_3) 等。

从存在的物理形态来看，在常温常压下元素的单质以气态存在的有 11 种，即 N_2、O_2、H_2、Cl_2、F_2、He、Ne、Ar、Kr、Xe、Rn；以液态存在的有 2 种，即 Hg、Br_2；还有 2 种单质，熔

---

❶ 陨石为“天外来客”。目前全世界搜集到3000多次的陨石标本，我国有80余次。1976年3月8日5时当代最大的“陨石雨”在我国吉林省“突降”，搜集到200多块陨石，总重量达 2.7t，其中最大一块为 1.77t。

点很低，易形成过冷状态，即 Cs（熔点为 28.4℃）、Ga（熔点为 30℃）；其余元素的单质呈固态。

9.1.3　元素分布和我国的自然资源

元素在地壳中的含量称为丰度，丰度可用质量分数或原子分数[1]来表示。地壳中分布最广的 10 种元素的质量分数为：

O	Si	Al	Fe	Ca
45.50%	27.20%	8.300%	6.200%	4.660%
Mg	Na	K	Ti	H
2.764%	2.270%	1.840%	0.633%	0.152%

从以上数据可以看出，这 10 种元素的总质量占地壳的 99% 以上，而其余所有元素的含量总共不到 1%，可见大多数元素的丰度是很小的。

地壳中的元素存在于矿物和天然水系（海水、河水、湖水及地下水）中。我国的矿物资源比较丰富。金属矿物如钨、锑、稀土居世界之首，锂、锡、钼、铋、铅、汞、铌、钽、铍等矿物储量均居世界前列。非金属矿物资源中，磷、硫、石墨矿储量高。菱镁矿、萤石、硅石、白云岩和石灰岩等重要冶金辅助原料也不少；非金属建材矿产如石棉、滑石、水泥原料、珍珠岩、大理石、膨润土、石膏等也有相当储量。煤、镍、锑、食盐、氟石、重晶石、滑石、铅矿砂、钨矿砂等成为我国重要的出口矿藏。

我国近些年发现矿产地 800 余处，其中大型以上 60 余处，主要是铜、铅锌、铁矿石、钾盐、磷矿石。值得一提的是自 2007 年，我国黄金产量已经超过南非居世界第一。但我国铁矿（90% 以上）、铜矿、磷矿多为贫矿；钾盐、天然碱、天然硫、金刚石等资源不足；银、铂等更为稀少。共生、伴生矿多，而且地区分布不均，因此要依靠科学技术，加强综合勘探，重视资源的综合利用。

矿藏资源的形成至少要经历数千万年地质年代，而工业革命几百年时间就把地表很多资源消耗殆尽。为寻找新的资源，世界不少国家的科学家除了呼吁节约资源以外，还开始向地球深处进军。以目前物理勘探手段而言，人们借助超深钻技术最多只能采集到地下 13km 处（这仅相当于地球半径的 0.2%）的岩芯标本。

海水里除组成水的 H、O 外，还含有 Cl、Na、K、Mg、Ca、Br、I 等数十种元素。海洋中的元素大多数以离子形式存在于海水中；也有些沉积在海底，如太平洋海底的锰结核矿。

此外，在地球表面周围还有约 100km 厚、总质量达 5×10^6 亿 t 的大气层。大气中的主要成分是 N_2、O_2 和稀有气体，其中 N_2 多达 3.8648×10^6 亿 t，可见大气层也是元素资源的一个巨大宝库。目前世界各国每年从大气中提取数以百万吨计的 O_2、N_2 及稀有气体等物质。

自然资源是有限的，尤其是像石油、天然气、煤炭、淡水以及铁、铜、铬、镍等矿物资源，而且这些资源的开发又极易造成环境污染。要建设资源节约型、环境友好型社会，必须贯彻科学发展观，合理开发和综合利用资源。

9.1.4　单质的晶体结构和物理性质

表 9.1 列出了主族及零族元素单质的晶体类型。可以看出：s 区元素的单质均为金属晶体；p 区元素的中间部分，其单质的晶体结构较为复杂，有的为原子晶体，有的是过渡型（链状或

[1] 一种元素的丰度是指它在自然界中的平均相对含量。美国地球化学家 F. W. Clark 总结了世界各地 5759 个矿样分析数据，首次提出元素在地壳中平均含量值，又称克拉克值，通常用质量分数或原子分数来表示。

层状）晶体，有的为分子晶体。周期表最右方的非金属和稀有气体则全部为分子晶体。总的来看，同一周期元素的单质，从左到右，一般由典型的金属晶体经过原子晶体、层状晶体或链状晶体等，最后过渡到分子晶体。同一族元素单质由上而下，常由分子晶体或原子晶体过渡到金属晶体。

副族元素单质均为金属晶体。

表 9.1 主族及零族元素单质的晶体类型

周期	Ⅰ A	Ⅱ A	Ⅲ A	Ⅳ A	Ⅴ A	Ⅵ A	Ⅶ A	零族
一	H_2 分子晶体							He 分子晶体
二	Li 金属晶体	Be 金属晶体	B 原子晶体	C 金刚石为原子晶体，石墨为片状结构晶体，富勒烯碳原子簇为分子晶体	N_2 分子晶体	O_2 分子晶体	F_2 分子晶体	Ne 分子晶体
三	Na 金属晶体	Mg 金属晶体	Al 金属晶体	Si 原子晶体	P 白磷为分子晶体，黑磷为层状结构晶体	S 斜方硫、单斜硫为分子晶体，弹性硫为链状结构晶体	Cl_2 分子晶体	Ar 分子晶体
四	K 金属晶体	Ca 金属晶体	Ga 金属晶体	Ge 原子晶体	As 黑砷为分子晶体，灰砷为层状结构晶体	Se 红硒为分子晶体，灰硒为链状结构晶体	Br_2 分子晶体	Kr 分子晶体
五	Rb 金属晶体	Sr 金属晶体	In 金属晶体	Sn 灰锡为原子晶体，白锡为金属结构晶体	Sb 黑锑为分子晶体，灰锑为层状结构晶体	Te 灰碲为链状结构晶体	I_2 分子晶体	Xe 分子晶体
六	Cs 金属晶体	Ba 金属晶体	Tl 金属晶体	Pb 金属晶体	Bi 层状结构晶体（近于金属晶体）	Po 金属晶体	At 金属晶体（具有某些金属性）	Rn 分子晶体

分析金属单质结构的不同类型，可以总结出（8−N）规则。（8−N）规则的意思是：第 N 族非金属元素的每个原子，可以提供（8−N）个成键电子，与（8−N）个邻近原子形成（8−N）个共价（单）键。则该元素在单质分子中共价（单）键数等于（8−N）。对于 H 则为（2−N）。

由于单质晶体结构呈周期性变化，影响到单质的一些物理性质也呈现周期性变化。

9.1.4.1 熔点和沸点

物质的熔点、沸点决定于该物质的晶体类型。同一周期的主族元素，从左到右，熔、沸点由低到高再到低，即两端元素单质的熔、沸点低，中间的高。例如每周期开始的碱金属熔点较低，除 Li 外，Na、K、Rb、Cs 的熔点都低于 100℃，Cs 只有 28.4℃，到Ⅳ A 族的 C 和 Si 等熔点达高峰（其中金刚石的熔点为 3727℃），Ⅳ A、Ⅴ A 族的金属，熔点一般也较低，如 Sn、Pb 和 Bi 等熔点均在 300℃以下，至于每周期的后半部Ⅵ A、Ⅶ A 族及稀有气体单质的熔点就更低了。沸点的变化趋势与熔点相似。

副族元素均为金属元素，它们的单质具有一般金属的通性，但由于它们的原子半径一般较小，并且单质晶体中除外层 s 电子参与成键外，还有部分 $(n-1)$d 电子参与成键，有较强的金属键成分，所以过渡金属单质一般具有较高的熔、沸点，其中 W 是所用金属单质中熔点最高的（3410℃），其次是 Re 和 Ta。

9.1.4.2　密度和硬度

同周期主族元素从左到右，单质的密度与硬度是两头小中间大，这与原子半径和晶体结构的变化有关。每周期开始的碱金属其密度、硬度都很小，其中 Li、Na、K 的密度比水还小（Li 的密度只有 H_2O 的一半），并均可用小刀切开；碱土金属的密度和硬度比碱金属略大，但仍属轻金属。Ⅲ A、Ⅳ A 族的密度、硬度增大，但当过渡到Ⅴ A～Ⅶ A 族典型的非金属元素，如 N、O、S、卤素，尤其是零族稀有气体时，由于均为分子晶体，分子间作用力较弱，分子间空隙较大，密度、硬度又降低了。

副族元素单质的硬度、密度较大（Ⅲ B 和Ⅱ B 除外），金属单质中硬度最大的是 Cr, 仅次于金刚石；Os、Ir、Pt 是密度最大的三种单质，其密度分别为 $22.6g \cdot cm^{-3}$、$22.5g \cdot cm^{-3}$、$22.4g \cdot cm^{-3}$。

9.1.4.3　导电性和超导性

主族元素单质的导电性差别较大。周期表从左到右，主族元素单质呈现出由导体向半导体、非导体演变的趋势。主族金属单质几乎均为金属晶体，易导电；主族非金属单质一般不导电；位于 p 区对角线上的一些单质，如 Si、Ge、Sb、Se、Te 等具有半导体性质，其中 Si、Ge 被认为是最好的半导体材料。

副族元素单质均为金属晶体，易导电。

至今已知 Ti、Zr、Hf、Nb、Ta、Cr、Mo、W、Tc、Re、Ru、Os、Rh、Ir、Zn、Cd、Hg、Al、Ga、In、Si、Ge、Sn、Pb、Li、Be、La、Eu、Th、Pa、Am 等元素具有超导性。例如 Hg、Pb、La 的超导转变温度分别为 4.2K、7.23K、12.5K。

9.1.5　单质的化学性质

9.1.5.1　主族金属单质的化学性质

除氢以外，s 区单质均为活泼的金属，具有很强的还原性。它们容易被空气中的 O_2 氧化。碱金属与水剧烈作用，置换出氢气并生成相应的氢氧化物。碱土金属与水作用不如碱金属快，主要是由于反应产物难溶于水，覆盖在金属表面上，阻碍了反应的进行。s 区金属和非氧化性酸反应可置换出氢气。

p 区常见的金属不太活泼，在空气中无明显作用，在加热条件下可生成相应的氧化物，但铝在空气中因生成致密的氧化铝薄膜而钝化。铝的氧化膜可被氯离子破坏，所以易被海水腐蚀。大多数 p 区金属能与非氧化性酸作用，置换出氢气。主族元素大多数金属均不与碱作用。只有少数两性金属如 Al、Be、Ge、Sn 等能与强碱作用形成相应的含氧酸盐并放出氢气。如

$$2Al + 2OH^- + 6H_2O \longrightarrow 2[Al(OH)_4]^- + 3H_2\uparrow$$

9.1.5.2　主族非金属单质的化学性质

绝大多数非金属单质既有氧化性又有还原性：当与金属作用时表现出氧化性，容易形成阴离子化合物，例如，形成卤化物、氧化物、硫化物、氮化物、碳化物、硼化物、氢化物和含氧酸盐等；与活泼非金属作用时则表现出还原性，它们彼此之间也可以形成卤化物、氧化物、氢化物、无氧酸和含氧酸等。

除卤素外，大部分非金属单质在常温下不与水作用。碳在炽热条件下才与水蒸气作用。非金属一般不与稀酸（盐酸或硫酸）作用。碘、硫、磷、碳、硼等单质均能被浓 HNO_3 或热的浓 H_2SO_4 氧化生成相应的氧化物或含氧酸。不少非金属单质（例如卤素、硫、磷、硅、硼等）能与较浓的强碱溶液反应：

$$Cl_2 + 2OH^- \xrightarrow{室温} Cl^- + ClO^- + H_2O$$

$$3Cl_2 + 6OH^- \xrightarrow{\triangle} 5Cl^- + ClO_3^- + 3H_2O$$

$$3S + 6OH^- \xrightarrow{\triangle} 2S^{2-} + SO_3^{2-} + 3H_2O$$

$$4P + 3OH^- + 3H_2O \xrightarrow{\triangle} 3H_2PO_2^- + PH_3\uparrow$$

$$Si + 2OH^- + H_2O \xrightarrow{\triangle} SiO_3^{2-} + 2H_2\uparrow$$

$$2B(无定形) + 2OH^- + 2H_2O \xrightarrow{\triangle} 2BO_2^- + 3H_2\uparrow$$

C、N_2、O_2、F_2 等单质无此反应。

关于过渡金属单质的化学性质将在第 13 章中讨论。

9.1.6 单质的制取方法

单质的制备大致有五种方法：物理分离法、热分解法、还原法、电解法及氧化法。

(1) 物理分离法 物理分离法适用于分离、提取那些以单质状态存在，与其杂质在某些物理性质（如密度、沸点等）上有显著差异的元素。如淘洗黄金是利用金密度大的性质将金提取出来；又如氧气、氮气则是根据液氧、液氮沸点的不同将液态空气分馏而制得。

(2) 热分解法 热稳定性差的某些金属化合物（如 Ag_2O、Au_2O_3、HgS、ZrI_4、$[Ni(CO)_4]$ 等）直接加热即可分解为金属单质。例如：

$$2Ag_2O \xrightarrow{\triangle} 4Ag(s) + O_2(g)$$

$$HgS(s) + O_2 \xrightarrow{\triangle} Hg(l) + SO_2(g)$$

热分解法还常用于制备一些高纯单质，例如，将粗 Zr 和 I_2 在装有炽热钼丝的密闭容器中加热到 600℃生成 ZrI_4，ZrI_4 在 1800℃又可分解为纯 Zr 和 I_2（I_2 可循环使用）：

$$Zr(粗) + 2I_2 \xrightarrow{600℃} ZrI_4 \xrightarrow{1800℃} Zr(纯) + 2I_2$$

(3) 还原法 使用还原剂制取单质的方法称为还原法。一般根据生产规模、实验要求、环境保护、安全因素、原料来源及价格等选用合适的还原剂。例如：

$$MgO(s) + C \xrightarrow{\triangle} Mg + CO\uparrow$$

$$WO_3 + 3H_2 \xrightarrow{\triangle} W + 3H_2O$$

$$MnO_2 + 2CO \xrightarrow{\triangle} Mn + 2CO_2\uparrow$$

$$Fe_2O_3 + 2Al \xrightarrow{\triangle} 2Fe + Al_2O_3$$

$$2Ca_3(PO_4)_2 + 10C + 6SiO_2 \xrightarrow{\triangle} 6CaSiO_3 + 10CO\uparrow + P_4\uparrow$$

(4) 电解法 活泼金属和非金属单质的制备，可采用电解法。如电解饱和 NaCl 水溶液制取 H_2 和 Cl_2；电解金属熔融盐制备 Li、Na、Mg、Al 等金属：

$$2NaCl + 2H_2O \xrightarrow{电解} 2NaOH + H_2\uparrow + Cl_2\uparrow$$

$$2LiCl(熔体) \xrightarrow[KCl,420\sim430℃]{电解} 2Li + Cl_2\uparrow$$

$$2NaCl(熔体) \xrightarrow[CaCl_2,580\sim590℃]{电解} 2Na + Cl_2\uparrow$$

$$2Al_2O_3(熔体) \xrightarrow[Na_3AlF_6,960℃]{电解} 4Al + 3O_2\uparrow$$

(5) 氧化法 使用氧化剂制取单质的方法称为氧化法。例如，用空气氧化法从黄铁矿中提取硫：

$$3FeS_2 + 6C + 8O_2 \xrightarrow{\triangle} Fe_3O_4 + 6CO_2\uparrow + 6S\uparrow$$

冷却硫蒸气可得粉末状的硫。也可从天然气分离出的 H_2S 来制取硫：

$$2H_2S + 3O_2 \longrightarrow 2SO_2 + 2H_2O$$

$$2H_2S + SO_2 \xrightarrow[300℃]{\text{催化剂}(Al_2O_3\text{或}Fe_2O_3)} 3S + 2H_2O$$

9.2

氢

氢是宇宙间所有元素中含量最丰富的元素，估计占所有原子总数的75%以上。幼年星体几乎100%是氢。但是在地球上空气中氢气的含量极微，主要以化合态存在。水、碳氢化合物及所有生物的组织中都含有氢。

9.2.1 氢原子的性质及其成键特征

氢是周期表中第一号元素，在所有元素原子中氢原子的结构是最简单的，氢的电子层结构为 $1s^1$。已知氢有三种同位素，其中 ^1_1H（氕，符号 H）占总量的99.98%，^2_1H（氘，符号 D）占总量的0.016%，^3_1H（氚，符号 T）占总量的0.004%[1]。由于它们的质子数相同而中子数不同，因而它们的单质和化合物的化学性质基本相同，物理性质和生物性质则有所不同。氢的一些重要性质列于表9.2中。

表9.2 氢的性质

价层电子构型	$1s^1$	电离能 /(kJ·mol^{-1})	1312
氧化数	−1，0，+1	电子亲和能 /(kJ·mol^{-1})	−72.8
原子半径 /pm	37	电负性	2.20

从表9.2可看出，氢的电离能并不小（比碱金属几乎大2～3倍）；电子亲和能代数值也不太小；电负性在元素中处于中间地位，所以氢与非金属和金属都能化合。它的成键方式主要有以下几种情况：

(1) 失去价电子 氢原子失去1s电子就成为 H^+，H^+ 实际上是氢原子的核即质子。由于质子的半径为氢原子半径的几万分之一，因此质子具有很强的电场，能使邻近的原子或分子强烈地变形。

(2) 结合一个电子 氢原子可以结合一个电子而形成具有氦原子 $1s^2$ 结构的 H^-，这是氢和活泼金属相化合形成离子型氢化物（如 NaH、CaH_2）时的价键特征。

(3) 形成共价化合物 氢很容易同其他非金属通过共用电子对相结合，形成共价型氢化物（如 HCl、H_2S、NH_3 等）。

从氢的原子结构和成键特征来看，氢在周期表中的位置是不易确定的。氢与ⅠA族、ⅦA族元素相比在性质上有所不同，但考虑氢原子失去一个电子后变成 H^+，与碱金属相似，因此有人将氢归入ⅠA族中；如考虑氢原子得到一个电子后变成 H^-，与卤素相似，所以也有人将氢归入ⅦA族中。可见，氢的化学性质有其特殊性。

9.2.2 氢气的性质和用途

氢气的主要物理性质列入表9.3中。

[1] 目前世界各地建造的实验性聚变反应堆，使用的是一种由氘和氚构成的等离子体燃料。

表 9.3　氢气的主要物理性质

熔点 /℃	−259.23	熔化热 /($J\cdot mol^{-1}$)	117.15
沸点 /℃	−252.77	汽化热 /($J\cdot mol^{-1}$)	903.74
气体密度 /($g\cdot cm^{-3}$)	8.988×10^{-5} （为空气的 1/14）	热导率 /($W\cdot m^{-1}\cdot K^{-1}$)	0.187 （为空气的 5 倍）

氢气是无色、无臭、无味的气体，是所有气体中最轻的。因此，可用以填充气球。氢气球可以携带仪器作高空探测。在农业上，使用氢气球携带干冰、碘化银等试剂在云层中喷洒，进行人工降雨。

氢的扩散性最好，导热性强。氢分子之间引力小，致使 H_2 熔点、沸点极低（可利用液态氢获得低温），很难液化。通常是将氢压缩在钢瓶中以供使用。若用液态空气将氢气冷却、压缩，再使其膨胀，可将氢气液化。液氢是超低温制冷剂，可将除氦外的所有气体冷冻成固体。液氢又是重要的高能燃料，美国宇宙航天飞机和我国“长征”三号火箭均用到液氢燃料。在减压情况下，使液氢蒸发、凝固，可得固态氢（11K 时密度为 $0.0708g\cdot cm^{-3}$）。另外，早在 20 世纪 70 年代已有关于在 20K、2.8×10^3kPa 条件下固态氢可以变为金属氢（密度为 $1.3g\cdot cm^{-3}$）的报道❶，揭示了金属元素与非金属元素之间并无不可逾越的界限。

氢在水中的溶解度很小，0℃时每升水只能溶解 19.9mL 氢，但它却能大量地被过渡金属镍、钯、铂等所吸收。若在真空中把吸有氢气的金属加热，氢气即可放出。利用这种性质可以获得极纯的氢气。

氢分子在常温下不活泼。由于氢原子半径特别小，又无芯电子，因而氢分子中共用电子对直接受核的作用，形成的 σ 键相当牢固，故 H_2 的解离能相当大：

$$H_2 \longrightarrow 2H \quad D^{\ominus}(H—H) = 436kJ\cdot mol^{-1}$$

相反，当已解离的氢原子重新结合为分子时，将放出同样多的热量，利用这种性质可以设计能获得 3500℃高温的原子氢吹管，用以熔化最难熔的金属（如 W、Ta 等）。

氢气可在氧气或空气中燃烧，得到的氢氧焰温度可高达 3000℃，适用于金属切割或焊接。其反应为：

$$H_2 + \frac{1}{2}O_2 \longrightarrow H_2O(l);\ \Delta_r H_m^{\ominus} = -285.830kJ\cdot mol^{-1}$$

在点燃氢气或加热氢气时，必须确保氢气的纯净，以免发生爆炸事故。使用氢气的厂房要严禁烟火，加强通风。

加热时，氢气可与许多金属或非金属反应，形成各类氢化物。在高温下，氢作为还原剂可以从氧化物或氯化物中夺取氧或氯，将某些金属或非金属还原出来。电气工业需要的高纯钨和硅就是用这种方法制取的：

$$WO_3 + 3H_2 \xrightarrow{高温} W + 3H_2O$$

$$SiHCl_3 + H_2 \xrightarrow{高温} Si + 3HCl$$

氢气能使粉红色的 $PdCl_2$ 水溶液迅速变黑（析出金属钯粉），借此反应可检出 H_2：

$$PdCl_2(aq) + H_2(g) \longrightarrow Pd(s)\downarrow + 2HCl(aq)$$

高温下（如 2000K 以上），氢分子可分解为原子氢。太阳中存在的主要是原子氢。原子氢比分子氢性质活泼得多，能在常温下将铜、铁、铋、汞、银等的氧化物或氯化物还原为金属：

$$2H + CuCl_2 \longrightarrow Cu + 2HCl$$

氢气是化工和其他工业的重要原料，主要用于化工、冶金、食品、电子、建材和航天等工业。例如，化学工业上，氢气除大量用于合成氨以生产氮肥外，还用于合成甲醇：

$$CO(g) + 2H_2(g) \xrightarrow[ZnO\text{-}Cr_2O_3催化]{300\sim400℃,2\times10^4kPa} CH_3OH(l)$$

❶ 超高压下不仅可以使分子、原子间距缩小，还可使原子壳层发生变化，从而导致物质化学和电学性质发生变化。碘、磷、碲、硒、硫、氙在超高压下可以金属化（变为导体）。

在食品工业上，液态不饱和植物油通过催化加氢变为固态的人造黄油，或把烯类加氢变为醛、醇：

$$RCH=CH_2+CO+H_2 \xrightarrow[\text{钴催化剂}]{\text{高温、高压}} RCH_2CH_2CHO \xrightarrow[\text{催化剂}]{H_2} RCH_2CH_2CH_2OH$$

氢气作为动力燃料具有资源丰富、热值高、输送方便、不污染环境等优点，是理想的绿色能源。例如，氢气可做燃料电池产生电能，效率高达80%，比火力发电效率高两倍；也可直接用于动力领域，如汽车、飞机、航天器等都可以采用氢能源。目前氢气的储存是阻碍氢能广泛应用的一个难题。近年来人们发现过渡金属的合金具有很好的储氢性能。例如，$LaNi_5$ 具有很好的储氢性质：

$$LaNi_5+3H_2 \underset{2.5\times10^2\text{kPa}}{\overset{298\text{K}}{\rightleftharpoons}} LaNi_5H_6$$

$1m^3$ $LaNi_5H_6$ 中含有88kg氢；略加热又把储藏的氢完全释放，$LaNi_5$ 在空气中稳定，氢气的吸收和放出过程是完全可以反复进行的，因此 $LaNi_5$ 是较为理想的储氢材料。此外，一些其他二元合金如TiFe、TiNi，以及三元、四元合金也具有储氢性能。科学家预言，21世纪将是氢能源时代。

9.2.3 氢气的制备方法

9.2.3.1 氢气的实验室制备

实验室中通常是用锌与盐酸或稀硫酸作用制取氢气：

$$Zn+2H^+ \longrightarrow Zn^{2+}+H_2\uparrow$$

军事上使用的信号气球和气象气球所充的氢气，常用离子型氢化物同水的反应来制取：

$$CaH_2+2H_2O \longrightarrow Ca(OH)_2+2H_2\uparrow$$

由于 CaH_2 便于携带，而水又易得，所以此法很适用于野外作业制氢。

9.2.3.2 氢的工业制法

（1）矿物燃料转化法 在催化剂存在下，天然气（主要成分为 CH_4）或焦炭与水蒸气作用，可以得到水煤气（CO和 H_2 的混合气）：

$$CH_4(g)+H_2O(g) \xrightarrow[700\sim870℃]{\text{Ni-Co催化剂}} CO(g)+3H_2(g)$$

$$C+H_2O(g) \xrightarrow{1000℃} CO(g)+H_2(g)$$

将水煤气再与水蒸气反应，在铁铬催化剂的存在下，变成二氧化碳和氢的混合气：

$$CO(g)+H_2O(g) \xrightarrow[\text{催化剂}]{400\sim600℃} CO_2(g)+H_2(g)$$

除去 CO_2 后可以得到氢气。该法制氢伴有大量 CO_2 排出，近年来已开发的无 CO_2 排放的矿物燃料制氢技术，将 CO_2 转化为固体炭，减轻了对大气的污染，且制得纯度较高的氢气。

（2）电解法 用直流电电解15%～20%氢氧化钠溶液，在阴极上放出氢气，在阳极上放出氧气：

$$\text{阴极：}2H^++2e^- \longrightarrow H_2\uparrow$$

$$\text{阳极：}4OH^--4e^- \longrightarrow 2H_2O+O_2\uparrow$$

阴极上产生的氢气纯度达99.5%～99.9%，所以工业上氢化反应用的氢气常通过电解法制得。另外，氯碱工业中电解食盐溶液制备NaOH时，产生大量的 H_2。

据统计，目前世界上的氢气约有96%是由天然气、煤、石油等矿物燃料转化生产的，电解法制氢因耗电大、成本高，只占4%。近年来制氢的研究进展较快，许多高新技术用于制氢，如利用太阳能光化学催化分解水、高温电解水蒸气及热化学循环分解水的工艺。此外，科学工作者还发现，某些微生物在太阳光作用下能产生氢气，因而探讨微生物产生氢气的原理及如何提高微生物产氢的能力是目前的一个研究课题。等离子体化学法制氢的研究也极引人注目，一旦工艺成熟，将成为工业制氢的重要途径之一。

9.3

稀有气体

稀有气体氦、氖、氩、氪、氙、氡构成了周期表中的零族元素。在地球上，稀有气体主要来源是空气，此外氦（He）也存在于某些天然气中，氡（Rn）是某些放射性元素蜕变的产物。月球是氦的“聚集地”，据粗略估算，其氦储量约为 300 万～500 万 t。

9.3.1 稀有气体的结构、性质和用途

稀有气体的存在与发现

稀有气体的价层电子构型是稳定的 8 电子构型（氦为 2 电子），电离能较大，难以形成电子转移型的化合物；若不拆开成对电子，则不能形成共价键。所以稀有气体在一般条件下不具备化学活性，因而在 1962 年以前一直将稀有气体称为“惰性气体”。这些气体在自然界中以原子的形式存在，都是无色、无臭、无味的，微溶于水。

稀有气体原子间存在着微弱的色散力，其作用力随着原子序数的增加而增大。因而稀有气体的物理性质如熔点、沸点、临界温度、溶解度等也随着原子序数的增加而递增。稀有气体在低温下可被液化，而且除氦外，均可在足够低的温度下凝固。氦则需要在 0～1K、25 倍以上标准压力下才能凝固，其熔点极低（−272.15K）。

稀有气体的很多用途是基于这些元素的化学惰性和某些物理特性。稀有气体最初是在光学上获得广泛的应用，近年来又逐步扩展到冶炼、医学以及一些重要工业部门。

（1）氦（$_{2}He$） 除氢以外，氦是最轻的气体，常用它取代氢气充填气球和气艇。氦在血液中的溶解度比氮小得多，利用氦和氧的混合物制成“人造空气”供潜水员呼吸，以防止潜水员出水时，由于压力骤然下降使原来溶在血液中的氮气逸出，阻塞血管而得“潜水病”。另外，氦的密度、黏度均小，对呼吸困难者，使用氦 - 氧混合呼吸气有助于吸氧、排出 CO_2。氦能扩散透过橡胶、聚氯乙烯及大多数玻璃。所有物质中，氦的沸点（4.2K）最低，液态氦蒸发曾得到比热力学零度只高出十分之几摄氏度的低温，广泛用作超低温研究中的制冷剂。氦还适合作为低温温度计（如测量 1～80K）的填充气体。氦在金属冶炼、电弧焊接中用作惰性保护气体。$^{3}_{2}He$ 被认为是较安全的高效聚变反应原料。

（2）氖（$_{10}Ne$）和氩（$_{18}Ar$） 当电流通过充氖的灯管时，能产生鲜艳的红光，充氩则产生蓝光，因而氖和氩常用于霓虹灯、灯塔等照明工程。氩的导电性和导热性都很小，可用氩和氮的混合气体来充填灯泡。液氖可用作冷冻剂（制冷温度 25～40K）。氩也常用作保护气体。

（3）氪（$_{36}Kr$）和氙（$_{54}Xe$） 氪和氙用于制造特种光源。放电时氪发出黄绿色的辉光，在高效灯泡中常充填氪用作保护气体。氙有极高的发光强度，可用以填充光电管和闪光灯。这种氙灯放电强度高、光线强，有“小太阳”之称。氙与氧气按比例混合使用，可作为无副作用的麻醉剂，用于外科手术，但高浓度氙会使人窒息。此外，氪和氙的同位素常用于医学测量。

（4）氡（$_{86}Rn$） 氡溶于水、血、煤油、CS_2 及甲苯，易被橡胶、硅胶、活性炭吸附，是核动力工厂和自然界 U 和 Th 放射性衰变的产物，是人类在自然界中可能接触到的气态放射性元素，其在衰变过程中放出的射线，易诱发癌症、白血病、不孕不育症、胎儿畸形等。在矿物中形成的氡大部分仍留在矿物中，只有少量的氡扩散出来。在地表、湖泊、河流、洞穴、深井中检测到的

氡，正是从含有铀的土壤、岩石中渗出的。家居中若氡超标，必须认真检查房基土壤、建材及装饰材料是否有问题。在医学上氡用于恶性肿瘤的放射性治疗。

9.3.2 稀有气体化合物

稀有气体由于具有稳定的电子层结构，过去很长时间人们一直认为这些气体的化学性质是“惰性”的，不会发生化学反应，因此在化学键理论中，曾经把“稳定的八隅体”作为化合成键的一种趋势。这种简单的价键概念对稀有气体化合物的合成起到一定的阻碍作用。

第一个稀有气体化合物 $Xe^+[PtF_6]^-$[六氟合铂(Ⅴ)酸氙]，于1962年由英国化学家 N. Bartlett 合成得到：

$$\underset{\text{无色}}{Xe(g)} + \underset{\text{红色}}{PtF_6(g)} \longrightarrow \underset{\text{橙黄色}}{Xe^+[PtF_6]^-(s)}$$

Bartlett 研制 $Xe^+[PtF_6]^-$ 的思路和实践令人寻味且富有启发性。1962年，当年仅29岁的 Bartlett 通过下列实验合成了 $O_2^+[PtF_6]^-$：

$$O_2(g) + PtF_6(g) \longrightarrow O_2^+[PtF_6]^-(s)$$

证实 PtF_6 能氧化 O_2 后，联想到 Xe 的第一电离能与 O_2 的第一电离能值极为相近的事实，就提出 PtF_6 或许也能氧化 Xe，形成类似 $Xe^+[PtF_6]$ 稀有气体化合物的大胆设想，并通过热力学的近似计算，从理论上推测到合成反应的可能性。然后，他精心设计实验，在常温常压下用 PtF_6 与 Xe 反应，得到一种橙黄色固体，经分析该物质确为一种稀有气体化合物 $Xe^+[PtF_6]^-$。

不久，人们利用相似的方法又合成了 $XeRuF_6$ 和 $XeRhF_6$ 等。至今已制成数百种稀有气体化合物，如卤化物（XeF_2、XeF_4、$XeCl_2$、KrF_2）、氧化物（XeO_3、XeO_4）、氟氧化物（$XeOF_2$、$XeOF_4$）、含氧酸盐 [M(Ⅰ)$HXeO_4$、M(Ⅰ)$_4XeO_6$] 和一些复合物、加合物等，其中简单化合物甚少，大多数化合物的制备都与氟化物的反应有关，某些化合物可看作是氟化物的衍生物。

在密闭的镍容器内，将氙和氟加热到高于250℃时，依氟的用量不同及反应时间的长短，可分别制得 XeF_2、XeF_4、XeF_6：

$$\text{Xe 过量} \quad Xe(g) + F_2(g) \longrightarrow XeF_2(g)$$

$$Xe:F_2 = 1:5 \quad Xe(g) + 2F_2(g) \xrightarrow{\text{控制反应时间}} XeF_4(g)$$

$$Xe:F_2 = 1:20 \quad Xe(g) + 3F_2(g) \xrightarrow{\text{反应时间长}} XeF_6(g)$$

反应要严格防止湿气进入，以免产生易爆炸的 XeO_3。这三种氙的氟化物均为稳定的白色结晶状的共价化合物。XeF_2 能与水反应生成氙：

$$2XeF_2 + 2H_2O \longrightarrow 2Xe + 4HF + O_2\uparrow$$

XeF_4、XeF_6 的水解反应很猛烈，生成易爆炸的固态 XeO_3：

$$6XeF_4 + 12H_2O \longrightarrow 2XeO_3 + 4Xe + 24HF + 3O_2\uparrow$$

$$XeF_6 + 3H_2O \longrightarrow XeO_3 + 6HF$$

Xe 的氟化物是优良的氟化剂。例如：

$$UF_4 + XeF_2 \longrightarrow UF_6 + Xe$$

$$Pt + XeF_4 \longrightarrow PtF_4 + Xe$$

$$SiO_2 + 2XeF_6 \longrightarrow SiF_4 + 2XeOF_4$$

这三种 Xe 的氟化物均为强氧化剂。例如：

$$XeF_2 + H_2O_2 \longrightarrow Xe + 2HF + O_2\uparrow$$

$$4Hg + XeF_4 \xrightarrow{20℃} Xe + 2Hg_2F_2$$

$$6HCl + XeF_6 \longrightarrow Xe + 6HF + 3Cl_2\uparrow$$

此外，H_4XeF_6 和 XeO_3 也都是强氧化剂，能使 NH_3、H_2O_2、Cl^-、Br^-、I^-、Mn^{2+} 等氧化，分

别形成 N_2、O_2、Cl_2、Br_2、I_2、MnO_2（或 MnO_4^-）等。由于大多数情况下，氙化物的还原产物仅是单质 Xe，不会给反应体系引进额外的杂质，且还原产物 Xe 又可循环使用，所以氙的化合物是值得重视的氧化剂。

在六种稀有气体中，只是原子半径较大、电离能较小的氪、氙、氡，其化合物被制得，而且多为氙的化合物，氦、氖、氩的化合物迄今尚未获得。

化学视野

元素的起源和演化

元素是怎样诞生的？许多宇宙学家倾向于著名天体物理学家乔治·伽莫夫提出来"宇宙大爆炸"的假说。这一假说认为，宇宙起源于一个密度极大、体积极小、无限热的时空奇点原始核发生的大爆炸。大爆炸后温度降低到约 10^{10}K 高温时产生了质子、电子和中子、反中微子。随后当温度降到 10^9K 时，产生了氢原子和氦原子。在漫长的岁月里，随着核反应不断进行，散落在空间的物质便开始局部凝聚成为星云、星体、星系。

（1）氢核聚变为氦　大爆炸后形成的星际物质主要组成是氢，这些星际物质靠彼此的引力作用而收缩形成原始恒星，同时放出引力势能使原始恒星内部的温度上升，引发了氢核聚变为氦的核反应。当恒星核心的氢全部转变为氦后，核心的氢核聚变反应停止。

（2）氦核聚变为 ^{12}C　引力收缩使氦核心的温度升高，引发氦核的聚变反应，氦燃烧主要进行的是三个 ^4He 合成一个 ^{12}C 的核聚变反应。

（3）α 粒子核的形成　生成的 ^{12}C 可与 ^4He 进行聚变反应生成 ^{16}O。这一过程的结果使恒星的核心变成 ^{12}C 和 ^{16}O。若核心进一步收缩，温度升高，又开始了碳和氧燃烧反应。碳和氧燃烧能产生多种元素的核，如 ^{24}Mg、^{23}Na、^{29}Ne、^{32}S、^{31}S、^{28}Si、^{31}P，同时释放大量的高能粒子。反应释放出的 α 粒子被比 Mg 更重的核俘获发生核聚变反应，从而生成 ^{28}Si、^{32}S、^{36}Ar、^{40}Ca、^{44}Ca、^{48}Ti 等 $A = 4N$（N 为整数）的所谓 α 粒子核。以上过程的产物主要是 ^{28}Si，恒星形成以硅为主的核心。

（4）重 α 粒子核的形成　当碳和氧消耗殆尽时，新一轮的收缩升温引发了以硅为燃料的核反应。硅燃烧时发生的核反应和碳氧燃烧的核反应不同：重核不是直接由 ^{28}Si 核通过聚变产生。当体系温度高达 2×10^9K 以上，产生的高能光子足可以使 ^{28}Si 核光裂解成较小的核，然后与另一个 ^{28}Si 核发生核聚变。其他的核如 ^{24}Mg、^{32}S 也可以发生类似的过程。该过程可以生成重 α 粒子核，直到 ^{56}Fe。若进一步升温到 4×10^9K 以上，则可以在几分钟甚至几秒钟内生成 V、Cr、Mn、Fe、Co、Ni 等元素。这时进行的核反应是多样的，一些重核反应也都能发生。

（5）重元素的形成　比 Ni 更重的核不是由聚变反应生成的，而是由较重的核连续俘获中子或质子而生成的。中子被一些较重的核俘获后，主要生成质量数为 63～209 的核素。事实上，一些最简单的分子如 CO、CN 等在恒星大气中已开始形成。人们已经在星际空间又发现了许多种星际分子，如 H_2O、NH_3、HCN、CH_3OH、HCOOH、CH_3CHO、H_2S、CH_3NH_2 等。更复杂的分子则在行星演化过程中形成，对于条件适宜的行星，可进一步发展到生命及生命进化。值得注意的是形成有机体的所谓生命元素——H、C、N、O、S、P 以及少量的 Ca、Mg、Fe 等都是恒星演化过程中最早生成的、丰度最大的几种元素（大多是 α 粒子核）。而一些能够衍生生命的原始分子——H_2O、NH_3、CH_4、CO_2、CH_3CHO 等在行星形成之前的星际空间形成了。显然，元素的演化是物质世界演化的无穷链条上的一个重要环节。

"宇宙爆炸"假说认为宇宙不断在膨胀，温度虽有起伏但总体在降低，由于获得可靠的观察事实支持和理论依据，发展成为"宇宙大爆炸理论"。但是，宇宙的运动是很复杂的，至今仍有许多难解之谜，大爆炸理论是否为宇宙、元素起源的终极理论，目前难以定论。

思考题

1．送航天飞机上天发射一次火箭若需液氢 $1.5\times10^3m^3$，你认为最好用什么方法制备？

2. 你会选择哪一种稀有气体作为：

(1) 最低温的冷冻剂；

(2) 电离能低又安全的放电光源；

(3) 最廉价的惰性气氛。

3. 用价层电子互斥理论推测 XeF_2、XeF_4、XeF_6 分子的几何构型。

习题

1. 举出能从（1）冷水、（2）热水、（3）水蒸气、（4）酸、（5）碱中置换出氢气的五种金属。写出有关的反应式（注明必要的反应条件）。

2. 完成下列反应方程式：

（1）$WO_3 + H_2 \xrightarrow{\text{高温}}$

（2）$SiHCl_3 + H_2 \xrightarrow{\text{高温}}$

（3）$CaH_2 + H_2O \longrightarrow$

（4）$XeF_2 + H_2O \longrightarrow$

（5）$XeF_2 + H_2O_2 \longrightarrow$

（6）$XeF_6 + H_2O \longrightarrow$

（7）$XeF_6 + SiO_2 \longrightarrow$

（8）$Xe + PtF_6 \longrightarrow$

3. 已知 $\Delta_f H_m^\ominus$ $(XeF_4, s) = -261.5kJ \cdot mol^{-1}$, $XeF_4(s)$ 的升华焓为 $47kJ \cdot mol^{-1}$，试计算 $\Delta_f H_m^\ominus$ (XeF_4, g)。

4. 若用 CaH_2 与 H_2O 反应生成的氢气充装标准状况下容量为 350L 的气球，设 CaH_2 与 H_2O 反应产率为 92%，试计算所需 CaH_2 的质量。

5. 如本章 9.3.2 小节所述，1962 年 Bertlett 合成得到稀有气体的第一个化合物。请重复 Bertlett 的热力学计算，并根据计算（常温下 $T\Delta_r S_m^\ominus$ 值小，可忽略）所得的 $\Delta_r G_m^\ominus$ $(Xe^+[PtF_6]^-)$ 值，从理论上论证反应的可能性。已知：

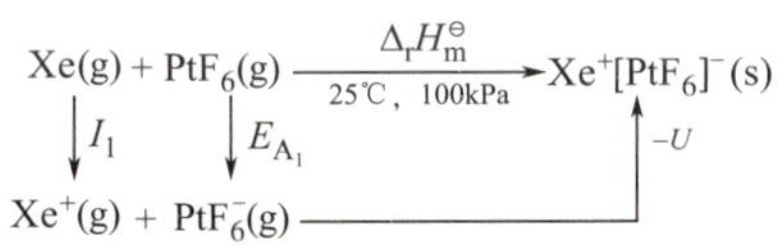

$$I_1 = 1170kJ \cdot mol^{-1}；E_{A_1} = -771kJ \cdot mol^{-1}；U = 459kJ \cdot mol^{-1}$$

第 10 章

碱金属和碱土金属元素

学习要求：

1. 了解碱金属和碱土金属的通性和重要反应。
2. 熟悉碱金属和碱土金属的氧化物、氢化物的类型和性质。
3. 熟悉碱金属和碱土金属氢氧化物的性质及递变规律，掌握 R—O—H 规则。
4. 掌握碱金属和碱土金属盐类的热稳定性及溶解性。了解几种重要盐类的生产及用途。
5. 了解锂和铍的特殊性。
6. 熟悉 Na^{+}、K^{+}、Mg^{2+}、Ca^{2+}、Ba^{2+} 的鉴定。

10.1 s 区元素概述

s 区元素包括周期表中ⅠA 和ⅡA 族。除氢外，ⅠA 族含有锂、钠、钾、铷、铯、钫六种元素。由于钠和钾的氢氧化物是典型的“碱”，故本族金属元素有碱金属之称。锂、铷、铯是轻稀有金属；钫是放射性元素。ⅡA 族由铍、镁、钙、锶、钡、镭六种元素组成。由于钙、锶、钡的氧化物性质介于“碱”族与“土”族元素之间，故有碱土金属之称。现在习惯上把铍和镁也包括在碱土金属之内。铍也属于轻稀有金属，镭是放射性元素。锂最重要的矿石是锂辉石 ($LiAlSi_2O_6$)。钠主要以 NaCl 形式存在于海洋、盐湖及岩石中。钾的主要矿物是钾石盐 (KCl 与 NaCl 的混合物)。我国青海钾盐储量原占全国 95%，现又发现新疆罗布泊钾盐资源 7000 万 t，成为重要的钾盐生产基地。铍的主要矿物是绿柱石 ($3BeO \cdot Al_2O_3 \cdot 6SiO_2$)。镁主要以菱镁矿 ($MgCO_3$)、橄榄石 [$Mg_2Fe_2(SiO_4)_2$]、白云石 [$MgCa(CO_3)_2$] 形式存在。钙、锶、钡以碳酸盐、硫酸盐形式存在，如方解石 ($CaCO_3$)、石膏 ($CaSO_4 \cdot 2H_2O$)、天青石 ($SrSO_4$)、重晶石 ($BaSO_4$)。

10.2 碱金属和碱土金属的性质

碱金属和碱土金属元素的一些基本性质，分别列于表 10.1 和表 10.2 中。

表 10.1　碱金属元素的性质

项目	锂 (Li)	钠 (Na)	钾 (K)	铷 (Rb)	铯 (Cs)
原子序数	3	11	19	37	55
价层电子构型	$2s^1$	$3s^1$	$4s^1$	$5s^1$	$6s^1$
主要氧化数	+1	+1	+1	+1	+1
密度 (20℃)/($g \cdot cm^{-3}$)	0.53	0.97	0.86	1.53	1.88
熔点 /℃	180.5	97.82	63.25	38.89	28.40
沸点 /℃	1342	882.9	760	686	669.3
硬度 (金刚石 =10)	0.6	0.4	0.5	0.3	0.2
金属半径 /pm	152	186	227	248	265
离子半径①/pm	59	102	138	152	167
第一电离能 I_1/($kJ \cdot mol^{-1}$)	520	496	419	403	376
第二电离能 I_2/($kJ \cdot mol^{-1}$)	7298	4562	3051	2632	2234
电负性 (χ_P)	1.0	0.9	0.8	0.8	0.7
$E^{\ominus}(M^+/M)$/V	−3.040	−2.713	−2.924	(−2.98)	(−3.026)

①表 10.1、表 10.2 中 Li^+、Be^{2+} 的离子半径以 4 配位的数据计算得到，而其他离子的半径以 6 配位的数据得到。

表 10.2　碱土金属元素的性质

项目	铍 (Be)	镁 (Mg)	钙 (Ca)	锶 (Sr)	钡 (Ba)
原子序数	4	12	20	38	56
价层电子构型	$2s^2$	$3s^2$	$4s^2$	$5s^2$	$6s^2$
主要氧化数	+2	+2	+2	+2	+2
密度 (20℃)/($g \cdot cm^{-3}$)	1.85	1.74	1.54	2.6	3.51
熔点 /℃	1278	648.8	839	769	725
沸点 /℃	2970	1107	1484	1384	1640
硬度 (金刚石 =10)	4	2.0	1.5	1.8	—
金属半径 /pm	111	160	197	215	217
离子半径 /pm	27	72	100	118	136
第一电离能 I_1/($kJ \cdot mol^{-1}$)	899	738	590	549	503
第二电离能 I_2/($kJ \cdot mol^{-1}$)	1757	1451	1145	1064	965
第三电离能 I_3/($kJ \cdot mol^{-1}$)	14849	7733	4912	4138	—
电负性 (χ_P)	1.5	1.2	1.0	1.0	0.9
$E^{\ominus}(M^{2+}/M)$/V	−1.99	−2.356	−2.84	−2.89	−2.92

碱金属单质的熔、沸点较低，硬度较小。碱土金属的熔点和沸点都比碱金属高，密度和硬度比碱金属大。Li 的密度为 $0.53g \cdot cm^{-3}$，是最轻的金属。碱金属和 Ca、Sr、Ba 均可用刀切割，其中最软的是 Cs。碱金属易溶于汞，形成汞齐，如钠汞齐，它是一种还原剂，常用于分析化学和有机化学中。

碱金属和碱土金属表面都具有银白色光泽，在同周期中碱金属是金属性最强的元素，碱土金属逊于碱金属；在同族元素中随原子序数增加，元素的金属性依次递增。碱金属尤其是 Cs 和 Rb，失去电子的倾向很大，当受到光的照射时，金属表面的电子易逸出，因此，常用来制造光电管。例如，铯光管制成的自动报警装置，可报告远处火警；制成的天文仪器可根据由星光转变的电流大小测出太空中星体的亮度，推算出星体与地球之间的距离。

Ⅰ A 族和Ⅱ A 族元素常见的氧化数分别为 +1 和 +2，这与它们的族号相一致。常见的Ⅰ A、Ⅱ A 族元素的化合物以离子型为主。由于 Li^+、Be^{2+} 的半径远小于同族其他阳离子，故锂、铍的化合物具有一定程度的共价性。碱金属和碱土金属同族元素的标准电极电势随原子序数增加而降低，但 Li 的标准电极电势却比 Cs 还低，这是由于 Li 有较小的半径，易与水分子结合生成水合离子而释放出较多能量（即水合焓 $\Delta_h H_m^\ominus$ 代数值最小）。

Li 标准电极电势反常的热力学过程解释

碱金属和碱土金属（铍和镁除外）均可溶于液氨，生成溶剂化电子和阳离子，形成在低温下使用的具有强还原性的深蓝色溶液：

$$\text{碱金属}\quad M(s) + (x+y)NH_3 \rightleftharpoons M^+(NH_3)_x + e^-(NH_3)_y\ (\text{蓝色})$$

$$\text{碱土金属}\quad M(s) + (x+2y)NH_3 \rightleftharpoons M^{2+}(NH_3)_x + 2e^-(NH_3)_y\ (\text{蓝色})$$

碱金属和碱土金属氨溶液具有较高的导电性，不稳定，特别是过渡金属化合物的存在可催化其分解为氨基化物，例如：

$$Na^+(NH_3) + e^-(NH_3) \xrightarrow{\text{铁的氧化物}} NaNH_2(NH_3) + \frac{1}{2}H_2(g)$$

但在无水、不接触空气及不存在过渡金属化合物的条件下，其溶液可在液氨沸点温度（−33℃）长时间保存。

碱金属和碱土金属的化学性质活泼。尤其是碱金属可与空气中氧、水及许多非金属直接反应，需要保存在无水的煤油中。一些重要反应见表 10.3。

表 10.3　碱金属和碱土金属的一些重要反应

金属	直接与金属反应的物质	反应式
碱金属	H_2	$2M+H_2 \longrightarrow 2MH$
碱土金属		$M+H_2 \longrightarrow MH_2$
碱金属	H_2O	$2M+2H_2O \longrightarrow 2MOH+H_2$
Ca、Sr、Ba		$M+2H_2O \longrightarrow M(OH)_2+H_2$
Mg		$M+H_2O(g) \longrightarrow MO+H_2$
碱金属	卤素	$2M+X_2 \longrightarrow 2MX$
碱土金属		$M+X_2 \longrightarrow MX_2$
Li	N_2	$6Li+N_2 \longrightarrow 2Li_3N$
Mg、Ca、Sr、Ba		$3M+N_2 \longrightarrow M_3N_2$
碱金属	S	$2M+S \longrightarrow M_2S$
Mg、Ca、Sr、Ba		$M+S \longrightarrow MS$
Li	O_2	$4Li+O_2 \longrightarrow 2Li_2O$
Na		$2Na+O_2 \longrightarrow Na_2O_2$
K、Rb、Cs		$M+O_2 \longrightarrow MO_2$
碱土金属		$2M+O_2 \longrightarrow 2MO$
Ca、Sr、Ba		$M+O_2 \longrightarrow MO_2$

10.3

氢化物

碱金属和碱土金属（铍、镁除外）在加热时能与氢直接化合，生成离子型氢化物：

$$2M + H_2 \longrightarrow 2MH\ (\text{M 代表碱金属})$$

$$M + H_2 \longrightarrow MH_2\ (\text{M 代表 Ca、Sr、Ba})$$

所有纯的离子型氢化物都是白色晶体，不纯的通常为浅灰色至黑色，其性质类似盐，故又称为类盐型氢化物。这类氢化物具有离子化合物特征，如熔点、沸点较高，熔融时能够导电等。其密度都比相应的金属的密度大得多（例如 K 的密度是 $0.86g \cdot cm^{-3}$，而 KH 的密度为 $1.43g \cdot cm^{-3}$）。

离子型氢化物在受热时可以分解为氢气和游离金属：

$$2MH \xrightarrow{\triangle} 2M + H_2 \uparrow$$

$$MH_2 \xrightarrow{\triangle} M + H_2 \uparrow$$

离子型氢化物易与水反应而产生氢气，原因是 H^- 与水解离出的 H^+ 结合成为 H_2。例如：

$$LiH + H_2O \longrightarrow LiOH + H_2 \uparrow$$

$$CaH_2 + 2H_2O \longrightarrow Ca(OH)_2 + 2H_2 \uparrow$$

离子型氢化物都是极强的还原剂，$E^{\ominus}(H_2/H^-) = -2.23V$。例如，在 400℃时，NaH 可以从 $TiCl_4$ 中还原出金属钛：

$$TiCl_4 + 4NaH \longrightarrow Ti + 4NaCl + 2H_2 \uparrow$$

LiH、CaH_2、SrH_2 在干燥空气中尚稳定，但其他离子型氢化物在空气中会自燃。LiH 能在乙醚中同 B^{3+}、Al^{3+}、Ga^{3+} 等的无水氯化物结合成复合氢化物，如氢化铝锂的生成：

$$4LiH + AlCl_3 \xrightarrow{\text{乙醚}} Li[AlH_4] + 3LiCl$$

这类化合物包括 $Na[BH_4]$、$Li[AlH_4]$ 等。其中 $Li[AlH_4]$ 是重要的还原剂。

氢化铝锂在干燥空气中较稳定，遇水则发生猛烈的反应：

$$Li[AlH_4] + 4H_2O \longrightarrow LiOH \downarrow + Al(OH)_3 \downarrow + 4H_2 \uparrow$$

最有实用价值的离子型氢化物是 CaH_2、LiH 和 NaH。由于 CaH_2 反应性能最弱（较安全），在工业规模的还原反应中用作氢气源，制备硼、钛、钒和其他单质，而且也可用作微量水的干燥剂。$Li[AlH_4]$ 在有机合成工业中用于有机官能团的还原，例如将醛、酮、羧酸等还原为醇，将硝基还原为氨基等，在高分子化学工业中作某些高分子聚合反应的引发剂。离子型氢化物在其他化学工业和科学研究中都有广泛的应用。

10.4 氧化物

碱金属和碱土金属能形成多种类型的氧化物，其中主要有：正常氧化物（含有 O^{2-}）、过氧化物（含有 O_2^{2-}）、超氧化物（含有 O_2^-）等。s 区元素所形成的氧化物列于表 10.4 中。

表 10.4　s 区元素形成的氧化物

项目	在空气中直接形成	间接形成
正常氧化物	Li、Be、Mg、Ca、Sr、Ba	ⅠA、ⅡA 族所有元素
过氧化物	Na	除 Be 外的所有元素
超氧化物	Na、K、Rb、Cs	除 Be、Mg、Li 外的所有元素

10.4.1 正常氧化物

碱金属中的锂和所有碱土金属在空气中燃烧时，分别生成正常氧化物 Li_2O 和 MO。其他碱金属的正常氧化物是用金属与它们的过氧化物或硝酸盐作用而制得。例如：

$$Na_2O_2 + 2Na \longrightarrow 2Na_2O$$

$$2KNO_3+10K \longrightarrow 6K_2O+N_2\uparrow$$

碱土金属氧化物也可以由它们的碳酸盐或硝酸盐加热分解而得到。例如：

$$CaCO_3 \xrightarrow{\triangle} CaO+CO_2\uparrow$$

$$2Sr(NO_3)_2 \xrightarrow{强热} 2SrO+4NO_2\uparrow+O_2\uparrow$$

碱金属和碱土金属氧化物的一些性质分别列于表 10.5 和表 10.6 中。

表 10.5　碱金属氧化物的性质

性质	Li_2O	Na_2O	K_2O	Rb_2O	Cs_2O
颜色	白色	白色	淡黄色	亮黄色	橙红色
熔点 /℃	> 1700	1275	350(分解)	400(分解)	400(分解)

表 10.6　碱土金属氧化物的性质

性质	BeO	MgO	CaO	SrO	BaO
熔点 /℃	2530	2852	2614	2430	1918
硬度（金刚石 =10）	9	5.6	4.5	3.5	3.3
M—O 核间距 /pm	165	210	240	257	277

碱土金属的氧化物均为白色粉末，一般来说在水中溶解度较小。除 BeO 为 ZnS 型晶体外，其余均为 NaCl 型晶体。由于阴、阳离子都是带有两个单位电荷，而且 M—O 核间距又较小，故 MO 具有较大晶格能，因此它们的硬度和熔点都很高。根据这种特性，BeO 和 MgO 常用来制造耐火材料和金属陶瓷。特别是 BeO，还具有反射放射性射线的能力，常用作原子反应堆外壁砖块材料。

10.4.2　过氧化物和超氧化物

过氧化物是含有过氧基（—O—O—）的化合物，可看作是 H_2O_2 的衍生物。除铍外，所有碱金属和碱土金属都能形成离子型过氧化物。

除了锂、铍、镁外，碱金属和碱土金属都能形成超氧化物。其中钠、钾、铷、铯在过量的氧气中燃烧可直接生成超氧化物。例如：

$$K+O_2 \longrightarrow KO_2$$

Na_2O_2 是化工中最常用的碱金属过氧化物。纯的 Na_2O_2 为白色粉末，工业品一般为浅黄色。工业上制备 Na_2O_2 是用熔钠与已除去二氧化碳的高速压缩干燥空气流反应：

$$2Na+O_2 \xrightarrow{300\sim350℃} Na_2O_2$$

纯净的 $Na_2O_2\cdot 8H_2O$ 是用饱和 NaOH(纯级) 溶液和 $42\%H_2O_2$ 混合制得：

$$2NaOH+H_2O_2 \xrightarrow{0℃} Na_2O_2+2H_2O$$

Na_2O_2 在碱性介质中是强氧化剂，常用作熔矿剂，以使既难溶于水又难溶于酸的矿石氧化分解。例如：

$$2Fe(CrO_2)_2+7Na_2O_2 \longrightarrow 4Na_2CrO_4+Fe_2O_3+3Na_2O$$

Na_2O_2 也用于纺织、纸浆的漂白。Na_2O_2 在熔融时几乎不分解，但遇到棉花、木炭或铝粉等还原性物质时，就会发生爆炸，故使用 Na_2O_2 时要特别小心。

室温下，过氧化物、超氧化物与水或稀酸反应生成过氧化氢，过氧化氢又分解而放出氧气：

$$Na_2O_2+2H_2O \longrightarrow 2NaOH+H_2O_2$$

$$Na_2O_2+H_2SO_4 \longrightarrow Na_2SO_4+H_2O_2$$

$$2KO_2+2H_2O \longrightarrow 2KOH+H_2O_2+O_2\uparrow$$

$$2KO_2 + H_2SO_4 \longrightarrow K_2SO_4 + H_2O_2 + O_2\uparrow$$

$$2H_2O_2 \longrightarrow 2H_2O + O_2\uparrow$$

过氧化物或超氧化物与二氧化碳反应放出氧气：

$$2Na_2O_2 + 2CO_2 \longrightarrow 2Na_2CO_3 + O_2\uparrow$$

$$4KO_2 + 2CO_2 \longrightarrow 2K_2CO_3 + 3O_2\uparrow$$

因此，过氧化物和超氧化物常用作防毒面具、高空飞行、潜水的供氧剂，还可用于漂白剂、消毒剂、去臭剂、氧化剂等。

10.5 氢氧化物

碱金属和碱土金属的氧化物（除 BeO、MgO 外）与水作用，即可得到相应的氢氧化物，并释放出大量热：

$$M_2O + H_2O \longrightarrow 2MOH$$

$$MO + H_2O \longrightarrow M(OH)_2$$

碱金属和碱土金属的氢氧化物均为白色固体，易潮解，在空气中吸收 CO_2 生成碳酸盐。由于碱金属氢氧化物对纤维、皮肤有强烈的腐蚀作用，故称为苛性碱。

10.5.1 碱金属和碱土金属氢氧化物的碱性

碱金属和碱土金属氢氧化物 [除 $Be(OH)_2$ 外] 均呈碱性，同族元素氢氧化物的碱性均随金属元素原子序数的增加而增强：

LiOH	NaOH	KOH	RbOH	CsOH
中强碱	强碱	强碱	强碱	强碱
$Be(OH)_2$	$Mg(OH)_2$	$Ca(OH)_2$	$Sr(OH)_2$	$Ba(OH)_2$
两性	中强碱	强碱	强碱	强碱

其中 $Be(OH)_2$ 是两性的氢氧化物，它既溶于酸也溶于碱：

$$Be(OH)_2 + 2H^+ \longrightarrow Be^{2+} + 2H_2O$$

$$Be(OH)_2 + 2OH^- \longrightarrow [Be(OH)_4]^{2-}$$

氢氧化物酸碱性递变规律可用 R—O—H 规则来说明。氧化物的水合物都可以通式 $R(OH)_n$ 表示，其中 R 代表成碱或成酸元素的离子（即代表 R^{n+}）。R—O—H 在水中有两种解离方式：

$$\underset{\text{酸式解离}}{RO^- + H^+} \longleftarrow R\text{—}O\text{—}H \longrightarrow \underset{\text{碱式解离}}{R^+ + OH^-}$$

R—O—H 究竟进行酸式解离还是进行碱式解离，与阳离子的极化作用有关。G. H. Cartledge 提出以“离子势”来衡量阳离子极化作用的强弱：

$$\text{离子势}(\varphi) = \frac{\text{阳离子电荷}(z)}{\text{阳离子半径}(r)}$$

在 R—O—H 中，若 R 的 φ 值大，R 的电场强，其极化作用强，氧原子的电子云将偏向 R，使 O—H 键被削弱，则 R—O—H 按酸式解离；若 R 的 φ 值小，R 的电场弱，R 对氧原子上电子云的吸引力变弱，使 O—H 键较强，H^+ 不易解离，则 R—O—H 按碱式解离。据此，有人提出用

$\sqrt{\varphi}$ 值（r 的单位为 pm）作为判断 R—O—H 酸、碱性的标度。

$\sqrt{\varphi}$ 值	<0.22	0.22～0.32	>0.32
R—O—H 酸碱性	碱性	两性	酸性

现以第三周期元素氧化物的水合物为例，说明它们的酸碱性递变与 $\sqrt{\varphi}$ 值的关系（见表 10.7）。

表 10.7 第三周期元素氧化物水合物的酸碱性

项目	Na	Mg	Al	Si	P	S	Cl
氧化物的水合物	NaOH	$Mg(OH)_2$	$Al(OH)_3$	H_2SiO_3	H_3PO_4	H_2SO_4	$HClO_4$
R^{n+} 半径 /pm	102	72	53.5	40	38	29	27
$\sqrt{\varphi}$ 值	0.1	0.17	0.24	0.32	0.36	0.45	0.51
酸碱性	强碱	中强碱	两性	弱酸	中强酸	强酸	最强酸

离子势判断氧化物水合物的酸碱性只是一个统计性的经验规律。事实表明，某些物质的酸碱性不符合此规律，如 $Zn(OH)_2$ 的 Zn^{2+} 离子半径为 74pm，$\sqrt{\varphi}=0.16$，按酸碱性的标度 $Zn(OH)_2$ 应为碱性，而实际上 $Zn(OH)_2$ 为两性，这说明除了离子电荷、半径外，还有别的因素如离子的电子构型等，会影响氧化物水合物的酸碱性。

10.5.2 碱金属和碱土金属氢氧化物的溶解性

碱金属的氢氧化物都易溶于水，唯 LiOH 溶解度较小。碱土金属氢氧化物在水中的溶解度比碱金属氢氧化物小得多，并且同族元素的氢氧化物的溶解度从上往下逐渐增大，这是因为随着阳离子半径的增大，阳离子和阴离子之间的吸引力逐渐减小，容易被水分子拆开。同理，在同一周期内，从 M(Ⅰ) 到 M(Ⅱ) 随着离子半径的减小和离子电荷的增多，氢氧化物的溶解度减小。

碱土金属氢氧化物中，较重要的是氢氧化钙 $Ca(OH)_2$（即熟石灰）。它的溶解度不大，且随温度升高而减小。如果配成石灰水，因浓度小而碱性弱，不便使用；若配成石灰乳，在石灰乳中存在着如下平衡：

$$Ca(OH)_2(s) \rightleftharpoons Ca^{2+} + 2OH^-$$

使用时，随着 OH^- 的消耗，平衡就向右移动，石灰乳中的固体小颗粒能继续溶解，供给 OH^-。当我们需要碱时，如果不需要高浓度 OH^-，而且 Ca^{2+} 的存在并不妨碍所进行的反应时，则可以使用价廉易得的 $Ca(OH)_2$。

10.6 盐类

10.6.1 盐类的性质

碱金属、碱土金属最常见的盐有卤化物、硫酸盐、硝酸盐、碳酸盐和磷酸盐。在此着重介绍它们的共性和锂盐、铍盐的特殊性。

10.6.1.1 晶体类型

绝大多数碱金属、碱土金属盐类的晶体属于离子晶体，它们具有较高的熔点和沸点。常温下是固体，熔化时能导电。只有 Be^{2+} 半径小，电荷较多，极化力较强，当它与易变形的阴离子如 Cl^-、Br^-、I^- 结合时，其化合物已过渡为共价化合物。例如 $BeCl_2$ 有较低的熔点，易于升华，能溶于有机溶剂中。这些性质表明 $BeCl_2$ 为共价化合物。

10.6.1.2　颜色

碱金属离子 (M^+) 和碱土金属离子 (M^{2+}) 都是无色的。只要阴离子是无色的，例如 X^-(卤素离子)、O^{2-}、NO_3^-、ClO_3^-、SO_4^{2-}、CO_3^{2-} 等，它们的化合物就是无色或白色的（少数氧化物例外）；若阴离子是有色的，则它们的化合物常显阴离子的颜色，如 CrO_4^{2-} 是黄色的，$BaCrO_4$ 和 K_2CrO_4 也是黄色；MnO_4^- 是紫红色的，$KMnO_4$ 也是紫红色。

碱金属和碱土金属化合物在高温火焰中电子获得能量激发到高能级轨道上，而当从高能级轨道回到低能轨道时，将会发射出某种特定波长的光，使火焰呈现特征的颜色：

Li—深红	Cs—蓝
Na—黄	Ca—橙红
K—紫	Sr—洋红
Rb—紫红	Ba—绿

此焰色反应曾被用来制造烟花、信号弹。

10.6.1.3　热稳定性

一般来说，碱金属盐具有较高的热稳定性。卤化物在高温时挥发而不分解；硫酸盐在高温时既不挥发，又难分解；碳酸盐除 $LiCO_3$ 在 1000℃以上部分地分解为 Li_2O 和 CO_2 外，其余均不分解；唯有硝酸盐的热稳定性较差，加热到一定温度即分解：

$$4LiNO_3 \xrightarrow{650℃} 2Li_2O+4NO_2\uparrow + O_2\uparrow$$

$$2NaNO_3 \xrightarrow{830℃} 2NaNO_2 + O_2\uparrow$$

$$2KNO_3 \xrightarrow{630℃} 2KNO_2 + O_2\uparrow$$

碱土金属的碳酸盐在常温下是稳定的（$BeCO_3$ 除外），只是在强热时，才分解为相应的 MO 和 CO_2。

10.6.1.4　溶解度

碱金属的盐类一般都易溶于水。仅有少数碱金属盐微溶于水，一类是若干锂盐如 LiF、Li_2CO_3、Li_3PO_4 等；另一类是 K^+、Rb^+、Cs^+（以及 NH_4^+）同某些较大阴离子所形成的盐，例如高氯酸钾 ($KClO_4$)、六氯合铂(Ⅳ)酸钾 (K_2PtCl_6)、四苯硼酸钾 [$KB(C_6H_5)_4$]、六氯合锡(Ⅳ)酸铷 (Rb_2SnCl_6) 等。

碱土金属中，多数铍盐易溶，镁盐有部分易溶，而钙、锶、钡盐则多难溶。其中依 Ca → Sr → Ba 的顺序，硫酸盐和铬酸盐的溶解度递减，氟化物的溶解度递增。

铍盐和可溶性钡盐均有毒。

10.6.1.5　K^+、Na^+、Mg^{2+}、Ca^{2+}、Ba^{2+} 的鉴定

K^+、Na^+、Mg^{2+}、Ca^{2+}、Ba^{2+} 的鉴定反应见表 10.8。

表 10.8　K^+、Na^+、Mg^{2+}、Ca^{2+}、Ba^{2+} 的鉴定

离子	鉴定试剂	鉴定反应
Na^+	KH_2SbO_4	$Na^+ + H_2SbO_4^- \xrightarrow{中性或弱碱性} NaH_2SbO_4\downarrow$（白色）
K^+	$Na_3[Co(NO_2)_6]$	$2K^+ + Na^+ + [Co(NO_2)_6]^{3-} \xrightarrow{中性或弱酸性} K_2Na[Co(NO_2)_6]\downarrow$（亮黄）
Mg^{2+}	镁试剂	Mg^{2+} + 镁试剂 $\xrightarrow{碱性}$ 天蓝色↓
Ca^{2+}	$(NH_4)_2C_2O_4$	$Ca^{2+} + C_2O_4^{2-} \longrightarrow CaC_2O_4\downarrow$（白色）
Ba^{2+}	K_2CrO_4	$Ba^{2+} + CrO_4^{2-} \longrightarrow BaCrO_4\downarrow$（黄色）

10.6.2 某些盐类的生产和用途

10.6.2.1 碳酸钠

碳酸钠（Na_2CO_3），俗名纯碱或苏打，是重要的基本化工产品之一。除用作化工原料外，还用于玻璃、纸、肥皂、洗涤剂的生产及水处理等。

自然界的碳酸钠，主要存在于盐碱地及碱湖里。18 世纪实现了工业化生产，当时主要采用氨碱法来生产碳酸钠。氨碱法是 1861 年比利时人索尔维（Solvay）提出的，又称索尔维制碱法。该法以食盐、氨气（来自炼焦副产品）和二氧化碳（来自碳酸钙）为原料，通过一系列反应制取碳酸钠：

$$CaCO_3 \xrightarrow{\text{煅烧}} CaO + CO_2 \uparrow$$

$$NaCl + NH_3 + CO_2 + H_2O \xrightarrow{\text{冷}} NaHCO_3 + NH_4Cl$$

$$2NaHCO_3 \xrightarrow{200℃} Na_2CO_3 + CO_2 \uparrow + H_2O$$

析出 $NaHCO_3$ 后，母液中的 NH_4Cl 用消石灰处理，回收的氨循环使用：

$$2NH_4Cl + Ca(OH)_2 \longrightarrow 2NH_3 \uparrow + CaCl_2 + 2H_2O$$

氨碱法具有原料来源丰富、价廉，技术成熟、产品纯度高等优点，但食盐利用率低（约 70%），氨损失大，大量 $CaCl_2$ 废渣造成环境污染。1942 年，我国杰出的化工专家侯德榜对氨碱法做了重大改革，将制碱与合成氨创造性地联为一体，发明了“侯氏联合制碱法”。该法先采用水煤气转化得到的 H_2 和 N_2 来合成氨，CO_2 是由合成氨原料气（H_2 和 CO 混合气）中的 CO 转化而成；再采用该系统提供的 NH_3 和 CO_2 来制碱，所得副产品 NH_4Cl 则作为化肥。此法使 NaCl 的利用率提高到 96% 以上，同时省去了煅烧石灰石生成 CO_2 的工业过程，降低了成本，实现了连续化生产，体现了综合利用原料、减少环境污染等优点，对世界制碱工业作出了重大贡献。从天津塘沽永利碱厂到天津碱厂，几十年排放出来堆积成山的碱渣，除筑路用作垫土外，其余的已被巧妙地设计、建造成一个美丽的碱渣山紫云公园。目前我国生产纯碱的基地主要在天津、大连、青岛、湖北和四川自贡。

10.6.2.2 氯化钠

氯化钠（NaCl）是日常生活和工业生产中不可缺少的物质，除供食用外，大量用于化工、食品、石油、纺织工业。例如，化学工业以 NaCl 为原料，生成金属钠、烧碱、纯碱、氯气、盐酸、次氯酸钠等化工产品。还大量用作雪后道路的融雪剂，不过由于它对路面有腐蚀作用，也会对环境带来污染，应尽量少用或不用。

我国有众多的适合于晒盐的海岸和丰富的内陆盐湖资源。除海盐外，我国有青海察尔汗、新疆罗布泊、西藏班戈等众多盐湖，还有四川自贡地区含有大量食盐的地下卤水，以及储量比自贡大 10 倍的江苏淮阴地区的大盐矿等，为我国人民生活和工业用盐提供了丰富的原料。

NaCl 的提取方法根据来源、用途不同而异，例如英国 80% 是以盐水形式直接供化学工业应用的，只有 1% 由盐水晒制成粗盐。粗盐含有硫酸钙、硫酸镁等杂质。要想获得精盐可把粗盐溶于水，加入适量 $BaCl_2$（或氢氧化钡）、Na_2CO_3 和 NaOH，使其杂质沉淀析出，经过滤、蒸发、浓缩，即可得到精盐。其沉淀反应为：

$$Ba^{2+} + SO_4^{2-} \longrightarrow BaSO_4 \downarrow$$

$$Ca^{2+} + CO_3^{2-} \longrightarrow CaCO_3 \downarrow$$

$$Mg^{2+} + 2OH^- \longrightarrow Mg(OH)_2 \downarrow$$

$$Ba^{2+} + CO_3^{2-} \longrightarrow BaCO_3 \downarrow$$

10.6.2.3　氯化钾

氯化钾的天然矿物主要有钾盐矿（KCl）、光卤石（$KCl \cdot MgCl_2 \cdot 6H_2O$）及钾石盐（KCl）。某些内陆湖泊（如死海、察尔汗湖）也含有较丰富的KCl。如约旦死海钾盐厂早在20世纪80年代年产量已达120万吨以上；又如我国青海察尔汗盐湖（湖区面积达$1600km^2$, 盐沉积厚30m）含有大量光卤石和含钾卤水。

KCl为白色晶体，除大量用作钾肥外，主要用于生产金属钾、KOH、$KClO_3$等化工原料。医疗上用作补钾、利尿剂和生理盐水（1L中含有8.6g NaCl、0.3g KCl、0.33g $CaCl_2$）。

10.6.2.4　碳酸锂

工业生产方法是在250℃下用硫酸处理锂矿石，经沥滤得到硫酸锂溶液，再用碳酸钠处理即可得到碳酸锂（Li_2CO_3），它是锂系列产品中产量最大的。

碳酸锂为白色晶体，微溶于水，加热时溶解度反而降低。工业上Li_2CO_3用于钢化玻璃和陶瓷上釉，在电解铝生产中用作助溶剂并可减少氟的散发。1948年发现适量的Li_2CO_3有防止和治疗抑郁症的效果，有人认为可能是它能调节神经细胞内外离子平衡，确切原因至今不详。但是若服用超量会导致肾功能障碍、昏睡甚至死亡。

10.6.2.5　硫酸钙

二水硫酸钙（$CaSO_4 \cdot 2H_2O$）称为石膏，又称生石膏，为白色粉末，微溶于水。半水硫酸钙（$CaSO_4 \cdot \frac{1}{2}H_2O$）又称熟石膏，也为白色粉末，有吸潮性。熟石膏粉末与水混合，可形成塑性易浇砌浆体，隔一定时间后硬化成坚固石状体，并微量膨胀、放热，故可用来制造模型、塑像、粉笔和石膏绷带等，还用于生成某些涂料、陶器。

工业上用氯化钙与硫酸铵反应，得到二水硫酸钙：

$$CaCl_2 + (NH_4)_2SO_4 + 2H_2O \longrightarrow CaSO_4 \cdot 2H_2O + 2NH_4Cl$$

10.7 配合物

碱金属离子（Na^+、K^+、Rb^+、Cs^+）因其电荷少，半径大，形成配合物的倾向小。唯有与配位能力较强的螯合剂作用，能形成螯合物或大环配合物。

碱土金属离子如Mg^{2+}可与多齿配位体（如EDTA）形成螯合物。

叶绿素即为镁的一种配合物，是含镁的卟啉衍生物。叶绿素a分子如图10.1所示，Mg^{2+}处在卟啉平面有机环的中心位置，与相邻4个N结合。

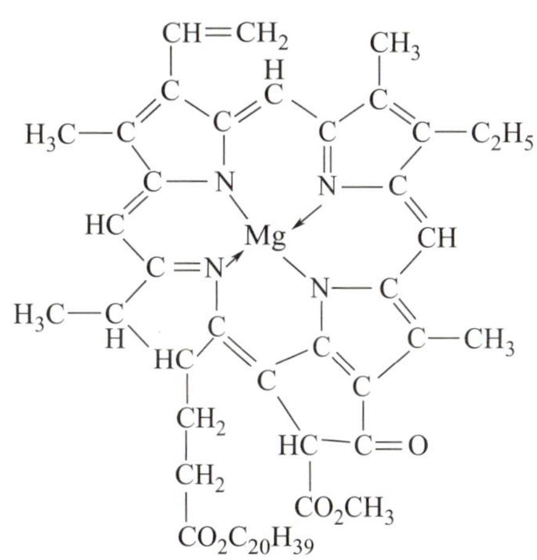

图 10.1　Mg^{2+} 在叶绿素中配位

叶绿素是绿色植物叶绿体中接受光能、参与光合作用的催化剂：

$$6CO_2 + 6H_2O \xrightarrow[\text{叶绿素}]{h\nu} \underset{\text{（葡萄糖）}}{C_6H_{12}O_6} + 6O_2$$

叶绿素溶于乙醇、乙醚、丙酮、氯仿和苯，提取出来后可作为肥皂、脂肪、油蜡、食品、化妆品的无毒色素。

化学视野

我国盐湖资源的开发

若按湖水含盐总量多少，湖可分四类：

含盐总量 /($g\cdot L^{-1}$)	<1	1～35	35～50	>50
类别	淡水湖	半咸水湖	咸水湖	盐湖

我国盐湖资源丰富，类型齐全（有氯化物、碳酸盐、硫酸盐、硼酸盐和硝酸盐五大类型），盐矿种类近 70 种。青海、西藏、新疆的盐湖是我国的资源宝库，拥有我国钾盐储量的 98%、镁储量的 57%、锂储量的 62%、硼储量的 39%，此外还有巨量的钠盐，大量的芒硝、天然碱等。西部盐湖的开发利用对我国钾、镁、锂、硼矿产资源的可持续发展有着重要的意义，同时也关系到我国西部经济的可持续发展。这些盐湖位于 3000m 以上高寒地带，蒸发量大，降水量小，有利于盐卤蒸发成盐，如察尔汗盐湖白天可以日晒含光卤石和水氯镁石的盐卤水，而冬天夜里（最低气温可达 −30℃）又创造了理想的天然冷冻析晶条件，它已成为我国无机盐研究和生产的战略基地之一。中国科学院青海盐湖研究所名誉所长柳大纲是中国盐湖化学的开拓者与奠基人，1957 年，在他组织、领导下，中国科学院盐湖科学调查队在察尔汗发现了我国最大的钾盐矿床；在柴达湖发现了我国最大的硼镁矿资源。并且，在他的指导下开展了盐湖化学研究，发明了新工艺和建立了相关的钾肥厂。

盐湖矿的最大特点是，除钠盐外，还常有镁盐、硼酸盐、锂盐、天然碱、芒硝等多种有用组分，这一特点使得盐湖开发时必须考虑综合利用问题。譬如：利用盐湖卤水盐田析出的钾混盐生产钾镁肥，盐田浓缩老卤生产硼酸，再利用硼酸工厂提硼后的酸化液生产碳酸锂，实现了原料的逐级利用。生产的剩余物质重新排回盐田，与卤水混合后可以再次循环利用，在盐田内形成一个完整的、封闭的生产线，可做到零排放、零浪费。

我国盐湖资源的开发，为锂、钾、镁、硼化学的研究开拓了广阔的天地，也为生产 Li、K、Mg、B 的系列化工产品提供了丰富的资源。

思考题

1．碱金属及其氢氧化物为什么不能在自然界中存在？

2．金属钠着火时能否用 H_2O、CO_2、石棉毯扑灭？为什么？

3．为什么人们常用 Na_2O_2 做供氧剂？

4．某地的土壤显碱性主要是由 Na_2CO_3 引起的，加入石膏为什么有降低碱性的作用？

5．盛 $Ba(OH)_2$ 溶液的瓶子，在空气中放置一段时间后，其内壁会被蒙上一层白色薄膜，这层薄膜是什么物质？欲除去应采用下列何种物质来洗涤？并说明理由。

（1）水　　（2）盐酸　　（3）硫酸

6．如何解释下列事实：

（1）锂的电离能比铯大，但 $E^{\ominus}(Li^+/Li)$ 却比 $E^{\ominus}(Cs^+/Cs)$ 小；

（2）$E^{\ominus}(Li^+/Li)$ 比 $E^{\ominus}(Na^+/Na)$ 小，但锂同水的作用不如钠激烈；

（3）LiI 比 KI 易溶于水，而 LiF 比 KF 难溶于水；

（4）$BeCl_2$ 为共价化合物，而 $CaCl_2$ 为离子化合物；

（5）金属钙与盐酸反应剧烈，但与硫酸反应缓慢；

（6）消防队员的空气背包中放有 KO_2。

7．为什么商品 NaOH 中常含有 Na_2CO_3？怎样简单地检验和除去？

8．工业 NaCl 和 Na_2CO_3 中都含有杂质 Ca^{2+}、Mg^{2+}、Fe^{3+}，通常采用沉淀法除去。试问为什么在 NaCl 溶液中除加 NaOH 外还要加 Na_2CO_3？在 Na_2CO_3 溶液中要加 NaOH？

习题

1. 完成下列反应方程式：

（1）$Na + H_2 \xrightarrow{\triangle}$　　　　（2）$Na_2O_2 + H_2O \longrightarrow$

（3）$KO_2 + H_2O \longrightarrow$　　　　（4）$Na_2O_2 + CO_2 \longrightarrow$

（5）$KO_2 + CO_2 \longrightarrow$　　　　（6）$Be(OH)_2 + OH^- \longrightarrow$

（7）$BaO_2 + H_2SO_4$(稀) $\longrightarrow$　　　　（8）$CaH_2 + H_2O \longrightarrow$

（9）$TiCl_4 + NaH \longrightarrow$　　　　（10）$LiH + AlCl_3 \xrightarrow{\text{乙醚}}$

2. 试以食盐、空气、碳、水为原料，制备下列物质（写出反应式并注明反应条件）。

（1）Na　（2）Na_2O_2　（3）NaOH　（4）Na_2CO_3

3. 有一份白色固体混合物，其中可能含有 KCl、$MgSO_4$、$BaCl_2$、$CaCO_3$，根据下列实验现象，判断混合物中有哪几种化合物。

（1）混合物溶于水，得透明澄清溶液。

（2）对溶液做焰色反应，通过钴玻璃观察到紫色。

（3）向溶液中加入碱，产生白色胶状沉淀。

4. 如何鉴别下列各组物质？

（1）Na_2CO_3　$NaHCO_3$　NaOH

（2）$CaSO_4$　$CaCO_3$

（3）Na_2SO_4　$MgSO_4$

（4）$Al(OH)_3$　$Mg(OH)_2$　$MgCO_3$

5. 如何将粗食盐中常含有的杂质 Ca^{2+}、Mg^{2+} 和 SO_4^{2-} 除去？试以反应式表示之。

6. 现有五瓶无标签的白色固体粉末，它们分别是 $MgCO_3$、$BaCO_3$、无水 Na_2CO_3、无水 $CaCl_2$ 及 Na_2SO_4，试设法加以区别。

7. 某固体混合物中可能含有 $MgCO_3$、Na_2SO_4、$Ba(NO_3)_2$、$AgNO_3$ 和 $CuSO_4$。此固体溶于水后可得无色溶液和白色沉淀。无色溶液遇 HCl 无反应，其焰色反应呈黄色；白色沉淀溶于稀盐酸并放出气体。试判断存在、不存在的物质各是什么。

8. 在下图各箭头处填入适当的试剂和条件，以实现各物质的转变。

（1）

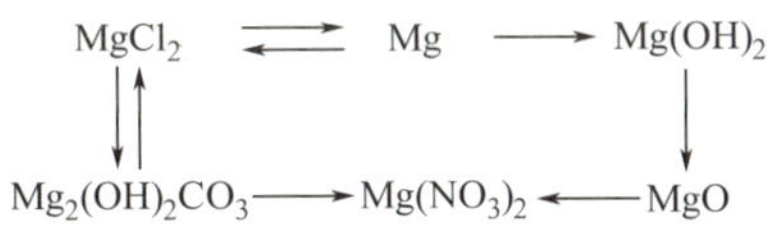

（2）

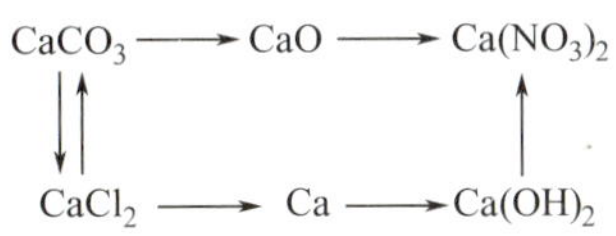

9. CaH_2 与冰反应可释放出 H_2，因此 CaH_2 可用作高寒山区野外作业时的生氢剂。试计算 1.00g CaH_2 与冰反应最多可制得 0℃、101.325kPa 下的 H_2 体积。

第 11 章

卤素和氧族元素

学习要求：

1. 熟悉卤素单质的通性和氟的特殊性，卤素氧化性和卤素离子还原性的递变规律，卤素单质的制备。
2. 掌握卤化氢的制备及性质的递变规律（还原性、稳定性、氢卤酸的酸性）。
3. 了解卤化物物性变化规律及一般制备方法。
4. 掌握氯的含氧酸及其盐的性质及其递变规律和制备方法。
5. 了解氧族元素的通性，掌握氧气、臭氧的结构和性质。
6. 掌握过氧化氢分子的性质、结构、制备和用途。
7. 熟悉硫化氢和多硫化氢的性质、金属硫化物的溶解性及其分类。
8. 熟悉硫的含氧酸及其盐的结构、性质及用途。
9. 熟悉 Cl^-、Br^-、I^-、S^{2-}、SO_3^{2-}、$S_2O_3^{2-}$、SO_4^{2-} 的鉴定。

11.1 p 区元素概述

p 区元素包括周期表中的ⅢA～ⅦA 和零族元素，该区元素沿 B—Si—As—Te—At 对角线将其分为两部分：对角线右上角为非金属元素（含对角线上的元素），对角线左下角为金属元素。除氢外，所有非金属元素全部集中在该区。

p 区元素具有以下特点：

① 同族元素从上往下原子半径逐渐增大，元素的金属性逐渐增强，非金属性逐渐减弱。除ⅦA 族外，都是由典型的非金属元素经准金属过渡到典型的金属元素。

② p 区元素（零族除外）原子的价层电子构型为 $ns^2np^{1\sim5}$。ns、np 电子均可参与成键，因此它们具有多种氧化数。并且随着价层 np 电子的增多，失电子趋势减弱，逐渐变为共用电子，甚至变为得电子。因此，p 区非金属元素除有正氧化数外，还有负氧化数。ⅢA～ⅤA 族同族元素从上往下低氧化数化合物的稳定性增强，高氧化数化合物的稳定性减弱，这种现象称为“惰性电子对效应”。

③ p 区金属的熔点一般较低，例如：

	Al	Ga	In	Tl	Ge	Sn	Pb	Sb	Bi
熔点 /℃	660.4	29.78	156.6	303.5	937.4	231.88	327.5	630.5	271.3

这些金属彼此可形成低熔合金。

④ p 区某些金属具有半导体性质，为制造半导体的重要原料，如超纯锗、砷化镓、锑化镓等（其中砷化镓是最重要的半导体材料）。

11.2 卤族元素

11.2.1 卤族元素通性

卤族元素又称为卤素，是周期表ⅦA 族元素，即氟 (F)、氯 (Cl)、溴 (Br)、碘 (I)、砹 (At)、鿬 (Ts) 的总称。卤素的希腊文原意为成盐元素。在自然界，氟主要以萤石 (CaF_2) 和冰晶石 (Na_3AlF_6) 等矿物存在；氯、溴、碘主要以钠、钾、钙、镁的无机盐形式存在于海水中，碘因被海藻类植物所吸收而富集；砹为放射性元素，仅以微量且短暂地存在于铀和钍的蜕变物中。有关卤族元素的一些基本性质列于表 11.1 中。

表 11.1　卤族元素的基本性质

项目	氟 (F)	氯 (Cl)	溴 (Br)	碘 (I)
原子序数	9	17	35	53
价层电子构型	$2s^22p^5$	$3s^23p^5$	$4s^24p^5$	$5s^25p^5$
主要氧化数	−1、0	−1、0、+1、+3、+5、+7	−1、0、+1、+3、+5、+7	−1、0、+1、+3、+5、+7
原子半径 /pm	64	99	114	133
第一电离能 I_1/(kJ · mol^{-1})	1681	1251	1140	1008
电子亲和能 E_{A1}/(kJ · mol^{-1})	−327.9	−349	−324.7	−295.1
电负性 (χ_p)	4.0	3.0	2.8	2.5

卤素原子的价层电子构型为 ns^2np^5，有 7 个价电子，与稳定的 8 电子构型比较，仅缺少 1 个电子，核电荷是同周期元素中最多的（稀有气体除外），原子半径是同周期元素中最小的，故它们最容易获得电子。和同周期元素相比较，卤素非金属性是最强的；在本族内，从氟到碘电负性逐渐减小，非金属性依次减弱。

从表 11.1 数据看，卤素原子的第一电离能都很大，因此卤素原子在化学变化中不容易失去电子成为阳离子。事实上在卤素中只有电离能最小、半径最大的碘才有这种可能。例如，可以形成碘盐 $I(CH_3COO)_3$、$I(ClO_4)_3$ 等。

卤素在化合物中最常见的氧化数是 −1。由于氟的电负性最大，所以不可能表现出正氧化数。

其他卤族元素，如与电负性较大的元素化合（例如形成卤素的含氧酸及其盐或卤素互化物[1]），可以表现出正氧化数，即 +1、+3、+5 和 +7，而且相邻氧化数之间的差均为 2，这是由于卤素原子的价层电子排布为 ns^2np^5，其中 6 个电子已成对，1 个电子未成对，所以当参加反应时，先是未成对的电子参与成键，以后每拆开一对电子就可多形成两个共价键。

11.2.2 卤素单质

11.2.2.1 物理性质

卤素单质皆为双原子分子，固态时为分子（非极性）晶体，因此熔点、沸点都比较低。随着卤素原子半径的增大和核外电子数目的增多，卤素分子之间的色散力逐渐增大，因而卤素单质的熔点、沸点、汽化焓和相对密度等物理性质按 F—Cl—Br—I 顺序依次递增。卤素单质的一些物理性质见表 11.2。

表 11.2 卤素单质的物理性质

性质	氟	氯	溴	碘
聚集状态	气	气	液	固
颜色	浅黄	黄绿	红棕	紫黑
熔点 /℃	−219.6	−101	−7.2	113.5
沸点 /℃	−188	−34.6	58.78	184.3
$\Delta_{vap}H_m^{\ominus}$ /(kJ · mol^{-1})	6.32	20.41	30.71	46.61
溶解度 /[g · (100g H_2O)$^{-1}$]	分解水	0.732	3.58	0.029
密度 /(g · cm^{-3})	1.11(l)	1.57(l)	3.12(l)	4.93(s)

在常温下，氟、氯是气体，溴是易挥发的液体，碘是固体。氯在常温下加压便成为黄色液体，利用这一性质，可将氯液化装在钢瓶中贮运。固态碘在熔化前已具有相当大的蒸汽压，适当加热即可升华，利用碘的这一性质，可将粗碘进行精制。

卤素单质均有颜色。随着分子量的增大，卤素单质颜色依次加深。

卤素单质在水中的溶解度不大（氟与水激烈反应除外）。氯、溴、碘的水溶液分别称为氯水、溴水、碘水。卤素单质在有机溶剂中的溶解度比在水中的溶解度大得多。溴可溶于乙醇、乙醚、氯仿、四氯化碳、二硫化碳等溶剂中。碘难溶于水，但易溶于碘化物溶液（如碘化钾）中，这主要是由于生成 I_3^-：

$$I_2 + I^- \rightleftharpoons I_3^-$$

此反应是因为 I^- 接近 I_2 分子时，使 I_2 分子极化产生诱导偶极，然后彼此以静电吸引形成 I_3^-。I_3^- 可以解离而生成 I_2，故多碘化物溶液的性质实际上和碘溶液相同。实验室常用此反应以获得较高浓度的碘水溶液。氯和溴也能形成 Cl_3^- 和 Br_3^-，不过这两种离子都很不稳定。

气态卤素单质均有刺激性气味，强烈刺激眼、鼻、气管等的黏膜，吸入较多蒸气会严重中毒（其毒性从氟到碘依次减小），甚至造成窒息。液溴对皮肤会造成难以痊愈的灼伤，所以使用卤素单质（尤其是氟）时应特别小心，必须配备防护用品（面具、橡胶手套等），且应在通风橱中进行操作。

11.2.2.2 化学性质

卤素单质的化学性质与它们的分子解离能低、价电子构型和电负性大等因素密切相关。故卤

[1] 由两种卤素单质组成的二元化合物称为卤素互化物，它们的组成可用 XX'_n 表示（n=1，3，5，7），其中 X′ 的电负性大于 X，两者的电负性相差越大，n 值也越大。由于它们均为卤素，电负性差值不会很大，所以它们之间形成共价化合物。

素单质最突出的化学性质是氧化性。除 I_2 外，它们均为强氧化剂。由标准电极电势 $E^{\ominus}$ (X_2/X^-) 可以看出，F_2 是最活泼的非金属，是卤素单质中最强的氧化剂，炭、木材、橡胶等物质在氟气流中会燃烧。随着 X 原子半径的增大，卤素的氧化能力依次减弱：$F_2 > Cl_2 > Br_2 > I_2$。

(1) 卤素与氢的反应　卤素单质都能与氢反应：

$$X_2 + H_2 \longrightarrow 2HX$$

反应条件和反应程度如表 11.3 所示。

表 11.3　卤素与氢反应情况

卤素	反应条件	反应速率及程度
F_2	阴冷	爆炸、放出大量热
Cl_2	常温	缓慢
	强光照射	爆炸
Br_2	常温	不如氯，需催化剂
I_2	高温	缓慢、可逆

氟易氧化所有金属，以及除氮、氧和某些稀有气体以外的非金属单质，而且反应非常激烈，常伴随着燃烧和爆炸。氟与铜、镍作用时，由于生成金属氟化物保护膜，可阻止进一步被氧化，因此氟可以储存在铜、镍制成的容器中。氯也能发生类似的反应，但反应比氟平稳得多。氯在干燥的情况下不与铁作用，因此可将氯储存于铁罐中。溴和碘在常温下可以和活泼金属直接作用，与其他金属的反应需在加热条件下进行。

(2) 卤素与水的反应　卤素与水可发生两类反应。第一类是卤素对水的氧化作用：

$$2X_2 + 2H_2O \longrightarrow 4HX + O_2\uparrow$$

第二类是卤素的水解作用，即卤素的歧化反应：

$$X_2 + H_2O \rightleftharpoons H^+ + X^- + HXO$$

F_2 氧化性强，只能与水发生第一类反应，且反应激烈：

$$2F_2 + 2H_2O \longrightarrow 4HF + O_2\uparrow$$

Cl_2 在日光下缓慢地置换水中的氧。Br_2 与水非常缓慢地反应而放出氧气，但当溴化氢浓度高时，反应会逆向进行而析出 Br_2。碘非但不能置换水中的氧，相反，氧作用于 HI 溶液使 I_2 析出：

$$2I^- + 2H^+ + \frac{1}{2}O_2 \longrightarrow I_2 + H_2O$$

Cl_2、Br_2、I_2 与水主要发生第二类反应，此类歧化反应是可逆的，25℃时反应的平衡常数为：

	Cl_2	Br_2	I_2
$K^{\ominus}$	4.2×10^{-4}	7.2×10^{-9}	2.0×10^{-13}

可见，从 Cl_2 到 I_2 反应进行程度越来越小。从其水解反应式可知，加酸能抑制卤素的水解；加碱则促进水解。常温下，Br_2 和 I_2 在碱性溶液中一般歧化为 X^- 和 XO_3^-。

(3) 卤素的制备和用途　卤素在自然界中以化合物的形式存在。卤素的制备可归纳为卤素阴离子的氧化：

$$2X^- - 2e^- \longrightarrow X_2$$

X^- 失去电子能力的大小顺序为 $I^- > Br^- > Cl^- > F^-$。根据 X^- 还原性和产物 X_2 氧化性的差异，决定不同卤素的制备方法。

对 F^- 来说，用一般的氧化剂是不能使其氧化的。因此一个多世纪以来，制取 F_2 一直采用电解法。通常是电解三份氟化氢钾（KHF_2）和两份无水氟化氢的熔融混合物：

$$2KHF_2 \xrightarrow{\text{电解}} 2KF + \underset{\text{(阴极)}}{H_2\uparrow} + \underset{\text{(阳极)}}{F_2\uparrow}$$

直到 1986 年才由化学家 K. Christe 采用氧化、配合、置换法制得单质 F_2：

$$2KMnO_4 + 2KF + 10HF + 3H_2O_2 \longrightarrow 2K_2MnF_6 + 3O_2 + 8H_2O$$

$$SbCl_5+5HF \longrightarrow SbF_5+5HCl$$

$$K_2MnF_6 + 2SbF_5 \xrightarrow{150℃} 2KSbF_6 + MnF_3 + \frac{1}{2}F_2\uparrow$$

但目前化学法尚未能取代电解法。

工业上，氯气是电解饱和食盐水溶液制烧碱的副产品，也是电解氯化镁熔盐制镁以及电解熔融 NaCl 制钠的副产品。例如：

$$\underset{}{MgCl_2(\text{熔融})} \xrightarrow{\text{电解}} \underset{(\text{阴极})}{Mg} + \underset{(\text{阳极})}{Cl_2\uparrow}$$

实验室需要少量氯气时，可用 MnO_2、$KMnO_4$、$K_2Cr_2O_7$ 等氧化剂与浓盐酸反应的方法来制取：

$$MnO_2 + 4HCl(\text{浓}) \longrightarrow MnCl_2 + Cl_2\uparrow + 2H_2O$$

$$2KMnO_4 + 16HCl(\text{浓}) \longrightarrow 2MnCl_2 + 2KCl + 5Cl_2\uparrow + 8H_2O$$

制备溴时，可用氯气氧化溴化钠中的溴离子而得到：

$$Cl_2 + 2Br^- \longrightarrow 2Cl^- + Br_2 \qquad (a)$$

工业上从海水中提取溴时，首先通氯气于 pH 为 3.5 左右晒盐后留下的苦卤（富含 Br^-）中置换出 Br_2。然后用空气把 Br_2 吹出，并用 Na_2CO_3 溶液吸收富集，即得较浓的 $NaBrO_3$ 溶液：

$$3CO_3^{2-} + 3Br_2 \longrightarrow 5Br^- + BrO_3^- + 3CO_2\uparrow \qquad (b)$$

最后，用硫酸将溶液酸化，Br_2 即从溶液中游离出来：

$$5Br^- + BrO_3^- + 6H^+ \longrightarrow 3Br_2 + 3H_2O \qquad (c)$$

为了除去残存的游离氯，可加入少量 KBr，然后加热蒸出溴，盛入陶瓷罐贮存。反应式（b）和反应式（c）的方向恰好相反，这可根据下列元素电势图进行解释：

$$E_A^\ominus/V \quad BrO_3^- \xrightarrow{1.50} Br_2 \xrightarrow{1.065} Br^-$$

$$E_B^\ominus/V \quad BrO_3^- \xrightarrow{0.52} Br_2 \xrightarrow{1.065} Br^-$$

在碱性溶液中 $E^\ominus_{\text{右}} > E^\ominus_{\text{左}}$，故歧化反应式（b）可以发生；而在酸性溶液中 $E^\ominus_{\text{左}} > E^\ominus_{\text{右}}$，故反应式（c）可以发生。显然，这是利用调节溶液酸度的方法来改变氧化还原反应的方向。

碘可以从海藻中提取，将适量氯气通入用水浸取海藻所得的溶液，则 I^- 被氧化为 I_2：

$$Cl_2 + 2I^- \longrightarrow 2Cl^- + I_2$$

$$I_2 + I^- \rightleftharpoons I_3^-$$

然后用离子交换树脂加以浓缩。

在我国四川地下天然卤水中含有丰富的碘化物（每升约含碘 0.5～0.7g），向这种卤水中通氯气，即可把碘置换出来。用此法制碘应避免通入过量的氯气，因为过量的氯气可将碘进一步氧化成碘酸：

$$I_2 + 5Cl_2 + 6H_2O \longrightarrow 2IO_3^- + 10Cl^- + 12H^+$$

碘还可以由碘酸钠制取，方法是将智利硝石提取 $NaNO_3$ 后剩下的母液（含 $NaIO_3$）用酸式亚硫酸盐处理，则析出碘：

$$2IO_3^- + 5HSO_3^- \longrightarrow I_2 + 3HSO_4^- + 2SO_4^{2-} + H_2O$$

氟主要用途之一是将 UF_4 氧化制备六氟化铀（UF_6），UF_6 是富集核燃料的重要化合物。含氟化合物的应用在 20 世纪有了显著的发展：聚四氟乙烯 [$\text{-}\!\!\left(CF_2\text{-}CF_2\right)\!\!\text{-}_n$] 是耐高温、抗腐蚀、高强度的“塑料之王”；氟化烃可做血液的临时代用品，以挽救病人的生命；含 C—F 键的全氟烃广泛用于炒锅、铲雪车的防粘涂层；在原子能工业中氟化石墨 [$(CF)_n$] 是一种性能优异的无机高聚物；与金属锂可制成高能量电池；用氟化物玻璃（主要成分为 ZrF_4、BaF_2、NaF）制成的光导纤维，可大大提高光纤通信质量。

氯是一种重要的工业原料，主要用于合成盐酸、聚氯乙烯、漂白粉、农药、有机氯化物、橡胶、塑料、染料等。

溴用作染料、感光材料；溴化钠、溴化钾在医药中用作镇静剂和安眠药；某些烷基溴化物（如二溴乙烷）可用于抗震汽油添加剂的制备。

碘化物是重要的化学试剂，碘和碘化钾的酒精溶液（俗称碘酒）在医药上用作消毒剂；碘仿（CHI_3）用作防腐剂；KIO_3 添加到食盐中配成的碘盐，用于防治甲状腺肿大；碘化银用于制造照相底片和人工降雨时造云的“晶种”。

11.2.3　卤化氢和氢卤酸

11.2.3.1　性质

卤化氢均为具有强烈刺激性的无色气体，在空气中易与水蒸气结合而形成白色酸雾。卤化氢是极性分子，极易溶于水，其水溶液称为氢卤酸。浓的氢卤酸打开瓶盖就“冒烟”。液态卤化氢不导电，这表明它们是共价型化合物而非离子型化合物。卤化氢的一些重要性质列于表 11.4 中。

表 11.4　卤化氢的某些性质

性质	HF	HCl	HBr	HI
熔点 /℃	−83.1	−114.8	−88.5	−50.8
沸点 /℃	19.54	−84.9	−67	−35.38
$\Delta_f H_m^\ominus$ /(kJ · mol^{-1})	−271.1	−92.307	−36.4	26.48
键能 /(kJ · mol^{-1})	568.6	431.8	365.7	298.7
$\Delta_{vap} H_m^\ominus$ /(kJ · mol^{-1})	30.31	16.12	17.62	19.77
分子偶极距 μ/(10^{-30}C · m)	6.40	3.61	2.65	1.27
表观解离度 (0.1mol · L^{-1}，18℃)/%	10	92.6	93.5	95
溶解度 /[g · (100g H_2O)$^{-1}$]	35.3	42	49	57

从表 11.4 中数据可以看出，卤化氢的性质依 HCl—HBr—HI 的顺序有规律地变化。唯 HF 在许多性质上表现出例外，如熔点、沸点和汽化焓偏高。HF 这些独特性质与其分子间存在着氢键、形成缔合分子有关。

从化学性质来看，氢卤酸也表现出规律的变化，同样氢氟酸也表现出一些特殊性。

(1) 氢卤酸的酸性　在氢卤酸中，氢氯酸（盐酸）、氢溴酸和氢碘酸均为强酸，并且酸性依次增强，只有氢氟酸为弱酸。实验表明，氢氟酸的解离度随浓度的增大而增加，浓度大于 5mol · L^{-1} 时，已变成强酸。这一反常现象其原因是生成了缔合离子 HF_2^-、$H_2F_3^-$ 等，促使 HF 进一步解离，故溶液酸性增强。

$$HF \rightleftharpoons H^+ + F^- \text{；} K^\ominus (HF)= 6.3\times10^{-4}$$

$$F^- + HF \rightleftharpoons HF_2^- \text{；} K^\ominus = 5.1$$

在生产上，用盐酸、氢溴酸、氢碘酸和碳酸盐作用制备某些卤化物时，其复分解反应十分顺利。而氢氟酸则往往需要加热、保温，协助赶走 CO_2，反应才能顺利进行。

(2) 还原性　HX 还原能力的递变顺序为：HI > HBr > HCl > HF。

事实上 HF 不能被一般氧化剂所氧化；HCl 较难被氧化，与一些强氧化剂如 F_2、MnO_2、$KMnO_4$、PbO_2 等反应才显还原性；Br^- 和 I^- 的还原性较强，空气中的氧气就可以将它们氧化为单质。溴化氢溶液在日光、空气作用下即可变为棕色；而碘化氢溶液即使在阴暗处，也会逐渐变为棕色。

(3) 热稳定性　卤化氢的热稳定性是指其受热是否易分解为单质：

$$2HX \xrightarrow{\triangle} H_2 + X_2$$

卤化氢的热稳定性依 HF 到 HI 顺序急剧下降。HI(g) 最易分解，加热到 200℃左右就明显分解，而 HF(g) 在 1000℃还能稳定地存在。

氢卤酸中以氢氟酸和盐酸有较大的实用意义。

常用的浓盐酸的质量分数为 37%，相对密度为 1.19，浓度为 $12mol \cdot L^{-1}$。盐酸是一种重要的工业原料和化学试剂，用于制造各种氯化物。在皮革工业、焊接、电镀、搪瓷和医药部门也有广泛应用。此外，也用于食品工业（合成酱油、味精等）。

氢氟酸（或 HF 气体）有强烈的腐蚀性和毒性。能和 SiO_2 反应生成气态 SiF_4：

$$SiO_2 + 4HF \longrightarrow SiF_4\uparrow + 2H_2O$$

利用这一反应，氢氟酸被广泛应用于分析化学中，用以测定矿物或钢样中 SiO_2 的含量，还用在玻璃器皿上刻蚀标记和花纹，毛玻璃和灯泡的“磨砂”也是用氢氟酸腐蚀的。通常氢氟酸储存在塑料容器里。氟化氢有氟源之称，利用它可制取单质氟和许多氟化物。氟化氢对皮肤会造成难以治疗的灼伤（对指甲也有强烈的腐蚀作用），使用时要戴橡胶手套，千万注意安全。

11.2.3.2 制备

卤化氢的制备一般可采用单质合成法、复分解法和非金属卤化物水解法等。实际应用时，根据 X^- 还原性和 X_2 氧化性的大小，具体选择不同的制备方法。

(1) 单质合成法 工业上合成盐酸是用氢气流在氯气中燃烧的方法，生成的氯化氢气体经冷却后用水吸收即成盐酸，反应式如下：

$$H_2 + Cl_2 \longrightarrow 2HCl$$

其他的卤化氢和氢卤酸不宜用直接合成法生产。因为氟气和氢气反应太激烈，并且氟的成本高，所以该法没有实用价值。溴和碘与氢气反应很不完全，产率低，并且反应速率缓慢，也无工业生产价值。

(2) 复分解法 制备氟化氢及少量氯化氢时，可用浓硫酸与相应的卤化物作用：

$$CaF_2 + 2H_2SO_4(浓) \xrightarrow{\triangle} Ca(HSO_4)_2 + 2HF\uparrow$$

$$NaCl + H_2SO_4(浓) \xrightarrow{\triangle} NaHSO_4 + HCl\uparrow$$

但溴化氢和碘化氢不能用浓 H_2SO_4 来制取，因为浓硫酸可将溴化氢和碘化氢部分氧化为单质：

$$H_2SO_4(浓) + 2HBr \xrightarrow{\triangle} Br_2 + SO_2\uparrow + 2H_2O$$

$$H_2SO_4(浓) + 8HI \xrightarrow{\triangle} 4I_2 + H_2S\uparrow + 4H_2O$$

磷酸为高沸点的非氧化性酸，理论上能代替硫酸反应制备溴化氢和碘化氢，但因 H_3PO_4 的成本高而较少使用。

(3) 非金属卤化物水解法 实验室中常用非金属卤化物水解的方法制备溴化氢和碘化氢。例如，将水滴入三溴化磷或三碘化磷表面即可产生溴化氢或碘化氢。实际使用时，并不需要先制成非金属卤化物，而是将溴逐滴加入磷与少量水的混合物中，或将水逐滴加入碘与磷的混合物中，这样，溴化氢或碘化氢即可不断产生：

$$3Br_2 + 2P + 6H_2O \longrightarrow 2H_3PO_3 + 6HBr\uparrow$$

$$3I_2 + 2P + 6H_2O \longrightarrow 2H_3PO_3 + 6HI\uparrow$$

此方法比较经济、方便。

11.2.4 卤化物

卤素与电负性比它小的元素所形成的化合物称为卤化物。卤化物可以分为金属卤化物和非金属卤化物，本节主要讨论金属卤化物。

11.2.4.1 键型

根据键型的不同，金属卤化物可以分为离子型卤化物和共价型卤化物。离子型卤化物具有高熔点、高沸点和低挥发性，熔融时能导电。共价型卤化物一般熔、沸点低，熔融时不导电，并具有挥发性。但是离子型卤化物与共价型卤化物之间并没有严格的界限，例如 $FeCl_3$ 是易挥发的共价型卤化物，但它在熔融时能导电。

卤化物化学键的类型与成键元素的电负性、原子或离子的半径以及金属离子的电荷数有关。一般来说，碱金属（Li 除外）、碱土金属（Be 除外）和镧系、锕系低价态卤化物，由于金属离子电荷数低，极化力弱，相互极化程度小，离子性强，大多属于离子型卤化物。其中电负性最大的氟与电负性最小、离子半径最大的铯化合形成的氟化铯（CsF），是最典型的离子型化合物。卤素与氧化数较高的金属所形成的卤化物，由于金属离子电荷数高，极化力强，相互极化程度大，大多属于共价型卤化物。总之，随着金属离子半径的减小、电荷数的增加以及卤素离子半径的增大，卤化物键型由离子型向共价型过渡的趋势增强。

11.2.4.2 溶解性

大多数卤化物易溶于水。氯、溴、碘的银盐（AgX）、铅盐（PbX_2）、亚汞盐（Hg_2X_2）、亚铜盐（CuX）是难溶的。氟化物的溶解度表现有些反常。例如 CaF_2 难溶，而其他 CaX_2 易溶；AgF 易溶，而其他 AgX 难溶。这是因为钙的卤化物基本上是离子型的，F^- 半径小，与 Ca^{2+} 吸引力强，CaF_2 的晶格能大，致使其难溶；而在 AgX 系列中，虽然 Ag^+ 的极化力和变形性都大，但 F^- 半径小难以被极化，故 AgF 基本上是离子型而易溶，在 AgX 中，从 Cl^- 到 I^-，变形性增大，与 Ag^+ 相互极化作用增加，键的共价性随之增加，故它们均难溶，且溶解度越来越小。

11.2.4.3 金属卤化物的制备

根据金属卤化物的水解性和挥发性，金属卤化物一般采用湿法和干法制备。

(1) 湿法 最常用的方法是用盐酸与活泼金属（如镁、铁、铝、锌等）反应，例如：

$$Zn + 2HCl \longrightarrow ZnCl_2 + H_2\uparrow$$

此法的后处理主要是除去原料中带入的铁。除铁方法是保持金属原料过量，或者加入适量该金属的氧化物。(为什么？)

对电极电势为正值的某些金属（如铜），只要在盐酸中加入适当的氧化剂，仍有可能制得相应氯化物。例如：

$$Cu + H_2O_2 + 2HCl \longrightarrow CuCl_2 + 2H_2O$$

此外，用盐酸与氧化物、氢氧化物、碳酸盐反应，亦可制得相应的金属氯化物。例如：

$$ZnO + 2HCl \longrightarrow ZnCl_2 + H_2O$$

$$LiOH + HCl \longrightarrow LiCl + H_2O$$

$$CaCO_3 + 2HCl \longrightarrow CaCl_2 + CO_2\uparrow + H_2O$$

但强烈水解的氯化物（如 $SnCl_4$、$SiCl_4$ 等）只能采用干法合成。

(2) 干法 由于绝大多数氯化物的 $\Delta_f G_m^{\ominus}$ 为负值，且代数值较小，因此，从理论上说，一般可用元素单质与氯气直接反应合成氯化物。但是，要使反应能继续下去，必须及时把产物从反应体系中分离出去。例如铝、铁与氯气反应的产物—— $AlCl_3$、$FeCl_3$ 均可升华，故可用干法。又如欲制备纯的 $SnCl_4$，可用熔态锡与氯气反应。考虑到 $SnCl_4$ 的沸点（114℃）比 $SnCl_2$ 的沸点（652℃）低，只要控制反应温度在 114～652℃，即可使 $SnCl_4(g)$ 从反应器顶部导出而与 $SnCl_2(l)$ 分离。

此外，许多金属氧化物氯化反应的 $\Delta_r G_m^{\ominus}$ 亦为负值，且代数值较小，因而易于把这些氧化物转变为氯化物，例如：

$$Na_2O(s) + Cl_2(g) \longrightarrow 2NaCl(s) + \frac{1}{2}O_2(g);\ \Delta_r G_m^\ominus = -392.7kJ \cdot mol^{-1}$$

但是不要以为 $\Delta_r G_m^\ominus$ 为正值的氯化反应就一定不能进行。例如：

$$\frac{1}{2}TiO_2(s) + Cl_2(g) \longrightarrow \frac{1}{2}TiCl_4(l) + \frac{1}{2}O_2(g);\ \Delta_r G_m^\ominus = 74.8kJ \cdot mol^{-1}$$

只要加入吸氧剂（例如碳，在加热情况下吸氧转变为 CO_2），反应仍有可能实现：

$$TiO_2(s) + C(s) + 2Cl_2(l) \longrightarrow TiCl_4(l) + CO_2(g);\ \Delta_r G_m^\ominus = -224kJ \cdot mol^{-1}$$

11.2.5 氯的含氧酸及其盐

11.2.5.1 概述

除氟外[1]，卤素均可形成正氧化数的含氧酸及其盐，表 11.5 列出了已知的卤素含氧酸。

表 11.5 卤素的含氧酸

氧化数	氯	溴	碘	名称
+1	HClO	HBrO	HIO	次卤酸
+3	$HClO_2$	$HBrO_2$	—	亚卤酸
+5	$HClO_3$	$HBrO_3$	HIO_3	卤酸
+7	$HClO_4$	$HBrO_4$	HIO_4、H_5IO_6	高卤酸

卤素含氧酸不稳定，大多只能存在于水溶液中而尚未得到游离的纯酸，如各种次卤酸、亚卤酸、卤酸中的氯酸和溴酸，以及高卤酸中的高溴酸等。

卤素电势图如下：

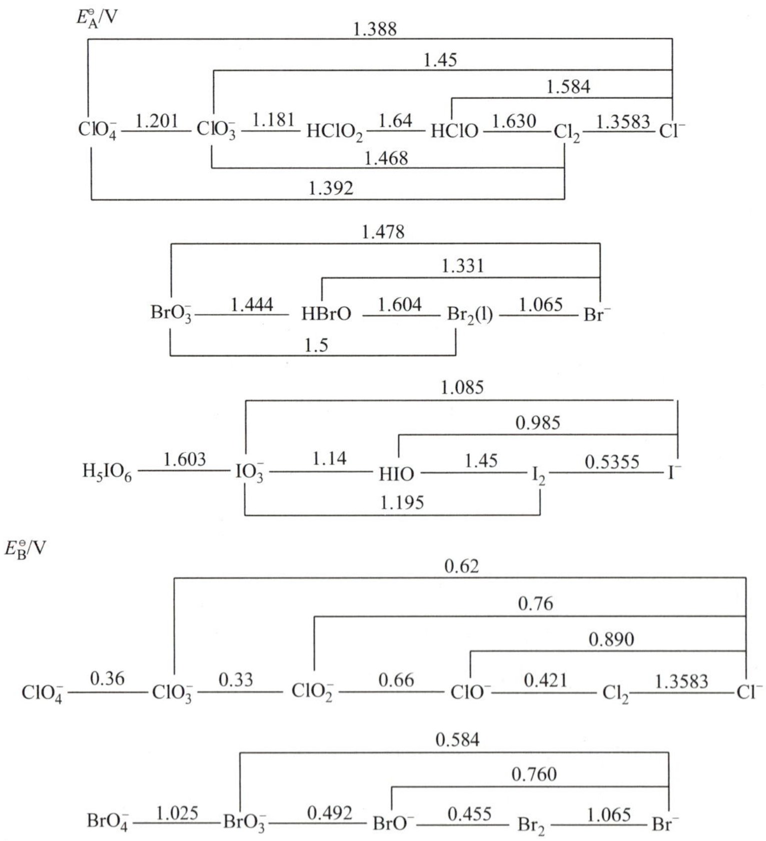

[1] 据报道，1971 年曾在 -40℃的反应条件下首次制得 HOF，但极不稳定。

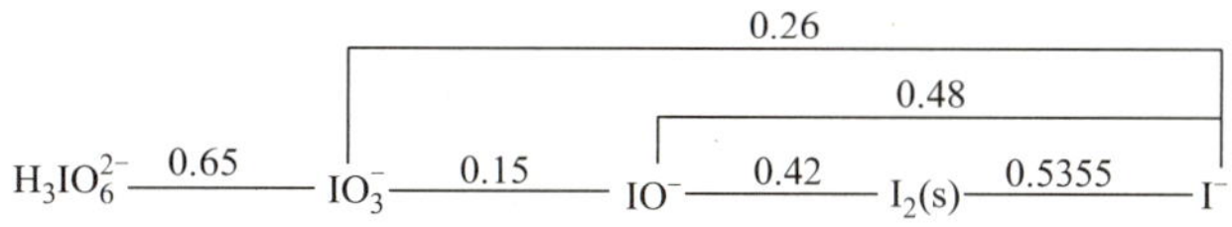

从卤素电势图可以看出：

① 在 $E_A^\ominus$ 图中，几乎所有电对的电极电势都有较大的正值，表明在酸性介质中，卤素单质及各种含氧酸均有较强的氧化性，它们做氧化剂时的还原产物一般为 X^-。

② 在 $E_B^\ominus$ 图中，除 X_2/X^- 电对的电极电势与 $E_A^\ominus$ 值相同外，（为什么？）其余电对的电极电势虽为正值，但均相应变小，表明在碱性介质中，卤素各种含氧酸盐的氧化性已大为降低，说明含氧酸的氧化性强于其盐。

③ 许多中间氧化数物质由于 $E^\ominus_{右} > E^\ominus_{左}$，因而存在着发生歧化反应的可能性。

11.2.5.2　次氯酸及其盐

氯气和水作用生成次氯酸：

$$Cl_2 + H_2O \rightleftharpoons HClO + HCl$$

上述反应为可逆反应，所得的次氯酸浓度很低，如果往氯水中加入能和 HCl 作用的物质（如 HgO、Ag_2O、$CaCO_3$ 等），则可使反应继续向右进行，从而得到浓度较大的次氯酸溶液。例如：

$$2Cl_2 + 2HgO + H_2O \longrightarrow HgO \cdot HgCl_2 + 2HClO$$

次氯酸是很弱的酸（$K_a^\ominus = 2.9\times10^{-8}$），比碳酸还弱，且很不稳定，只存在于稀溶液中，其分解方式有以下三种：

$$2HClO \xrightarrow{光} 2HCl + O_2\uparrow（分解）$$

$$3HClO \xrightarrow{\triangle} 2HCl + HClO_3（歧化）$$

$$2HClO \xrightarrow{脱水剂} Cl_2O + H_2O（脱水）$$

把氯气通入冷碱溶液，可生成次氯酸盐，反应如下：

$$Cl_2 + 2NaOH \longrightarrow NaClO + NaCl + H_2O$$

$$2Cl_2 + 3Ca(OH)_2 \xrightarrow{40℃以下} Ca(ClO)_2 + CaCl_2 \cdot Ca(OH)_2 \cdot H_2O + H_2O$$

漂白粉是次氯酸钙和碱式氯化钙的混合物，有效成分为其中的次氯酸钙 [$Ca(ClO)_2$]。次氯酸盐（或漂白粉）的漂白作用主要是基于次氯酸的氧化性。漂白粉中的 $Ca(ClO)_2$ 可以说只是潜在的强氧化剂，使用时必须加酸，使之转变成 HClO 后才能有强氧化性，发挥其漂白、消毒作用。例如，棉织物的漂白是先将其浸入漂白粉液，然后再用稀酸溶液处理。二氧化碳可从漂白粉中将弱酸 HClO 置换出来：

$$Ca(ClO)_2 + CaCl_2 \cdot Ca(OH)_2 \cdot H_2O + 2CO_2 \longrightarrow 2CaCO_3\downarrow + CaCl_2 + 2HClO + H_2O$$

所以浸泡过漂白粉的织物，在空气中晾晒也能产生漂白作用。

漂白粉对呼吸系统有损害；与易燃物混合易引起燃烧、爆炸。

11.2.5.3　氯酸及其盐

用氯酸钡与稀硫酸反应可制得氯酸溶液：

$$Ba(ClO_3)_2 + H_2SO_4 \longrightarrow BaSO_4\downarrow + 2HClO_3$$

氯酸仅存在于溶液中，若将其含量提高到 40% 即分解，含量再高，就会迅速分解并发生爆炸：

$$8HClO_3 \longrightarrow 4HClO_4 + 3O_2\uparrow + 2Cl_2\uparrow + 2H_2O$$

氯酸是强酸，其强度接近于盐酸；氯酸又是强氧化剂，如它能将碘氧化为碘酸：

$$2HClO_3 + I_2 \longrightarrow 2HIO_3 + Cl_2\uparrow$$

氯酸钾是最重要的氯酸盐，它是无色晶体或白色粉末，在催化剂存在时，200℃下 $KClO_3$ 即可分解为氯化钾和氧气：

$$2KClO_3 \xrightarrow{MnO_2} 2KCl + 3O_2\uparrow$$

在 400℃左右，如果没有催化剂，主要分解成高氯酸钾和氯化钾：

$$4KClO_3 \longrightarrow 3KClO_4 + KCl$$

固体 $KClO_3$ 是强氧化剂，与硫、磷、碳等还原性物质及有机物、可燃物混合后，经摩擦或撞击就会发生燃烧和爆炸，因此可用来制造炸药、火柴及烟火等。

氯酸盐通常在酸性溶液中显氧化性。例如，$KClO_3$ 在中性溶液中不能氧化 KI，但酸化后，即可将 I^- 氧化成 I_2：

$$ClO_3^- + 6I^- + 6H^+ \longrightarrow 3I_2 + Cl^- + 3H_2O$$

氯酸钾有毒，能使血红蛋白变为变性血红蛋白，并使血红细胞分解，误食会引起急性中毒甚至死亡。

工业上制备氯酸钾采用新型金属阳极电解槽电解饱和食盐水溶液的方法。先制得 $NaClO_3$，然后再与 KCl 反应，得到 $KClO_3$，降温至 35℃以下 $KClO_3$ 溶解度变小，即可从 NaCl 中分离出来：

$$NaCl + 3H_2O \xrightarrow{电解} NaClO_3 + 3H_2\uparrow$$

$$NaClO_3 + KCl \xrightarrow{冷却} KClO_3 + NaCl$$

11.2.5.4 高氯酸及其盐

用浓硫酸与高氯酸钾作用，可制得高氯酸：

$$KClO_4 + H_2SO_4 \longrightarrow HClO_4 + KHSO_4$$

然后用减压蒸馏方法，把 $HClO_4$ 从反应混合物中分离出来。

工业上采用电解法氧化氯酸盐以制备高氯酸。在阳极区生成高氯酸盐，酸化后，再蒸发浓缩可得市售的 $HClO_4$(60%):

$$\underset{}{NaClO_3 + H_2O} \xrightarrow{电解} \underset{(阳极)}{NaClO_4} + \underset{(阴极)}{H_2}\uparrow$$

$$NaClO_4 + HCl \longrightarrow HClO_4 + NaCl$$

无水高氯酸是无色、微发烟液体，冷的稀溶液比较稳定，浓高氯酸不稳定，受热分解：

$$4HClO_4 \xrightarrow{\triangle} 2Cl_2\uparrow + 7O_2\uparrow + 2H_2O$$

浓 $HClO_4$（$>60\%$）与易燃物相遇会发生猛烈爆炸，但冷的稀酸没有明显的氧化性。$HClO_4$ 是最强的无机酸。

高氯酸盐则比较稳定，$KClO_4$ 的热分解温度高于 $KClO_3$。高氯酸盐一般是可溶的，但 K^+、Rb^+、Cs^+、NH_4^+ 的高氯酸盐溶解度却很小。有些高氯酸盐有较显著的水合作用，例如无水高氯酸镁 [$Mg(ClO_4)_2$] 可作高效干燥剂。

现将氯的含氧酸及其盐的氧化性、热稳定性和酸性变化的一般规律总结如下：

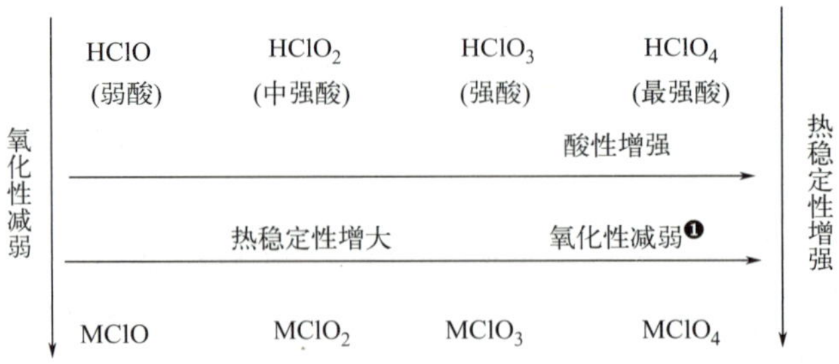

❶ 其中 $HClO_2$ 表现不规律。

11.3 氧族元素

11.3.1 氧族元素概述

周期表ⅥA族包括氧(O)、硫(S)、硒(Se)、碲(Te)、钋(Po)、𫟷(Lv)六种元素，统称为氧族元素。

在自然界中氧和硫能以单质存在。由于很多金属在地壳中以氧化物和硫化物的形式存在，故这两种元素常称为成矿元素。硒和碲为分散稀有元素，常伴生于重金属的硫化物矿中，在自然界中不存在碲单质。硒和碲都是半导体材料。钋是一种放射性元素；𫟷是一种人工合成元素。它们的一些基本性质列于表11.6中。

表11.6　氧族元素的性质

项目	氧(O)	硫(S)	硒(Se)	碲(Te)	钋(Po)
原子序数	8	16	34	52	84
价层电子构型	$2s^22p^4$	$3s^23p^4$	$4s^24p^4$	$5s^25p^4$	$6s^26p^4$
主要氧化数	−1、−2、0	−2、0、+4、+6	−2、0、+2、+4、+6	−2、0、+2、+4、+6	—
原子半径/pm	66	104	117	137	153
离子半径 $r(M^{2+})$/pm	140	184	198	221	230
$r(M^{6+})$/pm	—	29	42	56	67
第一电离能 $I_1/(kJ\cdot mol^{-1})$	1314	1000	941	869	812
电子亲和能 $E_{A1}/(kJ\cdot mol^{-1})$	−141	−200.4	−195	−190.2	−173.7
电负性(χ_P)	3.5	2.5	2.4	2.1	2.0

从表11.6可以看出，氧族元素从上往下原子半径和离子半径逐渐增大，电离能和电负性逐渐变小。因而随着原子序数的增加，元素的金属性逐渐增强，而非金属性逐渐减弱。氧和硫是典型的非金属元素，硒和碲是准金属元素，而钋是金属元素。

氧族元素的价层电子构型为ns^2np^4，其原子有获得两个电子达到稀有气体的稳定电子层结构的趋势，表现出较强的非金属性。它们在化合物中的常见氧化数为−2。由于氧在ⅥA族中的电负性最大（仅次于氟），因而可以和大多数金属元素形成二元离子型化合物。硫、硒、碲与大多数金属元素化合时主要形成共价化合物。氧族元素与非金属元素或金属性较弱的元素化合时皆形成共价化合物。硫、硒、碲的原子外层存在着可利用的d轨道，它们有可能形成氧化数为+2、+4、+6的化合物。氧除了与氟化合时显正氧化数外，其氧化数一般表现为−2，在过氧化物中为−1。

11.3.2 氧和臭氧

11.3.2.1 氧

氧单质有两种同素异形体，即O_2和O_3（臭氧）。在30亿年前空气中的氧气很少，它是随着绿色植物的诞生、生长而逐渐增多的。

氧是无色、无味、无臭的气体，在−183℃凝结为淡蓝色液体，常以15MPa压力把氧气装入钢瓶内储存。氧气在水中的溶解度虽然很小（49.1mol·L^{-1}），但其是水中各种生物赖以生存的重要条件。

氧分子的解离能较大：

$$O_2 \longrightarrow 2O; \quad D^{\ominus}(O_2) = 498.34kJ \cdot mol^{-1}$$

所以在常温下，氧的反应性能较差，仅能氧化一些还原性强的物质如 NO、$SnCl_2$、H_2SO_3、KI 等。在加热条件下，除卤素、少数贵金属（Au、Pt 等）以及稀有气体外，氧气几乎可与所有的元素直接化合成相应的氧化物。

液态氧的化学活性相当高，可与许多金属、非金属反应，特别是与有机物接触时，易发生爆炸性反应。因此储存、运输和使用液氧时须格外小心。

氧有广泛的用途，富氧空气或纯氧用于医疗和高空飞行。大量的纯氧用于炼钢。氢氧焰和氧炔焰用来切割和焊接金属。液氧常用作制冷剂和火箭发动机的助燃剂。

11.3.2.2 臭氧

(1) 臭氧层的作用 氧分子通过电子流、质子流或短波辐射的作用以及在原子氧的产生过程（如 H_2O_2 的分解）中都可能有臭氧生成，如高空中 O_2 受阳光中的紫外线照射会形成 O_3：

$$O_2 \xrightarrow{h\nu} 2O$$

$$O_2 + O \longrightarrow O_3$$

雷雨季节，空气中的氧气经电火花的作用，也可产生少量臭氧，臭氧也可以通过无声放电来制取。

在离地面 20～40km 的高空处，存在较多的臭氧，形成薄薄的臭氧层。它能吸收太阳光的紫外辐射，为保护地面上一切生物免受太阳强烈辐射提供了一个防御屏障——臭氧保护层。

(2) 臭氧的分子结构 组成臭氧分子的 3 个氧原子呈 V 形排列，如图 11.1 所示。

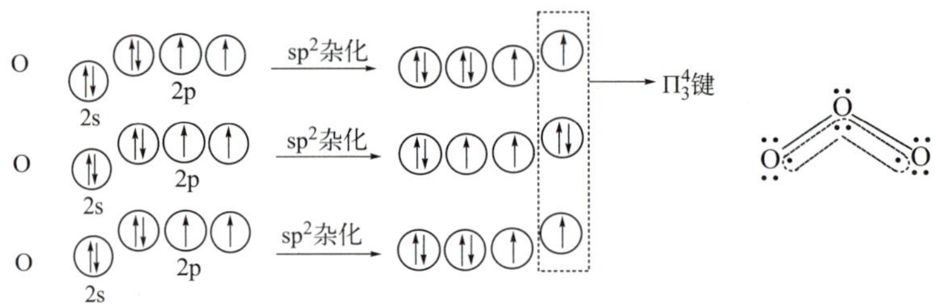

图 11.1 O_3 的分子结构

这 3 个氧原子均采取 sp^2 杂化，中心氧原子的 1 个 sp^2 杂化轨道为孤电子对所占，另外 2 个未成对电子则分别与两旁氧原子的 sp^2 杂化轨道上未成对电子形成 2 个 $(sp^2\text{–}sp^2)\sigma$ 键。中心氧原子未参与杂化的 p 轨道上有一对电子，两旁的氧原子未参与杂化的 p 轨道上各有 1 个电子，这些未参与杂化的 p 轨道互相平行，彼此重叠形成了垂直于分子平面的三中心四电子大 π 键，以 Π_3^4 表示。这种大 π 键是不定域（或离域）π 键，成键电子不固定在 2 个原子之间。

臭氧分子中无单电子，故为反磁性物质。

(3) 大 π 键形成条件 凡由 3 个或 3 个以上原子形成的 π 键称为大 π 键。在 3 个或 3 个以上用 σ 键联结起来的原子之间，要形成大 π 键，必须满足下列三个条件：

① 这些原子都在同一平面上；

② 每一原子有一互相平行的 p 轨道；

③ p 轨道数目的两倍大于 p 电子数。

大 π 键用符号 Π_a^b 来表示。其中 a 为组成大 π 键的原子数，b 为组成大 π 键的电子数。

(4) 臭氧的性质和用途 臭氧是蓝色气体，有特殊的鱼腥臭味。臭氧在 −112℃凝结为深蓝色液体，在 −192.7℃凝固成黑紫色固体。臭氧比氧气易溶于水，在常温下缓慢分解，200℃以上分解较快。臭氧分解时放热：

$$2O_3 \longrightarrow 3O_2; \; \Delta_r H_m^{\ominus} = -286kJ \cdot mol^{-1}$$

纯臭氧易爆炸。

O_3 的氧化性比 O_2 强 [$E_A^{\ominus}(O_3/O_2) = 2.03V$]，能氧化许多不活泼单质如 Hg、Ag、S 等。可从碘化钾溶液中使单质碘快速且定量析出，此反应常用来鉴定 O_3 和测定 O_3 的含量：

$$O_3 + 2I^- + 2H^+ \longrightarrow I_2 + O_2\uparrow + H_2O$$

基于强氧化性和不易导致二次污染的优点，臭氧被用作无污染消毒灭菌剂。臭氧还可用作棉、麻、纸张的漂白剂和皮毛的脱臭剂。空气中微量的臭氧不仅能杀菌，还能刺激中枢神经、加速血液循环。但地表空气中臭氧含量超过 $1mg \cdot m^{-3}$ 时就可能损害人体健康和影响植物生长。

11.3.3　过氧化氢

11.3.3.1　过氧化氢的分子结构

过氧化氢分子中有一过氧基（—O—O—），每个氧原子各连着一个氢原子。两个氢原子和氧原子不在同一平面上。在气态时，H_2O_2 的空间结构如图 11.2 所示，两个氢原子像在半展开书本的两页纸上，两面的夹角为 111.5°，氧原子在书的夹缝上，键角∠OOH 为 94.8°，O—O 和 O—H 的键长分别为 147.5pm 和 95pm。

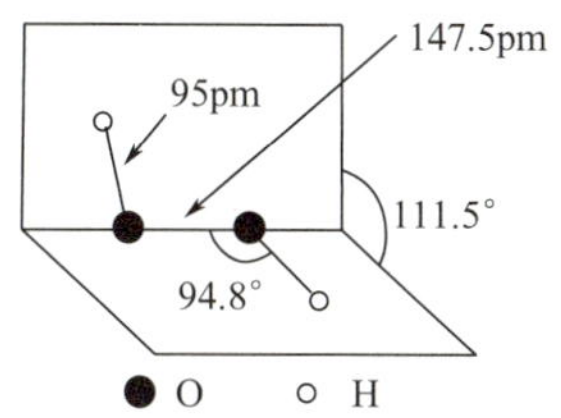

图 11.2　H_2O_2 分子的空间结构示意图

11.3.3.2　过氧化氢的性质

纯过氧化氢是近乎无色的黏稠液体，分子间有氢键，由于极性比水强，在固态和液态时分子缔合程度比水大，所以沸点（150℃）远比水高。过氧化氢与水可以任何比例互溶，通常所用的双氧水为过氧化氢的水溶液。商品质量分数有 30% 和 3% 两种。

过氧化氢的化学性质主要表现为对热不稳定性、强氧化性、弱还原性和极弱的酸性。

(1) 不稳定性　由于过氧基—O—O—内过氧键的键能较小，因此过氧化氢分子不稳定，易分解：

$$2H_2O_2(l) \longrightarrow 2H_2O(l) + O_2(g) \qquad \Delta_r H_m^{\ominus} = -196.06kJ \cdot mol^{-1}$$

纯过氧化氢在避光和低温下较稳定，常温下缓慢分解，153℃时发生爆炸式分解。过氧化氢在碱性介质中分解较快。微量杂质、重金属离子（Fe^{3+}、Mn^{2+}、Cr^{3+}、Cu^{2+}）、MnO_2 等以及粗糙活性表面均能加速过氧化氢的分解。为防止过氧化氢分解，通常将其储存在光滑塑料瓶或棕色玻璃瓶中并置于阴凉处，若能再放入一些稳定剂，如微量的锡酸钠、焦磷酸钠和 8- 羟基喹啉等，则效果更好。

(2) 弱酸性　H_2O_2 具有极弱的酸性：

$$H_2O_2 \rightleftharpoons H^+ + HO_2^-;\ K_{a(1)}^{\ominus} = 2.3\times10^{-12}$$

H_2O_2 的 $K_{a(2)}^{\ominus}$ 约为 10^{-25}。

H_2O_2 可与碱反应，例如：

$$H_2O_2 + Ba(OH)_2 \longrightarrow \underset{\text{(过氧化钡)}}{BaO_2} + 2H_2O$$

因此 BaO_2 可视为 H_2O_2 的盐。

(3) 氧化还原性　过氧化氢中氧的氧化数为 −1（处于中间氧化数），因此 H_2O_2 既有氧化性又有还原性。H_2O_2 在酸性和碱性介质中的标准电极电势如下：

酸性介质：

$$H_2O_2 + 2H^+ + 2e^- \rightleftharpoons 2H_2O \quad E_A^{\ominus} = 1.763V$$

$$O_2 + 2H^+ + 2e^- \rightleftharpoons H_2O_2 \quad E_A^{\ominus} = 0.695V$$

碱性介质：

$$HO_2^- + H_2O + 2e^- \rightleftharpoons 3OH^- \quad E_B^{\ominus} = 0.867V$$

$$O_2 + H_2O + 2e^- \rightleftharpoons HO_2^- + OH^- \quad E_B^{\ominus} = -0.076V$$

从电极电势数值可以看出，无论在酸性介质还是碱性介质中过氧化氢均有氧化性，尤其在酸性介质中氧化性更为突出。例如，在酸性溶液中可以将 I^- 氧化为单质 I_2：

$$H_2O_2 + 2I^- + 2H^+ \longrightarrow I_2 + 2H_2O$$

过氧化氢可将黑色的 PbS 氧化为白色的 $PbSO_4$：

$$PbS + 4H_2O_2 \longrightarrow PbSO_4 + 4H_2O$$

油画漂白

这一反应可用于油画的漂白。在碱性介质中过氧化氢可以把 $[Cr(OH)_4]^-$ 氧化为 CrO_4^{2-}：

$$2[Cr(OH)_4]^- + 3H_2O_2 + 2OH^- \longrightarrow 2CrO_4^{2-} + 8H_2O$$

过氧化氢的还原性

过氧化氢还原性较弱，只有遇到强的氧化剂时才表现出还原性。例如：

$$2MnO_4^- + 5H_2O_2 + 6H^+ \longrightarrow 2Mn^{2+} + 5O_2\uparrow + 8H_2O$$

$$Cl_2 + H_2O_2 \longrightarrow 2HCl + O_2\uparrow$$

前一反应用来测定过氧化氢的含量，后一反应在工业上常用于除氯。

一般来说，过氧化氢的氧化性比还原性要显著得多，因此，它主要用作氧化剂。过氧化氢作为氧化剂的主要优点是它的还原产物是水，不会给反应体系引入新的杂质，而且过量部分很容易在加热下分解成 H_2O 及 O_2，O_2 可从体系中逸出也不会增加新的物种。

11.3.3.3 过氧化氢的制备和用途

实验室中可用冷的稀硫酸或稀盐酸与过氧化钠反应制备过氧化氢：

$$Na_2O_2 + H_2SO_4 + 10H_2O \xrightarrow{\text{低温}} Na_2SO_4 \cdot 10H_2O + H_2O_2$$

工业上制备过氧化氢目前主要有两种方法：电解法和蒽醌法。

电解法：首先电解硫酸氢铵饱和溶液制得过二硫酸铵：

$$2NH_4HSO_4 \xrightarrow{\text{电解}} \underset{(\text{阳极})}{(NH_4)_2S_2O_8} + \underset{(\text{阴极})}{H_2\uparrow}$$

然后加入适量硫酸在减压下进行水解、蒸馏、浓缩分离、除去酸雾，再经精馏，制得到过氧化氢：

$$(NH_4)_2S_2O_8 + 2H_2O \xrightarrow{H_2SO_4} 2NH_4HSO_4 + H_2O_2$$

生成的硫酸氢铵可循环使用。

蒽醌法：以 H_2 和 O_2 作原料，在有机溶剂（重芳烃和氢化萜松醇）中借助 2- 乙基蒽醌和钯（Pd）的作用制得过氧化氢，其反应可分为两步：

$$\underset{(\text{2-乙基蒽醌})}{C_{16}H_{12}O_2} + H_2 \xrightarrow{\text{Pd催化}} \underset{(\text{2-乙基蒽醇})}{C_{16}H_{12}(OH)_2}$$

$$C_{16}H_{12}(OH)_2 + O_2 \longrightarrow C_{16}H_{12}O_2 + H_2O_2$$

其中 2- 乙基蒽醌循环使用，总反应如下：

$$H_2 + O_2 \xrightarrow[\text{Pd催化}]{\text{2-乙基蒽醌}} H_2O_2$$

与电解法相比，蒽醌法能耗低，2- 乙基蒽醌能重复使用，合成过程只消耗氢气和氧气，而所使用的氧气可取之于空气，是典型的绿色化学工艺，所以此法用者众多。不过，对于电价低廉地区，亦不排斥电解法。

过氧化氢的用途主要是基于它的氧化性，3%（稀）和 30% 的过氧化氢溶液是实验室常用的氧化剂。目前生产的 H_2O_2 约有半数以上用作漂白剂，用来漂白纸浆、织物、油画、油脂、象牙以及合成物等。化工生产上过氧化氢用于制取过氧化物（如过硼酸钠、过氧乙酸等）、环氧化合物、氢醌及药物（如头孢菌素），也用于有毒废水的处理，食品行业中作氧化剂、淀粉变性剂、防腐剂、纸塑和罐装机的杀菌等。

11.3.4 硫化氢、硫化物和多硫化物

11.3.4.1 硫化氢和氢硫酸

硫蒸气能和氢直接化合生成硫化氢。实验室中常用硫化亚铁与稀盐酸作用来制备硫化氢气体：

$$FeS + 2H^+ \longrightarrow Fe^{2+} + H_2S\uparrow$$

硫化氢是无色有腐蛋臭味的有毒气体，有麻醉中枢神经作用，吸入 H_2S 过量会因中毒而造成昏迷甚至死亡。H_2S 在空气中的最大允许含量为 $0.01mg \cdot L^{-1}$。

由于 H_2S 有毒，存放和使用不方便，所以分析化学中常以硫代乙酰胺（CH_3CSNH_2）作代用品。这是由于硫代乙酰胺缓慢水解：

$$CH_3CSNH_2 + 2H_2O \longrightarrow CH_3COO^- + NH_4^+ + H_2S\uparrow$$

产生的 H_2S 在溶液中可即时反应，减少对空气的污染。

H_2S 是极性分子，但极性比水弱。由于分子间形成氢键的倾向很小，因此熔点（−86℃）、沸点（−60℃）比水低得多。

完全干燥的 H_2S 稳定，不与空气中氧作用。H_2S 在空气中燃烧，生成二氧化硫和水；若空气供应不足，则生成硫和水：

$$2H_2S + 3O_2 \longrightarrow 2SO_2\uparrow + 2H_2O$$

$$2H_2S + O_2 \longrightarrow 2S\downarrow + 2H_2O$$

硫化氢气体能溶于水，在 20℃时，一体积水能溶解 2.6 体积的硫化氢。硫化氢饱和溶液的浓度约为 $0.1mol \cdot L^{-1}$，其溶液叫硫化氢水或氢硫酸。氢硫酸是很弱的二元酸，在水溶液中有如下解离作用：

$$H_2S \rightleftharpoons H^+ + HS^-;\ K^{\ominus}_{a(1)} = 1.1\times10^{-7}$$

$$HS^- \rightleftharpoons H^+ + S^{2-};\ K^{\ominus}_{a(2)} = 1.3\times10^{-13}$$

硫化氢中硫原子处于低氧化数（−2）状态，因此硫化氢具有还原性。由标准电极电势数据可以看出，无论是酸性介质还是碱性介质中，S^{2-} 均具有还原性，且在碱性介质中还原性稍强：

酸性介质： $S + 2H^+ + 2e^- \rightleftharpoons H_2S$； $E^{\ominus}_A = 0.144V$

碱性介质： $S + 2e^- \rightleftharpoons S^{2-}$； $E^{\ominus}_B = -0.407V$

S^{2-} 一般被氧化为 S。

当硫化氢溶液在空气中放置时，容易被空气中氧所氧化而析出单质硫，使溶液变浑浊。

在酸性介质中，I_2、Fe^{3+} 等可将 H_2S 氧化为 S，例如：

$$H_2S + 2FeCl_3 \longrightarrow S\downarrow + 2FeCl_2 + 2HCl$$

硫化氢的还原性

但遇强氧化剂时，可被氧化为 H_2SO_4，例如：

$$H_2S + 4Cl_2 + 4H_2O \longrightarrow H_2SO_4 + 8HCl$$

11.3.4.2 硫化物

氢硫酸可形成正盐和酸式盐，酸式盐均易溶于水，而正盐中除碱金属、NH_4^+ 的硫化物和 BaS 易溶于水，碱土金属硫化物微溶于水（BeS 难溶），其他金属硫化物大多难溶于水，并具有特征的颜色。

大多数金属硫化物难溶主要是因为 S^{2-} 的半径比较大，导致变形性较大，在与重金属离子结合时，离子相互极化作用，使这些金属硫化物中的 M—S 键显共价性，造成此类硫化物难溶于水。显然，金属离子的极化作用越强，其硫化物溶解度越小。根据硫化物在酸中的溶解情况，将其分为四类。见表 11.7。

金属硫化物

表 11.7　硫化物的分类

溶于稀盐酸（0.3mol·L^{-1}HCl）		难溶于稀盐酸				
		溶于浓盐酸		难溶于浓盐酸		
				溶于浓硝酸		仅溶于王水
MnS（肉色）	CoS（黑色）	SnS（褐色）	Sb_2S_3（橙色）	CuS（黑色）	As_2S_3（浅黄）	HgS（黑色）
ZnS（白色）	NiS（黑色）	SnS_2（黄色）	Sb_2S_5（橙色）	Cu_2S（黑色）	As_2S_5（浅黄）	Hg_2S（黑色）
FeS（黑色）		PbS（黑色）	CdS（黄色）	Ag_2S（黑色）		
		Bi_2S_3（暗棕）				

现以 MS 型硫化物为例，结合上述分类情况进行讨论。

（1）难溶于水，但溶于稀盐酸的硫化物　此类硫化物的 $K_{sp}^{\ominus} > 10^{-24}$，与稀盐酸反应即可有效地降低 S^{2-} 浓度而使之溶解。例如：

$$ZnS + 2H^+ \longrightarrow Zn^{2+} + H_2S \uparrow$$

（2）难溶于水和稀盐酸，但溶于浓盐酸的硫化物　此类硫化物的 $K_{sp}^{\ominus}$ 为 $10^{-30} \sim 10^{-25}$，与浓盐酸作用除产生 H_2S 气体外，还生成配合物，降低了金属离子的浓度。例如：

$$PbS + 4HCl \longrightarrow H_2[PbCl_4] + H_2S \uparrow$$

（3）难溶于水和盐酸，但溶于浓硝酸的硫化物　此类硫化物的 $K_{sp}^{\ominus} < 10^{-30}$，与浓硝酸可发生氧化还原反应，溶液中的 S^{2-} 被氧化为 S，S^{2-} 浓度大为降低而导致硫化物的溶解。例如：

$$3CuS + 8HNO_3 \longrightarrow 3Cu(NO_3)_2 + 3S \downarrow + 2NO \uparrow + 4H_2O$$

（4）仅溶于王水的硫化物　对于 $K_{sp}^{\ominus}$ 更小的硫化物如 HgS，必须用王水才能溶解。因为王水不仅能使 S^{2-} 氧化，还能使 Hg^{2+} 与 Cl^- 结合，从而使硫化物溶解。反应如下：

$$3HgS + 2HNO_3 + 12HCl \longrightarrow 3H_2[HgCl_4] + 3S \downarrow + 2NO \uparrow + 4H_2O$$

由于氢硫酸是弱酸，故硫化物都有不同程度的水解性。碱金属硫化物，例如 Na_2S 溶于水，因水解而使溶液显碱性。工业上常用价廉的 Na_2S 代替 NaOH 作为碱使用，所以硫化钠俗称“硫化碱”。其水解反应式如下：

$$S^{2-} + H_2O \rightleftharpoons HS^- + OH^-$$

碱土金属硫化物遇水也会水解，例如：

$$2CaS + 2H_2O \rightleftharpoons Ca(HS)_2 + Ca(OH)_2$$

某些氧化数较高金属的硫化物，如 Al_2S_3、Cr_2S_3 等遇水发生完全水解：

$$Al_2S_3 + 6H_2O \longrightarrow 2Al(OH)_3 \downarrow + 3H_2S \uparrow$$

$$Cr_2S_3 + 6H_2O \longrightarrow 2Cr(OH)_3 \downarrow + 3H_2S \uparrow$$

因此这些金属硫化物在水溶液中是不存在的。制备这些硫化物必须用干法，如用金属铝粉与硫粉直接化合生成 Al_2S_3。

可溶性硫化物可用作还原剂，制造硫化染料、脱毛剂、农药和鞣革，也用于制荧光粉。

11.3.4.3　多硫化物

在可溶硫化物的浓溶液中加入硫粉时，硫溶解生成相应的多硫化物，例如：

$$Na_2S + (x-1)S \longrightarrow Na_2S_x\ (x = 2 \sim 6)$$

其中，S_x^{2-} 叫多硫离子。随着硫原子数 (x) 的增加，其颜色从黄色经橙黄而变为红色。实验室配制的 $(NH_4)_2S$ 溶液，久置时颜色会由无色变为黄色、橙色甚至红色，就是由于 $(NH_4)_2S$ 易被空气氧化，产物 S 溶于 $(NH_4)_2S$ 生成 $(NH_4)_2S_x$（多硫化铵）。反应如下：

$$2(NH_4)_2S + O_2 + 2H_2O \longrightarrow 2S\downarrow + 4NH_3 \cdot H_2O$$

$$(NH_4)_2S + (x-1)S \longrightarrow (NH_4)_2S_x$$

故使用 $(NH_4)_2S$ 溶液应现用现配。

多硫化氢 (H_2S_x) 为黄色液体，将酸作用于多硫化钠（如 Na_2S_2）即可生成不稳定的 H_2S_2。H_2S_2 与 H_2O_2 分子的形状相似，其盐 BaS_2 也与 BaO_2 相似。自然界中的黄铁矿 (FeS_2) 即为铁的多硫化物。

多硫化物与过氧化物相似，都具有氧化性和还原性。例如：

氧化性：　$SnS + S_2^{2-} \longrightarrow SnS_3^{2-}$（硫代锡酸根）

还原性：　$4FeS_2 + 11O_2 \longrightarrow 2Fe_2O_3 + 8SO_2\uparrow$

多硫化物在酸性溶液中很不稳定，易歧化分解为硫化氢和单质硫：

$$S_2^{2-} + 2H^+ \longrightarrow H_2S_2 \longrightarrow S\downarrow + H_2S\uparrow$$

多硫化物在分析化学中是常用的试剂，在制革工业中用于生皮的脱毛，农业上用作杀虫剂。

11.3.5　硫的氧化物、含氧酸及其盐

11.3.5.1　硫的氧化物

硫的氧化物主要有两种，即二氧化硫和三氧化硫。

SO_2 为无色具有强烈刺激性气味的气体，易液化。液态 SO_2 是一种良好的无机非水溶剂，可生成 $SnBr_4 \cdot SO_2$、$2TiCl_4 \cdot SO_2$ 等溶剂化物。

在 SO_2 中，S 的氧化数为 +4，所以 SO_2 既有氧化性又有还原性，但还原性较为显著，例如用接触法制硫酸时，SO_2 就为空气所氧化。SO_2 只有在强还原剂作用下才表现出氧化性，例如 500℃时，SO_2 在铝矾土的催化作用下可被 CO 还原：

$$SO_2 + 2CO \longrightarrow 2CO_2 + S\downarrow$$

从焦炉气中回收单质硫就是利用这一反应。

有些有机物能与 SO_2 或 H_2SO_3 发生加成反应，生成一种无色的加成物而使有机物褪色，故 SO_2 具有漂白作用。

熔点下的 SO_3 是易挥发的无色固体，它是强氧化剂，可以使单质磷燃烧；将碘化物氧化为单质碘：

$$10SO_3 + P_4 \longrightarrow 10SO_2 + P_4O_{10}$$

$$SO_3 + 2KI \longrightarrow K_2SO_3 + I_2$$

SO_3 在工业上主要用来生产硫酸。

11.3.5.2　硫的含氧酸及其盐

根据硫含氧酸的结构[1]类似性可将其分为四个系列：亚硫酸系列、硫酸系列、连硫酸系列、过硫酸系列。见表 11.8。

---

[1] 根据无机含氧酸的组成及结构的不同可分为“焦”“代”“连”“过”酸等类型。

“焦酸”是指两个含氧酸分子失去一分子水所得的产物，如焦硫酸是指两个硫酸分子脱去一分子水的产物。“代酸”是指氧原子被其他原子取代的含氧酸，如硫代硫酸就是硫酸中的一个氧原子被硫原子取代。“连酸”是指中心原子相互连在一起的含氧酸，如连多硫酸就属此类。“过酸”是指含有过氧基的含氧酸。

表 11.8 硫的若干含氧酸

分类	名称	化学式	硫的平均氧化数	结构式	存在形式
亚硫酸系列	亚硫酸	H_2SO_3	+4	$HO-S(=O)-OH$	盐
	连二亚硫酸	$H_2S_2O_4$	+3	$HO-S(=O)-S(=O)-OH$	盐
硫酸系列	硫酸	H_2SO_4	+6	$HO-S(=O)_2-OH$	酸，盐
	硫代硫酸	$H_2S_2O_3$	+2	$HO-S(=O)(=S)-OH$	盐
	焦硫酸	$H_2S_2O_7$	+6	$HO-S(=O)_2-O-S(=O)_2-OH$	酸，盐
连硫酸系列	连四硫酸	$H_2S_4O_6$	+2.5	$HO-S(=O)_2-S-S-S(=O)_2-OH$	盐
	连多硫酸	$H_2S_xO_6$（$x=3\sim6$）		$HO-S(=O)_2-(S)_{x-2}-S(=O)_2-OH$	盐
过硫酸系列	过一硫酸	H_2SO_5	+6	$HO-S(=O)_2-O-O-H$	酸，盐
	过二硫酸	$H_2S_2O_8$	+6	$HO-S(=O)_2-O-O-S(=O)_2-OH$	酸，盐

（1）亚硫酸及其盐 SO_2 溶于水生成很不稳定的亚硫酸。亚硫酸只存在于水溶液中，游离状态的亚硫酸尚未制得。SO_2 溶于水的反应为：

$$SO_2 + H_2O \rightleftharpoons H_2SO_3$$

有人认为 SO_2 在水溶液中基本上是以 $SO_2 \cdot H_2O$ 形式存在。

亚硫酸为中强酸，在溶液中分步解离：

$$H_2SO_3 \rightleftharpoons H^+ + HSO_3^- \quad K^{\ominus}_{a(1)} = 1.3\times10^{-2}$$

$$HSO_3^- \rightleftharpoons H^+ + SO_3^{2-} \quad K^{\ominus}_{a(2)} = 6.2\times10^{-8}$$

当酸与亚硫酸盐作用时，平衡向左移动，产生 SO_2，这是实验室制取 SO_2 的方法，也是鉴定 SO_3^{2-} 的方法。

亚硫酸根的鉴定

亚硫酸可形成正盐和酸式盐。绝大多数的正盐（K^+、Na^+、NH_4^+ 除外）都难溶于水，酸式盐都溶于水。在含有难溶性钙盐的溶液中通入 SO_2，可使其转变为可溶性的酸式盐：

$$CaSO_3 + SO_2 + H_2O \longrightarrow Ca(HSO_3)_2$$

亚硫酸及其盐中硫的氧化数为 +4，既有氧化性又有还原性，从它们的电势图可以看出：

$E^{\ominus}_A/V$

$$S_2O_8^{2-} \xrightarrow{1.96} SO_4^{2-} \xrightarrow{0.158} H_2SO_3 \xrightarrow{0.400} H_2S_2O_3 \xrightarrow{0.50} S \xrightarrow{0.144} H_2S$$

（H_2SO_3—S：0.449）

$E^{\ominus}_B/V$

$$SO_4^{2-} \xrightarrow{-0.936} SO_3^{2-} \xrightarrow{-0.576} S_2O_3^{2-} \xrightarrow{-0.74} S \xrightarrow{-0.407} S^{2-}$$

（SO_3^{2-}—S^{2-}：0.61；SO_3^{2-}—S：−0.59）

它们以还原性为主，例如：

$$H_2SO_3 + I_2 + H_2O \longrightarrow H_2SO_4 + 2HI$$

只有在较强还原剂的作用下，才表现出氧化性，例如：

$$H_2SO_3 + 2H_2S \longrightarrow 3S\downarrow + 3H_2O$$

亚硫酸盐比亚硫酸具有更强的还原性，在空气中易被氧化成硫酸盐，从而失去还原性。

亚硫酸盐受热易分解，例如：

$$4Na_2SO_3 \xrightarrow{\triangle} 3Na_2SO_4 + Na_2S$$

亚硫酸盐有很多用途，例如造纸工业上用 $Ca(HSO_3)_2$ 溶解木质素以制造纸浆；亚硫酸钠和亚硫酸氢钠用于染料工业；漂白织物时用作去氯剂。此外，还广泛用于香料、皮革、食品加工、医药等工业中。

（2）硫酸及其盐　硫酸是重要的化工产品，大约有上千种化工产品需要硫酸为原料。硫酸近一半的产量用于化肥生产，此外还大量用于农药、染料、医药、化学纤维，以及石油、冶金、国防和轻工业等领域。国际上习惯用硫酸的年产量来衡量一个国家的化工生产能力。

工业上主要采取接触法制取硫酸。主要原料有黄铁矿、硫黄、冶铁厂的烟道气。黄铁矿或硫黄在空气中焙烧，得到 SO_2：

$$4FeS_2 + 11O_2 \xrightarrow{\triangle} 2Fe_2O_3 + 8SO_2\uparrow$$

$$S + O_2 \xrightarrow{\triangle} SO_2\uparrow$$

在 450℃左右通过催化剂（V_2O_5），使 SO_2 氧化为 SO_3，然后用 98.3% 浓硫酸吸收 SO_3，即得发烟硫酸。美、英等国主要用硫黄；日本主要用冶铁厂的烟道气；我国硫黄矿少，各地的冶铁厂（如贵溪、铜陵等冶铁厂）都已重视回收 SO_2 制硫酸，原以黄铁矿为原料制取硫酸的旧工艺逐步被淘汰。

① **硫酸的结构**。H_2SO_4 呈正四面体形，S—O 键的键长明显比共价单键的键长要短。原因是硫与氧形成 σ 键的同时，中心硫原子的 d 轨道与氧原子的 p 轨道互相重叠，形成附加的（p-d）π 键，使 S-O 键具有某种程度的双键性质。H_2SO_4 的成键过程和分子结构见图 11.3。

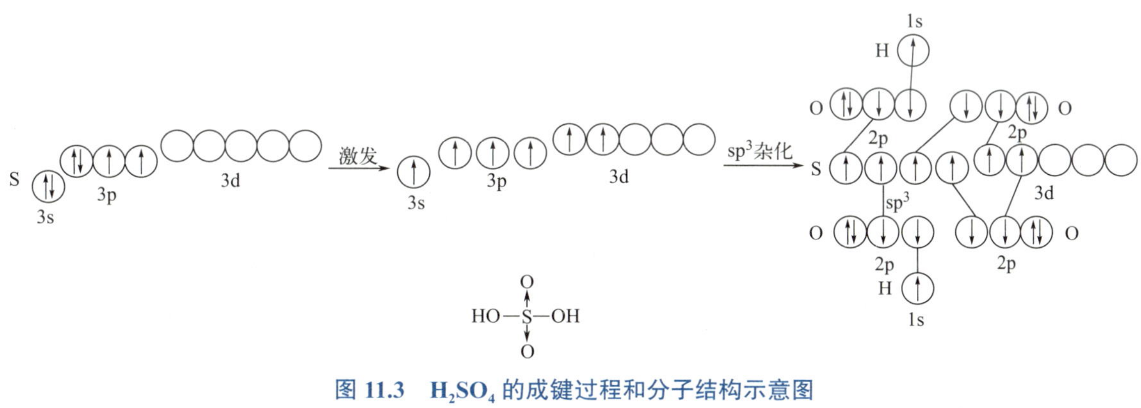

图 11.3　H_2SO_4 的成键过程和分子结构示意图

中心硫原子的 3s、3p 轨道上的成对电子中的一个被激发，同时进行 sp^3 杂化，4 个 sp^3 杂化轨道与 4 个氧原子形成 4 个 σ 键，其中未与 H 相连的两个氧原子还可与硫原子的 3d 电子形成（p-d）π 键。这两个氧原子与硫之间的键可近似地看作双键 [1 个 σ 键、1 个（p-d）π 键]。

含氧酸根 ClO_4^-、PO_4^{3-}、SiO_4^{4-} 等的结构与 SO_4^{2-} 的结构类似。

② **硫酸的性质**。纯硫酸是无色油状液体，10.4℃时凝固，98% 的硫酸沸点是 338℃，利用浓硫酸沸点高的性质，与某些挥发性酸的盐共热，可以将挥发性酸置换出来。例如浓硫酸分别与固体硝酸盐、氯化物反应，可以制备挥发性的硝酸和盐酸：

$$NaNO_3(s) + H_2SO_4 \xrightarrow{\triangle} NaHSO_4 + HNO_3\uparrow$$

$$NaCl(s) + H_2SO_4 \xrightarrow{\triangle} NaHSO_4 + HCl\uparrow$$

硫酸是二元强酸。它的第一步解离是完全的，第二步解离并不完全，HSO_4^- 相当于中强电解质：

$$H_2SO_4 \longrightarrow H^+ + HSO_4^-$$

$$HSO_4^- \rightleftharpoons H^+ + SO_4^{2-};\quad K_a^\ominus = 1.0\times10^{-2}$$

在含氧酸中 H_2SO_4 是比较稳定的，在一般温度下并不分解，但在其沸点以上的高温下可分解为 SO_3 和 H_2O。

浓硫酸有强吸水性。它与水混合时，形成水合物并放出大量的热，可使水局部沸腾而飞溅，所以要配制稀硫酸时，只能在搅拌下将浓硫酸慢慢倒入水中，切不可将水倒入浓硫酸中。

利用浓硫酸的吸水能力，可干燥不与其起反应的各种气体，如氯气、氢气、二氧化碳等。浓硫酸不仅可以吸收气体中的水分，而且还能从一些有机化合物中夺取与水分子组成相当的氢和氧，使这些有机物炭化。例如蔗糖被浓硫酸脱水：

$$C_{12}H_{22}O_{11} \longrightarrow 12C + 11H_2O$$

因此，浓硫酸能严重地破坏动植物组织，如损坏衣服和烧坏皮肤等，使用时必须注意安全。万一浓硫酸溅到皮肤上，应立即用大量水冲洗，然后再用 2% 小苏打或稀氨水冲洗。

热、浓 H_2SO_4 是较强的氧化剂，可与许多金属或非金属反应，本身一般被还原为 SO_2，例如：

$$Cu + 2H_2SO_4(\text{浓}) \longrightarrow CuSO_4 + SO_2\uparrow + 2H_2O$$

$$C + 2H_2SO_4(\text{浓}) \xrightarrow{\triangle} CO_2\uparrow + 2SO_2\uparrow + 2H_2O$$

$$Zn + 2H_2SO_4(\text{浓}) \longrightarrow ZnSO_4 + SO_2\uparrow + 2H_2O$$

由于锌的强还原性，同时还会进行下列反应：

$$3Zn + 4H_2SO_4(\text{浓}) \longrightarrow 3ZnSO_4 + S\downarrow + 4H_2O$$

$$4Zn + 5H_2SO_4(\text{浓}) \longrightarrow 4ZnSO_4 + H_2S\uparrow + 4H_2O$$

但 Al、Fe、Cr 在冷的浓 H_2SO_4 中被钝化。以上所说的浓硫酸具有氧化性，是指成酸元素中硫的氧化性，而稀硫酸的氧化作用是由 H_2SO_4 中所解离出来的 H^+ 夺电子所致，故稀 H_2SO_4 只能与电极电势顺序在氢以前的金属如 Zn、Mg、Fe 等反应放出 H_2。

③ **硫酸盐和矾**。硫酸是二元酸，所以能生成两种盐：正盐和酸式盐。在酸式盐中，仅最活泼的碱金属元素（如 Na、K）才能形成稳定的固态酸式硫酸盐。例如在硫酸钠溶液内加入过量的硫酸，即结晶析出硫酸氢钠：

$$Na_2SO_4 + H_2SO_4 \longrightarrow 2NaHSO_4$$

酸式硫酸盐大部分易溶于水。硫酸盐中除 $BaSO_4$、$PbSO_4$、$CaSO_4$、$SrSO_4$ 等难溶，Ag_2SO_4 稍溶于水外，其余都易溶于水，可溶性硫酸盐从溶液中析出时常带有结晶水，如 $CuSO_4\cdot5H_2O$、$FeSO_4\cdot7H_2O$ 等。

这种带结晶水的过渡金属硫酸盐俗称矾。如 $CuSO_4\cdot5H_2O$ 称为胆矾或蓝矾，$FeSO_4\cdot7H_2O$ 称为绿矾，$ZnSO_4\cdot7H_2O$ 称为皓矾等。但严格来说化学上真正能称为矾类的应为符合下列通式的复盐：$M(\text{I})_2SO_4\cdot M(\text{II})SO_4\cdot6H_2O$ 和 $M(\text{I})_2SO_4\cdot M(\text{III})_2(SO_4)_3\cdot24H_2O$。符合前一通式的有著名的摩尔盐 $(NH_4)_2SO_4\cdot FeSO_4\cdot6H_2O$，符合后一通式的有常见的明矾（或铝钾矾）$K_2SO_4\cdot Al_2(SO_4)_3\cdot24H_2O$[简式为 $KAl(SO_4)_2\cdot12H_2O$]。

经验表明，体积较大的 M^+(半径 > 100pm) 和体积较小的 M^{3+}(半径 50～70pm) 比较容易形成矾晶体。M^+ 可以是碱金属离子或 NH_4^+、Tl^+ 等离子；M^{3+} 可以是 Al^{3+}、Fe^{3+}、Co^{3+}、Cr^{3+}、Ti^{3+} 等离子，因为这些离子的半径相近，在晶格中可以互相替代。而 Li^+ 半径较小，镧系元素的 M^{3+} 半径较大，所以它们都不能形成矾。

矾类都是类质同晶物质[1]，当这类物质存在于同一溶液中时，它们能一起结晶出来。如将无色的铝钾矾 $[KAl(SO_4)_2\cdot12H_2O]$ 和深紫色的铬钾矾 $[KCr(SO_4)_2\cdot12H_2O]$ 的混合物溶于水中，静置溶

[1] 某些组成不同而结晶相似的物质，能生成形状完全相同的晶体，这种现象叫作类质同晶现象，这种物质叫作类质同晶物质。

液使之结晶，得到的是层状混合晶体（即共晶）。

活泼金属的硫酸盐在高温下是稳定的，例如 Na_2SO_4、K_2SO_4、$BaSO_4$ 等，在 1000℃时也不会分解。一些重金属的硫酸盐如 $CuSO_4$、Ag_2SO_4 等会分解成金属氧化物或单质，例如：

$$CuSO_4 \xrightarrow{\triangle} CuO + SO_3\uparrow$$

$$2Ag_2SO_4 \xrightarrow{\triangle} 4Ag + 2SO_3\uparrow + O_2\uparrow$$

许多硫酸盐具有重要的用途，如明矾是常用的净水剂、媒染剂；胆矾是消毒杀菌剂和农药；绿矾是农药、药物和制墨水的原料；芒硝（$Na_2SO_4\cdot10H_2O$）是重要的化工原料。

（3）焦硫酸及其盐 焦硫酸是一种无色晶状固体，熔点 35℃。由等物质的量的三氧化硫和纯硫酸化合而成。

$$SO_3 + H_2SO_4 \longrightarrow H_2S_2O_7$$

它可看作是由两分子硫酸脱去一分子水的产物：

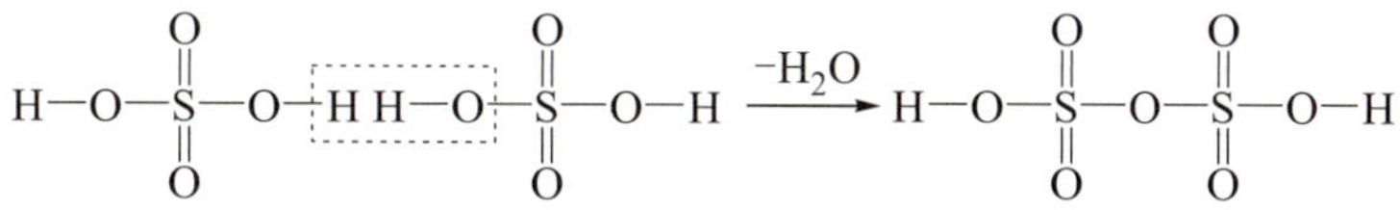

焦硫酸与水作用又可生成硫酸：

$$H_2S_2O_7 + H_2O \longrightarrow 2H_2SO_4$$

焦硫酸具有比硫酸更强的氧化性、吸水性和腐蚀性。它还是良好的磺化剂，用于制造某些染料、炸药和其他有机磺酸类化合物。酸式硫酸盐受热至熔点以上时，首先脱水转变为焦硫酸盐：

$$2KHSO_4 \xrightarrow{\triangle} K_2S_2O_7 + H_2O$$

把焦硫酸盐进一步加热，则失去 SO_3，生成硫酸盐：

$$K_2S_2O_7 \xrightarrow{\triangle} K_2SO_4 + SO_3$$

为了使某些难溶于水也难溶于酸的金属矿物（如 Cr_2O_3、Al_2O_3 等）溶解，常用 $KHSO_4$ 或 $K_2S_2O_7$ 与这些金属氧化物共熔，而生成可溶性的该金属的硫酸盐。例如：

$$Al_2O_3 + 3K_2S_2O_7 \xrightarrow{\triangle} Al_2(SO_4)_3 + 3K_2SO_4$$

$$Cr_2O_3 + 3K_2S_2O_7 \xrightarrow{\triangle} Cr_2(SO_4)_3 + 3K_2SO_4$$

分析化学中用硫酸氢钾或焦硫酸盐作为熔矿剂，即基于此性质。

（4）硫代硫酸及其盐 硫代硫酸钠（$Na_2S_2O_3\cdot5H_2O$）商品名为海波，俗称大苏打。将硫粉溶于沸腾的亚硫酸钠溶液中便可得到：

$$Na_2SO_3 + S \xrightarrow{\triangle} Na_2S_2O_3$$

$S_2O_3^{2-}$ 可看作是 SO_4^{2-} 中的一个 O 原子被 S 原子取代：

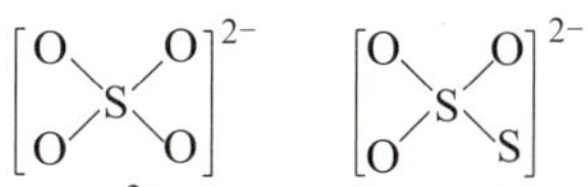

SO_4^{2-}　　$S_2O_3^{2-}$

硫代硫酸钠是无色透明晶体。易溶于水，其水溶液呈弱碱性。它在中性、碱性溶液中很稳定，在酸性溶液中不稳定，易分解成单质硫和二氧化硫：

$$S_2O_3^{2-} + 2H^+ \longrightarrow S\downarrow + SO_2\uparrow + H_2O$$

常用此反应鉴定 $S_2O_3^{2-}$ 的存在。

硫代硫酸根的鉴定（1）

硫代硫酸钠是中强还原剂，与强氧化剂（如氯、溴等）作用被氧化成硫酸钠，与较弱的氧化剂（如碘）作用被氧化成连四硫酸钠：

$$S_2O_3^{2-} + 4Cl_2 + 5H_2O \longrightarrow 2SO_4^{2-} + 8Cl^- + 10H^+$$

$$2S_2O_3^{2-} + I_2 \longrightarrow S_4O_6^{2-} + 2I^-$$

硫代硫酸根和溴化银的反应

硫代硫酸根的鉴定（2）

在纺织和造纸工业中，利用前一反应除去残氯；在分析化学的“碘量法”中，利用后一反应来定量测定碘。

$S_2O_3^{2-}$ 是一个比较强的配体。例如：

$$AgX + 2S_2O_3^{2-} \longrightarrow [Ag(S_2O_3)_2]^{3-} + X^- \text{ (X 为 Cl、Br)}$$

在传统的照相技术中，常用硫代硫酸钠将未曝光的溴化银溶解。

重金属的硫代硫酸盐难溶且不稳定。例如 Ag^+ 与 $S_2O_3^{2-}$ 生成的白色沉淀 $Ag_2S_2O_3$，在溶液中迅速分解，颜色经黄色、棕色，最后变成黑色 Ag_2S。用此反应可鉴定 $S_2O_3^{2-}$：

$$S_2O_3^{2-} + 2Ag^+ \longrightarrow Ag_2S_2O_3 \downarrow$$

$$Ag_2S_2O_3 + H_2O \longrightarrow Ag_2S \downarrow + H_2SO_4$$

硫代硫酸钠主要用作化工生产中的还原剂，纺织、造纸工业中作脱氯剂，传统照相工艺中作定影剂，还用于电镀、鞣革等行业。

（5）过硫酸及其盐 硫的含氧酸中含有过氧基（—O—O—）者称为过硫酸。过硫酸可视为过氧化氢的衍生物。

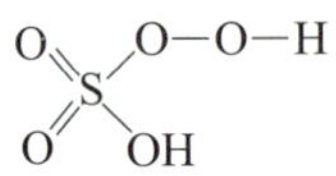

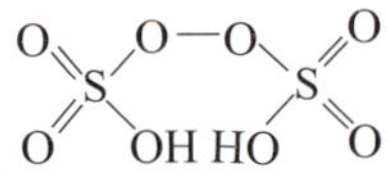

过二硫酸是无色晶体，在 65℃时熔化并分解，有强的吸水性，能使有机物炭化。过二硫酸不稳定，易水解生成硫酸和过氧化氢：

$$H_2S_2O_8 + H_2O \longrightarrow H_2SO_4 + H_2SO_5$$

$$H_2SO_5 + H_2O \longrightarrow H_2SO_4 + H_2O_2$$

$K_2S_2O_8$ 和 $(NH_4)_2S_2O_8$ 是重要的过二硫酸盐，均为强氧化剂：

$$S_2O_8^{2-} + 2e^- \rightleftharpoons 2SO_4^{2-} \qquad E_A^{\ominus} = 1.96V$$

过二硫酸盐在 Ag^+ 催化作用下，能将 Mn^{2+} 氧化成紫红色的 MnO_4^-：

$$2Mn^{2+} + 5S_2O_8^{2-} + 8H_2O \xrightarrow{Ag^+} 2MnO_4^- + 10SO_4^{2-} + 16H^+$$

此反应在钢铁分析中用于测定锰的含量。

过硫酸及其盐不稳定，例如 $K_2S_2O_8$ 受热易分解：

$$2K_2S_2O_8 \xrightarrow{\triangle} 2K_2SO_4 + 2SO_3 + O_2 \uparrow$$

（6）连二亚硫酸钠 连二亚硫酸钠（$Na_2S_2O_4$）是一种白色粉末状固体，以二水合物形式存在 ($Na_2S_2O_4 \cdot 2H_2O$)，俗称保险粉。在无氧条件下，用锌粉还原亚硫酸氢钠即可制得连二亚硫酸钠：

$$2NaHSO_3 + Zn \longrightarrow Na_2S_2O_4 + Zn(OH)_2$$

它能溶于冷水，但其水溶液很不稳定，易按下式分解：

$$2S_2O_4^{2-} + H_2O \longrightarrow S_2O_3^{2-} + 2\ HSO_3^-$$

连二亚硫酸钠是很强的还原剂：

$$2SO_3^{2-} + 2H_2O + 2e^- \rightleftharpoons S_2O_4^{2-} + 4OH^- \quad E_B^{\ominus} = -1.12V$$

能还原碘、碘酸盐、O_2、Ag^+、Cu^{2+} 等。例如：

$$Na_2S_2O_4 + O_2 + H_2O \longrightarrow NaHSO_3 + NaHSO_4$$

此反应在气体分析中用于分析氧气。

连二亚硫酸钠主要用于印染工业，它能保证印染织品色泽鲜艳，不致被空气中氧所氧化，因而称为保险粉。还用于医药、选矿、铜版印刷。食品工业用作漂白剂、防腐剂、抗氧剂。

化学视野

海洋资源的综合利用

海洋覆盖了 71% 的地球表面积，所含有的海水占地球总储水量的 97%。海洋的水体蕴含着丰富的生物资源、矿物资源和能源，海滩、海底地壳也蕴藏着丰富的矿物质，因此海洋被誉为“蓝色的聚宝盆”。

矿物资源：海洋是一个含有多种物质的复杂而又庞大的水溶液体系。除了海洋生物和悬浮物外，还溶有大量的无机盐和气体。这些矿物质涵盖数十种化学元素，除了组成水的O、H外，Cl、Na、Mg、Si、S、Ca、K、Br、C、Sr、B和F等元素的含量大于$1mg·L^{-1}$，占海水中可溶盐的99.9%。此外，海水中还含有Li、Rb、I、Ba、U、Cu、Au等多种元素。由计算得知，如果将$1km^3$海水中溶解的物质全部提取出来，可生产食盐3052万吨、石膏244.2万吨、镁236.9万吨、钾82.5万吨、溴6.7万吨，以及碘、铀、金、银等，由此可见海洋资源的重要价值。除此之外，海底也蕴含丰富的矿物资源，大陆边缘沉积物成分以石英（SiO_2）为主，也有锆石（$ZrSiO_4$）、独居石（含Ce、Y、La、Th的磷酸盐矿）、金和锡石等密度大的矿物分布。在离海岸较近的浅海带，沉积物主要有碳酸盐、海绿石（含Fe、Al、Mg的硅酸盐）、钙磷石[$Ca_5(PO_4)_3(OH, F)$]、黄铁矿（FeS_2）和重晶石（$BaSO_4$）等密度较小的矿物质，而耐磨性很强却又相对较轻的金刚石则被冲到几百公里远的地方，然后沉积成矿。深海（指深度大于2km）海底沉积物中最重要的是锰结核矿。锰结核矿是一种黑褐色凝块矿物，含Fe（2.4%～26.6%）、Mn（8.2%～48%）和Cu、Co、Ni等76种元素，常分布于4000～6000m的大洋海底。据估计，世界大洋海底有大量的金属结核矿，其中含锰2000亿吨、镍164亿吨、铜88亿吨、钴58亿吨，相当于陆地上储量的40～1000倍。另外，海底还大量存在一种被称为“可燃冰”的天然气水合物，这种天然气水合物被西方学者称为“21世纪能源”或“未来新能源”。可燃冰在世界各大洋中均有分布。目前，世界上已发现的可燃冰分布区多达116处，其矿层之厚、规模之大，是常规天然气田无法相比的。科学家初步估算，可燃冰在海底的分布面积可达4000万平方公里，占地球海洋总面积的1/4，所贮存的甲烷总量约$18000×10^{12}m^3$，约合1.1万亿吨（$11×10^{12}t$）。目前，世界已探明的可燃冰储量相当于全球传统化石能源（煤、石油、天然气、油页岩等）储量的两倍以上，其中海底可燃冰的储量够人类使用1000年，所蕴藏的能源是人类未来发展的希望。海底还蕴藏着丰富的石油资源，据科学勘察和推算，海底石油储量约占世界可开采石油储量的45%。目前，举世闻名的波斯湾，是世界上海底石油储量最丰富的地区之一。

食物资源：海洋拥有大量的生物资源，仅位于近海水域自然生长的海藻，年产量就相当于目前世界年产小麦总量的15倍以上。另外，海洋中还有丰富的肉眼看不见的、大量的浮游生物。有些藻类、浮游生物富含蛋白质、维生素以及人体所需的矿物质，如果加工成食品可满足300亿人的需要，海洋中还有众多的鱼虾，是人类未来的粮仓。

药物资源：有很多海洋生物具有一定的药用价值。例如，珍珠粉可止血、消炎、解毒、生肌等，人们常用它滋阴养颜；由海洋生物提取的深海鱼油可预防和治疗心脑血管病；海蛇毒汁可治疗半身不遂及坐骨神经痛等。另外海洋生物还是天然药物化学物质的宝库，人们已经从海洋生物中成功地提取出了一些复杂的化合物，用于治疗高血压、白血病、骨折、肠道溃疡和某些癌症。

海水能源：海水在不断地运动，包括潮汐运动、波浪运动、洋流运动，合理运用海水运动的机械能可以为我们提供电能。另外，海水中还含有大量的铀和氘。虽然铀在海水中的浓度较低，但储量十分可观，总量可达45亿吨左右，相当于陆地总贮量的4500倍；海水中所含大量的氘也是核聚变重要原料之一，按燃烧产生的热量计算，这些物质至少可供全世界使用1万年。

在经过上百年的工业化后，当今世界人类正在面临陆地资源短缺和能源日趋严峻的危机，严重地威胁着各国未来经济的可持续发展。世界各国都把经济进一步发展的希望寄托在海洋资源合理、有序的综合开发利用上，把开发利用海洋资源和能源，以及保护海洋环境作为生存、发展的基本国策。因此，21世纪将是海洋新世纪，是发展海洋经济的新时代。我国是一个发展中国家，“地大而物薄”，人均资源量相较于世界平均标准低很多。现在我国很多陆地资源由于无节制地开发利用，已近枯竭（截止到2009年，我国已累计118座城市被列为资源枯竭型城市）。在21世纪，资源短缺问题将严重制约中国国民经济的可持续发展。作为世界上最大的发展中国家，我国海洋面积辽阔，岛屿众多，因此未来经济的可持续发展必将寄托于海洋资源的综合开发上，使之形成产业链，实现资源综合利用。

思考题

1. 解释下列现象：

（1）在卤素化合物中，Cl、Br、I 可呈现多种氧化数；

（2）KI 溶液中通入氯气时，开始溶液呈现红棕色，继续通入氯气，颜色褪去。

2. 将 Cl_2 通入熟石灰中得到漂白粉，而向漂白粉中加入盐酸却产生 Cl_2，试解释之。

3. 解释下列现象：

（1）I_2 在水中的溶解度小，而在 KI 溶液中或在苯中的溶解度大；

（2）I^- 可被 Fe^{3+} 氧化，但加入 F^- 后就不被 Fe^{3+} 氧化；

（3）漂白粉在潮湿空气中逐渐失效。

4. 下列两个反应在酸性介质中均能发生，如何解释？

（1）$Br_2 + 2I^- \longrightarrow 2Br^- + I_2$

（2）$2BrO_3^- + I_2 \longrightarrow 2IO_3^- + Br_2$

5. 有两种白色晶体 A 和 B，它们均为钠盐且溶于水。A 的水溶液呈中性，B 的水溶液呈碱性。A 溶液与 $FeCl_3$ 溶液作用呈红棕色，与 $AgNO_3$ 溶液作用出现黄色沉淀。晶体 B 与浓盐酸反应产生黄绿色气体，该气体与冷 NaOH 溶液作用得到含 B 的溶液。向 A 溶液中开始滴加 B 溶液时，溶液呈红棕色，若继续滴加过量 B 溶液，则溶液的红棕色消失。A 和 B 各为何物？写出上述有关的反应式。

6. 设法除去：（1）KCl 中的 KI 杂质；（2）$CaCl_2$ 中的 $Ca(ClO)_2$ 杂质；（3）$FeCl_3$ 中的 $FeCl_2$ 杂质。

7. 若误将少量 KCN 排入下水道，应立即采取什么措施以消除污染？

8. 实验室中制备 H_2S 气体为什么不用 HNO_3 或 H_2SO_4 而用 HCl 与 FeS 作用？

9. H_2S 气体通入 $MnSO_4$ 溶液中不产生 MnS 沉淀。若 $MnSO_4$ 溶液中含有一定量的氨水，再通入 H_2S 时即有 MnS 沉淀产生。为什么？

10. 下列各组物质能否共存？为什么？

H_2S 与 H_2O_2　　　　MnO_2 与 H_2O_2

H_2SO_3 与 H_2O_2　　　　PbS 与 H_2O_2

11. 全球工业生产每年向大气排放约 1.46 亿吨的 SO_2，请提出几种可能的化学方法以消除 SO_2 对大气的污染。

12. 浓硫酸能干燥下列何种气体？

H_2S　NH_3　H_2　Cl_2　CO_2

13. $AgNO_3$ 溶液中加入少量 $Na_2S_2O_3$，与 $Na_2S_2O_3$ 溶液中加入少量 $AgNO_3$，反应有何不同？

14. 试在下列关联图的箭头上填写适当的试剂和条件，以实现各物质之间的转变。

（1）

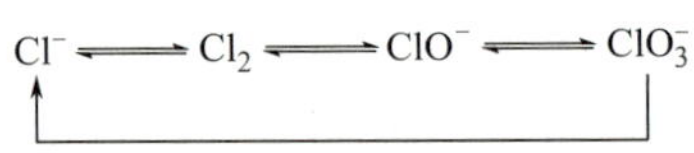

（2）

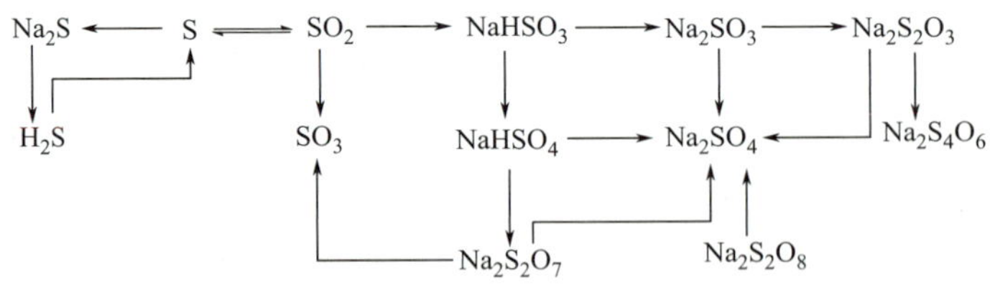

习题

1. 工业上是如何从海水中制备 Cl_2 和 Br_2 的？写出有关反应方程式。

2. 试写出下列制备过程的有关反应方程式：

（1）以食盐为基本原料制备 $NaClO$、$Ca(ClO)_2$、$KClO_3$、$HClO_4$；

（2）以萤石（CaF_2）为基本原料制备 F_2；

（3）以 KI 为基本原料制备 KIO_3。

3．完成下列反应方程式：

（1）$Cl_2 + KOH(冷) \longrightarrow$　　（2）$Cl_2 + KOH(热) \longrightarrow$

（3）$KClO_3 + HCl \longrightarrow$　　（4）$I_2 + H_2O_2 \longrightarrow$

（5）$KClO_3 + KI + H_2SO_4 \longrightarrow$

4．下列各对物质在酸性溶液中能否共存？为什么？

（1）$FeCl_3$ 与溴水　　（2）$FeCl_3$ 与 KI 溶液

（3）KI 与 KIO_3 溶液

5．试根据卤素在酸性溶液中的电势图，判断能否用下列反应来制备高氯酸盐，并计算该反应的标准平衡常数。

$$4ClO_3^- \rightleftharpoons 3ClO_4^- + Cl^-$$

6．已知下列热化学反应方程式及标准焓变值，求 298.15K 时液态过氧化氢的标准生成焓。

$H_2(g) + ½O_2(g) \longrightarrow H_2O(g)$　　$\Delta_r H_m^\ominus(1) = -241.82kJ \cdot mol^{-1}$

$2H(g) + O(g) \longrightarrow H_2O(g)$　　$\Delta_r H_m^\ominus(2) = -926.92kJ \cdot mol^{-1}$

$2H(g) + 2O(g) \longrightarrow H_2O_2(g)$　　$\Delta_r H_m^\ominus(3) = -1070.6kJ \cdot mol^{-1}$

$2O(g) \longrightarrow O_2(g)$　　$\Delta_r H_m^\ominus(4) = -498.34kJ \cdot mol^{-1}$

$H_2O_2(l) \longrightarrow H_2O_2(g)$　　$\Delta_r H_m^\ominus(5) = 51.46kJ \cdot mol^{-1}$

7．某物质 A 的水溶液，既有氧化性又有还原性：

（1）向此溶液加入碱时生成盐；

（2）将（1）所得溶液酸化，加入适量 $KMnO_4$，可使 $KMnO_4$ 褪色；

（3）在（2）所得溶液中加入 $BaCl_2$ 得白色沉淀。

判断 A 为何物。

8．一种无色透明的盐 A 溶于水，在水溶液中加入稀 HCl 有刺激性气体 B 产生，同时有淡黄色沉淀 C 析出。若通入 Cl_2 于 A 溶液中，并加入可溶性钡盐，则产生白色沉淀 D。A、B、C、D 各为何物？并写出有关反应式。

9．有一白色固体 A，加入油状无色液体 B，可得紫黑色固体 C；C 微溶于水，加入 A 后，C 的溶解度增大，得一棕色溶液 D。将 D 分成两份，一份中加入一种无色溶液 E，另一份通入气体 F，都变成无色透明溶液；E 遇酸则有淡黄色沉淀产生；将气体 F 通入溶液 E，在所得溶液中加入 $BaCl_2$ 溶液有白色沉淀产生，后者难溶于 HNO_3。A、B、C、D、E、F 各代表何物？并写出有关反应方程式。

10．用一简便方法，将下列五种固体加以鉴别，并写出有关反应式。

Na_2S　Na_2S_2　Na_2SO_3　Na_2SO_4　$Na_2S_2O_3$

11．完成并配平下列反应方程式（尽可能写出离子反应方程式）：

（1）$H_2O_2 \xrightarrow{\triangle}$　　（2）$H_2O_2 + KI + H_2SO_4 \longrightarrow$

（3）$H_2O_2 + KMnO_4 + H_2SO_4 \longrightarrow$　　（4）$H_2S + FeCl_3 \longrightarrow$

（5）$Na_2S_2O_3 + I_2 \longrightarrow$　　（6）$Na_2S_2O_3 + Cl_2 + H_2O \longrightarrow$

（7）$H_2S + H_2SO_3 \longrightarrow$　　（8）$Al_2O_3 + K_2S_2O_7 \xrightarrow{共熔}$

（9）$Na_2S_2O_8 + MnSO_4 + H_2O \xrightarrow{Ag^+}$　　（10）$AgBr + Na_2S_2O_3 \longrightarrow$

12．现欲从废铁屑制取硫酸铁铵复盐 $NH_4Fe(SO_4)_2 \cdot 12H_2O$，有下列氧化剂可供选用：$H_2O_2$、$(NH_4)_2S_2O_8$、$HNO_3$、$O_2$。你认为选用哪种氧化剂最为合理？写出制取过程的全部化学反应式。

第 12 章

氮族、碳族和硼族元素

学习要求：

1. 了解氮族元素的通性及惰性电子对效应。
2. 熟悉氨和铵盐的性质。
3. 掌握硝酸、亚硝酸及其盐的性质。了解硝酸和硝酸根的结构。
4. 了解磷的含氧酸的类型，熟悉卤化磷和磷酸及其盐的性质。
5. 熟悉砷、锑、铋的氧化物及其水合物的酸碱性和氧化还原性及其变化规律。
6. 熟悉砷、锑、铋的硫化物。了解砷、锑的硫代酸盐及其性质。
7. 了解碳族元素的通性及碳单质的结构和性质。
8. 掌握碳、硅的氧化物、含氧酸及其盐的性质。
9. 了解单质硅、硅烷、卤化硅，以及硅酸盐的结构单元——硅氧四面体。
10. 了解锡、铅的氧化物及其水合物的酸碱性及变化规律。
11. 掌握锡（Ⅱ）的还原性和铅（Ⅳ）的氧化性。
12. 熟悉锡、铅的硫化物，了解锡的硫代酸盐的性质。
13. 熟悉乙硼烷的结构和性质，熟悉三氯化铝的结构和性质，以及铝盐的性质。了解矾的概念。
14. 了解对角关系。
15. 熟悉 NH_4^+、NO_2^-、NO_3^-、PO_4^{3-}、Bi^{3+}、CO_3^{2-}、SiO_3^{2-}、Sn^{2+}、Pb^{2+} 的鉴定。

12.1

氮族元素

12.1.1　氮族元素概述

周期表中第Ⅴ A 族包括氮、磷、砷、锑、铋、镆六种元素，统称为氮族元素。绝大部分的氮以单质状态存在于空气中，而磷主要以化合状态存在于自然界中。最重要的磷矿石为磷灰石，其主要成分为 $Ca_3(PO_4)_2$。我国磷矿资源丰富，但分布不均，主要在云南、贵州、湖南、湖北等省。砷、锑、铋是亲硫元素，其主要的矿石为硫化物矿，例如雄黄 (As_4S_4)、雌黄 (As_2S_3)、辉锑矿 (Sb_2S_3)、辉铋矿 (Bi_2S_3)。我国锑矿储量居世界首位，主要分布在湖南锡矿山、广西大厂、甘肃崖湾、云南木利、贵州晴隆等地。氮族元素在我国国民经济中有着重要的意义。

氮和磷是动植物体内不可缺少的元素，在植物体中磷主要存在于种子的蛋白质中，在动物体则含于脑、血液和神经组织的蛋白质中。磷有多种同素异形体，主要有白磷（或黄磷）、红磷和黑磷。白磷主要用于制造高纯度磷酸，生产有机磷杀虫剂、烟幕弹；红磷可用于火柴生产，火柴盒侧面涂的物质就是红磷与 Sb_2S_3 等的混合物。As、Sb、Bi 主要用于制造合金，Bi 的熔点（271℃）和沸点（1560℃）相差较大，可用作核反应堆中的冷却剂。镆是一种人工合成的放射性元素。氮族元素的基本性质列于表 12.1 中。

表 12.1　氮族元素的基本性质

项目		氮（N）	磷（P）	砷（As）	锑（Sb）	铋（Bi）
原子序数		7	15	33	51	83
价层电子构型		$2s^22p^3$	$3s^23p^3$	$4s^24p^3$	$5s^25p^3$	$6s^26p^3$
主要氧化数		−3, 0, +1, +2, +3, +4, +5	−3, 0, +3, +5	−3, 0, +3, +5	(−3), 0, +3, +5	(−3), 0, +3, +5
原子半径 /pm		70	110	121	141	155
离子半径	$r(M^{3-})$/pm	171	212	222	245	213
	$r(M^{3+})$/pm	16	44	58	76	103
	$r(M^{5+})$/pm	13	38	46	60	76
第一电离能 I_1/(kJ · mol^{-1})		1402	1012	947	834	703
电子亲和能 E_{A1}/(kJ · mol^{-1})		(0±6.7)	−72	−78.1	−103.2	−91.3
电负性（χ_P）		3.0	2.1	2.0	1.9	1.9

本族元素中氮和磷为典型的非金属，砷和锑表现为准金属，铋为金属元素，即氮族元素从氮到铋由典型的非金属元素过渡到典型的金属元素。

氮族元素的价层电子构型为 ns^2np^3，与Ⅶ A 和Ⅵ A 两族元素相比，形成正氧化数化合物的趋势较明显。它们和电负性较大的元素结合时，氧化数主要为 +3 和 +5，存在惰性电子对效应，即从上往下氧化数为 +3 的物质稳定性增加，而氧化数为 +5 的物质稳定性降低。Ⅲ A、Ⅳ A 族元素也存在这种现象。氮族元素的原子与其他元素原子化合时主要以共价键结合，而且氮族元素原子越小，形成共价键的趋势越大。活泼金属的氮化物和磷化物是离子型的，如 Mg_3N_2、Ca_3P_2 等，含有 N^{3-} 和 P^{3-}。另外，原子序数较大的氮族元素与氟也可形成离子型化合物。

12.1.2 氮气

12.1.2.1 氮气的制备和化学模拟固氮

实验室里需要少量氮气时，可把固体亚硝酸钠放入氯化铵溶液中，然后加热：

$$NH_4Cl + NaNO_2 \longrightarrow NH_4NO_2 + NaCl$$

$$NH_4NO_2 \xrightarrow{\triangle} N_2\uparrow + 2H_2O$$

工业用氮气主要是通过液态空气分馏得到。近来膜分离（采用 O_2 渗透压比 N_2 大的膜材料达到氮和氧分离）、吸附纯化等新技术的应用，可以获得较纯的氮气。

由于自然界中氮的无机化合物较少，如何使空气中的氮气转化为氮的化合物（此过程称为固氮）是化学研究中的热门课题。科学家们发现自然界中某些微生物（如豆科植物根部的根瘤菌）和某些藻类植物在常温、常压下能将空气中的氮气转变为氨。为此，目前国内外都在大力开展“化学模拟生物固氮”的研究。固氮的原理是使 N_2 分子活化，削弱 N≡N 分子中的三重键，使其易发生化学反应。近几年来这方面的工作主要有过渡金属配合物催化固氮、分子氮配合物及固氮酶活化中心模型化合物等方面的研究，虽取得一些成绩，但仍处于研究阶段。

12.1.2.2 氮气的稳定性和等电子体

氮气是双原子分子，两个氮原子以三键结合，键能（946kJ·mol^{-1}）相当大，所以氮气分子具有特殊的稳定性。在常温下其化学性质很不活泼，表现出高的化学惰性，常用作保护气体。

具有相同原子数和电子数目的分子（或离子）称为等电子体。等电子体具有相似的结构和类似的性质，如 N_2 和 CO 都是由两个原子组成的分子，并且均含有 14 个电子，为等电子体，它们的分子结构和某些性质如下：

	N_2	CO
分子结构	:N ≡ N:	:C≡O:
沸点 /℃	−195.8	−191.5
熔点 /℃	−210	−199
溶解度 /(mL · L^{-1}H$_2$O)(0℃)	23.3	35.2
$\Delta_{vap}H_m$/(kJ · mol^{-1})	6.233	6.750
$\Delta_{fus}H_m$/(kJ · mol^{-1})	0.7204	0.8352

12.1.3 氨及铵盐

12.1.3.1 氨

氨是氮的重要化合物之一，几乎所有含氮的化合物都可以由它来制取。如前所述，在工业上制备氨是在高温、高压和催化剂存在下用氮气和氢气合成的：

$$N_2 + 3H_2 \xrightarrow[\text{催化剂}]{\text{高温、高压}} 2NH_3$$

高温是为了使 N_2 分子活化。目前，正在进行应用等离子技术合成氨的研究，它是采用微波等离子体使氮和氢激发，处于激发态的氮具有很高的活性，可在反应器壁（Fe、Al、Pb 等）发生解离、吸附，然后与激发态氢合成氨：

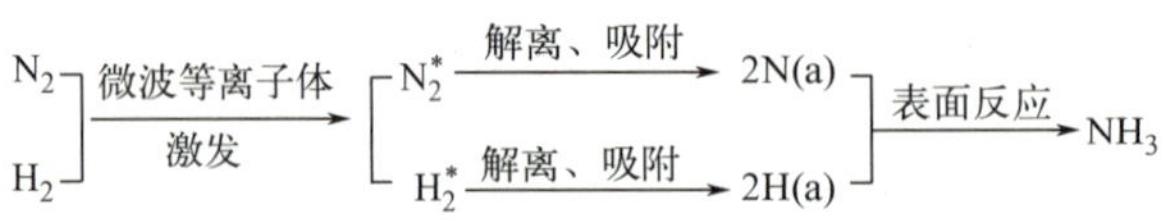

据报道，与传统的高温、高压法相比，此法合成氨效率高，还节能20%，现有待尽快产业化。

在实验室需要少量氨气时，通常用铵盐和碱反应：

$$2NH_4Cl + Ca(OH)_2 \xrightarrow{\triangle} CaCl_2 + 2NH_3\uparrow + 2H_2O$$

氨是一种无色、有刺激性臭味的气体，吸入过量会中毒，无论使用或运输都要防止泄漏。它在常温下易被加压液化，具有较大的蒸发潜热，常用作冷冻机的循环制冷剂。大部分氨用作化肥及制备硝酸，还用于药物、染料等。

液氨与水类似，也是一种良好的溶剂，有微弱的解离作用：

$$2NH_3(l) \rightleftharpoons NH_4^+ + NH_2^- \qquad K^\ominus(NH_3,l) = 10^{-30}\ (-50℃)$$

液氨能溶解碱金属和碱土金属。

氨能发生如下三类反应：

（1）加合反应　因为 NH_3 分子中 N 原子上有孤电子对，可发生一系列的加合反应。氨能与水形成氨的水合物 $NH_3\cdot H_2O$ 和 $2NH_3\cdot H_2O$，故氨在水中的溶解度较大。氨水冷却至低温可以得到氨的水合物晶体。

氨水溶液中存在下列平衡：

$$NH_3 + H_2O \rightleftharpoons NH_3\cdot H_2O \rightleftharpoons NH_4^+ + OH^- \qquad K_b^\ominus = 1.8\times10^{-5}$$

氨能与酸、许多金属离子及一些分子加合。例如：

$$NH_3 + H^+ \longrightarrow NH_4^+$$

$$Cu^{2+} + 4NH_3 \longrightarrow [Cu(NH_3)_4]^{2+}$$

$$Ag^+ + 2NH_3 \longrightarrow [Ag(NH_3)_2]^+$$

$$CaCl_2 + 8NH_3 \longrightarrow CaCl_2\cdot 8NH_3$$

（2）取代反应　在一定条件下，氨分子中的氢原子可依次被取代，生成一系列氨的衍生物：氨基化物 ($-NH_2$)，如 $NaNH_2$；亚氨基化物 ($=NH$)，如 Li_2NH；氮化物 ($\equiv N$)，如 AlN。

取代反应的另一种形式是氨以氨基的形式取代其他化合物中的原子或原子团，例如：

$$HgCl_2 + 2NH_3 \longrightarrow \underset{\text{氨基氯化汞}}{Hg(NH_2)Cl}\downarrow + NH_4Cl$$

$$\underset{\text{光气}}{COCl_2} + 4NH_3 \longrightarrow \underset{\text{尿素}}{CO(NH_2)_2} + 2NH_4Cl$$

（3）氧化反应　氨分子中的氮处于最低氧化数（−3）而具有还原性，在一定条件下，可被氧化剂氧化成氮气或氧化数比较高的氮的化合物。

氨与氧的反应随反应条件的不同产物亦异：

$$4NH_3 + 3O_2 \xrightarrow{400℃} 2N_2\uparrow + 6H_2O$$

$$4NH_3 + 5O_2 \xrightarrow[\text{Pt-Rh}]{800℃} 4NO\uparrow + 6H_2O$$

后者是工业上制造硝酸的基础反应。NH_3 在空气中爆炸的体积极限为16%～27%，因此操作场所应严禁烟火。

氨能与某些氧化物反应，例如：

$$3CuO + 2NH_3 \xrightarrow{\triangle} 3Cu + N_2\uparrow + 3H_2O$$

氨能与 Cl_2、Br_2 反应，例如

$$3Cl_2 + 2NH_3 \longrightarrow N_2\uparrow + 6HCl$$

产生的 HCl 气体和剩余的 NH_3 进一步反应形成 NH_4Cl 白烟，工业上用此来检查氯气管道是否漏气。

12.1.3.2 铵盐

铵盐是氨和酸加合反应的产物。NH_4^+ 的离子半径（143pm）与 Rb^+ 的离子半径（148pm）差别不大；NH_4^+ (aq) 的离子半径（537pm）与 K^+(aq) 的离子半径（530pm）更为接近，故铵盐在晶型、颜色、溶解度等方面都与相应的钾盐、铷盐类似，因此在化合物的分类上往往把铵盐和碱金属盐列在一起。

铵盐一般为无色晶体（若阴离子无色），易溶于水。在铵盐溶液中加入强碱并加热，就会释放出氨来：

$$NH_4^+ + OH^- \xrightarrow{\triangle} NH_3\uparrow + H_2O$$

这是鉴定铵盐的常用方法。

固态铵盐加热极易分解，其分解产物与铵盐中阴离子对应酸的性质以及分解温度有关。

挥发性酸组成的铵盐，分解产物一般为氨和相应的酸：

$$NH_4HCO_3 \xrightarrow{常温} NH_3\uparrow + H_2CO_3$$
$$H_2CO_3 \longrightarrow CO_2\uparrow + H_2O$$

$$NH_4Cl \xrightarrow{\triangle} NH_3\uparrow + HCl\uparrow \text{（遇冷又结合成 } NH_4Cl\text{）}$$

非挥发性酸组成的铵盐，则逸出氨：

$$(NH_4)_2SO_4 \xrightarrow{\triangle} NH_3\uparrow + NH_4HSO_4$$

$$(NH_4)_3PO_4 \xrightarrow{\triangle} 3NH_3\uparrow + H_3PO_4$$

氧化性酸组成的铵盐，分解产物为 N_2 或氮的氧化物：

$$NH_4NO_2 \xrightarrow{\triangle} N_2\uparrow + 2H_2O$$

$$(NH_4)_2Cr_2O_7 \xrightarrow{\triangle} N_2\uparrow + Cr_2O_3 + 4H_2O$$

$$NH_4NO_3 \xrightarrow{约210℃} N_2O\uparrow + 2H_2O$$

$$2NH_4NO_3 \xrightarrow{>300℃} 2N_2\uparrow + O_2\uparrow + 4H_2O\uparrow$$

"火山爆发"

由于反应产生大量的气体和热量，气体受热体积又急剧膨胀，所以如果在密闭容器中进行时就会发生爆炸。因此硝酸铵用于制造炸药（称硝铵炸药），矿山爆炸、开山劈岭用的多为这种炸药。这类铵盐，无论制备、储存或运输都要格外小心，避免受热、碰撞，以防爆炸。

氯化铵常用于染料工业、焊接以及干电池的制造。硝酸铵、硫酸铵和碳酸氢铵可用作化学肥料。

12.1.4 氮的氧化物、含氧酸及其盐

12.1.4.1 氮的氧化物

氮可形成多种氧化物：N_2O、NO、N_2O_3、NO_2（或 N_2O_4）、N_2O_5。在氧化物中氮的氧化数可以从 +1 到 +5，其中以 NO 和 NO_2 较为重要。现将这些氮氧化物的性质列于表 12.2 中。

表 12.2 氮氧化物的主要性质

名称	化学式	状态（颜色）	化学性质	熔点 /℃	沸点 /℃
一氧化二氮	N_2O	气体（无色）	稳定	−90.8	−88.5
一氧化氮	NO	气体（无色） 液体和固体（蓝色）	反应性能适中	−163.6	−151.8
三氧化二氮	N_2O_3	液体（蓝色）	分解为 NO_2 和 NO	−102	3.5(分解)
二氧化氮	NO_2	气体（红棕色）	强氧化性	−11.2	21.2
四氧化二氮	N_2O_4	气体（无色）	强烈地分解成 NO_2	−92	21.3
五氧化二氮	N_2O_5	固体（无色）	不稳定	30	47(分解)

工业尾气、燃料废气及汽车尾气中均含 NO_x（主要是 NO_2），NO_2 是污染空气的主要气体之一。

12.1.4.2　氮的含氧酸及其盐

（1）亚硝酸及其盐　将物质的量相等的 NO 和 NO_2 的混合物溶解在冷水中，或在亚硝酸盐的冷溶液中加入硫酸，均可生成亚硝酸：

$$NO + NO_2 + H_2O \xrightarrow{冷} 2HNO_2$$

$$Ba(NO_2)_2 + H_2SO_4 \longrightarrow BaSO_4 \downarrow + 2HNO_2$$

亚硝酸是弱酸，酸性比醋酸略强：

$$HNO_2 \rightleftharpoons H^+ + NO_2^- \qquad K_a^{\ominus} = 7.2\times10^{-4}$$

亚硝酸很不稳定，仅存在于冷的稀溶液中，从未制得游离酸，其溶液浓缩或加热时按下式分解：

$$2HNO_2 \rightleftharpoons \underset{(蓝色)}{N_2O_3} + H_2O \rightleftharpoons NO\uparrow + \underset{(红棕色)}{NO_2}\uparrow + H_2O$$

亚硝酸盐遇到强酸生成不稳定的 HNO_2，HNO_2 即分解为 N_2O_3，使水溶液呈浅蓝色；N_2O_3 又分解为 NO 和 NO_2，使气相出现 NO_2 的红棕色。这个反应用于 NO_2^- 的鉴定。

亚硝酸盐的鉴定

亚硝酸盐，特别是碱金属和碱土金属的亚硝酸盐，热稳定性较高。用金属在高温下还原固态硝酸盐，可以得到亚硝酸盐。例如：

$$Pb(粉) + KNO_3 \longrightarrow KNO_2 + PbO$$

用 NaOH 或 Na_2CO_3 溶液吸收合成硝酸尾气中 NO 和 NO_2 的混合气体，可以得到亚硝酸钠。

亚硝酸盐一般易溶于水，但淡黄色的 $AgNO_2$ 难溶。

在亚硝酸及其盐中，氮的氧化数处于中间状态，因此，它既具有氧化性又有还原性。亚硝酸盐在酸性溶液中是强氧化剂。例如，它可以氧化 Fe^{2+} 和 I^- 等，本身被还原为 NO：

$$NO_2^- + Fe^{2+} + 2H^+ \longrightarrow NO\uparrow + Fe^{3+} + H_2O$$

$$2NO_2^- + 2I^- + 4H^+ \longrightarrow 2NO\uparrow + I_2 + 2H_2O$$

亚硝酸根的氧化性（1）

后一反应可用于定量测定亚硝酸盐。

亚硝酸及其盐与强氧化剂作用时，可被氧化成 NO_3^-，例如：

$$5\ NO_2^- + 2MnO_4^- + 6H^+ \longrightarrow 5\ NO_3^- + 2Mn^{2+} + 3H_2O$$

亚硝酸根的氧化性（2）

由于 NO_2^- 中的氮和氧原子上都含有孤电子对，故 NO_2^- 是一种很好的配体，如形成 $[Co(NO_2)_6]^{3-}$。

KNO_2 和 $NaNO_2$ 大量用于各种染料和有机颜料合成工业，还用于医药工业、丝绸和亚麻的漂白、金属热处理和电镀缓蚀剂等。亚硝酸盐均具有毒性，易转化为致癌物质亚硝胺。制作咸菜、酸菜、泡菜的容器下层，因处于缺氧状态，利于细菌繁殖，会自行产生亚硝酸盐；鱼、肉加工制作过程为防腐保鲜加入亚硝酸盐，必须严格控制最大容许使用量和残留量；若把工业用盐（含大量亚硝酸盐）误作食盐使用更是有生命危险。亚硝酸盐甜而不咸，应注意识别。

亚硝酸根的还原性

（2）硝酸及其盐　硝酸是三大无机酸之一，在国民经济和国防工业中都有极为重要的用途，世界年产量以百万吨计。工业上硝酸的制备普遍采用氨催化氧化法：

$$4NH_3 + 5O_2 \xrightarrow[Pt\text{-}Rh(5\%\sim10\%Rh)]{常压，800℃} 4NO\uparrow + 6H_2O$$

$$2NO + O_2 \longrightarrow 2NO_2$$

$$3NO_2 + H_2O \longrightarrow 2HNO_3 + NO$$

反应所得的硝酸浓度仅为 50%～55%，需在脱水剂（硝酸镁和浓 H_2SO_4 等）的存在下，经提纯、精馏、冷凝、漂白等工序制得浓硝酸。

硝酸与相应的金属或金属氧化物作用可制得硝酸盐。

必须提醒的是，生产实际的问题要比反应原理内容丰富得多，也复杂得多。譬如就生产安全而言，氨-空气或氨-氧混合物中氨含量大于14%，温度高于800℃时是具有爆炸危险的。温度越高、压力越大、氧含量越高越易发生爆炸，可燃性混合气杂质的存在更会增加爆炸速度和威力；而反应器散热越快或在氨-空气混合物中加入一定量水蒸气可减小爆炸危险。

① 硝酸、硝酸根的结构。在硝酸分子中，3个氧原子围绕着氮原子分布在同一平面上，呈平面三角形结构，见图12.1。

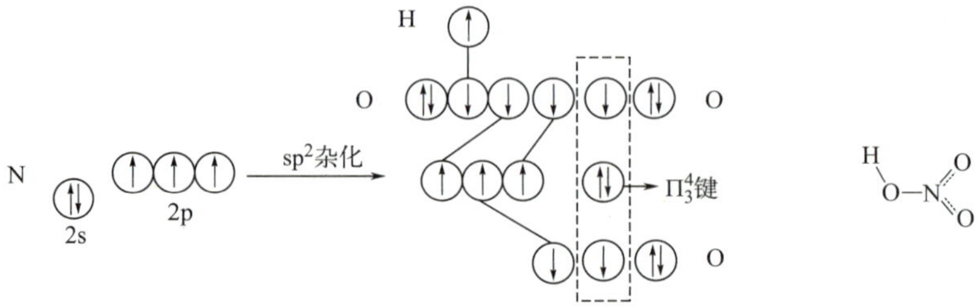

图12.1 HNO_3 结构示意图

其中氮原子采用 sp^2 杂化轨道与3个氧原子形成3个σ键，氮原子上孤电子对则与两个非羟基氧原子的另一个2p轨道上未成对的电子形成一个三中心四电子大π键，表示为 Π_3^4。结构如图12.1所示，这个π键在图中用虚线表示。

在 NO_3^- 中，N仍然是采取 sp^2 杂化。除与3个氧原子形成3个σ键外，还与3个氧原子形成一个垂直于3个σ键所在平面的大π键，形成该大π键的电子除了由N与3个氧原子提供外，还有决定硝酸根离子电荷的那个外来电子，共同组成一个四中心六电子大π键（Π_4^6），见图12.2。

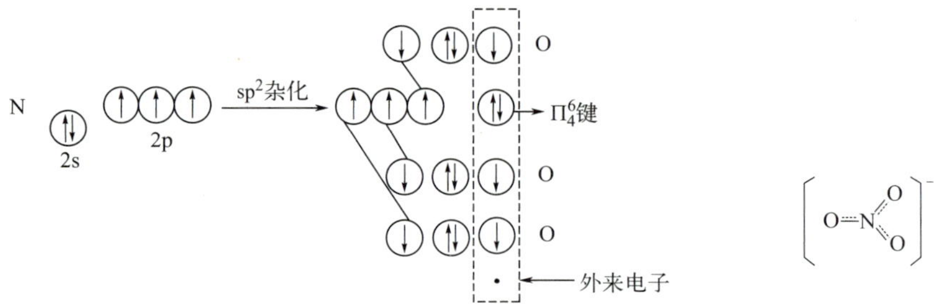

图12.2 NO_3^- 结构示意图

② 硝酸性质。纯硝酸是无色液体，沸点83℃，易挥发，属挥发性强酸。它能与水以任意比例互溶。实验室常用的市售硝酸约含 HNO_3 65%～68%，密度约为 $1.4g\cdot cm^{-3}$，相当于 $15mol\cdot L^{-1}$。工业上使用的溶有 NO_2（10%～15%）的浓硝酸（含 HNO_3 98%以上），称为发烟硝酸。发烟硝酸浓度高、氧化力极强，可存于铝罐贮运（铝罐质轻且可被 HNO_3 钝化）。硝酸受热或光照时分解产生的 NO_2 溶于 HNO_3 中，使硝酸呈黄到棕色。溶解的 NO_2 越多，硝酸颜色越深。硝酸热分解反应如下：

$$4HNO_3 \xrightarrow{\text{热或光}} 4NO_2\uparrow + O_2\uparrow + 2H_2O$$

硝酸的重要化学性质除了强酸性外，主要表现为强氧化性和硝化作用。

硝酸中的氮呈最高氧化数（+5），故硝酸尤其是发烟硝酸具有强氧化性。很多非金属元素如碳、磷、硫、碘等都能被浓硝酸氧化成相应的氧化物或含氧酸，而硝酸被还原为NO，例如：

$$3C + 4HNO_3 \xrightarrow{\triangle} 3CO_2\uparrow + 4NO\uparrow + 2H_2O$$

$$3P + 5HNO_3 + 2H_2O \xrightarrow{\triangle} 3H_3PO_4 + 5NO\uparrow$$

$$S + 2HNO_3 \xrightarrow{\triangle} H_2SO_4 + 2NO\uparrow$$

$$3I_2 + 10HNO_3 \xrightarrow{\triangle} 6HIO_3 + 10NO\uparrow + 2H_2O$$

还原性较强的 H_2S、HI，比 S、I_2 更易被 HNO_3 所氧化。

有机物如松节油遇浓硝酸则燃烧，故在储存时，千万不要把浓硝酸与还原性物质放在一起。

硝酸与金属的反应较为复杂，如表 12.3 所示。

表 12.3　硝酸与金属的反应

金属	Ca　Ag　Cu	Sn　W　Sb	Al　Fe　Cr　Ni　V　Ti	贵金属（Au、Pt、Rh、Ta、Ir 等）
反应产物及情况	$Ca(NO_3)_2$ $AgNO_3$ $Cu(NO_3)_2$ 生成可溶性盐	SnO_2 WO_3 $Sb_2O_5 \cdot xH_2O$ 生成难溶氧化物或其水合物	在冷、浓硝酸中钝化	不反应

Au、Pt 等贵金属可用王水（浓硝酸和浓盐酸体积比 =1∶3 的混合物）溶解，是因为金属离子能形成稳定的配离子，如 $[AuCl_4]^-$、$[PtCl_6]^{2-}$ 等，使 Au 或 Pt 的电极电势减小，因此在浓硝酸作用下，反应有可能向 Au、Pt 溶解的方向进行：

$$Au + HNO_3 + 4HCl \longrightarrow H[AuCl_4] + NO\uparrow + 2H_2O$$

$$3Pt + 4HNO_3 + 18HCl \longrightarrow 3H_2[PtCl_6] + 4NO\uparrow + 8H_2O$$

硝酸作为氧化剂，其被还原的产物有多种，如 NO_2、HNO_2、NO、N_2O、N_2、NH_4NO_3，而且往往是多种气体混合物。

硝酸被金属的还原程度主要取决于硝酸的浓度和金属的活泼性，如表 12.4 所示。

表 12.4　硝酸的主要还原产物

硝酸类型	活泼金属	不活泼金属
浓硝酸	NO_2	NO_2
稀硝酸	N_2O	NO
极稀硝酸	NH_4NO_3	—

例如：

$$Cu + 4HNO_3(浓) \longrightarrow Cu(NO_3)_2 + 2NO_2\uparrow + 2H_2O$$

$$3Cu + 8HNO_3(稀) \longrightarrow 3Cu(NO_3)_2 + 2NO\uparrow + 4H_2O$$

$$4Zn + 10HNO_3(稀) \longrightarrow 4Zn(NO_3)_2 + N_2O\uparrow + 5H_2O$$

$$4Zn + 10HNO_3(很稀) \longrightarrow 4Zn(NO_3)_2 + NH_4NO_3 + 3H_2O$$

由上述反应式可以看出，与同种金属反应，硝酸越稀，氮被还原的程度越大❶；（这不能说明稀 HNO_3 的氧化性比浓 HNO_3 强，为什么？）与同浓度 HNO_3 反应，金属越活泼，HNO_3 被还原程度越大。

硝酸能与有机化合物发生硝化反应，生成硝基化合物，例如：

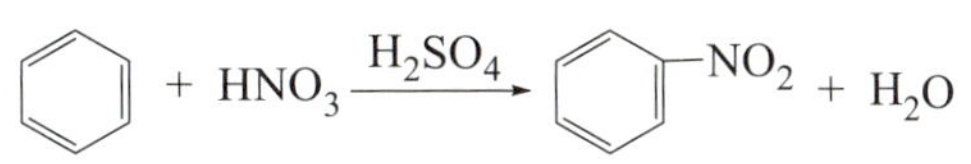

苯　　　　　　硝基苯

硝酸被还原的复杂性

利用硝酸的硝化作用可以制备许多含氮染料、塑料、药物、火箭的推进剂，也可以制造硝化甘油、三硝基甲苯（TNT）、三硝基苯酚（苦味酸）等烈性含氮炸药。硝基化合物大多数为黄色，例如皮肤与浓硝酸接触后显黄色，是硝酸与蛋白质作用生成的黄蛋白酸的结果。

③ 硝酸盐。硝酸与相应的金属或金属氧化物作用可制得硝酸盐。大多数硝酸盐是无色、易溶于水的离子晶体，其水溶液没有氧化性。硝酸盐在常温下比较稳定，但在高温时，固体硝酸盐都会分解而显氧化性，分解的产物因金属离子的不同而有差别。

❶ 有人认为可能是存在下列平衡：$NO+2HNO_3 \rightleftharpoons 3NO_2 + H_2O$。$HNO_3$ 浓度越小，平衡越向左移动，则氮被还原程度越大。也有认为浓 HNO_3 可进一步氧化低氧化数的还原产物。

除硝酸铵外，硝酸盐受热分解有三种情况：

碱金属和碱土金属（Li、Be、Mg 除外）的硝酸盐分解产生亚硝酸盐和氧气，如：

$$2NaNO_3 \xrightarrow{\triangle} 2NaNO_2 + O_2\uparrow$$

活泼性较小的金属（活泼性在 Mg 与 Cu 之间，包括 Li、Be、Mg、Cu 等）的硝酸盐热分解时得到相应的金属氧化物、NO_2 和 O_2，如：

$$2Pb(NO_3)_2 \xrightarrow{\triangle} 2PbO + 4NO_2\uparrow + O_2\uparrow$$

活泼性更小的金属（活泼性比 Cu 差）的硝酸盐则分解为金属单质、NO_2 和 O_2，如：

$$2AgNO_3 \xrightarrow{\triangle} 2Ag + 2NO_2\uparrow + O_2\uparrow$$

由于硝酸盐在高温时容易放出氧，所以它们和可燃物质混合会迅速燃烧，根据这种性质，硝酸盐可用来制造烟火及黑火药。

NO_3^- 可用棕色环实验鉴定，方法是：在装有硝酸盐溶液的试管中加入少量硫酸亚铁晶体，沿试管壁小心加入浓硫酸，则在浓硫酸与溶液的界面处会出现“棕色环”，这是由于生成了棕色的配离子 $[Fe(NO)(H_2O)_5]^{2+}$，有关反应为：

$$3Fe^{2+} + NO_3^- + 4H^+ \longrightarrow 3Fe^{3+} + NO + 2H_2O$$

$$[Fe(H_2O)_6]^{2+} + NO \longrightarrow \underset{\text{（棕色）}}{[Fe(NO)(H_2O)_5]^{2+}} + H_2O$$

NO_2^- 也有上述类似的反应，但得到的是棕色溶液，而观察不到棕色环。NO_2^- 在醋酸溶液中即可与 $FeSO_4$ 反应生成 $[Fe(NO)(H_2O)_5]SO_4$ 使溶液呈棕色。由此可见，NO_2^- 的存在会干扰 NO_3^- 的鉴定，为了排除干扰可先加入 NH_4Cl 共热，以破坏 NO_2^-：

$$NH_4^+ + NO_2^- \longrightarrow N_2\uparrow + 2H_2O$$

12.1.5 磷的含氧酸及其盐

磷有多种含氧酸，现将较重要的列于表 12.5 中。

表 12.5 磷的含氧酸

项目	正磷酸	焦磷酸	三聚磷酸	偏磷酸	亚磷酸	次磷酸
化学式	H_3PO_4	$H_4P_2O_7$	$H_5P_3O_{10}$	HPO_3	H_3PO_3	H_3PO_2
磷的氧化数	+5	+5	+5	+5	+3	+1
结构示意图	OH HO−P=O OH	O　O ‖　‖ HO−P−O−P−OH OH　OH	O　O　O ‖　‖　‖ HO−P−O−P−O−P−OH OH　OH　OH	O ‖ P=O OH	H HO−P=O OH	H H−P=O OH
n 元酸	3	4	5	1	2	1

12.1.5.1 （正）磷酸

磷酸的几何结构如图 12.3 所示，它是由单一的磷氧四面体构成的。与 H_2SO_4 类似，H_3PO_4 分子中也含有 (p-d)π 键。

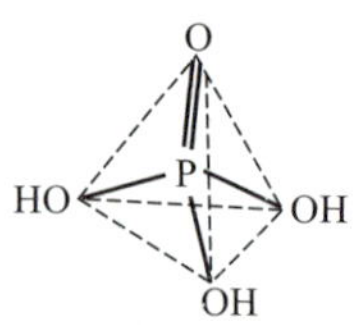

图 12.3 H_3PO_4 的几何结构

工业上通常用 76% 左右的硫酸分解磷灰石来制取磷酸：

$$Ca_3(PO_4)_2 + 3H_2SO_4 \longrightarrow 2H_3PO_4 + 3CaSO_4$$

这种方法制得的磷酸不纯，纯的磷酸可用磷酐（P_4O_{10}）与水作用制取。

纯磷酸是无色透明黏稠液体或晶体，熔点42.35℃。市售的磷酸为黏稠状液体（含 H_3PO_4 约83%，密度是 $1.6g \cdot cm^{-3}$，相当于 $14mol \cdot L^{-1}$）。磷酸是一种无氧化性、不挥发的三元中强酸：

$$H_3PO_4 \rightleftharpoons H^+ + H_2PO_4^-；K_{a(1)}^{\ominus}=7.1\times10^{-3}$$

$$H_2PO_4^- \rightleftharpoons H^+ + HPO_4^{2-}；K_{a(2)}^{\ominus}=6.3\times10^{-8}$$

$$HPO_4^{2-} \rightleftharpoons H^+ + PO_4^{3-}；K_{a(3)}^{\ominus}=4.8\times10^{-13}$$

磷酸有很强的配位能力，能与许多金属离子形成配合物。分析化学中为了掩蔽 Fe^{3+} 的干扰，常加 H_3PO_4 与 Fe^{3+} 生成无色可溶性配合物 $H_3[Fe(PO_4)_2]$、$H[Fe(HPO_4)_2]$ 等。

磷酸具有缩合作用❶，例如：

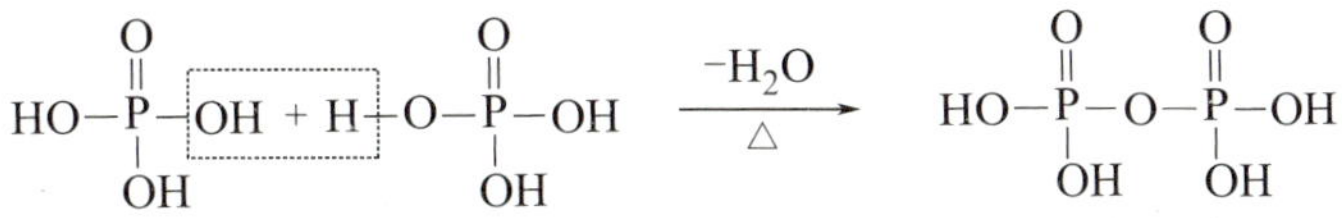

焦磷酸

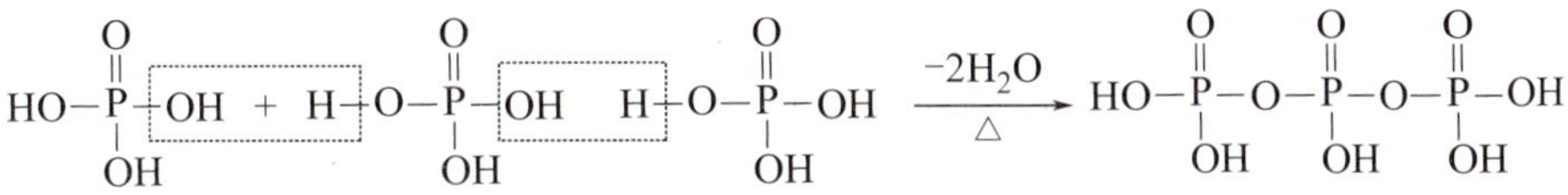

三聚磷酸

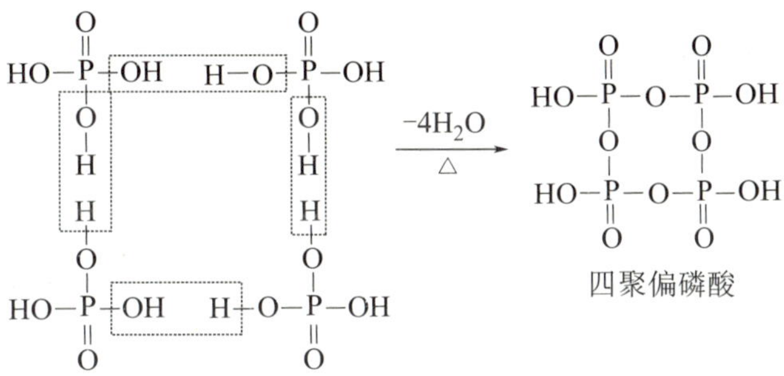

四聚偏磷酸

焦磷酸、三聚磷酸和四聚偏磷酸都是多聚磷酸（同多酸）。多聚磷酸为缩合酸，一般缩合酸的酸性比正酸的酸性强。

磷酸是一种重要的无机酸。工业磷酸用于制备磷酸盐，还可用于钢铁构件的磷化处理❷。

12.1.5.2　磷酸盐

磷酸盐有三种类型：磷酸正盐，如 Na_3PO_4、$Ca_3(PO_4)_2$；磷酸一氢盐，如 Na_2HPO_4、$CaHPO_4$；磷酸二氢盐，如 NaH_2PO_4、$Ca(H_2PO_4)_2$。

只要严格控制溶液的酸碱度，H_3PO_4 的三种钠盐均可由 H_3PO_4 和 NaOH 反应合成：

$$H_3PO_4 + NaOH \xrightarrow{pH=4.0\sim4.2} NaH_2PO_4 + H_2O$$

$$H_3PO_4 + 2NaOH \xrightarrow{pH=8.0\sim8.4} Na_2HPO_4 + 2H_2O$$

$$H_3PO_4 + 3NaOH \xrightarrow{强碱性} Na_3PO_4 + 3H_2O$$

化工生产上考虑到 Na_2CO_3 比 NaOH 成本低、腐蚀性小、使用方便安全，生产 NaH_2PO_4 和 Na_2HPO_4 时都选用 Na_2CO_3 原料，但生产 Na_3PO_4 时要用 NaOH 原料。（为什么？）

磷酸二氢盐（$H_2PO_4^-$）均溶于水，而其他两种类型的盐，除 K^+、Na^+、NH_4^+ 外，一般难溶于水。可溶性磷酸盐在水中都有不同程度的水解，使溶液显示不同的pH，利用磷酸盐的这种性质，可配制几种不同pH的标准缓冲溶液。

磷酸二氢钙溶于水，能为植物所吸收，是重要的磷肥。若用适量硫酸处理磷酸钙矿粉：

❶ 几个简单分子经过失去水分子而连接在一起的作用，称为缩合作用。若干个酸分子经脱水通过氧原子连接起来的酸称为缩合酸。

❷ 使钢铁表面形成磷酸盐保护层。

$$Ca_3(PO_4)_2 + 2H_2SO_4 + 4H_2O \longrightarrow 2(CaSO_4 \cdot 2H_2O) + Ca(H_2PO_4)_2$$

生成的磷酸二氢钙和石膏的混合物能直接用作肥料（称过磷酸钙或普钙）。普钙含磷量不高，近代改用重过磷酸钙（重钙），其成分为 $Ca(H_2PO_4)_2 \cdot H_2O$，是用磷酸代替硫酸处理磷灰石矿粉而制得：

$$Ca_5F(PO_4)_3 + 7H_3PO_4 + 5H_2O \xrightarrow{\triangle} 5Ca(H_2PO_4)_2 \cdot H_2O + HF\uparrow$$

在含有硝酸的水溶液中，将 PO_4^{3-} 与过量的钼酸铵 $(NH_4)_2MoO_4$ 混合、加热，可慢慢析出黄色磷钼酸铵沉淀：

$$PO_4^{3-} + 12MoO_4^{2-} + 24H^+ + 3NH_4^+ \xrightarrow{\triangle} \underset{\text{黄色}}{(NH_4)_3PO_4 \cdot 12MoO_3 \cdot 6H_2O\downarrow} + 6H_2O$$

磷酸根的鉴定

此反应可用于鉴定 PO_4^{3-}。

磷酸盐可用作化肥、动物饲料的添加剂，在电镀和有机合成上也有用途。对一切生物来说，磷酸盐在所有能量传递过程，如新陈代谢、光合作用、神经功能和肌肉活动中都起着重要作用。

化学肥料

12.1.6 砷、锑、铋及其重要化合物

12.1.6.1 砷、锑、铋单质

砷、锑、铋的价层电子构型为 ns^2np^3，次外层有 18 个电子，它们的阳离子为 18 电子或 18+2 电子构型，具有较强的极化能力和较大的变形性，主要以硫化物存在于自然界。砷、锑具有两性和准金属的性质，而铋则呈金属性。它们的熔点较低且易挥发。在气态时以多原子分子形式存在，如有 As_4、As_2、Sb_4、Sb_2、Bi_2。

它们单质的制备是先将硫化物矿煅烧成氧化物，然后用还原剂（如 C、CO 等）将氧化物还原，如：

$$2Sb_2S_3 + 9O_2 \longrightarrow 2Sb_2O_3 + 6SO_2$$

$$Sb_2O_3 + 3C \longrightarrow 2Sb + 3CO$$

砷、锑、铋单质可与很多金属化合，如砷、锑、铋与ⅢA 族形成的 GaAs、GaSb、InAs、AlSb 等是具有半导体性能的材料。特别是 GaAs，它是继 Si 后最重要的半导体材料，GaAs 可在高温度下工作，掺杂某些元素可制作大功率的电子元件；用 GaAs 制成的晶体管可制造功能强、速度快的计算机；另外 GaAs 具有光电转换效应，可制作半导体激光器和发光二极管等。在 Pb 中加入 Sb 能使 Pb 的硬度增大，适用于制造子弹和轴承。含有一定比例的 Bi、Sn、Cd 和 Pb 的合金（伍德合金）熔点低，可用作自动灭火设备和蒸汽锅炉安全装置上的保险丝。

12.1.6.2 砷、锑、铋的氧化物及其水合物

砷、锑、铋有氧化数为 +3 和 +5 两个系列的氧化物。即：

As_2O_3	Sb_2O_3	Bi_2O_3	As_2O_5	Sb_2O_5	Bi_2O_5
（白色）	（白色）	（黄色）	（白色）	（淡红色）	（红棕色）

三氧化二砷（俗称砒霜）为白色粉末状剧毒物❶，致死量约为 0.1g，它主要用于制造杀虫剂、除草剂以及含砷药物。三氧化二砷微溶于水，在热水中溶解度稍大，溶解后生成亚砷酸（H_3AsO_3）。As_2O_3 是两性偏酸性的化合物，易溶于碱生成亚砷酸盐，溶于浓盐酸生成 As(Ⅲ) 盐：

$$As_2O_3 + 6NaOH \longrightarrow 2Na_3AsO_3 + 3H_2O$$

$$As_2O_3 + 6HCl \longrightarrow 2AsCl_3 + 3H_2O$$

Sb_2O_3 和 Bi_2O_3 都难溶于水，Sb_2O_3 具有明显的两性。Bi_2O_3 为弱碱性化合物，不溶于碱。它

❶ As_2O_3 中毒时，可服用新配制的 $Fe(OH)_2$(将 MgO 溶于 $FeSO_4$ 溶液中强烈摇动制得)悬浮液解毒。

们氧化物的水合物，按 $H_3AsO_3 \rightarrow Sb(OH)_3 \rightarrow Bi(OH)_3$ 的顺序，酸性依次减弱，碱性依次增强。H_3AsO_3 仅存在于溶液中，而 $Sb(OH)_3$ 和 $Bi(OH)_3$ 都是难溶于水的白色沉淀物。

氧化数为 +5 的砷、锑、铋的氧化物都呈酸性，其酸性比氧化数为 +3 的氧化物强。它们的氧化物与水反应可形成砷酸（H_3AsO_4）和锑酸 $\{H[Sb(OH)_6]\}$，但得不到铋酸。铋酸钠可以通过下列反应制得：

$$Bi(NO_3)_3 + NaClO + 4NaOH \xrightarrow[\text{保温数小时}]{90^\circ C} \underset{\text{黄色}}{NaBiO_3} \downarrow + 3NaNO_3 + NaCl + 2H_2O$$

按 As → Sb → Bi 的顺序：As(Ⅲ) → Sb(Ⅲ) → Bi(Ⅲ) 化合物的还原性减弱，而 As(Ⅴ) → Sb(Ⅴ) → Bi(Ⅴ) 化合物的氧化性增强。

砷酸盐、锑酸盐在强酸性溶液中才显出明显的氧化性，例如：

$$H_3AsO_4 + 2H^+ + 2I^- \longrightarrow H_3AsO_3 + I_2 + H_2O$$

这个反应的方向强烈依赖于溶液的酸性，酸性较强时，H_3AsO_4 可以氧化 I^-；酸性较弱时，AsO_3^{3-} 可以还原 I_2。

As（Ⅴ）的氧化性和 As（Ⅲ）的还原性

铋酸盐在酸性溶液中是很强的氧化剂，可将 Mn^{2+} 氧化成 MnO_4^-：

$$2Mn^{2+} + 5NaBiO_3 + 14H^+ \longrightarrow 2MnO_4^- + 5Bi^{3+} + 5Na^+ + 7H_2O$$

此反应可用来鉴定 Mn^{2+}。

现将砷、锑、铋的氧化物及其水合物的性质变化规律概括如下：

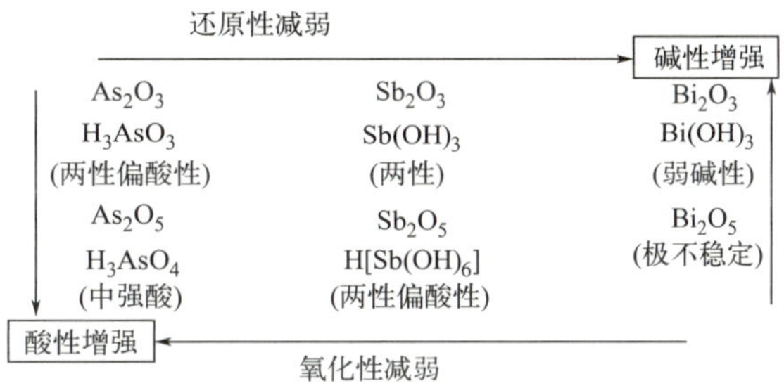

12.1.6.3　砷、锑、铋的盐

从砷、锑、铋的氧化物及其水合物的酸碱性可知，砷、锑、铋的盐类有两种形式，即阴离子盐（MO_3^{3-}、MO_4^{3-}）及阳离子盐（M^{3+}、M^{5+}）。对砷和锑来说，主要形成 MO_3^{3-} 类型的盐，只有少数的卤化物及硫化物能形成 As^{5+}、Sb^{5+} 盐。铋主要形成 Bi^{3+} 类型的盐。

As(Ⅲ)、Sb(Ⅲ)、Bi(Ⅲ) 的氯化物在水中极易水解。其中 $AsCl_3$ 水解生成 H_3AsO_3；$SbCl_3$、$BiCl_3$ 都水解生成白色碱式盐沉淀：

$$AsCl_3 + 3H_2O \longrightarrow H_3AsO_3 + 3HCl$$

$$SbCl_3 + H_2O \longrightarrow SbOCl \downarrow + 2HCl$$

$$BiCl_3 + H_2O \longrightarrow BiOCl \downarrow + 2HCl$$

故配制这些盐的溶液时，要加相应的酸，以抑制其水解。

Sb(Ⅲ)、Bi(Ⅲ) 的硝酸盐在水中也极易水解，生成相应的碱式盐沉淀：

$$Sb(NO_3)_3 + H_2O \longrightarrow SbONO_3 \downarrow + 2HNO_3$$

$$Bi(NO_3)_3 + H_2O \longrightarrow BiONO_3 \downarrow + 2HNO_3$$

向砷、锑、铋的 M^{3+}、M^{5+} 盐溶液中或者向酸化后的 MO_3^{3-}、MO_4^{3-} 溶液中通入 H_2S，都可以得到有颜色的相应硫化物沉淀。例如：

$$2As^{3+} + 3H_2S \longrightarrow As_2S_3 \downarrow + 6H^+$$

$$2AsO_3^{3-} + 3H_2S + 6H^+ \longrightarrow As_2S_3 \downarrow + 6H_2O$$

砷、锑、铋硫化物与酸、碱的反应和它们相应的氧化物类似，表现出酸碱性。详见表 12.6。

表 12.6　As、Sb、Bi 的硫化物

性质	As_2S_3	As_2S_5	Sb_2S_3	Sb_2S_5	Bi_2S_3
颜色	黄色	黄色	橙红色	橙红色	黑色
酸碱性	两性	两性偏酸	两性	两性	碱性
在 Na_2S 或 $(NH_4)_2S$ 中	溶解	溶解	溶解	溶解	不溶解

砷、锑的氧化物能溶于强碱溶液中生成相应的含氧酸盐：

$$M_2O_3 + 6OH^- \longrightarrow 2\,MO_3^{3-} + 3H_2O \qquad (M = As、Sb)$$

与此相似，砷、锑的硫化物能溶于碱性硫化物 [如 Na_2S 或 $(NH_4)_2S$] 中生成相应的硫代酸盐：

$$As_2S_3 + 3S^{2-} \longrightarrow \underset{(硫代亚砷酸根)}{2AsS_3^{3-}}$$

$$Sb_2S_3 + 3S^{2-} \longrightarrow \underset{(硫代亚锑酸根)}{2SbS_3^{3-}}$$

$$As_2S_5 + 3S^{2-} \longrightarrow \underset{(硫代砷酸根)}{2AsS_4^{3-}}$$

$$Sb_2S_5 + 3S^{2-} \longrightarrow \underset{(硫代锑酸根)}{2SbS_4^{3-}}$$

As_2S_3 还能溶于 KOH 溶液中：

$$As_2S_3 + 6OH^- \longrightarrow AsS_3^{3-} + AsO_3^{3-} + 3H_2O$$

硫代酸根可以看作是含氧酸根中的氧原子被硫原子取代的产物。硫代酸盐与酸反应生成相应的硫代酸，硫代酸很不稳定，立即分解为相应的难溶硫化物并放出硫化氢气体：

$$2AsS_3^{3-} + 6H^+ \longrightarrow 2H_3AsS_3 \longrightarrow As_2S_3\downarrow + 3H_2S\uparrow$$

$$2AsS_4^{3-} + 6H^+ \longrightarrow 2H_3AsS_4 \longrightarrow As_2S_5\downarrow + 3H_2S\uparrow$$

在分析化学中常用硫代酸的生成和分解将砷、锑的硫化物与其他金属硫化物分离开来。

12.2 碳族元素

12.2.1　碳族元素概述

碳族元素是周期表ⅣA 族元素，包括碳、硅、锗、锡、铅、𫓧六种元素。碳和硅在自然界中分布很广，碳的含量并不多，但它是地球上化合物种类最多的元素之一，动植物机体也是多种含碳的有机化合物，所以碳也是生物界的主要元素。硅在地壳中的含量仅次于氧，它主要以硅酸盐矿和石英矿存在于自然界。锗常以硫化物伴生在其他金属硫化物矿中。锡主要以锡石（SnO_2）存在，我国云南省个旧市因蕴藏有丰富的锡矿而被称为锡都。铅主要以方铅矿（PbS）形式存在。𫓧为人工合成元素。

锗是暗灰色、重而软的金属，晶态锗是重要的半导体材料。锡是银白色金属，质较软，延展性好，无毒，耐腐蚀。锡有三种同素异形体：灰锡是金刚石型，白锡和脆锡是金属型晶体。各同

素异形体之间能相互转变：

$$灰锡(\alpha\text{-Sn}) \underset{}{\overset{>13℃}{\rightleftharpoons}} 白锡(\beta\text{-Sn}) \underset{}{\overset{>161℃}{\rightleftharpoons}} 脆锡(\gamma\text{-Sn})$$

当温度约低于 −48℃时，白锡会迅速转变为粉末状的灰锡，这一现象叫“锡疫”。

常温下，锡表面生成一种保护膜，故锡在空气中是稳定的。将锡镀在铁的表面可以保护铁，马口铁（镀 Sn 铁皮）是食品罐头材料。锡箔是常用的包装材料。锡还用于制造焊锡（Sn-Pb 合金）和青铜（Cu-Sn 合金）。铅是较软的重金属，由于它能挡住 X 射线和 γ 射线，可制造铅玻璃、铅围裙、铅罐等防护用品。铅还用作电缆、铅蓄电池、耐酸设备、低熔合金（Bi-Pb-Sn-Cd）和放射线的屏蔽材料。有关碳族元素的一些基本性质列于表 12.7 中。

表 12.7　碳族元素的基本性质

性质		碳（C）	硅（Si）	锗（Ge）	锡（Sn）	铅（Pb）
原子序数		6	14	32	50	82
价层电子构型		$2s^22p^2$	$3s^23p^2$	$4s^24p^2$	$5s^25p^2$	$6s^26p^2$
主要氧化数		0、+2、+4	0、+2、+4	0、(+2)、+4	0、+2、+4	0、+2、+4
原子半径 /pm		77	117	122	141	175
离子半径	$r(M^{4+})$/pm	16	40	53	69	78
	$r(M^{2+})$/pm	—	—	73	118	119
第一电离能 I_1/(kJ·mol^{-1})		1086	786	763	709	716
电子亲和能 E_{A1}/(kJ·mol^{-1})		−121.9	−133.6	−115.8	−115.8	−35.1
电负性 (χ_P)		2.5	1.8	1.8	1.8	1.9

碳族元素自上而下是由典型的非金属元素（碳、硅）经过准金属金属元素（锗），过渡到典型的金属元素（锡和铅）。

碳族元素的原子价层电子构型为 ns^2np^2，能形成氧化数为 +2、+4 的化合物。碳和硅的 M(Ⅱ) 化合物很不稳定，主要形成氧化数为 +4 的化合物，碳有时还能形成氧化数为 0、−2、−4 的化合物。锗和锡的 M(Ⅱ) 化合物具有强还原性，而 Pb(Ⅳ) 化合物有强氧化性，易被还原为 Pb(Ⅱ)。

12.2.2　碳及其重要化合物

12.2.2.1　碳的同素异形体

金刚石、石墨和富勒烯碳是碳的主要同素异形体。通常所说的无定形碳如木炭、炭黑、活性炭、焦炭等实际上都是石墨的微晶体。

金刚石是原子晶体，熔点高（3550°C）、硬度最大（10），在室温下惰性，但在空气中加热至 827℃（1100K）时，可燃烧生成 CO_2。金刚石除可作装饰品外，在工业上主要用作钻头、刀具及精密轴承等。金刚石薄膜因其优异的力学、热传导和光学等物性，可用于制作手术刀、集成电路、散热芯片及各种敏感器件。由于金刚石具有特殊的性能和用途，天然金刚石供不应求，从 1954 年开始，人们用石墨作原料，采用下列方法人工合成金刚石：

$$C(石墨) \xrightarrow[6\times10^3\text{MPa},\ 1600\sim1800\text{K}]{\text{Cr、Ni、Fe、Mn合金}} C(金刚石)$$

石墨是层状结构，质软，有金属光泽，能导电，可作电极、坩埚、润滑剂、铅笔芯等。通常情况下，石墨比金刚石稳定。

1985 年起科学家们陆续发现了碳的第三种晶体形态——富勒烯[1]（fullerene）碳原子簇：C_{28}、C_{30}、C_{50}、C_{60}、C_{70}、C_{76}、C_{80}、C_{90}、C_{94}、…、C_{240}、C_{540}、C_{960} 等，其中 C_{60} 比较稳定，它是由 60 个碳原子组成的、具有 32 面体的空心球结构（图 12.4）。由于它的中心有一个直径为 360pm 的

[1] 富勒烯碳因其形状类似于建筑学家 Buckminster Fuller 设计的圆屋顶建筑物而得名。

空腔，可以容纳其他原子，如将碱金属掺入 C_{60} 晶体中，可制造出一系列超导材料（北京大学和中国科学院已分别制出掺 K、Rb、Tl、Ga 的 C_{60} 超导体）；同时 C_{60} 分子有 30 个双键，可以合成各种化合物。它既能加氢生成 $C_{60}H_{36}$ 和 $C_{60}H_{18}$，$C_{60}H_{36}$ 和 $C_{60}H_{18}$，又能脱氢变成 C_{60}；它可以氟化成 $C_{60}F_{42}$、$C_{60}F_{60}$ 等，这些白色粉末可以作为高温润滑剂、耐热和防水材料。C_{60} 及其衍生物在酶抑制、抗病毒、DNA 切割、光动力医疗法等方面有着广阔的应用前景。可以肯定地说，C_{60} 球形结构的发现，将开辟碳的新纪元。

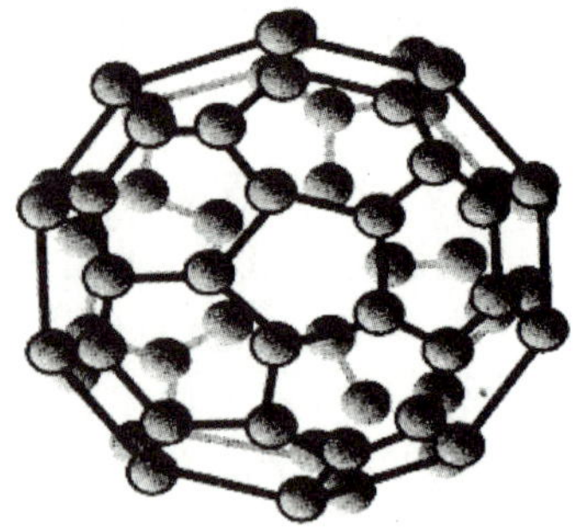

图 12.4　C_{60} 的分子结构模型

12.2.2.2　碳的氧化物

CO 和 CO_2 是碳的主要氧化物。

CO 是无色、无臭、有毒的气体，是含碳可燃物在空气不充分条件下燃烧产生的。空气中 CO 的含量仅为0.1%（体积分数）时，即会使人中毒，原因是它能与血液中携带 O_2 的血红蛋白结合，破坏血液的输 O_2 功能。CO 是良好的气体燃料，也是重要的化工原料，冶金工业上用作还原剂。CO 有加合性，在一定条件下能以 C 原子上的孤电子对配位，与某些金属单质形成金属羰基化合物，如 $[Ni(CO)_4]$、$[Fe(CO)_5]$ 等。

CO_2 是无色、无臭的气体，不助燃，易液化。大气中正常含量的体积分数约为 0.03%。CO_2 主要来自煤、石油气及其他含碳化合物的燃烧，碳酸钙的分解，动物的呼吸过程及发酵过程。自然界通过植物的光合作用和海洋中浮游生物可将 CO_2 转变为 O_2，维持着大气中 O_2 与 CO_2 的平衡。近年来，应用 CO_2 替代光气在合成碳酸酯、异氰酸酯的技术中已有重大突破，不仅避免了光气对人的危害，而且还减少了 CO_2 在大气中的排放，对缓解“温室效应”有重要意义。

固态 CO_2 称为干冰。干冰不经熔化而直接升华，可用作制冷剂（其冷冻温度可达 −70℃）。CO_2 大量用于生产 Na_2CO_3、$NaHCO_3$ 和 NH_4HCO_3，也可用作灭火剂、防腐剂和灭虫剂。

12.2.2.3　碳酸及其盐

（1）碳酸　二氧化碳溶于水形成碳酸。20℃时，1L 水能溶解 0.9L CO_2，浓度为 $0.04mol\cdot L^{-1}$。碳酸极不稳定，只存在于水溶液中，至今尚未制得过纯碳酸。

碳酸是二元弱酸，一般手册提供的解离常数为：

$$H_2CO_3 \rightleftharpoons H^+ + HCO_3^-;\ K_{a(1)}^{\ominus}=4.5\times10^{-7}$$

$$HCO_3^- \rightleftharpoons H^+ + CO_3^{2-};\ K_{a(2)}^{\ominus}=4.7\times10^{-11}$$

这两个解离常数值是假定溶于水的 CO_2 全部转化为 H_2CO_3 而计算出来的。实际上大部分 CO_2 是以水合分子（$CO_2\cdot H_2O$）的形式存在的，只有约 1/600 CO_2 分子转化为 H_2CO_3，若按照 H_2CO_3 的实际浓度进行计算的话，$K_{a(1)}^{\ominus}$ 值约为 2×10^{-4}。

（2）碳酸盐　碳酸能形成两种类型的盐：正盐（碳酸盐）和酸式碳酸盐（碳酸氢盐）。

① **溶解性**。除铵和碱金属（锂除外）的碳酸盐外，多数碳酸盐难溶于水；大多数酸式碳酸盐易溶于水。

对难溶碳酸盐来说，其相应的酸式盐比正盐的溶解度大，例如：

$$\underset{(难溶)}{CaCO_3} + CO_2 + H_2O \longrightarrow \underset{(易溶)}{Ca(HCO_3)_2}$$

自然界中的石灰石、大理石、方解石、珍珠、贝壳等的主要成分都是碳酸钙，它们在 CO_2 和 H_2O 的共同作用下发生上述反应，生成易溶 $Ca(HCO_3)_2$；随着自然条件的长期变化（如受热或减压），上述反应又可以逆转，重新析出 $CaCO_3$，亦即 $CaCO_3$ 可随水迁移。自然界中钟乳石和石笋的形成就是这个道理。

对易溶的碳酸盐来说，它们相应的酸式碳酸盐的溶解度却相对较小。例如，向浓碳酸钠溶液中，通入 CO_2 至饱和，可以析出碳酸氢钠：

$$2Na^+ + CO_3^{2-} + CO_2 + H_2O \longrightarrow 2NaHCO_3$$

② **水解性**。$M(Ⅰ)_2CO_3$（例如 Na_2CO_3）水溶液呈碱性，$M(Ⅰ)HCO_3$（例如 $NaHCO_3$）水解呈微碱性。基于碳酸盐的水解性，常把碳酸盐当作碱使用。例如，无水碳酸钠叫纯碱，十水碳酸钠（$Na_2CO_3 \cdot 10H_2O$）叫作洗涤碱，它们都是常用的廉价碱。在实际工作中可溶性碳酸盐可以同时作为碱和沉淀剂，用于分离溶液中某些金属离子。

金属离子与可溶性碳酸盐的作用，有以下三种沉淀形式：

若金属[如 Al(Ⅲ)、Fe(Ⅲ)、Cr(Ⅲ)]氢氧化物的溶解度小于相应的碳酸盐，则生成氢氧化物沉淀，例如：

$$2Fe^{3+} + 3CO_3^{2-} + 3H_2O \longrightarrow 2Fe(OH)_3 \downarrow + 3CO_2 \uparrow$$

$$2Al^{3+} + 3CO_3^{2-} + 3H_2O \longrightarrow 2Al(OH)_3 \downarrow + 3CO_2 \uparrow$$

若金属[如Bi(Ⅲ)、Cu(Ⅱ)、Mg(Ⅱ)、Pb(Ⅱ)等]氢氧化物与相应的碳酸盐溶解度相差不大，则生成碱式碳酸盐沉淀，例如：

$$2Cu^{2+} + 2CO_3^{2-} + H_2O \longrightarrow Cu_2(OH)_2CO_3 \downarrow + CO_2 \uparrow$$

若金属[如 Ca(Ⅱ)、Sr(Ⅱ)、Ba(Ⅱ)、Ag(Ⅰ)、Cd(Ⅱ)、Mn(Ⅱ)等]氢氧化物的溶解度大于相应的碳酸盐，则生成碳酸盐沉淀，例如：

$$Ba^{2+} + CO_3^{2-} \longrightarrow BaCO_3 \downarrow$$

③ **热稳定性**。不同的碳酸盐分解温度相差很大。表 12.8 列出了一些常见碳酸盐的分解温度，从中可以看出，金属离子的极化能力越强，其碳酸盐热稳定性越差。

表 12.8　一些碳酸盐的分解温度

项目	Li^+	Na^+	Mg^{2+}	Ca^{2+}	Sr^{2+}	Ba^{2+}	Fe^{2+}	Cd^{2+}	Pb^{2+}	Ag^+
离子半径 /pm	60	95	65	99	113	135	74	97	120	126
离子电子构型	2	8	8	8	8	8	9～17	18	18+2	18
分解温度 /℃	1100	1800	402	814	1098	1277	282	360	315	218

碳酸盐热稳定性的一般规律为：碱金属 > 碱土金属 > 过渡金属盐 > 铵盐；碳酸盐 > 碳酸氢盐 > 碳酸。这一规律可以用离子极化的概念加以说明。当没有外电场影响时，CO_3^{2-} 中 3 个 O^{2-} 已被 C^{4+} 所极化而变形；金属离子可以看成是外电场，只极化邻近一个 O^{2-}，由于金属离子对其极化的偶极方向与 C^{4+} 对 O^{2-} 极化所产生的偶极方向相反，使这个 O^{2-} 原来的偶极矩变小甚至反向，从而削弱了碳 - 氧间的键，这种作用称反极化作用，如图 12.5 所示。当反极化作用相当强烈时，可以超过 C^{4+} 对 O^{2-} 的极化作用，最后导致碳酸根的破裂，MCO_3 分解成 MO 和 CO_2。

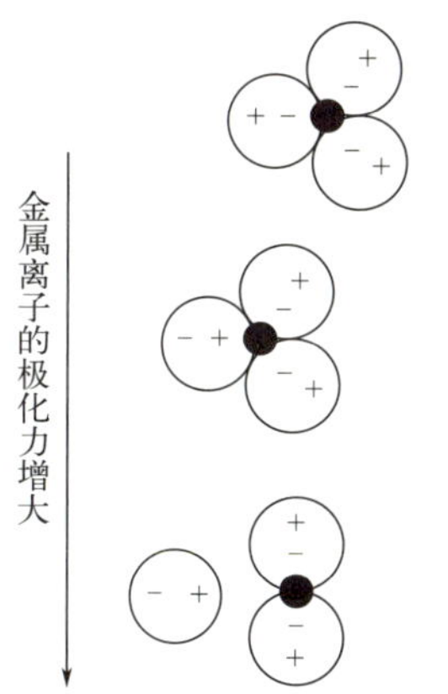

图 12.5　金属离子对 CO_3^{2-} 的反极化作用示意图

显然，金属离子的极化力越强，它对碳酸根的反极化作用也越强，碳酸盐也就越不稳定。比较表 12.8 数据可以看出：

a．碱金属离子的电荷少，半径较大，又是 8 电子构型，极化力小，因此它们对 CO_3^{2-} 中与其邻近 O^{2-} 的反极化作用也小，所以它们的碳酸盐很稳定，难以分解。

b．碱土金属离子的电荷为 +2，半径较同周期的碱金属小，对碳酸根有较大的反极化作用，因此碱土金属碳酸盐较碱金属碳酸盐的分解温度低。同一族内，金属离子的电荷数相同，但离子半径逐渐增大，反极化作用依次减弱，因此它们的碳酸盐的热稳定性依次递增。

c．过渡金属离子具有非 8 电子构型（9～17、18、18+2 电子构型），极化力较强，对碳酸根的反极化作用也较强，因而它们的碳酸盐稳定性较差。

d. 碳酸氢盐比碳酸盐容易分解，碳酸比碳酸盐更容易分解，这是因为 H^+ 强极化作用的结果。

12.2.3 硅及其重要化合物

12.2.3.1 单质硅

硅有晶体和无定形体两种形态。晶体硅的结构与金刚石类似，熔点、沸点较高，硬而脆。无定形硅是灰黑色粉末，性质较晶体硅活泼。

硅的化学性质不活泼，室温时不与氧、水、氢卤酸反应，但能与强碱或硝酸和氢氟酸的混合物溶液反应：

$$Si + 2NaOH + H_2O \longrightarrow Na_2SiO_3 + 2H_2\uparrow$$

$$3Si + 4HNO_3 + 12HF \longrightarrow 3SiF_4\uparrow + 4NO\uparrow + 8H_2O$$

高纯硅是最重要的半导体材料、集成电路元件、电子计算机元件，工业自动化用的可控硅都是半导体硅制成的。作为半导体材料用的硅，不仅要求纯度高（纯度在 9 个 9 以上，即 99.9999999% 以上），而且要求是单晶体。高纯度单晶硅的制法按如下步骤进行：

$$SiO_2 \xrightarrow[\text{电炉}]{\text{焦炭}} Si(\text{粗}) \xrightarrow{Cl_2} SiCl_4 \xrightarrow{\text{精馏}} SiCl_4(\text{纯}) \xrightarrow[1200℃]{H_2} Si(\text{纯})$$

所得纯硅再经区域熔炼法进一步提纯并制成单晶硅。

12.2.3.2 硅烷

硅烷的组成可以用通式 Si_nH_{2n+2} 表示。与烷烃相比较，硅烷的数目是有限的，它包括 n=1～6 的硅烷，目前尚未制得与烯烃和炔烃类似的不饱和化合物。

硅烷在常温下大多为液体或气体，能溶于有机溶剂，性质较烷烃活泼。硅甲烷是主要的硅烷，它是无色气体，常温下稳定，但遇到空气能自燃，并放出大量的热：

$$SiH_4(g) + 2O_2(g) \longrightarrow SiO_2(s) + 2H_2O(g) \quad \Delta_r H_m^{\ominus} = -1421.42\text{kJ}\cdot\text{mol}^{-1}$$

SiH_4 在纯水和微酸性溶液中不水解，但当水中有微量碱起催化作用时即迅速水解：

$$SiH_4 + (n+2)H_2O \xrightarrow{OH^-} SiO_2\cdot nH_2O\downarrow + 4H_2\uparrow$$

SiH_4 大量用于制高纯硅。

12.2.3.3 卤化物

硅的卤化物都是无色的，其分子式可用通式 SiX_4 表示。常温下，SiF_4 是气体，$SiCl_4$ 和 $SiBr_4$ 是液体，SiI_4 是固体，其中以 SiF_4 较为重要。

氟化硅可以用二氧化硅与氢氟酸作用，或用硫酸处理萤石和石英砂的混合物来制备：

$$2CaF_2 + SiO_2 + 2H_2SO_4 \xrightarrow{\triangle} 2CaSO_4 + SiF_4\uparrow + 2H_2O$$

SiF_4 进一步与 HF 反应生成氟硅酸：

$$2HF + SiF_4 \longrightarrow H_2[SiF_6]$$

其他卤化硅不能形成这类化合物，这是因为氟原子半径比其他卤素原子半径小得多。纯氟硅酸是不存在的，但在水溶液中则很稳定，它的酸性与硫酸相近。$Na_2[SiF_6]$ 是一种农业杀虫灭菌剂、木料防腐剂，并用于制造抗酸水泥和搪瓷等。

将硅与氯加热，或将二氧化硅与氯、碳一起加热，均可制得四氯化硅：

$$Si + 2Cl_2 \xrightarrow{\triangle} SiCl_4$$

$$SiO_2 + 2C + 2Cl_2 \xrightarrow{\triangle} SiCl_4 + 2CO$$

$SiCl_4$ 是有刺激性的无色液体，易水解，因此在潮湿空气中会产生浓烟，其水解反应如下：

$$SiCl_4 + 3H_2O \longrightarrow H_2SiO_3 + 4HCl$$

若使氨与 $SiCl_4$ 同时蒸发，所形成的烟雾更浓，因为 NH_3 与 HCl 结合成氯化铵雾，这一性质可用来制造烟幕。

$SiCl_4$ 主要用于制造高纯硅、硅酸酯类、有机硅单体、高温绝缘漆和硅橡胶等。

12.2.3.4　二氧化硅

二氧化硅又称硅石，它在自然界中有晶体和无定形体两种形态，硅藻土是无定形的二氧化硅，石英是常见的二氧化硅晶体。目前至少已知有 12 种“纯”二氧化硅晶型。无色透明的纯石英叫水晶。

石英在 1600℃时熔化成黏稠液体，其内部结构变为不规则状态，若急剧冷却，因黏度大不易再结晶而形成石英玻璃。石英玻璃具有许多特殊性能，如加热至 1400℃时也不软化（普通玻璃加热至 600～900℃即软化）；热膨胀系数小，所制容器骤冷、骤热均不易破裂；可透过可见光和紫外光，因而可用于制造高级化学器皿和光学仪器。石英玻璃的另一个重要用途是制光导纤维，用在光导通信上，石英光导纤维是光通信的重要原料，它将逐步取代电缆。

二氧化硅与一般的酸不起反应，但能与氢氟酸反应：

$$SiO_2 + 4HF \longrightarrow SiF_4\uparrow + 2H_2O$$

二氧化硅与氢氧化钠或纯碱共熔可制得硅酸钠：

$$SiO_2 + 2NaOH \xrightarrow{\triangle} Na_2SiO_3 + H_2O$$

$$SiO_2 + Na_2CO_3 \xrightarrow{\triangle} Na_2SiO_3 + CO_2\uparrow$$

12.2.3.5　硅酸和硅胶

硅酸的形式很多，其组成（常以通式 $x SiO_2 \cdot y H_2O$ 来表示）随形成时的条件不同而异。已知在一定条件下能稳定存在的硅酸如表 12.9 所示。其中 $x \geqslant 2$ 的硅酸统称为多硅酸。因为在各种硅酸中，以偏硅酸的组成最简单，所以常以 H_2SiO_3 的简式代表硅酸。

表 12.9　硅酸的种类

硅酸名称	化学式	x	y
正硅酸	H_4SiO_4	1	2
偏硅酸	H_2SiO_3	1	1
二偏硅酸	$H_2Si_2O_5$	2	1
三偏硅酸	$H_4Si_3O_8$	3	2
焦硅酸	$H_6Si_2O_7$	2	3

硅酸为二元弱酸，$K^{\ominus}_{a(1)}=2.5\times10^{-10}$，$K^{\ominus}_{a(2)}=1.6\times10^{-12}$，在实验室中，用盐酸与可溶性硅酸盐作用即可制得：

硅酸的制备

$$SiO_3^{2-}+2H^+ \longrightarrow H_2SiO_3$$

虽然硅酸在水中溶解度不大，但它刚形成时不一定立即沉淀，这是因为开始生成的是可溶于水的单硅酸，且这些单硅酸还会逐步缩合成硅酸溶胶[1]：

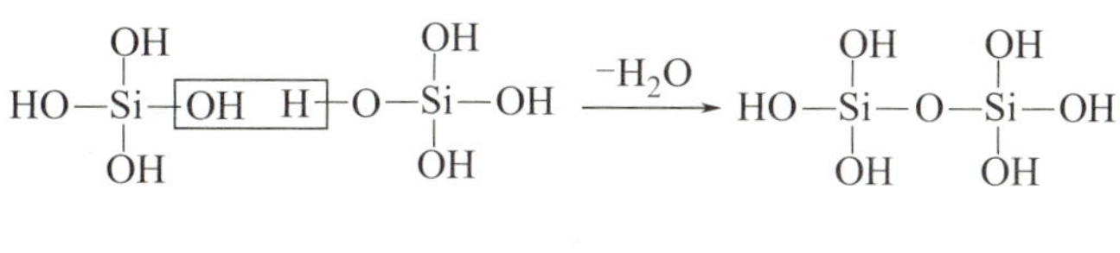

[1] 含有胶态溶质的体系称为溶胶。胶态溶液是悬浊液与分子溶液（真溶液）之间的中间状态。溶质微粒的大小对比如下：

溶液	真溶液	胶状溶液	悬浊液
颗粒大小 /nm	0.1～1.0	1.0～100	＞100

若在稀的硅酸溶胶内加入电解质，或者在适当浓度的硅酸盐溶液中加酸，则生成硅酸胶状沉淀（即凝胶）。

硅酸凝胶为多硅酸，其含水量高，软而透明，有弹性。如果将硅酸凝胶中大部分水脱去，则得到硅酸干胶（即硅胶）。

硅胶是一种稍透明的白色固态物质。硅胶内有很多微小孔隙，内表面积很大（每克硅胶内表面可达 800～900m^2），因此硅胶有很强的吸附性能，可做吸附剂、干燥剂和催化剂的载体。例如，实验室常用变色硅胶做精密仪器的干燥剂。变色硅胶内含有氯化钴，无水时 $CoCl_2$ 呈蓝色，含水时 $[Co(H_2O)_6]^{2+}$ 呈粉红色，氯化钴颜色的变化，可显示硅胶的吸湿情况。粉红色的硅胶已失去吸湿能力，需要烘烤、脱水，再变为蓝色后，才恢复吸湿能力。

12.2.3.6　硅酸盐

二氧化硅与不同比例的碱性氧化物共熔，可得到若干确定组分的硅酸盐，其中最简单的是偏硅酸盐和正硅酸盐。例如碱金属的硅酸盐：

$$SiO_2 + M_2O \longrightarrow M_2SiO_3$$

$$SiO_2 + 2M_2O \longrightarrow M_4SiO_4$$

所有硅酸盐中，仅碱金属的硅酸盐可溶于水，重金属的硅酸盐难溶于水，并有特征颜色，如：

$CuSiO_3$	$CoSiO_3$	$MnSiO_3$	$Al_2(SiO_3)_3$	$NiSiO_3$	$Fe_2(SiO_3)_3$
蓝绿色	紫色	浅红色	无色透明	翠绿色	棕红色

如果在透明的 Na_2SiO_3 溶液中，分别加入颜色不同的重金属盐类，静置几分钟后，可以看到各种颜色的难溶重金属硅酸盐犹如“树”“草”一样不断生长，形成美丽的“花园”。

硅“花园”

工业上将石英砂与碳酸钠熔融即得玻璃状的硅酸钠熔体，它能溶于水，其水溶液俗称为水玻璃，又称“泡花碱”。市售的水玻璃通常为黏稠状溶液，Na_2O 与 SiO_2 的物质的量之比一般为1∶3.3，故水玻璃实际上为多硅酸钠。水玻璃的用途非常广泛，为纺织、造纸、制皂、铸造等工业的重要原料，此外，还可作清洁剂、黏合剂、胶合剂、耐熔抗酸的密封胶等的材料。

由于硅酸的酸性很弱，所以硅酸钠在水溶液中强烈水解并呈碱性，当在 SiO_3^{2-} 溶液中加入 NH_4Cl 时，发生完全水解，有 H_2SiO_3 沉淀生成和氨气放出：

$$SiO_3^{2-} + 2NH_4^+ + 2H_2O \longrightarrow H_2SiO_3\downarrow + 2NH_3\cdot H_2O$$

$$2NH_3\cdot H_2O \longrightarrow 2NH_3\uparrow + 2H_2O$$

玻璃、水泥、陶瓷等都含有硅酸盐。普通玻璃是用 Na_2CO_3、石灰石和 SiO_2 共熔得到的，大致组成为：$Na_2SiO_3\cdot CaSiO_3\cdot 4SiO_2$。若加入不同的金属氧化物可得到不同颜色的玻璃，如加入氧化钴呈蓝色，加入氧化铈呈浅红色，加入 Fe_2O_3 则呈黄色。陶瓷是用适当的黏土矿物配料成型，经高温煅烧制得的。水泥则是用石灰石和黏土在 1400℃左右煅烧而成，它是铝酸钙和硅酸钙的混合物。市场出售的翡翠，成分为 $NaAl(SiO_3)_2$。

天然硅酸盐种类繁多，结构十分复杂，为了便于表示其组成，通常把它们看作是硅酐和金属氧化物相结合的化合物。常见的有：

正长石 $K_2O\cdot Al_2O_3\cdot 6SiO_2$　　高岭土 $Al_2O_3\cdot 2SiO_2\cdot 2H_2O$

白云母 $K_2O\cdot 3Al_2O_3\cdot 6SiO_2\cdot 2H_2O$　　石棉 $CaO\cdot 3MgO\cdot 4SiO_2$

泡沸石 $Na_2O\cdot Al_2O_3\cdot 2SiO_2\cdot nH_2O$　　滑石 $3MgO\cdot 4SiO_2\cdot H_2O$

天然硅酸盐晶体的基本结构单元都是 SiO_4 四面体［图 12.6，其中（b）为俯视图］，SiO_4 四面体的排列方式不同，则形成不同结构的硅酸盐。其中泡沸石是一种天然的分子筛。分子筛由于能让气体或液体混合物中直径比孔穴直径小的分子进入孔穴，直径大的分子留在孔外，起到“筛选”分子的作用。分子筛的通式为：

$$M_{x/n}[(AlO_2)_x(SiO_2)_y]\cdot mH_2O$$

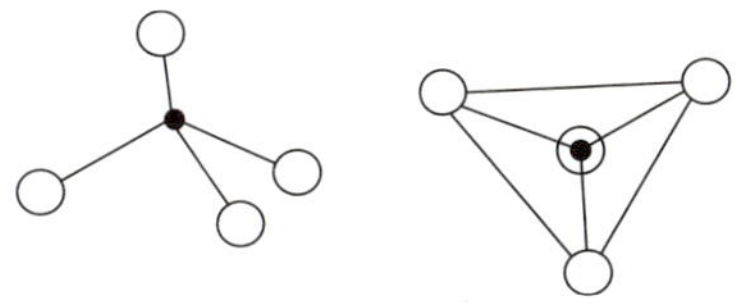

图 12.6　SiO_4 四面体

式中，M 为金属阳离子，一般为 Na^+、K^+、Ca^{2+}；n 为金属阳离子的电荷数；(x/n) 为金属阳离子的个数。

人们模拟天然分子筛，以氢氧化钠、铝酸钠和水玻璃为原料制成合成分子筛。分子筛分为 A 型、X 型、Y 型等不同类型，例如 4A、13X、Y 及丝光沸石型的化学组成如下：

4 A 型　　$Na_{12}[Al_{12}Si_{12}O_{48}]\cdot 27H_2O$

13 X 型　　$Na_{86}[Al_{86}Si_{106}O_{384}]\cdot 264H_2O$

Y 型　　$Na_{56}[Al_{56}Si_{136}O_{384}]\cdot 250H_2O$

丝光沸石型　　$Na_8[Al_8Si_{40}O_{96}]\cdot 24H_2O$

合成分子筛的原料价格便宜，工艺简单，易于再生（可重复使用），目前已为许多工业部门广泛使用。A 型分子筛多用于气体的干燥、吸收、净化分离。X 型和 Y 型分子筛多用于石油产品的催化裂化、催化加氢或作为催化剂的载体。丝光沸石型分子筛由于具有耐酸和耐热的特殊稳定性，可在高温和强酸介质中使用。

12.2.4　锡、铅的重要化合物

12.2.4.1　锡、铅的氧化物和氢氧化物

锡和铅有两类氧化物（MO 和 MO_2）和相应的氢氧化物 [$M(OH)_2$ 和 $M(OH)_4$]。它们的酸碱性递变规律见表 12.10。

表 12.10　锡、铅的主要氧化物和氢氧化物的酸碱性递变规律

氧化数		Sn	Pb
氧化数	+2	SnO(黑色) $Sn(OH)_2$(白色) 两性偏碱	PbO(黄色或黄红色) $Pb(OH)_2$(白色) 两性偏碱
	+4	SnO_2(白色) $Sn(OH)_4$(白色) 两性偏酸	PbO_2(棕黑色) $Pb(OH)_4$(棕色) 两性偏酸

（纵向：酸性增强、碱性减弱；横向：酸性减弱、碱性增强）

铅的氧化物除 PbO（密陀僧）和 PbO_2 外，还有常见的“混合氧化物”：鲜红色的 Pb_3O_4（铅丹）和橙色的 Pb_2O_3。Pb_3O_4 可以看作是正铅酸的铅盐（$Pb_2[PbO_4]$），或者说它是氧化铅和二氧化铅的“混合氧化物”（$2PbO\cdot PbO_2$）。Pb_2O_3 可以看成是偏铅酸的铅盐（$PbPbO_3$），或者说它也是氧化铅和二氧化铅的“混合氧化物”（$PbO\cdot PbO_2$）。

铅丹和稀硝酸反应如下：

$$\underset{(2PbO\cdot PbO_2)}{Pb_2[PbO_4]} + 4HNO_3 \longrightarrow 2Pb(NO_3)_2 + PbO_2\downarrow + 2H_2O$$

可以看成其中碱性的 PbO 与酸反应，留下呈酸性的不溶物 PbO_2。

三氧化二铅和稀硝酸反应如下：

$$PbPbO_3 + 2HNO_3 \longrightarrow Pb(NO_3)_2 + PbO_2\downarrow + H_2O$$

可见 Pb_3O_4 和 Pb_2O_3 中的铅具有两种不同的氧化数。

铅丹的化学性质较稳定，可用作防锈漆。

$Sn(OH)_2$、$Pb(OH)_2$ 是 Sn、Pb 的主要氢氧化物，它们既溶于酸又溶于碱：

$$Sn(OH)_2 + 2H^+ \longrightarrow Sn^{2+} + 2H_2O$$

$$Sn(OH)_2 + 2OH^- \longrightarrow [Sn(OH)_4]^{2-}$$

$$Pb(OH)_2 + 2H^+ \longrightarrow Pb^{2+} + 2H_2O$$

$$Pb(OH)_2 + 2OH^- \longrightarrow [Pb(OH)_4]^{2-}$$

在 Sn(Ⅳ)化合物的溶液中加入碱金属氢氧化物，可生成白色胶状沉淀正锡酸 $Sn(OH)_4$。正锡酸易失水成为偏锡酸 H_2SnO_3。H_2SnO_3 有 α- H_2SnO_3 和 β- H_2SnO_3 两种。在 Na_2SnO_3 溶液中加入适量的盐酸，可得到 α- H_2SnO_3（$SnO_2 \cdot xH_2O$），α- H_2SnO_3 是无定形体凝胶，它易溶于过量的浓盐酸及碱溶液。β- H_2SnO_3 是由浓硝酸和锡作用而生成的白色微晶，它既难溶于酸也难溶于碱。α- H_2SnO_3 经长时间放置则向 β- H_2SnO_3 转变。

12.2.4.2 锡和铅的盐类

（1）锡（Ⅱ）的还原性和铅（Ⅳ）的氧化性 锡和铅都有氧化数为 +2 和 +4 的化合物。

由于惰性电子对效应，锡的高氧化数状态较稳定，因此 Sn(Ⅱ)显还原性。铅的低氧化数状态较稳定，因此 Pb(Ⅳ)显氧化性。有关电势图如下：

$E_A^{\ominus}$ /V

$$Sn^{4+} \overset{0.154}{——} Sn^{2+} \overset{-0.136}{——} Sn$$

$$PbO_2 \overset{1.46}{——} Pb^{2+} \overset{-0.126}{——} Pb$$

$E_B^{\ominus}$ /V

$$[Sn(OH)_6]^{2-} \overset{-0.93}{——} [Sn(OH)_4]^{2-} \overset{-0.91}{——} Sn$$

$$PbO_2 \overset{0.28}{——} PbO \overset{-0.58}{——} Pb$$

从上述的电势图可以看出，Sn(Ⅱ)无论在酸性或碱性介质中都有还原性，且在碱性介质中 $[Sn(OH)_4]^{2-}$ 的还原性更强。例如，在碱性溶液中 $[Sn(OH)_4]^{2-}$ 可以将铋盐还原成黑色的金属铋，这是鉴定 Bi^{3+} 的一种方法：

$$2Bi^{3+} + 6\,OH^- + 3[Sn(OH)_4]^{2-} \longrightarrow 2Bi\downarrow + 3[Sn(OH)_6]^{2-}$$

$SnCl_2$ 是重要的还原剂，它能将汞盐还原成白色的亚汞盐：

$$2HgCl_2 + SnCl_2 \longrightarrow Hg_2Cl_2 + SnCl_4$$

亚锡离子的鉴定

这一反应可用来鉴定溶液中的 Sn^{2+}。如果用过量的 $SnCl_2$，还可以把 Hg_2Cl_2 进一步还原为黑色的金属汞：

$$Hg_2Cl_2 + SnCl_2 \longrightarrow 2Hg + SnCl_4$$

PbO_2 在酸性介质中是一种强氧化剂，可以把 Cl^- 氧化为氯气，还可以把 Mn^{2+} 氧化为紫色的 MnO_4^-，与浓 H_2SO_4 作用放出 O_2：

$$PbO_2 + 4HCl(浓) \longrightarrow PbCl_2 + Cl_2\uparrow + 2H_2O$$

$$2Mn^{2+} + 5PbO_2 + 4H^+ \longrightarrow 2\,MnO_4^- + 5Pb^{2+} + 2H_2O$$

$$2PbO_2 + 2H_2SO_4(浓) \longrightarrow 2PbSO_4 + O_2\uparrow + 2H_2O$$

在工业上 PbO_2 主要用于制造铅蓄电池。铅蓄电池放电时的电极反应可表示如下：

负极 (Pb)：$Pb + SO_4^{2-} - 2e^- \rightleftharpoons PbSO_4$ $\qquad E^{\ominus}(-) = -0.356V$

正极 (PbO_2)：$PbO_2 + SO_4^{2-} + 4H^+ + 2e^- \rightleftharpoons PbSO_4 + 2H_2O$ $\qquad E^{\ominus}(+) = 1.69V$

铅蓄电池的总反应式为：

$$PbO_2 + Pb + 2H_2SO_4 \underset{充电}{\overset{放电}{\rightleftharpoons}} 2PbSO_4 + 2H_2O \qquad E^{\ominus}=2.05V$$

电池以硫酸作为电解质溶液，放电时，由于消耗硫酸使硫酸的浓度降低、溶液密度减小，并且电池反应是定量进行的，所以，可以通过测定溶液的密度了解电池的放电程度，以决定是否需要充电。

近年来发展的密封式铅蓄电池，在结构、材质和工艺上有了重大改进，凝胶电解质技术和多孔超细玻璃纤维隔板在电池中的应用，实现了全密闭，减少了污染，操作安全，达到了低维修和免维修的要求。

(2) 锡和铅盐的水解性 锡（Ⅱ）盐和含氧酸盐均易水解生成碱式盐和氢氧化亚锡沉淀：

$$Sn^{2+} + Cl^- + H_2O \longrightarrow Sn(OH)Cl\downarrow + H^+$$

$$SnO_2^{2-} + 2H_2O \longrightarrow Sn(OH)_2\downarrow + 2OH^-$$

配制 $SnCl_2$ 溶液时，通常把 $SnCl_2$ 固体溶在浓盐酸中，待完全溶解后，加水稀释至所需要的浓度。由于 Sn^{2+} 盐在空气中容易被氧化：

$$2Sn^{2+} + O_2 + 4H^+ \longrightarrow 2Sn^{4+} + 2H_2O$$

在配制 $SnCl_2$ 溶液时常加入一些锡粒，使可能已被氧化的 Sn^{4+} 还原为 Sn^{2+}：

$$Sn^{4+} + Sn \longrightarrow 2Sn^{2+}$$

$SnCl_4$ 是典型的共价化合物，无色液体，遇水剧烈水解，在潮湿空气中会冒白烟，所以制备、保存时要采取密封装置。

Pb(Ⅱ) 水解不显著。$PbCl_4$ 是黄色液体，极不稳定，只在低温时存在，常温下容易分解为 $PbCl_2$ 和 Cl_2。

(3) 铅盐的难溶性 绝大多数铅盐难溶于水。卤化铅中以金黄色的 PbI_2 溶解度最小，但它可溶于沸水，而且由于能生成配合物而溶解于 KI 溶液中：

$$PbI_2 + 2KI \longrightarrow K_2[PbI_4]$$

$PbCl_2$ 难溶于冷水，易溶于热水。在浓盐酸中，由于能形成配合物而溶解：

$$PbCl_2 + 2HCl(浓) \longrightarrow H_2[PbCl_4]$$

$PbSO_4$ 难溶于水，但易溶于浓 H_2SO_4；在饱和的 NH_4OAc 溶液中由于能生成难解离的 $Pb(OAc)_2$（俗称铅糖）而溶解，反应如下：

$$PbSO_4 + H_2SO_4(浓) \longrightarrow Pb(HSO_4)_2$$

$$PbSO_4 + 2OAc^- \longrightarrow Pb(OAc)_2 + SO_4^{2-}$$

硝酸铅易水解，在其盐溶液中加入碳酸钠溶液可得到碱式碳酸铅沉淀：

$$2Pb^{2+} + 2CO_3^{2-} + H_2O \longrightarrow Pb_2(OH)_2CO_3\downarrow + CO_2\uparrow$$

碱式碳酸铅是一种覆盖力很强的白色颜料，俗称铅白。

Pb^{2+} 与 CrO_4^{2-} 反应能生成黄色的铬酸铅沉淀：

$$Pb^{2+} + CrO_4^{2-} \longrightarrow PbCrO_4\downarrow$$

这一反应用来鉴定 Pb^{2+} 或 CrO_4^{2-}。$PbCrO_4$ 可溶于过量碱生成 $[Pb(OH)_4]^{2-}$：

$$PbCrO_4 + 4OH^- \longrightarrow [Pb(OH)_4]^{2-} + CrO_4^{2-}$$

铬酸铅的制备

$PbCrO_4$ 为黄色颜料，俗称铬黄。

铅盐有毒，其毒性是由于 Pb^{2+} 和蛋白质分子中的半胱氨酸的巯基（—SH）作用，生成难溶物。若铅中毒，可注射 EDTA-HOAc 钠盐溶液解毒。

12.2.4.3 锡和铅的硫化物

锡和铅能生成 MS 和 MS_2 两类硫化物。用硫化氢作用于相应的盐溶液可得到硫化物沉淀，铅(Ⅳ)的硫化物 PbS_2 不能稳定存在 [Pb(Ⅳ) 的强氧化性与 S^{2-} 的还原性所致]。

SnS	SnS_2	PbS
棕色	黄色	黑色
碱性	酸性	碱性

SnS_2 与碱金属硫化物（或硫化铵）反应，由于生成硫代锡酸盐而溶解：

$$SnS_2 + S^{2-} \longrightarrow SnS_3^{2-}$$

SnS 能溶于多硫化铵生成硫代锡酸盐：

$$SnS + S_2^{2-} \longrightarrow SnS_3^{2-}$$

硫代锡酸盐不稳定，遇酸分解：

$$SnS_3^{2-} + 2H^+ \longrightarrow SnS_2 \downarrow + H_2S \uparrow$$

PbS 不溶于非氧化性稀酸和碱金属硫化物，但可溶于稀硝酸和浓盐酸：

$$3PbS + 8H^+ + 2NO_3^- \longrightarrow 3Pb^{2+} + 3S \downarrow + 2NO \uparrow + 4H_2O$$

$$PbS + 4HCl(浓) \longrightarrow H_2[PbCl_4] + H_2S \uparrow$$

12.3 硼族元素

12.3.1 硼族元素概述

硼族元素是周期表第ⅢA族元素，包括硼、铝、镓、铟、铊、鉨六种元素。自然界没有游离态的硼。硼的矿石有硼砂矿（$Na_2B_4O_7 \cdot 10H_2O$）、硼镁矿（$Mg_2B_2O_5 \cdot H_2O$）、方硼矿（$2Mg_3B_8O_{15} \cdot MgCl_2$）等，我国西藏盛产硼砂，吉林、辽宁等省都有硼矿。铝是地壳中蕴藏最丰富的金属元素，主要以铝土矿（$Al_2O_3 \cdot xH_2O$）存在。镓、铟都比较分散，作为与其他矿共生的组分而存在，故称为稀散元素。铝、铟、铊为银白色金属，固体镓为蓝灰色，它们都质软、轻而富有延展性。镓的熔点、沸点相差近2220℃，可用作高温温度计。镓、铟易与许多金属形成合金，常用于制低熔合金，如含25%铟的镓合金，在16℃时即可熔化，可用于自动灭火装置中。铊及其化合物都有毒，误食少量的铊盐可使毛发脱落，工业废水中不容许含铊元素。鉨是一种人工合成的不稳定的超重元素，具有放射性。

有关硼族元素的一些基本性质列于表12.11中。

表12.11　硼族元素的基本性质

性质	硼（B）	铝（Al）	镓（Ga）	铟（In）	铊（Tl）
原子序数	5	13	31	49	81
价层电子构型	$2s^22p^1$	$3s^23p^1$	$4s^24p^1$	$5s^25p^1$	$6s^26p^1$
主要氧化数	0、+3	0、+3	0、+1、+3	0、+1、+3	0、+1、(+3)
原子半径 /pm	88	143	122	163	170
离子半径 (M^{3+}) /pm	27	50	62	80	88.6
第一电离能 $I_1/(kJ \cdot mol^{-1})$	801	578	579	558	589
电子亲和能 $E_{A1}/(kJ \cdot mol^{-1})$	−26.7	−42.5	−28.9	−28.9	−19.3
电负性 (χ_P)	2.0	1.5	1.6	1.7	1.8

在硼族元素中，除硼外其他均为金属元素。硼族元素原子的价层电子构型为 ns^2np^1，它们的最高氧化数为+3。硼、铝一般只形成氧化数为+3的化合物。从镓到铊，由于 ns^2 惰性电子对效应，氧化数为+3的化合物的稳定性降低，而氧化数为+1的化合物的稳定性增加。铊(Ⅰ)的化合物比铊(Ⅲ)的稳定。

硼的原子半径小，电负性较大，其化合物均属共价型。硼族元素原子的价电子数为3，而价电子轨道数为 4，是缺电子原子，可形成缺电子化合物。缺电子化合物因有空的价电子轨道，能接受电子对，故易形成聚合分子（如 Al_2Cl_6）和配合物（如 $H[BF_4]$）。

12.3.2　硼的氢化物

硼氢化合物的物理性质与碳的氢化物（烷烃）、硅的氢化物相似。硼的氢化物称为硼烷。现已合成出 20 多种硼烷，硼烷可分为两大类，通式分别为 B_nH_{n+4} 和 B_nH_{n+6}，最简单的是 B_2H_6（乙硼烷）。

12.3.2.1　乙硼烷的结构

B_2H_6 分子中具有桥状结构，分子内原子的成键情况如图 12.7 所示。

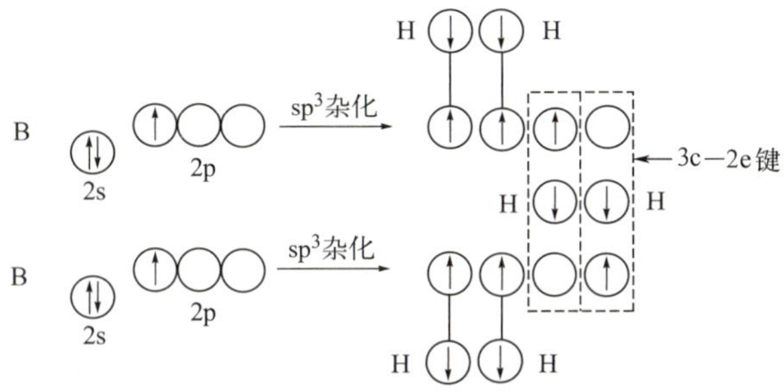

图 12.7　B_2H_6 分子形成示意图

在 B_2H_6 分子中，B 原子采取不等性 sp^3 杂化，每个 B 原子的 4 个 sp^3 杂化轨道中有两个用于与两个 H 原子的 s 轨道形成正常的 σ 键，位于两侧的这 4 个 H 原子和 2 个 B 原子处在同一平面上；2 个 B 原子之间利用每个 B 原子另 2 个 sp^3 杂化轨道（一个有电子，另一个没有电子）同另 2 个 H 原子的 s 轨道形成 2 个 $\mathrm{B}\overset{\mathrm{H}}{\frown}\mathrm{B}$ 键，犹如 2 个 B 原子通过氢原子作为桥梁连接，故 $\mathrm{B}\overset{\mathrm{H}}{\frown}\mathrm{B}$ 也称为氢桥键（氢桥键与氢键不同）。两个氢桥键位于平面上、下两侧，并垂直于平面，如图 12.8 所示。氢桥键由于是由 2 个电子把 3 个原子键合起来的，所以叫作三中心二电子键（简称三中心键），简写为 3c—2e。

三中心键是多中心键的一种形式。多中心键是指 3 个或 3 个以上原子之间结合所形成的共价键，它是一种非定域键。多中心键是缺电子原子的一种特殊成键形式，它普遍存在于硼烷之中。三中心键的强度只有一般共价键的一半，故硼烷的化学性质比烷烃活泼。

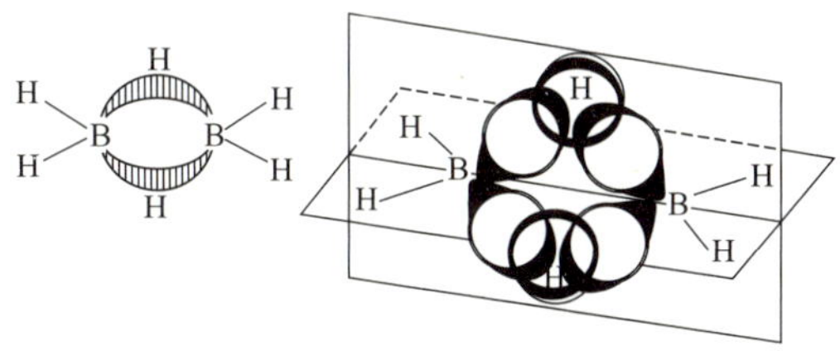

图 12.8　乙硼烷的结构

12.3.2.2　硼烷的性质

在常温下，B_2H_6 及 B_4H_{10} 为气体，B_5H_9、B_6H_{10} 为液体，$B_{10}H_{14}$ 及其他高硼烷为固体。随着原子数目的增加和分子量的增大，分子变形性也增大，熔点、沸点升高。它们的物理性质与具有相应组成的碳烷很相似，但化学性质接近硅烷，在通常情况下，比硅烷更不稳定。乙硼烷在空气中能自燃，燃烧时生成三氧化二硼和水，并放出大量的热：

$$B_2H_6(g) + 3O_2 \longrightarrow B_2O_3(s) + 3H_2O(g);\ \Delta_r H_m^{\ominus} = -2033.79\mathrm{kJ \cdot mol^{-1}}$$

由于硼烷燃烧时放出大量的热，且反应速率快，因此曾一度想用作火箭或导弹的高能燃料，但由于所有的硼烷都有很大的毒性（远大于氰化氢、光气）而作罢。

硼烷遇水发生水解作用：

$$B_2H_6(g) + 6H_2O(l) \longrightarrow 2H_3BO_3(aq) + 6H_2(g);\ \Delta_r H_m^{\ominus} = -465\mathrm{kJ \cdot mol^{-1}}$$

此反应产生氢气和大量的热。

NH_3、CO 是具有孤电子对的分子，它们能与硼烷发生加合作用，例如：

$$B_2H_6 + 2CO \longrightarrow 2[H_3B \leftarrow CO]$$

$$B_2H_6 + 2NH_3 \longrightarrow 2[H_3B \leftarrow NH_3]$$

乙硼烷在有机合成中有重要作用，如乙硼烷与不饱和烃可生成烃基硼烷（即硼氢化反应），烃基硼烷是有机合成的重要中间体；乙硼烷还可以使单质硼均匀地涂覆在金属表面，增加金属抗腐蚀和抗磨损能力。癸硼烷能促进硅橡胶熟化。

12.3.3 硼酸及其盐

12.3.3.1 （正）硼酸

硼的含氧酸包括偏硼酸、硼酸和多硼酸（$xB_2O_3 \cdot yH_2O$）等。硼酸脱水后得到偏硼酸，若再进一步脱水可得到硼酐。游离的四硼酸尚未制得。如果将硼酐、偏硼酸溶于水，它们又重新生成硼酸：

$$H_3BO_3 \underset{H_2O}{\overset{\triangle}{\rightleftharpoons}} HBO_2 \underset{H_2O}{\overset{\triangle}{\rightleftharpoons}} B_2O_3$$

硼酸的晶体结构单位 $B(OH)_3$ 为平面三角形，硼原子位于三角形的中心，硼酸晶体的片状结构如图 12.9 所示。分子内每一个硼原子通过 sp^2 杂化与 3 个氧原子以共价键结合形成平面三角形结构；分子间再通过氢键形成接近六角形的对称层状结构，层与层之间借助微弱的范德华力联系在一起。因此硼酸晶体为鳞片状，具有解理性，可用作滑润剂。

硼酸是一种固体酸。微溶于冷水，随着温度的升高，硼酸中的部分氢键断裂，故在热水中的溶解度明显增大。

硼酸是一元弱酸（$K_a^{\ominus}=5.8\times10^{-10}$），在水中之所以呈酸性，是由于硼酸中的硼原子是缺电子原子，具有空轨道，能接受水中解离出的具有孤电子对的 OH^-，以配位键形式加合生成 $[B(OH)_4]^-$：

$$H_3BO_3 + H_2O \rightleftharpoons [B(OH)_4]^- + H^+$$

硼酸主要用于搪瓷和玻璃工业，还是一种防腐剂和医药用的消毒剂。

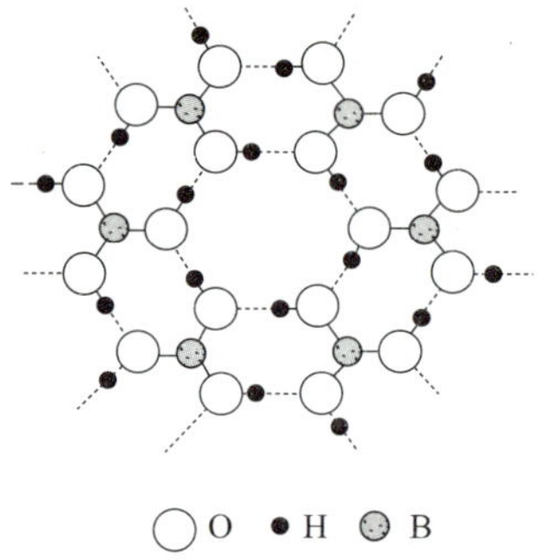

图 12.9 硼酸的晶体结构

12.3.3.2 硼酸盐

硼酸盐有偏硼酸盐、硼酸盐和多硼酸盐等多种。最重要的硼酸盐是四硼酸钠，俗称硼砂。硼砂的化学式为 $Na_2B_4O_5(OH)_4 \cdot 8H_2O$，但习惯上常把它的化学式写成 $Na_2B_4O_7 \cdot 10H_2O$。硼砂是无色透明的晶体，在空气中易风化失水。受热时先失去结晶水成为蓬松状物质，体积膨胀；加热至350～400℃时，阴离子将脱水而成为无水盐 $Na_2B_4O_7$；在 878℃时熔融，冷却后成为透明的玻璃状物质（称为硼砂玻璃）。铁、钴、镍、锰等金属氧化物，可以溶解在硼砂的熔体中，并依金属的不同而显不同的特征颜色。例如：

$$Na_2B_4O_7 + CoO \longrightarrow \underset{\text{（蓝色）}}{Co(BO_2)_2 \cdot 2NaBO_2}$$

$$Na_2B_4O_7 + MnO \longrightarrow \underset{\text{（绿色）}}{Mn(BO_2)_2 \cdot 2NaBO_2}$$

分析化学中常利用硼砂的这一性质，鉴定某些金属离子（叫作硼砂珠实验）。若将熔融时的 $Na_2B_4O_7$ 看成是 $2NaBO_2 \cdot B_2O_3$，则上述反应可以看作是碱性氧化物 CoO、MnO 和酸性氧化物 B_2O_3 结合成盐的反应。

硼砂在水中的溶解度很大，且随温度的升高而增加。在水溶液中易水解，水溶液呈碱性，硼酸盐的水解反应如下：

$$4BO_2^- + H_2O \rightleftharpoons B_4O_7^{2-} + 2OH^-$$

$$B_4O_7^{2-} + 7H_2O \rightleftharpoons 4H_3BO_3 + 2\ OH^-$$

硼砂是一种用途广泛的重要化工原料，很多用途是基于它在高温下同金属氧化物的作用，如用于陶瓷和搪瓷工业（点釉）、玻璃工业（特种玻璃）、烧焊技术等方面，还用于珠宝的黏结剂、印染、洗涤、金的精制，以及化妆品、农药、消毒剂等。在实验室中常用硼砂作为校准酸浓度的基准物质及制备缓冲溶液的试剂。此外，在农业上用作微量元素肥料，对小麦、棉花、麻等有增产效果。

12.3.4　氧化铝和氢氧化铝

12.3.4.1　氧化铝

Al_2O_3 主要有两种变体，即 α-Al_2O_3 和 γ-Al_2O_3。金属铝表面的氧化铝是氧化铝的另一种变体。自然界中的刚玉属于 α-Al_2O_3，硬度高（仅次于金刚石）、密度大、化学性质稳定，可作为高硬质材料、耐磨材料和耐火材料。如果达到宝石级标准的刚玉中含微量 Cr(Ⅲ) 则为红宝石，含 Fe(Ⅱ)、Fe(Ⅲ) 和 Ti(Ⅳ) 为蓝宝石；含少量 Fe_3O_4 的称为刚玉粉，用刚玉粉制的坩埚可烧至 1800℃。人造宝石是由铝矾土（$Al_2O_3 \cdot xH_2O$）熔融制得的。α-Al_2O_3 不溶于酸或碱，只能用 $K_2S_2O_7(s)$ 使之转化为可溶性硫酸铝。在较低温度下加热 $Al(OH)_3$，可制得 γ-$Al(OH)_3$。γ-Al_2O_3 硬度小，质轻，不溶于水，但溶于酸和碱，并具有很大的比表面积（约 200～600$m^2 \cdot g^{-1}$，比同质量的活性炭表面积大 2～4 倍）。γ-Al_2O_3 具有很强的吸附能力和催化活性，又名活性氧化铝，可作为吸附剂和催化剂。

12.3.4.2　氢氧化铝

在铝酸盐溶液中通入 CO_2，得到白色晶态氢氧化铝 $A1(OH)_3$ 沉淀；而用铝盐加入氨水或适量碱则得到白色的凝胶状 $A1(OH)_3$ 沉淀，这种沉淀实为含水量不定的 $Al_2O_3 \cdot xH_2O$，故称为水合氧化铝。习惯上把水合氧化铝也称为氢氧化铝。这种无定形水合氧化铝经长时间静置可转变为晶态的 AlO(OH)，温度越高，这种转变越快。

氢氧化铝不溶于水，是两性氢氧化物，其碱性略强于酸性：

$$Al(OH)_3 + 3H^+ \longrightarrow Al^{3+} + 3H_2O$$

$$Al(OH)_3 + OH^- \longrightarrow [Al(OH)_4]^-$$

经光谱实验证实，氢氧化铝溶于碱溶液后，生成的化合物是 $Na[Al(OH)_4]$，而非 $NaAlO_2$ 或 Na_3AlO_3，固态 $NaAlO_2$ 要用 Al_2O_3 与氢氧化钠或碳酸钠固体共熔的方法制备：

$$Al_2O_3(s) + 2NaOH(s) \xrightarrow{\text{熔融}} 2NaAlO_2(s) + H_2O(g)$$

$$Al_2O_3(s) + Na_2CO_3(s) \xrightarrow{\text{熔融}} 2NaAlO_2(s) + CO_2(g)$$

12.3.5　铝盐

12.3.5.1　三氯化铝

铝的卤化物（AlX_3）中，AlF_3 为离子化合物，$AlCl_3$、$AlBr_3$ 及 AlI_3 均为共价化合物。

卤化铝中最重要的是 $AlCl_3$。由于铝盐容易水解，所以在水溶液中不能制得无水 $AlCl_3$，即使把铝盐溶于浓盐酸中也只能得到组成为 $AlCl_3 \cdot 6H_2O$ 的无色晶体。为此，无水 $AlCl_3$ 只能用干法制取：

$$2Al + 3Cl_2 \xrightarrow{\triangle} 2AlCl_3$$

$$Al_2O_3 + 3C + 3Cl_2 \xrightarrow{\triangle} 2AlCl_3 + 3CO$$

无水 $AlCl_3$ 能溶于几乎所有的有机溶剂中；在水中会发生强烈的水解作用，甚至在空气中遇到水汽也猛烈地冒烟。常温下纯 $AlCl_3$ 为无色晶体，加热到 180℃时升华，在 400℃时气态 $AlCl_3$ 具有双聚分子的缔合结构，如图 12.10 所示。

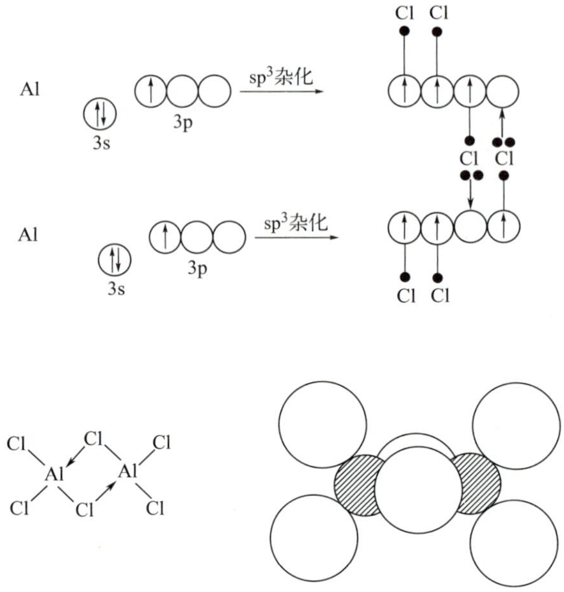

图 12.10　Al_2Cl_6 结构示意图

$AlCl_3$ 中的 Al 是缺电子原子，存在着空轨道，Cl 原子有孤电子对，因此可以通过配位键形成具有桥式结构的双聚分子 Al_2Cl_6。Al_2Cl_6 分子中每个 Al 原子以不等性 sp^3 杂化轨道和 4 个 Cl 原子形成四面体结构，2 个 Al 原子与两侧的 4 个 Cl 原子在同一平面上，中间的 2 个 Cl 原子位于该平面的两侧。Al_2Cl_6 分子中有 4 个 σ 键和 2 个 3c—4e 键。在 800℃时双聚分子即完全分解为单分子。

无水 $AlCl_3$ 最重要的工业用途是作为有机合成和石油工业的催化剂。

聚合氯化铝也称碱式氯化铝或 PAC，是一种无机高分子材料，组成为 $[Al_2(OH)_nCl_{6-n}]_m$ ($1 \leqslant n \leqslant 5$，$m \leqslant 10$)，它是一种多羟基多核配合物，是自来水净化和废水处理中广泛应用的无机絮凝剂。净化沉降效率高。

12.3.5.2　硫酸铝

无水硫酸铝为白色粉末。用纯的氢氧化铝溶于热的浓硫酸中或用硫酸直接处理铝矾土（或高岭土），都可制得硫酸铝：

$$2Al(OH)_3 + 3H_2SO_4 \longrightarrow Al_2(SO_4)_3 + 6H_2O$$

$$Al_2O_3 + 3H_2SO_4 \longrightarrow Al_2(SO_4)_3 + 3H_2O$$

在常温下自溶液中析出的无色针状晶体为 $Al_2(SO_4)_3 \cdot 18H_2O$。

硫酸铝易溶于水，其水溶液由于 Al^{3+} 的水解而呈酸性，铝盐在水溶液中所含有的 Al^{3+}，实际上以 $[Al(H_2O)_6]^{3+}$ 形式存在。水解反应如下：

$$[Al(H_2O)_6]^{3+} + H_2O \rightleftharpoons [Al(OH)(H_2O)_5]^{2+} + H_3O^+$$

或简写为：

$$Al^{3+} + H_2O \rightleftharpoons [Al(OH)]^{2+} + H^+$$

进一步水解则形成 $Al(OH)_3(H_2O)_3$ 或简写为 $Al(OH)_3$。一些弱酸的铝盐在水中几乎完全水解。

例如：

$$2Al^{3+} + 3S^{2-} + 6H_2O \longrightarrow 2Al(OH)_3\downarrow + 3H_2S\uparrow$$

$$2Al^{3+} + 3CO_3^{2-} + 3H_2O \longrightarrow 2Al(OH)_3\downarrow + 3CO_2\uparrow$$

硫酸铝易与碱金属（除锂外）或铵的硫酸盐结合形成矾。$KAl(SO_4)_2\cdot 12H_2O$ 俗称明矾，易溶于水并水解，其水解产物有吸附和絮凝作用，常用作净水剂。

12.4

对角关系

对比周期表中元素的性质，发现有些元素的性质常同它右下方相邻的另一元素具有类似性，这种关系叫作对角关系。周期表第二、三周期中有三对元素的对角关系表现最为明显，即下面用斜线相连的三对元素比其同族元素的性质更为相近：

Li　Be　B　C
Na　Mg　Al　Si

（Li\Mg，Be\Al，B\Si）

(1) 硼与硅的相似性　硼和硅的一些性质比较列于表 12.12 中。

表 12.12　硼和硅的某些性质对比

性质		硼 (B)	硅 (Si)
单质（晶态）		原子晶体	原子晶体
单质与碱的作用		置换出氢	置换出氢
含氧酸	酸性	很弱（$K_a^\ominus$ =5.8×10^{-10}）	很弱（$K_{a(1)}^\ominus$ =2.5×10^{-10}）
	稳定性	很稳定	稳定
形成多酸和多酸盐		形成链状或环状多酸盐	形成链状或环状多酸盐
重金属含氧酸盐	颜色	有特征颜色，如“硼砂珠”实验	有特征颜色，如“水中花园”实验
	溶解度	较小	较小
氢化物的稳定性		不稳定，在空气中即自燃	不稳定，在空气中即自燃
卤化物的水解性		极易水解	极易水解

(2) 锂与镁的相似性

① 单质在过量氧中燃烧时，均只生成正常氧化物；
② 氢氧化物均为中强碱，而且在水中的溶解度都不大；
③ 氟化物、碳酸盐、磷酸盐等均难溶；
④ 氯化物都能溶于有机溶剂（如乙醇）中；
⑤ 碳酸盐在受热时，均能分解成相应的氧化物（Li_2O、MgO）。

(3) 铍与铝的相似性

① 单质均为活泼金属，其标准电极电势相近：$E^\ominus(Be^{2+}/Be)=-1.847V$，$E^\ominus(Al^{3+}/Al)=-1.662V$；
② 单质均为两性金属，它们既能溶于酸也能溶于强碱；
③ 单质都能被冷、浓硝酸钝化；
④ 氯化物均为双聚物，并显示共价性，可以升华，且溶于有机溶剂；
⑤ 碳化物属于同一类型，水解后产生甲烷：

$$Be_2C + 4H_2O \longrightarrow 2Be(OH)_2\downarrow + CH_4\uparrow$$

$$Al_4C_3 + 12H_2O \longrightarrow 4Al(OH)_3\downarrow + 3CH_4\uparrow$$

对角关系主要是从化学性质总结出来的经验规律，可以用离子极化的观点粗略地加以说明：处于对角的三对元素性质上的相似性是由于它们的离子极化力相近。从 Li 到 Mg（或从 Be

到 Al、从 B 到 Si）电荷增多，但半径增大，对极化力产生两种相反的影响，前者使极化力作用增强，而后者使极化力作用减弱，由于两种相反的作用抵消了，故使处于对角的三对元素 Li 与 Mg、Be 与 Al、B 与 Si 性质相近。

化学视野

氮、碳元素在自然界中的循环

元素循环（element cycle）是指自然界中元素的单质及其化合物之间相互转换的物质循环。自然环境可划分为生物圈、大气圈、水圈和岩石圈四个圈层体系，它们被总称为生态圈。生态圈中的各圈层体系之间有着复杂的物质交换和能量交换，这些物质在生态系统中不是单向传递，而是被反复利用，各组成部分之间不断进行着循环。

人类及其他生物生存的生物圈处在大气圈、水圈和岩石圈的交汇处。自然界中元素会在生物与生物之间，以及生物与环境之间循环不息。元素在自然界的良性循环，保证了生态系统的稳定性。自然界中元素的循环是复杂的，下面简要介绍氮和碳循环。

氮循环（nitrogen cycle）。生物体均含有蛋白质，而氮是蛋白质的基本组成元素之一。因此，氮的循环涉及生物圈的全部领域，下面是氮循环的几个主要环节：

（1）大气中的 N_2 在自然界中数量最大，它占了大气体积的 79%，总量约为 3.9×10^7 亿吨。除少数原核生物外，动、植物都不能直接利用大气中的氮，必须通过固氮作用。固氮的主要途径有：①通过闪电等的高能固氮形成氨和硝酸盐；②生物固氮将氨气转变为硝酸盐等；③人工固氮将氨合成尿素、硝酸盐等。

（2）土壤及海洋中的无机氮，只有数量有限的铵盐和硝酸盐被植物吸收利用转化成各种氨基酸，然后由氨基酸合成蛋白质。植物吸收氨合成有机氮并进入食物链，动物直接或间接从植物中摄取植物性蛋白将其转变成动物性蛋白质。陆地上生物活体中贮存的有机氮总量约为 110 ~ 140 亿吨，土壤中的有机氮约为 3000 亿吨，它们分解为无机氮供植物利用。海水中含有机氮约为 5000 亿吨，它们被海洋生物循环利用。

（3）动物的排泄物、动植物死亡后的遗骸中的蛋白质，被微生物分解成 NH_3、NH_4^+ 和 NO_3^- 又回到大气、土壤和水体中，被植物再次吸收利用。其中的 NH_3 除一部分回到大气中外，另一部分可能经细菌的硝化作用变成硝酸盐而继续被植物所吸收利用。在缺氧的情况下，硝酸盐经由脱氮作用还原成氮气重新回到大气中。

碳循环（carbon cycle）。碳是构成生物体和贮藏光能的主要元素，也是构成地壳岩石和矿物燃料如煤、石油、天然气的主要元素。碳元素在自然界中以单质（如金刚石和石墨）和化合物（如 CO、CO_2、H_2CO_3、碳酸盐和有机化合物）的形式存在。碳是地球上拥有化合物数量最多的元素，CO_2 是我们最熟悉的存在形式，含量约占空气体积的 0.03%，由于碳循环，大气中的 CO_2 约 20 年就会更新一次。碳循环主要是通过生物圈中 CO_2 的消耗和再生进行的，主要有下列几种循环方式：

（1）植物通过光合作用将大气中的 CO_2 和 H_2O 化合生成碳水化合物，据估计，绿色植物每年的光合作用能将 750 亿吨的碳转化为碳水化合物，它是 CO_2 的重要消费者。动物通过呼吸将 CO_2 返回大气中被植物再次利用。

（2）动物或人采食植物后，吸收的碳水化合物经食物链传递转换为不同的形式。其中一部分在人或动物体内氧化生 CO_2，通过呼吸释放回到大气中又被植物利用。

（3）微生物对动植物遗体及粪便中的有机物进行分解，不断向大气中释放 CO_2，这些生物体的碳元素又回到自然环境中。据估计，地球上 90% 的 CO_2 是由微生物的生命活动产生的。

（4）海洋中的 $CaCO_3$ 沉积在海底形成新的岩石，从而使一部分碳元素较长时间贮藏在地层中。自然界的火山喷发、地震等会将固定的碳元素以 CO_2 的形式释放到大气中。

（5）未被微生物全部分解的动植物遗体长期压在地下，通过一系列化学变化而形成煤、化石、石油和天然气等，它们在燃烧时生成 CO_2 返回大气中。

人类活动的增强，已经造成了地球大气层中 CO_2 的浓度较一百年前增加了约 25%，甲烷、N_2O、NO_x 的浓度都有明显增加。全球人工固氮所产生活化氮的数量增加也会给全球生态环境带来压力，使与氮循环有关的温室效应、水体污染和酸雨等生态环境问题进一步加剧。氮、碳的循环也在逐渐远离其动力学稳定状态，导致一系列严重的生态环境问题。对此应当引起我们的重视。

思考题

1．为何不用 NH_4NO_3、$(NH_4)_2Cr_2O_7$、NH_4HCO_3 制取 NH_3？

2．解释下列事实：

（1）NH_4HCO_3 俗称“气肥”，储存时要密封；

（2）用浓氨水可检查氯气管道是否漏气。

3．用平衡移动的观点解释 Na_2HPO_4 和 NaH_2PO_4 与 $AgNO_3$ 作用都生成黄色 Ag_3PO_4 沉淀。沉淀析出后溶液的酸碱性有何变化？写出相应的反应方程式。

4．要使氨气干燥，应将其通过下列哪种干燥剂？

（1）浓 H_2SO_4　（2）$CaCl_2(s)$　（3）$P_4O_{10}(s)$　（4）$NaOH(s)$

5．汽车尾气中的 NO 和 CO 均为有害气体，为了减少这些气体对空气的污染，从热力学观点看下述反应可否利用？

$$2CO(g) + 2NO(g) \longrightarrow 2CO_2(g) + N_2(g)$$

6．如何配制 $SbCl_3$、$Bi(NO_3)_3$ 溶液？写出其反应方程式。

7．如何鉴定 NH_4^+、NO_3^-、NO_2^-、PO_4^{3-}？写出其反应方程式。

8．如何除去 CO 中的 CO_2 气体？

9．在实验室中如何配制和保存 $SnCl_2$ 溶液？为什么？

10．如何制备无水 $AlCl_3$？能否用加热脱去 $AlCl_3 \cdot 6H_2O$ 中水的方法制取无水 $AlCl_3$？

11．如何鉴定 CO_3^{2-}、SiO_3^{2-}、Sn^{2+}、Pb^{2+}？

12. 试通过热力学分析说明下列反应要在高温下才能进行。

$$SiO_2(s) + 2C(s) \longrightarrow Si(s) + 2CO(g)$$

习题

1. 写出下列各铵盐、硝酸盐热分解的反应方程式。

（1）铵盐：NH_4Cl　$(NH_4)_2SO_4$　$(NH_4)_2Cr_2O_7$

（2）硝酸盐：KNO_3　$Cu(NO_3)_2$　$AgNO_3$

2．写出下列反应的方程式。

（1）亚硝酸盐在酸性溶液中分别被 MnO_4^-、$Cr_2O_7^{2-}$ 氧化成硝酸盐。其中 MnO_4^-、$Cr_2O_7^{2-}$ 分别被还原为 Mn^{2+}、Cr^{3+}。

（2）亚硝酸盐在酸性溶液中被 I^- 还原成 NO。

（3）亚硝酸与氨水反应产生 N_2。

3．如何用简便方法鉴别下列各组物质的溶液？写出其反应方程式。

（1）NH_4Cl 和 $(NH_4)_2SO_4$。

（2）KNO_2 和 KNO_3。

（3）$AsCl_3$、$SbCl_3$ 和 $BiCl_3$。

4．完成并配平下列反应方程式。

（1）$S + HNO_3$（浓）$\longrightarrow$　（2）$Zn+HNO_3$(极稀）$\longrightarrow$

（3）$CuS + HNO_3 \longrightarrow$　（4）$PCl_5 + H_2O \longrightarrow$

（5）$AsO_4^{3-} + H_2S + H^+ \longrightarrow$　（6）$AsO_4^{3-} + I^- + H^+ \longrightarrow$

（7）$NaBiO_3 + Mn^{2+} + H^+ \longrightarrow$　（8）$Sb_2S_3 + S^{2-} \longrightarrow$

5．在下列关联图各箭号上填入适当试剂和条件，以实现各物质之间的转变。

（1）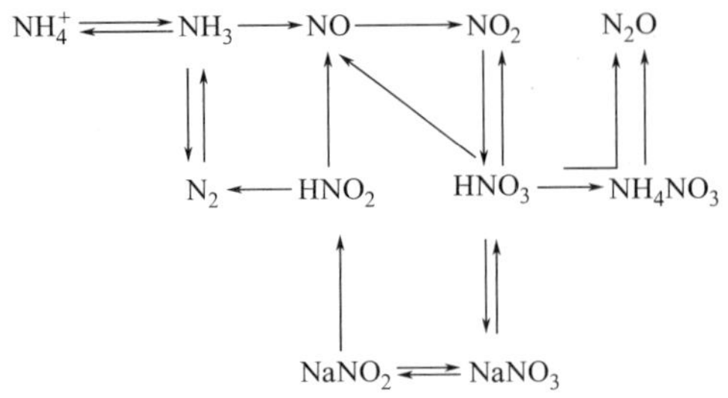

（2）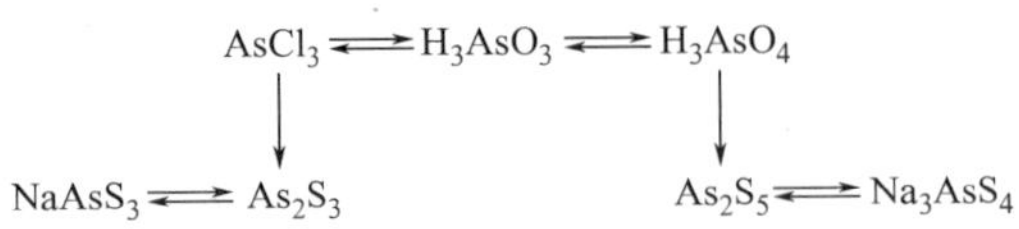

（3）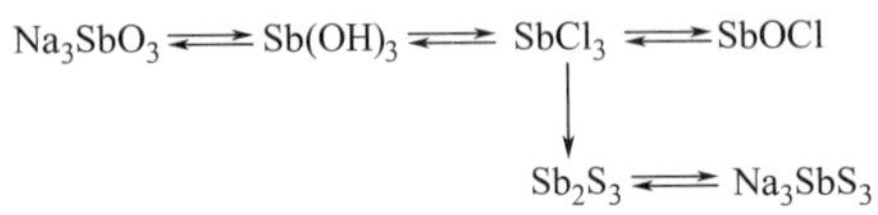

（4）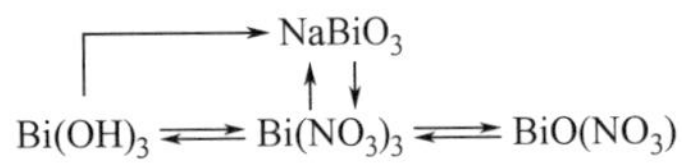

6．在经稀 HNO_3 酸化的化合物 A 溶液中加入 $AgNO_3$ 溶液，生成白色沉淀 B。B 能溶解于氨水得一溶液 C。C 中加入稀 HNO_3 时，B 重新析出。将 A 的水溶液以 H_2S 饱和，得一黄色沉淀 D。D 不溶于稀 HCl，但能溶于 KOH 和 $(NH_4)_2S_2$。D 溶于 $(NH_4)_2S_2$ 时得到溶液 E 和单质硫。酸化 E，析出黄色沉淀 F，并放出一腐臭气体 G。试标明各代号所示物质，并写出有关反应方程式。

7．用化学方法区分下列各对物质。

（1）SnS 与 SnS_2　　（2）$Pb(NO_3)_2$ 与 $Bi(NO_3)_3$

（3）$Sn(OH)_2$ 与 $Pb(OH)_2$　　（4）$SnCl_2$ 与 $SnCl_4$

（5）$SnCl_2$ 与 $AlCl_3$　　（6）$SbCl_3$ 与 $SnCl_2$

8．分离下列各组离子，并使之恢复到原来的离子状态。

（1）Ba^{2+}　Al^{3+}　Fe^{3+}

（2）Mg^{2+}　Pb^{2+}　Zn^{2+}

（3）Al^{3+}　Pb^{2+}　Bi^{3+}

9．现有一白色固体 A，溶于水产生白色沉淀 B。B 可溶于浓 HCl。若将固体 A 溶于稀 HNO_3 中（不发生氧化还原反应），得无色溶液 C。将 $AgNO_3$ 溶液加入溶液 C，析出白色沉淀 D。D 溶于氨水得溶液 E，酸化溶液 E，又产生白色沉淀 D。将 H_2S 通入溶液 C，产生棕色沉淀 F。F 溶于 $(NH_4)_2S_2$，形成溶液 G。酸化溶液 G，得一黄色沉淀 H。少量溶液 C 加入 $HgCl_2$ 溶液得白色沉淀 I，继续加入溶液 C，沉淀 I 逐渐变为灰色，最后变成黑色沉淀 J。试确定各代号物质。

10．在下图各箭号处填入适当试剂和条件，以实现各物质之间的转变。

（1）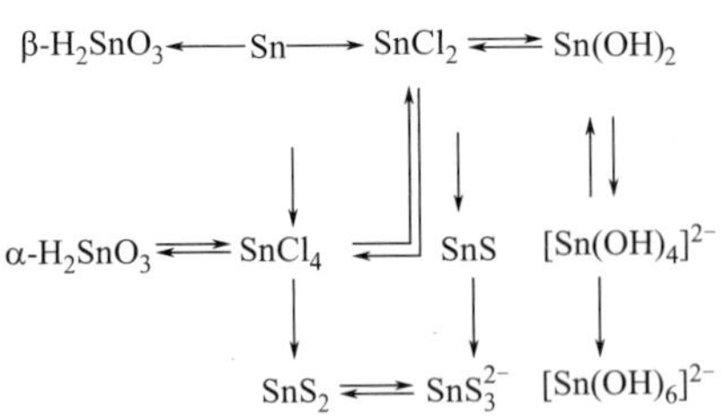

（2）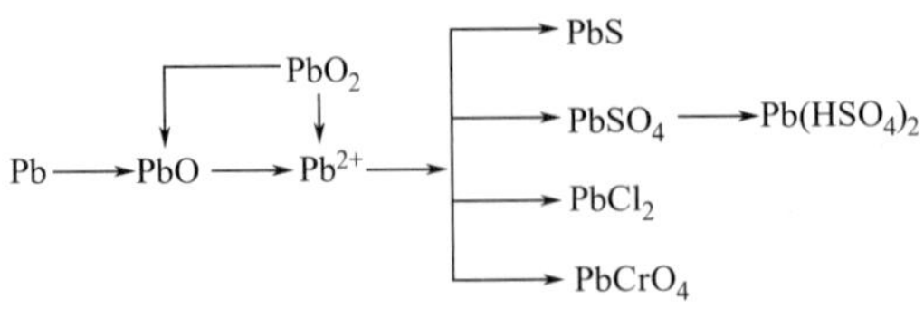

11．完成下列反应方程式：

（1）$SiO_2 + Na_2CO_3 \xrightarrow{熔融}$　　（2）$Na_2SiO_3 + CO_2 + H_2O \longrightarrow$

（3）$SiO_2 + HF \longrightarrow$　　（4）$SiCl_4 + H_2O \longrightarrow$

（5）$B_2H_6 + O_2 \longrightarrow$　　（6）$B_2H_6 + H_2O \longrightarrow$

（7）$BF_3 + HF \longrightarrow$　　（8）$BF_3 + NH_3 \longrightarrow$

12．下列各对离子能否共存于溶液中？不能共存者写出其反应方程式。

（1）Sn^{2+} 和 Fe^{2+}　　（2）Sn^{2+} 和 Fe^{3+}

（3）Pb^{2+} 和 Fe^{3+}　　（4）SiO_3^{2-} 和 NH_4^+

（5）Pb^{2+} 和 $[Pb(OH)_4]^{2-}$　　（6）$[PbCl_4]^{2-}$ 和 $[SnCl_6]^{2-}$

13．将某一金属溶于热的浓盐酸，所得溶液分成三份。第一份加入足量水，产生白色沉淀；第二份加碱中和，也产生白色沉淀，此白色沉淀溶于过量碱后，再加入 $Bi(OH)_3$ 则产生黑色沉淀；第三份加入 $HgCl_2$ 溶液，产生灰黑色沉淀。该金属是什么？并写出有关的反应式。

14．某红色固体粉末 X 与 HNO_3 作用得棕色沉淀物 A。把此沉淀分离后，在溶液中加入 K_2CrO_4，得黄色沉淀 B；向 A 中加入浓盐酸则有气体 C 发生，此气体有氧化性。问 X、A、B、C 各为何物？

15．某白色固体 A 不溶于水，当加热时，猛烈地分解而产生一固体 B 和无色气体 C（此气体可使澄清的石灰水变浑浊）。固体 B 不溶于水，但溶解于 HNO_3 得一溶液 D。向 D 溶液中加 HCl 产生白色沉淀 E。E 易溶于热水，E 溶液与 H_2S 反应得一黑色沉淀 F 和滤出液 G。沉淀 F 溶解于 60% HNO_3 中产生一淡黄色沉淀 H、溶液 D 和一无色气体 I，气体 I 在空气中转变成红棕色。根据以上实验现象，判断各代号物质的名称，并写出有关的反应式。

16．完成下列化学反应方程式。

（1）$PbO_2 + HNO_3 + H_2O_2 \longrightarrow$　　（2）$Pb_3O_4 + HNO_3 \longrightarrow$

（3）$PbO_2 + MnSO_4 + HNO_3 \longrightarrow$　　（4）$Na_2[Sn(OH)_4] + Bi(OH)_3 \longrightarrow$

（5）$HgCl_2 + SnCl_2 \longrightarrow$　　（6）$PbS + H_2O_2 \longrightarrow$

（7）$Na_2[Sn(OH)_4] + HCl(足量) \longrightarrow$　　（8）$SnS + (NH_4)_2S_2 \longrightarrow$

17．写出硼砂分别与 NiO、CuO 共熔时的反应式。

18．工业上，先用苛性钠分解硼矿石（$Mg_2B_2O_5 \cdot H_2O$），然后通入 CO_2 制备硼砂。试写出制备硼砂的化学方程式。

19．写出以明矾为主要原料制备下列化合物的反应方程式。

氢氧化铝　硫酸钾　偏铝酸钾

20．$AlCl_3$ 溶液中分别加入下列物质，各有何反应？

（1）Na_2S 溶液　　（2）过量 NaOH 溶液

（3）过量 NH_3 水　　（4）Na_2CO_3 溶液

21．将 2.00g 金属铅放于过量的氧气中加热，得到了红色粉末 A。将 A 用浓硝酸处理，产生了棕色粉末 B，过滤分离出 B，再在收集的滤液中加入适量的 KI 溶液则得到黄色沉淀物 C。

（1）试指出 A、B、C 为何物。

（2）写出过程中所涉及的化学反应方程式。

（3）计算 B 和 C 的理论产量。

22．目前世界上 95% 以上的氧化铝是用铝土矿为原料生产的。三水铝石的主要成分为 $Al_2O_3 \cdot 3H_2O$ 或 $Al(OH)_3$，目前，工业提取氧化铝的过程是：（1）先用碱液或碳酸钠处理铝土矿，并经过沉淀、过滤，除去其中的 Fe、Ti、V、Si 等杂质；（2）向滤液中通 CO_2 得到沉淀；（3）灼烧沉淀。请写出工业提取氧化铝过程的有关化学反应方程式。

第 13 章

过渡元素（一）

学习要求：

1. 了解过渡元素的通性。
2. 熟悉钛金属的性质、用途。了解钛、钒重要化合物的性质。
3. 了解铬单质的性质。熟悉 Cr(Ⅲ) 和 Cr(Ⅵ) 重要化合物的性质，其中重点掌握 Cr(Ⅲ) 化合物的还原性，Cr(Ⅵ) 化合物的氧化性，重金属铬酸盐的难溶性，CrO_4^{2-} 和 $Cr_2O_7^{2-}$ 的相互转变。
4. 了解金属锰的性质及用途。锰的重要化合物的性质，其中重点掌握 Mn(Ⅱ)、Mn(Ⅳ)、Mn(Ⅵ)、Mn(Ⅶ) 重要化合物的化学性质和各氧化态锰之间相互转化关系。
5. 掌握铁、钴、镍的 M(Ⅱ)、M(Ⅲ) 氧化态化合物的稳定性变化规律，以及这些化合物性质的差异。熟悉铁、钴、镍重要配合物。
6. 熟悉 CrO_4^{2-}、$Cr_2O_7^{2-}$、Cr^{3+}、Mn^{2+}、Fe^{2+}、Fe^{3+}、Co^{2+}、Ni^{2+} 的鉴定。

本章重点介绍第一过渡系元素。铜族、锌族元素在第 14 章介绍。由于钪族与镧系元素性质相似，在自然界共生，所以把钪族放在第 14 章中与镧系元素一起介绍。

13.1 过渡元素概述

广义的过渡元素是指长式周期表中从Ⅲ B 族到Ⅱ B 族的所有元素。它们在长式周期表中位于 s 区元素与 p 区元素之间，因而称为过渡元素。过渡元素单质都是金属，共分为四个系列。见表 13.1。

表 13.1 过渡元素

周期	ⅢB 钪族	ⅣB 钛族	ⅤB 钒族	ⅥB 铬族	ⅦB 锰族	Ⅷ 第八族	ⅠB 铜族	ⅡB 锌族
4（第一过渡系）	Sc	Ti	V	Cr	Mn	Fe Co Ni 铁系	Cu	Zn
5（第二过渡系）	Y	Zr	Nb	Mo	Tc	Ru Rh Pd 轻铂组	Ag	Cd
6（第三过渡系）	镧系	Hf	Ta	W	Re	Os Ir Pt 重铂组	Au	Hg
7（第四过渡系）	锕系	Rf	Db	Sg	Bh	Hs Mt Ds	Rg	Cn

13.1.1 过渡元素原子的特征

过渡元素原子结构的共同特点是价电子一般依次分布在次外层的 d 轨道上，最外层只有 1～2 个电子（Pd 例外），较易失去，其价层电子构型 $(n-1)d^{1\sim10}ns^{1\sim2}$。过渡元素的一系列性质几乎都与这种特殊的结构有密切的联系。

过渡元素的原子半径一般比较小，过渡元素的原子半径以及它们随原子序数和周期变化的情况如图 13.1 所示。在各周期中从左向右，随着原子序数的增加，原子半径缓慢地减小，直到铜族前后又稍增大。此外，同族元素从上往下，原子半径增大，但第五、六周期（ⅢB 除外）由于镧系收缩（见第 14 章）的原因，几乎抵消了同族元素由上往下周期数增加的影响，使这两周期的同族元素原子半径十分接近，造成第二和第三过渡系的同族元素在性质上的差异比第一和第二过渡系相应的元素要小。

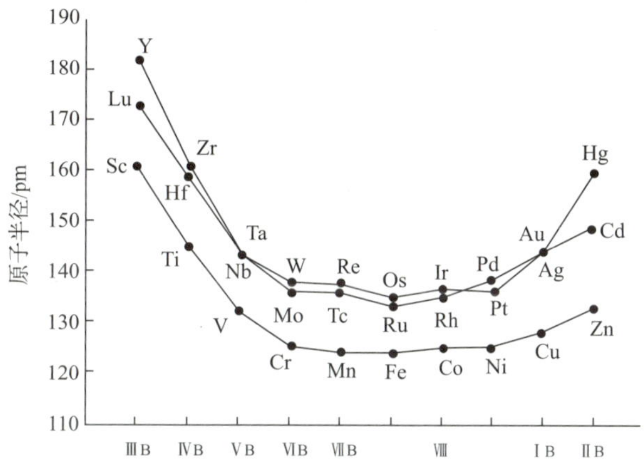

图 13.1 过渡元素的原子半径

13.1.2 单质的物理性质

过渡金属外观多呈银白色或灰白色，有光泽。除钪和钛属轻金属外，其余均属重金属，其中以重铂组元素最重，锇、铱、铂的密度依次为 $22.48g\cdot cm^{-3}$、$22.42g\cdot cm^{-3}$、$21.45g\cdot cm^{-3}$。多数过渡金属（ⅡB 族除外）的熔点、沸点高，硬度大。熔点、沸点最高的是钨（熔点 3410℃，沸点 5660℃），硬度最大的是铬（仅次于金刚石）。究其原因，一般认为是过渡元素的原子半径较小而彼此堆积很紧密，同时金属原子间除了主要以金属键结合外，还可能有部分共价性，这与金属原子中部分未成对 $(n-1)d$ 电子也参与成键有关。

13.1.3 金属活泼性

过渡金属在水溶液中的活泼性，可根据标准电极电势（$E_A^\ominus$）来判断。

表 13.2 第一过渡系金属的标准电极电势

项目	Sc	Ti	V	Cr	Mn
$E^\ominus(M^{2+}/M)/V$	—	−1.63	−1.13	−0.90	−1.18
可溶该金属的酸	各种酸	热 HCl、HF	HNO_3、HF、浓 H_2SO_4	稀 HCl、H_2SO_4	稀 HCl、H_2SO_4 等

续表

项目	Fe	Co	Ni	Cu	Zn
$E^{\ominus}(M^{2+}/M)/V$	—	−0.277	−0.257	+0.340	−0.7626
可溶该金属的酸	稀 HCl、H_2SO_4 等	缓慢溶解在稀 HCl 等酸中	稀 HCl、H_2SO_4 等	HNO_3、热浓 H_2SO_4	稀 HCl、H_2SO_4 等

由表 13.2 可看出，第一过渡系金属，除铜外，$E^{\ominus}(M^{2+}/M)$ 均为负值，其金属单质可从非氧化性酸中置换出氢。另外，同一周期元素从左向右过渡，总的变化趋势是 $E^{\ominus}(M^{2+}/M)$ 值逐渐变大，其活泼性逐渐减弱。

钪分族的钪、钇和镧是过渡元素中最活泼的金属。它们在空气中能迅速被氧化，与水作用放出氢，活泼性接近于碱土金属。除钪分族外，d 区同族元素的活泼性都是自上往下逐渐降低。造成这种现象的原因是同族元素从上往下原子半径增加不多，而有效核电荷增加较多，使电离能和升华焓增加显著，金属活泼性减弱。第二、三过渡系元素的金属单质非常稳定，一般不易和强酸反应，但和浓碱或熔碱可发生反应。第一过渡系中相邻两种金属的活泼性相似程度超过了同族元素之间，例如：

$E^{\ominus}(Fe^{2+}/Fe) = -0.440V$　　　$E^{\ominus}(Ni^{2+}/Ni) = -0.257V$

$E^{\ominus}(Co^{2+}/Co) = -0.277V$　　　$E^{\ominus}(Pd^{2+}/Pd) = 0.915V$

$E^{\ominus}(Ni^{2+}/Ni) = -0.257V$　　　$E^{\ominus}(Pt^{2+}/Pt) = 1.188V$

13.1.4 氧化数

过渡元素除最外层 s 电子可以成键外，次外层 d 电子也可以部分或全部参与成键，所以过渡元素的特征之一是具有多种氧化数。

13.1.4.1 同周期从左到右变化趋势

第一过渡系元素的主要氧化数列于表 13.3 中。

表 13.3 第一过渡系元素的主要氧化数

族	ⅢB	ⅣB	ⅤB	ⅥB	ⅦB	Ⅷ	ⅠB	ⅡB
元素	Sc	Ti	V	Cr	Mn	Fe Co Ni	Cu	Zn
主要氧化数	(+2)			+2	$\underline{+2}$	$\underline{+2}$ $\underline{+2}$ $\underline{+2}$	$\underline{+1}$	$\underline{+2}$
	$\underline{+3}$	+3	+3	$\underline{+3}$	+3	$\underline{+3}$ +3 (+3)	$\underline{+2}$	
		$\underline{+4}$	+4		$\underline{+4}$			
			$\underline{+5}$					
				$\underline{+6}$	+6			
					$\underline{+7}$			

注：表中划线的氧化数是稳定的氧化数，有括号的为不稳定的氧化数。

由表 13.3 可见，从左向右，随原子序数增加（$_{21}Sc \rightarrow {}_{25}Mn$），元素最高氧化数先是逐渐升高，但当 3d 轨道中电子数超过 5 时，元素最高氧化数又转向降低（$_{26}Fe \rightarrow {}_{28}Ni$），最后与 Ⅰ B 族元素的低氧化数相衔接。

13.1.4.2 同族从上往下变化趋势

第一过渡系的 Ⅴ B～Ⅶ B 族元素最高氧化态的化合物不稳定；而第二、三过渡系的高氧化态比较稳定，即从上往下趋向于形成高氧化态化合物，这与 p 区 Ⅲ A、Ⅳ A、Ⅴ A 族元素恰好相反。

此外，许多过渡元素还能形成氧化数为 0、−1、−2、−3 的化合物，见表 13.4。

表 13.4 氧化数为 0、−1、−2、−3 的过渡元素化合物

配合物	$[Ni(CO)_4]$	$[Co(CO)_4]^-$	$[Cr(CO)_5]^{2-}$	$[Mn(CO)_4]^{3-}$
形成体氧化数	0	−1	−2	−3

13.1.5 非整比化合物

过渡元素的另一个特点是易形成非整比（称非化学计量）化合物。非整比化合物的化学组成不定，可在一个较小的范围内变动，而又保持基本结构不变。例如，1000℃时 FeO 的组成实际在 $Fe_{0.89}O$～$Fe_{0.96}O$ 之间变动。在 FeO 晶体中，O^{2-} 按立方密堆积排列，而 Fe^{2+} 在八面体空穴内，当 Fe^{2+} 未占满所有空穴时，为了保持电中性，在附近的空穴上由两个 Fe^{3+} 所占据（见图 13.2）。

近年来发现非整比化合物有多方面的用途，如 ZrO_2、HfO_2 作为固体电解质用于各类化学电源和电化学器件中；还用作半导体（ZnO、Cu_2O）以及超导体（$YBaCu_3O_{7-x}$，$x \leqslant 0.1$）材料等。

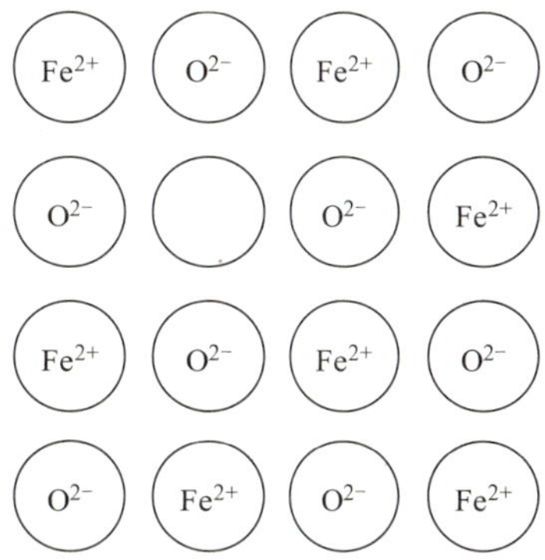

图 13.2 由于缺少阳离子而引起的非化学计量缺陷

13.1.6 化合物的颜色

过渡元素的另一特征是它们所形成的配离子大都显色，这主要与过渡元素离子的 d 轨道未填满电子有关。第一过渡系元素低氧化数水合离子的颜色如表 13.5 所示。

表 13.5 第一过渡元素低氧化数水合离子的颜色

项目	Sc	Ti	V	Cr	Mn	Fe	Co	Ni	Cu	Zn
M^{2+} 中 d 电子数	—	2	3	4	5	6	7	8	9	10
$[M(H_2O)_6]^{2+}$ 颜色	无	褐	紫	天蓝	浅红（几乎无色）	浅绿	粉红	绿	浅蓝	无色
M^{3+} 中 d 电子数	0	1	2	3	4	5	6	7		
$[M(H_2O)_6]^{3+}$ 颜色	无	紫	绿	紫蓝	红	浅紫①				

① Fe^{3+} 水解后颜色有变化，如 $[Fe(OH)(H_2O)_5]^{2+}$ 呈琥珀色，$[FeCl(H_2O)_5]^{2+}$ 呈黄色。

同一中心离子与不同配体形成配合物时，由于晶体场分裂能不同，则 d-d 跃迁时所需能量也不同，亦即吸收光的波长不同，因此显不同的颜色（表 13.6）。

表 13.6 Ni^{2+} 不同配体配合物的颜色

性质	$[Ni(H_2O)_6]^{2+}$	$[Ni(NH_3)_6]^{2+}$
d-d 跃迁时吸收光的波长 (λ) / nm	1176	925
配离子的颜色	果绿	蓝

由表 13.5 可以看出，d^0 和 d^{10} 构型的中心离子形成的配合物，在可见光照射下不发生 d-d 跃迁，如 $[Sc(H_2O)_6]^{2+}(d^0)$、$[Zn(H_2O)_6]^{2+}(d^{10})$ 均为无色。

对于某些含氧酸根离子如 MnO_4^-（紫色）、CrO_4^{2-}（黄色）、VO_4^{3-}（淡黄色），它们中的金属元素均处于最高氧化态，其形式电荷为 Mn^{7+}、Cr^{6+}、V^{5+}，均为 d^0 电子构型，似应为无色，呈现出颜色是由电荷迁移引起的，例如 MnO_4^- 的紫色是由于 O^{2-} 电子跃迁（p-d 跃迁）的吸收峰在可见光区 18500cm^{-1} 处。

13.1.7 配位催化

过渡元素容易形成配合物。通常认为过渡元素的原子或离子具有能级相近的价层电子轨道 $(n-1)$d、ns 和 np，其中 ns 和 np 轨道是空的，$(n-1)$d 轨道部分是空的，可以接受配体的孤电子对；而且过渡元素的离子一般具有较高的电荷和较小的半径，极化力强，对配体有较强的吸引力。因此，过渡元素具有很强的形成配合物的倾向。

许多过渡元素及其化合物具有独特的催化性能。例如，在反应过程中，过渡元素可形成不稳定的配合物，这些配合物作为中间产物可起到配位催化作用；又如，过渡元素也可通过提供适宜的反应表面，起到接触催化作用，以 V_2O_5 为催化剂制 H_2SO_4 即为一例。

13.1.8 磁性

多数过渡元素的原子或离子有未成对的电子，所以具有顺磁性。未成对的 d 电子越多，磁矩 μ 也越大（如表 13.7 所示）。

表 13.7 未成对电子数与物质磁性的关系

项目	VO^{2+}	V^{3+}	Cr^{3+}	Mn^{2+}	Fe^{2+}	Co^{2+}	Ni^{2+}	Cu^{2+}
d 电子数	1	2	3	5	6	7	8	9
未成对 d 电子数	1	2	3	5	4	3	2	1
磁矩（μ）/B.M.	1.73	2.83	3.87	5.92	4.90	3.87	2.83	1.73

13.2 钛族、钒族元素

13.2.1 钛族、钒族元素概述

周期表中 d 区ⅣB 族包括钛 (Ti)、锆 (Zr)、铪 (Hf)、𬬻 (Rf) 四种元素；ⅤB 族包括钒 (V)、铌 (Nb)、钽 (Ta)、𬭊 (Db) 四种元素。𬬻、𬭊为人工合成放射性元素。

13.2.1.1 钛、锆、铪

钛被认为是一种稀有金属，是由于在自然界中比较分散且难以提取。但其相对丰度在所有元素中居第十位。钛重要的矿石有钒钛磁铁矿中的钛矿、金红石 (TiO_2) 和钛铁矿 ($FeTiO_3$) 等。我国钛资源丰富，海南岛等地有铁钛矿；攀西地区（四川攀枝花和西昌）的钒钛磁铁矿约有几十亿吨，占全国储量 92% 以上。世界上已探明的钛储量中，我国居世界首位。锆和铪是稀有金属，主要矿石有锆英石 ($ZrSiO_4$)，铪常与锆共生。

金属钛呈银白色，有光泽，熔点高、密度小、耐磨、耐低温、无磁性、延展性好，在硬度、耐热性及导电、导热性方面，与其他过渡金属（如铁和镍）相似。但是它比其他具有相似的机械和耐热性能的金属轻得多。在常温下，表面易生成致密的、钝化的、能自行修补裂缝的氧化物薄膜而具有优越的抗腐蚀性。不被酸、碱侵蚀，尤其是耐海水腐蚀性好。基于上述优点，钛及其合金广泛地用于制造喷气发动机、超声速飞机和潜水艇（防雷达、防磁性水雷）以及有关化工设备。此外，钛与生物体组织相容性好，结合牢固，用于接骨和制造人工关节；钛具有隔热、高度稳定、质轻、坚固等特性，由纯钛制造的假牙是任何金属材料无法比拟的，所以钛又被称为“生

物金属”。因此，继铁、铝之后，预计钛将成为应用广泛的第三金属。

钛合金还有记忆功能(Ti-Ni 合金)、超导功能(Nb-Ti 合金)和储氢功能(Ti-Mn、Ti-Fe等合金)，因此是重要的功能材料。

锆和铪的性质极为相似，分离十分困难，早期采用分步结晶或分步沉淀法，目前主要应用离子交换和溶剂萃取等方法。例如利用强碱型酚醛树脂 RN $(CH_3)_3^+Cl^-$ 阴离子交换剂，可达到满意的分离效果；在溶剂萃取中，用三辛胺优先萃取锆的硫酸盐配合物受到广泛重视，获得的 ZrO_2 含 Hf < 0.006%，被认为是目前最佳的方案。

金属锆是反应堆核燃元件的外壳材料，也是耐腐蚀材料。铪在反应堆中用作控制棒。

13.2.1.2 钒、铌、钽

钒、铌、钽均为分散稀有元素，钒的重要矿石除钒钛磁铁矿外，还有钒钾铀矿 $[K(UO_2)VO_4 \cdot 3/2H_2O]$、钒铅矿 $[Pb_5(VO_4)_3Cl]$。我国钒矿储量居世界第三，铌、钽在矿物中共生，其矿物通式以 $(Fe,Mn)(Nb,Ta)_2O_6$ 表示。

金属钒呈银白色，有光泽，熔点高，易呈钝态，常温下不与碱及非氧化性的酸作用，但能溶于氢氟酸、浓硝酸、浓硫酸和王水。钒主要用作钢的添加剂。含钒（0.1%～0.3%）的钢材，具有强度大、弹性好、抗磨损、抗冲击等优点，广泛用于制造高速切削钢、弹簧钢、钢轨等。近年来发现钒的某些化合物具有重要的生理功能，如胆固醇的生物合成、牙齿和骨骼的矿化、葡萄糖的代谢等都与钒有相当密切的关系，这更显出钒化学的重要性。

铌和钽是我国重要的丰产元素。铌是某些硬质钢的组分元素，特别适宜制造耐高温钢。由于钽的低生理反应性和不被人体排斥，它常用于制作修复严重骨折所需的金属板材以及缝合神经的丝和箔等。

铌与钽和锆与铪类似，由于离子半径相近，分离比较困难。

13.2.2 钛的重要化合物

钛原子的价层电子构型为 $3d^2 4s^2$，最高氧化数为 +4，此外还有 +3 和 +2 氧化数，其中 +4 氧化数的化合物最重要。

13.2.2.1 二氧化钛（TiO_2）

在自然界中有三种晶型：金红石、锐钛矿和板钛矿。其中最重要的为金红石，由于含有少量杂质而呈红色或橙色。纯的二氧化钛为白色难熔固体，受热变黄，冷却又变白。

TiO_2 难溶于水，具有两性（以碱性为主），由 Ti(Ⅳ)溶液与碱反应所制得的 TiO_2(实际为水合物)可溶于浓硫酸和浓碱 NaOH，生成硫酸氧钛和偏钛酸钠：

$$TiO_2+H_2SO_4(浓) \xrightarrow{\triangle} TiOSO_4+H_2O$$

$$TiO_2+2NaOH(浓) \longrightarrow Na_2TiO_3+H_2O$$

由于 Ti^{4+} 电荷多、半径小，极易水解，所以 Ti(Ⅳ)溶液中不存在 Ti^{4+}。TiO^{2+} 可看作是由 Ti^{4+} 二级水解产物脱水而形成的。TiO_2 也可与碱共熔，生成偏钛酸盐。此外，TiO_2 还可溶于氢氟酸中：

$$TiO_2+6HF \longrightarrow [TiF_6]^{2-}+2H^++2H_2O$$

TiO_2 的化学性质不活泼，且覆盖能力强、折射率高，可用于制造高级白色油漆。TiO_2 在工业上称为“钛白”，它兼有锌白 (ZnO) 的持久性和铅白 $[Pb_2(OH)_2CO_3]$ 的遮盖性，是高档白色颜料，其最大的优点是无毒，在高级化妆品中用作增白剂。TiO_2 也用作高级铜版纸的表面覆盖剂，以及用于生产增白尼龙。在陶瓷中加入 TiO_2，可提高陶瓷的耐酸性。TiO_2 粒子具有半导体性能，且以其无毒、价廉、催化活性高、稳定性好等特点，成为目前多相光催化反应最常用的半导体材料。

此外，TiO_2 也用作乙醇脱水、脱氢的催化剂。世界钛矿开采量的 90% 以上是用于生产钛白的。钛白的制备方法随其用途而异。工业上生产 TiO_2 的方法主要有硫酸法和氯化法。目前我国生产 TiO_2 主要用硫酸法，其主要反应如下：

$$\underset{\text{(钛铁矿)}}{FeTiO_3} + 2H_2SO_4(\text{浓}) \xrightarrow{\text{煮沸}} FeSO_4 + \underset{\text{(硫酸氧钛)}}{TiOSO_4} + 2H_2O$$

冷却所得滤液，除去 $FeSO_4 \cdot 7H_2O$ 后加热至沸腾：

$$TiOSO_4 + 2H_2O \xrightarrow{\text{煮沸}} H_2TiO_3 \downarrow + H_2SO_4$$

将沉淀滤出、烘干，在 900～950℃下焙烧：

$$H_2TiO_3 \xrightarrow{\text{焙烧}} TiO_2 + H_2O$$

硫酸法工艺比较突出的是副产品的利用和环保问题。副产品硫酸亚铁可生产聚合硫酸铁无机高分子絮凝剂；还可以生产氧化铁的各色颜料、制造铁的肥料、改良盐碱地等。废酸可用石灰或石灰乳中和，得到副产物石膏等。

氯化法是将粉碎后的金红石或高钛渣与焦炭混合，在流化床氯化炉中与氯气反应生产 $TiCl_4$，经净化，于 1000℃左右通氧气使 $TiCl_4$ 转化为 TiO_2：

$$TiO_2 + 2C + 2Cl_2 \xrightarrow{\triangle} TiCl_4 + 2CO$$

$$TiCl_4 + O_2 \xrightarrow{\text{焙烧}} TiO_2 + 2Cl_2$$

氯化法比硫酸法能耗低、以气相反应为主，氯气可循环使用，排出的废弃物仅为硫酸法的十分之一，且易生产出优质钛白。

13.2.2.2 钛酸盐和钛氧盐

TiO_2 为两性偏碱性氧化物，可形成两系列盐——钛酸盐和钛氧盐，钛酸盐大都难溶于水。$BaTiO_3$(白色)、$PbTiO_3$(淡黄)介电常数高，具有压电效应，是最重要的压电陶瓷材料，这是一种可以使电能和机械能相互转换的功能材料，广泛用于电子信息技术和光电技术领域。

$BaTiO_3$ 主要通过“混合—预烧—球磨”流程大规模生产：

$$BaCO_3 + TiO_2 \longrightarrow BaTiO_3 + CO_2 \uparrow$$

硫酸氧钛 ($TiOSO_4$) 为白色粉末，可溶于冷水。在溶液或晶体内实际上不存在简单的钛酰离子 (TiO^{2+})，而是以 TiO^{2+} 聚合形成的锯齿状长链 $(TiO)_n^{2n+}$ 形式存在，如图 13.3 所示。在晶体中这些长链彼此间由 SO_4^{2-} 连接起来。

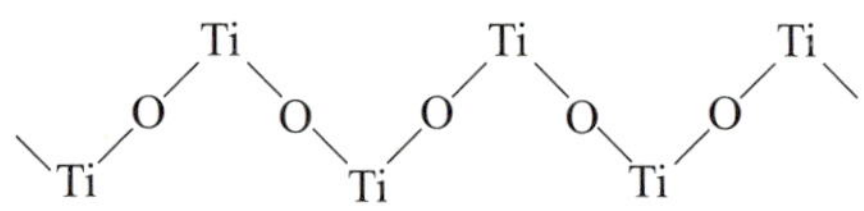

图 13.3 $(TiO)_n^{2n+}$ 长链示意图

钛酸盐和钛氧盐皆易水解，形成白色偏钛酸 (H_2TiO_3) 沉淀：

$$Na_2TiO_3 + 2H_2O \longrightarrow H_2TiO_3 \downarrow + 2NaOH$$

$$TiOSO_4 + 2H_2O \xrightarrow{\triangle} H_2TiO_3 \downarrow + H_2SO_4$$

13.2.2.3 四氯化钛

四氯化钛 ($TiCl_4$) 是钛最重要的卤化物，通常由 TiO_2、氯气和焦炭在高温下反应制得。

$TiCl_4$ 为共价化合物（正四面体构型），常温下为无色液体，易挥发，具有刺激气味，易溶于有机溶剂。$TiCl_4$ 极易水解，在潮湿空气中由于水解而冒烟：

$$TiCl_4 + 3H_2O \longrightarrow H_2TiO_3 \downarrow + 4HCl \uparrow$$

利用此反应可以制造烟幕。

$TiCl_4$ 是制备钛的其他化合物的原料。

在 Ti(Ⅳ) 盐的酸性溶液中加入 H_2O_2，则生成较稳定的橙色配合物 $[TiO(H_2O_2)]^{2+}$：

$$TiO^{2+}+H_2O_2 \longrightarrow [TiO(H_2O_2)]^{2+}$$

（橙色）

此反应用于 Ti(Ⅳ) 或 H_2O_2 的比色测定。

13.2.3 钒的重要化合物

钒原子的价层电子构型为 $3d^34s^2$，可形成 +5、+3、+2 等氧化数的化合物，其中以为 +5 氧化数的化合物较重要。钒的某些化合物具有催化作用和生理功能。

13.2.3.1 五氧化二钒

五氧化二钒 (V_2O_5) 为橙黄至砖红色固体，无味、微溶于水，其水溶液呈淡黄色并显酸性。目前工业上是以含钒铁矿熔炼钢时所获得的富钒炉渣（含 $FeO\cdot V_2O_3$）为原料制取 V_2O_5。

V_2O_5 为两性氧化物（以酸性为主），溶于强碱（如 NaOH）溶液中：

$$V_2O_5+6OH^- \xrightarrow{冷} 2VO_4^{3-}+3H_2O$$

（正钒酸根，无色）

$$V_2O_5+2OH^- \xrightarrow{热} 2VO_3^-+H_2O$$

（偏钒酸根，黄色）

V_2O_5 也可溶于强酸（如 H_2SO_4），但得不到 V^{5+}，而是形成淡黄色的 VO_2^+：

$$V_2O_5+2H^+ \longrightarrow 2VO_2^++H_2O$$

（淡黄）

V_2O_5 为中强氧化剂，如与盐酸反应，V(Ⅴ) 可被还原为 V(Ⅳ)，并放出氯气：

$$V_2O_5+6H^++2Cl^- \longrightarrow 2VO^{2+}+Cl_2\uparrow+3H_2O$$

（蓝色）

V_2O_5 在硫酸工业中用作催化剂；石油化工中用作设备的缓蚀剂。近期研究发现，V_2O_5 薄膜具有电学、光学、物理化学等方面的特性。可用于湿度传感器、气体传感器、抗静电涂料、电源开关、微电池及电致变色显示器件等方面。

13.2.3.2 钒酸盐

钒酸盐的形式多种多样。有偏钒酸盐 M(Ⅰ)VO_3，正钒酸盐 M(Ⅰ)$_3VO_4$，多钒酸盐 M(Ⅰ)$_4V_2O_7$、M(Ⅰ)$_3V_3O_9$ 等。正钒酸根 VO_4^{3-} 和 ClO_4^-、SO_4^{2-}、PO_4^{3-} 等含氧酸根离子结构相似，均为正四面体构型。VO_4^{3-} 只存在于强碱性溶液中。向钒酸盐溶液中加酸，随着 pH 的逐渐减小，钒酸根会逐渐脱水，缩合为多钒酸根。当 pH < 1 时，形成淡黄色的 VO_2^+ 溶液。

$$\underbrace{VO_4^{3-}}_{正钒酸根} \xrightarrow{pH=12\sim10} \underbrace{V_2O_7^{4-} \xrightarrow{pH=9} V_3O_9^{3-} \xrightarrow{pH=2.2} H_2V_{10}O_{28}^{4-}}_{多钒酸根} \xrightarrow{pH<1} VO_2^+$$

钒酸盐在强酸性溶液中（以 VO_2^+ 形式存在）有氧化性。在酸性溶液中，VO_2^+ 可被 Fe^{2+}、草酸等还原为 VO^{2+}：

$$VO_2^++Fe^{2+}+2H^+ \longrightarrow VO^{2+}+Fe^{3+}+H_2O$$

（钒酰离子）　　（亚钒酰离子）

$$2VO_2^++H_2C_2O_4+2H^+ \xrightarrow{\triangle} 2VO^{2+}+2CO_2\uparrow+2H_2O$$

上述反应可用于氧化还原法测定钒含量。

VO_2^+、VO^{2+}、ZrO^{2+}、HfO^{2+} 以及前面已遇到过 SbO^+、BiO^+、TiO^{2+} 等均可看成是相应高氧化态阳离子水解的中间产物，命名时称某酰离子。

13.3

铬族元素

13.3.1 铬族元素概述

铬 (Cr)、钼 (Mo)、钨 (W)、𬭳 (Sg) 为 d 区ⅥB 族元素，其中𬭳为放射性元素；钼、钨虽为稀有元素，但在我国蕴藏丰富，湖南柿竹园钨矿以白钨矿（主要成分为 $CaWO_4$）为主，江西西华山矿以黑钨矿（主要成分为 $FeMnWO_4$）为主；河南、陕西、吉林三省的钼储量占全国的 56% 以上，河南栾川、陕西金堆城、辽宁杨家杖子的辉钼矿（主要成分为 MoS_2）均为大矿。我国钨占世界总储量的一半以上，居世界第一位，钼的储量居世界第二位。铬在自然界中主要以铬铁矿 $[Fe(CrO_2)_2]$ 形式存在，在我国主要分布在西藏、新疆、内蒙古、甘肃等省（自治区）。我国铬矿资源比较贫乏，属短缺资源。

13.3.1.1 铬、钼、钨的性质和用途

铬、钼、钨均为银白色金属，它们的原子价层有 6 个电子可以参与形成金属键，另外原子半径也较小，因而熔点、沸点在各自的周期中最高，硬度也大，其中钨在所有金属中熔点最高（3410℃），铬在所有金属中硬度最大。我国古代的“宝刀”其成分中就含有钨。

常温下，铬、钼、钨表面因形成致密的氧化膜而降低了活性，在空气中或水中都相当稳定。去掉保护膜的铬可缓慢溶于稀盐酸和稀硫酸中，形成蓝色 Cr^{2+}。Cr^{2+} 与空气接触，很快被氧化而变为紫色的 Cr^{3+}：

$$Cr + 2H^+ \longrightarrow Cr^{2+} + H_2\uparrow$$

$$4Cr^{2+} + 4H^+ + O_2 \longrightarrow 4Cr^{3+} + 2H_2O$$

铬还可与热浓硫酸作用：

$$2Cr + 6H_2SO_4(\text{热，浓}) \longrightarrow Cr_2(SO_4)_3 + 3SO_2\uparrow + 6H_2O$$

铬不溶于浓硝酸。

钼和钨彼此非常相似，其化学性质较稳定，与铬有显著区别。钼与稀盐酸或浓盐酸都不反应，能溶于浓硝酸和王水；而钨与盐酸、硫酸、硝酸都不反应，氢氟酸和硝酸的混合物或王水能使钨溶解。

铬、钼、钨只有在高温下才能与卤素、硫、氮、碳等直接化合。

由于铬具有高硬度、耐磨、耐腐蚀、良好光泽等优良性能，常用作金属表面的镀层（如自行车、汽车、精密仪器的零件常为镀铬制件），并大量用于制造合金（如铬钢、不锈钢）。钼和钨也大量用于制造耐高温、耐磨和耐腐蚀的合金钢，以满足刀具、钻头、常规武器以及导弹、火箭等生产的需要。此外，钨丝还用于制作灯丝（温度可高达 2600℃，不熔化，发光效率高，寿命长）、高温电炉的发热元件等。许多钼的化合物用作催化剂，固氮中的关键酶含有钼。

13.3.1.2 铬的电势图

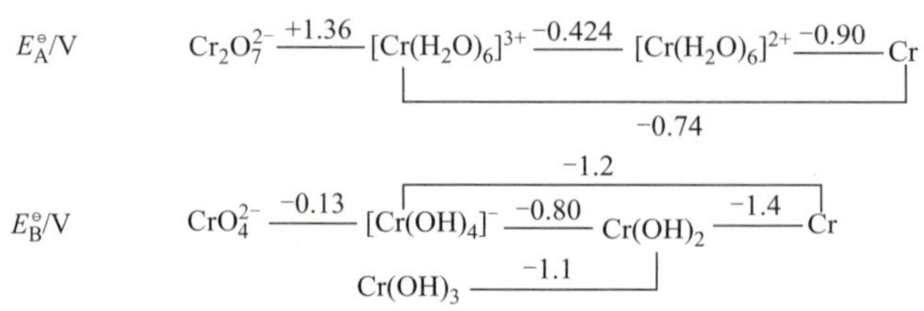

由铬的电极电势图可知：在酸性溶液中，氧化数为 +6 的铬（$Cr_2O_7^{2-}$）有较强氧化性，可被还原为 Cr^{3+}；而 Cr^{2+} 有较强还原性，可被氧化为 Cr^{3+}。因此，在酸性溶液中 Cr^{3+} 不易被氧化，也不易被还原；在碱性溶液中，氧化数为 +6 的铬（CrO_4^{2-}）无氧化性，相反，Cr(Ⅲ) 易被氧化为 Cr(Ⅵ)。

在氧化态的稳定性上 Mo、W 彼此非常相似，与 Cr 差别较大。在酸性或碱性溶液中，+6 氧化数化合物的稳定性按 Cr → Mo → W 的顺序增强（氧化性减弱）。

13.3.2　铬的重要化合物

铬的价层电子构型为 $3d^54s^1$，有多种氧化数，其中以氧化数为 +3 和 +6 的化合物较常见，也较重要。铬的化合物有毒，主要侵害皮肤黏膜，久之会侵入体内伤害内脏、骨骼；还可能发生贫血、肾炎、神经炎、气管炎等。

13.3.2.1　铬(Ⅲ)化合物

(1) 三氧化二铬及其水合物　高温下，通过金属铬与氧直接化合，重铬酸铵或三氧化铬的热分解，都可生成绿色三氧化二铬 (Cr_2O_3) 固体：

$$4Cr+3O_2 \xrightarrow{\triangle} 2Cr_2O_3$$

$$(NH_4)_2Cr_2O_7 \xrightarrow{\triangle} Cr_2O_3+N_2\uparrow+4H_2O$$

$$4CrO_3 \xrightarrow{\triangle} 2Cr_2O_3+3O_2\uparrow$$

Cr_2O_3 是溶解和熔融都困难的两性氧化物，溶于 H_2SO_4 生成蓝紫色 $Cr_2(SO_4)_3$，与 NaOH 共熔生成绿色的 $NaCrO_2$：

$$Cr_2O_3+3\ H_2SO_4 \longrightarrow Cr_2(SO_4)_3+3\ H_2O$$

$$Cr_2O_3+2\ NaOH \longrightarrow 2NaCrO_2+H_2O$$

高温灼烧过的 Cr_2O_3 在酸、碱液中都呈惰性，但与酸性熔剂共熔，能转变为可溶性铬(Ⅲ)盐。

$$Cr_2O_3+3K_2S_2O_7 \xrightarrow{高温} Cr_2(SO_4)_3+3K_2SO_4$$

Cr_2O_3 是冶炼铬的原料，还是一种绿色颜料（俗称铬绿），对光、大气、高温及腐蚀性气体（SO_2、H_2S 等）极稳定。广泛应用于陶瓷、玻璃、涂料、印刷等工业，也是有机合成的催化剂。

向铬(Ⅲ)盐溶液中加入碱，可得灰绿色胶状水合氧化铬 ($Cr_2O_3 \cdot xH_2O$) 沉淀，水合氧化铬含水量是可变的，通常称为氢氧化铬，习惯上以 $Cr(OH)_3$ 表示。

氢氧化铬难溶于水，具有两性，易溶于酸形成蓝紫色的 $[Cr(H_2O)_6]^{3+}$，也易溶于碱形成亮绿色的 $[Cr(OH)_4]^-$ 或 $[Cr(OH)_6]^{3-}$：

$$Cr(OH)_3+3H^+ \longrightarrow Cr^{3+}+3H_2O$$

$$Cr(OH)_3+OH^- \longrightarrow [Cr(OH)_4]^-$$

(2) 铬(Ⅲ)盐　常见的铬(Ⅲ)盐有六水合氯化铬 [$CrCl_3 \cdot 6H_2O$，紫色或绿色]、十八水合硫酸铬 [$Cr_2(SO_4)_3 \cdot 18H_2O$，紫色] 以及铬钾矾（简称）[$KCr(SO_4)_2 \cdot 12H_2O$，蓝紫色]，它们都易溶于水。

三价铬离子的特征和鉴定

由于水合三氧化二铬为难溶的两性化合物，其酸性、碱性都很弱，因而对应的 Cr^{3+} 和 $[Cr(OH)_4]^-$ 盐易水解。例如 Cr^{3+} 在水溶液中形成 $[Cr(H_2O)_6]^{3+}$ 后，若加入碱降低酸度，可形成分子量较高的可溶性聚合物，最后析出水合氧化铬（Ⅲ）胶状沉淀。

将含有 $[Cr(OH)_4]^-$ 的水溶液加热煮沸，可完全水解为水合氧化铬(Ⅲ)沉淀：

$$2[Cr(OH)_4]^-+(x-3)H_2O \longrightarrow Cr_2O_3 \cdot xH_2O\downarrow+2OH^-$$

在碱性溶液中，$[Cr(OH)_4]^-$ 有较强的还原性。例如，可用 H_2O_2 将其氧化为 CrO_4^{2-}：

$$2[Cr(OH)_4]^- + 3H_2O_2 + 2OH^- \longrightarrow 2CrO_4^{2-} + 8H_2O$$

（亮绿色）　　　　　　　　（黄色）

在酸性溶液中，需用很强的氧化剂如过硫酸盐，才能将 Cr^{3+} 氧化为 $Cr_2O_7^{2-}$：

$$2Cr^{3+} + 3S_2O_8^{2-} + 7H_2O \xrightarrow{Ag^+催化} Cr_2O_7^{2-} + 6SO_4^{2-} + 14H^+$$

（3）铬（Ⅲ）配合物　目前已知的铬（Ⅲ）配合物有几千种，除少数外，配位数多为6，大都显色。$[Cr(H_2O)_6]^{3+}$ 为最常见的 Cr(Ⅲ) 的配合物，它存在于水溶液中，也存在于许多盐的水合晶体中。$CrCl_3 \cdot 6H_2O$ 配合物，由于制备条件不同，可以得到三种不同颜色的异构体：$[Cr(H_2O)_6]Cl_3$（紫色）；$[CrCl(H_2O)_5]Cl_2 \cdot H_2O$（浅绿色）；$[CrCl_2(H_2O)_4]Cl \cdot 2H_2O$（暗绿色）。这三种异构体在一定条件下可以相互转化。

Cr^{3+} 除了可与 H_2O、Cl^- 等配体形成配合物外，还可与 $NH_3(l)$、$C_2O_4^{2-}$、OH^-、CN^-、SCN^- 等形成单一配体配合物，如 $[Cr(CN)_6]^{3-}$、$[Cr(NCS)_6]^{3-}$ 等；此外，还能形成含有两种或两种以上配体的配位化合物，例如 $[CrCl(H_2O)_5]^{2+}$、$[CrBrCl(NH_3)_4]^+$ 等。

13.3.2.2　铬（Ⅵ）化合物

铬（Ⅵ）化合物主要有三氧化铬 (CrO_3)、铬酸钾 (K_2CrO_4) 和重铬酸钾 ($K_2Cr_2O_7$)。

（1）三氧化铬　俗名"铬酐"。向 $K_2Cr_2O_7$ 的饱和溶液中加入过量浓硫酸，即可析出暗红色的 CrO_3 晶体：

$$K_2Cr_2O_7 + H_2SO_4(浓) \longrightarrow 2CrO_3\downarrow + K_2SO_4 + H_2O$$

CrO_3 有毒，对热不稳定，加热到197℃时分解放氧：

$$4CrO_3 \xrightarrow{\triangle} 2Cr_2O_3 + 3O_2\uparrow$$

在分解过程中，可形成中间产物二氧化铬（CrO_2，黑色）。CrO_2 有磁性，可用于制造高级录音带。

CrO_3 有强氧化性，与有机物（如酒精）剧烈反应，甚至着火、爆炸。CrO_3 易潮解，溶于水主要生成铬酸（H_2CrO_4），溶于碱生成铬酸盐：

$$CrO_3 + H_2O \longrightarrow H_2CrO_4$$

（黄色）

$$CrO_3 + 2NaOH \longrightarrow Na_2CrO_4 + H_2O$$

（黄色）

CrO_3 广泛用作有机反应的氧化剂和电镀的镀铬液成分，也用于制取高纯铬。

（2）铬酸盐与重铬酸盐　由于铬（Ⅵ）的含氧酸无游离状态，因而常用其盐。钾、钠的铬酸盐和重铬酸盐是铬的最重要的盐，K_2CrO_4 为黄色晶体，$K_2Cr_2O_7$ 为橙红色晶体（俗称红矾钾）。高温下，$K_2Cr_2O_7$ 在水中的溶解度大（100℃时为102g/100g）；低温下，$K_2Cr_2O_7$ 在水中的溶解度小（0℃时为5g/100g），易通过重结晶法提纯。而且 $K_2Cr_2O_7$ 不易潮解，又不含结晶水，故常用作化学分析中的基准物。

铬酸根与重铬酸根的转化

向铬酸盐溶液中加入酸，溶液由黄色变为橙红色，而向重铬酸盐溶液中加入碱，溶液由橙红色变为黄色。这表明在铬酸盐或重铬酸盐溶液中存在如下平衡：

$$2CrO_4^{2-} + 2H^+ \underset{OH^-}{\overset{H^+}{\rightleftharpoons}} Cr_2O_7^{2-} + H_2O$$

（黄色）　　　　（橙红色）

实验证明，当 pH ≥ 11 时，Cr(Ⅵ) 几乎100%以 CrO_4^{2-} 形式存在；而当 pH ≤ 1.2 时，又几乎100%以 $Cr_2O_7^{2-}$ 形式存在。

铬酸盐沉淀

重铬酸盐大都易溶于水；而铬酸盐，除 K^+、Na^+、NH_4^+ 盐外，一般都难溶于水，因此向可溶性铬酸盐的溶液中加入 Ba^{2+}、Pb^{2+}、Ag^+ 等，会生成沉淀：

$$Ba^{2+}+CrO_4^{2-} \longrightarrow BaCrO_4\downarrow\text{（柠檬黄）}$$

$$Pb^{2+}+CrO_4^{2-} \longrightarrow PbCrO_4\downarrow\text{（铬黄）}$$

$$2Ag^{+}+CrO_4^{2-} \longrightarrow Ag_2CrO_4\downarrow\text{（砖红）}$$

上列第 2 个反应可用于鉴定 CrO_4^{2-}。柠檬黄、铬黄作为颜料可用于制造油漆、油墨、水彩、油彩，还可用于色纸、橡胶、塑料制品的着色。向重铬酸盐溶液中加入 Ba^{2+}、Pb^{2+}或Ag^{+}时，可使上述平衡向生成 CrO_4^{2-} 的方向移动，生成相应的铬酸盐沉淀：

重铬酸钾与钡、铅、银离子反应

$$Cr_2O_7^{2-}+2Ba^{2+}+H_2O \longrightarrow 2BaCrO_4\downarrow+2H^+$$

（柠檬黄）

$$Cr_2O_7^{2-}+2Pb^{2+}+H_2O \longrightarrow 2PbCrO_4\downarrow+2H^+$$

（铬黄）

$$Cr_2O_7^{2-}+4Ag^{+}+H_2O \longrightarrow 2Ag_2CrO_4\downarrow+2H^+$$

（砖红）

由铬的电势图可知，重铬酸盐在酸性溶液中有强氧化性，可以氧化 H_2S、H_2SO_3、HCl、HI、$FeSO_4$ 等许多物质，本身被还原为 Cr^{3+}：

$$Cr_2O_7^{2-}+3H_2S+8H^+ \longrightarrow 2Cr^{3+}+3S\downarrow+7H_2O$$

$$Cr_2O_7^{2-}+3SO_3^{2-}+8H^+ \longrightarrow 2Cr^{3+}+3SO_4^{2-}+4H_2O$$

$$Cr_2O_7^{2-}+6I^-+14H^+ \longrightarrow 2Cr^{3+}+3I_2+7H_2O$$

$$Cr_2O_7^{2-}+6Fe^{2+}+14H^+ \longrightarrow 2Cr^{3+}+6Fe^{3+}+7H_2O$$

在化学分析中常用到上列第 3、4 个反应。在第 3 个反应中，从电极电势分析，I^- 也有可能被氧化到 IO_3^- ［$E_A^\ominus(IO_3^-/I_2)=1.195V$］，但实验表明，$I^-$ 被氧化产物为 I_2，这应归因于化学反应速率；第 4 个反应常用来测定铁的含量。过去化学实验中用于洗涤玻璃器皿的铬酸洗液，是由重铬酸钾的饱和溶液与浓硫酸配制的混合物。

在酸性溶液中，$Cr_2O_7^{2-}$ 还能氧化 H_2O_2：

$$Cr_2O_7^{2-}+3H_2O_2+8H^+ \longrightarrow 2Cr^{3+}+3O_2\uparrow+7H_2O$$

在反应过程中，先生成蓝色的过氧化铬：

$$Cr_2O_7^{2-}+4H_2O_2+2H^+ \longrightarrow 2CrO_5+5H_2O$$

这是检验铬（Ⅵ）和过氧化氢的灵敏反应。CrO_5[1] 不稳定，会逐渐分解成 Cr^{3+}，并放出 O_2。CrO_5 在乙醚或戊醇中较为稳定。

重铬酸根的鉴定

13.4

锰族元素

13.4.1 锰族元素概述

元素周期表中 d 区ⅦB 族元素称为锰族元素，包括锰 (Mn)、锝 (Tc)、铼 (Re)、铍 (Bh) 四种

[1] CrO_5 中含有两个过氧基，准确应表达为 $CrO(O_2)_2$。

元素。Tc、Bh 为放射性元素，Re 属稀有元素。它们的价层电子构型为 $(n\text{-}1)d^5ns^2$，最高氧化数为 +7，Mn 的氧化数还有 +6、+4、+3、+2。同ⅤB、ⅥB 族元素一样，从上往下（从 Mn 到 Re）高氧化态趋向于稳定，如 Re_2O_7 和 Tc_2O_7 性质相似，比 Mn_2O_7 稳定得多；低氧化态稳定性恰好相反，锰以 Mn^{2+} 最稳定，而锝（Ⅱ）、铼（Ⅱ）则不存在简单离子。

锰在自然界的储量位于过渡元素中第三位，仅次于铁和钛，主要以软锰矿（$MnO_2 \cdot xH_2O$）形式存在。我国锰矿有一定储量，广西、湖南储量较多。锰是银白色金属，性坚而脆，化学性活泼，粉末状的锰能着火。在常温下缓慢地溶于水，与稀酸作用放出氢气。

锰主要用于制造合金钢。含 Mn 10% 以上的锰钢具有良好的抗冲击、耐磨损及耐蚀性，可用作耐磨材料，如制造粉碎机、钢轨和装甲钢板等。硫是钢铁生产中的有害元素，在高温下与 Fe 形成低熔点的 FeS，会引起钢的热脆性。锰可从 FeS 中置换出铁，自身成为 MnS 而转入渣中，将硫除去，因此在钢铁生产中，锰用作脱氧剂和脱硫剂。

锰也是人体必需的微量元素之一。但是若锰以灰尘形式进入人体，常引起慢性神经系统中毒。

13.4.2 锰的重要化合物

锰以氧化数 +2、+4 和 +7 的化合物最重要。锰的电势图如下：

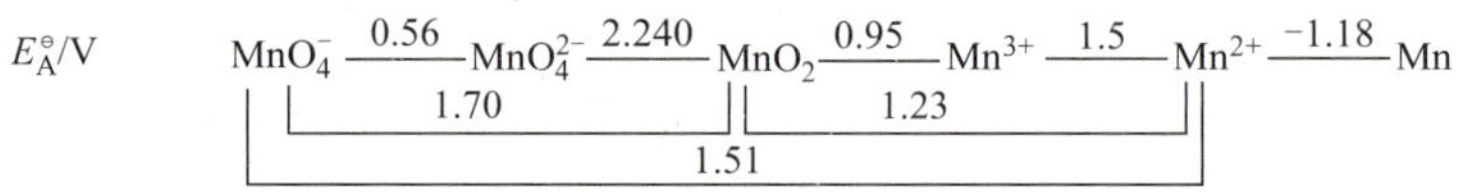

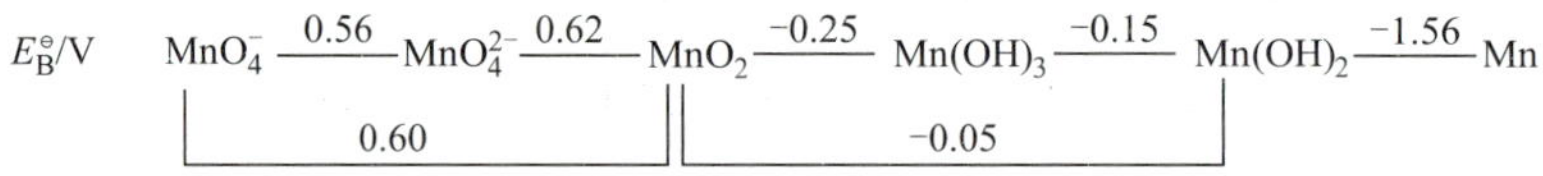

锰的氧化物及其水合物酸碱性的递变规律，是过渡元素中最典型的：随锰的氧化数升高，碱性逐渐减弱，酸性逐渐增强。

←碱性增强

MnO（绿）	Mn_2O_3（棕）	MnO_2（黑）		Mn_2O_7（绿）
$Mn(OH)_2$（白）	$Mn(OH)_3$（棕）	$Mn(OH)_4$（棕黑）	H_2MnO_4（绿）	$HMnO_4$（紫红）
碱性	弱碱性	两性	酸性	强酸性

酸性增强→

13.4.2.1 锰（Ⅱ）盐

锰（Ⅱ）的强酸盐均溶于水，只有少数弱酸盐（如 $MnCO_3$、MnS 等）难溶于水。从水溶液中结晶出来的锰（Ⅱ）盐，为带有结晶水的晶体，如 $MnSO_4 \cdot 7H_2O$、$Mn(NO_3)_2 \cdot 6H_2O$ 和 $MnCl_2 \cdot 6H_2O$ 等。在这些水合锰（Ⅱ）盐中都有淡红色的 $[Mn(H_2O)_6]^{2+}$，这些盐的水溶液中也有 $[Mn(H_2O)_6]^{2+}$，因而溶液呈现淡红色。

水合二氧化锰

锰（Ⅱ）盐与碱液反应时，产生的白色胶状沉淀 $Mn(OH)_2$ 在空气中不稳定，迅速被氧化为棕黑色的 $MnO(OH)_2$（水合二氧化锰）：

$$Mn^{2+} + 2OH^- \longrightarrow \underset{(\text{白色})}{Mn(OH)_2}$$

$$2Mn(OH)_2 + O_2 \longrightarrow \underset{(\text{棕黑色})}{2MnO(OH)_2}$$

在酸性溶液中，$Mn^{2+}(3d^5)$ 比同周期其他 M（Ⅱ），如 $Cr^{2+}(d^4)$、$Fe^{2+}(d^6)$ 等稳定，只有用强氧化剂，如 $NaBiO_3$、PbO_2、$(NH_4)_2S_2O_8$ 才能将 Mn^{2+} 氧化为紫红色的高锰酸根（MnO_4^-）。

$$2Mn^{2+} + 14H^{+} + 5NaBiO_3 \longrightarrow 2MnO_4^{-} + 5Bi^{3+} + 7H_2O + 5Na^{+}$$

这个反应可鉴定溶液中微量 Mn^{2+}。

锰离子的特征鉴定反应

13.4.2.2 二氧化锰

MnO_2 为棕黑色粉末，是锰最稳定的氧化物，它是自然界中软锰矿的主要成分，在酸性溶液中有强氧化性，例如：

$$MnO_2 + 4HCl(浓) \longrightarrow MnCl_2 + Cl_2\uparrow + 2H_2O$$

在实验室中常利用此反应制取少量氯气。MnO_2 与碱共熔，可被空气中的氧所氧化，生成绿色的锰酸盐：

$$2MnO_2 + 4KOH + O_2 \xrightarrow{熔融} 2K_2MnO_4 + 2H_2O$$

在工业上，MnO_2 有许多用途，例如，用作干电池的去极化剂，火柴的助燃剂，某些有机反应的催化剂，以及合成磁性记录材料铁氧体 $MnFe_2O_4$ 的原料等。

13.4.2.3 锰酸盐、高锰酸盐

（1）锰酸盐 氧化数为 +6 的锰的化合物，仅以深绿色的锰酸根（MnO_4^{2-}）形式存在于强碱溶液中。K_2MnO_4 是在空气或其他氧化剂（如 $KClO_3$、KNO_3 等）存在下，由 MnO_2 和碱金属氢氧化物或碳酸盐共熔而制得。例如：

$$3MnO_2 + 6KOH + KClO_3 \xrightarrow{熔融} 3K_2MnO_4 + KCl + 3H_2O$$

由锰的电势图可知，锰酸盐在酸性溶液中易发生歧化反应：

$$3MnO_4^{2-} + 4H^{+} \longrightarrow 2MnO_4^{-} + MnO_2 + 2H_2O$$

在中性或弱碱性溶液中也发生歧化反应，但趋势及速率小：

$$3MnO_4^{2-} + 2H_2O \longrightarrow 2MnO_4^{-} + MnO_2 + 4OH^{-}$$

锰酸盐在酸性溶液中有强氧化性，但由于其不稳定性，故不用作氧化剂。

（2）高锰酸盐 $KMnO_4$ 俗称灰锰氧，深紫色晶体，能溶于水，是一种强氧化剂。工业上用电解 K_2MnO_4 的碱性溶液或用 Cl_2 氧化 K_2MnO_4 来制备 $KMnO_4$：

$$2MnO_4^{2-} + 2H_2O \xrightarrow{电解} 2MnO_4^{-} + H_2\uparrow + 2OH^{-}$$

（阳极） （阴极）

$$2MnO_4^{2-} + Cl_2 \longrightarrow 2MnO_4^{-} + 2Cl^{-}$$

$KMnO_4$ 在酸性溶液中会缓慢地分解而析出 MnO_2：

$$4MnO_4^{-} + 4H^{+} \longrightarrow 4MnO_2\downarrow + 3O_2\uparrow + 2H_2O$$

光对此分解有催化作用，因此 $KMnO_4$ 必须保存在棕色瓶中。

$KMnO_4$ 对热不稳定，加热到 200℃以上即分解放氧：

$$2KMnO_4 \xrightarrow{\triangle} K_2MnO_4 + MnO_2 + O_2\uparrow$$

$KMnO_4$ 的氧化能力随介质的酸性减弱而减弱，其还原产物也因介质的酸碱性不同而变化。

MnO_4^{-} 在酸性、中性（或微碱性）、强碱性介质中的还原产物分别为 Mn^{2+}、MnO_2 及 MnO_4^{2-}，例如：

高锰酸根离子的氧化性

$$2MnO_4^{-} + 5SO_3^{2-} + 6H^{+} \longrightarrow 2Mn^{2+} + 5SO_4^{2-} + 3H_2O$$

（紫色） （淡红色或无色）

$$2MnO_4^{-} + 3SO_3^{2-} + H_2O \longrightarrow 2MnO_2\downarrow + 3SO_4^{2-} + 2OH^{-}$$

（棕色）

$$2MnO_4^{-} + SO_3^{2-} + 2OH^{-} \longrightarrow 2MnO_4^{2-} + SO_4^{2-} + H_2O$$

（深绿色）

MnO_4^-（四面体构型）在水溶液中呈紫色，从 Mn(Ⅶ)的价电子层结构（$3d^04s^0$）来看，没有 3d 电子，似应为无色。MnO_4^-的显色是由于 Mn-O 之间有较强的极化效应，当MnO_4^-吸收部分可见光后使O^{2-}一端的电子向 Mn(Ⅶ)跃迁，称为荷移跃迁，使MnO_4^-呈紫色。过渡金属含氧酸根中常有荷移跃迁，导致它们常有很深的颜色，如VO_4^{3-}（黄色）、CrO_4^{2-}（黄色）、MoO_4^{2-}（淡黄色）、MnO_4^{2-}（绿色）。

$KMnO_4$在化学工业中用于生产维生素 C、糖精等，在轻化工业中用作纤维、油脂的漂白和脱色，在医疗上用作杀菌消毒剂，在日常生活中可用于饮食用具、器皿、蔬菜、水果等的消毒。

13.5

铁系和铂系元素

13.5.1 铁系和铂系元素概述

周期表 d 区第Ⅷ族包括主要的铁 (Fe)、钴 (Co)、镍 (Ni)、钌 (Ru)、铑 (Rh)、钯 (Pd)、锇 (Os)、铱 (Ir)、铂 (Pt)9 种元素，以及尚缺乏了解的𬭶 (Hs)、鿏 (Mt)、𫟼 (Ds)3 种元素。由于镧系收缩的结果，第Ⅷ族同周期比同纵列的元素在性质上更为相似些。第一过渡系的铁、钴、镍与其余 6 种元素在性质上差别较大，通常把铁、钴、镍 3 种元素称为铁系元素，其余 6 种元素称为铂系元素。铂系元素被列为稀有元素，与金、银元素一起称为贵金属元素。

13.5.1.1 铁系元素

前面讨论过的过渡元素，$(n-1)$d 电子和 ns 电子可以全部参与成键，其最高氧化数等于该元素所属族数，但第Ⅷ族过渡元素 3d 电子已超过 5 个，全部 d 电子参与成键的可能性逐渐减小，所以铁系元素不像其前面的过渡元素易形成VO_3^-、CrO_4^{2-}、MnO_4^-那样的含氧酸根离子。铁系元素中只有 d 电子最少的铁，可以形成很不稳定的、氧化数为 +6（如高铁酸根FeO_4^{2-}）的化合物。一般条件下，铁的氧化数为 +2 和 +3，其中氧化数为 +3 的化合物最稳定。(为什么？) 钴的氧化数可为 +2、+3。镍主要形成氧化数为 +2 的化合物。

铁是地壳中丰度排行第四的元素，主要以化合态存在。铁的主要矿物有赤铁矿 (Fe_2O_3)、磁铁矿 (Fe_3O_4) 和黄铁矿 (FeS_2)。我国铁矿储量居世界第五，除上海市、香港特别行政区外，铁矿在全国各地均有分布。主要分布在辽南、冀东、川西，但多为含铁 30% 的贫矿。钴和镍在自然界中常共生，主要矿物有镍黄铁矿 (NiS · FeS) 和辉钴矿 (CoAsS)。镍过去主要由古巴进口，自从开发了甘肃金川大镍厂后才得以缓解。

铁、钴、镍的单质都是具有光泽的银白色金属，密度大、熔点高。铁和镍的延展性好，而钴则较硬而脆。它们都具有磁性，在外加磁场作用下，磁性增强，外磁场被移走后，仍保持很强的磁性，所以称为铁磁性物质。铁、钴、镍的合金都是良好的磁性材料。

铁、钴、镍均为中等活泼的金属，能从非氧化性酸中置换出氢气（钴反应较慢）。冷、浓硝酸可使铁、钴、镍变成钝态，因此贮运浓HNO_3的容器和管道可用铁制品。

金属铁能被浓碱溶液侵蚀，而钴和镍在强碱中的稳定性却比铁高，因此实验室在熔融碱性物质时，最好用镍坩埚。

铁、钴、镍均能形成金属型氢化物，例如FeH_2、CoH_2。这类氢化物的体积比原金属的体积有显著增加。钢铁与氢（例如稀酸清洗钢铁制件产生的氢气）作用生成氢化物时会使钢铁的延展性和韧性下降，甚至使钢铁形成裂纹，此即谓“氢脆”。

铁是钢铁工业最重要的产品和原材料。通常钢和铸铁都称为铁碳合金，一般含碳

0.02%～2.0% 的称为钢，若于钢中加入一定量其他元素所生成的钢叫合金钢。如不锈钢：含 Cr 16.5%～19.5%、Ni 8%～10%、C 0.07%～0.15%。这种钢有韧性、展性、容易铸造，可热轧、冷轧，不生锈、耐腐蚀、耐热、无磁性。含 Cr 18%、Ni 8%、Ti 0.5% 的不锈钢对海水抗腐蚀性比普通钢高 200 倍。含碳大于 2% 的称为铸铁。进入 20 世纪 90 年代，我国的生铁、钢、钢材产量逐年增长，重点围绕品种质量、节能降耗、资源开发和综合利用、环保治理等方面努力。

13.5.1.2 铂系元素

自然界中铂系金属在矿物中以单质状态存在，但高度分散在各矿石中，最重要的是天然铂矿（铂系金属共生，以铂为主要成分）和锇铱矿（同时含钌和铑）。

铂系元素原子的最外电子层（*ns*）电子数除 Os 和 Ir 为 2 外，其余均为 1 或 0。它们形成高氧化态的倾向在周期表中由左向右逐渐减小，从上往下逐渐增大。

大多数铂系金属能吸收气体，其中钯的吸氢能力最大（钯溶解氢的体积比为 1∶700）。所有铂系金属都有催化性能，例如氨氧化法制硝酸用 Pt-Rh(90∶10) 合金或 Pt-Ru-Pd(90∶5∶5) 合金作催化剂。

铂系元素有很高的化学稳定性。常温下，与氧、硫、氯等非金属元素都不反应，在高温下才可反应。钯和铂能溶于王水：

$$3Pt + 4HNO_3 + 18HCl \longrightarrow 3H_2[PtCl_6] + 4NO\uparrow + 8H_2O$$

钯还能溶于硝酸和热硫酸中。而钌和锇、铑和铱不但不溶于普通强酸，甚至也不溶于王水。

铂系金属主要用于化学工业及电气工业方面。例如，铂（俗称白金），由于其化学稳定性很高，又耐高温，故常用它制造各种反应器皿、蒸发皿、坩埚以及电极、铂网等（注意：它不能用作苛性钠或过氧化钠的反应器皿）。铂和铂铑合金常用作热电偶，锇、铱合金常用来制造一些仪器（如指南针）的主要零件以及自来水笔的笔尖头。较大数量的铂合金（含铂 90%）用于打造首饰。

13.5.2 铁、钴、镍的化合物

铁、钴、镍的价层电子构型依次为 $3d^64s^2$、$3d^74s^2$ 和 $3d^84s^2$。铁系元素能形成 +2、+3 两种氧化数的化合物，其中铁以 +3 氧化数而钴和镍以 +2 氧化数的化合物较为稳定。这是由于 $Fe^{2+}(3d^6)$ 再丢失 1 个 3d 电子能成为半充满的稳定结构 $(3d^5)$，而 $Co^{2+}(3d^7)$ 和 $Ni^{2+}(3d^8)$ 却不能，因此，相应地容易得到 Fe(Ⅲ) 的化合物，而不易得到 Ni(Ⅲ) 的化合物。

13.5.2.1 氧化物和氢氧化物

(1) 氧化物 铁、钴、镍均能形成 +2 和 +3 氧化数的有色氧化物。

FeO	CoO	NiO
（黑色）	（灰绿色）	（暗绿色）
Fe_2O_3	Co_2O_3	Ni_2O_3
（砖红色）	（黑色）	（黑色）

铁除了生成 +2、+3 氧化数的氧化物之外，还能形成混合价态氧化物 Fe_3O_4，经 X 射线结构研究证明：Fe_3O_4 是一种铁(Ⅲ)酸盐，即 $Fe^{II}[Fe_2^{III}O_4]$。

Fe、Co、Ni、的 +2、+3 氧化数的氧化物均能溶于强酸，而不溶于水和碱，属碱性氧化物。M_2O_3 的氧化能力按铁→钴→镍顺序递增而稳定性递降。如与盐酸反应：

$$Fe_2O_3 + 6HCl \longrightarrow 2FeCl_3 + 3H_2O$$

$$Ni_2O_3 + 6HCl \longrightarrow 2NiCl_2 + Cl_2 + 3H_2O$$

(2) 氢氧化物 铁系元素的氢氧化物均难溶于水，它们的氧化还原性及变化规律与其氧化物相似：

←还原性增强

$Fe(OH)_2$（白色）	$Co(OH)_2$（粉红色或蓝色）	$Ni(OH)_2$（浅绿色）
$Fe(OH)_3$（红棕色）	$CoO(OH)$（棕黑色）	$NiO(OH)$（黑色）

氧化性增强→

其中，$Fe(OH)_2$很不稳定，容易被氧化。例如，向亚铁盐溶液中加入碱，先得到白色$Fe(OH)_2$，随即被空气氧化成红棕色$Fe(OH)_3$：

$$Fe^{2+}+2OH^- \longrightarrow Fe(OH)_2\downarrow$$

$$4Fe(OH)_2+O_2+2H_2O \longrightarrow 4Fe(OH)_3\downarrow$$

式中的$Fe(OH)_3$实为水合氧化铁$Fe_2O_3 \cdot xH_2O$。

$Co(OH)_2$虽较$Fe(OH)_2$稳定，但在空气中也能缓慢地被氧化成棕黑色的$CoO(OH)$。$Ni(OH)_2$则更稳定，长久置于空气中也不被氧化，除非与强氧化剂作用才变为黑色$NiO(OH)$。

反之，高氧化态氢氧化物的氧化性按铁→钴→镍顺序依次递增。例如，$Fe(OH)_3$与盐酸只能起中和作用，而$CoO(OH)$却能氧化盐酸，放出氯气：

$$Fe(OH)_3+3HCl \longrightarrow FeCl_3+3H_2O$$

$$2CoO(OH)+6HCl \longrightarrow 2CoCl_2+Cl_2+4H_2O$$

13.5.2.2 盐类

（1）M(Ⅱ)盐 氧化数为+2的铁、钴、镍盐，在性质上有许多相似之处。它们的强酸盐都易溶于水，并有微弱的水解，因而溶液显酸性。强酸盐从水溶液中析出结晶时，往往带有一定数目的结晶水，如$MCl_2 \cdot 6H_2O$、$M(NO_3)_2 \cdot 6H_2O$、$MSO_4 \cdot 7H_2O$。水合盐晶体及其水溶液呈现各种颜色，如$[Fe(H_2O)_6]^{2+}$为浅绿色、$[Co(H_2O)_6]^{2+}$为粉红色、$[Ni(H_2O)_6]^{2+}$为苹果绿色。铁系元素的硫酸盐都能和碱金属或铵的硫酸盐形成复盐，如硫酸亚铁铵$(NH_4)_2SO_4 \cdot FeSO_4 \cdot 6H_2O$（俗称摩尔盐）比相应的亚铁盐$FeSO_4 \cdot 7H_2O$（俗称绿矾）更稳定，不易被氧化，是化学分析中常用的还原剂，用于标定$KMnO_4$的标准溶液等。

$FeSO_4 \cdot 7H_2O$在空气中放置，表面容易被氧化，生成黄褐色$Fe(OH)SO_4$：

$$4FeSO_4+2H_2O+O_2 \longrightarrow 4Fe(OH)SO_4$$

在酸性溶液中，Fe^{2+}也会被空气中的氧气所氧化：

$$4Fe^{2+}+O_2+4H^+ \longrightarrow 4Fe^{3+}+2H_2O$$

要保存Fe（Ⅱ）盐溶液，应加足够浓度的酸，同时加几颗铁钉。（为什么？）

$CoCl_2 \cdot 6H_2O$是常用的钴盐，它在受热脱水过程中伴有颜色的变化：

$$\underset{（粉红）}{CoCl_2 \cdot 6H_2O} \xrightleftharpoons{52.25℃} \underset{（紫红）}{CoCl_2 \cdot 2H_2O} \xrightleftharpoons{90℃} \underset{（蓝紫）}{CoCl_2 \cdot H_2O} \xrightleftharpoons{120℃} \underset{（蓝色）}{CoCl_2}$$

利用氯化钴的这种特性，可判断干燥剂的含水情况。例如，用作干燥剂的硅胶，常浸以$CoCl_2$溶液后烘干备用。当它由蓝色变为红色时，表明吸水已达饱和。将红色硅胶在120℃烘干，待蓝色恢复后仍可使用。因而$CoCl_2$被用作干燥剂（如硅胶）的干湿指示剂。$CoCl_2$也用作陶瓷着色剂。

（2）M(Ⅲ)盐 在铁系元素中，只有铁能形成稳定的氧化数为+3的简单盐，常见Fe(Ⅲ)的强酸盐，如$Fe(NO_3)_3 \cdot 6H_2O$、$FeCl_3 \cdot 6H_2O$、$Fe_2(SO_4)_3 \cdot 12H_2O$等都易溶于水，在这些盐的晶体中含有$[Fe(H_2O)_6]^{3+}$，这种水合离子也存在于强酸性（pH=0左右）溶液中。

由于$Fe(OH)_3$比$Fe(OH)_2$的碱性更弱，所以Fe(Ⅲ)盐较Fe(Ⅱ)盐易水解，而使溶液显黄色或红棕色：

$$[Fe(H_2O)_6]^{3+}+H_2O \rightleftharpoons [Fe(OH)(H_2O)_5]^{2+}+H_3O^+$$

$$[Fe(OH)(H_2O)_5]^{2+} + H_2O \rightleftharpoons [Fe(OH)_2(H_2O)_4]^{+} + H_3O^{+}$$

若增大 pH，将会进一步缩聚成红棕色的胶状溶液。当 pH≈4～5 时，即形成水合三氧化二铁沉淀。

Fe^{3+} 的氧化性虽远远不如 Co^{3+} 和 Ni^{3+}，但仍属中强的氧化剂，能氧化许多物质。例如：

$$2Fe^{3+} + H_2S \longrightarrow 2Fe^{2+} + S + 2H^{+}$$

$$2Fe^{3+} + 2I^{-} \longrightarrow 2Fe^{2+} + I_2$$

$$2Fe^{3+} + Cu \longrightarrow 2Fe^{2+} + Cu^{2+}$$

在电子工业中，利用第三个反应刻蚀印刷电路铜板。

13.5.2.3 配合物

（1）氨合物 Fe^{2+}、Co^{2+}、Ni^{2+} 均能和氨形成氨合配离子，其氨合配离子的稳定性，按 $Fe^{2+} \rightarrow Co^{2+} \rightarrow Ni^{2+}$ 顺序依次增强。Fe^{2+} 难以形成稳定的氨合物，无水 $FeCl_2$ 虽然可与 NH_3 气形成 $[Fe(NH_3)_6]Cl_2$，但此配合物遇水分解：

$$[Fe(NH_3)_6]Cl_2 + 6H_2O \longrightarrow Fe(OH)_2\downarrow + 4NH_3\cdot H_2O + 2NH_4Cl$$

由于 Fe^{3+} 强烈水解，所以在其水溶液中加入氨时，不是形成氨合物，而是生成 $Fe(OH)_3$ 沉淀。

Co^{2+} 与过量氨水反应，可形成土黄色的 $[Co(NH_3)_6]^{2+}$，此配离子在空气中可慢慢被氧化变成更稳定的红褐色 $[Co(NH_3)_6]^{3+}$：

$$4[Co(NH_3)_6]^{2+} + O_2 + 2H_2O \longrightarrow 4[Co(NH_3)_6]^{3+} + 4OH^{-}$$

对比 Co^{3+} 在氨水和酸性溶液中的标准电极电势：

$$[Co(NH_3)_6]^{3+} + e^{-} \rightleftharpoons [Co(NH_3)_6]^{2+};\ E_B^{\ominus} = 0.108V$$

$$[Co(H_2O)_6]^{3+} + e^{-} \rightleftharpoons [Co(H_2O)_6]^{2+};\ E_A^{\ominus} = 1.92V$$

可见 Co^{3+} 很不稳定，氧化性很强，而 Co(Ⅲ)氨合物的氧化性大为减弱，稳定性显著增强。

Ni^{2+} 在过量的氨水中可生成比较稳定的蓝色 $[Ni(NH_3)_6]^{2+}$。

（2）氰合物 Fe^{2+}、Co^{2+}、Ni^{2+}、Fe^{3+} 等离子均能与 CN^{-} 形成配合物。Fe(Ⅱ)盐与 KCN 溶液作用得白色 $Fe(CN)_2$ 沉淀，KCN 过量时 $Fe(CN)_2$ 溶解，形成 $[Fe(CN)_6]^{4-}$：

$$Fe^{2+} + 2CN^{-} \longrightarrow Fe(CN)_2\downarrow$$

$$Fe(CN)_2 + 4CN^{-} \longrightarrow [Fe(CN)_6]^{4-}$$

从溶液中析出来的黄色晶体 $K_4[Fe(CN)_6]\cdot 3H_2O$ 俗称黄血盐。黄血盐主要用于制造颜料、油漆、油墨。$[Fe(CN)_6]^{4-}$ 在溶液中相当稳定，在其溶液中几乎检不出 Fe^{2+} 的存在，通入氯气（或加入其他氧化剂），可以将 $[Fe(CN)_6]^{4-}$ 氧化为 $[Fe(CN)_6]^{3-}$：

$$2[Fe(CN)_6]^{4-} + Cl_2 \longrightarrow 2[Fe(CN)_6]^{3-} + 2Cl^{-}$$

由此溶液中可析出 $K_3[Fe(CN)_6]$ 深红色晶体，俗名赤血盐。电解法也能得到赤血盐：

$$2K_4[Fe(CN)_6] + 2H_2O \xrightarrow{\text{隔膜电解}} 2K_3[Fe(CN)_6] + 2KOH + H_2\uparrow$$

它主要用于印刷制版、照片洗印及显影，也用于制晒蓝图纸等。

已知 $K_f^{\ominus}([Fe(CN)_6]^{3-}) = 1.0\times10^{42}$、$K_f^{\ominus}([Fe(CN)_6]^{2-}) = 1.0\times10^{35}$，显然 $[Fe(CN)_6]^{3-}$ 比 $[Fe(CN)_6]^{4-}$ 稳定，但是，在水溶液中，它们与水作用（也可看作是解离），前者的反应速率快：

$$[Fe(CN)_6]^{3-} + 3H_2O \longrightarrow Fe(OH)_3 + 3CN^{-} + 3HCN$$

在水溶液中赤血盐的毒性比黄血盐大得多。另外，赤血盐受强烈日光照射，能进行光学反应而产生剧毒氰气，所以，应保存在密闭的棕色瓶中。

在含有 Fe^{2+} 的溶液中加入赤血盐溶液，在含有 Fe^{3+} 的溶液中加入黄血盐溶液，均能生成蓝色沉淀，而且这两种蓝色沉淀的组成均为$[KFe(CN)_6Fe]$：

$$K^+ + Fe^{2+} + [Fe(CN)_6]^{3-} \longrightarrow [KFe(CN)_6Fe]\downarrow$$

（滕氏蓝）

$$K^+ + Fe^{3+} + [Fe(CN)_6]^{4-} \longrightarrow [KFe(CN)_6Fe]\downarrow$$

（普鲁士蓝）

铁离子的鉴定（1）

这两个反应常用来分别鉴定Fe^{2+}和Fe^{3+}。

亚铁离子的鉴定

上述蓝色配合物广泛用于油漆和油墨工业，也用于蜡笔、图画颜料的制造。

Co^{2+}与CN^-反应，先形成浅棕色水合氰化物沉淀，此沉淀溶于过量CN^-溶液中并形成含有$[Co(CN)_5(H_2O)]^{3-}$的茶绿色溶液。此配离子易被空气中的氧气氧化为黄色$[Co(CN)_6]^{3-}$。

Ni^{2+}与CN^-反应先形成灰蓝色水合氰化物沉淀，此沉淀溶于过量的CN^-溶液中，形成橙黄色的$[Ni(CN)_4]^{2-}$，此配离子是Ni^{2+}最稳定的配合物之一，具有平面正方形结构；在较浓的CN^-溶液中，可形成深红色的$[Ni(CN)_5]^{3-}$。

（3）硫氰合物 Fe^{3+}与SCN^-反应，形成血红色的$[Fe(NCS)_n]^{3-n}$：

$$Fe^{3+} + nSCN^- \longrightarrow [Fe(NCS)_n]^{3-n}\ (n=1\sim6)$$

n值随溶液中的SCN^-浓度和酸度而定。这一反应非常灵敏，常用来检出Fe^{3+}和比色法测定Fe^{3+}的含量。

铁离子的鉴定（2）

钴离子的鉴定

Co^{2+}与SCN^-反应，形成蓝色的$[Co(NCS)_4]^{2-}$，在定性分析化学中用于鉴定Co^{2+}。因为$[Co(NCS)_4]^{2-}$在水溶液中不稳定，用水稀释时可变为粉红色的$[Co(H_2O)_6]^{2+}$，所以用SCN^-检出Co^{2+}时，常使用浓NH_4SCN溶液，以抑制$[Co(NCS)_4]^{2-}$的解离，并用丙酮进一步抑制解离或用戊醇萃取。

Ni^{2+}可与SCN^-反应，形成$[Ni(NCS)]^+$、$[Ni(NCS)_3]^-$等配合物，这些配离子均不太稳定。

（4）羰合物 大量的金属羰合物是通过金属（或金属化合物借助还原剂的作用生成活性金属）与高压CO在一定条件下的羰基化作用合成的，例如：

$$2CoCO_3 + 2H_2 + 8CO \xrightarrow[23.52MPa]{150\sim160℃} [Co_2(CO)_8] + 2H_2O + 2CO_2$$

铁系元素与CO易形成羰合物。Fe、Co、Ni几个羰合物的一些性质列于表13.8中。

表13.8 几个羰合物的一些性质

性质	$[Fe(CO)_5]$	$[Co_2(CO)_8]$	$[Ni(CO)_4]$
颜色	浅黄（液）	深橙（固）	无色（液）
熔点/℃	−20	51~52	−25
沸点/℃	103	分解	43

羰合物不稳定，受热易分解，利用此性质可制备纯金属。例如，高纯铁粉的制备：

$$Fe+5CO \xrightarrow[200℃]{20MPa} [Fe(CO)_5] \xrightarrow{200\sim250℃} 5CO+Fe(高纯)$$

（5）螯合物 Ni^{2+}与丁二酮肟在中性、弱酸性或弱碱性溶液中形成鲜红色螯合物沉淀，此反应是鉴定Ni^{2+}的特征反应，丁二酮肟又称为镍试剂。

镍离子的鉴定

此外，铁是第一个公认的生命必需微量过渡元素。血红蛋白和肌红蛋白都是Fe(Ⅱ)与血红素蛋白质形成的配合物，血红蛋白是红细胞中的载氧蛋白，在动脉血中把O_2从肺部运送到肌肉，将O_2转移固定在肌红蛋白上，并在静脉血中将CO_2带回双肺排出，即血红蛋白和肌红蛋白分别起载氧和储氧功能。

值得注意：血红蛋白与CO形成的配合物比它与O_2形成的配合物稳定得多，实验证明：空气中CO的浓度达到0.08%时，就会发生严重的煤气中毒，原因是此时血红蛋白优先与CO结合，失去了载O_2功能，身体各组织中所需O_2被中断，代谢发生故障，造成缺氧昏迷甚至死亡。

钴也是生命必需的微量元素之一。钴的配合物之一——维生素B_{12}在许多生物化学过程中起非常特效的催化作用，能促使红细胞成熟，如果没有它，血液中就会出现一种没有细胞核的巨红细胞，引起恶性贫血；它还用于治疗肝炎、肝硬化、多发性神经炎及银屑病等。

化学视野

过渡金属有机配合物及其催化作用

金属原子和许多有机配体（烯、炔、环状芳烃等）中的碳原子直接成键而形成的一类化合物，称为**金属有机配合物**。在此仅介绍过渡金属与不饱和烃形成的配合物。不饱和烃的过渡金属配合物是以不饱和烃为配体，通过σ-π配键与过渡金属形成配位化合物。最早制得的该类配合物是$K[PtCl_3(C_2H_4)]\cdot H_2O$。即著名的Zeise盐（1827年W.C.Zeise首先制得），1954年确定其结构表明：$[PtCl_3(C_2H_4)]^-$呈平面四边形，3个Cl^-和Pt^{2+}在同一平面内，C_2H_4的C═C键与$[PtCl_3]^-$的平面垂直，两个C原子和Pt^{2+}保持等距离，即C_2H_4按侧面方式和Pt^{2+}配位。C_2H_4充满电子的成键π轨道和Pt^{2+}的一个dsp^2杂化空轨道重叠，在C_2H_4和Pt^{2+}之间形成σ配键；同时Pt^{2+}的一个充满电子的d轨道（如d_{xz}）和C_2H_4的π^*反键空轨道重叠成反馈π配键。这种σ配键和反馈π配键协同作用的结果，使得Zeise盐相当稳定。

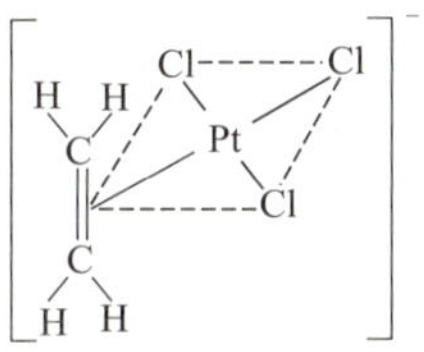

$[PtCl_3(C_2H_4)]^-$的结构

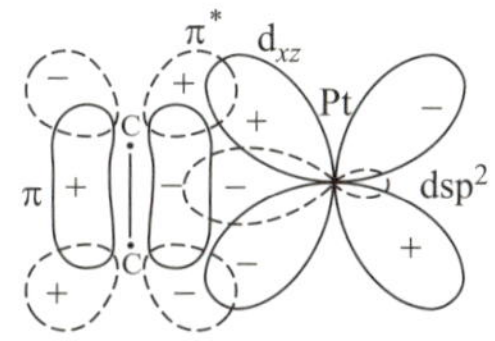

Pt(Ⅱ)-C_2H_4间的σ配键和反馈π配键

除乙烯外，其他不饱和烃也能和过渡金属形成此类配合物。

这些配合物的重要性不仅在于它们对促进成键理论的发展起了重要作用，而且在于它们在许多重要化学工业过程中所起的催化作用。例如乙烯氧化制乙醛的反应，首先C_2H_4、H_2O和Pd^{2+}配合生成$[PdCl_2(H_2O)(C_2H_4)]$，然后它水解成$[PdCl_2(OH)(C_2H_4)]^-$，由于C_2H_4分子与Pd^{2+}配位后，其中双键在Pd^{2+}影响下被削弱，乙烯中π成键轨道上的电子与Pd^{2+}形成σ键而偏离乙烯，另一方面乙烯分子的π^*反键轨道又进入了Pd^{2+}的电子，两者都起了削弱乙烯分子中碳原子间化学键的作用（“取走”了成键π轨道上的电子，并向反键轨道上“加入”了电子），因而配位后的乙烯被活化，有利于双键的打开并加成，最终使乙烯氧化为乙醛：

$$C_2H_4+\frac{1}{2}O_2 \longrightarrow CH_3CHO$$

思考题

1. 为什么d区元素的碳酸盐较少见？

2. 根据下列实验写出有关的反应方程式：将一瓶四氯化钛打开瓶塞时立即冒白烟，向瓶中加入浓盐酸和金属锌时生成紫色溶液，慢慢加入氢氧化钠溶液直到溶液呈碱性，出现紫色沉淀。

3. $[Ti(H_2O)_6]^{2+}$、$[Ti(H_2O)_6]^{3+}$、$[Ti(H_2O)_6]^{4+}$、$[Zr(H_2O)_6]^{2+}$中，哪种离子在水溶液中不能存在？为什么？

4. 在配制和保存下列溶液时，应注意什么问题？（写出必要的反应式。）

$KMnO_4$　　$FeSO_4$

5. 在下图各箭头处填入适当物质和条件，以实现各物质间相互转变。

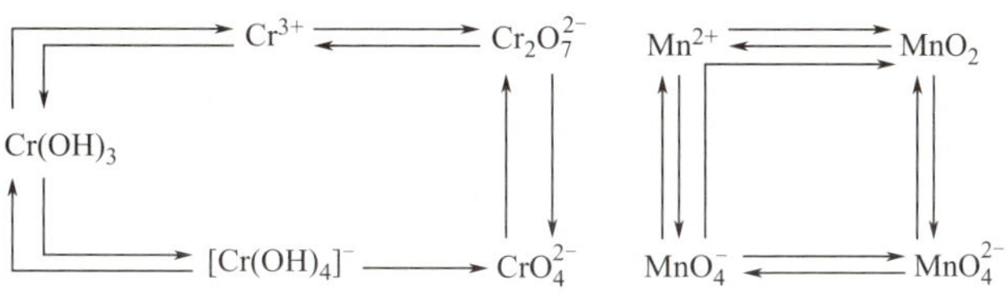

6．试从下列题（1）中找出两种较强的还原剂，从题（2）中找出三种较强的氧化剂。

（1）Cr^{2+}　Cr^{3+}　Mn^{3+}　Fe^{2+}　Fe^{3+}　Ni^{2+}　Co^{2+}

（2）Cr^{3+}　Mn^{2+}　MnO_4^-　Fe^{2+}　Fe^{3+}　Co^{3+}　$Cr_2O_7^{2-}$

7．下列哪些氢氧化物呈明显两性？

$Mn(OH)_2$　$Al(OH)_3$　$Ni(OH)_2$　$Fe(OH)_3$　$Cr(OH)_3$　$Fe(OH)_2$　$Co(OH)_2$

8．下列离子中，哪些能在氨水溶液中形成氨合物？

Pb^{2+}　Cr^{3+}　Mn^{2+}　Fe^{2+}　Fe^{3+}　Co^{2+}　Ni^{2+}　Na^+　Mg^{2+}　Sn^{2+}

9．在MnO_4^-的酸性溶液中加入过量Na_2SO_3，为什么MnO_4^-被还原为Mn^{2+}，而不能得到MnO_4^{2-}、MnO_2或Mn^{3+}？

10．解释下列现象或问题，并写出相应的反应式。

（1）加热$[Cr(OH)_4]^-$溶液和$Cr_2(SO_4)_3$溶液均能析出$Cr_2O_3 \cdot xH_2O$沉淀。

（2）Na_2CO_3与$Fe_2(SO_4)_3$两溶液作用得不到$Fe_2(CO_3)_3$。

（3）在水溶液中用Fe^{3+}盐和KI不能制取FeI_3。

（4）在含有Fe^{3+}的溶液中加入氨水，得不到Fe(Ⅲ)的氨合物。

（5）在Fe^{3+}的溶液中加入KSCN时出现血红色，若再加入少许铁粉或NH_4F固体则血红色消失。

（6）Fe^{3+}盐是稳定的，而Ni^{3+}盐在水溶液中尚未制得。

（7）Co^{3+}盐不如Co^{2+}盐稳定，而它们的配离子的稳定性则往往相反。

（8）利用酸性条件下$K_2Cr_2O_7$的强氧化性，使乙醇氧化，反应颜色由橙红变为绿色，据此来监测司机是否酒后驾车。

11．在有$Co(OH)_2$沉淀的溶液中，不断通入Cl_2，会生成CoO(OH)；反之，若使CoO(OH)与浓HCl作用又可放出Cl_2。如何理解上述事实？

12．在下图各箭头处填上实现下列各物质间相互转变的条件。

（1）

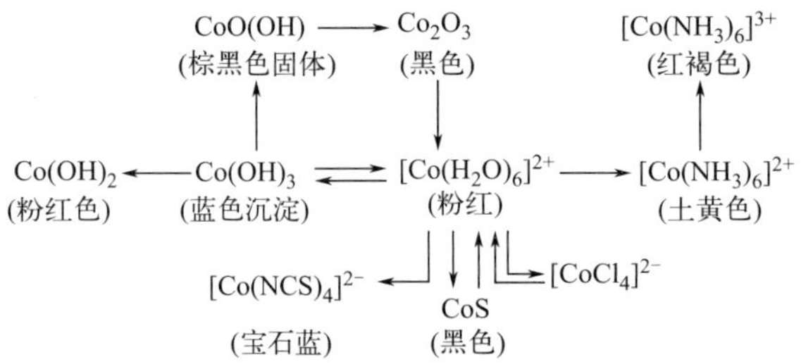

（2）

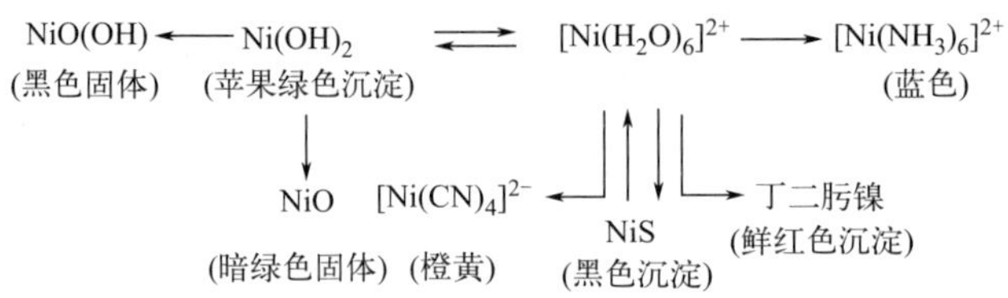

13．对下列四组酸性未知液进行定性分析。

（1）K^+、NO_2^-、MnO_4^-、CrO_4^{2-}。

（2）Fe^{2+}、Mn^{2+}、SO_4^{2-}、Cl^-。

（3）Fe^{3+}、Ni^{3+}、I^-、Cl^-。

（4）$Cr_2O_7^{2-}$、Ba^{2+}、NO_3^-、Br^-。

14．现有一不锈钢样品，其中含有Ni、Cr、Mn和Fe等元素，试设计一个简单的定性分析方案。

15．由电极电势表查：$E^\ominus(Cr_2O_7^{2-}/Cr^{3+})=1.36V$，$E^\ominus(CrO_4^{2-}/[Cr(OH)_4]^-)=-0.13V$，$E^\ominus(O_2/H_2O_2)=0.695V$，$E^\ominus(H_2O_2/H_2O)=1.763V$，$E^\ominus(HO_2^-/OH^-)=0.867V$，$E^\ominus(Fe^{3+}/Fe^{2+})=0.771V$，$E^\ominus(Cl_2/Cl^-)=1.3583V$。

（1）$K_2Cr_2O_7$在酸性介质中可以氧化上述电对中的哪种物质？写出有关反应方程式。

（2）欲使$[Cr(OH)_4]^-$在碱性介质中被氧化，选择哪种氧化剂为好？写出反应方程式。

（3）$K_2Cr_2O_7$在$1mol\cdot L^{-1}$HCl中能否将Cl^-氧化？为什么？若在$12mol\cdot L^{-1}$浓HCl中，反应能否进行？通过计算说明。

习题

1．完成并配平下列反应式：

（1）$TiO_2+H_2SO_4$(浓)$\xrightarrow{\triangle}$

（2）$TiCl_4+H_2O \longrightarrow$

（3）$VO_4^{3-}+H^+$(过量)$\longrightarrow$

（4）$VO_2^++SO_3^{2-}+H^+ \longrightarrow$

（5）$VO^{2+}+MnO_4^-+H^+ \longrightarrow$

（6）V_2O_5+HCl(浓)$\longrightarrow$

（7）$V_2O_5+NaOH \longrightarrow$

2．根据在酸性溶液中钒的电势图，分别用$1.0mol\cdot L^{-1}Fe^{2+}$、$1.0mol\cdot L^{-1}Sn^{2+}$和Zn还原$1.0mol\cdot L^{-1}$的$VO_2^+$时，最终的产物各是什么？

3．完成并配平下列反应式：

（1）$[Cr(OH)_4]^-+Br_2+OH^- \longrightarrow$

（2）$Cr_2O_7^{2-}+H_2S \longrightarrow$

（3）$Cr_2O_7^{2-}+H^++I^- \longrightarrow$

（4）$K_2Cr_2O_7+HCl$(浓)$\longrightarrow$

（5）$Cr_2O_3+K_2S_2O_7 \xrightarrow{\triangle}$

（6）$Cr^{3+}+S^{2-}+H_2O \longrightarrow$

4．向$K_2Cr_2O_7$溶液中分别加入以下试剂，会发生什么现象？将现象和主要产物填在下表中。

加入试剂	$NaNO_2$	H_2O_2	$FeSO_4$	NaOH	$Ba(NO_3)_2$
现象					
主要产物					

5．橙红色晶体A受热剧烈分解得绿色固体B和无色无味气体C。C与$KMnO_4$、KI等均不发生反应。B不溶于NaOH溶液和盐酸，将B与NaOH固体共熔后冷却得绿色固体D，D溶于水后加入H_2O_2得黄色溶液E。将A溶液加入稀硫酸后再加入Na_2SO_3得绿色溶液F。向F中加入过量NaOH溶液和Br_2水后又得E。判断各字母所代表的物质。写出有关反应式。

6．某绿色固体A可溶于水，其水溶液中通入CO_2即得棕黑色沉淀B和紫红色溶液C。B与浓HCl溶液共热时放出黄绿色气体D，溶液近乎无色，将此溶液和溶液C混合，即得沉淀B。将气体D通入A溶液，可得C。试判断A是哪种钾盐。写出有关反应式。

7．完成并配平下列反应式：

（1）MnO_4^-+HCl(浓)$\longrightarrow$

（2）$MnO_4^-+NO_2^- \longrightarrow$

（3）$Mn^{2+}+NaBiO_3+H^+ \longrightarrow$

（4）$MnO_4^-+H_2O_2+H^+ \longrightarrow$

（5）$MnO_4^{2-}+Cl_2 \longrightarrow$

（6）$KMnO_4 \xrightarrow{\triangle}$

（7）$MnO_4^-+OH^-+NO_2^- \longrightarrow$

8．某棕黑色粉末，加热情况下和浓H_2SO_4作用会放出助燃性气体，所得溶液与PbO_2作用

（稍加热）时会出现紫红色，并有白色沉淀出现。若再加入 H_2O_2 时，紫红色能褪去。此棕黑色粉末为何物？并写出有关反应式。

9．已知 $E^{\ominus}(Mn^{3+}/Mn^{2+})=1.5V$，$E^{\ominus}([Mn(CN)_6]^{3-}/[Mn(CN)_6]^{4-})=-0.24V$，通过计算说明 $[Mn(CN)_6]^{3-}$ 与 $[Mn(CN)_6]^{4-}$ 哪个更稳定。

*10．完成并配平下列反应式：

（1）$MoO_4^{2-}+NH_4^{+}+PO_4^{3-}+H^{+}\longrightarrow$

（2）$MoO_4^{2-}+Zn+H^{+}\longrightarrow$

（3）$WO_3+H_2\longrightarrow$

（4）$WO_3+NaOH\longrightarrow$

（5）$Na_2WO_4+HCl\longrightarrow$

（6）$MoO_3+NH_3+H_2O\longrightarrow$

11．某氧化物 A，溶于浓盐酸得溶液 B 和气体 C。C 通入 KI 溶液后用 CCl_4 萃取生成物，CCl_4 层出现紫色。B 加入 KOH 溶液后析出粉红色沉淀。B 遇过量氨水，得不到沉淀而得土黄色溶液，放置后则变为红褐色。B 中加入 KSCN 及少量丙酮时生成蓝色溶液。判断 A 是什么氧化物。写出有关反应式。

12．完成下列反应式：

（1）$Fe^{3+}+H_2S\longrightarrow$

（2）$Fe(OH)_2+O_2+H_2O\longrightarrow$

（3）$Co^{2+}+SCN^{-}$(过量)$\xrightarrow{丙酮}$

（4）$Ni^{2+}+NH_3$(过量)$\longrightarrow$

（5）$[Co(NH_3)_6]^{2+}+O_2+H_2O\longrightarrow$

（6）$Ni(OH)_2+Br_2+OH^{-}\longrightarrow$

（7）$Co_2O_3+H^{+}+Cl^{-}\longrightarrow$

（8）$[Fe(NCS)_6]^{3-}+F^{-}\longrightarrow$

13．分离并鉴定下列各组离子。

（1）Al^{3+}　Cr^{3+}　Co^{2+}

（2）Fe^{3+}　Cr^{3+}　Ni^{2+}

（3）Ba^{2+}　Al^{3+}　Fe^{3+}

14．某银白色金属 A 在空气中容易生成化合物 B 并使其钝化。灼烧过的化合物 B 难溶于酸、碱，但和 $K_2S_2O_7$ 共熔后可转变为可溶性的硫酸盐 C 和 D。冷却后的熔体经水浸后，溶液呈蓝紫色，用适量碱溶液处理，可得灰绿色胶状沉淀 E，沉淀 E 可与过量碱作用生成亮绿色溶液 F。煮沸 F 溶液又生成沉淀 E。F 与 H_2O_2 反应变成黄色溶液 G，在 G 溶液中滴加 $Pb(NO_3)_2$ 有黄色沉淀 H 生成。判断各字母所代表的物质，写出有关反应式。

15．某金属 M 溶于稀盐酸中，所得溶液在隔绝空气下加入 NaOH 溶液得到白色沉淀 A，把 A 暴露在空气中，白色沉淀会经绿色最终转变为棕色固体 B。B 能溶于稀盐酸，得溶液 C。C 能氧化 KI 溶液生成 I_2，但在过量 F^{-} 的 KI 溶液中，C 与 KI 不发生反应。C 溶液与 KSCN 溶液和 $K_4[Fe(CN)_6]$ 溶液作用，分别生成血红色溶液 D 和蓝色沉淀 E。试判断 M 和 A → E 为何物质，写出相应的化学方程式。

16．$K_4[Fe(CN)_6]$ 可由 $FeSO_4$ 与 KCN 直接在溶液中制备，但 $K_3[Fe(CN)_6]$ 却不能由 $Fe_2(SO_4)_3$ 和 KCN 直接在水溶液中制备，为什么？应如何制备 $K_3[Fe(CN)_6]$？

17．写出以软锰矿（主要成分为 MnO_2）为原料制备 K_2MnO_4、$KMnO_4$、$MnSO_4$ 的步骤及各步反应式。

18．分别写出 Fe^{3+}、Co^{2+}、Fe^{2+}、Ni^{2+}、Cr^{3+} 盐与 $(NH_4)_2S$ 溶液作用的反应式。

19. 在下列离子的分离检出图的空白处，填上适当物质。

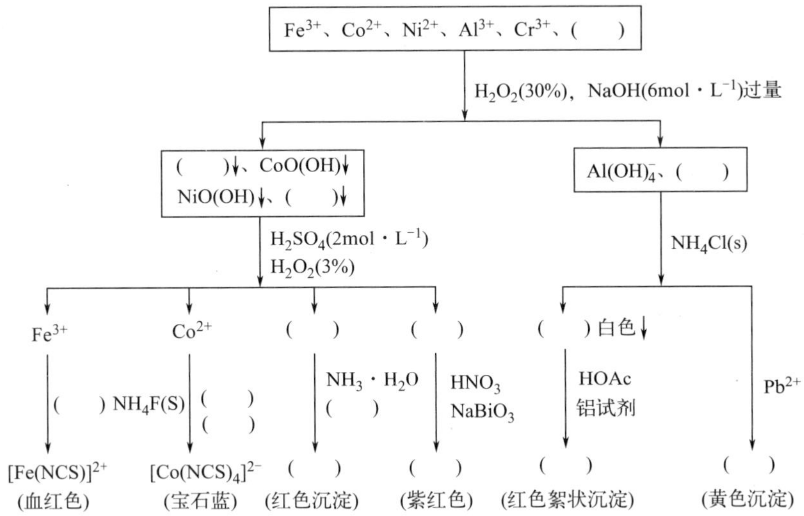

第 14 章

过渡元素（二）

学习要求：

1. 了解铜族和锌族元素的通性。了解铜、银、金、锌、汞的性质及用途。
2. 熟悉铜、银的重要化合物的性质，其中要重点掌握卤化银的难溶性、感光性，硝酸银的不稳定性，银镜反应，Cu(Ⅱ)与 Cu(Ⅰ)的相互转化，铜、银离子的配位性。
3. 熟悉锌、汞的重要化合物的性质，其中要重点掌握 Hg(Ⅱ)与 Hg(Ⅰ)的相互转化。锌、汞离子的配位性。
4. 熟悉 Cu^{2+}、Ag^{+}、Zn^{2+}、Cd^{2+}、Hg^{2+} 的鉴定。
5. 了解镧系元素的通性，尤其镧系收缩现象。
6. 了解镧系元素重要化合物的性质。
7. 熟悉稀土元素的资源、提取及应用。
8. 了解核反应。

14.1 铜族元素

14.1.1 铜族元素概述

14.1.1.1 铜族元素通性

周期表 ds 区ⅠB 族（铜族）包含铜 (Cu)、银 (Ag)、金 (Au) 及轮 (Rg，放射性元素)，目前对 Rg 了解甚少。

铜、银主要以硫化物矿和氧化物矿的形式存在。例如，辉铜矿 (Cu_2S)、黄铜矿 ($CuFeS_2$)、赤铜矿 (Cu_2O)、孔雀石 [$Cu_2(OH)_2CO_3$]、蓝铜矿 [$Cu_3(OH)_2(CO_3)_2$]、闪银矿 (Ag_2S) 以及角银矿 ($AgCl$) 等。我国早在三千多年前的商朝就开始采铜，比罗马帝国早近千年。我国铜资源储量较大的是江西德兴和西藏玉龙，广东阳春市石菉铜矿中的孔雀石储量居世界第一。世界上 70% 以上的银矿资源集中在墨西哥、秘鲁、加拿大、美国和澳大利亚。我国银矿资源居世界第六位，我国银储量江西最多，其次为云南、内蒙古、广西、湖北、甘肃等省（自治区）。银矿的特点是以伴生银矿为主，如甘肃有较大的含银铅锌矿。

铜、银、金均有以单质状态存在的矿物。金以单质形式散存于岩石（岩脉金）或砂砾（冲积金）中。世界上南非金矿资源最丰富，自 1905 年，南非的黄金产量持续占据世界首位。2007 年中国超过南非成为全球第一大户产金国，年产量可达 300t。自 2007 年，我国陆续发现 5 大金矿：冈底斯雄村铜金矿、东昆仑青海大场金矿、秦岭甘肃省甘南地区阳山金矿、山东省莱州市寺庄金矿、海南抱伦金矿等。2008 年 7 月，被誉为“亚洲第一金矿”的甘肃阳山金矿已被开采。

铜族元素原子价层电子构型 $(n-1)d^{10}ns^1$，氧化数有 +1、+2、+3，铜、银、金最常见的氧化数分别为 +2、+1、+3。铜族金属离子具有较强的极化力，本身变形性又大，所以它们的二元化合物具有相当程度的共价性。与其他过渡元素类似，易形成配合物。

14.1.1.2 铜族元素单质

铜、银、金是人类最早熟悉的金属，纯铜为红色，金为黄色，银为银白色。它们的密度大于 $5g \cdot cm^{-3}$，都是重金属，其中金的密度最大，为 $19.3g \cdot cm^{-3}$。与前面所述过渡元素相比，其熔点、沸点相对较低，硬度小，有极好的延展性和可塑性。金更为突出，lg Au 可以拉成长达 3.4km 的金丝，也能碾压成 0.0001mm 厚的金箔。这三种金属的导热、导电能力极强，尤以银为最，铜是最通用的导体。

铜、银、金能与许多金属形成合金，其中铜的合金品种最多，例如黄铜（Cu 60%，Zn 40%）、青铜（Cu 80%，Sn 15%，Zn 5%）、白铜（Cu 50%～70%，Ni 13%～15%，Zn13%～25%）等。其中黄铜表面经抛光可呈金黄色，是仿金首饰的材料。银表面反射光线能力强，过去用于银镜、保温瓶、太阳能反射镜。

在酸性溶液中，铜、银、金的标准电极电势图如下：

$$E_A^\ominus/V \quad Cu^{3+} \xrightarrow{2.4} Cu^{2+} \xrightarrow{0.159} Cu^+ \xrightarrow{0.520} Cu \qquad (Cu^{2+} \xrightarrow{0.340} Cu)$$

$$Ag^{3+} \xrightarrow{1.8} Ag^{2+} \xrightarrow{1.980} Ag^+ \xrightarrow{0.7991} Ag$$

$$Au^{3+} \xrightarrow{1.36} Au^+ \xrightarrow{1.83} Au \qquad (Au^{3+} \xrightarrow{1.52} Au)$$

铜、银、金的化学活泼性较差。在干燥空气中铜很稳定，有二氧化碳及湿气存在，则在表面上生成绿色的碱式碳酸铜（“铜绿”的主要成分，它没有保护内层金属的能力）：

$$2Cu + O_2 + H_2O + CO_2 \longrightarrow Cu_2(OH)_2CO_3$$

金是在高温下唯一不与氧气起反应的金属，也是铜族金属中唯一不与硫直接反应的金属。在自然界中仅与碲形成天然化合物（碲化金）。

银的活泼性介于铜和金之间。银在室温下不与氧气和水作用，即使在高温下也不与氢、氮或碳作用，与卤素反应较慢，在室温下若与含有 H_2S 的空气接触时，表面因蒙上一层 Ag_2S 而发暗，这是银币和银首饰变暗的原因。

$$4Ag + 2H_2S + O_2 \longrightarrow 2Ag_2S + 2H_2O$$

铜、银不溶于非氧化性稀酸，能与硝酸、热的浓硫酸作用：

$$Cu + 4HNO_3(浓) \longrightarrow Cu(NO_3)_2 + 2NO_2 + 2H_2O$$
$$3Cu + 8HNO_3(稀) \longrightarrow 3Cu(NO_3)_2 + 2NO\uparrow + 4H_2O$$
$$Cu + 2H_2SO_4(浓) \longrightarrow CuSO_4 + SO_2\uparrow + 2H_2O$$
$$2Ag + 2H_2SO_4(浓) \longrightarrow Ag_2SO_4 + SO_2\uparrow + 2H_2O$$
$$Ag + 2HNO_3(65\%) \longrightarrow AgNO_3 + NO_2\uparrow + H_2O$$

金不溶于单一的无机酸中，但能溶于王水（浓 HCl∶浓 HNO_3=3∶1 的混合液）中：

$$Au + HNO_3 + 4HCl \longrightarrow H[AuCl_4] + NO\uparrow + 2H_2O$$

而银遇王水因表面生成 AgCl 薄膜而阻止反应继续进行。

铜、银的用途很广，除作钱币、饰物外，铜大量用来制造电线电缆，广泛用于电子工业和航天工业以及各种化工设备，如热交换器、蒸馏器等。铜合金主要用于制造齿轮等机械零件，以及热电偶、刀具等。铜是生命必需的微量元素，故有“生命元素”之称。银主要用于电镀、制镜、感光材料、化学试剂、电池、催化剂、药物等方面及补牙齿用的银汞齐等。金主要作为黄金储备、铸币、电子工业及制造首饰。据统计，有史以来人类总共生产黄金约 1×10^5t，除 10% 左右被消耗外，余下的黄金中约 32% 为各国中央银行作为官方储备；24% 为私人或企业所拥有的金锭；33% 以饰物形式存在。为使金饰品变得坚硬且便宜些，通常与适量 Ag 与 Cu 熔炼成保持金黄色的合金，其中金的质量分数用“K”[1]表示，1K 为 4.166%。金在镶牙、电子工业和航天工业方面也有重要用途，如哥伦比亚号航天飞机制造中就用了约 40kg 黄金。

14.1.2 铜的重要化合物

14.1.2.1 氧化物和氢氧化物

加热分解硝酸铜或碳酸铜可得黑色的 CuO，它不溶于水，但可溶于酸。CuO 的热稳定性很高，加热到 1000℃才开始分解为暗红色的 Cu_2O：

$$4CuO \xrightarrow{1000℃} 2Cu_2O + O_2\uparrow$$

加强碱于铜盐溶液中，可析出浅蓝色的 $Cu(OH)_2$ 沉淀，$Cu(OH)_2$ 受热易脱水变成 CuO：

$$Cu^{2+} + 2OH^- \longrightarrow Cu(OH)_2\downarrow$$
$$Cu(OH)_2 \xrightarrow[80\sim90℃]{\triangle} CuO + H_2O$$

CuO 是高温超导材料，如 Bi-Sr-Ca-CuO、Ti-Ba-Ca-CuO 等都是超导转变温度超过了 120K 的新材料。

$Cu(OH)_2$ 显两性（但以弱碱性为主），易溶于酸；也能溶于浓的强碱溶液中，生成亮蓝色的四羟基合铜(Ⅱ)配阴离子：

$$Cu(OH)_2 + 2H^+ \longrightarrow Cu^{2+} + 2H_2O$$
$$Cu(OH)_2 + 2OH^- \longrightarrow [Cu(OH)_4]^{2-}$$

$[Cu(OH)_4]^{2-}$ 配离子可被葡萄糖还原为暗红色的 Cu_2O：

$$2[Cu(OH)_4]^{2-} + \underset{(葡萄糖)}{C_6H_{12}O_6} \longrightarrow Cu_2O\downarrow + \underset{(葡萄糖酸)}{C_6H_{12}O_7} + 4OH^- + 2H_2O$$

医学上用此反应来检查糖尿病。$Cu(OH)_2$ 也易溶于氨水，可生成深蓝色的 $[Cu(NH_3)_4]^{2+}$。

当用 NaOH 处理 CuCl 在盐酸中的冷溶液时，生成黄色 CuOH 沉淀，但沉淀很快由黄色变为橙色，最后变为红色 Cu_2O。

---

[1] 1K 等于金属质量的 $\frac{1}{24}$，所以纯金为 24K，18K 表示含金量为 75%。

Cu_2O 对热很稳定，在1235℃熔化也不分解，难溶于水，但易溶于稀酸，并立即歧化为Cu和Cu^{2+}：

$$Cu_2O + 2H^+ \longrightarrow Cu^{2+} + Cu + H_2O$$

与盐酸反应形成难溶于水的CuCl：

$$Cu_2O + 2HCl \longrightarrow \underset{(白色)}{2CuCl\downarrow} + H_2O$$

此外，它还能溶于氨水，形成无色配离子$[Cu(NH_3)_2]^+$：

$$Cu_2O + 4NH_3 + H_2O \longrightarrow 2[Cu(NH_3)_2]^+ + 2OH^-$$

但$[Cu(NH_3)_2]^+$遇到空气则被氧化为深蓝色的$[Cu(NH_3)_4]^{2+}$：

$$4[Cu(NH_3)_2]^+ + O_2 + 8NH_3 + 2H_2O \longrightarrow 4[Cu(NH_3)_4]^{2+} + 4OH^-$$

$[Cu(NH_3)_2]OAc$可吸收CO气体，用于合成氨工业中铜洗工段，将进入合成塔前混合气体中使催化剂中毒的CO除去：

$$[Cu(NH_3)_2]OAc + CO + NH_3 \xrightleftharpoons[\text{升温、减压}]{\text{低温、加压}} [Cu(CO)(NH_3)_3]OAc$$

这是一个放热、体积减小的反应，低温、加压有利于CO的吸收。当把吸收了CO的铜氨液升温，减压时，CO被放出，$[Cu(NH_3)_2]OAc$又再生，循环使用。

Cu_2O主要用作玻璃、搪瓷工业的红色颜料。此外，由于Cu_2O具有半导体性质，可用它和铜制造亚铜整流器。还可用于制造船底防污漆（用来杀死低级海生动物）、杀虫剂。

CuOH极不稳定，至今尚未制得CuOH。

14.1.2.2 盐类

(1) 氯化亚铜（CuCl） 在热的浓盐酸溶液中，用铜粉还原$CuCl_2$，生成无色的$[CuCl_2]^-$，用水稀释即可得到难溶于水的白色CuCl沉淀：

氯化亚铜的生成

$$Cu^{2+} + Cu + 4Cl^- \longrightarrow 2[CuCl_2]^-$$

$$2[CuCl_2]^- \xrightarrow{H_2O} 2CuCl\downarrow + 2Cl^-$$

总反应为

$$Cu^{2+} + Cu + 2Cl^- \longrightarrow 2CuCl\downarrow$$

用还原剂$SnCl_2$还原$CuCl_2$也可得CuCl：

$$2CuCl_2 + SnCl_2 \longrightarrow 2CuCl\downarrow + SnCl_4$$

CuCl的盐酸溶液能吸收CO，形成氯化羰基亚铜$[CuCl(CO)]\cdot H_2O$，此反应在气体分析中可用于测定混合气体中CO的含量。在有机合成中CuCl用作催化剂和还原剂。

(2) 氯化铜 铜(Ⅱ)的卤化物中，只有氯化铜较重要。无水氯化铜（$CuCl_2$）为棕黄色固体，可由单质直接化合而成，它是共价化合物，其结构为由$CuCl_4$平面组成的长链（如图14.1所示）。

$CuCl_2$不但易溶于水，而且易溶于一些有机溶剂（如乙醇、丙酮）中。在$CuCl_2$很浓的水溶液中，可形成黄色$[CuCl_4]^{2-}$：

$$Cu^{2+} + 4Cl^- \longrightarrow [CuCl_4]^{2-}$$

而$CuCl_2$的稀溶液为浅蓝色，原因是水分子取代了$[CuCl_4]^{2-}$中的Cl^-，形成$[Cu(H_2O)_4]^{2+}$：

稀释氯化铜浓溶液

$$\underset{(黄色)}{[CuCl_4]^{2-}} + 4H_2O \rightleftharpoons \underset{(浅蓝)}{[Cu(H_2O)_4]^{2+}} + 4Cl^-$$

$CuCl_2$的浓溶液通常为黄绿色或绿色，这是由于溶液中同时含有$[CuCl_4]^{2-}$和$[Cu(H_2O)_4]^{2+}$。氯化铜用于制造玻璃、陶瓷用颜料、消毒剂、媒染剂和催化剂。

(3) 硫酸铜 无水硫酸铜($CuSO_4$)为白色粉末，但从水溶液中结晶时，得到的是蓝色五水合硫酸铜($CuSO_4\cdot 5H_2O$)晶体，俗称胆矾，其结构式为$[Cu(H_2O)_4]SO_4\cdot H_2O$，其中4个$H_2O$分子和$Cu^{2+}$配位，另一个$H_2O$分子通过氢键和$SO_4^{2-}$相连（见图14.2）。温度升高，$CuSO_4\cdot 5H_2O$逐步脱水：

$$CuSO_4\cdot 5H_2O \xrightarrow{102℃} CuSO_4\cdot 3H_2O \xrightarrow{113℃} CuSO_4\cdot H_2O \xrightarrow{258℃} CuSO_4$$

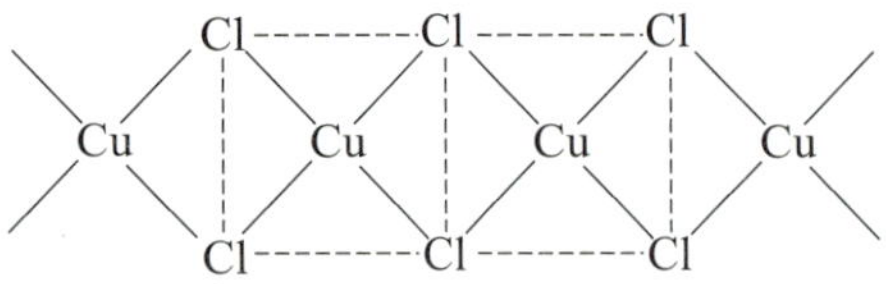

图 14.1 无水 $CuCl_2$ 链状结构示意图

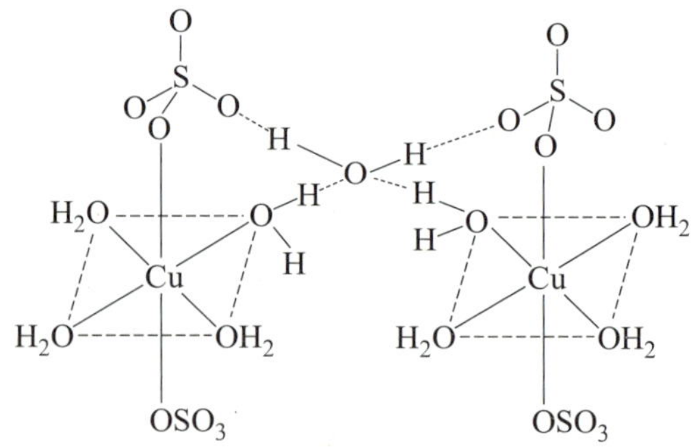

图 14.2 $CuSO_4\cdot 5H_2O$ 的示意图

无水 $CuSO_4$ 易溶于水；吸水性强，吸水后即显出特征的蓝色，可利用这一性质检验有机液体中的微量水分；也可用作干燥剂，从有机液体中除去水分。$CuSO_4$ 溶液由于 Cu^{2+} 水解而显酸性。

$CuSO_4$ 为制取其他铜盐的重要原料，在电解或电镀中用作电解液和配制宽温度全光亮酸性镀铜离子添加剂，纺织工业中用作媒染剂。$CuSO_4$ 由于具有杀菌能力，用于蓄水池、游泳池中可防止藻类生长。硫酸铜和石灰乳混合而成的“波尔多液”可用于消灭植物病虫害。

14.1.2.3 配合物

(1) Cu(Ⅰ)配合物 常见的 Cu(Ⅰ) 配离子有：

	$[CuCl_2]^-$	$[Cu(SCN)_2]^-$	$[Cu(NH_3)_2]^+$	$[Cu(S_2O_3)_2]^{3-}$	$[Cu(CN)_2]^-$
$K_f^\ominus$	3.16×10^5	1.51×10^5	7.24×10^{10}	1.66×10^{12}	1.0×10^{24}

由于 Cu^+ 为 d^{10} 构型，所以 Cu(Ⅰ) 配合物大多是无色的。多数 Cu(Ⅰ) 配合物溶液具有吸收烯烃、炔烃和 CO 的能力，如：

$$\left[Cu\left(NH_2CH_2CH_2OH\right)_2\right]^+ + C_2H_4 \rightleftharpoons \left[Cu\left(NH_2CH_2CH_2OH\right)_2\left(C_2H_4\right)\right]^+；\ \Delta_rH_m^\ominus < 0$$

上述反应是可逆的，受热时放出 C_2H_4，这一反应用于从石油中分离出烯烃。

(2) Cu(Ⅱ)配合物 Cu^{2+} 与单齿配体一般形成配位数为 4 的正方形配合物，如已介绍过的 $[Cu(H_2O)_4]^{2+}$、$[CuCl_4]^{2-}$、$[Cu(NH_3)_4]^{2+}$ 等。我们熟悉的深蓝色 $[Cu(NH_3)_4]^{2+}$，是由过量氨水与 Cu(Ⅱ) 盐溶液反应而形成：

$$\underset{(浅蓝)}{\left[Cu(H_2O)_4\right]^{2+}} + 4NH_3 \longrightarrow \underset{(深蓝)}{\left[Cu(NH_3)_4\right]^{2+}} + 4H_2O$$

溶液中 Cu^{2+} 的浓度越小时，所形成的蓝色 $[Cu(NH_3)_4]^{2+}$ 的颜色越浅，根据溶液颜色的深浅，用比色分析法可测定铜的含量。此外 $[Cu(NH_3)_4]^{2+}$ 溶液有溶解纤维的能力，在所得的纤维素溶液中加酸或水时，纤维又可析出，工业上利用这种性质制造人造丝。

此外，Cu^+ 还可和一些有机配合剂（如乙二胺等）形成稳定的螯合物。

14.1.2.4 铜(Ⅰ)和铜(Ⅱ)的相互转化

从 Cu^+ 的价层电子结构 $(3d^{10})$ 看，Cu(Ⅰ) 化合物应该是稳定的，自然界中也确有含 Cu_2O 和 Cu_2S 的矿物存在。但在水溶液中，Cu^+ 易发生歧化反应，生成 Cu^{2+} 和 Cu。由于 Cu^{2+} 所带的电荷比 Cu^+ 多，半径比 Cu^+ 小，Cu^{2+} 的水合焓（$-2100kJ\cdot mol^{-1}$）比 Cu^+（$-593kJ\cdot mol^{-1}$）的代数值小得多，因此在水溶液中 Cu^+ 不如 Cu^{2+} 稳定。

由铜的电势图可知，在酸性溶液中，Cu^+ 易发生歧化反应：

$$2Cu^+ \rightleftharpoons Cu^{2+} + Cu$$

$$K^{\ominus} = \frac{c(Cu^{2+})/c^{\ominus}}{\left[c(Cu^{+})/c^{\ominus}\right]^2} = 1.2\times10^6$$

Cu^+ 歧化反应的平衡常数相当大，反应进行得很彻底。为使 Cu(Ⅱ) 转化为 Cu(Ⅰ)，必须有还原剂存在，同时要降低溶液中的 Cu^+ 的浓度，使之成为难溶物或难解离的配合物。前面提到的 CuCl 的制备就是其中一例，由下列电势图：

$$E_A^{\ominus}/V \quad Cu^{2+}(aq)\overset{0.559}{—}CuCl(s)\overset{0.12}{—}Cu(s)$$

可知 $E^{\ominus}(Cu^{2+}/CuCl)$ 大于 $E^{\ominus}(CuCl/Cu)$，故 Cu^{2+} 可将 Cu 氧化为 CuCl。若用 SO_2 代替铜作还原剂，则可发生下列反应

$$2Cu^{2+} + SO_2 + 2Cl^- + 2H_2O \longrightarrow 2CuCl\downarrow + SO_4^{2-} + 4H^+$$

又如 $CuSO_4$ 溶液与 KI 反应，可得到白色 CuI 沉淀：

$$2Cu^{2+} + 4I^- \longrightarrow 2CuI\downarrow + I_2$$

由于 $E^{\ominus}(Cu^{2+}/CuI) = 0.86V$，大于 $E^{\ominus}(I_2/I^-)$，所以 Cu^{2+} 与 I^- 反应得不到 CuI_2，而得到 CuI。同理，在热的 Cu(Ⅱ) 盐溶液中加入 KCN，可得到白色 CuCN 沉淀。

$$2Cu^{2+} + 4CN^- \longrightarrow 2CuCN\downarrow + (CN)_2\uparrow$$

若继续加入过量的 KCN，则 CuCN 因形成 Cu(Ⅰ) 最稳定配离子 $[Cu(CN)_x]^{1-x}$ 而溶解：

$$CuCN + (x-1)CN^- \longrightarrow [Cu(CN)_x]^{1-x} \quad (x = 2\sim4)$$

总之，在水溶液中凡能使 Cu^+ 生成难溶盐或稳定 Cu(Ⅰ) 配离子，则可使 Cu(Ⅱ) 转化为 Cu(Ⅰ) 化合物。

14.1.3　银的重要化合物

14.1.3.1　氧化物与氢氧化物

AgOH 只有用强碱与可溶性银盐的 90% 乙醇溶液，在低于 −45℃时才能制得。AgOH 为白色固体，极不稳定，形成后立即脱水变为暗棕色 Ag_2O：

$$2Ag^+ + 2OH^- \longrightarrow \underset{(暗棕色)}{Ag_2O}\downarrow + H_2O$$

与 Cu_2O 相比，Ag_2O 的碱性略强，热稳定性差得多，Ag_2O 在 300℃即分解为单质银和氧。

Ag_2O 与硝酸反应，形成相应的盐：

$$Ag_2O + 2HNO_3 \longrightarrow 2AgNO_3 + H_2O$$

Ag_2O 也能溶于氨水，形成无色的配离子：

$$Ag_2O + 4NH_3 + H_2O \longrightarrow 2[Ag(NH_3)_2]^+ + 2OH^-$$

14.1.3.2　卤化银

卤化银中只有 AgF 易溶于水，其余的卤化银均难溶于水。硝酸银与可溶性卤化物反应，生成不同颜色的卤化银沉淀。卤化银的颜色依 Cl → Br → I 的顺序加深，溶解度依次降低。卤化银有感光性。在光照下被分解为单质（先变为紫色，最后变为黑色）：

$$2AgX \xrightarrow{日光} 2Ag + X_2$$

基于卤化银的感光性，可用它作照相底片上的感光物质。例如，照相底片上敷有一层含有 AgBr 胶体粒子的明胶，在光照下，AgBr 被分解为“银核”（银原子）：

$$AgBr \xrightarrow{光子} Ag + Br$$

然后用显影剂（主要含有有机还原剂如对苯二酚或米吐尔等）处理，使含有银核的 AgBr 粒

子被还原为金属而变为黑色，最后在定影液（主要含有 $Na_2S_2O_3$）作用下，使未感光的 AgBr 形成 $[Ag(S_2O_3)_2]^{3-}$ 而溶解，晾干后就得到“负像”（俗称底片）：

$$AgBr + 2S_2O_3^{2-} \longrightarrow [Ag(S_2O_3)_2]^{3-} + Br^-$$

印相时，将负像放在照相纸上再进行曝光，经显影，定影，即得“正像”。

AgI 在人工降雨中用作冰核形成剂。作为快离子导体（固体电解质），AgI 已用于固体电解质电池和电化学器件中。

14.1.3.3 硝酸银

$AgNO_3$ 是最重要的可溶性银盐。将 Ag 溶于热的 65% 硝酸、蒸发、结晶，制得无色菱片状硝酸银晶体。

$AgNO_3$ 受热不稳定，加热到 713K，按下式分解：

$$2AgNO_3 \xrightarrow{\triangle} 2Ag + 2NO_2\uparrow + O_2\uparrow$$

在日光照射下，$AgNO_3$ 也会按上式缓慢地分解，因此必须保存在棕色瓶中。硝酸银具有氧化性，遇微量的有机物即被还原为黑色的单质银。一旦皮肤沾上 $AgNO_3$ 溶液，就会出现黑色斑点，这是由于生成了黑色的蛋白银。

在医药上常用 $AgNO_3$ 作消毒剂和腐蚀剂。

14.1.3.4 配合物

银离子序

常见的 Ag(Ⅰ) 的配离子有 $[Ag(NH_3)_2]^+$、$[Ag(SCN)_2]^-$、$[Ag(S_2O_3)_2]^{3-}$、$[Ag(CN)_2]^-$，它们的稳定性依次增强。

$[Ag(NH_3)_2]^+$ 具有弱氧化性，工业上用它在玻璃或暖水瓶胆上化学镀银：

$$2[Ag(NH_3)_2]^+ + RCHO + 3OH^- \longrightarrow 2Ag\downarrow + RCOO^- + 4NH_3\uparrow + 2H_2O$$

（甲醛或葡萄糖）

$[Ag(NH_3)_2]^+$ 放置过程中会逐渐变成具有爆炸性的 Ag_2NH 和 AgN_3。因此，切勿将 $[Ag(NH_3)_2]^+$ 溶液长期放置，用毕后及时处理（可加盐酸破坏银氨配离子，使其转化为 AgCl）。

$[Ag(CN)_2]^-$ 曾作为镀银电解液的主要成分，在阴极被还原为 Ag：

$$[Ag(CN)_2]^- + e^- \longrightarrow Ag + 2CN^-$$

电镀效果很好，镀层光洁、致密、牢固，但因氰化物剧毒，已被无毒镀银液如 $[Ag(SCN)_2]^-$ 等所代替。

14.2 锌族元素

14.2.1 锌族元素概述

14.2.1.1 锌族元素通性

周期表 ds 区ⅡB 族（锌族）包括锌 (Zn)、镉 (Cd)、汞 (Hg) 及鎶 (Cn，放射性元素)。锌主要以氧化物或硫化物存在于自然界，重要的矿石有闪锌矿 (ZnS)、红锌矿 (ZnO)、菱锌矿 ($ZnCO_3$) 等。我国锌矿资源丰富，全国锌储量以云南为最，内蒙古次之；汞矿资源比较丰富，贵州省最多，其次为陕西和四川。

闪锌矿含锌量低，经浮选法得含 ZnS40%～60% 的精矿，然后焙烧为 ZnO，用焦炭在 1200～1300℃下还原并蒸馏出 Zn：

焙烧：
$$2ZnS + 3O_2 \longrightarrow 2ZnO + 2SO_2\uparrow$$

热还原：
$$2C + O_2 \longrightarrow 2CO$$
$$ZnO + CO \longrightarrow Zn + CO_2\uparrow$$

现在较先进的湿法是 20 世纪 80 年代出现的，即直接将精矿加压浸出的“全湿法”工艺：
$$2ZnS + 2H_2SO_4 + O_2 \longrightarrow 2ZnSO_4 + 2H_2O + 2S$$

所得 $ZnSO_4$ 溶液经净化后，电解可得 99.5% 纯度的锌。再经熔炼，可获得纯度为 99.9999% 的锌。

锌族元素的价层电子构型为 $(n-1)d^{10}ns^2$，由于 $(n-1)d$ 电子未参与成键，故锌族元素的性质与典型过渡元素有较大差别，而与 p 区（第四、五、六周期）元素接近，如氧化数主要为 +2，汞有 +1（总是以双聚离子 $[—Hg—Hg—]^{2+}$ 形式存在），离子无色，金属键较弱而硬度、熔点较低等。锌族元素很好地衔接了过渡元素与主族元素之间性质的递变规律。

锌族元素的 M^{2+} 均无色，所以它们的许多化合物也无色。但是，由于 M^{2+} 具有 18 电子构型外壳，其极化能力和变形性依 $Zn^{2+} \rightarrow Cd^{2+} \rightarrow Hg^{2+}$ 的顺序而增强，以致 Cd^{2+} 特别是 Hg^{2+} 与易变形的阴离子形成的化合物，往往显色并具有较低的溶解度。

锌族元素一般都能形成较稳定的配合物。

锌及氯化锌的蒸气、镉及其盐、汞蒸气、烷基汞均有毒。

14.2.1.2 锌族单质

锌、镉、汞均为银白色金属，其中锌略带蓝白色。本族元素的单质熔点、沸点较低，按 Zn → Cd → Hg 的顺序降低，这与 p 区金属类似，而比 d 区和铜族金属低得多。常温下，汞是唯一液态金属，有“水银”之称。汞受热均匀膨胀且不润湿玻璃，故用于制造温度计。室内空气中即使含有微量的汞蒸气，都有害于人体健康。若不慎将汞撒落，可用锡箔把它“沾起”（形成锡汞齐），再在可能有残汞的地方撒上硫粉以形成无毒的 HgS。应采用铁罐或厚瓷瓶作容器贮存汞，汞的上面加水封，以防汞蒸发。

Zn、Cd、Hg 之间或和其他金属可形成合金。大量金属锌用于制锌铁板（白铁皮）和干电池，锌与铜形成合金（黄铜）应用也很广泛。在冶金工业上，锌粉作为还原剂应用于金属镉、金、银的冶炼，化工制药、染料、电池等行业，超细锌粉主要作为富锌涂料和其他防腐、环保等高性能涂料的关键原料，广泛应用于大型钢铁构件、船舶、集装箱、航空、汽车等行业。

汞能溶解许多金属形成汞齐，汞齐是汞的合金。钠汞齐与水反应放出氢，在有机合成中常用作还原剂。利用汞与某些金属形成汞齐的特点，自矿石中提取金、银等；银锡合金用汞溶解制得银锡汞齐，它能在很短的时间内硬化，并有很好的强度，故作补牙的充填材料。

锌、镉、汞的标准电势图如下：

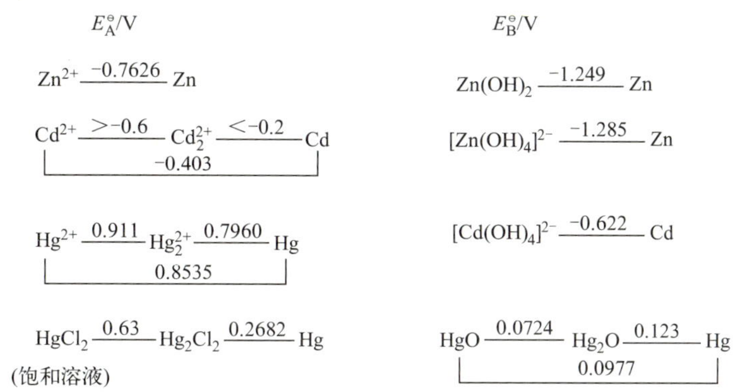

由元素电势图可看出，锌族元素的金属活泼性比铜族强，除 Hg 外，Zn、Cd 是较活泼金属。活泼性依 Zn → Cd → Hg 次序减弱，Zn 和 Cd 化学性质较接近，汞和它们相差较大，类似于铜族元素。

锌和镉的化学性质相似，而汞的化学活泼性差得多。锌在加热条件下可以和绝大多数非金属发生化学反应。在 1000℃时，锌在空气中燃烧生成氧化锌，汞需加热至沸才缓慢与氧作用生成氧化汞，在 500℃以上又重新分解成氧和汞：

$$2Zn + O_2 \xrightarrow{1000^\circ C} 2ZnO$$

$$2Hg + O_2 \underset{500^\circ C}{\overset{\text{加热至沸}}{\rightleftharpoons}} 2HgO$$

在含有 CO_2 的潮湿空气中，锌表面生成一层致密的碱式碳酸盐薄膜—— $Zn(OH)_2 \cdot ZnCO_3$，这层薄膜可以起保护作用，使锌有防腐蚀的性能，故铁制品表面常镀锌防腐。

$$2Zn + O_2 + H_2O + CO_2 \longrightarrow Zn(OH)_2 \cdot ZnCO_3$$

锌与铝相似，具有两性，既可溶于酸，也可溶于碱：

$$Zn + 2H^+ \longrightarrow Zn^{2+} + H_2\uparrow$$

$$Zn + 2OH^- + 2H_2O \longrightarrow [Zn(OH)_4]^{2-} + H_2\uparrow$$

与铝不同的是，锌与氨水能形成配离子而溶解：

$$Zn + 4NH_3 + 2H_2O \longrightarrow [Zn(NH_3)_4](OH)_2 + H_2\uparrow$$

汞与硫粉直接研磨时，由于汞呈液态，接触面积较大，且二者亲和力较强，可以形成硫化汞。

14.2.2 锌的重要化合物

14.2.2.1 氧化锌和氢氧化锌

锌与氧直接化合得白色粉末状氧化锌 (ZnO)，俗称锌白，它可作白色颜料。ZnO 对热稳定，微溶于水，显两性，溶于酸、碱分别形成锌盐、锌酸盐。

由于 ZnO 对气体吸附性强，在石油化工上用作脱氢、苯酚和甲醛缩合等反应的催化剂。通过适当的热处理，ZnO 晶格的空穴可以增多，因此电导率增大，并出现半导体特性，近年来的光催化反应中用 ZnO 作催化剂。ZnO 大量用作橡胶填料及油漆颜料，医药上用它制软膏、锌糊、橡皮膏等。

在锌盐溶液中，加入适量的碱可析出 $Zn(OH)_2$ 沉淀。$Zn(OH)_2$ 也显两性，溶于酸生成锌盐，溶于碱生成锌酸盐：

$$Zn(OH)_2 + 2OH^- \longrightarrow [Zn(OH)_4]^{2-}$$

$Zn(OH)_2$ 能溶于氨水，形成配合物：

$$Zn(OH)_2 + 4NH_3 \longrightarrow [Zn(NH_3)_4]^{2+} + 2OH^-$$

14.2.2.2 氯化锌

无水氯化锌 ($ZnCl_2$) 为白色固体，可由锌与氯气反应，或在 700℃下用干燥的氯化氢通过金属锌而制得。

$ZnCl_2$ 吸水性很强，极易溶于水（10℃时，在水中的溶解度为 333g/100g），其水溶液由于 Zn^{2+} 的水解而显酸性：

$$Zn^{2+} + H_2O \rightleftharpoons Zn(OH)^+ + H^+$$

$ZnCl_2$ 的浓溶液中，由于形成配合酸 $\{H[ZnCl_2(OH)]\}$，而使溶液具有显著的酸性（如

6mol·L^{-1} $ZnCl_2$ 溶液的 pH=1），能溶解金属氧化物：

$$ZnCl_2 + H_2O \longrightarrow H[ZnCl_2(OH)]$$

$$Fe_2O_3 + 6H[ZnCl_2(OH)] \longrightarrow 2Fe[ZnCl_2(OH)]_3 + 3H_2O$$

因此在用锡焊接金属之前，常用 $ZnCl_2$ 浓溶液清除金属表面的氧化物，焊接时它不损害金属表面，当水分蒸发后，熔盐覆盖在金属表面，使之不再氧化，能保证焊接金属的直接接触。

欲得无水 $ZnCl_2$，可将含水 $ZnCl_2$ 和 $SOCl_2$(氯化亚砜)一起加热：

$$ZnCl_2 \cdot xH_2O + xSOCl_2 \longrightarrow ZnCl_2 + 2xHCl + xSO_2$$

$ZnCl_2$ 主要用作有机合成工业的脱水剂、缩合剂及催化剂，以及印染业的媒染剂，也用作石油净化剂和活性炭活化剂。此外，$ZnCl_2$ 还用于干电池、电镀、医药、木材防腐和农药等方面。

14.2.2.3 硫化锌

往锌盐溶液中通入 H_2S 时，会生成 ZnS：

$$Zn^{2+} + H_2S \longrightarrow \underset{(白色)}{ZnS\downarrow} + 2H^+$$

但 ZnS 沉淀不完全，因在 ZnS 沉淀的同时，氢离子浓度增大，硫离子浓度减小，影响了 ZnS 的进一步沉淀。

ZnS 是常见难溶硫化物中唯一呈白色的，可用作白色颜料，它同 $BaSO_4$ 共沉淀所形成的混合物晶体 $ZnS \cdot BaSO_4$ 叫作锌钡白（俗称立德粉，是一种优良的白色颜料）。无定形 ZnS 在 H_2S 气氛中灼烧可以转变为晶体 ZnS。若在 ZnS 晶体中加入微量 Cu、Mn、Ag 作活化剂，经光照射后可发出不同颜色的荧光，这种材料可做荧光粉，制作荧光屏。

14.2.2.4 配合物

Zn^{2+} 与氨水、氰化钾等能形成无色的四配位的配离子：

$$Zn^{2+} + 4NH_3 \rightleftharpoons [Zn(NH_3)_4]^{2+}; \quad K_f^\ominus = 2.88 \times 10^9$$

$$Zn^{2+} + 4CN^- \rightleftharpoons [Zn(CN)_4]^{2-}; \quad K_f^\ominus = 5.01 \times 10^{16}$$

$[Zn(CN)_4]^{2-}$ 可用于电镀工艺。例如，它和 $[Cu(CN)_4]^{2-}$ 的混合液用于镀黄铜 (Cu-Zn 合金)。由于

$$[Cu(CN)_4]^{3-} + e^- \rightleftharpoons Cu + 4CN^-; \quad E^\ominus = -1.27V$$

$$[Zn(CN)_4]^{2-} + 2e^- \rightleftharpoons Zn + 4CN^-; \quad E^\ominus = -1.26V$$

铜、锌配合物有关电对的标准电极电势接近，它们的混合液在电镀时，Zn、Cu 在阴极可同时析出。由于 CN^- 有剧毒，现逐渐被无氰电镀液（如与焦磷酸根、氨三乙酸或三乙醇胺所形成的配合物）所取代。Zn^{2+} 与二苯硫腙形成稳定的粉红色螯合物沉淀，可用于鉴定 Zn^{2+}。

锌离子的鉴定

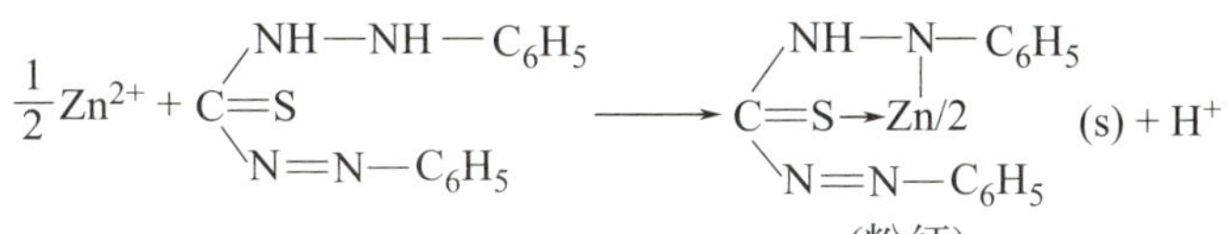

(粉红)

14.2.3 汞的重要化合物

汞能形成氧化数为+1、+2 的化合物，在锌族 M(Ⅰ)的化合物中，以 Hg(Ⅰ)的化合物最为重要。

14.2.3.1 氧化汞

氧化汞 (HgO) 有红、黄两种变体，都难溶于水，有毒。在 500℃时分解为汞和氧气。在汞盐溶液中加入碱，可得到黄色 HgO。这是由于生成的 $Hg(OH)_2$ 极不稳定，立即脱水分解。红色的

HgO 一般是由硝酸汞受热分解而制得：

$$Hg^{2+} + 2OH^- \longrightarrow \underset{(黄色)}{HgO\downarrow} + H_2O$$

$$2Hg(NO_3)_2 \xrightarrow{\triangle} \underset{(红色)}{2HgO\downarrow} + 4NO_2\uparrow + O_2\uparrow$$

HgO 是制备许多汞盐的原料，还用于制备医药制剂、分析试剂、陶瓷颜料等。

14.2.3.2 氯化汞和氯化亚汞

氯化汞 ($HgCl_2$) 可在过量的氯气中加热金属汞而制得。$HgCl_2$ 为共价型化合物，氯原子以共价键与汞原子结合成直线形分子 Cl—Hg—Cl。$HgCl_2$ 熔点较低（280℃），易升华，因而俗称升汞。$HgCl_2$ 略溶于水，在水中解离度很小，主要以 $HgCl_2$ 分子形式存在，所以有假盐之称。$HgCl_2$ 在水中稍有水解：

$$HgCl_2 + H_2O \rightleftharpoons Hg(OH)Cl + HCl$$

$HgCl_2$ 与稀氨水反应则生成难溶解的氨基氯化汞：

$$HgCl_2 + 2NH_3 \longrightarrow \underset{(白色)}{Hg(NH_2)Cl\downarrow} + NH_4Cl$$

$HgCl_2$ 还可与碱金属氯化物反应形成四氯合汞（Ⅱ）配离子 ($[HgCl_4]^{2-}$)，使 $HgCl_2$ 的溶解度增大：

$$HgCl_2 + 2Cl^- \longrightarrow [HgCl_4]^{2-}$$

$HgCl_2$ 在酸性溶液中有氧化性 [$E^\ominus(HgCl_2/Hg_2Cl_2) = 0.63V$]，适量的 $SnCl_2$[$E^\ominus(Sn^{4+}/Sn^{2+}) = 0.154V$] 可将之还原为难溶于水的白色氯化亚汞 Hg_2Cl_2：

$$2HgCl_2 + SnCl_2 \longrightarrow Hg_2Cl_2\downarrow + SnCl_4$$

如果 $SnCl_2$ 过量，生成的 Hg_2Cl_2 进一步被 $SnCl_2$ 还原为金属汞 [$E^\ominus(Hg_2Cl_2/Hg) = 0.2682V$]，使沉淀变黑：

$$Hg_2Cl_2 + SnCl_2 \longrightarrow 2Hg\downarrow + SnCl_4$$

在分析化学中利用此反应鉴定 Hg(Ⅱ) 或 Sn(Ⅱ)。$HgCl_2$ 的稀溶液有杀菌作用，外科上用作消毒剂。$HgCl_2$ 也用作有机反应的催化剂。

金属汞与 $HgCl_2$ 固体一起研磨，可制得氯化亚汞 (Hg_2Cl_2)：

$$HgCl_2 + Hg \longrightarrow Hg_2Cl_2$$

Hg_2Cl_2 分子结构为直线形（Cl—Hg—Hg—Cl）。Hg_2Cl_2 为白色固体，难溶于水。少量的 Hg_2Cl_2 无毒，因味略甜，俗称甘汞，常用于制作甘汞电极。Hg_2Cl_2 见光易分解：

$$Hg_2Cl_2 \xrightarrow{光} HgCl_2 + Hg$$

因此应把它保存在棕色瓶中。

Hg_2Cl_2 与氨水反应可生成氨基氯化汞和汞，而使沉淀显灰色：

$$Hg_2Cl_2 + 2NH_3 \longrightarrow \underset{(白色)}{Hg(NH_2)Cl\downarrow} + \underset{(黑色)}{Hg\downarrow} + NH_4Cl$$

此反应可用于鉴定 Hg(Ⅰ)。在医药上，Hg_2Cl_2 用作泻剂和利尿剂。

14.2.3.3 硝酸汞和硝酸亚汞

硝酸汞 [$Hg(NO_3)_2$] 和硝酸亚汞 [$Hg_2(NO_3)_2$] 都溶于水，并水解生成碱式盐沉淀：

$$2Hg(NO_3)_2 + H_2O \longrightarrow HgO\cdot Hg(NO_3)_2\downarrow + 2HNO_3$$

$$Hg_2(NO_3)_2 + H_2O \longrightarrow Hg_2(OH)NO_3\downarrow + HNO_3$$

在配制 $Hg(NO_3)_2$ 和 $Hg_2(NO_3)_2$ 溶液时，应先溶于稀硝酸中。

在 $Hg(NO_3)_2$ 溶液中，加入 KI 可产生橘红色 HgI_2 沉淀，后者溶于过量 KI 中，形成无色 $[HgI_4]^{2-}$：

$$Hg^{2+} + 2I^- \longrightarrow HgI_2\downarrow$$

$$HgI_2 + 2I^- \longrightarrow [HgI_4]^{2-}$$

同样，在 $Hg_2(NO_3)_2$ 溶液中加入 KI，先生成浅绿色 Hg_2I_2 沉淀，继续加入 KI 溶液则形成 $[HgI_4]^{2-}$，同时有汞析出：

$$Hg_2^{2+} + 2I^- \longrightarrow Hg_2I_2\downarrow$$

$$Hg_2I_2 + 2I^- \longrightarrow [HgI_4]^{2-} + Hg\downarrow$$

在 $Hg(NO_3)_2$ 溶液中加入氨水，可得碱式氨基硝酸汞白色沉淀：

$$2Hg(NO_3)_2 + 4NH_3 + H_2O \longrightarrow HgO\cdot NH_2HgNO_3\downarrow + 3NH_4NO_3$$

而在硝酸亚汞 $Hg_2(NO_3)_2$ 溶液中加入氨水，不仅有上述白色沉淀产生，同时有汞析出：

$$2Hg_2(NO_3)_2 + 4NH_3 + H_2O \longrightarrow \underset{\text{(白色)}}{HgO\cdot NH_2HgNO_3}\downarrow + \underset{\text{(黑色)}}{2Hg} + 3NH_4NO_3$$

$Hg(NO_3)_2$ 是实验室常用的化学试剂，用它制备汞的其他化合物。

$Hg_2(NO_3)_2$ 受热易分解：

$$Hg_2(NO_3)_2 \xrightarrow{\triangle} 2HgO + 2NO_2\uparrow$$

由于 $E^\ominus(Hg^{2+}/Hg_2^{2+})=0.911V$，而 $O_2+4H^++4e^- \rightleftharpoons 2H_2O$，当 $c(H^+)=1mol\cdot L^{-1}$ 时，$E^\ominus(O_2/H_2O)=1.229V$，所以 $Hg_2(NO_3)_2$ 溶液与空气接触时易被氧化为 $Hg(NO_3)_2$：

$$2Hg_2(NO_3)_2 + O_2 + 4HNO_3 \longrightarrow 4Hg(NO_3)_2 + 2H_2O$$

可在 $Hg_2(NO_3)_2$ 溶液中加入少量金属汞，使所生成的 Hg^{2+} 被还原为 Hg_2^{2+}：

$$Hg^{2+} + Hg \longrightarrow Hg_2^{2+}$$

除此之外，汞还能形成许多稳定的有机化合物，如甲基汞 $[Hg(CH_3)_2]$、乙基汞 $[Hg(C_2H_5)_2]$ 等。这些化合物中都含有 C—Hg—C 共价键直线结构，较易挥发，且毒性较大，在空气和水中相当稳定。

14.2.3.4　配合物

Hg(Ⅰ)形成配合物的倾向较小，Hg(Ⅱ)易和 Cl^-、Br^-、I^-、CN^-、SCN^- 等形成较稳定的配离子，Hg(Ⅱ)的配位数为 4。例如：

	$[HgCl_4]^{2-}$	$[HgI_4]^{2-}$	$[Hg(SCN)_4]^{2-}$	$[Hg(CN)_4]^{2-}$
$K_f^\ominus$	1.17×10^{15}	6.76×10^{29}	1.698×10^{21}	2.51×10^{41}

碱性溶液中的 $K_2[HgI_4]$(奈斯勒试剂)是鉴定 NH_4^+ 的特效试剂。这个反应因试剂和 OH^- 相对量的不同，可生成几种颜色不同的沉淀：

奈斯勒试剂

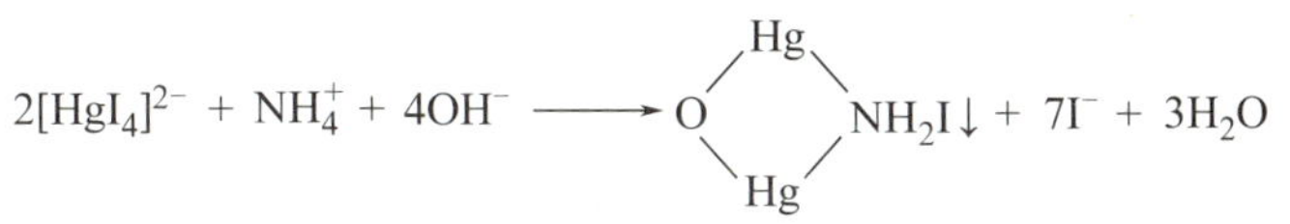

(褐色)

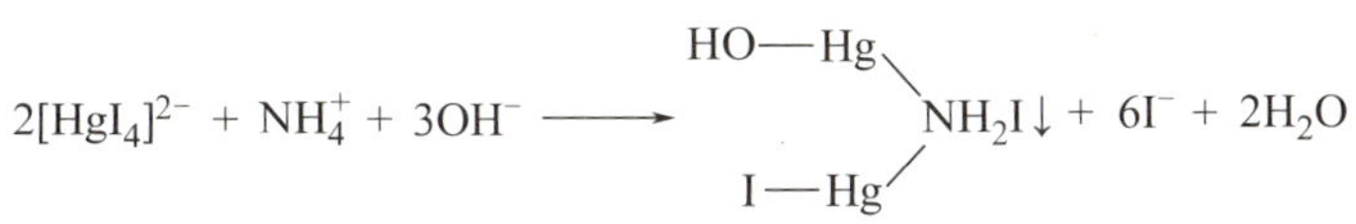

(深褐色)

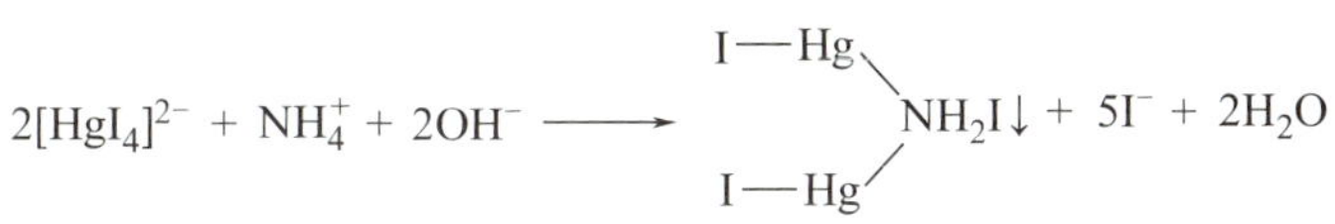

(红棕色)

14.2.3.5 Hg(Ⅱ)和Hg(Ⅰ)的相互转化

由前面汞的电势图可知，因 $E^{\ominus}(Hg^{2+}/Hg_2^{2+})$ 大于 $E^{\ominus}(Hg_2^{2+}/Hg)$，故在溶液中 Hg^{2+} 可氧化 Hg 而生成 Hg_2^{2+}：

$$Hg^{2+} + Hg \rightleftharpoons Hg_2^{2+}$$

$$K^{\ominus} = \frac{c\left(Hg_2^{2+}\right)}{c\left(Hg^{2+}\right)} \approx 88$$

由于上述反应平衡常数较大，平衡偏向于生成 Hg_2^{2+} 的一方，因此 Hg(Ⅱ)化合物用金属汞还原，即可得到 Hg(Ⅰ)化合物。

除用汞作还原剂外，还可用其他还原剂将 Hg(Ⅱ)还原为 Hg(Ⅰ)。若用更强的还原剂时，Hg(Ⅱ)必须过量方能转化为 Hg(Ⅰ)，因为此时过量的 Hg(Ⅱ)可以与单质汞反应变为 Hg(Ⅰ)。

反之，要使 Hg(Ⅰ)转化为 Hg(Ⅱ)，即 Hg_2^{2+} 的歧化反应能够进行，必须降低溶液中 Hg^{2+} 的浓度，如在 Hg_2^{2+} 溶液中加入某些试剂使 Hg^{2+} 变为某些难溶物或难解离的配合物：

$$Hg_2^{2+} + 2OH^- \longrightarrow HgO\downarrow + Hg\downarrow + H_2O$$

$$Hg_2^{2+} + S^{2-} \longrightarrow HgS\downarrow + Hg\downarrow$$

$$Hg_2Cl_2 + 2NH_3 \longrightarrow Hg(NH_2)Cl\downarrow + Hg\downarrow + NH_4Cl$$

$$Hg_2^{2+} + 2CN^- \longrightarrow Hg(CN)_2\downarrow + Hg\downarrow$$

$$Hg_2^{2+} + 4I^- \longrightarrow [HgI_4]^{2-} + Hg\downarrow$$

除 Hg_2F_2 外，Hg_2X_2 都是难溶的，如果用适量 X^-(包括拟卤素)和 Hg_2^{2+} 作用，生成物是相应难溶 Hg_2X_2，只有当 X^- 过量时，才能歧化成 $[HgX_4]^{2-}$ 和 Hg。

14.3 镧系和锕系元素概述

f 区元素包括周期表中的镧系元素（原子序数 57～70）和锕系元素（原子序数 89～102），共 28 种元素。镧系元素中只有钷是人工合成的，具有放射性。锕系元素均有放射性，铀后元素为人工合成元素，称超铀元素。锕系元素中的钍 (Th) 和铀 (U) 在地壳内储量较多，而锕 (Ac)、镤 (Pa)、镎 (Np)、钚 (Pu) 则储量极微。

周期表第ⅢB 族中的钇、镥和镧系元素（共 16 种元素）性质都非常相似，并在矿物中共生在一起，总称为稀土元素，常用 RE(rare earth) 表示。

f 区元素的价层电子构型为 $(n-2)f^{0\sim14}(n-1)d^{0\sim2}ns^2$，其特征是随着核电荷数的增加，电子依次填入外数第三层 $(n-2)$f 轨道，因而又统称内过渡元素。镧系元素（lanthanide，简写为 Ln）和锕系元素（Actinide，简写为 An）的基本性质列于表 14.1 和表 14.2。

表 14.1 镧系元素的基本性质

原子序数	名称	符号	价层电子构型	主要氧化数	原子半径 /pm	Ln^{3+} 半径 /pm	Ln^{3+} 4f 亚层电子数	$\Sigma I(I_1+I_2+I_3)$ /(kJ·mol^{-1})	熔点 /℃
57	镧	La	$5d^16s^2$	+3	183	103.2	[Xe] $4f^0$	3455.4	921
58	铈	Ce	$4f^15d^16s^2$	+3,+4	181.8	102	$4f^1$	3524	799
59	镨	Pr	$4f^36s^2$	+3,+4	182.4	99	$4f^2$	3627	931
60	钕	Nd	$4f^46s^2$	+3	181.4	98.3	$4f^3$	3694	1021

续表

原子序数	名称	符号	价层电子构型	主要氧化数	原子半径 /pm	Ln^{3+} 半径 /pm	Ln^{3+} 4f 亚层电子数	$\Sigma I(I_1+I_2+I_3)$ / ($kJ \cdot mol^{-1}$)	熔点 /℃
61	钷	Pm	$4f^5 6s^2$	+3	183.4	97	$4f^4$	3738	1168
62	钐	Sm	$4f^6 6s^2$	+2, +3	180.4	95.8	$4f^5$	3871	1077
63	铕	Eu	$4f^7 6s^2$	+2, +3	208.4	94.7	$4f^6$	4032	822
64	钆	Gd	$4f^7 5d^1 6s^2$	+3	180.4	93.8	$4f^7$	3752	1313
65	铽	Tb	$4f^9 6s^2$	+3,+4	178	92.3	$4f^8$	3786	1356
66	镝	Dy	$4f^{10} 6s^2$	+3,+4	178.1	91.2	$4f^9$	3898	1412
67	钬	Ho	$4f^{11} 6s^2$	+3	176.2	90.1	$4f^{10}$	3920	1474
68	铒	Er	$4f^{12} 6s^2$	+3	176.1	89.0	$4f^{11}$	3930	1529
69	铥	Tm	$4f^{13} 6s^2$	+2, +3	177.3	88	$4f^{12}$	4043.7	1545
70	镱	Yb	$4f^{14} 6s^2$	+2, +3	193.3	86.8	$4f^{13}$	4193.4	819
71	镥	Lu	$4f^{14} 5d^1 6s^2$	+3	173.8	86.1	$4f^{14}$	3885.8	1663

注：按新分类法，镥不再列入镧系元素内，但为了便于比较，在此将它列出。

表 14.2 锕系元素的基本性质

原子序数	名称	符号	价层电子构型	原子半径 pm	离子半径 /pm		氧化数①	半衰期②
					An^{3+}	An^{4+}		
89	锕	Ac	$6d^1 7s^2$	187.8	111	—	+3	21.8a
90	钍	Th	$6d^2 7s^2$	179	—	94	$+3\underline{+4}$	1.41×10^{10}a
91	镤	Pa	$5f^2 6d^1 7s^2$	163	104	90	$+3+4\underline{+5}$	3.08×10^4a
92	铀	U	$5f^3 6d^1 7s^2$	156	102.5	89	$+3+4+5\underline{+6}$	4.47×10^9a
93	镎	Np	$5f^4 6d^1 7s^2$	155	101	87	$+3+4\underline{+5}+6+7$	2.41×10^6a
94	钚	Pu	$5f^6 7s^2$	159	100	86	$+3\underline{+4}+5+6$	8.1×10^7a
95	镅	Am	$5f^7 7s^2$	173	97.5	89	$+2\underline{+3}+4+5+6$	7.38×10^3a
96	锔	Cm	$5f^7 6d^1 7s^2$	174	97	85	$\underline{+3}+4$	1.6×10^7a
97	锫	Bk	$5f^9 7s^2$	170.4	98	87	$\underline{+3}+4$	1.38×10^3a
98	锎	Cf	$5f^{10} 7s^2$	186	95	82.1	$\underline{+3}+4$	350*a*
99	锿	Es	$5f^{11} 7s^2$	186	98		$\underline{+3}+4$	277d
100	镄	Fm	$5f^{12} 7s^2$	(194)			$+2\underline{+3}$	100d
101	钔	Md	$5f^{13} 7s^2$	(194)			$+2\underline{+3}$	55d
102	锘	No	$5f^{14} 7s^2$	(194)			$+2\underline{+3}$	1h

① 画下划线的表示水溶液中最稳定的氧化数。

② 寿命最长的同位素半衰期（半衰期见 14.5.1 小节）。

14.3.1 价层电子构型与氧化数

镧系元素的价层电子构型除 La 为 $5d^1 6s^2$、Ce为$4f^1 5d^1 6s^2$、Gd为$4f^7 5d^1 6s^2$ 外，其余均为 $4f^x 6s^2$ (x = 3～7、9～14)。

镧系元素的电子层结构最外层和次外层基本相同，只是 4f 轨道上的电子数不同，但能级相近，因而它们的性质非常相似。

镧系元素在形成化合物时，最外层的 s 电子、次外层的 d 电子均可参与成键。另外，外数第三层中部分 4f 电子也可参与成键。由表 14.1 可知，镧系元素原子的第一、二、三电离能的总和是较低的，因而主要表现Ⅲ B 族元素特征的氧化数，即一般皆能形成氧化数为 +3 的化合物。除此之外，某些镧系元素还能形成其他氧化数的化合物。镧系元素的氧化数变化情况如图 14.3 所示。图中以黑圆点的大小表示具有这种氧化数的化合物的稳定性，大者稳定性大，小者稳定性次之。

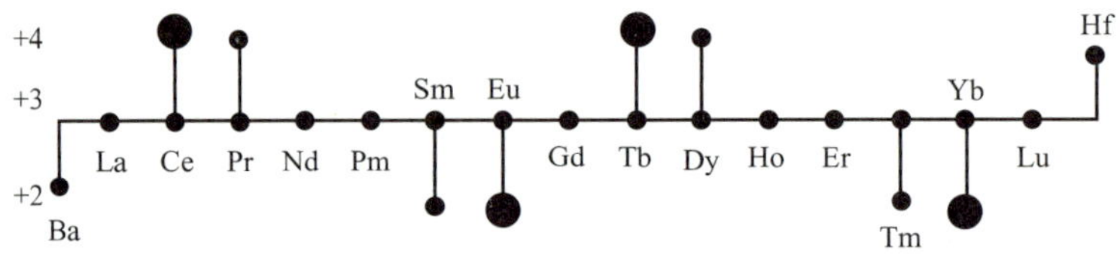

图 14.3 镧系元素氧化数变化情况

La、Gd 具有 $5d^1 6s^2$ 电子层结构，失去 3 个电子后，各电子层都成为稳定结构（4f 全空或半充满），所以它们只能生成氧化数为 +3 的稳定化合物。在化学变化中，镧系元素的原子都有达到 La^{3+} 和 Gd^{3+} 稳定结构的趋向，也就是说，比这些稳定结构的电子数稍多的电子容易失去。总之，从 La 到 Gd，从 Gd 到 Lu, 氧化数的变化是先升向 +4，然后降到 +2，再回到 +3，这样镧系元素氧化数的变化形成了两个周期。

近十多年，对稀土元素化合物的研究发现，除上面讨论的氧化数变化情况外，Nd 也可形成氧化数为 +4 的化合物。La、Ce、Nd、Pm、Dy、Er 也可形成氧化数为 +2 的化合物。

锕系元素的原子光谱很复杂，确定锕系元素基态原子的电子层结构也是很困难的。表 14.2 所列出的价层电子构型，是根据目前实验结果得到的，被认为是最可能的价层电子分布。

14.3.2 原子半径、离子半径和镧系收缩

由表 14.1、表 14.2 可见，镧系元素、锕系元素的原子半径和离子半径总的趋势是随着原子序数的增加而缓慢缩小，这种现象称为镧系收缩、锕系收缩。这是因为随核电荷的增加，相应增加的电子填入到外数第三层的 f 轨道。与外层的 6s 和 5d 轨道相比，4f 轨道对核电荷的屏蔽作用更大。因此，随原子序数的增加，有效核电荷缓慢增加，从而导致原子半径和离子半径缓慢减小。且由表 14.1、表 14.2 可见，离子半径比原子半径的收缩更加显著。

镧系收缩、锕系收缩是元素化学中的一个重要现象。受镧系收缩的影响，一方面 Eu 以后的镧系元素的离子半径接近 Y，构成性质极为相似的一组元素，称为钇组元素，它们在自然界中共生，性质十分相似，难以分离；另一方面，第三过渡系与第二过渡系的同族元素在原子半径（或离子半径）上相近，其中尤以ⅣB 族中的 Zr 和 Hf、ⅤB 族中的 Nb 和 Ta、ⅥB 族中的 Mo 和 W 更为相近，以致 Zr 和 Hf、Nb 和 Ta、Mo 和 W 的性质非常相似，分离十分困难。

14.3.3 金属活泼性

镧系元素单质都是非常活泼的金属，从表 14.3 可知，$E^{\ominus}(Ln^{3+}/Ln)$ 值较低，它们的活泼性与金属镁相近，且活泼性随原子序数的增大而依次稍有下降。金属在空气中被缓慢氧化，加热条件下，它们很容易燃烧生成 Ln_2O_3，Ce 则生成 CeO_2。镧系金属都可以与水反应，尤其是与热水反应较剧烈，同时放出氢气。如果与稀酸反应，则更易放出氢气，因此镧系金属要保存在煤油里。

表 14.3 镧系元素的标准电极电势

Ln	La	Ce	Pr	Nd	Pm	Sm	Eu	Gd
$E^{\ominus}(Ln^{3+}/Ln)$	−2.522	−2.483	−2.462	−2.431	−2.423	−2.414	−2.407	−2.397
Ln	Tb	Dy	Ho	Er	Tm	Yb	(Lu)	
$E^{\ominus}(Ln^{3+}/Ln)$	−2.391	−2.353	−2.319	−2.296	−2.278	−2.267	(−2.253)	

镧系金属可以与大多数非金属反应，反应一般不很剧烈，但在加热时，可在卤素中燃烧生成 LnX_3。加热时也可与氢气反应生成 LnH_3 或 LnH_2，这些氢化物大多属于金属型氢化物。

锕系元素很活泼，粉末状的金属更为活泼。例如它们与沸水作用，生成氧化物和氢氧化物的

混合物。在适当的温度下能与多数非金属发生反应。它们均被氢氟酸侵蚀，但大多数仅缓慢与硝酸反应，均不与碱发生反应。

14.3.4 离子的颜色

镧系元素 Ln^{3+} 水合离子及在晶体中的颜色列于表 14.4 中。按照晶体场理论，f 轨道也会发生分裂，当 f 轨道处于部分填充时，也会发生 f-f 跃迁。Ln^{3+} 的颜色主要由 f-f 跃迁引起。由表 14.4 可看出，离子的颜色与未成对的 f 电子数有关，并且具有 $f^x(x=0\sim7)$ 电子构型的 Ln^{3+} 与具有 f^{14-x} 电子构型的 Ln^{3+}，常显相同或相近的颜色。若以 Gd^{3+} 为中心，从 Gd^{3+} 到 La^{3+} 的颜色变化规律，又将在从 Gd^{3+} 到 Lu^{3+} 的过程中重演，这就是 Ln^{3+} 在颜色上的周期性变化。

表 14.4 Ln^{3+} 在晶体或水溶液中的颜色

离子 ($4f^x$)	未成对 4f 电子数	颜色	未成对 4f 电子数	离子 ($4f^x$)
$La^{3+}(4f^0)$	0	无	(0)	$Lu^{3+}(4f^{14})$
$Ce^{3+}(4f^1)$	1	无	1	$Yb^{3+}(4f^{13})$
$Pr^{3+}(4f^2)$	2	绿	2	$Tm^{3+}(4f^{12})$
$Nd^{3+}(4f^3)$	3	淡红	3	$Er^{3+}(4f^{11})$
$Pm^{3+}(4f^4)$	4	粉红 / 淡黄	4	$Ho^{3+}(4f^{10})$
$Sm^{3+}(4f^5)$	5	黄	5	$Dy^{3+}(4f^9)$
$Eu^{3+}(4f^6)$	6	淡红	6	$Tb^{3+}(4f^8)$
$Gd^{3+}(4f^7)$	7	无	7	$Gd^{3+}(4f^7)$

由于 f 电子对光吸收的影响，锕系元素与镧系元素在离子的颜色上表现得十分相似。

14.3.5 离子的磁性

镧系元素 Ln^{3+} 的磁矩列在表 14.5 中。

表 14.5 Ln^{3+} 的磁矩

Ln^{3+}	($4f^x$)	未成对电子	磁矩 /B.M.
La^{3+}	$4f^0$	0	0
Ce^{3+}	$4f^1$	1	2.3 ~ 2.5
Pr^{3+}	$4f^2$	2	3.4 ~ 3.6
Nd^{3+}	$4f^3$	3	3.5 ~ 3.6
Pm^{3+}	$4f^4$	4	
Sm^{3+}	$4f^5$	5	1.4 ~ 1.7
Eu^{3+}	$4f^6$	6	3.3 ~ 3.5
Gd^{3+}	$4f^7$	7	7.9 ~ 8.0
Tb^{3+}	$4f^8$	6	9.5 ~ 9.8
Dy^{3+}	$4f^9$	5	10.4 ~ 10.6
Ho^{3+}	$4f^{10}$	4	10.4 ~ 10.7
Er^{3+}	$4f^{11}$	3	9.4 ~ 9.6
Tm^{3+}	$4f^{12}$	2	7.1 ~ 7.5
Yb^{3+}	$4f^{13}$	1	4.3 ~ 4.9
Lu^{3+}	$4f^{14}$	0	0

La^{3+} 和 Lu^{3+} 中未成对电子数为 0，是反磁性的，其余 Ln^{3+} 都有未成对电子，都是顺磁性的。

14.4

稀土元素

大多数稀土金属具有顺磁性；钆在 0℃时比铁具有更强的铁磁性；铽、镝、钬、铒等在低温下呈铁磁性。纯稀土金属导电性好，杂质含量越高，导电性越差。稀土金属具有可塑性，以钐和镱为最好。镧在 6K 时是超导体。镧、铈的低熔点和钐、铕、镱的高蒸气压显示其物理性质上有极大差异。钐、铕、钆的热中子吸收截面比镉、硼还大。

稀土元素的化学性质很活泼。除钐、钇、钆之外，都易被腐蚀。除能溶于酸外，还能溶于碱金属氯化物，与水作用放出氢气。

14.4.1 稀土元素资源

世界稀土储量总计超过 1 亿吨，我国约占 30%～40%，其余分布在美国、印度、俄罗斯和澳大利亚等国。稀土消费量以美国居世界之首，我国居第二位，日本位于第三。

我国稀土资源有如下 5 大特点。

① 储量大。仅内蒙古自治区的白云鄂博矿区，稀土氧化物储量就达 3600 万吨，为世界最大稀土矿。

② 分布广。稀土矿物遍及我国十几个省、自治区，但内蒙古自治区的白云鄂博稀土矿占全国储量之首，江西省的龙南和寻乌县，广东、广西、海南、江西、山东、湖南、新疆、台湾等地均有稀土矿分布。

③ 类型多。有规模较大的花岗岩矿床、离子吸附型矿床等。

④ 矿种全。我国矿物品种齐全，具有重要工业意义的矿物均有发现；轻、重稀土为主的矿物均有。轻稀土（铈组）矿物有独居石、氟碳铈矿等；重稀土（钇组）矿物有磷钇矿、离子吸附型的重稀土矿等。

⑤ 品位高。我国的稀土矿物品位高，例如独居石中稀土氧化物品位矿中钇含量约达 60%，除了有稀土元素外，还含有 Nb、Ta、Ti、Th、U 等稀有元素，因此矿床具有较高的综合利用价值。

正是由于具有许多优异光、电、磁等性能，还能与其他元素组成品种繁多、用途各异的功能材料，稀土元素成为高科技和国际激烈竞争的重要战略资源。

14.4.2 稀土元素的提取

从矿石中提取稀土元素，包括分解矿石及分离两个过程。分解矿石的一般方法有氯化法、硫酸法和烧碱法。矿石经分解可将稀土元素作为一组与其他非稀土元素分离。如用烧碱处理独居石精矿，由于该矿除含稀土元素外，还含有钍等杂质，现一般采用烧碱溶液分解精矿粉，使稀土和钍都以氢氧化物形成沉淀，再利用它们碱性的差异和在稀酸中溶解度的不同加以分离。稀土的氢氧化物在 pH=4.5～5.8 的稀盐酸中大部分溶解，而钍、铀等元素的氢氧化物仍在沉淀中，从而获得稀土元素氯化物，最终还将除去放射性元素和其他杂质。

由于稀土元素及其 +3 氧化数的化合态性质很相似，它们在自然界共生，而且它们在矿物中又往往与杂质元素（如铀、钍、铌、钽、钛、锆、硅、氟等）伴生，这给分离提纯带来很大困难。历史上采用化学分离法（包括分离结晶法、分步沉淀法和选择性氧化法等），现在一般采用溶剂萃取法和离子交换法。据报道，我国在 20 世纪 80 年代建起多个稀土分离企业，年产各种单一稀土产品万吨以上，除满足国内传统工业及高新技术领域，同时还大量出口。

由于离子交换法有不连续性、处理量少、成本高等缺点，因此，20 世纪 60 年代后逐步被溶剂萃取法所取代。不过现在某些工厂生产高纯单一稀土产品时仍然采用离子交换法或将其与溶剂萃取法配合使用。

14.4.3 稀土元素的应用

稀土元素用途非常广泛，由早期使用“混合稀土”发展到目前利用单一稀土，并已渗透到现代科学技术的各个领域，成为发展高新技术所必需的物质。

据统计，目前世界稀土消费总量有 70% 左右用于材料方面。稀土材料的应用遍及了国民经济的各个领域及行业：冶金、石油化工、轻工、光学、磁学、电子、生物医疗和原子能工业。

① 冶金工业应用稀土元素十分普遍。由于稀土元素对硫、氧等元素有很强的亲和力，炼钢中常用混合稀土脱除氧、硫等杂质。氢在稀土金属中的溶解度很大，利用混合稀土吸收钢水中的氢可以克服氢脆。在铸铁中加入稀土可使石墨球化制成球墨铸铁，能显著地提高铸铁的机械性能。在不锈钢中加入稀土，可提高其在热加工时的可锻性。据统计目前全世界每年生产 600 万～900 万吨高强度低合金钢，需用混合稀土 6000～7000t。

② 稀土催化剂广泛应用于石油化工和环境污染的治理。在重油催化裂化反应中，加入少量混合稀土，可使分子筛催化剂的效率增加 3 倍，寿命也可延长，并使汽油产率大幅度提高。稀土催化剂还可用于废气和废水的处理。例如，氧化铈可脱除工业废水的氰离子，清除率高达 90%。内燃机尾气净化稀土催化剂已进入实用阶段。

③ 氧化铈或混合稀土氧化物可作精密光学玻璃的抛光剂，用于平板玻璃、电视机显像管、照相机透镜等的研磨材料。在玻璃中添加稀土化合物可制得形形色色的特种玻璃。例如，吸收紫外线的玻璃、耐 X 射线玻璃和耐酸、耐热玻璃等。含有氧化镧的光学玻璃具有低散射、高折射率的特点，利用这种玻璃的纤维，可制造在医疗上作直接探视人体肠胃和腹腔的内窥镜。

④ 各种稀土荧光体和激光材料需用高纯稀土。稀土材料在电光源工业应用广泛，由此可以获得接近自然光的高级荧光灯，亮度比一般荧光灯提高 1/3，且光色好，不失真，使用寿命长，适用于各种要求自然光的场合。

⑤ 在制陶配料中加入混合稀土的氧化物，可大大改善陶瓷的耐高温性和脆性。这种稀土陶瓷可用来制造切削刀具、发动机活塞等部件。稀土氧化物可使陶瓷的釉彩鲜艳柔和，光彩夺目，如稀土颜料有镨锆黄、镨钍锆绿、铈黄、铒红和钕紫等。

⑥ 稀土永磁体由于其磁性能很高，已在计算机、汽车电动机、电声器件及轻工产品诸领域中得到广泛应用，世界产量已接近万吨。稀土石榴石型磁泡信息储存元件，尤其是钆镓石榴石（GGG）磁泡，由于其容量巨大且体积小，已在新一代计算机上应用。稀土永磁材料用于电机制造，可缩小体积，做到微型、高效化。

⑦ 稀土在农业上也有广泛应用。稀土微肥施用于西瓜田中，可使西瓜个大、皮薄、味甜，并且可提高近二成产量。施于其他瓜果、菜园也都获得增产、优质的效果，增收值为投入稀土微肥值的十倍以上。此微肥施于小麦和水稻，可增产 8%～10%。

此外，稀土金属在电子材料、原子能材料、药物合成以及超导技术等高新技术领域的应用也日益广泛。稀土储氢材料（已制成的主要有 $LaNi_5$ 及 La_2Mg_{17} 等）可用于氢气储运、能源的转换、制冷及提纯氢等方面。面向未来，稀土元素作为材料研究，在激光、发光、信息、永磁、超导、能源、催化、传感、生物等领域将会作为主攻方向。我国拥有十分丰富的稀土资源，开展稀土的研究、开发和应用，无疑对我国的经济建设和科学技术的发展有重要意义。

尽管我国稀土资源储藏量、销售量世界第一，但从长远战略眼光看，这种宝贵的资源是有限的，禁不住盲目开采。从眼前贸易看，低价出口原生态矿，高价进口经外国深加工返销的高科技产品所造成的经济损失也令人痛心。

14.5

核反应和超铀元素的合成

核反应与化学反应不同，化学反应前后原子核亦即元素的种类不变，而核反应涉及原子核里质子或中子的增减，经核反应后，往往导致一种元素变为另一种元素或另一种同位素，还伴随着产生大量的能量。核反应一般可分为放射性衰变、粒子轰击原子核、核裂变及核聚变四种类型。

14.5.1 放射性衰变和应用

14.5.1.1 放射性衰变

天然放射性是指不稳定原子核自发放出α、β、γ射线的现象。大量的同种原子核因放射性而陆续发生转变，使处于原状态的核数目不断减少的过程称为放射性衰变。常见的衰变如下。

(1) α衰变 不稳定的原子核自发地放射出α射线的过程，称为α衰变。α射线是α离子($^{4}_{2}$He氦核)流。当天然铀质量数为238的核素（简写为U-238）失去一个α粒子时，剩下的是原子序数90和质量数为234的钍核，即$^{234}_{90}$Th，其核反应方程式如下：

$$^{238}_{92}\mathrm{U} \longrightarrow {}^{234}_{90}\mathrm{Th} + {}^{4}_{2}\mathrm{He}$$

在上述核反应中，方程式两边质量总数相等（即238=234+4），原子序数之和或核电荷总数也相等（92=90+2）。

(2) β^-衰变 不稳定的原子核自发地放射出β射线的过程，称为β^-衰变。β^-射线是高速电子流，用$^{0}_{-1}$e表示。例如：

$$^{210}_{83}\mathrm{Bi} \longrightarrow {}^{210}_{84}\mathrm{Po} + {}^{0}_{-1}\mathrm{e}$$

由上可见，放射性元素从原子核里放射α粒子，质量数减少4，核电荷减少2，生成的新元素在元素周期表中的位置向左移了两格；从原子核里放射β^-粒子，质量数不变，核电荷增加1，生成的新元素在元素周期表中的位置向右移了一格。此规律称为放射性位移定律。例如：

$$^{141}_{56}\mathrm{Ba} \xrightarrow{\beta^-} {}^{141}_{57}\mathrm{La} \xrightarrow{\beta^-} {}^{141}_{58}\mathrm{Ce} \xrightarrow{\beta^-} {}^{141}_{59}\mathrm{Pr}$$

(3) γ衰变 由激发态原子核通过发射γ射线（γ光子）跃迁到低能态的过程，称为γ衰变。例如：

$$^{60}_{27}\mathrm{Co} \longrightarrow {}^{60}_{27}\mathrm{Co} + \gamma$$

显然，在γ衰变时原子核的质量数和电荷数均保持不变，仅仅是能量状态发生了变化。

γ射线是一种波长极短的电磁波，即高能光子。它不为电、磁场所偏移，是一种电中性的射线，比X射线的穿透力还强，因而有硬射线之称，可穿透200mm厚的铁板或88mm厚的铅板，它没有质量，其光谱类似于元素的原子光谱。

人工放射性核素还有其他衰变方式，如正电子β^+衰变、电子俘获等。

(4) β^+衰变 β^+射线是高速正电子（$^{0}_{+1}$e）流，正电子是电子的反物质。它的质量和电子相同，电荷也相同，只是符号相反。β^+衰变可看作是核中的质子（$^{1}_{1}$p）转化为中子（$^{1}_{0}$n）的过程，此时核电荷减少一个单位，而质量不变：

$$^{1}_{1}\mathrm{p} \longrightarrow {}^{1}_{0}\mathrm{n} + {}^{0}_{+1}\mathrm{e}$$

发生β^+衰变的如：

$$^{19}_{10}Ne \longrightarrow ^{19}_{9}F + ^{0}_{+1}e$$
$$^{11}_{6}C \longrightarrow ^{11}_{5}B + ^{0}_{+1}e$$

(5) 电子俘获 原子核可以从内层（或 K 层）中俘获一个电子，使核内一个质子变成中子：

$$^{1}_{1}p + ^{0}_{-1}e \longrightarrow ^{1}_{0}n$$

电子俘获的核衰变例如：

$$^{7}_{4}Be + ^{0}_{-1}e \longrightarrow ^{7}_{3}Li$$
$$^{40}_{19}K + ^{0}_{-1}e \longrightarrow ^{40}_{18}Ar$$

在放射性衰变过程中，放射性元素的核素减少到原有核素一半所需的时间称为**半衰期**，$t_{1/2}$。半衰期是放射性核素的一个特性常数，一般不随外界条件的变化、元素所处的氧化态（游离态或化合态）的不同或元素质量的多少而改变。元素的放射性越强，它的半衰期越短。不同放射性核素的半衰期可能差别很大，如新合成的 107 号元素铍（Bh）的半衰期仅有 2.0×10^{-3}s，而 $^{238}_{92}U$ 的半衰期可达 4.5×10^{9} 年。

14.5.2.2 放射性的应用

放射性核素的射线具有高能量，当射线与物质相互作用时，物质受到激发，可以引发本来不发生的化学或生物过程，促进或抑制化学或生物过程的变化。在工农业、医学卫生、科学技术以及人类日常生活中利用放射性的实例很多。

在农业上，利用射线照射农作物种子，引起种子内部遗传性的改变，可培育 出高产、早熟、抗病等优良品种。这种方法称为辐射育种。

高剂量的射线能够杀死细菌和害虫，可利用射线辐照防治病虫害和辐照贮藏食品，利用 γ 射线辐射对医药、医疗用具、衣服等进行灭菌消毒。

近年来出现一门新学科——辐射化学，专门研究物质因受高能电离射线的影响而产生的化学效应，例如，辐射聚合、辐射接枝、辐射催化、辐射合成等。利用高能电离射线，还能引起一般情况下不能或不易实现的化学反应。例如，在镭射线照射下，无色玻璃会变成有色，水、氨及氯化氢会分解成单质等。

放射性核素所射出的射线可用仪器发现，并可作定量测定。因此，射线成为某种元素的原子的特征标记，这种原子称为标记原子或示踪原子。

在医学上，现代核医学的重要支柱是放射性药物，主要用于多种疾病的体外诊断和体内治疗，还在分子水平上研究体内的功能和代谢。利用示踪原子检查、诊断内脏的功能与病变；利用射线进行治疗，尤其是对癌症的治疗，例如“伽马刀”就是采用适当剂量的 γ 射线进行照射，使癌细胞受到抑制或死亡。^{125}I 或 ^{131}I 标记的甲胎蛋白测定病人血液中甲胎蛋白（AFP）准确含量的放免法已用于肝癌早期诊断。

21 世纪将在单光子发射断层扫描仪（SPECT）药物方面有新的进展，对人体所有重要脏器作体外扫描显像。将会用放射性标记的放免活性和专一性极强的“人抗人”单克隆抗体作为“生物导弹”，定向杀死癌细胞，中枢神经系统显像将推动脑化学和脑科学的发展。人脑内部的情绪、感知、意识、记忆可用正电子发射断层扫描仪（PET）描述和记录下来，经深入研究，逐步揭示中枢神经系统功能和疾病的化学机制。

核分析将以其高灵敏度等优点向纵深发展，放射性示踪技术和核分析技术因其灵敏度很高的优点在各个领域中得到广泛应用。

在工业上，放射性核素的一个重要用途是作为辐射源制造各种放射性检测、控制仪表。例如，厚度计、密度计、液面计、火灾报警仪、γ 射线探伤仪、X 射线荧光分析等。我国在地质勘探中已广泛应用 γ 射线测井，能相当准确地鉴别煤层的厚度和深度，石油勘探中，利用中子测井法可区分油层和水层，测定石油储量，为合理开发油田提供可靠资料。

在国防上，放射性核素可用于制造核武器和核动力装置的燃料元素。此外，它还可用于制造放射性核素电池，供人造卫星、宇宙飞船、海底声呐站、高山气象站和心脏起搏器等作为特殊能源使用。

利用放射性的衰变规律可以推算自然过程的时间。例如，在考古学上确定历史文物的年龄，在地质学上测定矿粉的年龄，估算地壳和地球形成的年代。$^{238}_{92}U$ 是地质学上作为一种时钟用的放射性核素，它的衰变最终产物是 $^{206}_{82}Pb$。放射性核素最有意义的新用途之一，就是通过测定含碳物体中的 $^{14}_{6}C$ 的放射性，来确定含碳物体的年代。这种称为 $^{14}_{6}C$ 纪年法的精确度可达到 200 年左右。用这种方法测定物体的年代被认为是可靠的。目前 $^{14}_{6}C$ 纪年法已广泛用于测定地质年龄以及应用于气候学、生态学、考古学和地理学等方面。

以上所述，充分说明对放射性的研究具有重大意义，放射性有着十分广阔的应用前景。

14.5.2 粒子轰击原子核和新元素的合成

14.5.2.1 新元素的合成

粒子轰击是指某原子核受高速粒子如氦核 a、质子 p、中子 n、氘核 D、氚核 T 等的轰击，变成另一种原子核，同时释放出另一种粒子的核反应。例如，用氘核（$^{2}_{1}H$）轰击 $^{6}_{3}Li$ 生成 $^{7}_{4}Be$ 并释放出中子（$^{1}_{0}n$）的核反应式为

$$^{6}_{3}Li + ^{2}_{1}H \longrightarrow ^{7}_{4}Be + ^{1}_{0}n \ [\text{简写为}\ ^{6}_{3}Li(d,n)^{7}_{4}Be\ ]$$

利用这类核反应可人工制得超铀元素。例如，早在 1940 年首次合成了 93 号元素 Np，就是用中子轰击 $^{238}_{92}U$ 制备的。

$$^{238}_{92}U + ^{1}_{0}n \longrightarrow ^{239}_{92}U + \gamma \quad \left[^{238}_{92}U(n,\gamma)^{239}_{92}U\right]$$

$$^{239}_{92}U \longrightarrow ^{239}_{93}Np + ^{0}_{-1}e \qquad (\beta^- \text{衰变})$$

由 $^{239}_{93}Np$ 经 β^- 衰变可得到超铀元素钚。随后由钚-239 经过两次（n，γ）反应，得到钚-241，再由钚-241 经 β^- 衰变，便得到超铀元素镅。

$$^{239}_{94}Pu + ^{1}_{0}n \longrightarrow ^{240}_{94}Pu + \gamma \quad \left[^{239}_{94}Pu(n,\gamma)\ ^{240}_{94}Pu\right]$$

$$^{240}_{94}Pu + ^{1}_{0}n \longrightarrow ^{241}_{94}Pu + \gamma \quad \left[^{240}_{94}Pu(n,\gamma)\ ^{241}_{94}Pu\right]$$

$$^{241}_{94}Pu \longrightarrow ^{241}_{95}Am + ^{0}_{-1}e$$

其他超铀元素都是通过（a，n）或（n，γ）等核反应人工合成的。

用类似的人工方法，目前已合成了从 104 号到 118 号超铀元素。例如，用镍原子轰击铋原子核，用锌原子轰击铅原子核分别合成了 111 号、112 号超铀元素：

$$^{209}_{83}Bi + ^{64}_{28}Ni \longrightarrow ^{272}_{111}Uuu + ^{1}_{0}n$$

$$^{208}_{82}Pb + ^{70}_{30}Zn \longrightarrow ^{277}_{112}Uub + ^{1}_{0}n$$

人工合成新元素有两种方法，其区别在于使用的轰击粒子类型和轰击粒子加速器不同。

目前有关于合成 113～118 号元素的报道，但由于获得的原子数极少且寿命太短，难以进行化学研究。

14.5.2.2 新元素的命名

为了避免对新发现元素命名的分歧，1977 年，IUPAC 的无机化学命名委员会，曾提出了命名 103 号元素铹（Lr）以后的新元素的原则：不再以国名、人名、颜色等命名新元素，而是将元素名称与原子序数简单明晰地联系起来，而且不论是金属元素还是非金属元素，它们的名称词尾都加 -ium。对于新元素的符号则采用三个字母，以区别已知元素所采用的一个或两个字母。

根据以上原则，具体命名采用表示数目的词头的方法，并且希腊文和拉丁文数词联合使用。这些词头是 nil=0，un=1，bi=2，tri=3，quad=4，pent=5，hex=6，sept=7，oct=8，enn=9。

当按新元素的原子序数把以上有关数目词头依次写在一起后，词尾加上 -ium，即为该原子序数元素的名称。元素符号则是用元素名称中每个数目词头的第一个字母依次写在一起，且第一个

字母以大写的方式表示。

按以上规定，将 113 号以后的元素名称及元素符号列于表 14.6 中。

表 14.6 113 号以后元素的名称及元素符号

元素的原子序数	元素的名称	元素符号
113	Ununtrium	Uut
114	Ununquadium	Uuq
115	Ununpentium	Uup
116	Ununhexaiun	Uuh
117	Ununseptium	Uus
118	Ununoxaium	Uuo

全国科学技术名词审定委员会先后公布了 104～118 号元素的中文名称：104 （Rf)、105 (Db)、106 𨭎(Sg)、107 𨨏(Bh)、108 𨭆(Hs)、109 䥑(Mt)、110 𫟼(Ds)、111 𬬭(Rg)、112 鎶(Cn)、113 鉨(Nh)、114 𫓧(Fl)、115 镆(Mc)、116 𫟷(Lv)、117 鿬(Ts)、118 鿫(Og)。

14.5.3 核裂变和原子弹

核能（原子能）是原子核发生变化时释放出来的能量。有两种释放形式：核裂变、核聚变。

原子核被轰击后，分裂为较轻的裂块和较重的裂块，同时放出中子的过程，称为**核裂变**。例如：用中子轰击铀 -235：

$$ {}^{235}_{92}U+{}^{1}_{0}n \longrightarrow \left[{}^{236}_{92}U\right] \longrightarrow \text{轻裂块}+\text{重裂块}+\text{中子} $$

反应第一步生成不稳定的铀 -236，然后分裂成两个大小相差不多的裂块，同时释放出巨大的能量。由 ${}^{235}_{92}U$ 裂变而得到的裂块，其原子序数一般在 30～60 之间，其质量数在 72～160 之间。在核分裂的同时又放出中子，而且产生的中子数目比原来进入原子核的数目多（进入一个，平均放出 2～3 个）。所以，这个反应一经开始，便可继续下去，由于中子数目逐渐增多，反应就越来越快。这样的急剧裂变反应会引起爆炸，原子弹就是根据这一原理制造的。美国于 1945 年 7 月 16 日试爆了第一颗原子弹。我国继苏联、英国、法国之后，于 1964 年 10 月 16 日首爆原子弹成功。

14.5.4 核聚变和氢弹

一些质量很轻的化学元素（主要是氢的核素氘和氚）的原子核，在高温（亿摄氏度以上）下可以聚合为较重元素，同时放出大量的能量。这个过程称为**核聚变**。例如，氘核同氚核聚变成氦核的反应式为：

$$ {}^{2}_{1}H+{}^{3}_{1}H \longrightarrow {}^{4}_{2}He+{}^{1}_{0}n $$

$$ {}^{2}_{1}H+{}^{2}_{1}H \nearrow {}^{3}_{2}He+{}^{1}_{0}n $$

$$ {}^{2}_{1}H+{}^{2}_{1}H \searrow {}^{3}_{1}H+{}^{1}_{1}H $$

由于核均带正电，相互间排斥力较大，因而核聚变反应必须在极高温度条件下（加热使氘核获得足够的动能以克服氘核间的斥力）才能进行。所需温度在 1 亿摄氏度以上，故聚变反应也称为**热核反应**。

人工的聚变目前只能在氢弹爆炸或由加速器产生的高能粒子碰撞中实现。氢弹实际上是由 ${}^{235}_{92}U$ 或 ${}^{238}_{94}Pu$ 裂变产生 1 亿摄氏度以上高温引发（即用原子弹引发）氢的同位素的热核反应，从而使氢原子核发生剧烈而不可控制的聚变反应。同样质量的燃料，核聚变比核裂变放出的能量更多，因此，氢弹的爆炸力比原子弹大得多。美国于 1952 年在马绍尔群岛爆炸了第一颗氢弹，我国继苏联之后于 1967 年 6 月 17 日试爆了威力达百万吨 TNT 级的氢弹。

热核反应在宇宙中屡见不鲜，太阳就是一个例子。太阳主要由氢构成，其内部的温度很高，于是氢不断地发生热核反应，放出能量。这就是太阳发光发热的能量来源。

化学视野

铜的冶炼、金的提取、银的回收

1. 铜的冶炼

从矿石中提取金属铜，需要根据矿石种类的不同选择适当冶炼方法。如氧化物矿可直接用碳还原；也可用“湿法”冶炼，酸性矿用硫酸溶解铜，碱性矿用氨水来溶解铜，然后用电解或用铁置换，析出铜。硫化物矿的冶炼过程比较复杂，下面简单介绍黄铜矿制精铜。

铜主要从黄铜矿提炼，使用“火法”或“冰铜”熔炼法，其工艺过程包括铜矿富集、焙烧、除渣、还原、精炼等。

（1）富集　低品位❶矿石冶炼前应预先富集，即先粉碎矿石，在球磨机中磨成粉状后加到含浮选剂❷的水中搅拌，借助浮选剂的起泡与憎水作用将含铜微粒聚集在浮选池的上部，成为精矿。

（2）焙烧　将浮选后的精矿经沉降、过滤、烘干后，通空气在沸腾炉中氧化焙烧、脱硫（成 SO_2），同时除去挥发性杂质，如 As_2O_3、Sb_2O_3 等，并使部分硫化物变成氧化物：

$$2CuFeS_2 + O_2 \longrightarrow Cu_2S + 2FeS + SO_2\uparrow$$

$$2FeS + 3O_2 \longrightarrow 2FeO + 2SO_2\uparrow$$

（3）除渣　将焙烧过的矿石与砂子混合，在反射炉中加热至 1220～1350℃，FeS 氧化为 FeO 以后就和 SiO_2 形成熔渣 $FeSiO_3$，因其密度小而浮在上层，而 Cu_2S 和剩余的 FeS 熔在一起生成所谓“冰铜”，并沉于熔体下层：

$$FeO + SiO_2 \longrightarrow FeSiO_3$$

$$m\text{Cu}_2\text{S} + n\text{FeS} \longrightarrow \text{冰铜}$$

（4）顶吹还原　把冰铜放入转炉，鼓风熔炼，得到约 98% 的粗铜：

$$2Cu_2S + 3O_2 \longrightarrow 2Cu_2O + 2SO_2\uparrow$$

$$2Cu_2O + Cu_2S \longrightarrow 6Cu + SO_2\uparrow$$

此粗铜又称泡铜。

（5）精炼　工业上采用电解法将粗铜精炼除杂，在 $CuSO_4$ 和 H_2SO_4 混合液电解槽内，以粗铜为阳极，纯铜为阴极进行电解。

阳极反应：　$\text{Cu(粗)} - 2e^- \longrightarrow Cu^{2+}$

阴极反应：　$Cu^{2+} + 2e^- \longrightarrow \text{Cu（精铜，99.95\%）}$

电解过程中原粗铜（阳极）所含杂质金、银和铂系金属沉积在阳极底部，称为“阳极泥”，是提炼贵金属的重要原料。

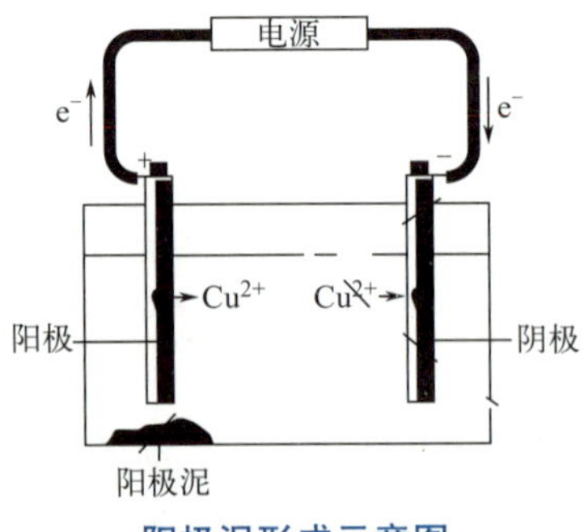

阳极泥形成示意图

❶ 铜矿一般含 Cu2%～10%，富矿可达 20%，贫矿 < 0.6%，主要杂质为 SiO_2、Al_2O_3、CaO、MgO 等。

❷ 浮选剂：能捕集矿物的捕集剂。例如丁基黄药 $C_4H_9OCSSNa$（丁基黄原酸钠），它以极性基— CSS^- 的一端吸附在亲硫的金属矿物表面上，以非极性基 C_4H_9O 一端指向水，使矿物获得憎水性。

近年来铜的湿法冶炼有很大发展。工业上已有用2-羟基-5-十二烷基二苯甲酮肟作为铜的萃取剂，可以从低品位的铜矿浸出液中回收铜，且萃取能力强，生产过程又不产生三废，有可能取代火法工艺。

2. 金的提取

我国公元前两千余年已能生产黄金。金在自然界中分布分散，金矿含金品位很低，需要先经富集后再提炼，我国五代时期就有氰化物可溶解金的记载，比西方提前了800年。氰化法提金是用稀NaCN（0.03%～0.2%）溶液处理粉碎后的精金矿，通入空气，使Au（或Ag）溶解，残渣分离后，用Zn或Al将Au置换出来，其化学反应如下：

$$4Au+8CN^- + O_2 + 2H_2O \longrightarrow 4[Au(CN_2)]^- + 4OH^-$$

$$2[Au(CN_2)]^- + Zn \longrightarrow 2Au\downarrow + [Zn(CN_4)]^{2-}$$

然后用电解法精炼，可以制得纯度为99.95%的金。熔金的原理是在CN^-的存在下，$E^\ominus([Au(CN)_2]^-/Au) = -0.44V < E^\ominus(O_2/OH^-) = 0.401V$，使溶金反应得以进行。

氰化法提金浸出率高（含As、Sb等金矿石除外），但其浸出速率较慢，且氰化法所用NaCN有剧毒，世界各国都在寻找新的提金方法。目前研究较多、比较有现实意义的无氰提金工艺主要有硫脲法、硫代硫酸盐法和氯化法，其中硫脲法的溶金反应简要表示如下：

$$Au + \underset{(\text{硫脲})}{2CS(NH_2)_2} + Fe^{3+} \longrightarrow [Au(CSN_2H_4)_2]^+ + Fe^{2+}$$

$$E^\ominus\left([Au(CSN_2H_4)_2]^+/Au\right) = -0.38V$$

硫脲法溶金速率比氰化法快12倍，且无剧毒，选择性高，近二三十年来该法有较大发展，并已用于生产。当控制硫脲为0.5%，$Fe_2(SO_4)_3$为0.3%，pH=1.0～1.5，T=35℃，浸出时间4h，金的浸出率可达91.5%。但是，该法硫脲消耗量大，生产成本高，设备易腐蚀。

3. 银的回收

目前已经出现了世界性“银的使用量超过开采量”的情况。我国银资源90%以上为伴生矿，我国产银几乎全是从重有色金属生产中综合回收的。所以从银废料中回收银已引起化学工作者的关注。银废料的存在形式、状态、品位高低不同，回收工艺不同。例如含银废水的处理一般采用先让其富集为AgCl，然后采用还原剂或电解方法回收银，其简单流程如下：

$$\text{含}Ag^+\text{废水}\xrightarrow{(1)+\text{盐酸}}AgCl\text{沉淀及泥沙等不溶物}\xrightarrow{\text{过滤}}\text{沉淀物}$$

$$\xrightarrow{(2)\text{加}NH_3\cdot H_2O}[Ag(NH_3)_2]Cl\text{溶液}\xrightarrow{\text{过滤}}\text{滤液}\xrightarrow{(3)\text{脱色并加过量}HNO_3}$$

$$AgCl\text{沉淀}\begin{Bmatrix}(4)\ Zn\\(5)\ \text{加}HCHO, NaOH, 50\sim70^\circ C\\(6)\ \text{电解}\end{Bmatrix}\longrightarrow Ag$$

请读者写出银的回收流程中（1）～（6）各步骤的化学反应方程式。

利用细菌提取溶液中贵金属离子为金属单质，目前已进入试验阶段。如巨大芽孢杆菌（DOI）和贵金属之间可发生强化学吸附作用，并可将Au^{3+}还原为单质Au；Ag^+则可在硫杆菌细胞表面积累并形成Ag_2S颗粒。

思考题

1. 解释下列现象或问题，并写出相应的反应式。

（1）加热$CuCl_2\cdot 2H_2O$时得不到无水的$CuCl_2$。

（2）银器在含有H_2S的空气中会慢慢变黑。

（3）铜在含CO_2的潮湿空气中，表面会逐渐生成绿色的铜锈。

（4）有空气存在时，铜能溶于氨水。

（5）$CuCl_2$ 浓溶液逐渐加水稀释时，溶液颜色由黄棕色经绿色而变成蓝色。

（6）Zn 能溶于氨水和 NaOH 溶液中。

（7）焊接金属时，常用浓 $ZnCl_2$ 溶液处理金属表面。

（8）将 H_2S 气体通入 $ZnCl_2$ 溶液中，仅析出少量的 ZnS 沉淀，若溶液中加入 NaOAc 可使 ZnS 沉淀完全。

（9）HNO_3 与过量汞反应的产物是 $Hg_2(NO_3)_2$。

2.（1）欲从含有少量 Cu^{2+} 的 $ZnSO_4$ 溶液中除去 Cu^{2+}，最好加入试剂 H_2S、NaOH、Zn、Na_2CO_3 中的哪一种？

（2）CuCl、AgCl、Hg_2Cl_2 均为难溶于水的白色粉末，试用最简便的方法区别之。

3.（1）请用一种试剂区分下列五种离子。

Cu^{2+}　　Zn^{2+}　　Hg^{2+}　　Fe^{3+}　　Co^{2+}

（2）选用适当的配合剂分别将下列各种沉淀物溶解，并写出相应的反应方程式。

CuCl　$Cu(OH)_2$　AgBr　AgI　$Zn(OH)_2$　HgI_2

4．不少氧化物如 ZnO、TiO_2 等在高温下呈黄色，常温下呈白色。为什么？

5．在 Ag^+ 溶液中，先加入少量的 $Cr_2O_7^{2-}$，再加入适量的 Cl^-，最后加入足够的 $S_2O_3^{2-}$，估计每一步会有什么现象出现，写出有关的离子反应方程式。

6．某溶液和 Cl^- 作用，生成白色沉淀，再加入氨水时沉淀又变黑，则该溶液中可能存在的离子是下列中的哪一种？

Pb^{2+}　　Ag^+　　Hg^{2+}　　Hg_2^{2+}　　Fe^{3+}　　Bi^{3+}

7．下列离子中，哪些与氨水作用能形成配合物？

Na^+　　Mn^{2+}　　Fe^{3+}　　Pb^{2+}　　Sn^{2+}　　Ag^+　　Hg^{2+}　　Cd^{2+}

8．如何从 $Hg(NO_3)_2$ 制备：（1）HgO；（2）$HgCl_2$；（3）$Hg_2(NO_3)_2$；（4）$HgSO_4$？

9．在下列各箭头处填上适当物质或反应条件。

（1）

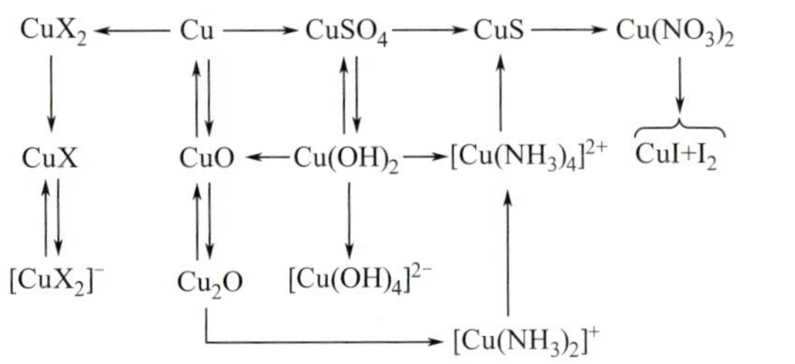

（2）

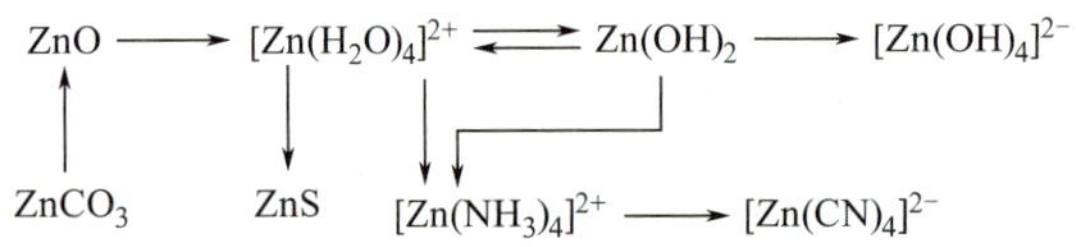

10．写出下列物质的化学式，并指出其中哪种是剧毒物。

砒霜　甘汞　海波　升汞　硼砂　泡花碱　孔雀石

铁红　灰锰氧　红矾钾　钛白

11．试对比 Cu^{2+}、Zn^{2+}、Hg^{2+}、Hg_2^{2+} 分别与 NaOH、氨水作用的情况，并用离子方程式表示。

12．试对比 Cu^{2+}、Ag^+、Hg^{2+}、Hg_2^{2+} 与 KI 溶液作用的情况，并用离子方程式表示。

13．镧系元素和锕系元素分别包括哪些元素？

14．什么叫"镧系收缩"？试分析出现这种现象的原因和它对第五、六周期中各副族元素的性质所产生的影响。

习题

1．完成并配平下列反应方程式：

（1）$\underbrace{Cu + O_2 + CO_2 + H_2O}_{\text{湿空气}} \longrightarrow$

（2）$Cu_2O + HCl(稀) \longrightarrow$

（3） $Cu_2O + H_2SO_4$(稀)$\longrightarrow$

（4） $CuSO_4 + KI \longrightarrow$

（5） $CuSO_4 + KCN$(过量)$\longrightarrow$

（6） $AgBr + Na_2S_2O_3 \longrightarrow$

（7） $ZnSO_4 + NH_3$(过量)$\longrightarrow$

（8） $Hg(NO_3)_2 + KI$(过量)$\longrightarrow$

（9） $Hg_2(NO_3)_2 + KI$(过量)$\longrightarrow$

（10） $Hg(NO_3)_2 + NaOH \longrightarrow$

（11） $Hg_2Cl_2 + NH_3 \longrightarrow$

（12） $Hg(NO_3)_2 + NH_3 + H_2O \longrightarrow$

（13） $Hg_2(NO_3)_2 + NH_3 + H_2O \longrightarrow$

（14） $Hg_2Cl_2 + SnCl_2 \longrightarrow$

（15） $HgS + Na_2S \longrightarrow$

2. 试设计出一种由工业纯 $ZnCl_2$ 生产 ZnO 试剂的简单工艺流程（工业纯 $ZnCl_2$ 中含有少量 Pb^{2+} 、Cu^{2+} 及 Fe^{2+} 杂质）。

3. 写出下列有关反应式，并解释反应现象。

（1） $ZnCl_2$ 溶液中加入适量 NaOH 溶液，再加入过量的 NaOH 溶液。

（2） $CuSO_4$ 溶液中加入少量氨水，再加过量氨水。

（3） $HgCl_2$ 溶液中加入适量 $SnCl_2$ 溶液，再加过量 $SnCl_2$ 溶液。

（4） $HgCl_2$ 溶液加入适量 KI 溶液，再加过量 KI 溶液。

4. 在含有大量 NH_4F 的 $1mol \cdot L^{-1}$ $CuSO_4$ 和 $1mol \cdot L^{-1}$ $Fe_2(SO_4)_3$ 的混合溶液中，加入 $1mol \cdot L^{-1}$ KI 溶液。有何现象发生？为什么？写出有关反应式。

5. 某一化合物 A 溶于水得一浅蓝色溶液。在 A 溶液中加入 NaOH 溶液可得浅蓝色沉淀 B。B 能溶于 HCl 溶液，也能溶于氨水。A 溶液中通入 H_2S 有黑色沉淀 C 生成。C 难溶于 HCl 溶液而易溶于热浓 HNO_3 中。在 A 溶液中加入 $Ba(NO_3)_2$ 溶液，无沉淀产生，而加入 $AgNO_3$ 溶液有白色沉淀 D 生成，D 溶于氨水。试判断 A、B、C、D 为何物，并写出有关反应式。

6. 有一无色溶液。(1）加入氨水时有白色沉淀生成；(2）若加入稀碱则有黄色沉淀生成；(3）若滴加 KI 溶液，先析出橘红色沉淀，当 KI 过量时，橘红色沉淀消失；(4）若在此无色溶液中加入数滴汞并振荡，汞逐渐消失，仍变为无色溶液，此时加入氨水得灰黑色沉淀。此无色溶液中含有哪种化合物？写出有关反应式。

7. 化合物 A 是一白色固体，加热能升华，微溶于水。A 的溶液可起下列反应：

（1）加入 NaOH 于 A 的溶液中，产生黄色沉淀 B，B 不溶于碱可溶于 HNO_3；

（2）通 H_2S 于 A 的溶液中，产生黑色沉淀 C，C 不溶于浓 HNO_3，但可溶于 Na_2S 溶液，得溶液 D；

（3）加 $AgNO_3$ 于 A 的溶液中，产生白色沉淀 E，E 不溶于 HNO_3，但可溶于氨水，得溶液 F；

（4）在 A 的溶液中滴加 $SnCl_2$ 溶液，产生白色沉淀 G，继续滴加，最后得黑色沉淀 H。

试确定 A、B、C、D、E、F、G、H 各为何物。

8. 用适当的方法区分下列各对物质。

（1）$MgCl_2$ 和 $ZnCl_2$　　（2）$HgCl_2$ 和 Hg_2Cl_2

（3）$ZnSO_4$ 和 $Al_2(SO_4)_3$　　（4）CuS 和 HgS

（5）AgCl 和 Hg_2Cl_2　　（6）ZnS 和 Ag_2S

（7）Pb^{2+} 和 Cu^{2+}　　（8）Pb^{2+} 和 Zn^{2+}

9. 已知下列电对的 $E^\ominus$ 值：

$$Cu^{2+} + e^- \rightleftharpoons Cu^+ ;\ E^\ominus = 0.159V$$

$$Cu^+ + e^- \rightleftharpoons Cu\ ;\ E^\ominus = 0.52V$$

CuCl 的溶度积常数 $K_{sp}^\ominus = 1.72 \times 10^{-7}$，试计算：

（1）Cu^+ 在水溶液中发生歧化反应的平衡常数；

（2）反应：$Cu + Cu^{2+} + 2Cl^- \rightleftharpoons 2CuCl\downarrow$ 在 298.15K 时的平衡常数。

10．已知：$Ag^+ + e^- \rightleftharpoons Ag$；$E^\ominus = 0.7991V$

$AgI + e^- \rightleftharpoons Ag + I^-$；$E^\ominus = -0.152V$

（1）写出由上列两个半反应组成的原电池符号。

（2）写出电池反应式。

（3）求 $K_{sp}^\ominus$ (AgI) 值。

11．无色晶体 A 溶于水，加入 NaCl 溶液，得到白色沉淀 B 和无色溶液；沉淀分离后，在无色溶液中加入 $FeSO_4$ 溶液，小心地加入浓 H_2SO_4，在浓 H_2SO_4 与溶液的界面上出现棕色环 C。白色沉淀 B 可溶于氨水，得到溶液 D，把 NaBr 溶液加到溶液 D 中，有浅黄色沉淀 E 生成。在溶液 A 中滴加少量 $Na_2S_2O_3$ 溶液有白色沉淀 F 生成。若在 A 溶液中加入过量 $Na_2S_2O_3$ 溶液，则生成无色溶液 G。沉淀 F 经黄→橙→棕色，最后变为黑色沉淀 H。向 G 溶液中加入 NaI 溶液，有黄色沉淀 I 生成，I 可溶于 NaCN 溶液中，得到溶液 J，在 J 中加入 Na_2S 溶液，也可得到沉淀 H。H 溶于 HNO_3，得到浅黄色固体 K 和气体 L，滤去沉淀 K 后又得到溶液 A。试判断 A、B、C、D、E、F、G、H、I、J、K、L 各为何物，并写出有关反应式。

12．完成下列核反应方程式：

（1）$^{11}_{5}B$ 衰变放出 α 粒子；

（2）$^{107}_{47}Ag$ 吸收中子；

（3）用高速 α 粒子轰击氮 -14 得到氧 -17；

（4）$^{104}_{47}Ag$ 衰变放出 β 粒子。

13．完成下列核反应方程式，并说明核反应的类型。

（1）$^{232}_{90}Th \longrightarrow ^{228}_{88}Ra +$（？）

（2）$^{141}_{56}Ba \longrightarrow ^{141}_{57}La +$（？）

（3）$^{7}_{4}Be +$（？）$\longrightarrow ^{7}_{3}Li$

（4）$^{238}_{92}U +$（？）$\longrightarrow ^{239}_{92}U +$（？）

（5）$^{19}_{10}Ne \longrightarrow ^{19}_{9}F +$（？）

（6）$^{3}_{1}H + ^{2}_{1}H \longrightarrow ^{4}_{2}He +$（？）

第 15 章

化学分析概述

学习要求：

1. 了解分析化学的任务和作用，分析方法的分类，定量分析的一般步骤。
2. 了解误差和准确度、偏差和精密度及其关系。
3. 熟悉误差产生的原因及减免方法、可疑数据的取舍（Q 检验法和 G 检验法）。
4. 熟悉分析结果的数据处理、有效数字的概念及运算规则、分析结果准确度的评价、F 检验法和 t 检验法。

15.1 绪论

15.1.1 分析化学的任务和作用

分析化学是化学学科的一个重要分支，是研究物质的化学组成、含量、结构和形态信息的科学。分析化学根据其承担的任务可分为定性分析、定量分析和结构分析。定性分析的任务是确定物质含有的元素、离子、官能团、化合物等；定量分析的任务是测定有关组分的相对含量；结构分析的任务是确定和表征物质的化学结构和空间分布。

分析化学在现代工业、农业、国防和科学研究中的应用十分广泛。例如，在工业生产中，从原料的选择、工艺流程的控制到产品质量的检验，以及工业三废（废气、废水、废渣）的处理和综合利用等；在农业生产中，从土壤成分、化肥、农药及其残留物的检验到农作物生长情况的研究，农副产品的加工等；在新产品、新工艺、新技术的研究和推广等方面，都是以分析测试结果作为鉴定的重要依据。

目前，分析化学已与数学、物理学、电子学、生物学、计算机科学结合起来，发展成为一门多学科性的综合科学。现代分析化学已远远超出化学学科的领域，它渗透到生命科学、环境科学、材料科学、能源科学及医学科学等各个领域，成为一门新兴的交叉学科。因此，分析化学自身的发展不仅在科学研究、生产过程控制和现代化生产管理中起着重大的作用，而且在促进其他学科的发展和直接为国民经济与国防建设服务方面同样起着举足轻重的作用。

分析化学是一门实验性很强的学科，在学习中应注重理论联系实际，重视基本实验技能的训练，确立准确的量的概念，培养严谨的科学态度，提高分析问题和解决问题的能力。

15.1.2 分析方法的分类

根据分析任务、分析对象、测定原理和操作方法及试样用量与待测组分含量的不同，有不同的分类方法。按照测定原理和操作方法的不同可分为化学分析法和仪器分析法两大类。

15.1.2.1 化学分析法

以物质的化学反应及其计量关系为基础的分析方法称为化学分析法，它因为历史悠久所以又称为经典分析法，主要有滴定分析法和重量分析法。

滴定分析法是根据标准溶液的用量确定被测组分的含量。根据反应类型的不同，滴定分析法又可分为酸碱滴定法、配位滴定法、氧化还原滴定法和沉淀滴定法。

重量分析法一般是通过适当的方法（如沉淀、挥发、电解等）将被测组分与试样中的其他组分分离后，转化为另一种纯的、化学组成固定的化合物，然后称重，根据称得的物质的质量计算出待测组分的含量。

化学分析法通常用于常量组分的测定，即待测组分的质量分数在 1% 以上。滴定分析法臻于成熟，操作简便，省时快速，测定结果的准确度也较高，在一般情况下测定的相对误差为 ±0.2% 左右，所用的仪器设备较为简单，目前在生产实践和科学研究中仍具有很大的实用价值。重量分析法的准确度虽然也比较高，但由于操作烦琐，耗时较长，目前较少采用。

15.1.2.2 仪器分析法

以物质的物理性质和物理化学性质为基础的分析方法称为物理化学分析法。这类方法都需要较特殊的仪器，通常又称为仪器分析法。最主要的仪器分析法有如下几类：

（1）光学分析法　根据物质的光学性质而建立的分析方法。主要包括：紫外 - 可见光谱法、红外光谱法、拉曼光谱法、原子发射与原子吸收光谱法、分子荧光及磷光分析法、核磁共振波谱法、X 射线荧光光谱法、X 射线光电子能谱法等。

（2）电化学分析法　根据物质的电化学性质而建立的分析方法。主要包括：电位分析法、电导分析法、电解分析法、库仑分析法和极谱分析法等。

（3）色谱分析法　根据物质在两相间（固定相和流动相）吸附能力、分配系数或其他亲和作用的差异而建立起来的集分离与分析于一体的分析方法。主要包括气相色谱法和液相色谱法。

现代仪器分析法还包括：质谱法及联用技术、扫描隧道显微镜和原子力显微镜、化学传感器、毛细管电泳及放射活化分析法等。

仪器分析的优点是分析速度快、灵敏度高，适用于微量或痕量组分的测定，分子结构分析及过程控制分析等，应用十分广泛。近年来，现代仪器分析发展迅猛。

15.1.3 定量分析的一般步骤

定量分析通常包括以下几个步骤：

（1）取样　试样的采集必须保证所取试样具有代表性，即试样的组成能够代表被测物料的平均组成。

（2）试样的分解 大多数分析采用湿法分析，即先将试样分解制成溶液再进行分析。正确的分解试样方法应使试样分解完全；分解过程中待测组分不应有损失；避免引入干扰组分。常用的分解方法有溶解和熔融两种。

（3）干扰的消除 试样中往往有多种组分共存，共存的其他组分可能对待测组分的测定产生干扰，可考虑采用掩蔽法。若无适当的掩蔽方法，则必须选用适当的分离方法使待测组分与干扰组分分离（常伴有富集）。常用的分离方法有沉淀分离、萃取分离、离子交换分离和色谱分离等。

（4）分析方法的选择和测定 一般来说，对标准物和成品的分析，准确度要求高，应选用国家标准、部颁标准等标准方法；对生产过程的中间控制分析则要求快速简便，宜采用过程在线分析；对常量组分的测定，常采用化学分析法（滴定分析或重量分析）；而对于微量组分的测定，则应选择灵敏度高的仪器分析法。选择测定方法时，必须同时考虑共存组分对测定的影响。总之，选择适宜的分析方法，确定最佳分析方案，根据实验室的仪器设备条件，在能满足测试要求的前提下，尽量采用较简便的方法，能较快地提供可信赖的定量测定结果，还要考虑操作安全和环境污染等问题。

（5）分析结果的计算和数据评价 根据试样称取量、测量所得数据以及相应的化学计量关系，计算试样中有关组分的含量，正确表达分析结果。对于测定结果及其误差分布情况，应用统计学方法进行分析，并对分析结果的可靠性进行评价。

15.2 定量分析中的误差

定量分析的任务是准确测定试样中各组分的含量。但在测定过程中，由于受分析方法、测量仪器、所用试剂及分析人员等主、客观条件的限制，即使采用最可靠的分析方法，使用最精密的仪器，由技术很熟练的人员进行操作，也不可能得到绝对准确的结果。这表明误差是客观存在的，是不可能完全避免或消除的。因此有必要了解分析过程中误差产生的原因及其出现的规律，以便采取相应措施减少误差。

15.2.1 准确度和误差

准确度表示分析结果与真实值接近的程度。它们之间差别越小，则分析结果的准确度越高。准确度的高低用误差来衡量，误差越小，分析结果的准确度越高。误差有两种表示方法：绝对误差和相对误差。

绝对误差（E）是测量值（x_i）与真值（μ）之间的差值。

$$E = x_i - \mu \tag{15-2-1}$$

相对误差（E_r）是指绝对误差在真值中所占的百分率，即

$$E_r = \frac{E}{\mu} \times 100\% = \frac{x_i - \mu}{\mu} \times 100\% \tag{15-2-2}$$

绝对误差和相对误差都有正负之分。正值表示测量结果偏高，负值表示测量结果偏低。

例如，分析天平称量两试样A、B的质量分别为1.7308g和0.1732g。假设两试样的真实质量各为1.7307g和0.1731g，则两者的绝对误差相同，均为0.0001g，误差在真值中所占的比例未能反映出来。若采用相对误差进行计算，则A、B两试样测量的相对误差分别为

$$E_r(A)=\frac{0.0001}{1.7307}\times100\%=0.006\%$$

$$E_r(B)=\frac{0.0001}{0.1731}\times100\%=0.06\%$$

由此可见，在绝对误差相同的情况下，试样的质量越大，相对误差越小；反之，相对误差越大。因此，用相对误差来表示测量结果的准确度更为确切。

无论是计算绝对误差还是相对误差，都涉及真值。真值就是指某一物理量本身具有的客观存在的真实数值。实际上，客观存在的真值不可能精确地测知，那么如何计算准确度和误差呢？人们可以通过准确度高的测量，获得最接近真值的值，即“相对真值”。标准参考物质（标样）给出的标准值就是“相对真值”。标准物质由公认的权威机构发布，可直接作为参考标准，用于校准测量仪器、评价测量方法。

15.2.2 精密度和偏差

精密度是指多次平行测定结果相互接近的程度。精密度高表示测定结果的重现性好。精密度的高低用偏差来衡量。偏差越小，分析结果的精密度就越高。

偏差是指在几次平行测定中单次测量结果与几次测量结果的平均值的差值。偏差也有绝对偏差（d_i）和相对偏差（d_r）之分。绝对偏差为单次测量结果与平均值之差。相对偏差为绝对偏差在平均值中所占的百分率。

$$d_i=x_i-\bar{x} \tag{15-2-3}$$

$$d_r=\frac{x_i-\bar{x}}{\bar{x}}\times100\% \tag{15-2-4}$$

15.2.2.1 平均偏差

计算平均偏差时，先计算各单次测定值对于平均值的绝对偏差 d_i，然后求其绝对值之和的平均值：

$$\bar{d}=\frac{1}{n}\sum_{i=1}^{n}|d_i|=\frac{1}{n}\sum_{i=1}^{n}|x_i-\bar{x}| \tag{15-2-5}$$

将平均偏差除以平均值即得相对平均偏差 $\bar{d}_r$

$$\bar{d}_r=\frac{\bar{d}}{\bar{x}}\times100\% \tag{15-2-6}$$

15.2.2.2 标准偏差

（1）当测定次数趋于无穷大时，此时标准偏差称为总体标准偏差。总体标准偏差 σ 表达式为

$$\sigma=\sqrt{\frac{\sum_{i=1}^{n}(x_i-\mu)^2}{n}} \tag{15-2-7}$$

式中，μ 为总体平均值，在校正了系统误差的情况下 μ 即为真值。

（2）在一般的分析工作中，通常只进行有限次数的测定，这时称为样本标准偏差，用 s 表示：

$$s=\sqrt{\frac{\sum_{i=1}^{n}\left(x_i-\bar{x}\right)^2}{n-1}} \tag{15-2-8}$$

相对标准偏差又称变异系数（CV），其计算式为

$$CV=\frac{s}{\bar{x}}\times 100\% \tag{15-2-9}$$

标准偏差通过平方运算能使较大的偏差更显著地表现出来。因此，标准偏差能更好地反映测定数据的精密度。例如，有甲、乙两组数据，其各单次测定的偏差分别为

甲组	+0.11	−0.73*	+0.24	+0.51*	−0.14	0.00	+0.30	−0.21
	$n_1=8$	$\bar{d}_1=0.28$	$s_1=0.38$					
乙组	+0.18	+0.26	−0.25	−0.37	+0.32	−0.28	+0.31	−0.27
	$n_2=8$	$\bar{d}_2=0.28$	$s_2=0.29$					

甲组数据因其中有两个绝对值较大的偏差（标 * 者）而较为分散，但是由于这两组数据的平均偏差相同，因此用平均偏差不能反映这两组数据的优劣。如果用标准偏差表示，甲组数据的标准偏差明显偏大，因而精密度较低。

15.2.2.3 平均值的标准偏差

在统计学中，对于所考察的对象的全体，称为总体。从总体中随机抽出的一组测量值，称为样本。样本中所含测量值的数目，称为样本大小（或容量）。

今假定我们从总体中抽出 m 个样本，对每个样本进行 n 次平行测定。因为有 m 个样本，也就有 m 个平均值：$\bar{x}_1$，$\bar{x}_2$，⋯，$\bar{x}_m$。显然，用从 m 个样本所测的数据（共 $m\times n$ 个数据）计算所得的平均值 $\bar{x}$ 来估计总体平均值比只用一个样本做 n 次测定求得的平均值要更好，更接近真值。

统计学证明：这 m 个样本的平均值的标准偏差 $s_{\bar{x}}$ 与单个样本 n 次测定结果的标准偏差 s 之间有下列关系：

$$s_{\bar{x}}=\frac{s}{\sqrt{n}} \tag{15-2-10}$$

对于无限次测量值则为

$$\sigma_{\bar{x}}=\frac{\sigma}{\sqrt{n}} \tag{15-2-11}$$

由此可见，平均值的标准偏差与测定次数的平方根成反比。当测量次数增加时，平均值的标准偏差减小。这说明平均值的精密度会随着测定次数的增加而提高，如图 15.1 所示。

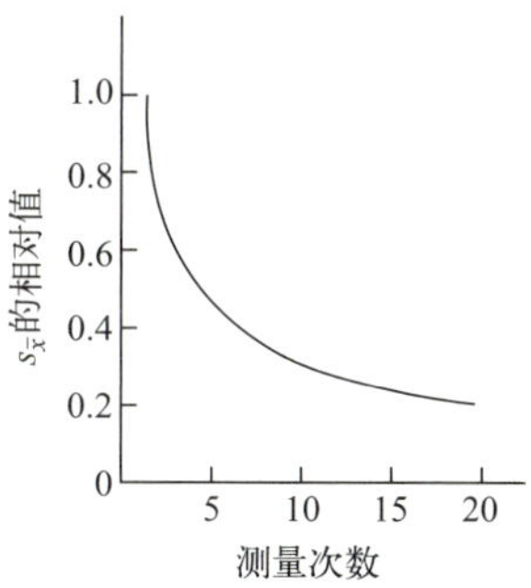

图 15.1 平均值的标准偏差与测量次数的关系

15.2.3 准确度与精密度

准确度与精密度的关系可通过下面的例子加以说明。图 15.2 表示甲、乙、丙、丁四人测定同一试样所得的结果（$\bar{x}$）相对于真值（μ）的位置。由该图可见，甲测定的精密度和准确度都好，结果可靠；乙测定的精密度高，但准确度低，说明存在系统误差；丙的精密度和准确度都很差，结果不可靠；丁的精密度很差，虽然其平均值由于正、负误差的相互抵消而接近真值，但并不能说明测定的准确度高，因为对分散程度大的测定结果求平均值时，受测定次数的影响很大，所以丁的结果是偶然的巧合，并不真正可靠。

以上例子说明，精密度是保证准确度的先决条件。精密度差，所得结果不可靠，但精密度高也不一定能保证高的准确度。只有精密度高、准确度也高的测定数据才是可靠的。

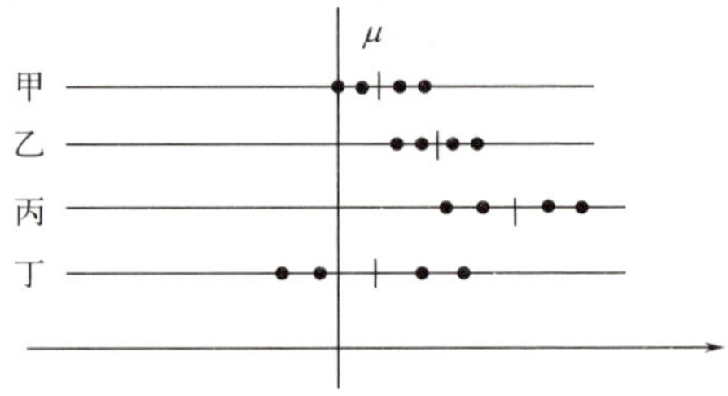

图 15.2　不同实验者分析同一试样的结果

15.2.4　系统误差和随机误差

误差按其产生的原因可以分为系统误差和随机误差两大类。

系统误差是指在一定条件下，由某些特定的原因所引起的误差。它使测定结果系统地偏高或偏低；当重复测定时又会重复出现，其大小也有一定的规律；产生系统误差的具体原因是可以找到的，因此也就能够设法测定和校正，从而消除它对测定结果准确度的影响，所以系统误差又称可测误差。系统误差可分为以下几类：

(1) 方法误差　方法误差是由分析方法本身造成的。例如，重量分析中由沉淀的溶解损失或吸附某些杂质而产生的误差；滴定分析中由指示剂的选择不当，使指示剂的变色点与化学计量点不相符而造成的误差。这些都系统地影响测定结果，使之偏高或偏低。

(2) 仪器误差　仪器误差是由所用仪器本身不够精确而造成的。例如，天平砝码、容量仪器刻度和仪表刻度不准确等。

(3) 试剂误差　试剂误差是由试剂不纯而造成的。例如，试剂中含有被测物质或干扰物质等。

(4) 操作误差　操作误差是由操作人员主观原因造成的。例如，分析人员在辨别终点颜色时偏深或偏浅；读取刻度值时偏高或偏低等。

随机误差又称偶然误差，它是由一些随机的、偶然的因素引起的。例如，测定时环境温度、湿度和气压的微小波动，分析人员操作的微小差异等不确定因素，都会引起随机误差。随机误差是不可避免的。其特点是误差的大小和正负都是不确定的，无法测量，也不可能校正，因此又称不可测误差。

从表面上看，随机误差的出现似乎很不规律，但是消除系统误差后，在同样条件下进行足够多次测定，则可发现随机误差的分布从整体上看是服从统计分布规律的，可以用数理统计的方法来处理（见 15.3.1 小节和 15.3.2 小节）。

除了系统误差和随机误差外，在分析中还会遇到由过失或差错造成的“过失误差”。例如，加错试剂、试液溅失、读错刻度、记录错误等，这些都属于不应有的过失。只要我们在工作中认真细致、严格遵守操作规程，过失是完全可以避免的。一旦出现很大的误差，经分析确定是由过失引起的，则在计算平均值时应舍去。

15.2.5　提高分析结果准确度的方法

根据上述有关误差的讨论，为减少分析过程中的误差，可以从以下几个方面来考虑。

15.2.5.1　选择合适的分析方法

各种分析方法的准确度和灵敏度是不同的，在实际工作中要根据具体情况和要求来选择合适的分析方法。化学分析法中的滴定分析法和重量分析法的相对误差较小，故准确度高，但灵敏度较低，适于常量组分的分析；而仪器分析法的相对误差较大，准确度较低但灵敏度高，适于微量及痕量组分的分析。

15.2.5.2　减小相对误差

为保证分析结果的准确度，应尽量减小测量的相对误差。例如，根据相对误差的定义，为使分析结果的相对误差不超过 ±0.1%，用分析天平称量试样的质量必须大于 0.2g；滴定分析中，消耗滴定剂的体积必须大于 20mL。一般滴定剂的体积为 20～30mL。

15.2.5.3　消除系统误差

系统误差可以采用一些校正的办法和制定标准规程的方法加以校正，使之接近消除。具体可采取以下措施：

(1) 对照试验　对照试验是检查分析过程中有无系统误差的最有效方法。可以与标准试样的标准结果进行对照；也可以与其他成熟的分析方法进行对照；或由不同分析人员，或在不同实验室来进行对照试验。

标准试样的结果比较可靠，可供对照试验选用。用已知准确含量的标准试样，按所选用的测定方法进行分析，检验测试结果与标准值是否一致，用显著性检验（见 15.3.3 小节）判断是否有系统误差，如果有差异，找出校正数据。

选用国家颁布的标准分析方法或公认的经典分析方法进行对照试验也是经常采用的一种办法。

当对试样的组成不清楚时，对照试验也难以检查出系统误差的存在，这时可采用“加标回收试验”进行检验。这种方法是向试样中加入已知量的待测组分，然后进行对照试验，看看加入的待测组分是否被定量地回收，以判断分析过程是否存在系统误差。对回收率的要求主要根据待测组分的含量而异，对常量组分回收率一般要求在 99% 以上，对微量组分回收率要求在 90%～110%。

(2) 空白试验　在不加试样的情况下，按照试样的分析步骤和条件进行分析试验，所得结果称为空白值。从试样的分析结果中扣除此空白值，就可消除由试剂、蒸馏水及器皿引入的杂质所造成的误差。当空白值较大时，应找出原因，加以消除。在做微量分析时空白试验是必不可少的。

(3) 校准仪器　校准仪器可以减少或消除由仪器不准确引起的系统误差。在准确度要求较高的分析中，对所用的仪器（如天平砝码、滴定管、移液管、容量瓶等）必须进行校准，求出校正值，并在计算结果时采用。

15.2.5.4　减少随机误差

随机误差的存在影响测量的精密度。由前面讨论已知，在消除系统误差的前提下，增加平行测量次数可以减少随机误差。平行测量次数越多，平均值就越接近真值。因此，增加测量次数，可以提高准确度。由图 15.1 可知，测量次数超过 10 次，不仅收效甚微，而且耗费太多的时间和试剂等，因此，在一般化学分析工作中平行测量 3～4 次就够了，要求较高时可测量 5～9 次。

15.3 定量分析的数据处理

凡是测量就有误差存在，因此永远不可能知道所谓的“真值”。对于有限次的测定，如何更好地表达分析结果，使其既能显示出测量的精密度，又能表达出结果的准确度；如何对测量的离群值有根据地进行取舍等。这一系列问题需要用数理统计的方法加以解决。用这种方法来处理实验数据能更准确地表达结果，同时能给出更多的信息。因此，近年来，分析化学中愈来愈广泛地采用统计学方法来处理各种分析数据。

15.3.1　随机误差的正态分布

在分析化学中，测量数据一般符合正态分布规律。正态分布就是高斯分布，其数学表达式为

$$y=\frac{1}{\sigma\sqrt{2\pi}}\exp\left[-\frac{(x-\mu)^2}{2\sigma^2}\right] \quad (15\text{-}3\text{-}1)$$

式中，y 为测定值出现的概率密度；x 为测量值；μ 为总体平均值，即无限次测量数据的算术平均值，对应于曲线最高点的横坐标值。在没有系统误差时，μ 就是真值；σ 为总体标准偏差。图 15.3 为不同精密度测量值的正态分布曲线。

若以（$x-\mu$）作横坐标，则曲线最高点对应的横坐标为 0，这时曲线就成为随机误差的正态分布曲线。其横坐标表示随机误差的值，正态分布曲线下面一定范围内的面积代表在该区间内随机误差出现的概率。由此可见，绝对值相等的正、负误差出现的概率相同。

$x=\mu$ 时，y 值最大，此即分布曲线的最高点。它体现了测量值的集中趋势。大多数测量值集中在算术平均值的附近；或者说，算术平均值是最可信赖值。

当 $x=\mu$ 时

$$y(x=\mu)=\frac{1}{\sigma\sqrt{2\pi}} \quad (15\text{-}3\text{-}2)$$

可见，对于相同的 μ 值，σ 越大，测量值落在 μ 附近的概率越小。这意味着测量的精密度越差，测量值的分布就越分散，正态分布曲线也就越平坦。反之，σ 越小，测量值的分散程度越小，正态分布曲线也就越尖锐。

若将正态分布曲线的横坐标改用 u 表示，则可将正态分布曲线标准化（图 15.4）。u 定义为

$$u=\frac{x-\mu}{\sigma} \quad (15\text{-}3\text{-}3)$$

故标准正态分布曲线的函数式变为

$$y=\phi(u)=\frac{1}{\sigma\sqrt{2\pi}}\exp\left[-\frac{u^2}{2}\right] \quad (15\text{-}3\text{-}4)$$

式中，u =0、±1、±2…

对上式进行积分运算，可以算出：测量值落在（$\mu\pm1\sigma$）的概率为 68.3%；落在（$\mu\pm2\sigma$）的概率为 95.5%；落在（$\mu\pm3\sigma$）的概率为 99.7%。误差超过 $\pm3\sigma$ 的测量结果出现的概率为 0.3%。也就是说，在无限多次重复测量中，绝对值小的误差出现的概率大，出现特别大误差的概率是很小的。

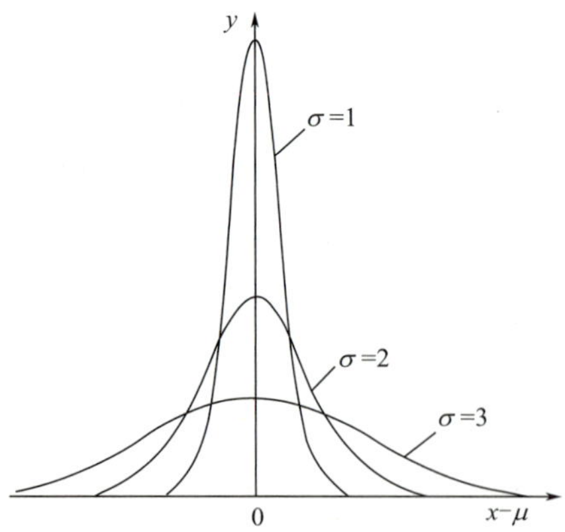

图 15.3　不同精密度测量值的正态分布曲线

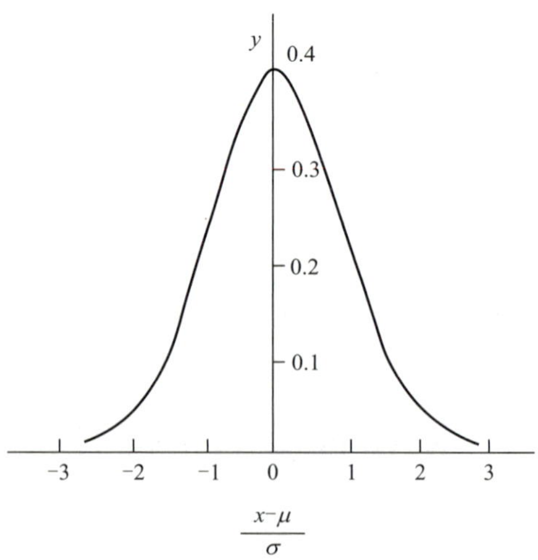

图 15.4　标准正态分布曲线

15.3.2 有限次测定数据的统计处理

15.3.2.1 *t* 分布

在实际工作中测定次数是有限的，一般平行测定 3～4 次，无法得到总体平均值 μ 和总体标准偏差 σ，只能用样本平均值 $\bar{x}$ 和平均值的标准偏差 $s_{\bar{x}}$ 来估计测量数据的集中趋势和分散程度。用 $s_{\bar{x}}$ 代替 σ 时必然引起误差。英国统计学家和化学家 W. S. Gosset 提出用 t 值代替 u 值，以补偿这一误差，这时随机误差的分布不再服从标准正态分布，而是服从 t 分布。t 值被定义为

$$\pm t = \frac{(\bar{x}-\mu)}{s_{\bar{x}}} = (\bar{x}-\mu)\frac{\sqrt{n}}{s} \tag{15-3-5}$$

t 分布曲线（见图 15.5）与标准正态分布曲线相似，只是 t 分布曲线的形状与测定次数 n 有关，随测定次数减少而呈重尾分布。当 n 趋近 ∞ 时，t 分布曲线就趋近标准正态分布曲线。与标准正态分布曲线一样，t 分布曲线下面一定范围内的面积就是该区间内有限次测量随机误差出现的概率。

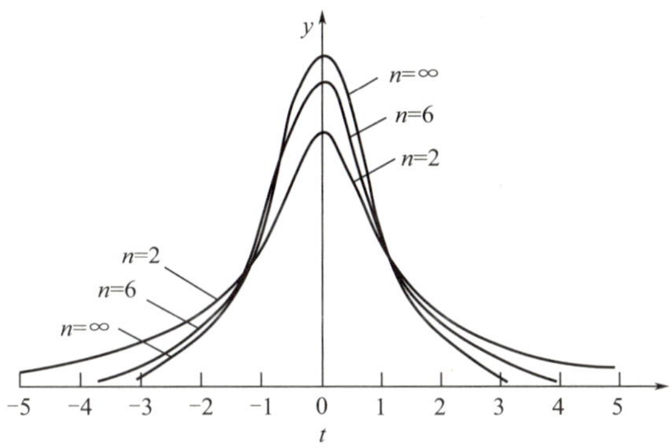

图 15.5 *t* 分布曲线

15.3.2.2 置信度与平均值的置信区间

在有限次数测定中，合理地得到真值的方法应该是估计出测定的平均值与真值的接近程度，即在平均值附近估计出真值可能存在的范围，这一范围就称为置信区间。真值落在这一范围的概率，称为置信度（表示人们所判断的可靠程度），以 P 表示。

对于少量数据，必须根据 t 分布进行处理。根据 t 值的定义式可以得到：

$$\mu = \bar{x} \pm ts_{\bar{x}} = \bar{x} \pm t \times \frac{s}{\sqrt{n}} \tag{15-3-6}$$

上式具有明确的概率意义，可以估算出在选定的置信度下，总体平均值 μ 在以测定平均值 $\bar{x}$ 为中心的多大范围 $\left(\pm \frac{ts}{\sqrt{n}}\right)$ 内出现，这个范围就是平均值的置信区间。

显然，置信区间的大小受到置信度的影响。表 15.1 列出的是最常用的 t 值表（$n<20$），表达了 t 与测定次数 n 及置信度 P 的关系。由 t 值表可知，对于相同的测定次数，置信度 P 越大，则 t 值越大，从而置信区间就越宽；反之，置信度 P 越小，则 t 值越小，从而置信区间就越窄。在实际工作中，置信度不能定得过高或过低。置信度定得过高，例如，置信度为 100%，这样的判断因置信区间为无穷大而毫无实际意义；置信度定得过低，尽管置信区间很窄，但其可靠性得不到保证。因此在做统计推断时，应将置信度定得合适，既要使置信区间的范围足够小，又要使置信度很高。在分析化学中，通常取 95% 的置信度。

表 15.1　t 值表

n	置信度 P		
	0.90	0.95	0.99
2	6.31	12.71	63.66
3	2.92	4.30	9.92
4	2.35	3.18	5.84
5	2.13	2.78	4.60
6	2.02	2.57	4.03
7	1.94	2.45	3.71
8	1.90	2.36	3.50
9	1.86	2.31	3.36
10	1.83	2.26	3.25
11	1.81	2.23	3.17
21	1.72	2.09	2.84
∞	1.64	1.96	2.58

【例 15.1】 测定 SiO_2 的质量分数，3 次平行测定的结果为 11.50%、11.68%、11.62%。求置信度分别为 90% 和 95% 时平均值的置信区间。

解：

$$\bar{x}=\left(\frac{11.50+11.68+11.62}{3}\right)\%=11.60\%$$

$$s=\sqrt{\frac{(0.10)^2+(0.08)^2+(0.02)^2}{3-1}}\%=0.09\%$$

查表 15.1，置信度为 90%，n=3 时，t=2.92。

$$\mu=\left(11.60\pm\frac{2.92\times0.09}{\sqrt{3}}\right)\%=(11.60\pm0.15)\%$$

同理，置信度为 95%，n=3 时，t=4.30。

$$\mu=\left(11.60\pm\frac{4.30\times0.09}{\sqrt{3}}\right)\%=(11.60\pm0.22)\%$$

上述计算说明，若平均值的置信区间取（11.60±0.15）%，则真值在其中出现的概率为 90%，而若使真值出现的概率提高为 95%，则其平均值的置信区间将扩大为（11.60±0.22）%。

15.3.3　显著性检验

由于误差的存在，$\bar{x}$ 与 μ 往往不一致。如果这种不一致是由随机误差引起的，这种差异必然很小，则可认为测定结果及分析方法是可靠的。但如果这种不一致是由系统误差引起的，这种差异必然很显著，说明测定结果及分析方法不可靠。这类问题在统计学中属于“假设检验”。如果分析结果之间存在“显著性差异”，就认为它们之间有明显的系统误差；否则就认为没有系统误差，纯属随机误差引起的，认为是正常的。在分析化学中最重要的显著性检验方法是 t 检验法和 F 检验法。

15.3.3.1　平均值和标准值的比较

判断 $\bar{x}$ 与 μ 之间是否存在显著性差异可用 t 检验法，其目的是检查某分析方法或操作过程是否存在系统误差。可用标准试样做几次平行测定，将测定结果的平均值（$\bar{x}$）与标准试样的标准值（μ）代入，按下式计算出 t 值：

$$t_{计}=|\bar{x}-\mu|\frac{\sqrt{n}}{s} \tag{15-3-7}$$

再根据测定次数和置信度查 t 值表（表 15.1），查出相应的 $t_{表}$值。若 $t_{计}>t_{表}$，则认为 $\bar{x}$ 与 μ 之间存在着显著性差异，说明该分析方法存在系统误差；否则可认为 $\bar{x}$ 与 μ 之间的差异是由随机误差引起的正常差异，并非显著性差异。在分析化学中，通常以 95% 的置信度为检验标准，即显著性水准为 5%。

【例 15.2】 采用某种新方法测定基准明矾中铝的含量（%），得到下列 9 个分析结果（%）：10.74、10.77、10.77、10.77、10.81、10.82、10.73、10.86、10.81。已知明矾中铝的标准值为 10.77%，试问采用该新方法后，是否引起系统误差（置信度 95%）？

解： 已知 n=9，P=95%，计算结果为

$$\bar{x}=10.79\%,\ s=0.042\%$$

$$t_{计}=|\bar{x}-\mu|\frac{\sqrt{n}}{s}=\frac{10.79-10.77}{0.042}\sqrt{9}=1.43$$

查表 15.1，$t_{表}$=2.31，因 $t_{计}<t_{表}$，说明 $\bar{x}$ 与 μ 之间不存在显著性差异，即采用新方法后没有引起系统误差。

15.3.3.2 两组平均值的比较

同一分析者采用不同方法，或不同分析人员分析同一试样，所得到的平均值往往不相等。若要判断这两组数据之间是否存在系统误差，即两平均值之间是否有显著性差异，具体步骤如下：

（1）*F* 检验 F 检验法是通过比较两组数据的方差 s^2，以确定它们的精密度是否有显著性差异。

按下式计算 F 值：

$$F=\frac{s_{大}^2}{s_{小}^2} \tag{15-3-8}$$

式中，$s_{大}^2$ 和 $s_{小}^2$ 分别表示方差较大和较小的那组数据的方差。

根据式（15-3-8）计算 $F_{计}$ 值。根据自由度 $f=n-1$，求出两组数据的自由度 $f_{大}$ 和 $f_{小}$。在一定的置信度（95%）和相对自由度（$f_{大}$ 和 $f_{小}$）下，查 F 值表（表 15.2）。如果 $F_{计}>F_{表}$，说明两组数据的精密度 s_1 和 s_2 存在显著性差异，于是可推断 $\bar{x}_1$ 和 $\bar{x}_2$ 也有显著性差异，因此不必继续检验，已经说明新方法不够可靠。如果 $F_{计}<F_{表}$，则说明这两组数据的 s_1 和 s_2 不存在显著性差异，于是需用下面的 t 检验法来检验 $\bar{x}_1$ 和 $\bar{x}_2$ 之间是否存在显著性差异。

表 15.2 置信度 95% 时的 F 值表

$f_{小}$	$f_{大}$									
	2	3	4	5	6	7	8	9	10	∞
2	19.00	19.16	19.25	19.30	19.33	19.36	19.37	19.38	19.39	19.50
3	9.55	9.28	9.12	9.01	8.94	8.88	8.84	8.81	8.78	8.53
4	6.94	6.59	6.39	6.26	6.16	6.09	6.04	6.00	5.96	5.63
5	5.79	5.41	5.19	5.05	4.95	4.88	4.82	4.78	4.74	4.36
6	5.14	4.76	4.53	4.39	4.28	4.21	4.15	4.10	4.06	3.67
7	4.74	4.35	4.12	3.97	3.87	3.79	3.73	3.68	3.63	3.23
8	4.46	4.07	3.84	3.69	3.58	3.50	3.44	3.39	3.34	2.93
9	4.26	3.86	3.63	3.48	3.37	3.29	3.23	3.18	3.13	2.71
10	4.10	3.71	3.48	3.33	3.22	3.14	3.07	3.02	2.97	2.54
∞	3.00	2.60	2.37	2.21	2.10	2.01	1.94	1.88	1.83	1.00

注：$f_{大}$ 是大方差数据的自由度；$f_{小}$ 是小方差数据的自由度。

（2）*t* 检验 如果用 F 检验法检验的结果没有显著性差异，则可认为 $s_1=s_2=s_{合}$，$s_{合}$ 称为合并标准偏差，即

$$s_{合}=\sqrt{\frac{偏差平方和}{总自由度}}=\sqrt{\frac{\sum_{i=1}^{n}(x_{1i}-\bar{x}_1)^2+\sum_{i=1}^{n}(x_{2i}-\bar{x}_2)^2}{(n_1-1)+(n_2-1)}} \tag{15-3-9a}$$

或
$$s_{合}=\sqrt{\frac{(n_1-1)s_1^2+(n_2-1)s_2^2}{(n_1-1)+(n_2-1)}} \tag{15-3-9b}$$

按下式计算 t 值，即

$$t_{计}=\frac{|\bar{x}_1-\bar{x}_2|}{s_{合}}\sqrt{\frac{n_1n_2}{n_1+n_2}} \tag{15-3-10}$$

根据总自由度$f=n_1+n_2-2$和所定的置信度查表 15.1。当$t_{计}>t_{表}$，可以认为$\bar{x}_1$和$\bar{x}_2$之间存在显著性差异，新方法测试的结果不可靠；反之，当$t_{计}<t_{表}$时，可以认为$\bar{x}_1$和$\bar{x}_2$之间不存在显著性差异，新方法测试的结果可靠。

【例 15.3】 为检验采用新方法测试钢样中铬含量的可靠性，与成熟的原方法对照，同测一个钢样中铬的含量，结果如下：新方法为 1.26%、1.25%、1.22%；原方法为 1.35%、1.31%、1.33%、1.34%。新方法是否可靠（置信度 95%）？

解： 新方法：$\bar{x}_1=1.24$　　$s_1=0.021$　　$n_1=3$

原方法：$\bar{x}_2=1.33$　　$s_2=0.017$　　$n_2=4$

先用 F 检验法检验两种方法的精密度有无显著性差异。

$f_{大}=n_1-1=2$，$f_{小}=n_2-1=3$，查表 15.2，$F_{表}=9.55$。因$F_{计}<F_{表}$，故两种方法的精密度没有显著性差异。

继续对两组平均值进行 t 检验。

$$s_{合}=\sqrt{\frac{(n_1-1)s_1^2+(n_2-1)s_2^2}{(n_1-1)+(n_2-1)}}=\sqrt{\frac{2\times0.021^2+3\times0.017^2}{3+4-2}}=0.019$$

$$t_{计}=\frac{|\bar{x}_1-\bar{x}_2|}{s_{合}}\sqrt{\frac{n_1n_2}{n_1+n_2}}=\frac{|1.24-1.33|}{0.019}\sqrt{\frac{3\times4}{3+4}}=6.20$$

查表 15.1，当 P=95%，$f_{总}=3+4-2=5$时，$t_{表}=2.78$。由于$t_{计}>t_{表}$，故$\bar{x}_1$和$\bar{x}_2$有显著性差异。说明新方法不够可靠，可能存在系统误差。

15.3.4 可疑数据的取舍

在一组平行测定的数据中，常常会出现个别偏差比较大的数据，这种数据称为可疑值或离群值。对于离群值，首先应查明其产生的原因。如果查明确实由实验过失引起的，就应舍去，否则不能随意舍弃或保留，应该用统计检验的方法，确定该离群值与其他数据是否来自同一总体，以决定取舍。如果统计检验它确为异常值，则应从这组测定值中将其舍去，否则就应保留。

用于离群值的统计检验方法很多，都是建立在随机误差服从一定的分布规律的基础上。下面仅介绍常用的 Q 检验法和格鲁布斯（Grubbs）检验法。

15.3.4.1 *Q* 检验法

该法为适用于 3～10 次测定的比较简便的方法，其步骤如下：

① 排序。将各数据按递增顺序排列：x_1，x_2，…，x_n。

② 判断检验端。比较（x_2-x_1）与（x_n-x_{n-1}）的相对大小，差值较大一端的离群值先检验。

③ 按下式计算 Q 值：

$$Q_{计}=\frac{|x_{离群}-x_{邻近}|}{x_{最大}-x_{最小}} \tag{15-3-11}$$

④ 比较判断。将$Q_{计}$值与表 15.3 查得的$Q_{0.95}$值（置信度选 95%）相比较。若$Q_{计}>Q_{表}$，则此

离群值应舍去，反之则保留。

舍弃一个离群值后，应对其余数据继续进行 Q 检验，直至无离群值为止。

表 15.3 Q 值表（置信度为 90% 和 95%）

测定次数 n	3	4	5	6	7	8	9	10
$Q_{0.90}$	0.94	0.76	0.64	0.56	0.51	0.47	0.44	0.41
$Q_{0.95}$	0.98	0.85	0.73	0.64	0.59	0.54	0.51	0.48

【例 15.4】 某学生测得 NaOH 溶液的浓度（$mol \cdot L^{-1}$）分别为 0.1141、0.1140、0.1148 和 0.1142。其中 0.1148 是否应保留（置信度为 90%）？若第五次测得结果为 0.1142，此时 0.1148 又如何处置？

解：$Q_{计} = \dfrac{0.1148 - 0.1142}{0.1148 - 0.1140} = \dfrac{0.0006}{0.0008} = 0.75$

由表 15.3，当 n=4 时，$Q_{0.90}$ =0.76，因 $Q_{计} < Q_{表}$，故 0.1148 应保留。

又增加一次测定值为 0.1142，$Q_{计}$ 仍为 0.75。当 n=5 时，$Q_{0.90}$ =0.64。

因 $Q_{计} > Q_{表}$，故 0.1148 应舍去。

由此可见，较多的实验数据可以提供较合理的检验结果。

15.3.4.2 格鲁布斯（Grubbs）检验法

格鲁布斯检验法最大的优点是在判断离群值的过程中，引入了正态分布中的两个最重要的样本参数——平均值 $\bar{x}$ 和标准偏差 s，故该方法的准确性较好。其步骤如下：

① 排序。将各数据按递增顺序排列：x_1，x_2，…，x_n。

② 计算平均值 $\bar{x}$（包括离群值在内）和标准偏差 s。

③ 确定检验端。首先算出两端值与平均值之差 $\bar{x} - x_1$ 及 $x_n - \bar{x}$ 值，然后比较两个差值的大小，差值大的一端先检验。

④ 计算统计量：

$$G_{计} = \frac{|x_{离群} - \bar{x}|}{s} \tag{15-3-12}$$

⑤ 根据测定次数和指定的置信度（如 95%）查 G 值表（表 15.4）。若 $G_{计} > G_{表}$，则应将离群值舍弃，反之应予保留。

舍弃一个离群值后，应对其余数据继续进行 G 检验，直至无离群值为止。

表 15.4 G 值表

n	置信度 P		n	置信度 P	
	95%	99%		95%	99%
3	1.15	1.15	12	2.29	2.55
4	1.46	1.49	13	2.33	2.61
5	1.67	1.75	14	2.37	2.66
6	1.82	1.94	15	2.41	2.71
7	1.94	2.10	16	2.44	2.75
8	2.03	2.22	17	2.47	2.79
9	2.11	2.32	18	2.50	2.82
10	2.18	2.41	19	2.53	2.85
11	2.23	2.48	20	2.56	2.88

【例 15.5】 测定某试样中钙的含量（%），六次平行测定所得数据为：40.02、40.15、40.20、40.12、40.18、40.35。试用格鲁布斯法检验这组数据（置信度为 95%）的离群值。

解：

$$\overline{x}=\frac{1}{n}\sum_{i=1}^{n}x_i=\left(\frac{40.02+40.12+40.15+40.18+40.20+40.35}{6}\right)\times 100\%=40.17\%$$

$$s=\sqrt{\frac{\sum_{i=1}^{n}\left(x_i-\overline{x}\right)}{n-1}}=0.11\%$$

因（40.35%−40.17%）>（40.17%−40.02%），故检验 40.35%。

$$G_{计}=\frac{40.35\%-40.17\%}{0.11\%}=1.64$$

查表 15.4，当 n=6 时，$G_{0.95}$ =1.82，因为 $G_{计}$ < $G_{0.95}$，故 40.35% 应保留。

15.4 有效数字及其运算规则

15.4.1 有效数字的意义和位数

在定量分析中，为了得到准确的分析结果，不仅要准确地进行测量，还要正确地记录和计算。记录和计算的数据不仅要表示数值的大小，同时也要反映测量的准确程度。因此，在实验数据的记录和结果的计算中，保留几位数字不是任意的，要根据测量仪器和分析方法的准确度来决定，这就涉及有效数字的概念。

有效数字是指在分析工作中实际上能测量到的数字。通常保留的最后一位数字因其是由标尺的最小分度估计出来的，所以是不确定的，称为可疑数字，而其余各位数字都是准确的。例如，用分析天平称量某试样的质量记录为 0.2016g，该数据有 4 位有效数字，其中 0.201 是确定的，最后一位数字 6 是不确定数，虽然不很准确，但它也是测定值，不是臆造的，因此要记录下来。通常有效数字的最后一位数字有 ±1 个单位的绝对误差。

有效数字的位数能够反映测量仪器的精度。例如，滴定管读数可精确至 25.00mL，而量筒读数只能精确至 25.0mL。又如，用分析天平称量某物质的质量可精确至 1.5000g，而用托盘天平称量只能精确至 1.5g。

有效数字的位数直接影响测定的相对误差。在测量准确度的范围内，有效数字位数越多，相对误差越小，测量也越准确，但超过了测量准确度的范围，过多的位数是没有意义的，而且是错误的。

确定有效数字位数时应遵循以下原则：

运算中，首位数字≥ 8，其有效数字的位数可多算 1 位。例如，8.98、9.45×10^4、95.2%，均算 4 位有效数字。

数字“0”在数据中具有双重意义。若作为普通数字使用就是有效数字；若只是起定位作用，就不是有效数字。例如，HCl 溶液的浓度 $0.1020\,\text{mol}\cdot\text{L}^{-1}$，1 前面的一个 0 仅起定位作用，不是有效数字；1 后面的两个 0 都是测量数据，是有效数字，所以该数据为 4 位有效数字，可以写成 $1.020\times10^{-1}\,\text{mol}\cdot\text{L}^{-1}$。

改变单位，有效数字的位数并不改变。例如，2.5L 为 2 位有效数字，不能写成 2500mL，应写成 2.5×10^3mL，仍然是 2 位有效数字。

在对数计算中，所取对数的位数，应与真数的有效数字位数相等。例如，$c\left(H^+\right)=5.6\times10^{-13}\,\text{mol}\cdot\text{L}^{-1}$ 和 pH = 12.25 都是 2 位有效数字。对数的有效数字位数，只记小数点后的数字位数，不记对数的整数部分。再如，$K_a^{\ominus}=5.8\times10^{-10}$，写成负对数形式 $pK_a^{\ominus}=9.24$，仍然是 2 位有效数字。

在分析化学计算中，常遇到倍数、分数关系等。这些数据都是自然数，不是测量得到的，可视为无限多位有效数字。

定量分析结果的有效数字位数通常根据含量来确定。对于高含量组分（如 > 10%）的测定，一般要求分析结果有 4 位有效数字；对于中等含量组分（如 1%～10%），一般要求 3 位有效数字；对于微量组分（如 < 1%），一般只要求 2 位有效数字。

表示误差大小时有效数字位数通常取 1 位，最多取 2 位。

15.4.2　有效数字的运算规则

在对测量数据进行运算时，应按照下列有效数字的运算规则，合理地取舍各数据的有效数字的位数。当几个数据相加或相减时，它们的和或差的有效数字的保留，应以小数点后位数最少（即绝对误差最大）的数为依据。例如，22.34、3.821 和 0.018 三个数相加减，其中 22.34 中的 4 已是可疑数字，其余两个数中的第三位数应整化至只保留两位小数。因此，上述三个数相加减的计算为

$$22.34+3.82-0.02=26.14$$

当几个数据相乘除时，其积或商的有效数字的保留，应以其中有效数字位数最少（即相对误差最大）的数为依据。例如，0.0142、22.38 和 1.2582 三个数相乘除，此三个数的有效数字位数分别为 3 位、4 位和 5 位，且最后 1 位数都有 ±1 个单位的绝对误差，则它们的相对误差分别为

$$0.0142:\frac{\pm0.0001}{0.0142}\times100\%=\pm0.7\%$$

$$1.2582:\frac{\pm0.0001}{1.2582}\times100\%=\pm0.008\%$$

$$22.38:\frac{\pm0.01}{22.38}\times100\%=\pm0.04\%$$

由此可见，有效数字位数最少者，其相对误差最大，应以此数据为依据确定其他数据的位数，将上述三个数都保留 3 位有效数字再乘除：

$$0.0142\times22.4\div1.26=0.252$$

15.4.3　有效数字的修约规则

测量数据的计算结果按有效数字的运算规则保留适当位数的数字，舍去多余数字的过程称为数字的修约。在大量数据的运算中，为使舍入误差不迅速积累，对参加运算的所有数据可以多保留一位有效数字，计算结果再根据修约规则进行舍入处理而得到合理的数值。过去采用“四舍五入”的数字修约规则，其缺点是逢 5 就进 1，总是出现正误差。现在改用“四舍六入五留双”的数字修约规则，避免了出现误差的单向性，使得进舍出现的误差接近于零。按照“四舍六入五留双”修约规则，当多余尾数 < 5 时则舍去；> 5 时则进位。尾数正好是 5 时，分两种情况：若 5 后数字不为 0 时，则一律进位；若 5 后没有其他数字或为 0 时，采用 5 前数字是奇数则将 5 进位，5 前是偶数则将 5 舍去。例如，将下列数据修约为 4 位有效数字。

$$12.2642\longrightarrow12.26\qquad 12.2664\longrightarrow12.27$$

$$12.2652\longrightarrow12.27\qquad 12.2650\longrightarrow12.26$$

$$12.2350\longrightarrow12.24\qquad 12.235\longrightarrow12.24$$

数字修约时，只允许一次修约到所需要位数，不得多次连续修约。例如，将 13.4546 修约到

2 位，应为 13，而不能连续修约为 13.4546 ⟶ 13.455 ⟶ 13.46 ⟶ 13.5 ⟶ 14。

使用计算器运算时，可先不修约，但要正确保留最后的计算结果的有效数字位数。

化学视野

离子交换法

离子交换法是利用离子交换树脂与溶液中离子间的交换反应进行分离的方法。分离的对象一定是带电荷的基团。此法也可以用来进行富集和纯化。

凡是具有离子交换能力的物质，一般都称为离子交换剂。离子交换剂分类如下：

- 离子交换剂
  - 无机离子交换剂(如黏土矿物、天然与人工泡沸石、人工合成水合氧化物、杂多酸盐、铝硅酸盐等)
  - 有机离子交换剂
    - 碳质离子交换剂(如磺化煤等)
    - 合成树脂离子交换剂(即离子交换树脂)
      - 阳离子交换树脂
        - 强酸型
        - 弱酸型
      - 阴离子交换树脂
        - 强碱型
        - 弱碱型
      - 两性树脂
      - 螯合型树脂

无机离子交换剂和碳质离子交换剂只有阳离子交换剂。近期，人们又研制出磷酸锆、钨酸锆、磷酸锡、锑酸锡、磷钼酸等杂多酸及水合氧化锆、氯氧化锆等具有耐高温、耐辐射、选择性高、交换能力强的新型无机交换剂，为无机离子交换剂开辟了新的应用领域。

合成离子交换树脂性能良好，而且可随制备方法的不同，调节出不同性能的离子交换树脂。离子交换树脂的交换容量大、力学强度好、膨胀性小，可以长时间反复使用，在交换时不致引起物理结构变化，不溶于水、酸、碱，具有抗氧化剂、有机溶剂等性能，因此，离子交换树脂用途极其广泛。

由于离子和树脂的亲和力不同，亲和力大的离子可以将亲和力小的离子交换出来，因此交换树脂不仅可以是酸型或碱型的，也可以是其他离子型的，常见的有 Na 型等。例如，锅炉用水软化，可用 Na 型交换树脂。

离子交换法在提纯、分离方面应用十分广泛，几乎可以用来分离所有的无机离子，也可用于有机化合物的分离。在稀土元素的分离中，利用各种稀土元素配合物性质的差别，经过在离子交换柱上多次进行“吸附”和“解吸”，使性质十分相似的元素得以分开。

思考题

1．下列说法是否正确？

（1）对某试样平行测定多次，可以减少系统误差。

（2）Q 检验法可以检验测试数据的系统误差。

（3）滴定管内壁因未洗净而挂有液滴，使体积测量产生随机误差。

（4）滴定速率过快，液面还未稳定就立即读数，产生随机误差。

（5）读取滴定管读数时，末位数字估测不准，产生系统误差。

2．下列情况引起的误差是系统误差还是随机误差？

（1）砝码被腐蚀。

（2）滴定时所加试剂中含有微量的待测组分。

（3）用容量瓶定容配制的试样溶液未经充分混匀。

（4）称量时试样吸收了空气中的水分。

（5）以含量为 99% 的邻苯二甲酸氢钾作基准物标定碱溶液。

3．下列情况中，哪些对测定结果产生正误差（偏高）？

（1）以失去部分结晶水的硼砂为基准物，标定 HCl 溶液的浓度。

（2）标定 HCl 用的 Na_2CO_3 基准物在称量时吸湿了。

（3）标定 NaOH 溶液的浓度时，滴定终点在化学计量点之前到达。

（4）以 HCl 标准溶液滴定某碱样，所用滴定管因未洗净，滴定管内壁挂有液滴。

（5）标定 NaOH 溶液所用的基准物邻苯二甲酸氢钾中含有少量邻苯二甲酸。

4．已知分析天平能称准至 ±0.0001g，要使试样的称量误差不大于 0.1%，至少应称取试样多少克？

5．已知 50mL 滴定管的读数误差为 ±0.01mL，欲使放出溶液的体积读数误差小于 0.1%，至少应消耗滴定剂多少毫升？

习题

1．测定某铁矿中铁的质量分数（%），4 次平行测定的结果为 56.55、56.58、56.60、56.53。求分析结果的平均偏差、相对平均偏差、标准偏差和变异系数。

2．测定某矿石中钨的质量分数（%），4 次平行测定的结果为 20.16、20.13、20.18、20.20。计算标准偏差及置信度为 95% 时的置信区间。

3．标定 HCl 溶液浓度（$mol \cdot L^{-1}$），得到下列数据：0.1011、0.1010、0.1012、0.1016。分别用 Q 检验法（90% 置信度）和格鲁布斯检验法（95% 置信度）判断可疑值 0.1016 是否应舍去？

4．测定某试样中钙的质量分数（%）分别为 15.16、15.13、15.40、15.18、15.20。经 Q 检验后，求平均偏差、标准偏差和置信度为 90% 时平均值的置信区间。

5．下列两组数据的精密度有无显著性差异（置信度为 95%）？

A：9.56，9.49，9.62，9.51，9.58，9.63

B：9.33，9.51，9.49，9.51，9.56，9.40

6．某分析人员提出了一个测定氯的方法，并以此分析了一个含 Cl^- 10.42% 的标准试样，4 次测定的平均值 $\bar{x} = 10.52\%$，标准偏差 $s = 0.08\%$，所得结果是否存在系统误差（90% 置信度）？

7．下列数据中包含几位有效数字？

（1）0.0520　　（2）0.1080　　（3）4.4×10^{-3}　　（4）$pH = 4.50$

8．按有效数字运算规则，计算下列各式。

（1）$124.5 - 6.4 + 0.4234$

（2）$\dfrac{3.32 \times 6.80 \times 22.68}{7.45 \times 10^3}$

（3）$pH = 4.74$，求 $c(H^+)$

（4）$\sqrt{\dfrac{1.8 \times 10^{-5} \times 5.4 \times 10^{-6}}{4.5 \times 10^{-4}}}$

第 16 章

滴定分析法

学习要求：

1. 了解滴定分析的特点和种类。
2. 掌握滴定分析的计算、标准溶液的配制及标定、对基准物质的要求、滴定突跃。
3. 熟悉酸碱质子理论、酸碱滴定原理、酸碱指示剂，一元酸碱和多元酸碱的滴定、混合酸碱滴定。
4. 熟悉配位滴定原理、酸效应与配位效应，金属指示剂、配位滴定曲线、干扰离子的消除。
5. 熟悉氧化还原滴定原理、条件电极电势、条件平衡常数、氧化还原滴定曲线、氧化还原滴定指示剂、重要的氧化还原滴定法（高锰酸碱法、重铬酸钾法、碘量法）。
6. 了解沉淀滴定原理、沉淀滴定指示剂、常用的沉淀滴定法（莫尔法、佛尔哈德法、法扬斯法）。

16.1 滴定分析法概述

16.1.1 滴定分析法的特点

滴定分析法是定量化学分析中最重要的一类分析方法，又称为容量分析法。这种方法是将一种已知准确浓度的滴定剂（即标准溶液）滴加到被测物质的溶液中，直到所加的滴定剂与被测物质按一定的化学计量关系反应为止，然后依据所消耗标准溶液的浓度和体积，计算被测物质的含量。

滴定分析时，一般是将滴定剂由滴定管逐滴滴加到盛有被测溶液的锥形瓶中，这样的操作过程称为滴定。当加入滴定剂的量与被测物的量正好符合其化学计量关系时，滴定反应就达到了化学计量点。为了确定化学计量点，常借助于指示剂颜色的突变来判断。当指示剂在化学计量点附近变色时停止滴定，称为滴定终点。滴定终点与化学计量点不一定完全符合，由此而产生的测定误差称为滴定误差。滴定终点还可以通过仪器来表示，例如可以利用溶液的电导、电位、吸光度等的变化确定，其测得值比上述用指示剂凭目视更为精确，滴定误差可以减小。

滴定分析法所需要的仪器设备比较简单，易于掌握和操作，适用于多种化学反应，通常用于测定常量组分，被测组分含量在1%（质量分数）以上时，分析结果的相对误差可达0.2%，准确度较高。可以说，滴定分析法的应用范围极为广泛，是定量化学分析中最常用、最基本的分析方法。

16.1.2 滴定分析法的类型、对滴定反应的要求和滴定方式

16.1.2.1 滴定分析法的类型

根据化学反应类型的不同，滴定分析法可以分成四类。

① 酸碱滴定法。这是一类以酸碱反应（实质为质子转移的反应）为基础的滴定分析法。通常用强酸或强碱作滴定剂，对各种碱或酸进行滴定。大多数在水溶液中进行，至于一些在水溶液中酸、碱性很弱的有机酸或有机碱，因为它们在水中溶解度很小，可在非水介质中滴定。

② 配位滴定法。这是一类以配位反应为基础的滴定分析法。目前，应用最广泛的有机配位剂是乙二胺四乙酸二钠，在不同的反应条件下，它能和许多金属离子发生配位反应。

③ 氧化还原滴定法。这是一类以氧化还原反应（实质为电子转移的反应）为基础的滴定分析法。氧化还原滴定法广泛应用于无机物和有机物的测定，但由于氧化还原反应比较复杂，有些反应的反应速率较慢，因此需要严格控制反应条件。

④ 沉淀滴定法。这是一类以生成难溶化合物的沉淀反应为基础的滴定分析法。由于溶液在生成沉淀时有过饱和现象，特别在稀溶液中沉淀速率更慢，加上有些沉淀组成不固定或有共沉淀产生等，这类反应被利用的可能性较小。

16.1.2.2 滴定反应应具备的条件

① 反应必须根据一定的反应式按化学式计量关系定量地进行，其反应的完全程度通常要求达到99.9%以上，且无副反应发生。这是定量计算的基础。

② 反应速率要快，或者通过改变反应条件（加热或加入催化剂）能使之加速。

③ 能用比较简便的方法确定滴定终点。

16.1.2.3 滴定方式

（1）直接滴定法 对于能满足上述要求的滴定反应，就可以用直接法滴定，即将滴定剂直接加入被测物质溶液中进行滴定。这是滴定分析中最常用的方法，例如以HCl滴定NaOH、Na_2CO_3溶液等。

（2）返滴定法（回滴） 对于一些反应速率比较慢，或反应物是固体，或没有合适指示剂的反应，可以用返滴定法滴定。这种方法是先加入已知过量的滴定剂，反应完全后，再用另一种标准溶液滴定过剩的滴定剂。例如测定$CaCO_3$的含量时，先加入已知过量的HCl标准溶液，待反应完全后再用NaOH标准溶液回滴剩余的HCl，故又称为回滴法。用EDTA测定Al^{3+}时，因为反应速率较慢，可先加入已知过量的EDTA溶液与Al^{3+}配位完全后，再用Zn^{2+}或Cu^{2+}标准溶液回滴剩余的EDTA；用EDTA测定Ba^{2+}时，由于没有变色敏锐的指示剂，可在加入已知过量的EDTA溶液后，再用Mg^{2+}标准溶液回滴剩余的EDTA。

(3) 置换滴定法 对于不按确定的反应式进行或伴有副反应发生不能直接滴定的物质，可以间接滴定与该物质反应所生成的另一种物质，这种滴定方式称为置换滴定法或取代滴定法。例如用滴定剂 $Na_2S_2O_3$ 不能直接滴定 $K_2Cr_2O_7$ 及其他强氧化剂，因这些强氧化剂可将 $S_2O_3^{2-}$ 氧化成 $S_4O_6^{2-}$ 或 SO_4^{2-}，没有确定的计量关系。但在酸性的 $K_2Cr_2O_7$ 溶液中加入过量的 KI，反应产生定量的 I_2，则可用 $Na_2S_2O_3$ 溶液滴定。

(4) 间接滴定法 不能直接与滴定剂反应的离子，可通过适当的化学反应间接地进行测定。例如 Ca^{2+} 并不能用 $KMnO_4$ 标准溶液直接滴定，若将其定量地沉淀为 CaC_2O_4，过滤洗净后，溶于稀 H_2SO_4 中，即可用 $KMnO_4$ 标准溶液滴定 $C_2O_4^{2-}$，从而间接地测定出 Ca^{2+} 的含量，这种方法称为间接滴定法。

16.1.3 标准溶液的配制方法

滴定分析的标准溶液是已知确定浓度的滴定剂溶液（一般其浓度精确至四位有效数字），标准溶液的浓度通常用物质的量浓度和滴定度表示。

滴定度是指与每毫升标准溶液相当的被测物质的质量，用 T（被测物 / 滴定剂）表示。单位为 $g \cdot mL^{-1}$ 或 $mg \cdot mL^{-1}$。例如 $T(NaOH/HCl)=0.002000g \cdot mL^{-1}$，表示 1mL HCl 标准溶液恰能与 0.002000gNaOH 作用；$T(Fe/K_2Cr_2O_7)=0.005810g \cdot mL^{-1}$，表示 1mL $K_2Cr_2O_7$ 标准溶液相当于 0.005810g Fe，即 1 mL 的 $K_2Cr_2O_7$ 标准溶液能把 0.005810g Fe^{2+} 氧化成 Fe^{3+}。

标准溶液的配制，一般采用下述两种方法进行。

(1) 直接法 准确称取一定质量的基准物质，溶解后制成一定体积的溶液，根据基准物的质量和溶液的体积，即可算出标准溶液的准确浓度。例如，称取 4.4130g $K_2Cr_2O_7$（基准试剂），用水溶解后，在 1L 容量瓶中用水稀释至刻度，它的浓度是 $0.01500mol \cdot L^{-1}$。

但是，许多用来配制标准溶液的物质，不能完全符合基准物质的要求，例如 NaOH 很容易吸收空气中的 CO_2 和水分，无法从称量中得到准确的 NaOH 质量；盐酸除恒沸溶液外，很难知道其中 HCl 的准确含量；$KMnO_4$ 中含有痕量的 MnO_2，能促使其分解。像这样一些物质，因无法直接配制成标准溶液，则应采取标定法。

(2) 标定法 这种方法是先粗略地称取一定量物质或量取一定量体积溶液，配制成接近于所需要浓度的溶液，然后用基准物质或另一种物质的标准溶液来确定其准确浓度。这种确定标准溶液浓度的操作过程，称为“标定”。例如标定 NaOH 溶液可以用邻苯二甲酸氢钾（$C_6H_4 \cdot COOH \cdot COOK$）或用草酸（$H_2C_2O_4 \cdot 2H_2O$）作基准物质；标定 HCl 溶液可以用无水 Na_2CO_3 或硼砂（$Na_2B_4O_7 \cdot 10H_2O$）作基准物质。

基准物质必须符合以下要求：

① 试剂的纯度高，一般要求达 99.9% 以上；组成应与其化学式完全相符，若含结晶水，其含量也应与化学式完全相符。

② 试剂要稳定，易于保存。

③ 与被标定的物质反应时，应按化学反应式定量地进行，无副反应，且反应速率要快。

④ 摩尔质量较大，这样可以减小称量误差。

常用的基准物如表 16.1 所示。

表 16.1 常用的基准物

滴定方法	基准物	优缺点	标定溶液
酸碱滴定	Na_2CO_3	便宜，易得纯品，易吸湿	HCl
	$Na_2B_4O_7 \cdot H_2O$	易得纯品，不易吸湿，摩尔质量大，湿度小时会失结晶水	
	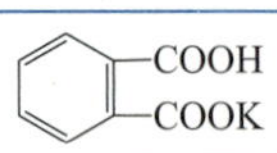	易得纯品，不吸湿，摩尔质量大	NaOH
	$H_2C_2O_4 \cdot 2H_2O$	便宜，结晶水不稳定，纯度不理想	

续表

滴定方法	基准物	优缺点	标定溶液
配位滴定	金属 Zn 或 ZnO	纯度高，稳定，既可在 pH=5 ～ 6 又可在 pH=9 ～ 10 应用	EDTA
氧化还原滴定	$Na_2C_2O_4$	易得纯品，稳定，无显著吸湿	$KMnO_4$
	$K_2Cr_2O_7$	易得纯品，非常稳定，可直接配制标准溶液	$K_2Cr_2O_7$
	$K_2Cr_2O_7$	易得纯品，稳定	$Na_2S_2O_3$
	升华 I_2	纯度高，易挥发，水中溶解度很小	I_2
	As_2O_3	能得纯品，晶型产品不吸湿，剧毒	
	$KBrO_3$	易得纯品，稳定	$KBrO_3$
	$KBrO_3$,KBr	易得纯品，稳定	$KBrO_3$+ 过量 KBr
沉淀滴定	$AgNO_3$	易得纯品，防止光照及有机物沾污	$AgNO_3$
	NaCl	易得纯品，易吸湿	

16.1.4 滴定分析的计算

计算是定量分析中一个非常重要的环节。当滴定到达化学计量点时，它们的物质的量之间关系恰好符合其化学反应所表示的化学计量关系。

本教材将采用化学计量数比规则法进行滴定分析的计算。

16.1.4.1 标准溶液的配制、标定和稀释的计算

【例 16.1】 用 $KMnO_4$ 标准溶液可以测定某试样中的铁含量。已知 $KMnO_4$ 溶液的浓度为 $0.02120mol \cdot L^{-1}$，计算以 $T(Fe/KMnO_4)$ 和 $T(Fe_2O_3/KMnO_4)$ 表示的滴定度。

解：滴定反应为

$$5Fe^{2+} + MnO_4^- + 8H^+ \longrightarrow 5Fe^{3+} + Mn^{2+} + 4H_2O$$

$$n(Fe) = 5n(KMnO_4) \qquad n(Fe_2O_3) = \frac{5}{2}n(KMnO_4)$$

$$\begin{aligned}T(Fe/KMnO_4) &= 5c(KMnO_4)M(Fe)\\ &= 5\times0.02120mol \cdot L^{-1}\times55.85g \cdot mol^{-1}\times10^{-3}\\ &= 5.920\times10^{-3}g \cdot mL^{-1}\end{aligned}$$

$$\begin{aligned}T(Fe_2O_3/KMnO_4) &= \frac{5}{2}c(KMnO_4)M(Fe_2O_3)\\ &= \frac{5}{2}\times0.02120mol \cdot L^{-1}\times159.7g \cdot mol^{-1}\times10^{-3}\\ &= 8.464\times10^{-3}g \cdot mL^{-1}\end{aligned}$$

16.1.4.2 被测物含量的计算

（1）直接滴定

【例 16.2】 采用氧化还原滴定法测定铁矿石中的铁含量。称取试样的质量 m_s 为 0.3162g，溶于 HCl 溶液后，以 $SnCl_2$ 将试液中的 Fe^{3+} 完全还原成 Fe^{2+}。再用 $0.02028mol \cdot L^{-1}$ $K_2Cr_2O_7$ 标准溶液滴定。滴至终点时，用去 $K_2Cr_2O_7$ 滴定剂 21.46mL。计算试样中 Fe 和 Fe_2O_3 的质量分数。

解：滴定反应为

$$6Fe^{2+} + Cr_2O_7^{2-} + 14H^+ \longrightarrow 6Fe^{3+} + 2Cr^{3+} + 7H_2O$$

$$n(Fe) = 6n(K_2Cr_2O_7) \qquad n(Fe_2O_3) = 3n(K_2Cr_2O_7)$$

$$w(Fe) = \frac{6c(K_2Cr_2O_7)V(K_2Cr_2O_7)M(Fe)}{m_S}$$

$$=\frac{6\times0.02028\text{mol}\cdot\text{L}^{-1}\times21.46\times10^{-3}\text{L}\times55.85\text{g}\cdot\text{mol}^{-1}}{0.3162\text{g}}$$

$$=0.4612=46.12\%$$

$$w(\text{Fe}_2\text{O}_3)=\frac{3c(\text{K}_2\text{Cr}_2\text{O}_7)V(\text{K}_2\text{Cr}_2\text{O}_7)M(\text{Fe}_2\text{O}_3)}{m_\text{S}}$$

$$=\frac{3\times0.02028\text{mol}\cdot\text{L}^{-1}\times21.46\times10^{-3}\text{L}\times159.7\text{g}\cdot\text{mol}^{-1}}{0.3162}$$

$$=0.6594=65.94\%$$

（2）返滴定

【例 16.3】 称取 0.5000g 石灰石试样，准确加入 50.00mL $0.2084\text{mol}\cdot\text{L}^{-1}$ 的 HCl 标准溶液，并缓慢加热使 $CaCO_3$ 与 HCl 作用完全后，再用 $0.2108\text{mol}\cdot\text{L}^{-1}$ NaOH 标准溶液滴定剩余的 HCl 标准溶液，结果消耗 NaOH 溶液 8.52mL，求试样中 $CaCO_3$ 的质量分数。

解： 有关的反应为

$$\text{CaCO}_3+2\text{H}^+\longrightarrow\text{Ca}^{2+}+\text{CO}_2\uparrow+\text{H}_2\text{O}$$

$$\text{NaOH}+\text{HCl}\longrightarrow\text{NaCl}+\text{H}_2\text{O}$$

$$n(\text{CaCO}_3)=\frac{1}{2}n(\text{HCl})=\frac{1}{2}n(\text{NaOH})$$

$$w(\text{CaCO}_3)=\frac{\frac{1}{2}\{c(\text{HCl})V(\text{HCl})-c(\text{NaOH})V(\text{NaOH})\}M(\text{CaCO}_3)}{m_\text{S}}$$

$$=\frac{\frac{1}{2}(0.2084\text{mol}\cdot\text{L}^{-1}\times50.00\times10^{-3}\text{L}-0.2108\text{mol}\cdot\text{L}^{-1}\times8.52\times10^{-3}\text{L})\times100.09\text{g}\cdot\text{mol}^{-1}}{0.5000\text{g}}$$

$$=0.8632=86.32\%$$

（3）置换滴定

【例 16.4】 用间接碘量法测定铜。称取 0.5085g 某含铜试样，溶解后加入过量 KI，用 $0.1034\text{mol}\cdot\text{L}^{-1}$ $Na_2S_2O_3$ 标准溶液滴定释放出的 I_2 至终点，耗去 27.16mL。求试样中铜的质量分数。

解： 置换反应为

$$2\text{Cu}^{2+}+4\text{I}^-\longrightarrow2\text{CuI}\downarrow+\text{I}_2$$

滴定反应为

$$\text{I}_2+2\text{S}_2\text{O}_3^{2-}\longrightarrow2\text{I}^-+\text{S}_4\text{O}_6^{2-}$$

$$n(\text{Cu})=2n(\text{I}_2)=n(\text{Na}_2\text{S}_2\text{O}_3)$$

$$w(\text{Cu})=\frac{c(\text{Na}_2\text{S}_2\text{O}_3)V(\text{Na}_2\text{S}_2\text{O}_3)M(\text{Cu})}{m_\text{S}}$$

$$=\frac{0.1034\text{mol}\cdot\text{L}^{-1}\times27.16\times10^{-3}\text{L}\times63.54\text{g}\cdot\text{mol}^{-1}}{0.5085\text{g}}$$

$$=0.3509=35.09\%$$

（4）间接滴定

【例 16.5】 称取 0.1802g 石灰石试样溶于 HCl 溶液后，将钙沉淀为 CaC_2O_4。将沉淀过滤洗涤后溶于稀 H_2SO_4 溶液中，用 $0.02016\text{mol}\cdot\text{L}^{-1}KMnO_4$ 标准溶液滴定至终点，用去 28.80mL，求试样中的钙的质量分数。

解： 有关的反应如下：

沉淀 $$\text{Ca}^{2+}+\text{C}_2\text{O}_4^{2-}\longrightarrow\text{CaC}_2\text{O}_4\downarrow$$

溶解　　$CaC_2O_4 + 2H^+ \longrightarrow Ca^{2+} + H_2C_2O_4$

滴定　　$5H_2C_2O_4 + 2MnO_4^- + 6H^+ \longrightarrow 2Mn^{2+} + 10CO_2 + 8H_2O$

$$n\left(Ca^{2+}\right) = n\left(C_2O_4^{2-}\right) = \frac{5}{2}n\left(MnO_4^-\right)$$

$$w(Ca) = \frac{\frac{5}{2}c\left(KMnO_4\right)V\left(KMnO_4\right)M(Ca)}{m_S}$$

$$= \frac{\frac{5}{2} \times 0.02016mol \cdot L^{-1} \times 28.80 \times 10^{-3}L \times 40.08g \cdot mol^{-1}}{0.1802g}$$

$$= 0.3228 = 32.28\%$$

16.2

酸碱滴定法

酸碱滴定法是以质子转移反应为基础的滴定分析方法。一般的酸碱以及能与酸碱直接或间接发生质子转移反应的物质，几乎都可以采用酸碱滴定法进行测定。第 3 章中我们介绍的酸碱反应是以阿伦尼乌斯电离理论为基础的。本章我们将进一步学习酸碱质子理论，并以之为基础讨论酸碱滴定过程。

16.2.1　酸碱质子理论

16.2.1.1　质子论酸碱的定义

酸碱质子理论是在 1923 年由布朗斯特（Bnønsted）提出来的。根据质子理论，凡是能提供质子 (H^+) 的物质是酸，凡是能接受质子的物质是碱。它们之间的关系可用下式表示：

$$\underset{酸}{HB} \rightleftharpoons \underset{质子}{H^+} + \underset{碱}{B^-}$$

一种酸 (HB) 给出一个质子便成为碱 (B^-)；同理，一种碱 (B^-) 接受一个质子便成为酸 (HB)。此时碱 (B^-) 称为酸 (HB) 的共轭碱，酸 (HB) 称为碱 (B^-) 的共轭酸。酸与共轭碱，碱与共轭酸构成共轭酸碱对。共轭酸碱对之间，彼此只相差一个质子，酸 (碱) 给出 (接受) 质子形成共轭碱 (酸) 的反应称为酸碱半反应。例如：

$$HOAc \rightleftharpoons H^+ + OAc^-$$

$$H_2CO_3 \rightleftharpoons H^+ + HCO_3^-$$

$$HCO_3^- \rightleftharpoons H^+ + CO_3^{2-}$$

$$H_2O \rightleftharpoons H^+ + OH^-$$

$$H_3O^+ \rightleftharpoons H^+ + H_2O$$

$$NH_4^+ \rightleftharpoons H^+ + NH_3$$

由此可见，酸和碱可以是分子、阳离子或阴离子。共轭的酸和碱必定同时存在。酸给出质子的倾向越强，则其共轭碱接受质子的倾向越弱，反之，若碱接受质子的倾向越强，则其共轭酸给出质子的倾向越弱。某些物质（如HCO_3^-等）在某一共轭酸碱对中是酸，在另一共轭酸碱对中是碱，这类分子或离子称为两性物质。

16.2.1.2 质子论的酸碱反应

上述各种酸碱半反应在溶液中是不能单独存在的。当一种酸给出质子时，溶液中必定有一种碱来接受质子；一种碱在水溶液中接受质子时，必须有一种酸提供质子。换句话说，酸碱反应是由两个酸碱半反应构成的，这也和两个半电池反应构成氧化还原反应相类似。因此，酸碱反应是由两个共轭酸碱对之间进行质子转移的结果。例如，HOAC 的水溶液之所以表现出酸性是由于HOAc 和H_2O之间发生了质子转移的反应；NH_3的水溶液之所以表现出碱性，也是由于NH_3与H_2O之间发生了质子转移。前者H_2O是碱，后者H_2O是酸，即

$$\underset{\text{酸}_1}{HOAc} + \underset{\text{碱}_2}{H_2O} \xrightleftharpoons{\;H^+\;} \underset{\text{酸}_2}{H_3O^+} + \underset{\text{碱}_1}{OAc^-}$$

$$\underset{\text{碱}_1}{NH_3} + \underset{\text{酸}_2}{H_2O} \xrightleftharpoons{\;H^+\;} \underset{\text{碱}_2}{OH^-} + \underset{\text{酸}_1}{NH_4^+}$$

为简便起见，通常水合质子H_3O^+均写作H^+，表示酸碱反应的反应式，不写出与溶剂的作用过程。

既可作为酸，也可作为碱的一类溶剂称为质子溶剂。质子溶剂自身分子之间也能发生质子的转移。这类同种溶剂分子间质子的转移作用称为质子自递反应。它们都属酸碱两性物质。例如H_2O分子，由于它的两性作用，一个H_2O分子能从另一个H_2O分子中获得质子形成H_3O^+，而失去质子的H_2O分子便成为OH^-，即

$$\underset{\text{酸}_1}{H_2O} + \underset{\text{碱}_2}{H_2O} \xrightleftharpoons{\;H^+\;} \underset{\text{酸}_2}{H_3O^+} + \underset{\text{碱}_1}{OH^-}$$

这种水分子之间的质子传递作用，称为水的质子自递作用。这个作用的平衡常数称为水的质子自递常数，即第 3 章中的水的离子积，简写作

$$K_w^\ominus = c(H^+)c(OH^-)$$

通常所说的盐的水解过程，实质上也是质子的转移过程，它们和酸碱的解离过程在本质上是相同的，例如 NaOAc 和NH_4Cl的水解过程可看成是OAc^-和NH_4^+的解离过程，即

$$OAc^- + H_2O \rightleftharpoons HOAc + OH^-$$

$$\underset{\text{酸}_1}{NH_4^+} + \underset{\text{碱}_2}{H_2O} \rightleftharpoons \underset{\text{酸}_2}{H_3O^+} + \underset{\text{碱}_1}{NH_3}$$

总之，各种酸碱反应过程都是质子转移过程，是靠两对共轭酸碱相互作用实现的。

16.2.1.3 质子酸碱的强度

在水溶液中，质子酸碱的强度取决于酸将质子给予水分子和碱从水分子中夺取质子的能力。给出质子的能力越强，酸性就越强，反之就越弱；接受质子的能力越强，碱性就越强，反之就越弱。这种给出和获得质子能力的强弱，通常用酸碱在水溶液中的解离常数的大小来衡量。例如：

$HOAc + H_2O \rightleftharpoons H_3O^+ + OAc^-$ 或写作 $HOAc \rightleftharpoons H^+ + OAc^-$　　$K_a^\ominus = 1.8\times10^{-5}$

$H_2S + H_2O \rightleftharpoons H_3O^+ + HS^-$ 或写作 $H_2S \rightleftharpoons H^+ + HS^-$　　$K_{a(1)}^\ominus = 1.1\times10^{-7}$

$NH_4^+ + H_2O \rightleftharpoons H_3O^+ + NH_3$ 或写作 $NH_4^+ \rightleftharpoons H^+ + NH_3$　　$K_a^\ominus = 5.56\times10^{-10}$

这三种酸的强弱顺序为：$HOAc > H_2S > NH_4^+$。对于任何一种酸，如果它本身的酸性越强，其 $K_a^\ominus$ 值就越大，则其共轭碱的碱性就越弱，即 $K_b^\ominus$ 越小。于是上述三种酸的共轭碱的强弱顺序：$NH_3 > HS^- > OAc^-$。

若已知某种酸的解离常数 $K_a^\ominus$ 值，可以计算出其共轭碱的 $K_b^\ominus$ 值。例如：

$$HOAc + H_2O \rightleftharpoons H_3O^+ + OAc^-$$

$$K_a^\ominus\ (HOAc) = \frac{c(H^+)c(OAc^-)}{c(HOAc)}$$

其共轭碱 OAc^- 的解离常数 $K_b^\ominus$ 为

$$OAc^- + H_2O \rightleftharpoons HOAc + OH^-$$

$$K_b^\ominus\ (OAc^-) = \frac{c(HOAc)c(OH^-)}{c(OAc^-)}$$

显然，共轭酸碱对的 $K_a^\ominus$ 和 $K_b^\ominus$ 有下列关系：

$$K_a^\ominus K_b^\ominus = c(H^+)\,c(OH^-) = K_w^\ominus = 1.0\times10^{-14}\ (298.15K)$$

即

$$pK_a^\ominus + pK_b^\ominus = pK_w^\ominus = 14$$

对于多元酸或多元碱在逐级解离中所形成的共轭酸碱对，其 $K_a^\ominus$ 和 $K_b^\ominus$ 间也存在类似上述的关系。

例如，H_3PO_4 有三对共轭酸碱，H_3PO_4 是三元酸，其逐级解离常数分别为 $K_{a(1)}^\ominus$、$K_{a(2)}^\ominus$ 和 $K_{a(3)}^\ominus$；PO_4^{3-} 是三元碱，其逐级解离常数分别为 $K_{b(1)}^\ominus$、$K_{b(2)}^\ominus$ 和 $K_{b(3)}^\ominus$。

$$H_3PO_4 + H_2O \rightleftharpoons H_3O^+ + H_2PO_4^- \qquad K_{a(1)}^\ominus$$

$$H_2PO_4^- + H_2O \rightleftharpoons H_3PO_4 + OH^- \qquad K_{b(3)}^\ominus$$

$$H_2PO_4^- + H_2O \rightleftharpoons H_3O^+ + HPO_4^{2-} \qquad K_{a(2)}^\ominus$$

$$HPO_4^{2-} + H_2O \rightleftharpoons H_2PO_4^- + OH^- \qquad K_{b(2)}^\ominus$$

$$HPO_4^{2-} + H_2O \rightleftharpoons H_3O^+ + PO_4^{3-} \qquad K_{a(3)}^\ominus$$

$$PO_4^{3-} + H_2O \rightleftharpoons HPO_4^{2-} + OH^- \qquad K_{b(1)}^\ominus$$

则

$$K_{a(1)}^\ominus K_{b(3)}^\ominus = K_{a(2)}^\ominus K_{b(2)}^\ominus = K_{a(3)}^\ominus K_{b(1)}^\ominus = c(H^+)c(OH^-) = K_w^\ominus = 1.0\times10^{-14}$$

【例 16.6】 已知 $H_2C_2O_4$ 的 $pK_{a(1)}^\ominus = 1.23$，$C_2O_4^{2-}$ 的 $pK_{b(1)}^\ominus = 9.81$，试求 $HC_2O_4^-$ 的 $pK_{a(2)}^\ominus$ 和 $pK_{b(2)}^\ominus$。

解 （1）求 $HC_2O_4^-$ 的 $pK_{a(2)}^\ominus$

$$HC_2O_4^- + H_2O \rightleftharpoons C_2O_4^{2-} + H_3O^+ \qquad K_{a(2)}^\ominus$$

$$HC_2O_4^- \text{的}\ pK_{a(2)}^\ominus = pK_w^\ominus - pK_{b(1)}^\ominus = 14-9.81 = 4.19$$

（2）求 $HC_2O_4^-$ 的 $pK_{b(2)}^\ominus$

$$HC_2O_4^- + H_2O \rightleftharpoons H_2C_2O_4 + OH^- \qquad K_{b(2)}^\ominus$$

$$HC_2O_4^- \text{的}\ pK_{b(2)}^\ominus = pK_w^\ominus - pK_{a(1)}^\ominus = 14-1.23 = 12.77$$

16.2.2 滴定曲线和分布系数

酸碱平衡体系中，溶质往往以多种型体存在，这些型体的平衡浓度随溶液中 H^+ 浓度的变化而变化，在化学分析中常常利用这一性质，通过控制溶液的酸度来控制反应物或生成物某种型体的浓度。溶液中某型体的平衡浓度占其总浓度的分数，称为分布系数，以 δ 表示，并用下标 i 说明它所属的型体。分布系数的大小能定量说明溶液中的各种酸碱组分的分布情况。知道了分布系数，便可计算有关型体的平衡浓度。

16.2.2.1　一元酸溶液

一元酸仅有一级解离，如醋酸，它在溶液中以 HOAc 和 OAc^- 两种型体存在。设 c 为醋酸的总浓度，δ_0 与 δ_1 分别为 OAc^- 和 HOAc 的分布系数，将不同 pH 时的 δ_1 和 δ_0 计算出来，并对 pH 作图，可得如图 16.1 所示的曲线，称为分布曲线。

$$\delta_1 = \frac{c(\text{HOAc})}{c} = \frac{c(\text{HOAc})}{c(\text{HOAc}) + c(\text{OAc}^-)} = \frac{c(\text{HOAc})}{c(\text{HOAc}) + \dfrac{K_a^\ominus c(\text{HOAc})}{c(\text{H}^+)}} = \frac{c(\text{H}^+)}{c(\text{H}^+) + K_a^\ominus}$$

$$\delta_0 = \frac{c(\text{OAc}^-)}{c} = \frac{c(\text{OAc}^-)}{c(\text{HOAc}) + c(\text{OAc}^-)} = \frac{c(\text{OAc}^-)}{\dfrac{c(\text{H}^+)c(\text{OAc}^-)}{K_a^\ominus} + c(\text{OAc}^-)} = \frac{K_a^\ominus}{c(\text{H}^+) + K_a^\ominus}$$

$$\delta_1 + \delta_0 = 1$$

由图 16.1 可知，δ_0 随 pH 升高而增大，δ_1 随 pH 升高而减小。在两条曲线的交点处，即 δ_1=δ_0=0.50 时，溶液的 pH= $K_a^\ominus$，显然此时有 c (HOAc)= c (OAc^-)。pH < $K_a^\ominus$ 时，主要存在型体是 HOAc；pH > $K_a^\ominus$ 时，主要存在型体是 OAc^-。因此，可以通过控制溶液的酸度得到所需要的型体。分布系数取决于弱酸的强度（解离常数）和溶液的酸度（pH 值），与其总浓度 c 无关。同一物质的不同型体的分布系数的和恒为 1。

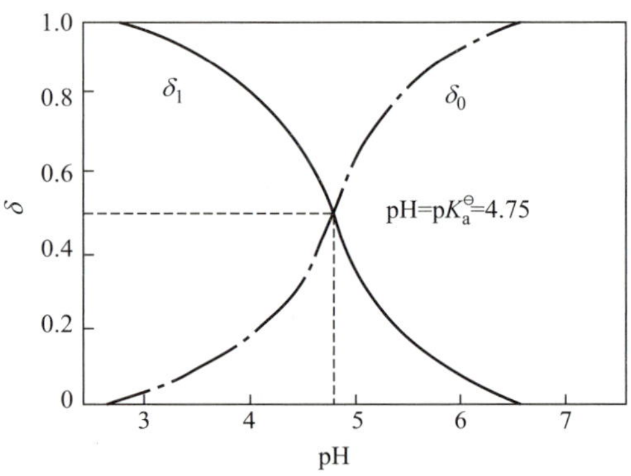

图 16.1　醋酸的分布曲线

16.2.2.2　多元酸溶液

多元酸溶液中酸碱组分较多，其型体分布要复杂一些。例如草酸，它在溶液中以 $H_2C_2O_4$、$HC_2O_4^-$ 和 $C_2O_4^{2-}$ 三种型体存在，设草酸的总浓度为 c，则 $c(H_2C_2O_4)+c(HC_2O_4^-)+c(C_2O_4^{2-})=c$。以 δ_0、δ_1 和 δ_2 分别表示 $C_2O_4^{2-}$、$HC_2O_4^-$ 和 $H_2C_2O_4$ 的分布系数，参照醋酸的方法，可以画出草酸的分布曲线图（图 16.2）。

$$\delta_2 = \frac{c(\text{H}_2\text{C}_2\text{O}_4)}{c} = \frac{c(\text{H}_2\text{C}_2\text{O}_4)}{c(\text{H}_2\text{C}_2\text{O}_4) + c(\text{HC}_2\text{O}_4^-) + c(\text{C}_2\text{O}_4^{2-})}$$

$$= \frac{1}{1 + \dfrac{c(\text{HC}_2\text{O}_4^-)}{c(\text{H}_2\text{C}_2\text{O}_4)} + \dfrac{c(\text{C}_2\text{O}_4^{2-})}{c(\text{H}_2\text{C}_2\text{O}_4)}} = \frac{1}{1 + \dfrac{K_{a(1)}^\ominus}{c(\text{H}^+)} + \dfrac{K_{a(2)}^\ominus}{c(\text{H}^+)^2}}$$

$$= \frac{c(\text{H}^+)^2}{c(\text{H}^+)^2 + K_{a(1)}^\ominus c(\text{H}^+) + K_{a(1)}^\ominus K_{a(2)}^\ominus}$$

$$\delta_1 = \frac{K_{a(1)}^\ominus c(\text{H}^+)}{c(\text{H}^+)^2 + K_{a(1)}^\ominus c(\text{H}^+) + K_{a(1)}^\ominus K_{a(2)}^\ominus}$$

$$\delta_0 = \frac{K_{a(1)}^\ominus K_{a(2)}^\ominus}{c(\text{H}^+)^2 + K_{a(1)}^\ominus c(\text{H}^+) + K_{a(1)}^\ominus K_{a(2)}^\ominus}$$

图 16.2 中每一组共轭酸碱对的分布曲线交点对应的 pH 值分别等于草酸的 $pK_{a(1)}^\ominus$ 和 $pK_{a(2)}^\ominus$。可见，对于二元弱酸，当 pH < $pK_{a(1)}^\ominus$ 时，溶液中 H_2A 是主要型体；pH > $pK_{a(2)}^\ominus$ 时，A^{2-} 型体占优势；而当 $pK_{a(1)}^\ominus$ < pH < $pK_{a(2)}^\ominus$ 时，HA^- 的浓度最高。

其他多元酸的分布分数可以此类推。如磷酸为三元酸，在溶液中可形成四种型体：H_3PO_4、$H_2PO_4^-$、HPO_4^{2-} 和 PO_4^{3-}，其分布曲线如图 16.3 所示。

$$\delta_3=\frac{c(H_3PO_4)}{c}=\frac{c(H^+)^3}{c(H^+)^3+K_{a(1)}^{\ominus}c(H^+)^2+K_{a(1)}^{\ominus}K_{a(2)2}^{\ominus}c(H^+)+K_{a(1)}^{\ominus}K_{a(2)}^{\ominus}K_{a(3)}^{\ominus}}$$

$$\delta_2=\frac{c(H_2PO_4^-)}{c}=\frac{K_{a(1)}^{\ominus}c(H^+)^2}{c(H^+)^3+K_{a(1)}^{\ominus}c(H^+)^2+K_{a(1)}^{\ominus}K_{a(2)}^{\ominus}c(H^+)+K_{a(1)}^{\ominus}K_{a(2)}^{\ominus}K_{a(3)}^{\ominus}}$$

$$\delta_1=\frac{c(HPO_4^{2-})}{c}=\frac{K_{a(1)}^{\ominus}K_{a(2)}^{\ominus}c(H^+)}{c(H^+)^3+K_{a(1)}^{\ominus}c(H^+)^2+K_{a(1)}^{\ominus}K_{a(2)}^{\ominus}c(H^+)+K_{a(1)}^{\ominus}K_{a(2)}^{\ominus}K_{a(3)}^{\ominus}}$$

$$\delta_0=\frac{c(PO_4^{3-})}{c}=\frac{K_{a(1)}^{\ominus}K_{a(2)}^{\ominus}K_{a(3)}^{\ominus}}{c(H^+)^3+K_{a(1)}^{\ominus}c(H^+)^2+K_{a(1)}^{\ominus}K_{a(2)}^{\ominus}c(H^+)+K_{a(1)}^{\ominus}K_{a(2)}^{\ominus}K_{a(3)}^{\ominus}}$$

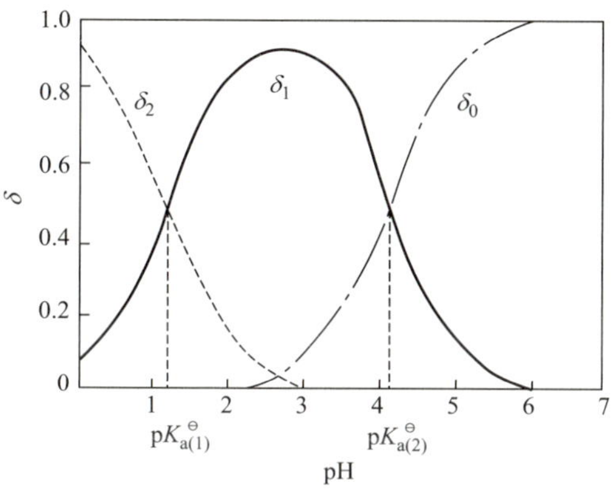

图 16.2　草酸的分布曲线

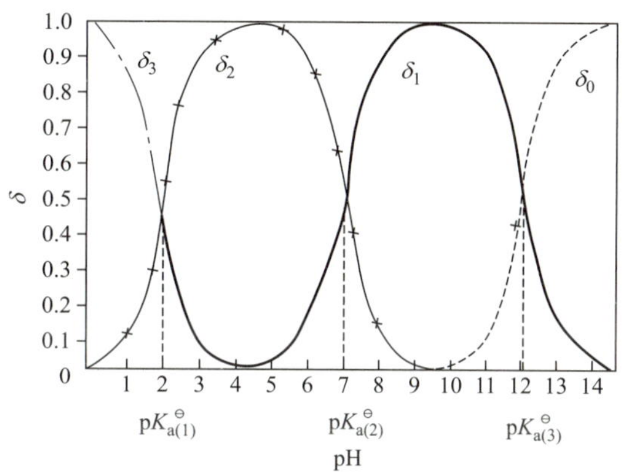

图 16.3　磷酸的分布曲线

16.2.3　酸碱滴定曲线和指示剂的选择

酸碱指示剂通常是指有机弱酸或有机弱碱，其共轭酸碱具有不同的结构，且颜色不同。当溶液的 pH 值改变时，指示剂各种型体的相对浓度发生变化，从而引起溶液的颜色发生突变。

例如，酚酞是一种常用的指示剂，是无色的二元弱酸，在溶液中有如下平衡：

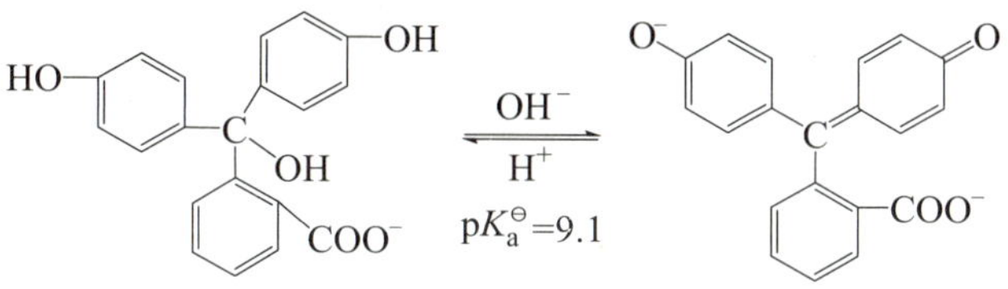

无色(羟式)　　　　红色(醌式)

在酸性溶液中，平衡向左移动，酚酞主要以无色的羟式结构存在；在碱性溶液中，平衡向右移动，酚酞转变为醌式结构，其颜色突变为红色。

又如，甲基橙在溶液中存在如下平衡：

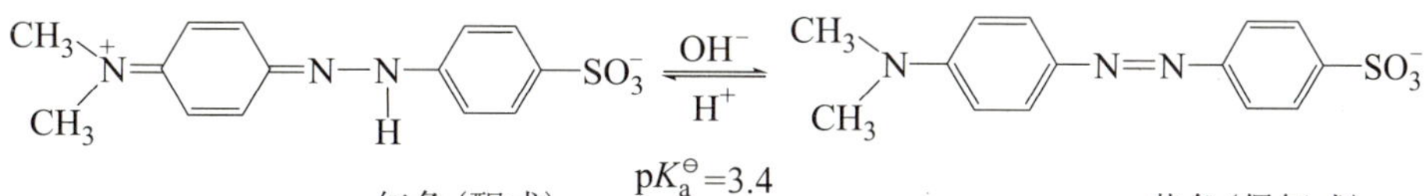

红色(醌式)　　　　黄色(偶氮式)

在酸性溶液中，平衡向左移动，甲基橙主要以红色的醌式结构存在；在碱性溶液中，甲基橙转变为偶氮式结构而显黄色。

各种指示剂具有不同的解离常数，颜色的改变将发生在不同的 pH 值区间。如以 HIn 表示弱酸型指示剂，In^- 为其共轭碱，HIn 在溶液中的解离平衡为

$$HIn + H_2O \rightleftharpoons H_3O^+ + In^-$$

$$K_{HIn}^{\ominus} = \frac{c(H^+)c(In^-)}{c(HIn)}$$

$K_{HIn}^{\ominus}$ 为 HIn 的解离常数，亦称为指示剂常数。将上式改写为

$$\frac{K_{HIn}^{\ominus}}{c(H^+)} = \frac{c(In^-)}{c(HIn)}$$

显然，指示剂颜色的转变依赖于 $c(In^-)$ 与 $c(HIn)$ 的比值。在一定的温度下，$K_{HIn}^{\ominus}$ 是一个常数，比值 $\frac{c(In^-)}{c(HIn)}$ 仅是 $c(H^+)$ 的函数，即 $c(H^+)$ 发生改变，$\frac{c(In^-)}{c(HIn)}$ 比值随之发生改变，溶液的颜色也逐渐改变。一般说来，当 $\frac{c(In^-)}{c(HIn)}$ =1/10 时，人眼能观察到碱式 (In^-) 颜色；如 $\frac{c(In^-)}{c(HIn)}$ 小于 1/10，就看不出碱式色了。与此相对应的 pH 值为

$$\frac{c(In^-)}{c(HIn)} = \frac{K_{HIn}^{\ominus}}{c(H^+)} = \frac{1}{10} \qquad c(H^+) = 10\ K_{HIn}^{\ominus}$$

$$pH = pK_{HIn}^{\ominus} - 1$$

同理也可求得，当 $\frac{c(In^-)}{c(HIn)}$ =10/1 时，人眼能观察到酸式 (HIn) 颜色，与此相对应的 pH 值为

$$pH = pK_{HIn}^{\ominus} + 1$$

因此，当溶液的 pH 值由 $pK_{HIn}^{\ominus}-1$ 变化到 $pK_{HIn}^{\ominus}+1$，或由 $pK_{HIn}^{\ominus}+1$ 变化到 $pK_{HIn}^{\ominus}-1$ 时，才能明显地观察到指示剂颜色的变化。$pH= pK_{HIn}^{\ominus} \pm 1$ 称为指示剂变色的 pH 范围，简称指示剂变色范围。不同的指示剂，因其 $pK_{HIn}^{\ominus}$ 不同而有不同的变色范围。

当 $\frac{c(In^-)}{c(HIn)}$ =1 时，则 $pH= pK_{HIn}^{\ominus}$，此时的 pH 值称为指示剂的理论变色点。指示剂在变色点时所显示的颜色应该是酸式色和碱式色的混合色。理想的情况是滴定的终点与指示剂理论变色点的 pH 值完全一致，实际上这是有困难的。表 16.2 列出了几种常用的酸碱指示剂。

表 16.2　常用的酸碱指示剂

指示剂	变色范围 pH	pK_{HIn}	颜色	
			酸色	碱色
百里酚蓝(酸)	1.2～2.8	1.7	红	黄
甲基黄	2.9～4.0	3.3	红	黄
甲基橙	3.1～4.4	3.4	红	黄
溴酚蓝	3.0～4.6	4.1	黄	蓝
溴甲酚绿	3.8～5.4	4.9	黄	蓝
甲基红	4.4～6.2	5.2	红	黄
氯酚红	4.8～6.4	6.1	黄	红
溴甲酚紫	5.2～6.8	6.1	黄	紫

从上面推算得出指示剂的变色范围应是 2 个 pH 单位，但表 16.2 所列各种指示剂实际的变色范围却并不是这样。这是因为人眼对各种颜色的敏感程度不同，以及指示剂的两种颜色互相掩盖。例如甲基橙的 $pK_{HIn}^{\ominus}$ =3.4，理论变色范围应为 2.4～4.4，但由于浅黄色在红色中不明显，只有当黄色所占比例较大时才能被观察出来，因此甲基橙变色范围在 pH 值小的一端就短些，实际观察到的变色范围是 3.1～4.4。

由指示剂的解离平衡可以看出，对于双色指示剂，如甲基橙等，变色点仅与 $\dfrac{c(\mathrm{In}^-)}{c(\mathrm{HIn})}$ 有关，与用量无关，但指示剂用量若过多，指示剂本身会消耗一些滴定剂，带来误差。对于单色指示剂，指示剂用量对变色点有影响，例如酚酞，设人眼能观察到的最低碱式型体浓度为 $c(\mathrm{In}^-)_{\min}$，酚酞浓度为 c，则 $c(\mathrm{In}^-)_{\min}=\delta_{\mathrm{In}^-}c=\dfrac{cK_a^\ominus}{c(\mathrm{H}^+)+K_a^\ominus}$，当 c 酚酞浓度增大时，由于 $c(\mathrm{In}^-)_{\min}$ 不变，则溶液中 $c(\mathrm{H}^+)$ 也增大，即指示剂将在较低 pH 值时变色，从而造成滴定误差。

在滴定过程中，有时需将滴定终点限制在很窄的 pH 范围内，或者消除中间色，使指示剂颜色转变更为敏锐，为此可以采用混合指示剂。混合指示剂利用的是颜色互补的原理，产生敏锐的颜色突变。主要有以下两种方法。①两种指示剂混合。例如，用溴甲酚绿（pH=3.8～5.4，黄～蓝）和甲基红（pH=4.4～6.2，红～黄）按 3∶1 混合，组成的混合指示剂变色时的 pH 值为 5.1，呈浅灰色，低 pH 值溶液是酒红色，高 pH 值是绿色。②将一种指示剂和一种惰性染料组合。例如，用甲基橙（pH=3.1～4.4，红～黄）和靛蓝磺酸钠（蓝色）组成“改性甲基橙”，其变色 pH 值为4.1，呈灰白色，低pH 值是紫色，高pH 值是绿色。表 16.3 列出了常用的酸碱混合指示剂。

表 16.3　常用的酸碱混合指示剂

指示剂溶液的组成	变色点 pH	颜色		备注
		酸色	碱色	
1 份 0.1% 甲基黄乙醇溶液 1 份 0.1% 亚甲基蓝乙醇溶液	3.25	蓝紫	绿	pH=3.2, 蓝紫色； pH=3.4, 绿色
1 份 0.1% 甲基橙水溶液 1 份 0.25% 靛蓝二磺酸钠水溶液	4.1	紫	黄绿	pH=4.1, 灰色
3 份 0.1% 溴甲酚绿乙醇溶液 1 份 0.2% 甲基红乙醇溶液	5.1	酒红	绿	pH=5.1, 灰色； 颜色变化很明显
1 份 0.1% 溴甲酚绿钠盐水溶液 1 份 0.1% 氯酚红钠盐水溶液	6.1	黄绿	蓝紫	pH=5.4, 蓝绿色；pH=5.8, 蓝色； pH=6.0, 蓝带紫；pH=6.2, 蓝紫色
1 份 0.1% 酚红乙醇溶液 1 份 0.1% 溴百里酚蓝乙醇溶液	7.5	黄	紫	
1 份 0.1% 甲酚红钠盐水溶液 3 份 0.1% 百里酚蓝钠盐水溶液	8.3	黄	紫	pH=8.2, 粉色； pH=8.4, 清晰的紫色
1 份 0.1% 酚酞乙醇溶液 2 份 0.1% 甲基绿乙醇溶液	8.9	绿	紫	pH=8.8, 浅蓝
1 份 0.1% 酚酞乙醇溶液 1 份 0.1% 百里酚酞乙醇溶液	9.9	无	紫	pH=9.6, 玫瑰色； pH=10, 紫色

综上所述，对于酸碱指示剂的使用我们可以总结出以下几点：①指示剂颜色转变点取决于指示剂常数，变色间隔在 $\mathrm{p}K_{\mathrm{HIn}}^\ominus\pm1$。两侧分布并不一定是对称的；②指示剂的变色间隔不会大于 2 个 pH 单位；③中间色间隔越小越好；④指示剂用量不宜过多。

16.2.4　酸碱滴定法的基本原理

为了正确地运用酸碱滴定法进行分析测定，必须了解酸碱滴定过程中溶液中 H^+ 浓度的变化规律，选择合适的指示剂，准确地确定滴定终点。因此溶液的 pH 值是酸碱滴定过程中的特征变量，它可以通过 pH 计测出，也可计算求出。酸碱滴定曲线就是描述 pH 值这一特征变量随着标准溶液的不断加入而发生逐渐变化的函数关系图像。这类滴定包括一元酸碱的滴定、多元酸碱的滴定和混合酸碱的滴定。由于各种不同类型的酸碱滴定过程中 H^+ 浓度的变化规律是各不相同的，因此滴定曲线的形状也就各不相同，下面就各种类型的滴定分别加以讨论。

16.2.4.1 强碱（酸）滴定强酸（碱）

以 0.1000mol·L^{-1} NaOH 溶液滴定 20.00mL 0.1000mol·L^{-1} 的 HCl 溶液为例，整个滴定过程可以分为以下 4 个阶段进行讨论：

（1）滴定前

$$c(H^+) = 0.1000\text{mol}\cdot L^{-1}$$

$$pH = -\lg 0.1000 = 1.00$$

（2）滴定开始至化学计量点之前 随着滴定剂 NaOH 的不断加入，溶液中剩余的 HCl 量越来越少，HCl 的剩余量和溶液的体积决定了溶液的 pH 值。例如，在 20.00mL HCl 溶液中加入了 19.98mL NaOH 溶液时，溶液的 pH 值按下式计算：

$$c(H^+) = \frac{c_{HCl}\cdot V_{HCl} - c_{NaOH}\cdot V_{NaOH}}{V_{HCl} + V_{NaOH}}$$

$$= (\frac{0.1000\times 20.00 - 0.1000\times 19.98}{20.00 + 19.98})\text{mol}\cdot L^{-1} = 5.00\times 10^{-5}\text{mol}\cdot L^{-1}$$

$$pH=4.30$$

（3）化学计量点时 当加入 20.00mL NaOH 溶液时，HCl 全部被中和，生成 NaCl 溶液，水的解离决定了溶液的 pH 值。

$$c(H^+) = c(OH^-) = \sqrt{K_w^\ominus \cdot c^\ominus} = 1.0\times 10^{-7}\text{mol}\cdot L^{-1}$$

$$pH=7.00$$

（4）化学计量点后 由过量的 NaOH 和溶液的体积决定溶液的 pH 值。例如，加入 20.02mL NaOH 溶液时，NaOH 溶液过量 0.02mL，多余的 NaOH 浓度为：

$$c(OH^-) = \frac{c_{NaOH}\cdot V_{NaOH} - c_{HCl}\cdot V_{HCl}}{V_{HCl} + V_{NaOH}}$$

$$= (\frac{0.1000\times 20.02 - 0.1000\times 20.00}{20.02 + 20.00})\text{mol}\cdot L^{-1} = 5.00\times 10^{-5}\text{mol}\cdot L^{-1}$$

$$pOH=4.30 \qquad pH=9.70$$

其他各点可参照上述方法逐一计算。如果以 NaOH 溶液的加入量为横坐标，溶液 pH 值为纵坐标，绘制滴定曲线，则得到如图 16.4 所示的曲线。

从图 16.4 可以看出，在滴定开始阶段，溶液中还存在较大量的 HCl，加入 NaOH，溶液的 pH 值改变不大，曲线比较平坦。接近化学计量点时，NaOH 加入量达到 19.98mL，即溶液中 99.9% 的 HCl 被滴定，到达曲线上的 A 点，此时，若再加入一滴标准溶液（约 0.04mL），不仅将剩下的 0.1% 的 HCl 中和掉，而且 NaOH 还过量了 0.1%，到达曲线上的 B 点，溶液的 pH 值由 4.3 突然增加到 9.7，增加了 5.4 个 pH 单位。曲线上 A 点到 B 点间，有一近似垂直的突变，它显示了化学计量点前后 ±0.1% 范围内 pH 值的急剧变化，称为滴定突跃。滴定终点如果处在此范围之内，滴定误差不会超过 0.1%。在滴定突跃之后，继续加入 NaOH，由于溶液中碱量增多，每增加一滴所引起的 pH 值变化又逐渐减小，曲线又呈现比较平坦。

滴定突跃范围是选择酸碱指示剂的依据。能在化学计量点变色的指示剂当然最理想，但很难选到。实际上只要变色范围全部或部分处在滴定突跃范围内的指示剂都能指示终点的到达，而且滴定误差在 0.1% 以内，完全符合滴定分析的要求。如图 16.5 所示，甲基红、酚酞和甲基橙等都可选作此类滴定的指示剂。

滴定突跃的大小与酸碱溶液的浓度有关。例如 NaOH 和 HCl 的浓度均为 1mol·L^{-1}、0.1mol·L^{-1} 或 0.01mol·L^{-1} 时，用 NaOH 滴定 HCl 的 pH 突跃范围分别为 3.30～10.70、4.30～9.70 和 5.30～8.70（见图 16.5）。从图 16.5 可以看出，酸碱溶液的浓度越大，滴定突跃范围也越大，指示剂的选择也就越方便；浓度越小，滴定突跃范围也越小，指示剂的选择越受到限制。例如当用

0.01mol·L^{-1}NaOH 溶液滴定 0.01mol·L^{-1} HCl 溶液时，因突跃开始时的 pH 值已达到 5.30，若再用甲基橙（变色范围 3.1～4.4）指示终点就不合适了。

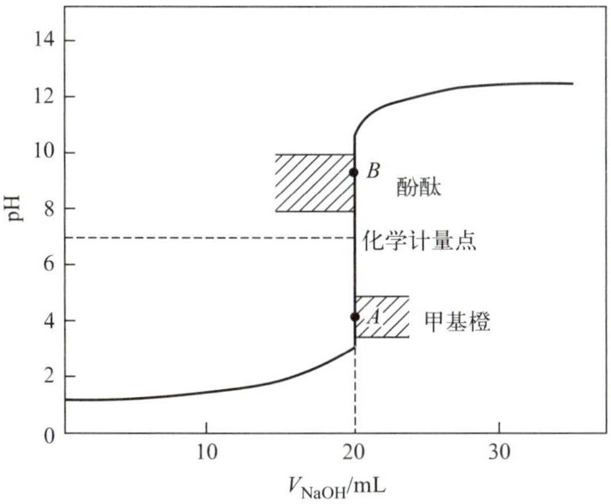

图 16.4 以 0.1000mol·L^{-1} NaOH 滴定 20.00mL 0.1000mol·L^{-1} 的 HCl 的滴定曲线

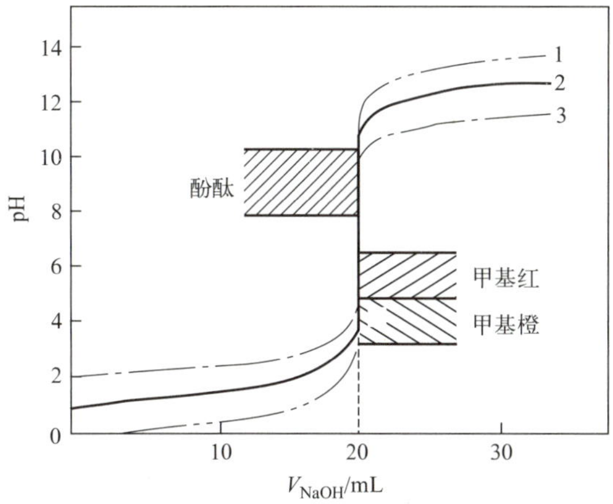

图 16.5 不同浓度下强碱滴定强酸的滴定曲线

1—1mol·L^{-1}；2—0.1mol·L^{-1}；3—0.01mol·L^{-1}

16.2.4.2 强碱（酸）滴定弱酸（碱）

以 0.1000mol·L^{-1} NaOH 溶液滴定 20.00mL 0.1000mol·L^{-1} 的 HOAc 溶液为例，滴定过程也可以分为 4 个阶段：

(1) 滴定前 由于 HOAc 是弱酸，只能部分解离，溶液 pH 值可根据一元弱酸的解离平衡求得：

$$\mathrm{HOAc} \rightleftharpoons \mathrm{H^+} + \mathrm{OAc^-}$$

$$K_a^{\ominus} = \frac{c(\mathrm{H^+})c(\mathrm{OAc^-})}{c(\mathrm{HOAc})} = 1.8\times10^{-5}$$

设 $c(\mathrm{H^+})=x$，$c(\mathrm{OAc^-})=x$，用简化的计算式，可得到近乎要求的结果。

$$K_a^{\ominus} = \frac{c(\mathrm{H^+})c(\mathrm{OAc^-})}{c(\mathrm{HOAc})} = \frac{x^2}{0.1000-x} = 1.8\times10^{-5}$$

$$c(\mathrm{H^+}) = x\mathrm{mol\cdot L^{-1}} = \sqrt{0.1000\times10^{-4.74}}\mathrm{mol\cdot L^{-1}} = 1.3\times10^{-3}\mathrm{mol\cdot L^{-1}}$$

$$\mathrm{pH}=2.87$$

(2) 滴定开始至化学计量点之前 溶液中既有未被滴定的 HOAc，又有生成的 OAc$^-$，二者组成缓冲溶液，溶液中 HOAc 浓度为

$$c(\mathrm{HOAc}) = \frac{c_{\mathrm{HOAc}}\cdot V_{\mathrm{HOAc}} - c_{\mathrm{NaOH}}\cdot V_{\mathrm{NaOH}}}{V_{\mathrm{HOAc}} + V_{\mathrm{NaOH}}}$$

$$= (\frac{0.1000\times20.00-0.1000\times19.98}{20.00+19.98})\mathrm{mol\cdot L^{-1}} = 5.00\times10^{-5}\mathrm{mol\cdot L^{-1}}$$

溶液中 OAc$^-$ 的浓度为

$$c(\mathrm{OAc^-}) = \frac{c_{\mathrm{OAc^-}}\cdot V_{\mathrm{OAc^-}}}{V_{\mathrm{OAc^-}} + V_{\mathrm{NaOH}}} = (\frac{0.1000\times19.98}{20.00+19.98})\mathrm{mol\cdot L^{-1}} = 5.00\times10^{-2}\mathrm{mol\cdot L^{-1}}$$

$$c(\mathrm{H^+}) = K_a^{\ominus}\frac{c(\mathrm{HOAc})}{c(\mathrm{OAc^-})}\cdot c^{\ominus} = (1.8\times10^{-5}\times\frac{5.00\times10^{-5}}{5.00\times10^{-2}})\mathrm{mol\cdot L^{-1}} = 1.8\times10^{-8}\mathrm{mol\cdot L^{-1}}$$

$$\mathrm{pH}=7.74$$

(3) 化学计量点时 当加入 20.00mL NaOH 溶液时，HOAc 全部被中和，生成 NaOAc 溶液：

$$OAc^- + H_2O \rightleftharpoons OH^- + HOAc$$

平衡浓度 /($mol \cdot L^{-1}$) $\qquad \dfrac{0.1000}{2} - x \qquad x \qquad x$

$$K_b^\ominus = \frac{K_w^\ominus}{K_a^\ominus} = \frac{1.0\times10^{-14}}{1.8\times10^{-5}} = 5.56\times10^{-10}$$

$$c(OH^-) = x mol \cdot L^{-1} = \sqrt{0.0500\times5.56\times10^{-10}} mol \cdot L^{-1} = 5.27\times10^{-6} mol \cdot L^{-1}$$

$$pOH = 5.28$$

$$pH = 8.72$$

（4）化学计量点后　溶液中含有 NaOAc 和过量的 NaOH。OAc^- 是很弱的碱，水解产生的 OH^- 在 NaOH 存在时可以忽略。计算溶液中 $c(H^+)$ 的方法与强碱滴定强酸时的计算方法相同。例如加入 20.02mL NaOH 溶液，NaOH 过量 0.02mL 时，pH=9.70。

图 16.6 中的实线是这一滴定过程的滴定曲线，虚线是相同浓度 NaOH 滴定 HCl 的滴定曲线，两条曲线在化学计量点之后重叠。通过对比可以看出，由于 HOAc 是弱酸，滴定开始前其 pH 值比 HCl 的 pH 值高，滴定开始后，由于生成的 OAc^- 产生同离子效应抑制了 HOAc 的解离，溶液中 $c(H^+)$ 较快地降低，pH 值较快升高。随着滴定的进行，HOAc 浓度逐渐减小而 OAc^- 浓度不断增大，溶液中形成了 HOAc-OAc^- 缓冲体系，pH 值增长缓慢。当滴定接近计量点时，由于 HOAc 浓度已经很低，溶液的缓冲作用也显著地减弱，再加入 NaOH，溶液的 pH 值又较快增大。到达计量点时，在其附近出现一个较短小的突跃 (AB)。由于滴定产物 OAc^- 是弱碱，计量点的 pH 值是 8.72，滴定突跃范围为 pH7.74～9.70，只增加了 2 个 pH 单位。比相同浓度的强碱滴定强酸的突跃范围要小得多，而且化学计量点在碱性范围内。由于在酸碱滴定中，如果用指示剂来指示终点，应选择变色范围处于或部分处于滴定突跃范围的指示剂，因此在碱性范围内变色的指示剂如酚酞、百里酚蓝或百里酚酞等可以用作这类滴定的指示剂，但在酸性范围内变色的指示剂如甲基橙、甲基红等则不适用。

计量点以后，为 NaOAc 和 NaOH 的混合碱溶液，由于 OAc^- 的解离受到过量滴定剂 OH^- 的抑制，故溶液 pH 值的变化规律与强碱滴定强酸相同。

强酸 HCl 滴定强碱 NaOH 的滴定曲线（如图 16.7 中虚线）。此类型的滴定与强碱滴定一元弱酸相似，所不同的是溶液的 pH 值是由大到小。对于强酸滴定弱碱，例如用 HCl 溶液滴定 $NH_3 \cdot H_2O$ 溶液，其滴定曲线如图 16.7 中实线所示。用类似的方法可以计算出用 HCl 滴定 $NH_3 \cdot H_2O$ 时，化学计量点的 pH 值为 5.28，滴定突跃发生在酸性范围内，pH 值为 6.25～4.30。因此必须选用在酸性范围内变色的指示剂如甲基红、溴甲酚绿或甲基橙等，但在碱性范围内变色的指示剂如酚酞、百里酚酞等则不适用。

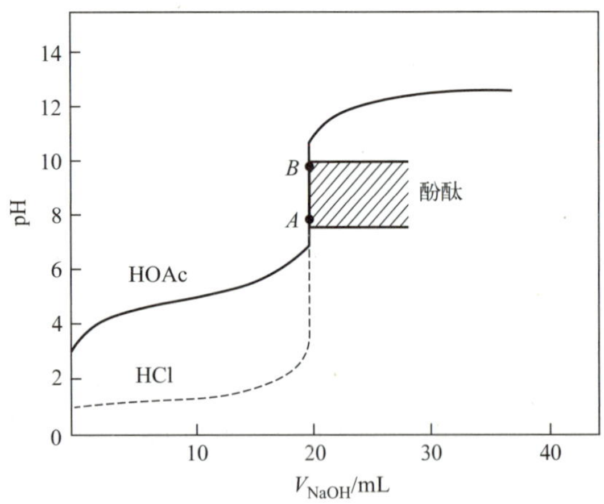

图 16.6　以 NaOH 溶液滴定 HOAc 溶液的滴定曲线

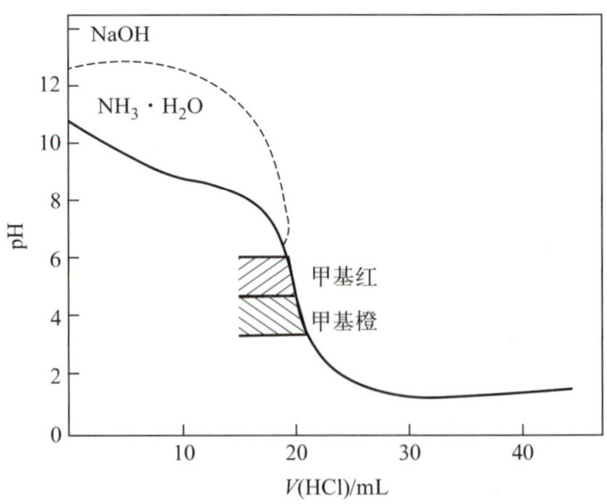

图 16.7　强酸滴定弱碱的滴定曲线

强碱滴定弱酸和强酸滴定弱碱滴定曲线的滴定突跃范围也受酸、碱浓度的影响，如图 16.8 所示，酸碱溶液越浓，滴定突跃越大；酸碱溶液浓度降低，它们的滴定突跃也减小。另外，滴定突跃范围还与弱酸、弱碱的强度有关。被滴定的酸、碱越弱，滴定突跃范围越小。不同 $K_a^\ominus$ 值酸的滴定曲线及其突跃范围表示在图 16.8 中。从图 16.8 可见，当弱酸的 $K_a^\ominus=1.0\times10^{-7}$ 时，滴定突跃只有 0.3pH 单位，这时利用指示剂确定滴定终点，准确性就很差。当弱酸的 $K_a^\ominus=1.0\times10^{-9}$ 时，已看不出滴定突跃。对于这类极弱酸（如 H_3BO_3，其 $K_a^\ominus\approx10^{-9}$），在水溶液中就无法利用一般的酸碱指示剂确定滴定终点。

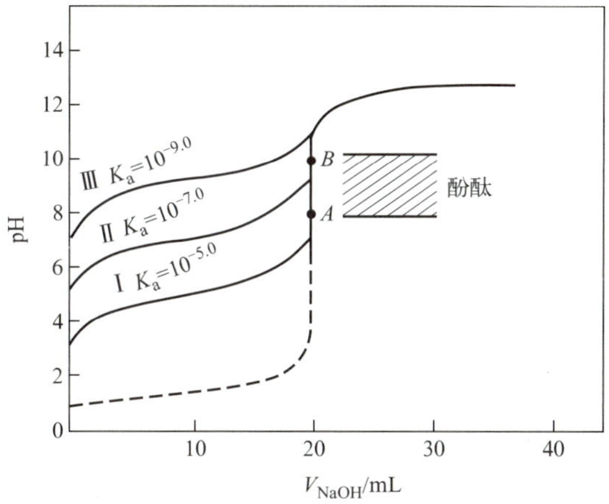

图 16.8 以 NaOH 溶液滴定不同弱酸溶液的滴定曲线

一般来说，欲使滴定的终点误差在允许的 ±0.1% 以内，只有当弱酸或弱碱的浓度与其解离常数的乘积满足 $cK_a^\ominus\geqslant10^{-8}$ 或 $cK_b^\ominus\geqslant10^{-8}$ 的条件时，才有可能进行滴定分析。因此 $cK_a^\ominus$（$cK_b^\ominus$）$\geqslant10^{-8}$ 可作为弱酸（或弱碱）能否被准确滴定的判据。

根据上述判据，弱酸 HOAc($K_a^\ominus=10^{-4.74}$) 可以用强碱溶液直接滴定，但其共轭碱 OAc^-($K_b^\ominus=10^{-9.26}$) 不能用强酸滴定。又如，弱碱苯胺 $C_6H_5NH_2$($K_b^\ominus=10^{-9.4}$) 不能用强酸滴定，而其共轭酸 $C_6H_5NH_3^+$（$K_a^\ominus=10^{-9.4}$）是可以用强碱溶液直接滴定的。

16.2.4.3 多元酸的滴定

多元酸大多数是弱酸，在水溶液中可以分步解离。用碱溶液滴定多元酸的一般条件是：①首先要求 $cK_a^\ominus\geqslant10^{-8}$，才可进行滴定；②若 $K_{a(1)}^\ominus / K_{a(2)}^\ominus\geqslant10^5$，则可进行分步滴定。

为了确定多元酸在滴定过程中到达化学计量点时的 pH 值，以多元酸的酸式盐（如 NaH_2PO_4、Na_2HPO_4 等两性物质）为例进行讨论。

设两性物质为 NaHA，溶液中的质子转移反应有：

$$HA^- \rightleftharpoons H^+ + A^{2-}$$

$$HA^- + H_2O \rightleftharpoons H_2A + OH^-$$

$$H_2O \rightleftharpoons H^+ + OH^-$$

设 HA^- 原始浓度为 c，选择 HA^-、H_2O 为参考物质，则质子平衡式为

$$c(H^+) + c(H_2A) = c(A^{2-}) + c(OH^-)$$

根据

$$H_2A \rightleftharpoons H^+ + HA^-$$

$$HA^- \rightleftharpoons H^+ + A^{2-}$$

$$K_{a(1)}^\ominus = \frac{c(H^+)c(HA^-)}{c(H_2A)}$$

$$K_{a(2)}^\ominus = \frac{c(H^+)c(A^{2-})}{c(HA^-)}$$

可得：

$$c(H^+) = \frac{K_{a(2)}^\ominus c(HA^-)}{c(H^+)} + \frac{K_w^\ominus}{c(H^+)} - \frac{c(H^+)c(HA^-)}{K_{a(1)}^\ominus}$$

整理后得：

$$c(H^+) = \sqrt{\frac{K_{a(1)}^\ominus[K_{a(2)}^\ominus c(HA^-) + K_w^\ominus]}{K_{a(1)}^\ominus + c(HA^-)}}$$

一般情况下，HA^- 的酸式解离和碱式解离的倾向很小，所以 $c(HA^-)\approx c$。

则：
$$c(H^+)=\sqrt{\frac{K^{\ominus}_{a(1)}(K^{\ominus}_{a(2)}c+K^{\ominus}_{w})}{c+K^{\ominus}_{a(1)}}}$$

若
$$cK^{\ominus}_{a(2)}\geqslant 20K^{\ominus}_{W}\qquad c\geqslant 20K^{\ominus}_{a(1)}$$

则：
$$c(H^+)=\sqrt{K^{\ominus}_{a(1)}K^{\ominus}_{a(2)}}\qquad pH=\frac{1}{2}(pK^{\ominus}_{a(1)}+pK^{\ominus}_{a(2)})\qquad(16\text{-}2\text{-}1)$$

从式（16-2-1）可知，二元酸的第一计量点，即中间物质 HA^- 的 pH 值，介于 $pK^{\ominus}_{a(1)}$ 和 $pK^{\ominus}_{a(2)}$ 之间，与它的浓度几乎无关。

【例 16.7】 用 $0.1000mol\cdot L^{-1}$ NaOH 溶液滴定 20.00mL $0.1000mol\cdot L^{-1}H_3PO_4$，滴定前及计量点的 pH 值各为多少？

解：H_3PO_4 为三元酸（$K^{\ominus}_{a(1)}=7.6\times10^{-3}$，$K^{\ominus}_{a(2)}=6.3\times10^{-8}$，$K^{\ominus}_{a(3)}=4.4\times10^{-13}$），各相邻的解离常数的比值都达到 $10^4\sim10^5$，可以分步滴定。

$$H_3PO_4+OH^-\rightleftharpoons H_2PO_4^-+H_2O$$

$$H_2PO_4^-+OH^-\rightleftharpoons HPO_4^{2-}+H_2O$$

HPO_4^{2-} 是非常弱的酸，$cK^{\ominus}_{a(3)}<10^{-8}$，无法用 NaOH 直接滴定。

（1）第一计量点 H_3PO_4 滴定到 $H_2PO_4^-$ 时溶液的 pH 值

$$pH=\frac{1}{2}(pK^{\ominus}_{a(1)}+pK^{\ominus}_{a(2)})=\frac{1}{2}\times(2.12+7.20)=4.66$$

（2）第二计量点 $H_2PO_4^-$ 滴定到 HPO_4^{2-} 时溶液的 pH 值

$$pH=\frac{1}{2}(pK^{\ominus}_{a(2)}+pK^{\ominus}_{a(3)})=\frac{1}{2}\times(7.20+12.36)=9.78$$

根据上例计算，如果分别选用甲基橙和酚酞指示终点，中和反应交叉进行，使化学计量点附近曲线倾斜，滴定突跃较为短小，终点时变色不明显，很难判断，因而终点误差很大（约为 ±0.5%）。如果分别改用甲基橙 + 溴甲酚绿（变色时 pH=4.3）和酚酞 + 百里酚酞（变色时 pH=9.9）混合指示剂，则终点时变色明显。用强碱滴定 H_3PO_4 的滴定曲线，如图 16.9 所示。

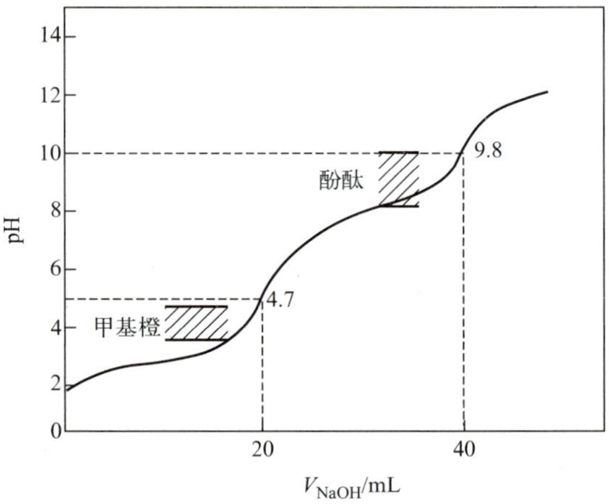

图 16.9　以 NaOH 溶液滴定 H_3PO_4 溶液的滴定曲线

综上所述，对于多元酸的滴定，首先要考虑该酸能否进行分步滴定，如果 $K^{\ominus}_{a(1)}/K^{\ominus}_{a(2)}$ 太小，H_nA 尚未被中和完时，$H_{n-1}A^-$ 就开始参加反应，致使化学计量点附近 H^+ 浓度没有明显的突变，因而无法确定滴定终点。其次还应考虑能够直接滴定至多元酸的哪一级解离，反应的产物是什么物质，以便进行定量计算。由于多元酸的滴定突跃较小，因此对多元酸测定的准确度要求应适当降低，一般允许 ±1% 的终点误差。因此在滴定突跃≥ 0.4pH 的情况下，要进行分步滴定必须满足下列条件：

① $cK^{\ominus}_{a}\geqslant 10^{-8}$，确定可以对第一级解离的 H^+ 进行准确滴定；

② $K^{\ominus}_{a(1)}/K^{\ominus}_{a(2)}\geqslant 10^5$，确定二级解离的 H^+ 对第一步滴定无干扰或干扰很小。

混合弱酸的滴定情况与多元酸相似。设有两种弱酸 HA 和 HB，在确定能否分别滴定的条件时，除了比较两种酸的强度之外，还应考虑两种酸的浓度因素。若 $K^{\ominus}_{a}(HA)>K^{\ominus}_{a}(HB)$，要能分步滴定 HA，需要满足下列条件：

① $c(HA)K^{\ominus}_{a}(HA)\geqslant 10^{-8}$（允许误差 ±1%）

② $[c(\mathrm{HA})\ K_a^\ominus(\mathrm{HA})]/[c(\mathrm{HB})\ K_a^\ominus(\mathrm{HB})] \geqslant 10^4$

16.2.4.4 多元碱的滴定

多元碱的滴定与多元酸的滴定类似，有关多元酸分步滴定的结论也适用于强酸滴定多元碱的情况，只是需将 $K_a^\ominus$ 换成 $K_b^\ominus$：①首先要求 $cK_b^\ominus \geqslant 10^{-8}$，才可进行滴定；②若 $K_{b(1)}^\ominus / K_{b(2)}^\ominus \geqslant 10^5$，则可进行分步滴定。

现以 HCl 溶液滴定 Na_2CO_3 为例进行讨论。H_2CO_3 为二元弱酸，在水溶液中分步解离：

$$CO_3^{2-} + H_2O \rightleftharpoons HCO_3^- + OH^-$$

$$K_{b(1)}^\ominus = \frac{K_w^\ominus}{K_{a(2)}^\ominus} = \frac{1.0\times10^{-14}}{4.7\times10^{-11}} = 2.1\times10^{-4}$$

$$HCO_3^- + H_2O \rightleftharpoons H_2CO_3 + OH^-$$

$$K_{b(2)}^\ominus = \frac{K_w^\ominus}{K_{a(1)}^\ominus} = \frac{1.0\times10^{-14}}{4.5\times10^{-7}} = 2.2\times10^{-8}$$

由 $K_{b(1)}^\ominus$ 和 $K_{b(2)}^\ominus$ 的数值可知，在浓度 c 不是太小的情况下，CO_3^{2-} 和 HCO_3^- 均可被 HCl 溶液滴定。第一步是 Na_2CO_3 被滴定到 $NaHCO_3$，第二步是 $NaHCO_3$ 被滴定到 H_2CO_3。

【例 16.8】 用 $0.1000\mathrm{mol\cdot L^{-1}}$ HCl 溶液滴 20.00mL $0.1000\mathrm{mol\cdot L^{-1}}$ Na_2CO_3，滴定前及计量点的 pH 值各为多少？

解： H_2CO_3 为二元酸（$K_{a(1)}^\ominus=4.5\times10^{-7}$，$K_{a(2)}^\ominus=4.7\times10^{-11}$）

滴定反应

$$CO_3^{2-} + H^+ \rightleftharpoons HCO_3^-$$

$$HCO_3^- + H^+ \rightleftharpoons H_2CO_3$$

(1) 滴定前 CO_3^{2-} 是中等强度的弱碱，在水中存在下述反应：

$$CO_3^{2-} + H_2O \rightleftharpoons HCO_3^- + OH^-$$

平衡浓度 /($\mathrm{mol\cdot L^{-1}}$)　　$0.1000-x$　　　x　　x

$$\frac{x^2}{0.1000-x} = K_{b(1)}^\ominus = 2.1\times10^{-4}$$

$$c(OH^-) = x\mathrm{mol\cdot L^{-1}} = \sqrt{0.1000\times2.1\times10^{-4}}\mathrm{mol\cdot L^{-1}} = 4.2\times10^{-3}\mathrm{mol\cdot L^{-1}}$$

$$\mathrm{pOH}=2.38 \qquad \mathrm{pH}=11.62$$

(2) 第一计量点 即 CO_3^{2-} 滴定到 HCO_3^- 时溶液的 pH 值。

$$\mathrm{pH} = \frac{1}{2}(\mathrm{p}K_{a(1)}^\ominus + \mathrm{p}K_{a(2)}^\ominus) = \frac{1}{2}\times(6.35+10.33) = 8.34$$

(3) 第二计量点 此时溶液已成为 H_2CO_3 的饱和溶液，其浓度为 $0.04\mathrm{mol\cdot L^{-1}}$。由于 $K_{a(1)}^\ominus \gg K_{a(2)}^\ominus$，可按一元弱酸计算。

$$\frac{x^2}{0.04-x} = 4.5\times10^{-7}$$

$$x = \sqrt{0.04\times4.5\times10^{-7}} = 1.3\times10^{-4}$$

$$\mathrm{pH}=3.89$$

图 16.10 为 $0.1000\mathrm{mol\cdot L^{-1}}$ HCl 滴定 $0.05000\mathrm{mol\cdot L^{-1}}$ Na_2CO_3 的滴定曲线。在第一化学计量点时，由于 $K_{b(1)}^\ominus / K_{b(2)}^\ominus = 7.5\times10^3 < 10^5$，滴定到 HCO_3^- 这一步的突跃不很明显。若采用酚酞作指示剂，变色不明显，误差较大。若改用混合指示剂如甲酚红 + 百里酚蓝（变色时 pH 值为 8.3），并用同浓度的 $NaHCO_3$ 溶液作参比，可以提高准确度，误差约为 0.5%。

在第二化学计量点时，由于 Na_2CO_3 的 $K^{\ominus}_{b(2)}$ 不够大，滴定突跃也不够明显。一般可采用甲基橙作指示剂，但由于溶液中存在着大量的 CO_2，影响指示剂的敏锐变色，因此滴定到近终点时，应将溶液剧烈摇动。用 HCl 滴至溶液刚显橙色时，煮沸除去 CO_2，此时溶液变为黄色，冷却后，再滴入极少量的 HCl 至显橙色，即为终点。

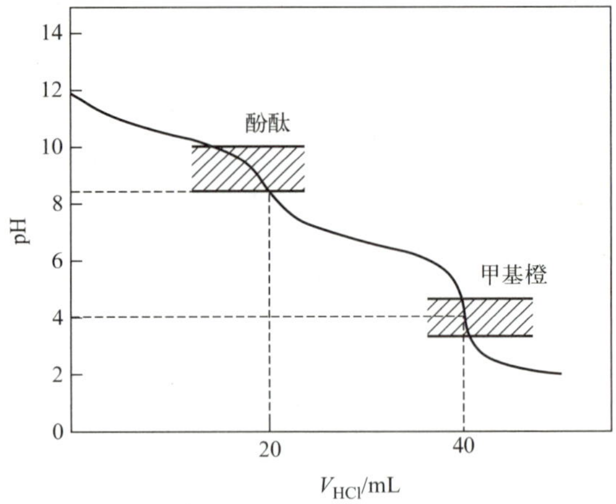

图 16.10　以 HCl 溶液滴定 Na_2CO_3 溶液的滴定曲线

16.2.5　酸碱滴定法的应用示例

16.2.5.1　混合碱的分析

混合碱通常是指 NaOH 和 Na_2CO_3 或 Na_2CO_3 和 $NaHCO_3$ 的混合物。测定混合碱常采用双指示剂法：酚酞指示 NaOH 滴定至终点，Na_2CO_3 滴定到 $NaHCO_3$；甲基橙指示 $NaHCO_3$ 滴定至终点。

（1）烧碱中 NaOH 和 Na_2CO_3 的测定　准确称取一定量的烧碱试样，溶解后，以酚酞为指示剂，用 HCl 标准溶液滴定至红色消失，消耗 HCl 的体积为 V_1（第一终点）。此时 NaOH 被全部中和成 NaCl，而 Na_2CO_3 被中和至 $NaHCO_3$。然后加入甲基橙，继续用 HCl 滴定至橙色，又用去 HCl 的体积为 V_2（第二终点）。此时 $NaHCO_3$ 被中和至 NaCl。滴定反应式如下：

$$NaOH + HCl \xrightarrow{\text{酚酞}} NaCl + H_2O$$

$$Na_2CO_3 + HCl \xrightarrow{\text{酚酞}} NaHCO_3 + NaCl$$

$$NaHCO_3 + HCl \xrightarrow{\text{甲基橙}} NaCl + H_2CO_3$$

V_2 是滴定 $NaHCO_3$ 所消耗 HCl 的体积，而滴定 Na_2CO_3 到 $NaHCO_3$ 与滴定 $NaHCO_3$ 到 H_2CO_3 所消耗 HCl 的体积是相等的，因此滴定 NaOH 所需 HCl 的体积为 V_1-V_2。显然，$V_1 > V_2$。若试样的质量为 m_s，则

$$w(Na_2CO_3) = \frac{c(HCl)V_2M(Na_2CO_3)}{m_S}$$

$$w(NaOH) = \frac{c(HCl)(V_1 - V_2)M(NaOH)}{m_S}$$

（2）纯碱中 Na_2CO_3 和 $NaHCO_3$ 的测定　准确称取一定量的纯碱试样，溶解后，以酚酞为指示剂，用 HCl 标准溶液滴定至红色消失，消耗 HCl 的体积为 V_1（第一终点）。此时 Na_2CO_3 被中和至 $NaHCO_3$。然后加入甲基橙，继续用 HCl 滴定至橙色，又用去 HCl 的体积为 V_2（第二终点）。此时溶液中的 $NaHCO_3$ 全部被中和至 NaCl。滴定反应式如下：

$$Na_2CO_3 + HCl \xrightarrow{\text{酚酞}} NaHCO_3 + NaCl$$

$$NaHCO_3 + HCl \xrightarrow{\text{甲基橙}} NaCl + H_2CO_3$$

V_1 是滴定 Na_2CO_3 到 $NaHCO_3$，即滴了一半 Na_2CO_3 时所消耗 HCl 的体积，因此滴定试样中原有 $NaHCO_3$ 所需 HCl 体积为 V_2-V_1。显然，$V_2 > V_1$。则试样中 Na_2CO_3 和 $NaHCO_3$ 的质量分数为

$$w(Na_2CO_3) = \frac{c(HCl)V_1M(Na_2CO_3)}{m_S}$$

$$w(NaHCO_3) = \frac{c(HCl)(V_2 - V_1)M(NaHCO_3)}{m_S}$$

【例 16.9】 称取混合碱（Na_2CO_3 和 NaOH 或 Na_2CO_3 和 $NaHCO_3$ 的混合物）试样 0.6422g，

加酚酞指示剂，用 0.1994mol·L^{-1}HCl 标准溶液滴定至终点，用去酸溶液 32.12mL。再加甲基橙指示剂，滴定至终点，又用去酸溶液 22.28mL。问试样中含有何种组分？各组分的含量为多少？

解： 已知 V_1=32.12mL，V_2=22.28mL，因 $V_1 > V_2$，故此混合碱的组成为 NaOH 和 Na_2CO_3。

当滴定到酚酞变色时，NaOH 已完全中和。Na_2CO_3 只作用到 $NaHCO_3$，即仅获得一个质子：

$$Na_2CO_3 + HCl \longrightarrow NaHCO_3 + NaCl$$

用甲基橙作指示剂继续滴定到终点时，$NaHCO_3$ 又获得一个质子，成为 H_2CO_3，即

$$NaHCO_3 + HCl \longrightarrow H_2CO_3 + NaCl$$

则

$$w(\text{NaOH}) = \frac{c(\text{HCl}) \times (V_1 - V_2) \times M(\text{NaOH})}{m_S} \times 100\%$$

$$= \frac{0.1994 \times (32.12 - 22.28) \times 40.00 \times 10^{-3}}{0.6422} \times 100\% = 12.22\%$$

$$w(\text{Na}_2\text{CO}_3) = \frac{\frac{1}{2}c(\text{HCl}) \times 2V_2 \times M(\text{Na}_2\text{CO}_3)}{m_S} \times 100\%$$

$$= \frac{0.1994 \times 22.28 \times 106.0 \times 10^{-3}}{0.6422} \times 100\% = 73.33\%$$

16.2.5.2 铵盐的测定

测定 $(NH_4)_2SO_4$、NH_4Cl 等铵盐常用的方法有两种，即蒸馏法和甲醛法。下面介绍较为简便的测定 NH_4^+ 的甲醛法。

甲醛与铵盐作用可定量地置换出 H^+：

$$4NH_4^+ + 6HCHO \longrightarrow (CH_2)_6N_4H^+ + 3H^+ + 6H_2O$$

然后以甲基红作指示剂，用 NaOH 标准溶液滴定。在上述反应式中，4mol NH_4^+ 置换出的 4mol H^+ 中，有 1mol H^+ 使六亚甲基四胺质子化，以其共轭酸的形式存在。用 NaOH 滴定至终点时，仍被中和成六亚甲基四胺。因此 NaOH 与 NH_4^+ 的化学计量关系仍为 1∶1。甲醛中常含有甲酸，使用前应预先用碱中和除去。

为了提高测定的准确性，也可以加入过量的标准碱溶液，再用标准酸溶液回滴。

16.3 配位滴定法

配位滴定法是以配位反应为基础的滴定分析法。几乎所有的金属离子都有可能形成配合物。作为滴定用的配位剂可分为无机和有机两类。无机配位剂与金属离子一般都生成具有几种配位数的配合物，各级稳定常数比较接近，多数配合物不够稳定，因而无机配位剂在滴定分析中得不到广泛的应用。有机氨羧配位剂却不同，与金属离子形成的配合物组成一定而且很稳定，除碱金属离子外，大多数金属离子都能用配位滴定法进行测定，既方便又准确，促使配位滴定分析有很广泛的应用。

16.3.1 EDTA 及其配合物

目前，最常用的氨羧配位剂是乙二胺四乙酸（缩写为 EDTA, 简写为 H_4Y），其结构为：

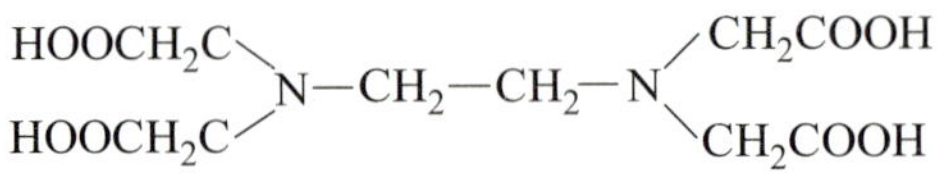

这是一个六齿螯合配位剂。

EDTA 是一种白色的晶体，微溶于水，不溶于有机溶剂中。由于它的钠盐溶解度较大，通常用的是它的二钠盐，$Na_2H_2Y \cdot 2H_2O$。EDTA 及其二钠盐的溶解度列于表 16.4 中。

表 16.4　EDTA 及其二钠盐在水中的溶解度　　　单位：g/100mL

项目	22℃	40℃	80℃
H_4Y	0.2	0.2	0.5
$Na_2H_2Y \cdot 2H_2O$	10.8	13.7	23.6

EDTA 在水溶液中，两个羧基上的 H^+ 可以转移到 N 原子上，形成双偶极离子：

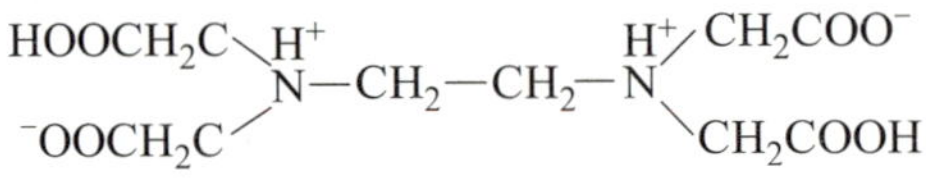

在酸度很高的水溶液中，它的两个羧酸根可以再接受 H^+，形成 H_6Y^{2+}，这样就相当于一个六元酸，有六级解离平衡，$K_a^\ominus$ 为解离常数。

$$H_6Y^{2+} \rightleftharpoons H^+ + H_5Y^+ \qquad K_{a(1)}^\ominus = 10^{-0.9}$$

$$H_5Y^+ \rightleftharpoons H^+ + H_4Y \qquad K_{a(2)}^\ominus = 10^{-1.6}$$

$$H_4Y \rightleftharpoons H^+ + H_3Y^- \qquad K_{a(3)}^\ominus = 10^{-2.07}$$

$$H_3Y^- \rightleftharpoons H^+ + H_2Y^{2-} \qquad K_{a(4)}^\ominus = 10^{-2.75}$$

$$H_2Y^{2-} \rightleftharpoons H^+ + HY^{3-} \qquad K_{a(5)}^\ominus = 10^{-6.24}$$

$$HY^{3-} \rightleftharpoons H^+ + Y^{4-} \qquad K_{a(6)}^\ominus = 10^{-10.34}$$

它的逐步解离实际上是同时进行的，因此 EDTA 在水溶液中同时存在着 7 种型体：H_6Y^{2+}、H_5Y^+、H_4Y、H_3Y^-、H_2Y^{2-}、HY^{3-}、Y^{4-}。各种型体的浓度随溶液 pH 值的变化而不同，pH 值越大，$c(Y^{4-})$ 越高。在不同 pH 值时各种型体的分布曲线如图 16.11 所示。从图中可以看到，在不同 pH 值时各种型体的分布系数是不同的。

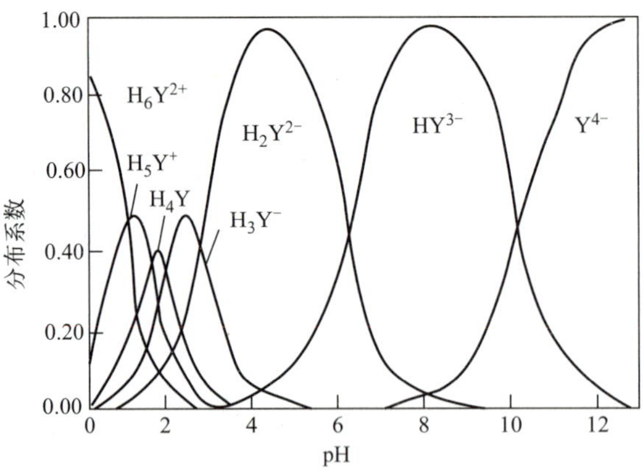

图 16.11　EDTA 各种型体的分布曲线

pH < 1 时，EDTA 存在的主要型体是 H_6Y^{2+}；pH=2.75～6.24 时，EDTA 存在的主要型体是 H_2Y^{2-}；pH > 10.34 时，EDTA 存在的主要型体是 Y^{4-}。pH 值很大（≥ 12）时才几乎完全以 Y^{4-} 型体存在。EDTA 各种存在型体的总浓度，用 $c(Y')$ 表示：

$$c(Y') = c(Y^{4-}) + c(HY^{3-}) + c(H_2Y^{2-}) + c(H_3Y^-) + c(H_4Y) + c(H_5Y^+) + c(H_6Y^{2+}) \qquad (16\text{-}3\text{-}1)$$

Y^{4-} 的分布系数为：

$$\delta(Y^{4-})=\frac{c(Y^{4-})}{c(Y')} \quad (16\text{-}3\text{-}2)$$

EDTA 的 7 种型体中，只有 Y^{4-} 能与金属离子形成稳定的 1∶1 配合物。2 个氨基氮和 4 个羧基氧，它们都有孤电子对，能与金属离子形成配位键，形成 5 个五元环结构的螯合物，性质非常稳定且易溶于水。EDTA（简单表示为 Y）和金属离子形成配合物的反应可表示如下（略去式中的电荷）：

$$M+Y \rightleftharpoons MY \quad (16\text{-}3\text{-}3)$$

其稳定常数 $K^{\ominus}(MY)$ 为

$$K^{\ominus}(MY)=\frac{c(MY)}{c(M)c(Y)} \quad (16\text{-}3\text{-}4)$$

一些常见的金属 -EDTA 配合物的稳定常数列于表 16.5 中。

从表 16.5 中可见，金属离子与 EDTA 形成的配合物的稳定性与金属离子的特性有关。碱土金属离子配合物的 $\lg K^{\ominus}(MY)=8\sim11$；过渡元素、稀土元素、$Al^{3+}$ 配合物的 $\lg K^{\ominus}(MY)=15\sim19$；其他 M^{3+}、M^{4+} 金属离子和 Hg^{2+} 配合物的 $\lg K^{\ominus}(MY)>20$。这些配合物稳定性的差别，主要是由金属离子本身所带电荷、离子半径和电子层结构所决定。

表 16.5　金属 -EDTA 配合物的稳定常数（298.15K，溶液离子浓度 I=0.1）

M	$\lg K$(MY)	M	$\lg K$(MY)	M	$\lg K$(MY)	M	$\lg K$(MY)
Ag^{+}	7.3	Fe^{2+}	14.33	Y^{3+}	18.09	Cr^{3+}	23.0
Ba^{2+}	7.76	Ce^{3+}	15.98	Ni^{2+}	18.67	Th^{4+}	23.2
Sr^{2+}	8.63	Al^{3+}	16.1	Cu^{2+}	18.80	Fe^{3+}	25.1
Mg^{2+}	8.69	Co^{2+}	16.31	$RE.^{3+}$	15.5 ～ 19.8	V^{3+}	25.9
Be^{2+}	9.8	Cd^{2+}	16.46	Tl^{3+}	21.5	Bi^{3+}	27.94
Ca^{2+}	10.69	Zn^{2+}	16.50	Hg^{2+}	21.8	Zr^{4+}	29.5
Mn^{2+}	14.04	Pb^{2+}	18.04	Sn^{2+}	22.1	Co^{3+}	36

16.3.2　配位反应的副反应系数和条件稳定常数

在 EDTA 滴定中，M 与 Y 配位生成 MY 是主反应，但 M 和 Y 及 MY 都可能同溶液中其他组分发生副反应。如下式所示：

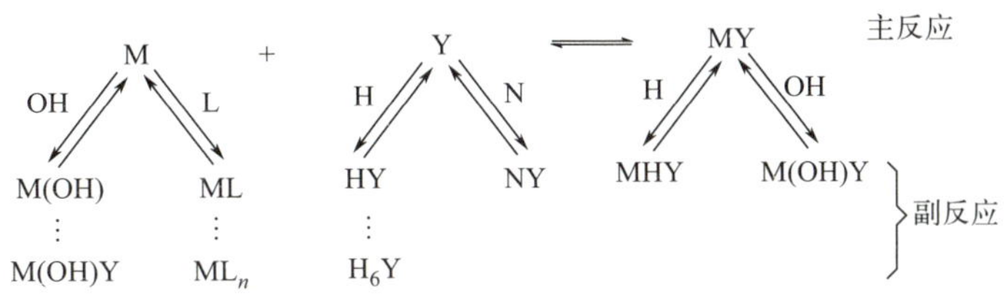

在 M 的副反应中包括金属离子 M 的水解效应及 M 与 L（可能是辅助配位剂、缓冲剂或掩蔽剂）的配位效应。在 Y 的副反应中包括配位剂 Y 的酸效应以及 Y 与其他共存离子 N 的配位效应。在 MY 的副反应中则包括形成酸式、碱式和混合配合物。反应物 M 或 Y 发生的副反应不利于主反应的进行，而产物 MY 的副反应则有利于主反应的进行。酸式配合物和碱式配合物大多不够稳定，在通常的测定中可以不予考虑。下面着重讨论酸效应和配位效应的影响。

16.3.2.1　酸效应的影响

在不同的酸度下，EDTA 各种型体的浓度是不相同的，而能够参加配位反应的是 Y^{4-} 这种型体。酸度的影响，使得 EDTA 参加主反应的能力下降，这种现象称为酸效应。酸效应的大小用酸效应系数 $\alpha(Y_H)$ 来衡量。酸效应系数表示在一定 pH 值下未参加配位反应的 EDTA 的总浓度 $c(Y')$ 与能参加配位反应的 Y^{4-} 的平衡浓度 $c(Y^{4-})$ 之比。$c(Y')$ 与 $c(Y^{4-})$ 的关系，可表示为

$$\alpha(Y_H)=\frac{c(Y')}{c(Y^{4-})} \tag{16-3-5}$$

显然，$\alpha(Y_H)$ 与 Y^{4-} 的分布系数 $\delta(Y^{4-})$ 互为倒数关系，它是 $c(H^+)$ 的函数值，酸效应系数只取决于溶液的 pH 值。不同 pH 值的 $\alpha(Y_H)$ 值列于表 16.6 中。

表 16.6　EDTA 在不同 pH 值的 $\alpha(Y_H)$

pH	$\lg\alpha(Y_H)$	pH	$\lg\alpha(Y_H)$	pH	$\lg\alpha(Y_H)$	pH	$\lg\alpha(Y_H)$	pH	$\lg\alpha(Y_H)$
0.0	23.64	2.8	11.09	5.4	5.69	8.0	2.27	10.8	0.11
0.4	21.32	3.0	10.60	5.8	4.98	8.4	1.87	11.0	0.07
0.8	19.08	3.4	9.70	6.0	4.65	8.8	1.48	11.4	0.03
1.0	18.01	3.8	8.85	6.4	4.06	9.0	1.28	11.8	0.01
1.4	16.02	4.0	8.44	6.8	3.55	9.4	0.92	12.0	0.01
1.8	14.27	4.4	7.64	7.0	3.32	9.8	0.59	13.0	0.00
2.0	13.51	4.8	6.84	7.4	2.88	10.0	0.45		
2.4	12.19	5.0	6.45	7.8	2.47	10.4	0.24		

从表 16.6 中可以看出，只有在 pH ≥ 12 时，$\alpha(Y_H)$ 才等于 1，$c(Y')$ 才等于 $c(Y^{4-})$。表 16.5 的稳定常数是 $c(Y')=c(Y^{4-})$ 时的稳定常数。

酸效应对配合物稳定性的影响很大。在稳定常数的表达式中代入 EDTA 溶液的总浓度及 EDTA 的酸效应系数，则得到

$$K^{\ominus}(MY)=\frac{c(MY)}{c(M)\dfrac{c(Y')}{\alpha(Y_H)}} \tag{16-3-6}$$

将酸效应系数并入稳定常数 $K^{\ominus}(MY)$ 中，得到的是条件稳定常数 $K'(MY)$，也称为表观稳定常数：

$$K'(MY)=\frac{K^{\ominus}(MY)}{\alpha(Y_H)}=\frac{c(MY)}{c(M)c(Y')} \tag{16-3-7}$$

即在一定酸度条件下用 EDTA 溶液总浓度表示的稳定常数。条件稳定常数的大小说明在溶液酸度影响下配合物的实际稳定程度。pH 值越大，$\lg\alpha(Y_H)$ 值越小，条件稳定常数越大，配位反应越完全；反之 pH 值降低，条件稳定常数减小，配位反应不完全。

上式如用对数形式表示，可以写成

$$\lg K'(MY)=\lg K^{\ominus}(MY)-\lg\alpha(Y_H) \tag{16-3-8}$$

$K'(MY)$ 是条件稳定常数的笼统表示。若仅是 EDTA 发生副反应，可以写作 $K(MY')$；若仅是金属离子发生副反应，则可写作 $K(M'Y)$；若是两者都发生副反应，则可写作 $K(M'Y')$。

【例 16.10】 计算在 pH=2.0 和 pH=5.0 时，ZnY^{2-} 的条件稳定常数 $K'(ZnY)$。

解： 由表 16.5 和表 16.6 查得

pH=2.0 时，$\lg\alpha(Y_H)=13.51$；pH=5.0 时，$\lg\alpha(Y_H)=6.45$ 代入式（16-3-8）得

pH=2.0 时，$\lg K'(ZnY)=16.50-13.51=2.99$

pH=5.0 时，$\lg K'(ZnY)=16.50-6.45=10.05$

从上例计算中可以看出，不同的 pH 值下，条件稳定常数的数值相差很大。下面我们将讨论条件稳定常数的数值应多大，配位滴定反应才能反应完全，以及如何控制溶液的 pH 值。

设被测离子浓度为 $c(M)$，允许滴定的终点误差为 ±0.1%，即在滴定至终点时有 99.9% 的金属离子形成 MY，即：

$$c(MY)=0.999\,c(M)$$

$$c(M)=c(Y')=0.001\,c(M)$$

代入式（16-3-7），得

$$K'(MY)\geqslant\frac{0.999c(MY)}{[0.001c(M)]^2}=10^6/c(M)$$

即

$$\lg[c(M)\,K'(MY)]\geqslant 6 \qquad (16\text{-}3\text{-}9)$$

通常将式（16-3-9）作为能否用配位滴定法测定单一金属离子的条件。若能满足该条件，则可得到相对误差≤ 0.1% 的分析结果。

【例 16.11】 在 pH=2.0 和 pH=5.0 时，$0.01\text{mol}\cdot L^{-1}$ 的 Zn^{2+} 是否能被 EDTA 滴定？

解： 由【例 16.10】计算得

pH=2.0 时　$\lg[c(Zn^{2+})K'(ZnY)]=-2+2.99=0.99<6$

pH=5.0 时　$\lg[c(Zn^{2+})K'(ZnY)]=-2+10.05=8.05>6$

由上可见，pH=2.0 时，$\lg[c(Zn^{2+})K'(ZnY)]$ 远小于 6，ZnY 配位不完全，不能滴定；而在 pH=5.0 时，$\lg[c(Zn^{2+})K'(ZnY)]>6$，配合物很稳定，可以滴定。

从上例计算可知，pH 值降低，$\lg K'(MY)$ 值就减小。对于稳定性高的配合物，溶液的 pH 值即使稍低一些，仍可进行滴定，而对于稳定性差的配合物，若溶液的 pH 值过低，就不能进行滴定了。因此，滴定不同的金属离子所允许的最低 pH 值不同。

为了确定滴定金属离子时所允许的最低 pH 值，可将式（16-3-8）和式（16-3-9）结合，得：

$$\lg c(M)+\lg K^{\ominus}(MY)-\lg\alpha(Y_H)\geqslant 6$$

$$\lg\alpha(Y_H)\leqslant\lg c(M)+\lg K^{\ominus}(MY)-6 \qquad (16\text{-}3\text{-}10)$$

由式（16-3-10）算出 $\lg\alpha(Y_H)$，再查表 16.6，用内插法可求得配位滴定允许的最低 pH 值。

【例 16.12】 求用 EDTA 滴定浓度为 $0.01\text{mol}\cdot L^{-1}$ 的 Zn^{2+}、Mg^{2+} 的最低 pH 值。

解： Zn^{2+}：$\lg\alpha(Y_H)\leqslant\lg c(Zn^{2+})+K^{\ominus}(ZnY)-6=-2+16.5-6=8.50$

查表 16.6 后用内插法得：pH ≥ 4.0

Mg^{2+}：$\lg\alpha(Y_H)\leqslant\lg c(Mg^{2+})+K^{\ominus}(MgY)-6=-2+8.69-6=0.69$

查表 16.6 后用内插法得：pH ≥ 9.7

根据金属离子的 $\lg K^{\ominus}(MY)$ 值与滴定它们时允许的最低 pH 值，绘成 EDTA 酸效应曲线（或称 Ringbom 曲线），如图 16.12 所示。图中金属离子位置所对应的 pH 值，就是滴定这种金属离子时所允许的最低 pH 值。

从这条曲线还可以看出，在一定的 pH 值范围内，哪些离子能被滴定，哪些离子有干扰。当有数种离子存在时，利用控制溶液酸度的方法，有可能在同一溶液中进行选择滴定或连续滴定。例如，欲连续测定含有 Fe^{3+}、Zn^{2+} 的混合液时，先用磺基水杨酸作指示剂，在 pH=2.0 时，用 EDTA 滴定 Fe^{3+}，然后调节 pH5.0～6.0，以二甲酚橙作指示剂，滴定 Zn^{2+}。

16.3.2.2　配位效应的影响

在滴定时往往需要加入缓冲溶液或掩蔽剂，如果所加入的缓冲溶液或掩蔽剂也是一种配位剂 L，则可能与金属离子生成另外的 ML_n 型配合物。在溶液 pH 值较大情况下，有些金属离子本身会发生水解，形成 $M(OH)_n$ 型羟基配合物。

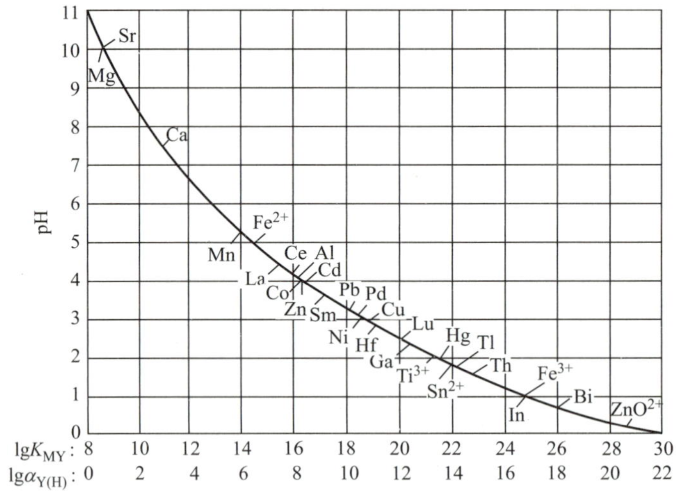

图 16.12　EDTA 的酸效应曲线

若同时考虑 EDTA 的酸效应和金属离子的副反应时，则配合物的实际稳定程度要用条件稳定常数 $K(M'Y')$ 表示，即

$$\lg K(M'Y') = \lg K^{\ominus}(MY) - \lg\alpha(M_L) - \lg\alpha(Y_H) \qquad (16\text{-}3\text{-}11)$$

在配位滴定中，虽然可能有各种副反应发生，由于分析条件是可以选择的，要尽可能避免使滴定影响因素复杂化。对通常的分析工作，主要还是考虑 EDTA 的酸效应。实际应用时，pH 值范围应比理论上允许的最低 pH 值大些，但又不能太大，要防止金属离子的水解，同时还需考虑指示剂的颜色变化对 pH 的要求。

16.3.3　金属指示剂

16.3.3.1　金属指示剂的作用原理

EDTA 配位滴定的金属指示剂是一些有机配位剂，可与金属离子形成有色配合物，其颜色与游离指示剂的颜色不同，因而可根据滴定过程中指示剂颜色的变化来指示滴定终点的到达。现以铬黑 T（简称 EBT）为例说明其作用原理。

铬黑 T 本身在 pH=8～11 的溶液中显蓝色，而与 Ca^{2+}、Mg^{2+} 等离子形成的配合物呈酒红色。在金属离子溶液中加入 EBT 指示剂，滴定前它与少量金属离子形成酒红色的配合物（M-EBT），滴定过程中该颜色一直保持到 EDTA 的加入量接近化学计量点。此时未与指示剂配位的游离金属离子几乎全部形成了 EDTA 配合物（MY），继续滴加 EDTA 时，由于 MY 配合物的条件稳定常数大于 M-EBT 配合物的条件稳定常数，因此 EDTA 将夺取 M-EBT 中的金属离子而将 EBT 游离出来，溶液显示游离 EBT 的蓝色，指示滴定终点的到达，即

$$\underset{\text{酒红色}}{\text{M-EBT}} + \text{Y} \xrightleftharpoons{\text{pH}=8\sim11} \text{MY} + \underset{\text{蓝色}}{\text{EBT}}$$

需要指出，金属指示剂不仅具有配位剂性质，而且本身常是多元弱酸或弱碱。像酸碱指示剂一样，随溶液 pH 值的变化而显示不同的颜色。例如铬黑 T 是个三元弱酸，第二、第三级解离平衡（$pK^{\ominus}_{a(2)}=6.3$、$pK^{\ominus}_{a(3)}=11.6$）和相应型体的颜色为

$$\underset{\substack{\text{红色}\\ \text{pH}<6}}{H_2In^-} \underset{+H^+}{\overset{-H^+}{\rightleftharpoons}} \underset{\substack{\text{蓝色}\\ \text{pH}=8\sim11}}{HIn^{2-}} \underset{+H^+}{\overset{-H^+}{\rightleftharpoons}} \underset{\substack{\text{橙色}\\ \text{pH}>12}}{In^{3-}}$$

显然铬黑 T 在 pH < 6 或 pH > 12 时，指示剂本身的颜色与其配合物的颜色没有显著的差别。只有在 pH=8～11 时，滴定终点时颜色变化才显著。因此使用金属指示剂，必须注意 pH 范围。

由上述讨论不难得出合适的指示剂应当具备的条件：

① 指示剂与金属离子应能形成水溶性配合物，且该配合物与指示剂本身有显著不同的颜色

② 指示剂和金属离子的反应必须灵敏、迅速和可逆。

③ 指示剂和金属离子生成的配合物要有合适的稳定性。如果指示剂配合物 MIn 过于稳定而不能被 EDTA 置换，会使指示剂出现“封闭现象”。为了消除产生封闭的某些离子，需要预先进行分离或加入掩蔽剂进行掩蔽。如果 MIn 与 EDTA 的置换反应缓慢而使终点拖长，这种现象称为指示剂的僵化。为了避免僵化的发生，可以提高溶液的反应温度或加入有机溶剂，以增加反应的速率。

金属离子的指示剂配合物与 EDTA 配合物，两者的形成要在大致相同的 pH 范围内。

16.3.3.2 常用的金属指示剂

金属指示剂按照化学组成，可以分成三个主要类别：偶氮染料类指示剂，三苯甲烷染料类指示剂和其他结构的指示剂。常用的金属指示剂列于表 16.7 中。

表 16.7 常用的金属指示剂

指示剂	使用的 pH 值范围	颜色变化		直接滴定的离子	指示剂的配制
		In^{n-}	MIn		
铬黑 T	8～11	蓝	红	pH=10 Mg^{2+}、Zn^{2+}、Cd^{2+}、Mn^{2+}、Pb^{2+} 和稀土元素离子	1g 铬黑 T+100gNaCl(s)
二甲酚橙	< 6	黄	红	pH < 1 ZrO^{2+}	0.5g 二甲酚橙 +100g 水
				pH=1～3 Bi^{3+} 和 Th^{2+}	
				pH=5～6 Zn^{2+}、Pb^{2+}、Cd^{2+}、Hg^{2+} 和稀土元素离子	
PAN	2～12	黄	红	pH=2～3 Bi^{2+} 和 Th^{4+} pH=4～5 Cu^{2+} 和 Ni^{2+}	0.1gPAN+100g 乙醇
酸性铬蓝 K	8～13	蓝	红	pH=10 Mg^{2+} 和 Zn^{2+}	1g 酸性铬蓝 K+100gNaCl(s)
				pH=13 Ca^{2+}	
钙指示剂	10～13	蓝	红	pH=12～13 Ca^{2+}	1g 钙指示剂 +100gNaCl(s)
磺基水杨酸	1.5～2.5	无色	紫红	pH=1.5～3 Fe^{3+}	2g 磺基水杨酸 +100g 水

(1) 铬黑 T EBT 是三元酸，位于偶氮基对位的强酸性磺酸基的质子很容易释出，能与许多金属离子生成酒红色的配合物。使用 EBT 最适宜的 pH 范围是 8～11。在这样的范围中，EBT 的 HIn^{2-} 呈蓝色，与生成的酒红色配合物的颜色显然大不相同。

EBT 与 Co^{2+}、Cu^{2+}、Ni^{2+}、Al^{3+}、Fe^{3+} 的配位稳定常数很大，十分稳定，能使 EBT 封闭。

EBT 能用于 EDTA 直接滴定的金属离子有 Ca^{2+}、Mg^{2+}、Zn^{2+}、Cd^{2+}、Pb^{2+} 等，最敏锐的色变是在 pH≈10（NH_4Cl-$NH_3 \cdot H_2O$ 缓冲溶液），它是滴定 Mg^{2+} 的灵敏指示剂（含有 10^{-6}～10^{-7}mol·L^{-1} 的 Mg^{2+} 溶液）。Ca-EBT 配合物的条件稳定常数较小，形成配合物的颜色不及 Mg^{2+} 的深，滴定终点指示不够敏锐。

EBT 的水溶液不稳定，易变质。通常是用干燥的 NaCl 或 KCl 将 EBT 稀释，配成固体混合物使用，保存时间较长。

(2) 二甲酚橙 (XO) XO 在 pH > 6.3 时呈红色，pH < 6.3 时呈黄色，由于它与金属离子生成的配合物呈深红色，因此仅黄色的形态（pH < 6.3 时）对分析才是有意义的。XO 在酸性介质中是很好的配位指示剂，应用的 pH 范围较宽，各金属配合物的稳定性取决于溶液的 pH 值。因此对每一金属离子的滴定应该维持在一定的 pH 范围内。表 16.8 列出了滴定各种金属离子时的 pH 范围。以 EDTA 直接滴定，终点由红色变为黄色。变色很敏锐。

表 16.8 以 XO 作指示剂，滴定金属离子的 pH 范围

pH	金属离子
1～2	Bi^{3+}
2.5～3.5	Th^{4+}
3～5	Sc^{3+}、In^{3+}
4～5	Tl^{3+}、Co^{2+}
5～5.5	Pb^{2+}、Zn^{2+}、Cd^{2+}、Hg^{2+}

能封闭 XO 指示剂的金属离子有 Fe^{3+}、Al^{3+}、Ni^{2+}、Cu^{2+} 等，可以加入过量的 EDTA 后用 Zn^{2+} 或 Pb^{2+} 标准溶液回滴。通过对溶液酸度的控制，可以连续测定 Bi^{3+} 和 Pb^{2+} 或 Bi^{3+} 和 Cd^{2+}。

（3）PAN　在微酸性溶液中，PAN 与金属离子 Cu^{2+}、Zn^{2+}、Cd^{2+}、Pb^{2+}、Mn^{2+} 等生成紫红色配合物。这些离子可用于 EDTA 的直接滴定，在 pH=1～12 范围内，终点突变为黄色。由于它们容易形成胶体溶液或沉淀，可加入乙醇或加热溶液。

实际上常用的是 Cu-PAN 指示剂，它是 CuY 与 PAN 的混合溶液。在含有被测金属离子 M 的试液中，加入少量的 CuY，并滴加 PAN，此时 M 就置换出 CuY 中的 Cu^{2+}，而 Cu^{2+} 与 PAN 形成 Cu-PAN，溶液显紫红色，置换反应如下：

$$\mathrm{M + (\underset{蓝色}{CuY} + \underset{黄色}{PAN}) \rightleftharpoons MY + \underset{紫红色}{Cu\text{-}PAN}}$$

当滴加 EDTA 与 M 定量反应后，稍微过量的 EDTA 将夺取 Cu-PAN 中的 Cu^{2+} 而使 PAN 游离出来：

$$\mathrm{\underset{紫红色}{Cu\text{-}PAN} + Y \rightleftharpoons \underset{蓝色}{CuY} + \underset{黄色}{PAN}}$$

溶液由紫红色变为 CuY 与 PAN 混合而成的绿色，即到达终点。在滴定前后 CuY 的量没有变化，不影响测定结果。用 Cu-PAN 作指示剂可以测定多种金属离子，并可在同一溶液中进行连续测定，但 Ni^{2+} 对 Cu-PAN 有封闭作用。

16.3.4 配位滴定法的基本原理

16.3.4.1 配位滴定的分组和滴定曲线

配位滴定中，随着 EDTA 的不断加入，被滴定的金属离子浓度 $c(\mathrm{M})$ 不断减小，其改变情况和酸碱滴定类似。在化学计量点附近 pM 值 $[-\lg c(\mathrm{M})]$ 发生突变。配位滴定过程中 pM 值的变化可以用 pM 值对 EDTA 的加入量所绘制的滴定曲线来表示。考虑到各种副反应的影响，需要应用条件稳定常数 $K'(\mathrm{MY})$。图 16.13 表示不同条件稳定常数的金属离子的滴定曲线 $[c(\mathrm{M})=0.01\mathrm{mol\cdot L^{-1}}]$。从图中可以看出，在配位滴定中滴定突跃与配合物的条件稳定常数有关，$K'(\mathrm{MY})$ 值越大，滴定突跃也越大。

【例 16.13】 用 $0.01000\mathrm{mol\cdot L^{-1}}$ 的 EDTA 标准溶液在 pH=10 时滴定 20.00mL $0.01000\mathrm{mol\cdot L^{-1}}$ Ca^{2+} 溶液，计算化学计量点时溶液的 pCa 值。

解： pH=10 时，$\lg K'(\mathrm{CaY})=10.69-0.45=10.24$

$$计量点时，c(\mathrm{CaY^{2-}}) = (0.01\times\frac{20.00}{20.00+20.00})\mathrm{mol\cdot L^{-1}} = 5\times10^{-3}\mathrm{mol\cdot L^{-1}}$$

$$c(\mathrm{Ca^{2+}}) = c(\mathrm{Y'})$$

$$K'(\mathrm{CaY}) = 10^{-10.24} = \frac{c(\mathrm{CaY^{2-}})}{c(\mathrm{Ca^{2+}})c(\mathrm{Y'})}$$

$$c(\mathrm{Ca^{2+}})=\sqrt{\frac{5\times10^{-3}}{10^{-10.24}}}\mathrm{mol\cdot L^{-1}}=10^{-6.3}\mathrm{mol\cdot L^{-1}}$$

$$\mathrm{pCa}=6.3$$

滴定突跃的大小不仅依赖于条件稳定常数，而且与被滴定的金属离子的浓度有关。图 16.14 为 $\lg K'(\mathrm{MY})=10$ 时用 EDTA 分别滴定不同浓度金属离子的滴定曲线。金属离子的浓度越高，滴定曲线的起点就越低，对应的突跃范围也越大。

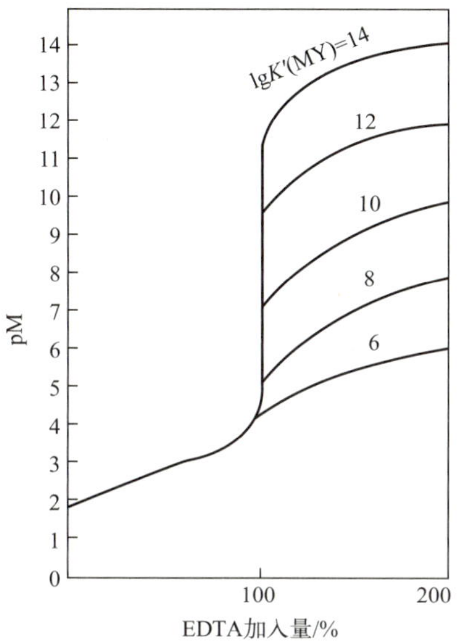

图 16.13　不同 $K'(\mathrm{MY})$ 的滴定曲线

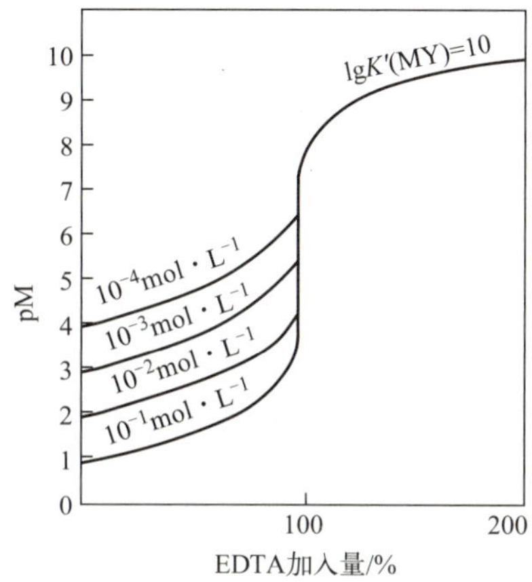

图 16.14　不同 $c(\mathrm{M})$ 的滴定曲线

16.3.4.2　混合离子的测定

以上讨论的都是单一金属离子的测定，但是实际样品的组成多是比较复杂的，溶液中可能有多种金属离子共存。由于 EDTA 能与许多金属离子生成稳定的配合物，在测定时就可能相互干扰，因此在混合离子溶液中如何消除干扰，提高测定的选择性，是配位滴定中要解决的重要问题。

（1）用控制溶液酸度的方法进行分别测定　前面已讨论到，当滴定某一种金属离子时，只要满足 $\lg c(\mathrm{M})\,K'(\mathrm{MY})\geqslant 6$ 的条件，就可以准确地进行滴定，误差≤ ±0.1%。若溶液中有两种以上的金属离子共存时，情况就比较复杂。若溶液中存在 M 和 N 两种金属离子，均可与 EDTA 形成配合物，此时欲准确测定 M，共存的 N 就可能产生干扰，必须考虑干扰离子 N 的副反应，其副反应系数为 $\alpha(\mathrm{Y_N})$。当 $K^{\ominus}(\mathrm{MY})>K^{\ominus}(\mathrm{NY})$ 时，可推导出下式：

$$\begin{aligned}\lg c(\mathrm{M})\,K'(\mathrm{MY})&=\lg K^{\ominus}(\mathrm{MY})-\lg K^{\ominus}(\mathrm{NY})+\lg\frac{c(\mathrm{M})}{c(\mathrm{N})}\\&=\Delta\lg K+\lg\frac{c(\mathrm{M})}{c(\mathrm{N})}\end{aligned}\tag{16-3-12}$$

因此，两种离子的条件稳定常数的差值（$\Delta\lg K$）越大，被测离子浓度 $c(\mathrm{M})$ 越大，干扰离子浓度 $c(\mathrm{N})$ 越小，则在 N 存在下准确滴定 M 的可能性就越大。$\Delta\lg K$ 值的大小决定了能否进行分别滴定。而最小允许的 $\Delta\lg K$ 值取决于所要求的准确度、两种离子的浓度比 $\{c(\mathrm{M})/c(\mathrm{N})\}$ 及终点和化学计量点 pM 的差值 $\Delta\mathrm{pM}$ 等因素。当 $c(\mathrm{M})=c(\mathrm{N})$ 时，若 $\Delta\mathrm{pM}=\pm0.2$，要求滴定的相对误差≤ ±0.1%，则：

$$\Delta\lg K=\lg c(\mathrm{M})\,K'(\mathrm{MY})\geqslant 6\tag{16-3-13}$$

有干扰离子存在时一般允许相对误差≤ ±0.3% 的，则要求：

$$\Delta \lg K = \lg c(\mathrm{M})\, K'(\mathrm{MY}) \geqslant 5 \qquad (16\text{-}3\text{-}14)$$

因此一般将 $\Delta\lg K \geqslant 5$ 作为判别能否分别滴定的条件。若当共存离子浓度较低时，如 $c(\mathrm{M}) \approx 10c(\mathrm{N})$ 时：

$$\Delta \lg K = \lg c(\mathrm{M})\, K'(\mathrm{MY}) - \lg \frac{c(\mathrm{M})}{c(\mathrm{N})} \geqslant 4$$

要求 $\Delta\lg K \geqslant 4$ 即可；反之，若 $10c(\mathrm{M}) \approx c(\mathrm{N})$ 时，则要求 $\Delta\lg K \geqslant 6$。

【例 16.14】 在 pH=1.0 含有 Bi^{3+} 和 Pb^{2+} 各为 $0.010\mathrm{mol \cdot L^{-1}}$ 的混合溶液中，问：①能否用 EDTA 标准溶液准确滴定 Bi^{3+} 而 Pb^{2+} 不干扰？②滴定 Bi^{3+} 所允许的最低 pH 值应多大？③滴定 Bi^{3+} 后的试液中，如果欲继续滴定 Pb^{2+}，则滴定 Pb^{2+} 所允许的最低 pH 值应多大？

解：

① 根据式（16-3-9）和式（16-3-14）得

$$\begin{aligned}\lg[c(\mathrm{Bi^{3+}})\, K'(\mathrm{BiY})] &= \lg c(\mathrm{Bi^{3+}}) + \lg K^{\ominus}(\mathrm{BiY}) - \lg \alpha(\mathrm{Y_H}) \\ &= -2 + 27.94 - 18.01 = 7.93 > 6\end{aligned}$$

$$\Delta \lg K = \lg K^{\ominus}(\mathrm{BiY}) - \lg K^{\ominus}(\mathrm{PbY}) = 27.94 - 18.04 = 9.9 > 5$$

故可用 EDTA 准确滴定 Bi^{3+} 而 Pb^{2+} 不干扰。

② 根据式（16-3-10），滴定 Bi^{3+} 所允许的最低 pH 值为

$$\lg \alpha(\mathrm{Y_H}) \leqslant \lg c(\mathrm{Bi^{3+}}) + \lg K^{\ominus}(\mathrm{BiY}) - 6 = \lg 10^{-2} + 27.94 - 6 = 19.94$$

查表 16.6，用内插法求得 $\mathrm{pH_{min}} \geqslant 0.7$。

③ 同理，滴定 Pb^{2+} 所允许的最低 pH 值为

$$\lg \alpha(\mathrm{Y_H}) \leqslant \lg c(\mathrm{Pb^{2+}}) + \lg K^{\ominus}(\mathrm{PbY}) - 6 = \lg 10^{-2} + 18.04 - 6 = 10.04$$

查表 16.6，用内插法求得 $\mathrm{pH_{min}} \geqslant 3.3$。

考虑 Bi^{3+} 在 pH≈2 时将水解析出沉淀，因此滴定 Bi^{3+} 适宜的 pH 范围为 0.7～2.0，通常控制 pH=1.0 时测定 Bi^{3+} 而 Pb^{2+} 不干扰。

Bi^{3+} 和 Pb^{2+} 的分别滴定是用 HNO_3 调节到 pH=1 时，加二甲酚橙指示剂，以 EDTA 滴定 Bi^{3+} 的含量，再加入六次甲基四胺，调节 pH=5，再以 EDTA 滴定 Pb^{2+} 的含量。

（2）用掩蔽和解蔽的方法进行分别测定 若被测离子与干扰离子的 $\lg K^{\ominus}$ 值相差不大（$\Delta\lg K < 5$），或者干扰离子比待测离子与 EDTA 形成更稳定的配合物，此时用控制酸度来分别滴定的方法不再适用。为了消除 N 离子的干扰，可加一种与 N 反应的试剂，使 N 离子的浓度降低，从而降低乃至消除 N 的干扰，这便是掩蔽法，加入的消除干扰的试剂便称为掩蔽剂。还可用解蔽的方法达到分别测定的目的。根据掩蔽反应的类型，可分为配位掩蔽法、氧化还原掩蔽法和沉淀掩蔽法。

① 配位掩蔽法。此法所用的掩蔽剂本身也是一种配位剂，干扰离子和掩蔽剂比与 EDTA 形成更稳定的配合物，但被测离子却不与掩蔽剂形成稳定的配合物。例如测定水的硬度时，Fe^{3+}、Al^{3+} 的存在干扰 Ca^{2+}、Mg^{2+} 的测定，若加入三乙醇胺掩蔽 Fe^{3+}、Al^{3+} 时，就可直接滴定水中的 Ca^{2+}、Mg^{2+}。又如，在 Al^{3+} 和 Mg^{2+} 两种离子共存的溶液中加入 NH_4F 使 Al^{3+} 生成 $[AlF_6]^{3-}$ 配离子而被掩蔽，然后用 EDTA 滴定 Mg^{2+}。

如果同时还需滴定被掩蔽的离子，可加入一种解蔽剂，将该离子从配合物中释放出来，继续滴定，这种作用称为解蔽。例如欲测定混合液中 Pb^{2+}、Zn^{2+} 的含量，可先在氨性溶液中用 KCN 掩蔽 Zn^{2+}，生成 $[Zn(CN)_4]^{2-}$，直接滴定 Pb^{2+}，然后加入甲醛，破坏 $[Zn(CN)_4]^{2-}$，即

$$[\mathrm{Zn(CN)_4}]^{2-} + 4\mathrm{HCHO} + 4\mathrm{H_2O} \rightleftharpoons \mathrm{Zn^{2+}} + 4\mathrm{H_2C}\begin{smallmatrix}\diagup \mathrm{CN} \\ \diagdown \mathrm{OH}\end{smallmatrix} + 4\mathrm{OH^-}$$

释放出的 Zn^{2+} 再用 EDTA 继续滴定。

表 16.9 介绍了 EDTA 滴定中常用的一些配位掩蔽剂。

表 16.9 常用的配位掩蔽剂

掩蔽剂	被掩蔽离子	pH 范围	备注
KCN	Hg^{2+}、Zn^{2+}、Cd^{2+}、Co^{2+}、 Ni^{2+}、Ag^{+}、Cu^{2+}	> 8	酸性溶液生成 HCN 有剧毒
NH_4F	Al^{3+}、Ca^{2+}、Mg^{2+}、Sr^{2+}、Ba^{2+}、稀土、 Zr^{4+}、Al^{3+}、Fe^{3+}、Ti^{4+}	10 4 ～ 6	
三乙醇胺	Al^{3+}、Fe^{3+}、微量 Mn^{2+}	10 ～ 12	能和 KCN 或 NH_4F 并用
二巯基丙烷磺酸钠	Sb^{3+}、Sn^{4+}、Bi^{3+}、Pb^{2+}、Cd^{2+}、Zn^{2+}、Hg^{2+}	碱性	配合物很容易在 H_2O_2 作用下解蔽
硫脲	Cu^{2+}	2 ～ 6	
氨基硫脲	Hg^{2+}	2 ～ 6	
邻二氮杂菲	Cu^{2+}、Zn^{2+}、Cd^{2+}、Ni^{2+}、Mn^{2+}	5 ～ 6	
酒石酸	Sb^{3+}、Sn^{4+}、 Fe^{3+}、Al^{3+}、Sn^{4+}、Ca^{2+}、 Mg^{2+}、Cu^{2+}、Fe^{3+}、Al^{3+}、Mo^{4+}、 Al^{3+}、Sn^{4+}	1.5 ～ 2 5.5 6 ～ 7.5 10	在抗坏血酸存在下

② 氧化还原掩蔽法。利用氧化还原反应改变干扰离子的氧化态，以消除干扰。例如用 EDTA 测定锆铁中的锆时，Fe^{3+} 会干扰锆的测定，因为 $\lg K^\ominus$（$ZrOY^{2-}$）= 29.5，$\lg K^\ominus(FeY^-)$ = 25.1，$\Delta\lg K < 5$，Fe^{3+} 的干扰可通过加入抗坏血酸或盐酸羟胺将 Fe^{3+} 还原成 Fe^{2+}，$\lg K^\ominus(FeY^{2-})$ = 14.33，即可消除 Fe^{3+} 的干扰。在 Bi^{3+}、Th^{4+}、In^{3+}、Hg^{2+} 等离子的测定中，Fe^{3+} 的干扰可以通过同样的方法消除。

③ 沉淀掩蔽法。在配位滴定中若有沉淀产生是不利于测定的，因为沉淀有吸附作用，或多或少使指示剂颜色转变不够明显；生成的沉淀溶于 EDTA 中也比较慢，使终点不易判断，因此这种掩蔽法用得较少。通常的沉淀分离使整个分析过程复杂化。如果少量的沉淀不经分离而又不影响测定，则这种沉淀掩蔽法还是可以采用的。例如钙、镁共存时，可在 pH > 12 时测定 Ca^{2+}，镁形成 Mg(OH) 沉淀，不干扰 Ca^{2+} 的测定。

不论采用哪一种掩蔽方法，干扰离子的存在量都不能太大，否则得不到满意的结果。

（3）选用其他配位滴定剂 EDTA 是最常用的配位滴定剂，但还有些其他的氨羧配位剂，它们与金属离子形成不同稳定性的配合物，利用这种差异有利于某些离子的滴定。例如乙二醇二乙醚二胺四乙酸 (EGTA)，结构式如下：

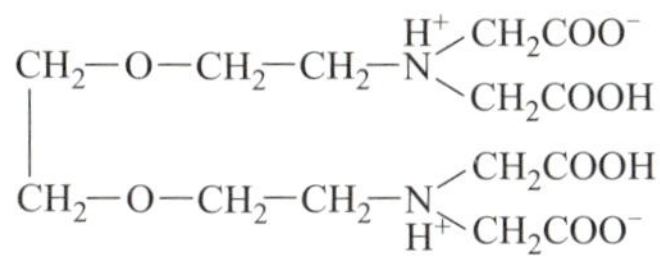

EGTA 和 EDTA 与 Mg^{2+}、Ca^{2+}、Sr^{2+}、Ba^{2+} 形成配合物的 $\lg K^\ominus(MY)$ 值比较如表 16.10 所示。

表 16.10 EGTA 和 EDTA 和某些金属离子配合物 $\lg K^\ominus(MY)$ 的值

$\lg K^\ominus(MY)$	Mg^{2+}	Ca^{2+}	Sr^{2+}	Ba^{2+}
EDTA	8.69	10.69	8.63	7.76
EGTA	5.21	10.97	8.50	8.41

EGTA 与 Ca^{2+}、Mg^{2+} 配合物的稳定性相差较大，而且 Mg^{2+} 配合物不稳定，故可在 Mg^{2+} 存在下用 EGTA 直接滴定 Ca^{2+}。

16.3.5 配位滴定法的应用

例如：对自来水总硬度进行测定。自来水中主要杂质是 Ca^{2+}、Mg^{2+} 以及微量的 Fe^{3+}、Al^{3+} 等离子，通常以水中所含 Ca^{2+}、Mg^{2+} 的总量来表示水的总硬度。因而总硬度的测定实际上是钙、镁总含量的测定。水的硬度是表示水质的一项重要指标。

对水的总硬度进行测定，一般采用配位滴定法。取一定量的水样，在 pH= 10 的氨性缓冲溶液中以铬黑 T 作指示剂，用 EDTA 标准溶液滴定至溶液由紫红色变为蓝色，即为终点。

一般将钙、镁总量折合成 CaO 来计算水的硬度。即每升水中含 10 mgCaO，其硬度为 10mg/L。

$$\text{总硬度}=\frac{c(\text{EDTA})V(\text{EDTA})M(\text{CaO})}{V(\text{水样})}$$

16.4

氧化还原滴定法

氧化还原滴定法是以氧化还原反应为基础的滴定分析法。氧化还原滴定法的应用十分广泛，不仅可以测定具有氧化性或还原性的物质，还可以间接测定非氧化还原性物质。

16.4.1 条件电极电势

以 HCl 介质中 Fe^{3+}/Fe^{2+} 电对为例来讨论。

$$Fe^{3+}+e^{-}\longrightarrow Fe^{2+}$$

其能斯特方程（298.15K 下）为：

$$E(Fe^{3+}/Fe^{2+})=E^{\ominus}(Fe^{3+}/Fe^{2+})+0.0592\text{V}\lg\frac{c(Fe^{3+})}{c(Fe^{2+})} \qquad (16\text{-}4\text{-}1)$$

这种表达式中，以浓度代替活度，既忽略了离子强度的影响，也忽略了氧化型物质和还原型物质可能发生的各种副反应。

考虑到离子强度对电势的影响，能斯特方程中的浓度应采用相应的活度 a 表示，即：

$$E(Fe^{3+}/Fe^{2+})=E^{\ominus}(Fe^{3+}/Fe^{2+})+0.0592\text{V}\lg\frac{a(Fe^{3+})}{a(Fe^{2+})} \qquad (16\text{-}4\text{-}2)$$

若以浓度代替活度，则必须引入活度系数 γ：

$$E(Fe^{3+}/Fe^{2+})=E^{\ominus}(Fe^{3+}/Fe^{2+})+0.0592\text{V}\lg\frac{\gamma(Fe^{3+})c(Fe^{3+})}{\gamma(Fe^{2+})c(Fe^{2+})} \qquad (16\text{-}4\text{-}3)$$

另一方面，由于 Fe^{3+}、Fe^{2+} 在溶液中存在一系列副反应（形成羟基配合物和氯配合物等），还必须引入副反应系数 α (Fe)。设总浓度为 c'，则：

$$\alpha\left(Fe_{\text{III}}\right)=\frac{c'\left(Fe^{3+}\right)}{c\left(Fe^{3+}\right)} \qquad \alpha\left(Fe_{\text{II}}\right)=\frac{c'\left(Fe^{2+}\right)}{c\left(Fe^{2+}\right)}$$

代入式（16-4-3）中，则：

$$\begin{aligned}E\left(Fe^{3+}/Fe^{2+}\right)&=E^{\ominus}\left(Fe^{3+}/Fe^{2+}\right)+0.0592\text{V}\lg\frac{\gamma\left(Fe^{3+}\right)\alpha\left(Fe_{\text{II}}\right)c'\left(Fe^{3+}\right)}{\gamma\left(Fe^{2+}\right)\alpha\left(Fe_{\text{III}}\right)c'\left(Fe^{2+}\right)}\\&=E^{\ominus}\left(Fe^{3+}/Fe^{2+}\right)+0.0592\text{V}\lg\frac{\gamma\left(Fe^{3+}\right)\alpha\left(Fe_{\text{II}}\right)}{\gamma\left(Fe^{2+}\right)\alpha\left(Fe_{\text{III}}\right)}+0.0592\text{V}\lg\frac{c'\left(Fe^{3+}\right)}{c'\left(Fe^{2+}\right)}\end{aligned} \qquad (16\text{-}4\text{-}4)$$

式中的γ和α在特定条件下是一个固定值，因而可将等式右端前两项合并为一个新常数，令其为$E^{\ominus\prime}$，则：

$$E^{\ominus\prime}\left(Fe^{3+}/Fe^{2+}\right)=E^{\ominus}\left(Fe^{3+}/Fe^{2+}\right)+0.0592\text{V}\lg\frac{\gamma\left(Fe^{3+}\right)\alpha\left(Fe_{II}\right)}{\gamma\left(Fe^{2+}\right)\alpha\left(Fe_{III}\right)} \quad (16\text{-}4\text{-}5)$$

式（16-4-5）表示的$E^{\ominus\prime}$是在特定条件下，氧化型物质和还原型物质的总浓度均为$1\text{mol}\cdot\text{L}^{-1}$（或两者浓度比为1）时，校正了各种外界因素影响后的实际电势，称为条件电极电势，简称条件电势。它反映了离子强度和各种副反应对电极电势影响的总结果。引入条件电势后，半反应的能斯特方程为：

$$E(Fe^{3+}/Fe^{2+})=E^{\ominus\prime}(Fe^{3+}/Fe^{2+})+0.0592\text{V}\lg\frac{c'(Fe^{3+})}{c'(Fe^{2+})} \quad (16\text{-}4\text{-}6)$$

【例 16.15】 计算 pH=1.0 时，As(Ⅴ)/As(Ⅲ) 电对的条件电势（忽略离子强度的影响）。

H_3AsO_4 还原的半反应是

$$H_3AsO_4 + 2e^- + 2H^+ \rightleftharpoons HAsO_2 + 2H_2O$$

$$E^{\ominus}(H_3AsO_4/HAsO_2) = 0.56\text{V}$$

由于 H_3AsO_4 和 $HAsO_2$ 都是弱酸，溶液的 pH 值改变时，H_3AsO_4-$HAsO_2$ 体系中各型体的分布是不同的。pH=1.0 时，As(Ⅴ) 主要以 H_3AsO_4 形式存在，As(Ⅲ) 主要以 $HAsO_2$ 形式存在，忽略离子强度，能斯特方程为

$$E(H_3AsO_4/HAsO_2) = E^{\ominus}(H_3AsO_4/HAsO_2) + \frac{0.0592\text{V}}{2}\lg\frac{c(H_3AsO_4)c(H^+)^2}{c(HAsO_2)}$$

$$= E^{\ominus}(H_3AsO_4/HAsO_2) + 0.0592\text{V}\lg c(H^+) + \frac{0.0592\text{V}}{2}\lg\frac{c(H_3AsO_4)}{c(HAsO_2)}$$

$c(H_3AsO_4) = c(HAsO_2)= 1\text{mol}\cdot\text{L}^{-1}$ 时

$$E(H_3AsO_4/HAsO_2) = E^{\ominus\prime}(H_3AsO_4/HAsO_2)$$

$$E^{\ominus\prime}(H_3AsO_4/HAsO_2) = 0.56\text{V} + 0.0592\text{V}\lg c(H^+)$$

$$=0.50\text{V}$$

16.4.2 条件平衡常数

氧化还原反应由两个电对的半反应所组成，其得失的电子数相等。反应进行的程度由平衡常数来衡量。平衡常数 $K^{\ominus}$ 可用两个电对的标准电势求得，若是用条件电势，求得的是条件平衡常数 K'，即

$$z_2Ox_1 + z_1Red_2 = z_2Red_1 + z_1Ox_2$$

$$K'=\frac{(c_{Red_1})^{z_2}(c_{Ox_2})^{z_1}}{(c_{Ox_1})^{z_2}(c_{Red_2})^{z_1}}$$

两个电对的半反应电势为

$$E_1= E_1^{\ominus\prime} + \frac{0.0592\text{V}}{z_1}\lg\frac{c_{Ox_1}}{c_{Red_1}}$$

$$E_2= E_2^{\ominus\prime} + \frac{0.0592\text{V}}{z_2}\lg\frac{c_{Ox_2}}{c_{Red_2}}$$

反应达平衡时，$E_1 = E_2$，即

$$E_1^{\ominus\prime} + \frac{0.0592\text{V}}{z_1}\lg\frac{c_{Ox_1}}{c_{Red_1}} = E_2^{\ominus\prime} + \frac{0.0592\text{V}}{z_2}\lg\frac{c_{Ox_2}}{c_{Red_2}}$$

上式两端同时乘以 z_1 和 z_2 的最小公倍数，经整理后得：

$$\lg\frac{(c_{\text{Red}_1})^{z_2}(c_{\text{Ox}_2})^{z_1}}{(c_{\text{Ox}_1})^{z_2}(c_{\text{Red}_2})^{z_1}}=\frac{(E_1^{\ominus\prime}-E_2^{\ominus\prime})z'}{0.0592\text{V}}$$

即：

$$\lg K'=\frac{(E_1^{\ominus\prime}-E_2^{\ominus\prime})z'}{0.0592\text{V}} \qquad (16\text{-}4\text{-}7)$$

上式表明，氧化还原反应的条件平衡常数与两电对的条件电势之差及电子转移数有关。条件电势相差越大，反应进行得越完全。

为了达到定量反应，要使反应完全程度达到 99.9% 以上，即允许误差≤ 0.1%。到达终点时反应物和产物的浓度必须满足下列关系式：

$$\frac{c_{\text{Red}_1}}{c_{\text{Ox}_1}}\geqslant 10^3\text{，}\frac{c_{\text{Ox}_2}}{c_{\text{Red}_2}}\geqslant 10^3$$

若 $z_1=z_2=1$ 时，则

$$\lg K'=\lg\left[\left(\frac{c_{\text{Red}_1}}{c_{\text{Ox}_1}}\right)\left(\frac{c_{\text{Ox}_2}}{c_{\text{Red}_2}}\right)\right]\geqslant\lg\left(10^3\times10^3\right)=\lg10^6=6 \qquad (16\text{-}4\text{-}8)$$

再将式（16-4-8）代入式（16-4-7），得到

$$E_1^{\ominus\prime}-E_2^{\ominus\prime}=\frac{0.0592\text{V}}{z'}\lg K'\geqslant\frac{0.0592\text{V}}{1}\times6=0.36\text{V}$$

$z_1=1$，$z_2=2$ 时，用类似的方法可以推导出：

$$\lg K'\geqslant 9,\ E_1^{\ominus\prime}-E_2^{\ominus\prime}\geqslant 0.27\text{V}$$

一般认为，若两电对的条件电极电势差大于 0.4V，反应就能定量进行。

条件电势反映了电对在所处介质条件下的实际氧化还原能力。在处理有关氧化还原反应的电势计算时，采用条件电势是较为合理的。手册上目前查得到的条件电势数据有限。当缺少与实验条件一致的条件电势数据时，可采用相近条件下的条件电势；对于尚无条件电势数据的电对，则只能采用标准电极电势做粗略计算。

16.4.3 氧化还原滴定指示剂

氧化还原滴定中使用的指示剂有以下 3 类。

16.4.3.1 自身指示剂

有些标准溶液或被滴定物质具有很深的颜色而滴定产物为无色或浅色，则滴定过程中无须另加指示剂，仅根据其本身颜色的变化就可以确定终点。这种物质称为自身指示剂。例如 MnO_4^- 显紫红色，而其还原产物 Mn^{2+} 几乎无色。用 $KMnO_4$ 滴定无色或浅色的还原剂时一般不必另加指示剂，滴定到化学计量点后，稍过量的 MnO_4^- 可使溶液呈粉红色而指示终点的到达。

16.4.3.2 专属指示剂

专属指示剂是指能与滴定剂或被滴定物质发生可逆反应生成特殊颜色的物质，它本身不具有氧化性或还原性。例如碘量法中使用的淀粉溶液，它能与 I_2 生成深蓝色的吸附化合物，当 I_2 被还原为 I^- 时，蓝色消失；当 I^- 被氧化为 I_2 时，蓝色出现。因此淀粉是碘量法的专属指示剂。

16.4.3.3 氧化还原型指示剂

这类指示剂本身是具有氧化还原性质的有机化合物，其氧化型和还原型具有不同的颜色，它

能因氧化还原作用而发生颜色变化。指示剂颜色的改变可用 Nernst 方程来表示：

$$In(Ox) + ze^- \rightleftharpoons In(Red)$$

$$E(In) = E^{\ominus\prime}(In) + \frac{0.0592\ V}{z} \lg \frac{c[In(Ox)]}{c[In(Red)]} \qquad (16\text{-}4\text{-}9)$$

如同酸碱指示剂一样，当 $\frac{c[In(Ox)]}{c[In(Red)]} \geqslant \frac{10}{1}$ 时，看到的是指示剂氧化型的颜色；而当 $\frac{c[In(Ox)]}{c[In(Red)]} \leqslant \frac{1}{10}$ 时，看到的是指示剂还原型的颜色。将这两个比值代入式（16-4-9）中，可以得到氧化还原指示剂的电势变化范围，即

$$E(In) = E^{\ominus\prime}(In) \pm \frac{0.0592\ V}{z} \qquad (16\text{-}4\text{-}10)$$

当被滴定溶液的电势恰等于 $E^{\ominus\prime}(In)$ 时，即 $c[In(Ox)]=c[In(Red)]$，则指示剂呈现中间色，称为变色点。

表 16.11 列出了常用的氧化还原型指示剂。这类指示剂的选择原则是指示剂的变色点应处在滴定曲线中的电势突跃范围内。例如用 Ce^{4+} 滴定 Fe^{2+} 时的电势突跃范围是 0.86～1.26V，因此可选用邻苯氨基苯甲酸或邻二氮菲亚铁作指示剂，终点误差小于 0.1%。

表 16.11 常用的氧化还原型指示剂

指示剂	$E^{\ominus\prime}$ (In)/V $c(H^+)=1mol \cdot L^{-1}$	颜色变化		配制方法
		氧化型	还原型	
亚甲基蓝	0.52	蓝	无	0.05g 指示剂，加水稀释至 100mL
二苯胺磺酸钠	0.84	紫红	无	0.8g 指示剂，2gNa_2CO_3，加水稀释至 100mL
邻苯氨基苯甲酸	0.89	紫红	无	0.11g 指示剂，溶于 20mLNa_2CO_3 中，用水稀释至 100mL
邻二氮菲亚铁	1.06	浅蓝	红	1.485g 邻二氮菲，0.695g$FeSO_4 \cdot 7H_2O$，加水稀释至 100mL

16.4.4 氧化还原滴定法的基本原理

16.4.4.1 氧化还原滴定曲线

氧化还原滴定法和其他滴定法一样，随着滴定剂的加入，溶液中被测物质的氧化型和还原型的浓度逐渐改变，电对的电极电势也随之不断改变，在化学计量点附近也有一个滴定突跃。以在 $1mol \cdot L^{-1} H_2SO_4$ 介质中，用 $0.1000mol \cdot L^{-1}\ Ce(SO_4)_2$ 溶液 20.00mL 滴定 $0.1000mol \cdot L^{-1}\ FeSO_4$ 溶液为例，计算不同滴定阶段的电极电势。

滴定反应为：

$$Ce^{4+} + Fe^{2+} \xrightleftharpoons[H_2SO_4]{1mol \cdot L^{-1}} Fe^{3+} + Ce^{3+}$$

该滴定反应由两个半反应组成，在 $1mol \cdot L^{-1} H_2SO_4$ 介质中：

$$Ce^{4+} + e^- \longrightarrow Ce^{3+} \qquad E^{\ominus\prime}(Ce^{4+}/Ce^{3+})=1.44V$$

$$Fe^{3+} + e^- \longrightarrow Fe^{2+} \qquad E^{\ominus\prime}(Fe^{3+}/Fe^{2+})=0.68V$$

（1）滴定开始至化学计量点前 滴定一经开始后，系统中即存在两个电对。在任何一个滴定点，达到平衡时，两电对的电势相等，即

$$E = E^{\ominus\prime}(Fe^{3+}/Fe^{2+}) + 0.0592V \lg \frac{c'(Fe^{3+})}{c'(Fe^{2+})}$$

$$= E^{\ominus\prime}(Ce^{4+}/Ce^{3+}) + 0.0592V \lg \frac{c'(Ce^{4+})}{c'(Ce^{3+})}$$

原则上，可以根据任何一个电对来计算溶液的电势，但由于加入的 Ce^{4+} 在化学计量点前几乎全部被还原成 Ce^{3+}，其浓度不易求得。相反，知道了 Ce^{4+} 的加入量，就可确定 $c'(Fe^{3+})/c'(Fe^{2+})$ 比值，所以可采用 Fe^{3+}/Fe^{2+} 电对来计算 E 值。例如，当滴定了 99.9% (19.98mL) 的 Fe^{2+} 时，即有 99.9% Fe^{3+} 生成，还剩余 0.1% (0.02mL) 的 Fe^{2+}，$c'(Fe^{3+})/c'(Fe^{2+})= 99.9/0.1\approx10^3$，则

$$E = E^{\ominus\prime}(Fe^{3+}/Fe^{2+}) + 0.0592V \lg \frac{c'(Fe^{3+})}{c'(Fe^{2+})}$$

$$= 0.68V + 0.0592V \lg10^3 = 0.86V$$

(2) 化学计量点时

$$c'(Ce^{3+}) = c'(Fe^{3+}) \qquad c'(Ce^{4+}) = c'(Fe^{2+})$$

化学计量点的电势 $E_{计}$分别为

$$E_{计} = 0.68V + 0.0592V \lg \frac{c'\left(Fe^{3+}\right)}{c'\left(Fe^{2+}\right)}$$

$$E_{计} = 1.44V + 0.0592V \lg \frac{c'\left(Ce^{4+}\right)}{c'\left(Ce^{3+}\right)}$$

两式相加

$$2E_{计} = 0.68V + 1.44V + 0.0592V \lg \frac{c'\left(Fe^{3+}\right)c'\left(Ce^{4+}\right)}{c'\left(Fe^{2+}\right)c'\left(Ce^{3+}\right)}$$

$$E_{计} = \frac{0.68V + 1.44V}{2} = 1.06V$$

(3) 化学计量点后 由于 Fe^{2+} 几乎全部被氧化成 Fe^{3+}，不易求得 $c'(Fe^{3+})/c'(Fe^{2+})$ 比值。而 Ce^{4+} 过量的百分数是已知的，从而可确定 $c'(Ce^{4+})/c'(Ce^{3+})$ 比值。此时可采用 Ce^{4+}/Ce^{3+} 电对计算 E 值。例如，当加入的 Ce^{4+} 过量 0.1% (0.02mL) 时，有 100% Ce^{3+} 生成，此时 $c'(Ce^{4+})/c'(Ce^{3+})=$ 0.1/100，则：

$$E = E^{\ominus\prime}(Ce^{4+}/Ce^{3+}) + 0.0592V \lg 10^{-3}$$

$$=1.44V + 0.0592V \lg10^{-3} = 1.26V$$

图 16.15 为 $0.1000mol \cdot L^{-1} Ce(SO_4)_2$ 滴定 $0.1000mol \cdot L^{-1} FeSO_4$ 的滴定曲线。曲线表明，滴定百分数由 99.9%（在化学计量点之前）到 100.1%（在化学计量点之后）之间电势值增加了 0.40V，有一个相当大的突跃范围。滴定突跃的大小与氧化型和还原型对应的两电对的条件电势的差值大小有关，差值越大，突跃范围也越大；反之亦然。

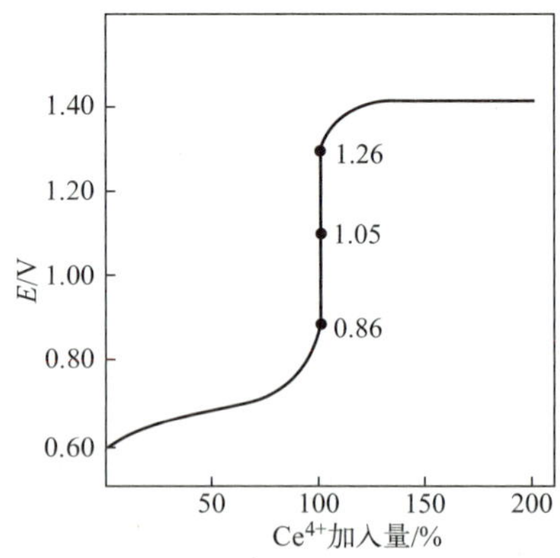

图 16.15 H_2SO_4 介质 Ce(Ⅳ) 滴定 Fe(Ⅱ) 的滴定曲线

16.4.4.2 氧化还原反应的速率

反应的平衡常数只能说明反应进行的程度，并不能反映反应进行的快慢，这是反应的两个不同的方面。有许多氧化还原反应是很慢的，对这种反应的滴定可能性必须考虑它的反应速率。

氧化还原反应的机理比较复杂，根据第 2 章中学到的知识，下面分别从以下几个方面讨论影响氧化还原反应速率的因素：反应物浓度、反应温度和催化作用。

(1) 反应物浓度 根据质量作用定律，反应速率与反应物浓度的乘积成正比。由于氧化还原反应是分步进行的，整个反应的速率受最慢一步所控制。一般来说，增加反应物浓度都能加快反应的速率，对于有 H^+ 参加的反应，提高酸度有利于反应加速进行。例如 $K_2Cr_2O_7$ 与 KI 的反应：

$$Cr_2O_7^{2-} + 6I^- + 14H^+ \rightleftharpoons 2Cr^{3+} + 3I_2 + 7H_2O$$

提高反应中 I^- 及 H^+ 的浓度可以加速反应。实验证明在 $0.4mol \cdot L^{-1}$ 的酸度条件下，KI 约过量 5 倍，放置 5min 反应即进行完全。但酸度又不可太高，否则空气中氧气氧化 I^- 的速率也将加快。

（2）反应温度 温度升高可以提高反应的速率。对大多数反应来说，溶液温度每增高 10℃，反应速率增大 2～4 倍。例如酸性溶液中 MnO_4^- 对 $C_2O_4^{2-}$ 的反应，室温下反应速率很慢，如果将溶液加热至 70～80℃，反应速率显著提高。

加热溶液对易挥发的物质（如 I_2）、易分解的物质（如 $H_2C_2O_4$）会引起损失；还原性物质如 Sn^{2+}、Fe^{2+} 更易被空气氧化，从而引起误差。因此，对 I_2、Sn^{2+}、Fe^{2+} 等物质不能用加热的方法来提高其反应速率。

（3）催化作用 应用催化剂来提高慢反应的速率是一个很有效的方法。例如上述 $KMnO_4$ 与 $C_2O_4^{2-}$ 的反应，即使在强酸性溶液中，反应温度为 80℃，反应的最初阶段速度仍相当慢，若加入 Mn^{2+}，反应立即加速。这样的反应过程可能是经历如下几步：

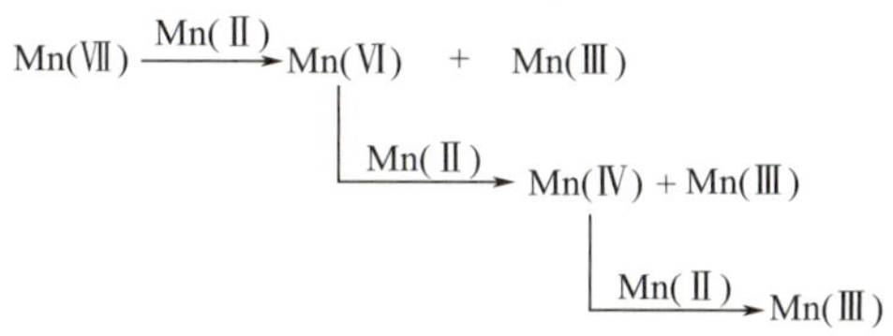

$$Mn(III) + nC_2O_4^{2-} \rightleftharpoons Mn(C_2O_4)_n^{(3-2n)} \rightleftharpoons Mn(II) + 2nCO_2\uparrow$$

催化剂的加入可能产生一些不稳定的中间氧化态离子、自由基或配合物，降低了反应的活化能，从而加快了反应速率。

$KMnO_4$ 氧化 $C_2O_4^{2-}$ 时，若不加 Mn^{2+}，开始反应很慢；随着反应的进行，不断产生 Mn^{2+}，由于 Mn^{2+} 的催化作用，反应将越来越快。这种由生成物本身引起的催化作用称为自动催化作用。

16.4.5 重要的氧化还原滴定法

氧化还原滴定法通常按滴定剂的名称命名。如高锰酸钾法、重铬酸钾法、碘量法、硫酸高铈法、溴酸钾法等。进行氧化还原滴定之前往往需要对试样进行预处理，使欲测组分定量地转变为适合于滴定的状态。即将欲测组分还原成低氧化态后用氧化剂滴定，或者氧化成高氧化态后用还原剂滴定。下面介绍前 3 种重要的氧化还原滴定法。

16.4.5.1 高锰酸钾法

$KMnO_4$ 是应用广泛的强氧化剂，其氧化能力和被还原产物与溶液的酸度有关。利用 MnO_4^- 作滴定剂时，一般是在强酸性溶液中进行，其还原产物为 Mn^{2+}；如果溶液的酸度不够，可能有水合二氧化锰（$MnO_2 \cdot H_2O$）生成，形成胶状物质，使溶液混浊。

$KMnO_4$ 能直接测定许多还原性物质，如 $H_2C_2O_4$、H_2O_2、Fe^{2+}、As(Ⅲ)、Sb(Ⅲ)、Sn^{2+}、NO_2^- 等；而且能间接测定生成草酸盐沉淀的许多金属离子，如 Mg^{2+}、Ca^{2+}、Ba^{2+}、Sr^{2+}、Zn^{2+}、Pb^{2+} 等。$KMnO_4$ 滴定无须另加指示剂，本身颜色的出现表示到达终点，但终点颜色不能持久，会由于被空气中的还原性物质还原而慢慢地消失。

$$2MnO_4^- + 3Mn^{2+} + 2H_2O \rightleftharpoons 5MnO_2 + 4H^+$$

粉红色持续半分钟即可认为终点已到。

在 $KMnO_4$ 滴定 Fe^{2+} 时，如果反应在盐酸溶液中进行，则会因 Cl^- 消耗了较多的 $KMnO_4$ 溶液而使滴定结果偏高。这是由于 Fe^{2+} 的存在，诱导了 $KMnO_4$ 与 Cl^- 的反应，生成了 Cl_2。像这种由于一种氧化还原反应的发生而促进另一种氧化还原反应进行的现象称为诱导反应。因此 $KMnO_4$ 滴定 Fe^{2+} 时不能使用盐酸提供酸性介质。如果反应中没有 Fe^{2+} 存在，$KMnO_4$ 与 Cl^- 的反应进行得非常缓慢，可以忽略。

$KMnO_4$ 水溶液不太稳定，能被光、Mn^{2+}、MnO_2 催化分解；沸腾的酸性溶液易发生自动分解而逸出氧气；蒸馏水和空气中的还原性物质会与之发生缓慢反应。因此，$KMnO_4$ 溶液的浓度容易改变，需要定期重新标定。

市售的 $KMnO_4$ 常含有硝酸盐、硫酸盐或氯化物等少量杂质，需采用间接法配制标准 $KMnO_4$ 溶液。

配制标准 $KMnO_4$ 溶液时，可将稍多于计算量的 $KMnO_4$ 溶于一定体积蒸馏水中，加热微沸，冷却后贮于棕色瓶中置于暗处数天，然后用微孔玻璃漏斗过滤，除去析出的水合二氧化锰沉淀，再行标定。标定的基准物有 $Na_2C_2O_4$、$H_2C_2O_4 \cdot 2\ H_2O$、$Fe(SO_4)_2 \cdot (NH_4)_2SO_4 \cdot 6\ H_2O$、$As_2O_3$ 和纯铁丝等，其中最常用的是 $Na_2C_2O_4$。$Na_2C_2O_4$ 易于提纯，不含结晶水，在 105～110℃烘干约 2 小时，放置冷却后即可使用。

【例 16.16】 称取 $Na_2C_2O_4$ 基准物 0.1508g 溶解在强酸性溶液中，然后用 $KMnO_4$ 标准溶液滴定，到达终点时用去 21.24mL，计算 $KMnO_4$ 溶液的浓度。

解： 滴定反应为

$$2MnO_4^- + 5C_2O_4^{2-} + 16H^+ \longrightarrow 2Mn^{2+} + 10CO_2 + 8H_2O$$

$$n(KMnO_4) = \frac{2}{5}n(Na_2C_2O_4)$$

$$c(KMnO_4)V(KMnO_4) = \frac{2}{5}\frac{m(Na_2C_2O_4)}{M(Na_2C_2O_4)}$$

$$c(KMnO_4) = \frac{2}{5}\frac{m(Na_2C_2O_4)}{M(Na_2C_2O_4)V(KMnO_4)}$$

$$= \frac{2}{5} \times \frac{0.1508g}{134.0g \cdot mol^{-1} \times 21.24 \times 10^{-3}L}$$

$$= 0.0219moL \cdot L^{-1}$$

下面举两个 $KMnO_4$ 法测定的应用实例。

（1）H_2O_2 的测定 市售 H_2O_2 按其质量分数 $w(H_2O_2)$ 有 6%、12% 和 30%3 种。

在稀 H_2SO_4 介质中，H_2O_2 被 $KMnO_4$ 定量氧化，其反应如下：

$$2MnO_4^- + 5H_2O_2 + 6H^+ \longrightarrow 2Mn^{2+} + 5O_2 + 8H_2O$$

可用 $KMnO_4$ 标准溶液直接滴定 H_2O_2。滴定开始时反应较慢，随着 Mn^{2+} 的生成反应加速。

（2）某些有机化合物的测定 利用在强碱性溶液中 $KMnO_4$ 氧化有机物的反应比在强酸溶液中快的特点，可测定有机化合物。例如甲酸的测定，在强碱性溶液中，加入已知过量的 $KMnO_4$ 溶液，此时发生下列反应：

$$HCOO^- + 2MnO_4^- + 3OH^- \longrightarrow CO_3^{2-} + 2MnO_4^{2-} + 2H_2O$$

待反应完成后将溶液酸化，MnO_4^{2-} 歧化为 MnO_4^- 和 MnO_2。加入已知过量的 $FeSO_4$ 标准溶液，所有锰的高氧化态将被还原成 Mn^{2+}，最后再以 $KMnO_4$ 标准溶液滴定剩余的 $FeSO_4$。由两次加入 $KMnO_4$ 的量和 $FeSO_4$ 的量即可计算出甲酸的含量。

此法可用于测定甲醇、羟基乙酸、酒石酸、柠檬酸、甘油、苯酚等。

16.4.5.2 重铬酸钾法

$K_2Cr_2O_7$ 是常用的氧化剂，其氧化能力比 $KMnO_4$ 稍弱些，但它仍是一种较强的氧化剂，能用于滴定许多无机物和有机物。重铬酸钾法只能在酸性介质中使用，它的应用范围比高锰酸钾法窄些，但与高锰酸钾法相比，它具有一些优点。

① $K_2Cr_2O_7$ 易于提纯，经提纯并在 140～150℃下干燥后可直接称量配制标准溶液。

② $K_2Cr_2O_7$ 标准溶液非常稳定，可以长期保存，浓度不变。

③ 滴定可在 HCl 溶液中进行。在 $1mol \cdot L^{-1}$HCl 溶液中，$K_2Cr_2O_7$ 在室温下不与 Cl^- 反应。

重铬酸钾法常用于铁含量的测定，滴定反应如下：

$$6Fe^{2+} + Cr_2O_7^{2-} + 14H^+ \longrightarrow 6Fe^{3+} + 2Cr^{3+} + 7H_2O$$

$K_2Cr_2O_7$ 对应的还原产物 Cr^{3+} 为绿色（若溶液中无 Cl^-，$[Cr(H_2O)_6]^{3+}$ 呈紫色，Fe^{3+} 水解呈黄色，因此溶液为绿色），滴定时需用指示剂，常用的是二苯胺磺酸钠，突变为紫色或紫蓝色。

如果 Fe^{3+}/Fe^{2+} 电对的条件电势按 0.68V 计算，当滴定至 99.9% 时电对电势为 0.86V，而所用指示剂的 $E_{In}^{\ominus}$ =0.84V，滴定终点将提前到达。为此，可在滴定液中加入 H_3PO_4 使 Fe^{3+} 生成无色稳定的 $[Fe(PO_4)_2]^{3-}$，既消除了 Fe^{3+} 的黄色影响，又降低了 Fe^{3+}/Fe^{2+} 电对的电势。例如在 $1mol \cdot L^{-1}$ HCl 与 $0.25mol \cdot L^{-1}$ H_3PO_4 溶液中 $E^{\ominus\prime}(Fe^{3+}/Fe^{2+})$=0.51V，从而避免了过早氧化指示剂。

在水和废水的检测中，一项重要的测定是测定水中有机物质被氧化时所消耗的氧量。可用快速法测定其化学需氧量 (COD)，这个方法是用 $K_2Cr_2O_7$ 和 H_2SO_4 混合液与水样煮沸 2h，以破坏能被氧化的物质，然后用硫酸亚铁铵回滴过剩的 $K_2Cr_2O_7$，根据消耗的 $K_2Cr_2O_7$ 量计算水样中耗氧量。

16.4.5.3 碘量法

碘量法是利用 I_2 的氧化性和 I^- 的还原性来进行滴定的分析方法。基本反应是

$$I_3^- + 2e^- \rightleftharpoons 3I^-$$

由 $E^{\ominus}(I_2/I^-)$ = 0.5355V 可知，I_2 是一种较弱的氧化剂，只能与较强的还原剂作用；而 I^- 是一种还原剂，能与许多氧化剂作用。因此，碘量法可用直接的和间接的两种方式进行。在实际工作中，间接碘量法应用更为广泛。

(1) 直接碘量法 电极电势比 $E^{\ominus}(I_2/I^-)$ = 0.5355V 还低的还原性物质，可直接用 I_2 标准溶液滴定，该方法又称碘滴定法。滴定时采用淀粉溶液作指示剂，终点非常明显。用该法可以测定钢铁中的硫以及 AsO_3^{3-}、SbO_3^{3-}、Sn^{2+}、$H_2N\text{-}NH_2$、SO_2、H_2S、HCHO、维生素 C 等。滴定不能在碱性溶液中进行。因为碘在碱性溶液中会发生歧化反应：

$$3I_2 + 6OH^- \rightleftharpoons IO_3^- + 5I^- + 3H_2O$$

碘的标准溶液是一定量的 I_2 溶于 KI 的浓溶液中，然后稀释至一定体积。这时碘主要以 I_3^- 形式存在，一般简写为 I_2。

标定 I_2 常用 As_2O_3 作基准物。用 NaOH 溶液溶解 As_2O_3，在 pH=8～9 时 I_2 氧化 $HAsO_2$ 的反应为：

$$I_2 + HAsO_2 + 2H_2O \rightleftharpoons HAsO_4^{2-} + 2I^- + 4H^+$$

标定前应先将试液酸化，再用 $NaHCO_3$ 调节至 pH=8。也可用 $Na_2S_2O_3$ 标准溶液标定。

(2) 间接碘量法 电极电势高于 0.5355V 的氧化性物质，可在一定条件下，用 I^- 还原，生成的 I_2 用 $Na_2S_2O_3$ 标准溶液滴定，这种方法称作间接碘量法。

由于 I_2 具有挥发性，容易挥发损失，I^- 在酸性溶液中易被空气中的氧所氧化，所以间接碘量法一般在中性或弱酸性溶液中，在室温下进行滴定。此外，氧化析出的 I_2 必须立即进行滴定，滴定最好在碘量瓶中进行，滴定时不应剧烈振摇以减少 I^- 与空气的接触。

(3) 硫代硫酸钠标准溶液的配制与标定 市售的硫代硫酸钠（$Na_2S_2O_3 \cdot 5H_2O$）一般都含有少量杂质，如 S、Na_2SO_3、Na_2SO_4、Na_2CO_3、NaCl 等，同时还容易风化、潮解，因此 $Na_2S_2O_3$ 标准溶液要用间接法配制，即先配制成近似浓度的溶液，然后再标定。

$Na_2S_2O_3$ 溶液易与空气中的 O_2、溶解于水中的 CO_2、细菌等作用，见光易被分解。因此，配制 $Na_2S_2O_3$ 溶液时，为了赶去溶解于水中的 CO_2 和杀死细菌，应用新煮沸并冷却了的蒸馏水，并加入少量 Na_2CO_3（约 0.02%）使溶液呈微碱性，配制好的 $Na_2S_2O_3$ 溶液应贮存于棕色瓶中，在暗处放置 8～14 天后再行标定。长期保存的溶液需定期重新标定。

标定 $Na_2S_2O_3$ 溶液常用的基准物质有 $K_2Cr_2O_7$、$KBrO_3$、KIO_3 和 Cu^{2+} 等。由于这些强氧化剂与 $Na_2S_2O_3$ 没有准确的化学计量关系，所以我们需要以 I_2 作为桥梁。首先，将基准物与 KI 反应析出 I_2：

$$Cr_2O_7^{2-} + 6I^- + 14H^+ \rightleftharpoons 2Cr^{3+} + 3I_2 + 7H_2O$$

$$BrO_3^- + 6I^- + 6H^+ \rightleftharpoons Br^- + 3I_2 + 3H_2O$$

$$IO_3^- + 5I^- + 6H^+ \rightleftharpoons 3I_2 + 3H_2O$$

$$2Cu^{2+} + 4\,I^- \rightleftharpoons 2CuI\downarrow + I_2$$

然后，析出的 I_2 以淀粉作指示剂，用 $Na_2S_2O_3$ 溶液滴定：

$$I_3^- + 2S_2O_3^{2-} \rightleftharpoons 3I^- + S_4O_6^{2-}$$

上述标定反应有的反应速率较慢，例如 $K_2Cr_2O_7$ 与 KI 反应时，需要在暗处放置 5min。随着酸度加大反应速率加快，但酸度不宜太大，否则 I^- 容易被空气所氧化。

需要注意，淀粉指示剂要在临近终点时加入，若加入太早，则溶液中大量的 I_2 与淀粉结合成蓝色物质，这一部分碘就不容易与 $Na_2S_2O_3$ 反应，而使滴定终点拖后，产生误差。淀粉溶液易受微生物影响，应在用时再配制；或在配制好的溶液中加入防腐剂，如碘化汞(Ⅱ)、甲酰胺等。

【例 16.17】 用 $K_2Cr_2O_7$ 作基准物，标定 $0.1mol\cdot L^{-1}$ $Na_2S_2O_3$ 溶液。欲将消耗的 $Na_2S_2O_3$ 溶液控制在 20～30mL 之间，问：①应称取多大范围质量的 $K_2Cr_2O_7$？ ②若已称取 $K_2Cr_2O_7$ 基准物 0.1246g，滴定至终点时用去 $Na_2S_2O_3$ 标准溶液 24.68mL，计算 $Na_2S_2O_3$ 溶液的浓度。

解： 滴定反应为

$$Cr_2O_7^{2-} + 6I^- + 14H^+ \rightleftharpoons 2Cr^{3+} + 3I_2 + 7H_2O$$

$$I_2 + 2S_2O_3^{2-} \longrightarrow 2I^- + S_4O_6^{2-}$$

$$n(Cr_2O_7^{2-}) = \frac{1}{3}n(I_2) = \frac{1}{6}n(S_2O_3^{2-})$$

① $$\frac{m(C_2Cr_2O_7)}{M(K_2Cr_2O_7)} = \frac{1}{6}c(Na_2S_2O_3)V(Na_2S_2O_3)$$

$$m_1(K_2Cr_2O_7) = \frac{1}{6}c(Na_2S_2O_3)V(Na_2S_2O_3)M(K_2Cr_2O_7)$$

$$= \frac{1}{6}\times 0.1mol\cdot L^{-1}\times 20\times 10^{-3}L\times 294.19g\cdot mol^{-1} \approx 0.10g$$

$$m_2(K_2Cr_2O_7) = \frac{1}{6}\times 0.1mol\cdot L^{-1}\times 30\times 10^{-3}L\times 294.19g\cdot mol^{-1} \approx 0.15g$$

需称取 $K_2Cr_2O_7$ 基准物 0.10～0.15g，称准至 0.0001g。

② 同理可知，$n(Na_2S_2O_3) = 6n(K_2Cr_2O_7)$

$$c(Na_2S_2O_3)V(Na_2S_2O_3) = 6\frac{m(K_2Cr_2O_7)}{M(K_2Cr_2O_7)}$$

$$c(Na_2S_2O_3) = 6\frac{m(K_2Cr_2O_7)}{M(K_2Cr_2O_7)V(Na_2S_2O_3)}$$

$$= \frac{6\times 0.1246g}{294.19g\cdot mol^{-1}\times 24.68\times 10^{-3}L} = 0.1030mol\cdot L^{-1}$$

(4) 间接碘量法的应用 间接碘量法常用于测定铜盐中铜的含量，Cu^{2+} 与过量 KI 作用，生成 CuI 沉淀和释放出与 Cu^{2+} 计量相当的 I_2。析出的 I_2 用 $Na_2S_2O_3$ 标准溶液滴定，就可计算出铜的含量。反应式为：

$$2Cu^{2+} + 4I^- \longrightarrow 2CuI\downarrow + I_2$$

$$I_2 + 2S_2O_3^{2-} \longrightarrow 2I^- + S_4O_6^{2-}$$

为了防止 CuI 沉淀对 I_2 的吸附，需加入 KSCN 使 CuI 转化为溶解度更小、对 I_2 吸附倾向较小的 CuSCN 沉淀，即

$$CuI + SCN^- \longrightarrow CuSCN\downarrow + I^-$$

但 KSCN 只能在接近滴定终点时加入，防止 SCN^- 还原 I_2。

为了防止 Cu^{2+} 水解，溶液维持在 pH=3～4 进行反应，可用 H_2SO_4 而不用 HCl，以免 Cl^- 与 Cu^{2+} 发生配位反应。

16.5 沉淀滴定法

沉淀滴定法是以沉淀反应为基础的滴定分析法。适用于滴定分析的沉淀反应必须具备以下条件：①沉淀溶解度小，有恒定的组成；②反应迅速、完全；③沉淀吸附杂质少；④有合适的指示终点的方法。

这些条件不易同时具备，故能用于沉淀滴定的反应不多。常用的是生成难溶性银盐的反应。例如，利用生成 AgCl、AgBr、AgI 和 AgSCN 沉淀的反应，可以测定 Cl^-、Br^-、I^-、SCN^- 及 Ag^+ 等。由于是用 $AgNO_3$ 作为滴定剂，故称为银量法。

银量法按所用指示剂的不同，可分为 3 种。

① 莫尔 (Mohr) 法。用铬酸钾作指示剂，生成有色的沉淀指示终点。

② 佛尔哈德 (Volhard) 法。用铁铵矾作指示剂，形成可溶性有色的配合物指示终点。

③ 法扬斯 (Fajans) 法。用有机染料作指示剂，在沉淀表面吸附指示剂，生成有色物。

16.5.1 莫尔法

用 $AgNO_3$ 标准溶液滴定 Cl^-，当白色 AgCl 沉淀完全，过剩的 Ag^+ 和 CrO_4^{2-} 反应，生成砖红色 Ag_2CrO_4 沉淀：

$$Cl^- + Ag^+ \rightleftharpoons AgCl\downarrow \qquad K_{sp}^{\ominus}(AgCl) = 1.77\times10^{-10}$$

$$CrO_4^{2-} + 2Ag^+ \rightleftharpoons Ag_2CrO_4\downarrow \qquad K_{sp}^{\ominus}(Ag_2CrO_4) = 1.12\times10^{-12}$$

在滴定中，指示剂的浓度决定着滴定误差的大小。加入过多的 CrO_4^{2-}，终点发生在计量点之前；如果加入的量不够，终点推迟出现。

莫尔法计量点时溶液的 pAg 及所需 CrO_4^{2-} 浓度分别为

$$c(Ag^+) = c(Cl^-) = \sqrt{1.77\times10^{-10}} = 1.33\times10^{-5}\,mol\cdot L^{-1}$$

$$pAg=4.88$$

$$c(CrO_4^{2-}) = \frac{1.12\times10^{-12}}{(1.33\times10^{-5})^2} = 6.33\times10^{-3}\,mol\cdot L^{-1}$$

指示剂的用量从溶度积求出，溶液中 CrO_4^{2-} 浓度为 $0.01mol\cdot L^{-1}$。但是终点时溶液中必须要用稍过量的 Ag^+ 才能看得出砖红色的铬酸银沉淀。通过实验的方法确定，终点时指示剂浓度以 $5\times10^{-3}mol\cdot L^{-1}$ 为宜。

滴定过程中要注意控制溶液的酸度。在酸性溶液中，指示剂部分以 $HCrO_4^-$ 型体存在。将

减小 CrO_4^{2-} 浓度，使终点推迟甚至不产生 Ag_2CrO_4 沉淀；若溶液碱性过高，又将出现 Ag_2O 沉淀。溶液控制在 pH=8 附近是比较合适的，可以在溶液中加入酚酞，用酸或碱调到酚酞刚好褪色。

莫尔法通常用来测定氯化物和溴化物，为了防止生成的沉淀对 Cl^- 和 Br^- 吸附，滴定时要用力摇动锥形瓶。此法不能用于准确测定碘化物和硫氰化物，因为 AgI 和 AgSCN 沉淀对 I^- 和 SCN^- 强烈吸附，使终点提前出现，而且终点变化也不明显。

凡能与 CrO_4^{2-} 生成沉淀的阳离子（如 Ba^{2+}、Pb^{2+}、Hg^{2+} 等），与 Ag^+ 生成沉淀的阴离子（如 PO_4^{3-}、AsO_3^{3-}、CO_3^{2-}、S^{2-}、$C_2O_4^{2-}$ 等），均产生干扰。

16.5.2 佛尔哈德法

用 NH_4SCN 标准溶液滴定 Ag^+，当白色 AgSCN 沉淀完全，过剩的 SCN^- 和指示剂铁铵矾 $[NH_4Fe(SO_4)_2 \cdot 12H_2O]$ 生成深红色络合物 $FeSCN^{2+}$。反应式为

$$Ag^+ + SCN^- \rightleftharpoons AgSCN\downarrow \qquad K_{sp}^{\ominus}(AgSCN) = 1.03\times10^{-12}$$

$$SCN^- + Fe^{3+} \rightleftharpoons FeSCN^{2+}$$

为了防止 Fe^{3+} 水解，滴定应在酸性溶液中进行，酸度一般大于 $0.3mol \cdot L^{-1}$。滴定过程要用力摇动，以减少 AgSCN 沉淀对 Ag^+ 的吸附。

佛尔哈德法还可以间接测定卤化物。在含 Cl^- 的酸性溶液中加入准确体积的 $AgNO_3$ 标准溶液，AgCl 沉淀生成后再用 NH_4SCN 标准溶液滴定过剩的 Ag^+。由于 AgSCN 的溶解度小于 AgCl 的溶解度，在临近计量点时会发生 AgCl 沉淀的转化，即

$$AgCl + SCN^- \rightleftharpoons AgSCN\downarrow + Cl^-$$

此反应的进行会多消耗 NH_4SCN。为了避免此反应的发生，可以采取下述措施：

① 试液中加入过量的 $AgNO_3$ 后，将溶液煮沸，使 AgCl 沉淀凝聚，过滤除去，并用稀 HNO_3 洗涤，洗涤液并入滤液中，然后用 NH_4SCN 标准溶液滴定其中的 Ag^+。

② 试液中加入过量 $AgNO_3$ 后再加入与水不互溶的硝基苯，在剧烈摇动下它将黏附在 AgCl 沉淀表面，而且有机溶剂因相对密度大而下沉，从而阻止了 SCN^- 使 AgCl 沉淀转化的反应。此法方便，但硝基苯有毒。

AgBr 和 AgI 的溶度积都小于 AgSCN 的溶度积，在滴定过程中不会发生沉淀转化的反应。但是在测定碘化物时，绝不能先加指示剂，否则会发生如下反应：

$$2Fe^{3+} + 2I^- \rightleftharpoons 2Fe^{2+} + I_2$$

16.5.3 法扬斯法

吸附指示剂如荧光黄（HFl）是有机弱酸，它的阴离子（$Fl^-=C_{20}H_{11}O_5$）在溶液中被表面带正电荷的胶状沉淀所吸附，吸附指示剂颜色的变化发生在沉淀表面而不是在溶液中。

荧光黄在稀 $AgNO_3$ 溶液中与 Ag^+ 不起作用；在用 $AgNO_3$ 滴定 Cl^- 时，计量点前沉淀表面吸附 Cl^-，但 Fl^- 受排斥，溶液呈指示剂本身的黄绿色；在计量点时，稍过量的 Ag^+ 被沉淀吸附，带正电荷的胶状粒表面再吸附 Fl^-，生成红色的荧光黄银。反应式为

$$Cl^- + Ag^+ \rightleftharpoons AgCl\downarrow$$

$$AgCl\downarrow + Ag^+ \rightleftharpoons (AgCl)Ag^+$$

$$\underset{\text{（黄绿）}}{(AgCl)Ag^+ + Fl^-} \rightleftharpoons \underset{\text{（红色）}}{(AgCl)(AgFl)}$$

指示剂的应用要注意以下几点。

① 由于指示剂颜色变化是发生在沉淀表面，为了使沉淀的比表面尽量大，常在溶液中加入一些糊精、淀粉等高分子化合物保护胶体；同时不宜在太稀的溶液中滴定，以免沉淀过少使终点变化不明显。

② 吸附指示剂随取代的卤素增加而极性加大，吸附性增强。

胶体微粒对指示剂的吸附能力应略小于对被测离子的吸附能力，否则指示剂将在计量点前变色。荧光黄、二氯荧光黄能用于 Cl^-、Br^-、I^- 的滴定；四溴荧光红能用于 Br^-、I^- 和 SCN^- 的滴定，不能用于 Cl^- 的滴定，因为 AgCl 对它的吸附能力比 Cl^- 大得多。

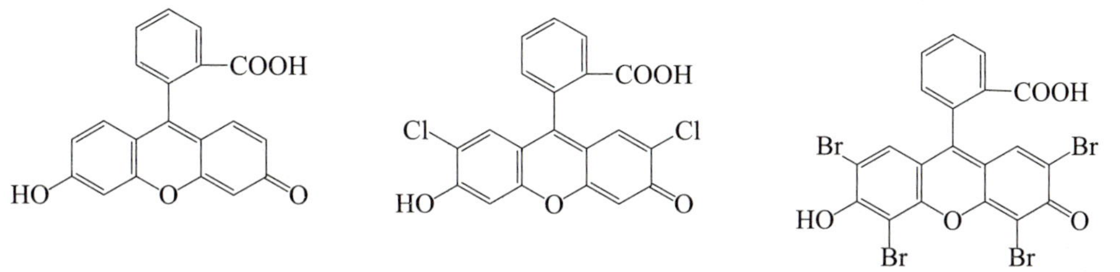

荧光黄　　二氯荧光黄　　四溴荧光红（曙红）

③ 上述吸附指示剂的钠盐溶于水，为了使用指示剂阴离子，必须控制溶液的酸度适当。荧光黄用于中性或微碱性，即 pH=7～10，二氯荧光黄能在微酸性（$pH > 4$）溶液中应用，它是滴定 Cl^- 最常用指示剂；四溴荧光红可在 $pH > 2$ 时应用。

④ 卤化银对光敏感，滴定时要避免强光照射，否则被光分解析出的金属银呈灰黑色，影响终点观察。

$AgNO_3$ 标准溶液可以用纯 $AgNO_3$ 直接配制，也可以用 NaCl 基准物来标定。$AgNO_3$ 溶液见光逐渐分解，应保存于棕色瓶中。NH_4SCN 标准溶液不能直接配制，需通过标准 $AgNO_3$ 溶液按佛尔哈德法进行标定。

化学视野

重量分析法

在重量分析法中，一般是采用适当方法先将试样中的待测组分与其他组分分离，然后用称量的方法测定该组分的含量。根据待测组分与试样中其他组分分离方法的不同，常用的重量分析法有沉淀法和气化法两种。

1. 沉淀法

利用沉淀反应使待测组分生成难溶化合物沉淀，将沉淀过滤、洗涤后，烘干或灼烧成为组成一定的物质，称量其质量，根据称得的质量计算出待测组分的含量。

2. 气化法

用加热或蒸馏等方法使试样中被测组分气化逸出，然后根据气体逸出前后试样质量的减少来计算被测组分的含量。也可用吸收剂将逸出的该组分的气体全部吸收，根据吸收剂质量的增加来计算被测组分的含量。

重量分析中的沉淀法，对沉淀有一些要求。

① 沉淀的溶解度必须很小，这样才能使被测组分沉淀完全。

② 沉淀应是颗粒粗大的晶型沉淀，这样沉淀夹带杂质少，也便于过滤、洗涤。对于无定形沉淀，必须选择适当的沉淀条件，使沉淀结构尽可能紧密。

③ 沉淀经干燥或灼烧后，其称量形式的组成恒定，并有足够的化学稳定性，不吸收空气中的水分和二氧化碳，也不被氧气所氧化。这样，便于应用化学式计算分析结果。

④ 沉淀称量形式的摩尔质量尽可能大，这样可以减少称量误差。

重量分析法中以沉淀法应用最广，所有测量数据全部由分析天平称量获得，不需要基准物质校准，所以准确度较高。通常测定的相对误差约为 0.1% ~ 0.2%。由于重量分析的操作烦琐费时，目前已逐渐为其他分析方法所代替。不过对高含量的硅、磷、硫、钨、稀土元素及水分、灰分、挥发物等的测定仍采用重量分析法。

思考题

1．在滴定分析中，基准物和试样称量多少的依据是什么？

2．下列物质中哪些可以用直接法配制标准溶液？哪些只能用间接法配制？

H_2SO_4，KOH，$KMnO_4$，$K_2Cr_2O_7$，KIO_3，$Na_2S_2O_3\cdot 5H_2O$

3．标定 NaOH 标准溶液时，邻苯二甲酸氢钾（M= 204.23g · mol^{-1}）和带两个结晶水的草酸（M= 126.07g · mol^{-1}）都可以作为基准物质，选择哪一种更好？为什么？

4．写出下列酸的共轭碱：

$H_2PO_4^-$，NH_4^+，HPO_4^{2-}，HCO_3^-。

5．写出下列碱的共轭酸：

$H_2PO_4^-$，$HC_2O_4^-$，HPO_4^{2-}，HCO_3^-。

6．下列各组酸碱物质中，哪个属于共轭酸碱对？

（1）H_3PO_4，HPO_4^{2-}

（2）H_2SO_4，SO_4^{2-}

（3）H_2CO_3，CO_3^{2-}

（4）HPO_4^{2-}，PO_4^{3-}

7．下列各种弱酸或弱碱哪些能被直接滴定？

（1）HF($pK_a^\ominus$ =3.20)

（2）NaOAc(已知 HOAc 的 $pK_a^\ominus$ = 4.75)

（3）苯胺（$pK_a^\ominus$ =4.60）

（4）苯酚钠（已知苯酚的 $pK_a^\ominus$ = 9.99)

8．有一碱液，可能为 NaOH、Na_2CO_3 或 $NaHCO_3$，或者其中两者的混合物。今用 HCl 溶液滴定，以酚酞为指示剂时，消耗 HCl 体积为 V_1；再加入甲基橙指示剂，继续用 HCl 溶液滴定，又消耗 HCl 体积为 V_2。在下列情况时，溶液各由哪些物质组成？

（1）$V_1 > V_2$，$V_2 > 0$

（2）$V_2 > V_1$，$V_1 > 0$

（3）$V_1 = V_2$

（4）$V_1 =0$，$V_2 > 0$

（5）$V_1 > 0$，$V_2 =0$

9．EDTA 与金属离子形成的配合物有哪些特点？

10．EDTA 配合物的稳定常数 $K^\ominus$(MY) 和条件稳定常数 K'(MY) 有何不同？两者之间有何关系？

11．在配位滴定中控制适当的酸度有什么重要意义？实际应用时应如何全面考虑选择滴定时的 pH？

12．今欲不经分离用配位滴定法测定下列混合溶液中各组分的含量，试设计简要分析方案（包括滴定剂、酸度、指示剂、所需其他试剂以及滴定方式）。

（1）Zn^{2+}、Mg^{2+} 混合液中两者含量的测定。

（2）Pb^{2+}、Cu^{2+}、Zn^{2+} 混合液中，Pb^{2+} 和 Zn^{2+} 的测定。

（3）Fe^{3+}、Cu^{2+}、Ni^{2+} 混合液中各组分的测定。

（4）水泥中 Fe^{3+}、Al^{3+}、Ca^{2+} 和 Mg^{2+} 的分别测定。

13. $E^{\ominus}(I_2/2I^-) > E^{\ominus}(Cu^{2+}/Cu^+)$，应该是 I_2 氧化 Cu^+，但为什么却是 Cu^{2+} 氧化 I^- 为 I_2？

习题

1. 用邻苯二甲酸氢钾作基准物，标定 NaOH 溶液。准确称取邻苯二甲酸氢钾 0.5916g，用去 NaOH 溶液 26.74mL，求 NaOH 溶液浓度。

2. 标定 HCl 溶液时，以甲基橙为指示剂，用 Na_2CO_3 为基准物，称取 Na_2CO_3 0.2816g，用去 HCl 溶液 26.42mL，求 HCl 溶液的浓度。

3. 计算下列溶液的滴定度，以 $g \cdot mol^{-1}$ 表示：

（1）$0.2105mol \cdot L^{-1}$HCl 溶液，用来滴定 $Ca(OH)_2$；

（2）$0.1752mol \cdot L^{-1}$ NaOH 溶液，用来滴定 $HClO_4$。

4. 称取粗铵盐 2.000g，加过量 KOH 溶液，加热蒸出的 NH_3 吸收在 50.00mL $0.5000mol \cdot L^{-1}$ HCl 标准溶液中，过量的 HCl 用 $0.1000mol \cdot L^{-1}$ NaOH 溶液回滴，用去 7.80mL，计算试样中 NH_3 的质量分数。

5. 称取混合碱试样 0.6839g，以酚酞为指示剂，用 $0.2000mol \cdot L^{-1}$ HCl 溶液滴定至终点，用去酸溶液 23.10mL；再加甲基橙指示剂，滴定至终点又用去酸溶液 26.81mL。求试样中各组分的质量分数。

6. 将 25.00mL$0.1468mol \cdot L^{-1}$ HCl 溶液加入 0.3580g 含 $CaCO_3$ 及不与酸作用杂质的石灰石中，反应完全后，过量的酸需用 10.20mL NaOH 溶液回滴。已知 1 mL NaOH 溶液相当于 1.032mL HCl 溶液。求 $CaCO_3$ 及 CO_2 的质量分数。

7. 计算在 pH=7 和 pH= 12 的介质中能否用 $0.02mol \cdot L^{-1}$ 的 EDTA 滴定同浓度的 Ca^{2+}。

8. 已知 Mg^{2+} 和 EDTA 的浓度皆为 $10^{-2}mol \cdot L^{-1}$，在 pH=6 时，镁与 EDTA 配合物的条件稳定常数是多少？在此 pH 值下能否用 EDTA 标准溶液滴定 Mg^{2+}？如不能滴定，求其允许的最低 pH 值。

9. 在 pH=1.5 含有 Fe^{3+} 和 Ca^{2+} 各为 $0.010mol \cdot L^{-1}$ 的混合液中，问：

（1）能否用 EDTA 标准溶液准确滴定 Fe^{3+} 而 Ca^{2+} 不干扰？

（2）滴定 Fe^{3+} 所允许的最低 pH 值应多大？

（3）滴定 Fe^{3+} 后的试液中，如果欲继续滴定 Ca^{2+}，则溶液所允许的最低 pH 值应多大？

10. 称取纯 $CaCO_3$ 0.2510g，溶解后用容量瓶配成 250.0mL，吸取 25.00mL，在 pH > 12 时用钙指示剂指示终点，用 EDTA 溶液滴定，用去 26.84mL。

（1）EDTA 溶液的浓度是多少？

（2）每毫升 EDTA 溶液相当多少克 Fe_2O_3？

11. 称取含 Pb^{2+} 和 Cu^{2+} 等干扰离子的铝试样 0.2160g，溶解后加入 $0.02mol \cdot L^{-1}$ EDTA 溶液约 30mL 并调节 pH 值至 3.5，煮沸使所有的金属离子完全配位，冷却后以 Zn^{2+} 标准溶液滴定过量的 EDTA，继之加入 NaF 并加热煮沸、冷却，以 $0.024\ 00mol \cdot L^{-1}$ 的 Zn^{2+} 标准溶液滴定置换出来的 EDTA，终点时用去 Zn^{2+} 标准溶液 20. 85mL，求样品中 Al_2O_3 的含量。

12. 含有 Bi、Pb、Cd 的合金试样重 2.420g，用 HNO_3 溶解后稀释成 250.0mL，取其中 50.00mL 在 pH=2 测定 Bi^{3+}，用去 25.67mL $0.02479mol \cdot L^{-1}$ EDTA 溶液。继续滴定，加入六次甲基四胺，使被测液在 pH=5 时测定 Pb^{2+} 和 Cd^{2+}，用去 EDTA 24 .76mL。然后加入邻菲罗啉，使 Cd-EDTA 释放出 EDTA。用 $0.02174mol \cdot L^{-1}$ $Pb(NO_3)_2$ 溶液回滴，用去 6.67mL。计算试样中 Bi、Pb、Cd 的含量。

13. 将 0.1602g 石灰石试样溶解在 HCl 溶液中，将钙沉淀为 CaC_2O_4，沉淀过滤洗涤后溶于稀 H_2SO_4 中，用 $0.02406mol \cdot L^{-1}$ 的 $KMnO_4$ 溶液滴定，用去 20.70mL，求石灰石中 $CaCO_3$ 的含量。

14．现有硅酸盐1.000g，用重量法测定其中铁及铝时得Fe_2O_3+ Al_2O_3共重0.5000g。将试样所含的铁还原后，用0.03333mol·L^{-1} $K_2Cr_2O_7$溶液滴定，用去25.00mL。试样中FeO及$A1_2O_3$的含量各为多少？

15．分析铜矿试样0.6000g，用去$Na_2S_2O_3$溶液20.00mL。1mL $Na_2S_2O_3$溶液可用0.004175g $KBrO_3$标定，计算试样中以Cu和Cu_2O表示的含量。

16．将0.5000g铬铁矿样品，经Na_2O_2熔融后使其中的Cr^{3+}氧化为$Cr_2O_7^{2-}$，然后加入10mL 3mol·L^{-1} H_2SO_4及50.00mL 0.1200mol·L^{-1}硫酸亚铁铵溶液处理，过量的Fe^{2+}需要15.05mL $K_2Cr_2O_7$(1mL $K_2Cr_2O_7$溶液可以滴定0.006000g Fe)溶液氧化，求试样中以Cr和Cr_2O_3表示的含量。

17．将0.2400g纯$KMnO_4$和$K_2Cr_2O_7$的混合物溶于水后，加酸和过量KI，析出的I_2需0.2000mol·L^{-1} $Na_2S_2O_3$溶液30.00mL滴定到终点，求各组分的含量。

附 录

附录 1　本书常用量、单位的符号

符号	意义	单位
S	溶解度	
s	固态	
l	液态	
g	气态	
p	压力	Pa
V	体积	m^3，L
A_r	原子量	
M_r	分子量	
M	摩尔质量	$kg \cdot mol^{-1}$, $g \cdot mol^{-1}$
V_m	摩尔体积	$m^3 \cdot mol^{-1}$, $L \cdot mol^{-1}$
n	物质的量	mol
R	摩尔气体常数	
T	热力学温度	K
t	摄氏温度	℃
X_B	B 物质的摩尔分数	
$p(B)$	气体 B 的分压	Pa
$V(B)$	气体 B 的分体积	m^3, L
$c(B)$	物质 B 的物质的量浓度	$mol \cdot L^{-1}$
ξ	反应进度	mol
k	反应速率常数	视表达式而定
$\nu(B)$	物质 B 的化学计量数	
$p^\ominus$	标准压力	100kPa
U	热力学能	kJ

续表

符号	意义	单位
ΔU	热力学能变	kJ
W	功	kJ
Q	热	kJ
ΔH	焓变	kJ
$\Delta_r H_m^\ominus$	标准摩尔反应焓变	$kJ \cdot mol^{-1}$
$\Delta_f H_m^\ominus$	标准摩尔生成焓	$kJ \cdot mol^{-1}$
Q_p	等压反应热	$kJ \cdot mol^{-1}$
$\Delta_r G_m^\ominus$	标准摩尔吉布斯自由能变	$kJ \cdot mol^{-1}$
$\Delta_f G_m^\ominus$	标准摩尔生成吉布斯自由能变	$kJ \cdot mol^{-1}$
$\Delta_r S_m^\ominus$	标准摩尔反应熵变	$J \cdot mol^{-1} \cdot K^{-1}$
E_a	活化能	$kJ \cdot mol^{-1}$
K_p	分压实验平衡常数	视表达式而定
K_c	浓度实验平衡常数	视表达式而定
$K^\ominus$	标准平衡常数	
$K_i^\ominus$	标准解离常数	
$K_h^\ominus$	盐类的标准水解常数	
$K_w^\ominus$	水的离子积常数	
$K_{sp}^\ominus$	难溶电解质的溶度积常数	
$K_f^\ominus$	配离子的稳定常数	
$K_d^\ominus$	配离子的不稳定常数	
J	反应商	
$c^\ominus$	溶质的标准物质的量浓度	$1.0mol \cdot L^{-1}$
α	弱电解质的解离度	
$E^\ominus$（电对）	标准电极电势	V
$E^\ominus$	标准电动势	V
I	电离能	$kJ \cdot mol^{-1}$
E_A	电子亲和能	$kJ \cdot mol^{-1}$
χ	电负性	
ψ	波函数（原子轨道）	
L_b	共价键键长	pm
θ	共价键键角	°（度）
$E(X-Y)$	共价键键能	$kJ \cdot mol^{-1}$
$D(X-Y)$	共价键解离能	$kJ \cdot mol^{-1}$
μ	磁矩	
μ	偶极矩	$C \cdot m$
d	偶极长度	m
U	晶格能	$kJ \cdot mol^{-1}$
α	极化率	$10^{-40} C \cdot m^2 \cdot V^{-1}$

附录 2 SI 制和我国法定计量单位及国家标准

国际单位制（SI）是从米制发展而成的一种计量单位制，是 1960 年 11 届国际计量大会定名并决定推广的。1969—1975 年，国际标准化组织和国际计量大会经过修订、补充，正式推荐使用。我国国务院决定在采用先进的国际单位制的基础上，进一步统一我国的计量单位，并于 1984 年 2 月 27 日发布了《关于在我国统一实行法定计量单位的命令》，规定我国的计量单位一律采用《中华人民共和国的法定计量单位》。1993 年 12 月 27 日国家技术监督局发布了中华人民共和国国家标准（GB 3100—93～3102—93），规定 1994 年 7 月 1 日开始实施。因此，本书规定采用 GB 3100—93～3102—93。

附表 2.1 SI 基本单位

量的名称	单位名称	单位符号
长度	米	m
质量	千克（公斤）	kg
时间	秒	s
电流	安[培]	A
热力学温度	开[尔文]	K
物质的量	摩[尔]	mol
发光强度	坎[德拉]	cd

注：圆括号中的名称是它前面的名称的同义词（下同）。无方括号的量的名称与单位名称均为全称。方括号中的字，在不致引起混淆、误解的情况下，可以省略。去掉方括号中的字即为其名称的简称。

附表 2.2 SI 导出单位（摘录）

量的名称	单位名称	单位符号
平面角	弧度	rad
立体角	球面度	Sr
频率	赫[兹]	Hz
力	牛[顿]	N
压力、压强、应力	帕[斯卡]	pa
能[量]、功、热量	焦[耳]	J
电荷[量]	库[仑]	C
电位、电压、电动势（电势）	伏[特]	V
摄氏温度	摄氏度	℃
电阻	欧[姆]	Ω
电导	西[门子]	S

附表 2.3 可与国际单位制并用的我国法定计量单位（摘录）

量的名称	单位名称	单位符号
时间	分	min
	[小]时	h
	日（天）	d
质量	吨	t
	原子质量单位	u
体积	升	l，L
能	电子伏	ev

附表 2.4　SI 词头（摘录）

因数	词头名称	符号
10^{24}	尧[它](Yotta)	Y
10^{21}	泽[它](Zetta)	Z
10^{18}	艾[可萨](exa)	E
10^{15}	拍[它](Peta)	P
10^{12}	太[拉](tera)	T
10^{9}	吉[咖](giga)	G
10^{6}	兆 (mega)	M
10^{3}	千 (kilo)	k
10^{2}	百 (hecto)	h
10^{-1}	分 (deci)	d
10^{-2}	厘 (centi)	C
10^{-3}	毫 (milli)	m
10^{-6}	微 (micro)	μ
10^{-9}	纳[诺](nano)	n
10^{-12}	皮[可](pico)	p
10^{-15}	飞[母托](femto)	f
10^{-18}	阿[托](atto)	a
10^{-21}	仄[普托](zepto)	z
10^{-24}	幺[科托](yocto)	y

附录 3　一些基本的物理常数

物理量	符号	国际单位数值
电子电荷	e	1.6021892×10^{-19}C
阿伏伽德罗 (Avogadro) 常数	N_A	$6.022045\times10^{23}\,mol^{-1}$
摩尔气体常数	R	$8.3144J\cdot mol^{-1}\cdot K^{-1}$
标准压力和温度	$p^{\ominus}$ 和 T_0	100kPa 和 273.15K
理想气体的标准摩尔体积	$V_m^{\ominus}$	$2.241383\times10^{-2}\,m^3\cdot mol^{-1}$
普朗克 (Planck) 常量	h	$6.626176\times10^{-34}\,J\cdot s$
法拉第 (Faraday) 常数	F	$9.648456\times10^{4}\,C\cdot mol^{-1}$

附录 4　标准热力学数据（298.15K，100kPa）

物质（状态）	$\Delta_f H_m^{\ominus}$ /(kJ·mol^{-1})	$\Delta_f G_m^{\ominus}$ /(kJ·mol^{-1})	$S_m^{\ominus}$ /(J·mol^{-1}·K^{-1})
Ag(s)	0	0	42.55
AgCl(s)	−127.068	−109.789	96.2
AgBr(s)	−100.37	−96.90	107.1

续表

物质(状态)	$\Delta_f H_m^\ominus$/(kJ·mol^{-1})	$\Delta_f G_m^\ominus$/(kJ·mol^{-1})	$S_m^\ominus$/(J·mol^{-1}·K^{-1})
AgI(s)	−61.84	−66.19	115.5
Ag_2O(s)	−31.0	−11.2	121.3
Al(s)	0	0	28.33
Al_2O_3 (α,刚玉)	−1675.7	−1582.3	50.92
Br_2(l)	0	0	152.231
Br_2(g)	30.907	3.110	245.463
HBr(g)	−36.4	−53.45	198.695
CaF_2(s)	−1219.6	−1167.3	68.87
$CaCl_2$(s)	−795.8	−748.1	104.6
CaO(s)	−635.09	−604.03	39.75
$CaCO_3$(方解石)	−1206.92	−1128.79	92.9
$Ca(OH)_2$(s)	−986.09	−898.49	83.39
C(石墨)	0	0	5.740
C(金刚石)	1.895	2.900	2.377
CO(g)	−110.525	−137.168	197.674
CO_2(g)	−393.509	−394.359	213.74
Cl_2(g)	0	0	223.066
HCl(g)	−92.307	−95.299	186.908
Cu(s)	0	0	33.150
CuO(s)	−157.3	−129.7	42.63
Cu_2O(s)	−168.6	−146.0	93.14
CuS(s)	−53.1	−53.6	66.5
Cu_2S(s)	−79.5	−86.2	120.9
F_2(g)	0	0	202.78
HF(g)	−271.1	−273.2	173.779
Fe(s)	0	0	27.28
$FeCl_2$(s)	−341.79	−302.30	117.95
$FeCl_3$(s)	−399.49	−334.00	142.3
Fe_2O_3(赤铁矿)	−824.2	−742.2	87.40
Fe_3O_4(磁铁矿)	−1118.4	−1015.4	146.4
FeS(s)	−100.0	−100.4	60.29
$FeSO_4$(s)	−928.4	−820.8	107.5
H_2(g)	0	0	130.684
H_2O(l)	−285.830	−237.129	69.91
H_2O(g)	−241.818	−228.572	188.825
H_2O_2(l)	−187.78	−120.35	109.6
HgO(红,斜方晶型)	−90.83	−58.539	70.29
I_2(s)	0	0	116.135
I_2(g)	62.438	19.327	260.69

续表

物质（状态）	$\Delta_f H_m^\ominus$ / (kJ·mol^{-1})	$\Delta_f G_m^\ominus$ / (kJ·mol^{-1})	$S_m^\ominus$ / (J·mol^{-1}·K^{-1})
HI(g)	26.48	1.70	206.594
MnO_2(s)	−520.03	−465.14	53.05
NaOH(s)	−425.609	−379.494	64.455
Na_2SO_4(s)	−1387.08	−1270.16	149.58
Na_2CO_3(s)	−1130.68	−1044.44	134.98
$NaHCO_3$(s)	−950.81	−851.0	101.7
N_2(g)	0	0	191.61
N_2O(g)	82.05	104.20	219.85
NO(g)	90.25	86.55	210.761
NO_2(g)	33.18	51.31	240.06
NH_3(g)	−46.11	−16.45	192.45
N_2H_4(l)	50.63	149.34	121.21
HNO_3(l)	−174.10	−80.71	155.60
NH_4NO_3(s)	−365.56	−183.87	151.08
NH_4Cl(s)	−314.43	−202.87	94.6
NH_4HS(s)	−156.9	−50.5	97.5
O_2(g)	0	0	205.138
O_3(g)	142.7	163.2	238.93
P（白磷）	0	0	41.09
P（红磷）	−17.6	−121	22.80
PCl_3(g)	−287.0	−267.8	311.78
PCl_5(g)	−374.9	−305.0	364.58
H_2S(g)	−20.63	−33.56	205.79
SO_2(g)	−296.830	−300.194	248.22
SO_3(g)	−395.72	−371.06	256.76
Si(s)	0	0	18.83
$SiCl_4$(l)	−687.0	−619.84	239.7
$SiCl_4$(g)	−657.01	−616.98	330.73
SiF_4(g)	−1614.94	−1572.65	282.49
SiO_2（石英）	−910.94	−856.64	41.84
SiO_2（无定形）	−903.49	−850.70	46.9
Sn (s，白)	0	0	51.55
Sn (s，灰)	−2.09	0.13	44.14
SnO_2(s)	−580.7	−519.6	52.3
Zn(s)	0	0	41.63
$ZnCl_2$(s)	−415.05	−369.398	111.46
ZnO(s)	−348.28	−318.30	43.64
$Zn(OH)_2$ (s,β)	−641.91	−553.52	81.2
CH_4(g)	−74.81	−50.72	186.264

续表

物质（状态）	$\Delta_f H_m^\ominus$ /(kJ·mol^{-1})	$\Delta_f G_m^\ominus$ /(kJ·mol^{-1})	$S_m^\ominus$ /(J·mol^{-1}·K^{-1})
C_2H_6(g)	−84.68	−32.82	229.60
C_2H_2(g)	226.73	209.20	200.94
CH_3COOH(l)	−484.5	−389.9	159.8
C_2H_5OH(l)	−277.69	−174.78	160.7

表中数据摘自 Journal of Physical and Chemical Reference Data, vol.11, 1982 Supplement NO.2, The NBS Tables of Chemical Thermodynamic Properties。

附录 5　解离常数（298.15K）

物质	pK_i	K_i
H_3AsO_4	2.223	$K_{a(1)}=6.0\times10^{-3}$
	6.760	$K_{a(2)}=1.7\times10^{-7}$
	(11.29)	($K_{a(3)}=5.1\times10^{-12}$)
$HAsO_2$	9.28	5.2×10^{-10}
H_3BO_3	9.236	$K_{a(1)}=5.8\times10^{-10}$
H_2CO_3	6.352	$K_{a(1)}=4.5\times10^{-7}$
	10.329	$K_{a(2)}=4.7\times10^{-11}$
HCN	9.21	6.2×10^{-10}
HF	3.20	6.3×10^{-4}
$HClO_4$	−1.6	39.8
$HClO_2$	1.94	1.1×10^{-2}
HClO	7.534	2.9×10^{-8}
HBrO	8.55	2.8×10^{-9}
HIO	10.5	3.2×10^{-11}
HIO_3	0.804	1.6×10^{-1}
HIO_4	1.64	2.3×10^{-2}
H_2O_2	11.64	$K_{a(1)}=2.3\times10^{-12}$
H_2SO_4	1.99	$K_{a(2)}=1.0\times10^{-2}$
H_2SO_3	1.89	$K_{a(1)}=1.3\times10^{-2}$
	7.205	$K_{a(2)}=6.2\times10^{-8}$
H_2SeO_4	1.66	$K_{a(2)}=2.2\times10^{-2}$
H_2CrO_4	0.74	$K_{a(1)}=1.8\times10^{-1}$
	6.488	$K_{a(2)}=3.3\times10^{-7}$
HNO_2	3.14	7.2×10^{-4}
H_2S	6.97	$K_{a(1)}=1.1\times10^{-7}$
	12.90	$K_{a(2)}=1.3\times10^{-13}$
H_3PO_4	2.148	$K_{a(1)}=7.1\times10^{-3}$

续表

物质	pK_i	K_i
H_3PO_4	7.198	$K_{a(2)}=6.3\times10^{-8}$
	12.32	$K_{a(3)}=4.8\times10^{-13}$
H_2PO_3	1.43	$K_{a(1)}=3.7\times10^{-2}$
	6.68	$K_{a(2)}=2.1\times10^{-7}$
$H_4P_2O_7$	0.91	$K_{a(1)}=1.2\times10^{-1}$
	2.10	$K_{a(2)}=7.9\times10^{-3}$
	6.70	$K_{a(3)}=2.0\times10^{-7}$
	9.35	$K_{a(4)}=4.5\times10^{-10}$
H_4SiO_4	9.60	$K_{a(1)}=2.5\times10^{-10}$
	11.8	$K_{a(2)}=1.6\times10^{-12}$
	(12)	$(K_{a(3)}=1.0\times10^{-12})$
HOAc	4.75	1.8×10^{-5}
HCOOH	3.75	1.8×10^{-4}
HSCN	−1.8	63
$NH_3\cdot H_2O$	(4.75)	$(K_b=1.8\times10^{-5})$

附录 6 溶度积常数（298.15K）

难溶电解质	K_{sp}	难溶电解质	K_{sp}
AgCl	1.77×10^{-10}	BaC_2O_4	1.6×10^{-7}
AgBr	5.35×10^{-13}	$BaCrO_4$	1.17×10^{-10}
AgI	8.52×10^{-17}	$Ba_3(PO_4)_2$	3.4×10^{-23}
AgOH	2.0×10^{-8}	$Be(OH)_2$	6.92×10^{-22}
Ag_2SO_4	1.20×10^{-5}	$Bi(OH)_3$	6.0×10^{-31}
Ag_2SO_3	1.50×10^{-14}	BiOCl	1.8×10^{-31}
Ag_2S	6.3×10^{-50}	$BiO(NO_3)$	2.82×10^{-3}
Ag_2CO_3	8.46×10^{-12}	Bi_2S_3	1×10^{-97}
$Ag_2C_2O_4$	5.40×10^{-12}	$CaSO_4$	4.93×10^{-5}
Ag_2CrO_4	1.12×10^{-12}	$CaSO_3\cdot\frac{1}{2}H_2O$	3.1×10^{-7}
$Ag_2Cr_2O_7$	2.0×10^{-7}	$CaCO_3$	2.8×10^{-9}
Ag_3PO_4	8.89×10^{-17}	$Ca(OH)_2$	5.5×10^{-6}
$Al(OH)_3$	1.3×10^{-33}	CaF_2	5.2×10^{-9}
As_2S_3	2.1×10^{-22}	$CaC_2O_4\cdot H_2O$	2.32×10^{-9}
BaF_2	1.84×10^{-7}	$Ca_3(PO_4)_2$	2.07×10^{-29}
$Ba(OH)_2\cdot8H_2O$	2.55×10^{-4}	$Cd(OH)_2$	7.2×10^{-15}
$BaSO_4$	1.08×10^{-10}	CdS	8.0×10^{-27}
$BaSO_3$	5.0×10^{-10}	$Cr(OH)_3$	6.3×10^{-31}
$BaCO_3$	2.58×10^{-9}	$Co(OH)_2$	5.92×10^{-15}

续表

难溶电解质	K_{sp}	难溶电解质	K_{sp}
$Co(OH)_3$	1.6×10^{-44}	MnS（无定形）	2.5×10^{-10}
$CoCO_3$	1.4×10^{-13}	MnS（结晶）	2.5×10^{-13}
α-CoS	4.0×10^{-21}	$MnCO_3$	2.34×10^{-11}
β-CoS	2.0×10^{-25}	$Ni(OH)_2$（新析出）	5.5×10^{-16}
CuOH	1×10^{-14}	$NiCO_3$	1.42×10^{-7}
$Cu(OH)_2$	2.2×10^{-20}	α-NiS	3.2×10^{-19}
CuCl	1.72×10^{-7}	$Pb(OH)_2$	1.43×10^{-15}
CuBr	6.27×10^{-9}	$Pb(OH)_4$	3.2×10^{-66}
CuI	1.27×10^{-12}	PbF_2	3.3×10^{-8}
Cu_2S	2.5×10^{-48}	$PbCl_2$	1.70×10^{-5}
CuS	6.3×10^{-36}	$PbBr_2$	6.60×10^{-6}
$CuCO_3$	1.4×10^{-10}	PbI_2	9.8×10^{-9}
$Fe(OH)_2$	4.87×10^{-17}	$PbSO_4$	2.53×10^{-8}
$Fe(OH)_3$	2.79×10^{-39}	$PbCO_3$	7.4×10^{-14}
$FeCO_3$	3.13×10^{-11}	$PbCrO_4$	2.8×10^{-13}
FeS	6.3×10^{-18}	PbS	8.0×10^{-28}
$Hg(OH)_2$	3.0×10^{-26}	$Sn(OH)_2$	5.45×10^{-28}
Hg_2Cl_2	1.43×10^{-18}	$Sn(OH)_4$	1.0×10^{-56}
Hg_2Br_2	6.4×10^{-23}	SnS	1.0×10^{-25}
Hg_2I_2	5.2×10^{-29}	$SrCO_3$	5.60×10^{-10}
Hg_2CO_3	3.6×10^{-17}	$SrCrO_4$	2.2×10^{-5}
$HgBr_2$	6.2×10^{-20}	$Zn(OH)_2$	3.0×10^{-17}
HgI_2	2.8×10^{-29}	$ZnCO_3$	1.46×10^{-10}
Hg_2S	1.0×10^{-47}	α-ZnS	1.6×10^{-24}
HgS（红）	4×10^{-53}	β-ZnS	2.5×10^{-22}
HgS（黑）	1.6×10^{-52}	$CsClO_4$	3.95×10^{-3}
$K_2[PtCl_6]$	7.4×10^{-6}	$Au(OH)_3$	5.5×10^{-46}
$Mg(OH)_2$	5.61×10^{-12}	$La(OH)_3$	2.0×10^{-19}
$MgCO_3$	6.82×10^{-6}	LiF	1.84×10^{-3}
$Mn(OH)_2$	1.9×10^{-13}		

附录 7　标准电极电势（298.15K）

A. 在酸性溶液中

电对	电极反应	$E_A^\ominus$/V
Li^+/Li	$Li^+ + e^- \rightleftharpoons Li$	−3.040
K^+/K	$K^+ + e^- \rightleftharpoons K$	−2.924
Ba^{2+}/Ba	$Ba^{2+} + 2e^- \rightleftharpoons Ba$	−2.92
Ca^{2+}/Ca	$Ca^{2+} + 2e^- \rightleftharpoons Ca$	−2.84

续表

电对	电极反应	$E_A^\ominus$/V
Na^+/Na	$Na^+ + e^- \rightleftharpoons Na$	−2.714
Mg^{2+}/Mg	$Mg^{2+} + 2e^- \rightleftharpoons Mg$	−2.356
Be^{2+}/Be	$Be^{2+} + 2e^- \rightleftharpoons Be$	−1.99
Al^{3+}/Al	$Al^{3+} + 3e^- \rightleftharpoons Al$	−1.676
Mn^{2+}/Mn	$Mn^{2+} + 2e^- \rightleftharpoons Mn$	−1.18
Zn^{2+}/Zn	$Zn^{2+} + 2e^- \rightleftharpoons Zn$	−0.7626
Cr^{3+}/Cr	$Cr^{3+} + 3e^- \rightleftharpoons Cr$	−0.74
Fe^{2+}/Fe	$Fe^{2+} + 2e^- \rightleftharpoons Fe$	−0.44
Cd^{2+}/Cd	$Cd^{2+} + 2e^- \rightleftharpoons Cd$	−0.403
$PbSO_4/Pb$	$PbSO_4 + 2e^- \rightleftharpoons Pb + SO_4^{2-}$	−0.356
Co^{2+}/Co	$Co^{2+} + 2e^- \rightleftharpoons Co$	−0.277
Ni^{2+}/Ni	$Ni^{2+} + 2e^- \rightleftharpoons Ni$	−0.257
AgI/Ag	$AgI + e^- \rightleftharpoons Ag + I^-$	−0.1522
Sn^{2+}/Sn	$Sn^{2+} + 2e^- \rightleftharpoons Sn$	−0.136
Pb^{2+}/Pb	$Pb^{2+} + 2e^- \rightleftharpoons Pb$	−0.126
H^+/H_2	$2H^+ + 2e^- \rightleftharpoons H_2$	0
$AgBr/Ag$	$AgBr + e^- \rightleftharpoons Ag + Br^-$	0.0711
$S_4O_6^{2-}/S_2O_3^{2-}$	$S_4O_6^{2-} + 2e^- \rightleftharpoons 2S_2O_3^{2-}$	0.08
$S/H_2S(aq)$	$S + 2H^+ + 2e^- \rightleftharpoons H_2S$	0.144
Sn^{4+}/Sn^{2+}	$Sn^{4+} + 2e^- \rightleftharpoons Sn^{2+}$	0.154
SO_4^{2-}/H_2SO_3	$SO_4^{2-} + 4H^+ + 2e^- \rightleftharpoons H_2SO_3 + H_2O$	0.158
Cu^{2+}/Cu^+	$Cu^{2+} + e^- \rightleftharpoons Cu^+$	0.159
$AgCl/Ag$	$AgCl + e^- \rightleftharpoons Ag + Cl^-$	0.2223
Hg_2Cl_2/Hg	$Hg_2Cl_2 + 2e^- \rightleftharpoons 2Hg + 2Cl^-$	0.2682
Cu^{2+}/Cu	$Cu^{2+} + 2e^- \rightleftharpoons Cu$	0.340
$[Fe(CN)_6]^{3-}/[Fe(CN)_6]^{4-}$	$[Fe(CN)_6]^{3-} + e^- \rightleftharpoons [Fe(CN)_6]^{4-}$	0.361
$H_2SO_3/S_2O_3^{2-}$	$2H_2SO_3 + 2H^+ + 4e^- \rightleftharpoons S_2O_3^{2-} + 3H_2O$	0.400
Cu^+/Cu	$Cu^+ + e^- \rightleftharpoons Cu$	0.52
I_2/I^-	$I_2 + 2e^- \rightleftharpoons 2I^-$	0.5355
$Cu^{2+}/CuCl$	$Cu^{2+} + Cl^- + e^- \rightleftharpoons CuCl$	0.559
$H_3AsO_4/HAsO_2$	$H_3AsO_4 + 2H^+ + 2e^- \rightleftharpoons HAsO_2 + 2H_2O$	0.560
$HgCl_2/Hg_2Cl_2$	$2HgCl_2 + 2e^- \rightleftharpoons Hg_2Cl_2 + 2Cl^-$	0.63
O_2/H_2O_2	$O_2 + 2H^+ + 2e^- \rightleftharpoons H_2O_2$	0.695
Fe^{3+}/Fe^{2+}	$Fe^{3+} + e^- \rightleftharpoons Fe^{2+}$	0.771
Hg_2^{2+}/Hg	$Hg_2^{2+} + 2e^- \rightleftharpoons 2Hg$	0.7960
Ag^+/Ag	$Ag^+ + e^- \rightleftharpoons Ag$	0.7991
Hg^{2+}/Hg	$Hg^{2+} + 2e^- \rightleftharpoons Hg$	0.8535
Cu^{2+}/CuI	$Cu^{2+} + I^- + e^- \rightleftharpoons CuI$	0.86
Hg^{2+}/Hg_2^{2+}	$2Hg^{2+} + 2e^- \rightleftharpoons Hg_2^{2+}$	0.911
NO_3^-/HNO_2	$NO_3^- + 3H^+ + 2e^- \rightleftharpoons HNO + H_2O$	0.94

续表

电对	电极反应	$E_A^\ominus$/V
NO_3^-/NO	$NO_3^- + 4H^+ + 3e^- \rightleftharpoons NO + 2H_2O$	0.957
HIO/I^-	$HIO + H^+ + 2e^- \rightleftharpoons I^- + H_2O$	0.985
HNO_2/NO	$HNO_2 + H^+ + e^- \rightleftharpoons NO + H_2O$	0.996
$Br_2(l)/Br^-$	$Br_2 + 2e^- \rightleftharpoons 2Br^-$	1.065
IO_3^-/HIO	$IO_3^- + 5H^+ + 4e^- \rightleftharpoons HIO^- + 2H_2O$	1.14
IO_3^-/I_2	$2IO_3^- + 12H^+ + 10e^- \rightleftharpoons I_2 + 6H_2O$	1.195
ClO_4^-/ClO_3^-	$ClO_4^- + 2H^+ + 2e^- \rightleftharpoons ClO_3^- + H_2O$	1.201
O_2/H_2O	$O_2 + 4H^+ + 4e^- \rightleftharpoons 2H_2O$	1.229
MnO_2/Mn^{2+}	$MnO_2 + 4H^+ + 2e^- \rightleftharpoons Mn^{2+} + 2H_2O$	1.23
HNO_2/N_2O	$2HNO_2 + 4H^+ + 4e^- \rightleftharpoons N_2O + 3H_2O$	1.297
Cl_2/Cl^-	$Cl_2 + 2e^- \rightleftharpoons 2Cl^-$	1.3583
$Cr_2O_7^{2-}/Cr^{3+}$	$Cr_2O_7^{2-} + 14H^+ + 6e^- \rightleftharpoons 2Cr^{3+} + 7H_2O$	1.36
ClO_4^-/Cl^-	$ClO_4^- + 8H^+ + 8e^- \rightleftharpoons Cl^- + 4H_2O$	1.389
ClO_4^-/Cl_2	$2ClO_4^- + 16H^+ + 14e^- \rightleftharpoons Cl_2 + 8H_2O$	1.392
ClO_3^-/Cl^-	$ClO_3^- + 6H^+ + 6e^- \rightleftharpoons Cl^- + 3H_2O$	1.45
PbO_2/Pb^{2+}	$PbO_2 + 4H^+ + 2e^- \rightleftharpoons Pb^{2+} + 2H_2O$	1.46
ClO_3^-/Cl_2	$2ClO_3^- + 12H^+ + 10e^- \rightleftharpoons Cl_2 + 6H_2O$	1.468
BrO_3^-/Br^-	$BrO_3^- + 6H^+ + 6e^- \rightleftharpoons Br^- + 3H_2O$	1.478
$BrO_3^-/Br_2(l)$	$2BrO_3^- + 12H^+ + 10e^- \rightleftharpoons Br_2(l) + 6H_2O$	1.5
MnO_4^-/Mn^{2+}	$MnO_4^- + 8H^+ + 5e^- \rightleftharpoons Mn^{2+} + 4H_2O$	1.51
$HClO/Cl_2$	$2HClO + 2H^+ + 2e^- \rightleftharpoons Cl_2 + 2H_2O$	1.630
MnO_4^-/MnO_2	$MnO_4^- + 4H^+ + 3e^- \rightleftharpoons MnO_2 + 2H_2O$	1.70
H_2O_2/H_2O	$H_2O_2 + 2H^+ + 2e^- \rightleftharpoons 2H_2O$	1.763
$S_2O_8^{2-}/SO_4^{2-}$	$S_2O_8^{2-} + 2e^- \rightleftharpoons 2SO_4^{2-}$	1.96
FeO_4^{2-}/Fe^{3+}	$FeO_4^{2-} + 8H^+ + 3e^- \rightleftharpoons Fe^{3+} + 4H_2O$	2.20
BaO_2/Ba	$BaO_2 + 4H^+ + 2e^- \rightleftharpoons Ba^{2+} + 2H_2O$	2.365
$XeF_2/Xe(g)$	$XeF_2 + 2H^+ + 2e^- \rightleftharpoons Xe(g) + 2HF$	2.64
$F_2(g)/F^-$	$F_2(g) + 2e^- \rightleftharpoons 2F^-$	2.87
$F_2(g)/HF(aq)$	$F_2(g) + 2H^+ + 2e^- \rightleftharpoons 2HF(aq)$	3.053
$XeF/Xe(g)$	$XeF + e^- \rightleftharpoons Xe(g) + F^-$	3.4

B. 在碱性溶液中

电对	电极反应	$E_B^\ominus$/V
$Ca(OH)_2/Ca$	$Ca(OH)_2 + 2e^- \rightleftharpoons Ca + 2OH^-$	(−3.02)
$Mg(OH)_2/Mg$	$Mg(OH)_2 + 2e^- \rightleftharpoons Mg + 2OH^-$	−2.687
$[Al(OH)_4]^-/Al$	$[Al(OH)_4]^- + 3e^- \rightleftharpoons Al + 4OH^-$	−2.310
SiO_3^{2-}/Si	$SiO_3^{2-} + 3H_2O + 4e^- \rightleftharpoons Si + 6OH^-$	(−1.697)
$Cr(OH)_3/Cr$	$Cr(OH)_3 + 3e^- \rightleftharpoons Cr + 3OH^-$	(−1.48)
$[Zn(OH)_4]^{2-}/Zn$	$[Zn(OH)_4]^{2-} + 2e^- \rightleftharpoons Zn + 4OH^-$	−1.285
$HSnO_2^-/Sn$	$HSnO_2^- + H_2O + 2e^- \rightleftharpoons Sn + 3OH^-$	−0.91
H_2O/H_2	$2H_2O + 2e^- \rightleftharpoons H_2 + 2OH^-$	−0.828

续表

电对	电极反应	$E_B^\ominus$/V
$[Fe(OH)_4]^-/[Fe(OH)_4]^{2-}$	$[Fe(OH)_4]^- + e^- \rightleftharpoons [Fe(OH)_4]^{2-}$	−0.73
$Ni(OH)_2/Ni$	$Ni(OH)_2 + 2e^- \rightleftharpoons Ni + 2OH^-$	−0.72
AsO_2^-/As	$AsO_2^- + 2H_2O + 3e^- \rightleftharpoons As + 4OH^-$	−0.68
AsO_4^{3-}/AsO_2^-	$AsO_4^{3-} + 2H_2O + 2e^- \rightleftharpoons AsO_2^- + 4OH^-$	−0.67
SO_3^{2-}/S	$SO_3^{2-} + 3H_2O + 4e^- \rightleftharpoons S + 6OH^-$	−0.59
$SO_3^{2-}/S_2O_3^{2-}$	$2SO_3^{2-} + 3H_2O + 4e^- \rightleftharpoons S_2O_3^{2-} + 6OH^-$	−0.576
NO_2^-/NO	$NO_2^- + H_2O + e^- \rightleftharpoons NO + 2OH^-$	(−0.46)
S/S^{2-}	$S + 2e^- \rightleftharpoons S^{2-}$	−0.407
$CrO_4^{2-}/[Cr(OH)_4]^-$	$CrO_4^{2-} + 4H_2O + 3e^- \rightleftharpoons [Cr(OH)_4]^- + 4OH^-$	−0.13
O_2/HO_2^-	$O_2 + H_2O + 2e^- \rightleftharpoons HO_2^- + OH^-$	−0.076
$Co(OH)_3/Co(OH)_2$	$Co(OH)_3 + e^- \rightleftharpoons Co(OH)_2 + OH^-$	0.17
O_2/OH^-	$O_2 + 2H_2O + 4e^- \rightleftharpoons 4OH^-$	0.401
ClO^-/Cl_2	$2ClO^- + 2H_2O + 2e^- \rightleftharpoons Cl_2 + 4OH^-$	0.421
MnO_4^-/MnO_4^{2-}	$MnO_4^- + e^- \rightleftharpoons MnO_4^{2-}$	0.56
MnO_4^-/MnO_2	$MnO_4^- + 2H_2O + 3e^- \rightleftharpoons MnO_2 + 4OH^-$	0.60
MnO_4^{2-}/MnO_2	$MnO_4^{2-} + 2H_2O + 2e^- \rightleftharpoons MnO_2 + 4OH^-$	0.62
HO_2^-/OH^-	$HO_2^- + H_2O + 2e^- \rightleftharpoons 3OH^-$	0.867
ClO^-/Cl^-	$ClO^- + H_2O + 2e^- \rightleftharpoons Cl^- + 2OH^-$	0.890
O_3/OH^-	$O_3 + H_2O + 2e^- \rightleftharpoons O_2 + 2OH^-$	1.246

说明：附录 5～7 表中数据取自 J. A. Dean“Lange’s Handbook of Chemistry”15th. ed. 1999。括号中数据取自 David R. Lide“CRC Handbook of Chemistry and Physics”78th. ed.(1997—1998)。

附录 8　常用氧化剂、还原剂及其反应产物

氧化剂	一般还原产物	还原剂	一般氧化产物
X_2（卤素）	X^-（卤离子）	X^-（卤化物）	X_2
O_2	H_2O或氧化物	M（Na、Mg、Zn、Al）	M^{n+}
H_2O_2	H_2O或OH^-	H_2	H^+
MnO_2	Mn^{2+}	C（高温）	CO_2
PbO_2	Pb^{2+}	CO	CO_2
HNO_3（浓）	NO_2	$NaNO_2$	NO_3^-
HNO_3（稀）	NO	$Na_2SO_3 \cdot 7H_2O$	SO_4^{2-}
H_2SO_4（浓）	SO_2	H_2S（或S^{2-}）	S（或SO_4^{2-}）
$KClO_3$	Cl^-	SO_2	SO_3（或SO_4^{2-}）
NaClO	Cl^-	$SnCl_2 \cdot 2H_2O$	$SnCl_4$
$(NH_4)_2S_2O_8$	SO_4^{2-}	$Na_2S_2O_3 \cdot 5H_2O$	$S_4O_6^{2-}$
$KMnO_4(H^+)$	Mn^{2+}	$FeSO_4 \cdot 7H_2O$	Fe^{3+}
$K_2Cr_2O_7(H^+)$	Cr^{3+}	NaH	H_2
$FeCl_3 \cdot 6H_2O$	Fe^{2+}	$LiAlH_4$	H_2

附录 9 常见阴、阳离子的主要鉴定方法

A. 常见阳离子的主要鉴定方法

离子	试剂	鉴定反应	介质条件	主要干扰离子
NH_4^+	NaOH	$NH_4^+ + OH^- \xrightarrow{\triangle} NH_3\uparrow + H_2O$ NH_3 使红色石蕊试纸变蓝	强碱性	CN^-
	奈斯勒试剂[四碘合汞(Ⅱ)酸钾碱性溶液]	$NH_4^+ + 2[HgI_4]^{2-} + 4OH^- \longrightarrow Hg_2NI\downarrow + 7I^- + 4H_2O$ （棕色）	碱性	Fe^{3+}、Cr^{3+}、Co^{2+}、Ni^{2+}、Ag^+、Hg^{2+} 等能与奈斯勒试剂形成有色沉淀
Na^+	KH_2SbO_4	$Na^+ + H_2SbO_4^- \longrightarrow NaH_2SbO_4\downarrow$ （白色）	中性或弱碱性	NH_4^+、碱金属以外的金属离子
	醋酸铀酰锌	$Na^+ + Zn^{2+} + 3UO_2^{2+} + 9OAc^- + 9H_2O \longrightarrow$ $NaZn(UO_2)_3(OAc)_9\cdot 9H_2O\downarrow$ （淡黄绿色）	中性或弱酸性	K^+、Ag^+、Hg_2^{2+}、Sb^{3+} 等
	焰色反应	挥发性钠盐在火焰（氧化焰）中燃烧，火焰呈黄色		
K^+	$Na_3[Co(NO_2)_6]$	$2K^+ + Na^+ + [Co(NO_2)_6]^{3-} \longrightarrow K_2Na[Co(NO_2)_6]\downarrow$ （亮黄色）	中性或弱酸性	NH_4^+、Be^{2+}、Fe^{3+}、Cu^{2+}、Co^{2+}、Ni^{2+} 等
	焰色反应	挥发性钾盐在火焰（氧化焰）中燃烧，火焰呈紫色		Na^+ 存在干扰，用蓝色钴玻璃片观察可消除 Na^+ 的干扰
Mg^{2+}	镁试剂（对硝基偶氮间苯二酚）	Mg^{2+} + 镁试剂 $\longrightarrow$ 天蓝色沉淀	强碱性	Fe^{3+}、Cr^{3+}、Co^{2+}、Ni^{2+}、Ag^+、Hg^{2+}、Cu^{2+}、Mn^{2+} 等能与镁试剂形成有色沉淀
Ba^{2+}	K_2CrO_4	$Ba^{2+} + CrO_4^{2-} \longrightarrow BaCrO_4\downarrow$ （黄色）	中性或弱酸性	Sr^{2+}、Pb^{2+}、Ni^{2+}、Ag^+、Zn^{2+}、Cu^{2+}、Bi^{3+}、Hg^{2+} 等能与 CrO_4^{2-} 形成有色沉淀
	玫瑰红酸钠	玫瑰红酸钠 + $Ba^{2+} \longrightarrow$ 红棕色 $\downarrow$	中性或弱酸性	Sr^{2+}、Pb^{2+}、Ag^+ 等
	焰色反应	挥发性钡盐在火焰（氧化焰）中燃烧，火焰呈黄绿色		
Ca^{2+}	$(NH_4)_2C_2O_4$	$Ca^{2+} + C_2O_4^{2-} \longrightarrow CaC_2O_4\downarrow$ （白色）	中性或碱性	Cu^{2+}、Pb^{2+}、Cd^{2+}、Ag^+、Hg^{2+}、Hg_2^{2+} 等能与 $C_2O_4^{2-}$ 形成沉淀
	焰色反应	挥发性钙盐在火焰（氧化焰）中燃烧，火焰呈砖红色		
Sr^{2+}	玫瑰红酸钠	玫瑰红酸钠 + $Sr^{2+} \longrightarrow$ 红棕色 $\downarrow$	中性或弱酸性	Ba^{2+}、Pb^{2+}、Ag^+ 等
	$(NH_4)_2SO_4$	$Sr^{2+} + SO_4^{2-} \longrightarrow SrSO_4\downarrow$ （白色）		Ba^{2+}、Pb^{2+} 等
	焰色反应	挥发性锶盐在火焰（氧化焰）中燃烧，火焰呈洋红色		
Al^{3+}	铝试剂，$4mol\cdot L^{-1}\begin{cases}HOAc\\NaOAc\end{cases}$	Al^{3+} + 铝试剂 $\longrightarrow$ 红色絮状 $\downarrow$	pH =4～5	Fe^{3+}、Ti^{4+}、Cr^{3+}、Mn^{2+}、Co^{2+} 等
	茜素 -S(茜素磺酸钠)	Al^{3+} + 茜素 -S $\longrightarrow$ 玫瑰红色 $\downarrow$	pH =4～9	Fe^{2+}、Cr^{3+}、Mn^{2+} 及大量 Cu^{2+} 等
Sn^{2+}	$HgCl_2$	$SnCl_2 + 2HgCl_2 \longrightarrow Hg_2Cl_2\downarrow + SnCl_4$（白色） $SnCl_2 + Hg_2Cl_2 \longrightarrow 2Hg\downarrow + SnCl_4$ （黑色）	酸性	
Pb^{2+}	K_2CrO_4	$Pb^{2+} + CrO_4^{2-} \longrightarrow PbCrO_4\downarrow$ （黄色）	中性或弱酸性	Ba^{2+}、Sr^{2+}、Hg^{2+}、Bi^{3+}、Ag^+、Ni^{2+}、Zn^{2+} 等
Sb^{3+}	Sn 片	$2Sb^{3+} + 3Sn \longrightarrow 2Sb\downarrow + 3Sn^{2+}$ （黑色）	酸性	Ag^+、AsO_2^-、Bi^{3+} 等
Bi^{3+}	$Na_2[Sn(OH)_4]$	$2Bi^{3+} + 3[Sn(OH)_4]^{2-} + 6OH^- \longrightarrow 2Bi\downarrow + 3[Sn(OH)_6]^{2-}$ （黑色）	强碱性	Hg^{2+}、Hg_2^{2+}、Pb^{2+} 等
Cu^{2+}	$K_4[Fe(CN)_6]$	$2Cu^{2+} + [Fe(CN)_6]^{4-} \longrightarrow Cu_2[Fe(CN)_6]\downarrow$ （红褐色）	中性或酸性	Fe^{3+}、Bi^{3+}、Co^{2+} 等

续表

离子	试剂	鉴定反应	介质条件	主要干扰离子
Ag^+	HCl、氨水、HNO_3	$Ag^+ + Cl^- \longrightarrow AgCl\downarrow$（白色） $AgCl + 2NH_3 \cdot H_2O \longrightarrow [Ag(NH_3)_2]^+ + Cl^- + 2H_2O$ $[Ag(NH_3)_2]^+ + Cl^- + 2H^+ \longrightarrow AgCl\downarrow + 2NH_4^+$ （白色）	酸性	
	K_2CrO_4	$2Ag^+ + CrO_4^{2-} \longrightarrow Ag_2CrO_4\downarrow$ （砖红色）	中性或弱酸性	Hg^{2+}、Hg_2^{2+}、Pb^{2+}、Ba^{2+}等
Zn^{2+}	$(NH_4)_2S$或碱金属硫化物	$Zn^{2+} + S^{2-} \longrightarrow ZnS\downarrow$ （白色）	$c(H^+) < 0.3mol \cdot L^{-1}$	
	二苯硫腙	Zn^{2+} + 二苯硫腙$\longrightarrow$水层呈粉红色	强碱性	Cu^{2+}、Ag^+、Hg^{2+}、Bi^{3+}、Cd^{2+}、Pb^{2+}、Al^{3+}、Cr^{3+}、Fe^{3+}、Ni^{2+}、Co^{2+}、Mn^{2+}等
Cd^{2+}	H_2S或Na_2S	$Cd^{2+} + H_2S \longrightarrow CdS\downarrow + 2H^+$ （黄色） $Cd^{2+} + S^{2-} \longrightarrow CdS\downarrow$（黄色）		能形成有色硫化物沉淀的离子
	镉试剂（对硝基重氮氨基偶氮苯）	Cd^{2+} + 镉试剂$\longrightarrow$红色↓	弱酸性	Cu^{2+}、Ag^+、Hg^{2+}、Ni^{2+}、Fe^{3+}、Cr^{3+}、Co^{2+}、Mn^{2+}等
Hg_2^{2+}	$SnCl_2$	$Sn^{2+} + Hg_2^{2+} + 4Cl^- \longrightarrow 2Hg\downarrow + SnCl_4$ （黑色）	酸性	Hg^{2+}等
	KI、氨水	$Hg_2^{2+} + 2I^- \longrightarrow Hg_2I_2\downarrow$（黄绿色） $Hg_2I_2 + 2NH_3 \longrightarrow Hg(NH_2)I\downarrow + Hg\downarrow + NH_4^+ + I^-$ （黑色）	中性或弱酸性	Ag^+等
Hg^{2+}	$SnCl_2$	见Sn^{2+}鉴定	酸性	Hg_2^{2+}等
Ti^{4+}	H_2O_2	$Ti^{4+} + H_2O_2 + 4H_2O \longrightarrow [Ti(O_2)(H_2O)_4]^{2+} + 2H^+$ （红色）	酸性	F^-、Fe^{3+}、CrO_4^{2-}、MnO_4^-等
Cr^{3+}	NaOH、H_2O_2、Pb^{2+}盐或Ag^+盐或Ba^{2+}盐 同上氧化后，用酸酸化，加H_2O_2再用乙醚萃取	$Cr^{3+} + 3OH^-$（过量）$\longrightarrow [Cr(OH)_4]^-$ $2[Cr(OH)_4]^- + 3H_2O_2 + 2OH^- \longrightarrow 2CrO_4^{2-} + 8H_2O$ $CrO_4^{2-} + Pb^{2+} \longrightarrow PbCrO_4\downarrow$ （黄色） $CrO_4^{2-} + 2Ag^+ \longrightarrow Ag_2CrO_4\downarrow$ （砖红色） $CrO_4^{2-} + Ba^{2+} \longrightarrow BaCrO_4\downarrow$ （黄色） $2CrO_4^{2-} + 2H^+ \longrightarrow Cr_2O_7^{2-} + H_2O$ $Cr_2O_7^{2-} + 4H_2O_2 + 2H^+ \xrightarrow{乙醚} 2CrO_5 + 5H_2O$（乙醚层呈蓝色）		凡与CrO_4^{2-}生成有色沉淀的金属离子均有干扰
Mn^{2+}	$NaBiO_3$	$2Mn^{2+} + 5NaBiO_3 + 14H^+ \longrightarrow$ $2MnO_4^- + 5Na^+ + 5Bi^{3+} + 7H_2O$ （紫红色）	HNO_3	Cl^-、Co^{2+}等
Fe^{2+}	$K_3[Fe(CN)_6]$	$K^+ + Fe^{2+} + [Fe(CN)_6]^{3-} \longrightarrow$ $[KFe(CN)_6Fe]\downarrow$（滕氏蓝色）	酸性	
Fe^{3+}	$K_4[Fe(CN)_6]$	$K^+ + Fe^{3+} + [Fe(CN)_6]^{4-} \longrightarrow [KFe(CN)_6Fe]\downarrow$ （普鲁士蓝色）	酸性	Co^{2+}、Fe^{2+}、Cu^{2+}、Ni^{2+}等
	NH_4SCN（或碱金属硫氰酸盐）	$Fe^{3+} + SCN^- \longrightarrow [Fe(NCS)]^{2+}$ （血红色）	酸性	Cu^{2+}
Co^{2+}	NH_4SCN、丙酮	$Co^{2+} + 4SCN^- \xrightarrow{丙酮} [Co(NCS)_4]^{2-}$ （蓝色）	酸性	Fe^{3+}、Cu^{2+}、Hg_2^{2+}等
Ni^{2+}	丁二酮肟	Ni^{2+} + 丁二酮肟$\longrightarrow$玫瑰红色↓	氨水或醋酸钠	Co^{2+}、Cu^{2+}、Fe^{2+}、Bi^{3+}、Fe^{3+}、Mn^{2+}等

B. 常见阴离子的主要鉴定方法

离子	试剂	鉴定反应	介质条件	主要干扰离子
F^-	锆盐茜素	F^- + 锆盐茜素 ⟶ 无色 （红色）	HCl	ClO_3^-、IO_3^-、$C_2O_4^{2-}$、SO_4^{2-}、Al^{3+}、Bi^{3+}等
Cl^-	$AgNO_3$、氨水、HNO_3	见Ag^+的鉴定	酸性	
Br^-	Cl_2、CCl_4	$2Br^- + Cl_2 \longrightarrow Br_2 + 2Cl^-$ Br_2在CCl_4中呈橙黄色（或橙红色）	中性或酸性	Rb^+、Cs^+、NH_4^+等
I^-	Cl_2、CCl_4	$2I^- + Cl_2 \longrightarrow I_2 + 2Cl^-$ I_2在CCl_4中呈紫红色	中性或酸性	
SO_3^{2-}	稀 HCl	$SO_3^{2-} + 2H^+ \longrightarrow SO_2\uparrow + H_2O$ SO_2可使沾有$KMnO_4$溶液，或淀粉－I_2液，或品红试液的试纸褪色	酸性	$S_2O_3^{2-}$、S^{2-}等
	$Na_2[Fe(CN)_5NO]$、$ZnSO_4$、$K_4[Fe(CN)_6]$	生成红色沉淀	中性	S^{2-}
SO_4^{2-}	$BaCl_2$	$SO_4^{2-} + Ba^{2+} \longrightarrow BaSO_4\downarrow$ （白色）	酸性	$S_2O_3^{2-}$、S_2^{2-}、SiO_3^{2-}等
$S_2O_3^{2-}$	稀 HCl	$S_2O_3^{2-} + 2H^+ \longrightarrow SO_2\uparrow + S\downarrow + H_2O$ （白色→黄色）	酸性	$S_2O_3^{2-}$、S_2^{2-}、SiO_3^{2-}等
	$AgNO_3$	$S_2O_3^{2-} + 2Ag^+ \longrightarrow Ag_2S_2O_3\downarrow$ （白色） $Ag_2S_2O_3$发生水解，颜色由白→黄→棕，最后变为黑色Ag_2S	中性	S_2^{2-}
S^{2-}	稀 HCl	$S^{2-} + 2H^+ \longrightarrow H_2S\uparrow + H_2O$ H_2S气体可使沾有$Pb(OAc)_2$的试纸变黑	酸性	$S_2O_3^{2-}$、SO_3^{2-}
	$Na_2[Fe(CN)_5NO]$	$S^{2-} + [Fe(CN)_5NO]^{2-} \longrightarrow [Fe(CN)_5NOS]^{4-}$ （紫红色）	碱性	
NO_2^-	对氨基苯磺酸 α－萘胺	NO_2^- + 对氨基苯磺酸 α－萘胺 ⟶ 红色	中性或醋酸	$KMnO_4$等氧化剂
NO_3^-	$FeSO_4$、浓H_2SO_4	$NO_3^- + 3Fe^{2+} + 4H^+ \longrightarrow 3Fe^{3+} + NO + 2H_2O$ $Fe^{2+} + NO \longrightarrow [Fe(NO)]^{2+}$ （棕色） 在混合液与浓H_2SO_4分层处形成棕色环	酸性	NO_2^-
PO_4^{3-}	$AgNO_3$	$PO_4^{3-} + 3Ag^+ \longrightarrow Ag_3PO_4\downarrow$ （黄色）	酸性	CrO_4^{2-}、S^{2-}、AsO_3^{3-}、I^-、$S_2O_3^{2-}$等
	$(NH_4)_2MoO_4$，HNO_3	$PO_4^{3-} + 3NH_4^+ + 12MoO_4^{2-} + 24H^+ \longrightarrow$ $(NH_4)_3PO_4 \cdot 12MoO_3 \cdot 6H_2O\downarrow + 6H_2O$ （黄色）	HNO_3	SO_3^{2-}、$S_2O_3^{2-}$、S^{2-}、I^-、Sn^{2+}、SiO_3^{2-}、AsO_4^{3-}、Cl^-等
AsO_4^{3-}	$(NH_4)_2MoO_4$	$AsO_4^{3-} + 3NH_4^+ + 12MoO_4^{2-} + 24H^+ \longrightarrow$ $(NH_4)_3AsO_4 \cdot 12MoO_3\downarrow + 12H_2O$ （黄色）	酸性	SO_3^{2-}、$S_2O_3^{2-}$、S^{2-}、I^-、Sn^{2+}、SiO_3^{2-}、PO_4^{3-}、Cl^-等
AsO_3^{3-}	$AgNO_3$	$3Ag^+ + AsO_3^{3-} \longrightarrow Ag_3AsO_3\downarrow$ （黄色）	中性	
CN^-	CuS	$6CN^- + 2CuS \longrightarrow 2[Cu(CN)_3]^- + 2S^{2-}$ 黑色 CuS 溶解		
CO_3^{2-}	稀 HCl（或稀H_2SO_4）、$Ba(OH)_2$	$CO_3^{2-} + 2H^+ \longrightarrow CO_2\uparrow + H_2O$ CO_2气体可使饱和$Ba(OH)_2$溶液变浑浊 $CO_2 + 2OH^- + Ba^{2+} \longrightarrow BaCO_3\downarrow + H_2O$ （白色）	酸性	SO_3^{2-}、$S_2O_3^{2-}$等

附录 10 金属配合物的累积稳定常数

金属离子	离子强度	n	$\lg\beta_n$
氨配合物			
Ag^+	0.1	1, 2	3.40, 7.40
Cd^{2+}	0.1	1, …, 6	2.60, 4.65, 6.04, 6.92, 6.6, 4.9
Co^{2+}	0.1	1, …, 6	2.05, 3.62, 4.61, 5.31, 5.43, 4.75
Cu^{2+}	2	1, …, 4	4.13, 7.61, 10.48, 12.59
Ni^{2+}	0.1	1, …, 6	2.75, 4.95, 6.64, 7.79, 8.50, 8.49
Zn^{2+}	0.1	1, …, 4	2.27, 4.61, 7.01, 9.06
氟配合物			
Al^{3+}	0.53	1, …, 6	6.1, 11.15, 15.0, 17.7, 19.4, 19.7
Fe^{3+}	0.5	1, 2, 3	5.2, 9.2, 11.9
Th^{4+}	0.5	1, 2, 3	7.7, 13.5, 18.0
TiO^{2+}	3	1, …, 4	5.4, 9.8, 13.7, 17.4
Sn^{4+}	*	6	25
Zr^{4+}	2	1, 2, 3	8.8, 16.1, 21.9
氯配合物			
Ag^+	0.2	1, …, 4	2.9, 4.7, 5.0, 5.9
Hg^{2+}	0.5	1, …, 4	6.7, 13.2, 14.1, 15.1
碘配合物			
Cd^{2+}	*	1, …, 4	2.4, 3.4, 5.0, 6.15
Hg^{2+}	0.5	1, …, 4	12.9, 23.8, 27.6, 29.8
氰配合物			
Ag^+	0 ~ 0.3	1, …, 4	—, 21.1, 21.8, 20.7
Cd^{2+}	3	1, …, 4	5.5, 10.6, 15.3, 18.9
Cu^+	0	1, …, 4	—, 24.0, 28.6, 30.3
Fe^{2+}	0	6	35.4
Fe^{3+}	0	6	43.6
Hg^{2+}	0.1	1, …, 4	18.0, 34.7, 38.5, 41.5
Ni^{2+}	0.1	4	31.3
Zn^{2+}	0.1	4	16.7
硫氰酸配合物			
Fe^{3+}	*	1, …, 5	2.3, 4.2, 5.6, 6.4, 6.4
Hg^{2+}	1	1, …, 4	—, 16.1, 19.0, 20.9
硫代硫酸配合物			
Ag^+	0	1, 2	8.82, 13.5
Hg^{2+}	0	1, 2	29.86, 32.26
柠檬酸配合物			
Al^{3+}	0.5	1	20.0
Cu^{2+}	0.5	1	18
Fe^{3+}	0.5	1	25
Ni^{2+}	0.5	1	14.3
Pb^{2+}	0.5	1	12.3
Zn^{2+}	0.5	1	11.4
磺基水杨酸配合物			
Al^{3+}	0.1	1, 2, 3	12.9, 22.9, 29.0
Fe^{3+}	3	1, 2, 3	14.4, 25.2, 32.2

续表

金属离子	离子强度	n	$\lg\beta_n$
乙酰丙酮配合物			
Al^{3+}	0.1	1, 2, 3	8.15, 1.7, 21.2
Cu^{2+}	0.1	1, 2	7.8, 14.3
Fe^{3+}	0.1	1, 2, 3	9.3, 17.9, 25.1
邻二氮杂菲配合物			
Ag^{+}	0.1	1, 2	5.02, 12.07
Cd^{2+}	0.1	1, 2, 3	6.4, 11.6, 15.8
Co^{2+}	0.1	1, 2, 3	7.0, 13.7, 20.1
Cu^{2+}	0.1	1, 2, 3	9.1, 15.8, 21.0
Fe^{2+}	0.1	1, 2, 3	5.9, 11.1, 21.3
Hg^{2+}	0.1	1, 2, 3	—, 19.65, 23.35
Ni^{2+}	0.1	1, 2, 3	8.8, 17.1, 24.8
Zn^{2+}	0.1	1, 2, 3	6.4, 12.15, 17.0
乙二胺配合物			
Ag^{+}	0.1	1, 2	4.7, 7.7
Cd^{2+}	0.1	1, 2	5.47, 10.02
Cu^{2+}	0.1	1, 2	10.55, 19.60
Co^{2+}	0.1	1, 2, 3	5.89, 10.72, 13.82
Hg^{2+}	0.1	2	23.42
Ni^{2+}	0.1	1, 2, 3	7.66, 14.06, 18.59
Zn^{2+}	0.1	1, 2, 3	5.71, 10.37, 12.08

注：* 表示离子强度不定。

附录 11　一些金属离子的 $\lg\alpha(M_{OH})$ 值

金属离子	离子强度	pH													
		1	2	3	4	5	6	7	8	9	10	11	12	13	14
Al^{3+}	2					0.4	1.3	5.3	9.3	13.3	17.3	21.3	25.3	29.3	33.3
Bi^{3+}	3	0.1	0.5	1.4	2.4	3.4	4.4	5.4							
Ca^{2+}	0.1													0.3	1.0
Cd^{2+}	3									0.1	0.5	2.0	4.5	8.1	12.0
Co^{2+}	0.1								0.1	0.4	1.1	2.2	4.2	7.2	10.2
Cu^{2+}	0.1								0.2	0.8	1.7	2.7	3.7	4.7	5.7
Fe^{2+}	1									0.1	0.6	1.5	2.5	3.5	4.5
Fe^{3+}	3			0.4	1.8	3.7	5.7	7.7	9.7	11.7	13.7	15.7	17.7	19.7	21.7
Hg^{2+}	0.1			0.5	1.9	3.9	5.9	7.9	9.9	11.9	13.9	15.9	17.9	19.9	21.9
La^{3+}	3										0.3	1.0	1.9	2.9	3.9
Mg^{2+}	0.1											0.1	0.5	1.3	2.3
Mn^{2+}	0.1										0.1	0.5	1.4	2.4	3.4
Ni^{2+}	0.1									0.1	0.7	1.6			
Pb^{2+}	0.1							0.1	0.5	1.4	2.7	4.7	7.4	10.4	13.4
Th^{4+}	1				0.2	0.8	1.7	2.7	3.7	4.7	5.7	6.7	7.7	8.7	9.7
Zn^{2+}	0.1									0.2	2.4	5.4	8.5	11.8	15.5

附录 12　常见化合物的分子量

化合物	分子量	化合物	分子量
$AgBr$	187.78	$CaSO_4$	136.14
$AgCl$	143.32	CH_3COOH	60.05
Ag_2CrO_4	331.73	CH_3OH	32.04
AgI	234.77	CH_3COCH_3	58.08
$AgNO_3$	169.87	C_6H_5COOH	122.12
$AgSCN$	165.95	C_6H_5COONa	144.10
Al_2O_3	101.96	$C_6H_4COOHCOOK$（苯二甲酸氢钾）	204.23
As_2O_3	197.84	CH_3COONa	82.03
As_2O_5	229.84	C_6H_5OH	94.11
$BaCO_3$	197.34	CO_2	44.01
BaC_2O_4	225.35	Cr_2O_3	151.99
$BaCl_2$	208.24	CuO	79.54
$BaCl_2 \cdot 2H_2O$	244.27	Cu_2O	143.09
$BaCrO_4$	253.32	$CuSCN$	121.63
BaO	153.33	$CuSO_4$	159.61
$Ba(OH)_2$	171.35	$CuSO_4 \cdot 5H_2O$	249.69
$BaSO_4$	233.39	$FeCl_3$	162.21
$CaCO_3$	100.09	$FeCl_3 \cdot 6H_2O$	270.30
CaC_2O_4	128.10	FeO	71.85
$CaCl_2$	110.99	Fe_2O_3	159.69
$CaCl_2 \cdot H_2O$	129.00	Fe_3O_4	231.54
CaF_2	78.08	$FeSO_4 \cdot H_2O$	169.93
CaO	56.08	$FeSO_4 \cdot 7H_2O$	278.02
$Ca(OH)_2$	74.09	$Fe_2(SO_4)_3$	399.89
$FeSO_4 \cdot (NH_4)_2SO_4 \cdot 6H_2O$	392.14	MnO	70.94
H_3BO_3	61.83	MnO_2	86.94
H_2CO_3	62.03	$Na_2B_4O_7$	201.22
$H_2C_2O_4$	90.04	$Na_2B_4O_7 \cdot 10H_2O$	381.37
$H_2C_2O_4 \cdot 2H_2O$	126.07	$NaBr$	102.90
$HCOOH$	46.03	Na_2CO_3	105.99
HCl	36.46	$Na_2C_2O_4$	134.00
$HClO_4$	100.46	$NaCl$	58.44
HNO_3	63.01	NaF	41.99
H_2O	18.02	$NaHCO_3$	84.01
H_2O_2	34.02	NaH_2PO_4	119.98
H_3PO_4	98.00	Na_2HPO_4	141.96
H_2S	34.09	$Na_2H_2Y \cdot 2H_2O$ (EDTA 二钠盐）	372.26
H_2SO_3	82.08	$NaNO_2$	69.00

续表

化合物	分子量	化合物	分子量
H_2SO_4	98.08	Na_2O	61.98
$KAl(SO_4)_2 \cdot 12H_2O$	474.39	NaOH	40.01
KBr	119.01	Na_3PO_4	163.94
$KBrO_3$	167.01	Na_2S	78.05
K_2CO_3	138.21	$Na_2S \cdot 9H_2O$	240.18
KCl	74.56	Na_2SO_3	126.04
K_2CrO_4	194.20	Na_2SO_4	142.04
$K_2Cr_2O_7$	294.19	$Na_2SO_4 \cdot 10H_2O$	322.20
$KHC_2O_4 \cdot H_2C_2O_4 \cdot 2H_2O$	254.19	$Na_2S_2O_3$	158.11
$KHC_2O_4 \cdot H_2O$	146.14	$Na_2S_2O_3 \cdot 5H_2O$	248.19
KI	166.01	NH_3	17.03
KIO_3	214.00	NH_4Cl	53.49
$KMnO_4$	158.04	$(NH_4)_2C_2O_4 \cdot H_2O$	142.11
KOH	56.11	$NH_3 \cdot H_2O$	35.05
KSCN	97.18	$NH_4Fe(SO_4)_2 \cdot 12H_2O$	482.20
K_2SO_4	174.26	$(NH_4)_2HPO_4$	132.05
$MgCO_3$	84.32	NH_4SCN	76.12
$MgCl_2$	95.21	$(NH_4)_2SO_4$	132.14
$MgNH_4PO_4$	137.33	P_2O_5	141.95
MgO	40.31	$PbCrO_4$	323.18
$Mg_2P_2O_7$	222.60	PbO	223.19
PbO_2	239.19	SiO_2	60.08
Pb_3O_4	685.57	$SnCl_2$	189.60
$PbSO_4$	303.26	SnO_2	150.71
SO_2	64.06	TiO_2	79.88
SO_3	80.06	$ZnCl_2$	136.30
Sb_2O_3	291.50	ZnO	81.38
Sb_2S_3	339.70	$ZnSO_4$	161.45

参考文献

[1] 林梦海，吕鑫，谢兆雄．结构化学[M]．4版．北京：科学出版社，2019．

[2] 马志领，李志林，周国强，等．无机及分析化学[M]．2版．北京：化学工业出版社，2015．

[3] 陈荣三，黄孟健，薛德平，等．无机及分析化学[M]．4版．北京：高等教育出版社，2006．

[4] 和玲，李银环．无机与分析化学[M]．北京：高等教育出版社，2017．

[5] 刘又年，雷家珩，王林山．无机化学[M]．2版．北京：科学出版社，2023．

[6] 许泳吉，解从霞，高洪涛，等．基础化学教程(无机与分析化学)[M]．北京：科学出版社，2023．

[7] 天津大学无机化学教研室．无机化学[M]．5版．北京：高等教育出版社，2018．

[8] 武汉大学．分析化学[M]．6版．北京：高等教育出版社，2016．

[9] 北京师范大学，华中师范大学，南京师范大学．无机化学[M]．5版．北京：高等教育出版社，2020．

元素周期表

IUPAC 2013

+2, +3, +4, +5, +6	95	Am	镅▲	$5f^77s^2$	243.06138(2)✦
氧化态(单质的氧化态为0，未列入；常见的为红色)	原子序数	元素符号(红色的为放射性元素)	元素名称(注▲的为人造元素)	价层电子构型	以 $^{12}C=12$ 为基准的原子量(注✦的是半衰期最长同位素的原子量)

s区元素　p区元素　d区元素　ds区元素　f区元素　稀有气体

族 / 周期	1 ⅠA	2 ⅡA	3 ⅢB	4 ⅣB	5 ⅤB	6 ⅥB	7 ⅦB	8 ⅧB(Ⅷ)	9 ⅧB(Ⅷ)	10 ⅧB(Ⅷ)	11 ⅠB	12 ⅡB	13 ⅢA	14 ⅣA	15 ⅤA	16 ⅥA	17 ⅦA	18 ⅧA(0)	电子层
1	−1, +1 **1** H 氢 $1s^1$ 1.008																	**2** He 氦 $1s^2$ 4.002602(2)	K
2	+1 **3** Li 锂 $2s^1$ 6.94	+2 **4** Be 铍 $2s^2$ 9.0121831(5)											+3 **5** B 硼 $2s^22p^1$ 10.81	−4, +2, +4 **6** C 碳 $2s^22p^2$ 12.011	−3, −2, −1, +1, +2, +3, +4, +5 **7** N 氮 $2s^22p^3$ 14.007	−2, −1 **8** O 氧 $2s^22p^4$ 15.999	−1 **9** F 氟 $2s^22p^5$ 18.998403163(6)	**10** Ne 氖 $2s^22p^6$ 20.1797(6)	L K
3	−1, +1 **11** Na 钠 $3s^1$ 22.98976928(2)	+2 **12** Mg 镁 $3s^2$ 24.305											+3 **13** Al 铝 $3s^23p^1$ 26.9815385(7)	−4, +2, +4 **14** Si 硅 $3s^23p^2$ 28.085	−3, −2, +1, +3, +5 **15** P 磷 $3s^23p^3$ 30.973761998(5)	−2, +2, +4, +6 **16** S 硫 $3s^23p^4$ 32.06	−1, +1, +3, +5, +7 **17** Cl 氯 $3s^23p^5$ 35.45	**18** Ar 氩 $3s^23p^6$ 39.948(1)	M L K
4	−1, +1 **19** K 钾 $4s^1$ 39.0983(1)	+2 **20** Ca 钙 $4s^2$ 40.078(4)	+3 **21** Sc 钪 $3d^14s^2$ 44.955908(5)	−1, 0, +2, +3, +4 **22** Ti 钛 $3d^24s^2$ 47.867(1)	0, ±1, +2, +3, +4, +5 **23** V 钒 $3d^34s^2$ 50.9415(1)	−3, 0, ±1, ±2, +3, +4, +5, +6 **24** Cr 铬 $3d^54s^1$ 51.9961(6)	−2, 0, ±1, +2, ±3, +4, +5, +6, +7 **25** Mn 锰 $3d^54s^2$ 54.938044(3)	−2, 0, ±1, +2, +3, +4, +5, +6 **26** Fe 铁 $3d^64s^2$ 55.845(2)	0, ±1, +2, +3, +4, +5 **27** Co 钴 $3d^74s^2$ 58.933194(4)	0, ±1, +2, +3, +4 **28** Ni 镍 $3d^84s^2$ 58.6934(4)	+1, +2, +3, +4 **29** Cu 铜 $3d^{10}4s^1$ 63.546(3)	+1, +2 **30** Zn 锌 $3d^{10}4s^2$ 65.38(2)	+1, +3 **31** Ga 镓 $4s^24p^1$ 69.723(1)	+2, +4 **32** Ge 锗 $4s^24p^2$ 72.630(8)	−3, +3, +5 **33** As 砷 $4s^24p^3$ 74.921595(6)	−2, +2, +4, +6 **34** Se 硒 $4s^24p^4$ 78.971(8)	−1, +1, +3, +5, +7 **35** Br 溴 $4s^24p^5$ 79.904	+2, +4 **36** Kr 氪 $4s^24p^6$ 83.798(2)	N M L K
5	−1, +1 **37** Rb 铷 $5s^1$ 85.4678(3)	+2 **38** Sr 锶 $5s^2$ 87.62(1)	+3 **39** Y 钇 $4d^15s^2$ 88.90584(2)	+1, +2, +3, +4 **40** Zr 锆 $4d^25s^2$ 91.224(2)	0, ±1, +2, +3, +4, +5 **41** Nb 铌 $4d^45s^1$ 92.90637(2)	0, ±1, ±2, +3, +4, +5, +6 **42** Mo 钼 $4d^55s^1$ 95.95(1)	0, ±1, +2, +3, +4, +5, +6, +7 **43** Tc 锝▲ $4d^55s^2$ 97.90721(3)✦	0, +1, ±2, +3, +4, +5, +6, +7, +8 **44** Ru 钌 $4d^75s^1$ 101.07(2)	0, ±1, +2, +3, +4, +5, +6 **45** Rh 铑 $4d^85s^1$ 102.90550(2)	0, +1, +2, +3, +4 **46** Pd 钯 $4d^{10}$ 106.42(1)	+1, +2, +3 **47** Ag 银 $4d^{10}5s^1$ 107.8682(2)	+1, +2 **48** Cd 镉 $4d^{10}5s^2$ 112.414(4)	+1, +3 **49** In 铟 $5s^25p^1$ 114.818(1)	+2, +4 **50** Sn 锡 $5s^25p^2$ 118.710(7)	−3, +3, +5 **51** Sb 锑 $5s^25p^3$ 121.760(1)	−2, +2, +4, +6 **52** Te 碲 $5s^25p^4$ 127.60(3)	−1, +1, +3, +5, +7 **53** I 碘 $5s^25p^5$ 126.90447(3)	+2, +4, +6, +8 **54** Xe 氙 $5s^25p^6$ 131.293(6)	O N M L K
6	−1, +1 **55** Cs 铯 $6s^1$ 132.90545196(6)	+2 **56** Ba 钡 $6s^2$ 137.327(7)	**57~71** La~Lu 镧系	+1, +2, +3, +4 **72** Hf 铪 $5d^26s^2$ 178.49(2)	0, ±1, +2, +3, +4, +5 **73** Ta 钽 $5d^36s^2$ 180.94788(2)	0, ±1, ±2, +3, +4, +5, +6 **74** W 钨 $5d^46s^2$ 183.84(1)	0, ±1, +2, +3, +4, +5, +6, +7 **75** Re 铼 $5d^56s^2$ 186.207(1)	0, +1, +2, +3, +4, +5, +6, +7, +8 **76** Os 锇 $5d^66s^2$ 190.23(3)	0, ±1, +2, +3, +4, +5, +6 **77** Ir 铱 $5d^76s^2$ 192.217(3)	0, +2, +3, +4, +5, +6 **78** Pt 铂 $5d^96s^1$ 195.084(9)	+1, +2, +3, +5 **79** Au 金 $5d^{10}6s^1$ 196.966569(5)	+1, +2, +3 **80** Hg 汞 $5d^{10}6s^2$ 200.592(3)	+1, +3 **81** Tl 铊 $6s^26p^1$ 204.38	+2, +4 **82** Pb 铅 $6s^26p^2$ 207.2(1)	−3, +3, +5 **83** Bi 铋 $6s^26p^3$ 208.98040(1)	−2, +2, +3, +4, +6 **84** Po 钋 $6s^26p^4$ 208.98243(2)✦	±1, +5, +7 **85** At 砹 $6s^26p^5$ 209.98715(5)✦	+2 **86** Rn 氡 $6s^26p^6$ 222.01758(2)✦	P O N M L K
7	+1 **87** Fr 钫▲ $7s^1$ 223.01974(2)✦	+2 **88** Ra 镭 $7s^2$ 226.02541(2)✦	**89~103** Ac~Lr 锕系	**104** Rf 𬬻▲ $6d^27s^2$ 267.122(4)✦	**105** Db 𬭊▲ $6d^37s^2$ 270.131(4)✦	**106** Sg 𬭳▲ $6d^47s^2$ 269.129(3)✦	**107** Bh 𬭛▲ $6d^57s^2$ 270.133(2)✦	**108** Hs 𬭶▲ $6d^67s^2$ 270.134(2)✦	**109** Mt 鿏▲ $6d^77s^2$ 278.156(5)✦	**110** Ds 𫟼▲ 281.165(4)✦	**111** Rg 𬬭▲ 281.166(6)✦	**112** Cn 鿔▲ 285.177(4)✦	**113** Nh 鿭▲ 286.182(5)✦	**114** Fl 𫓧▲ 289.190(4)✦	**115** Mc 镆▲ 289.194(6)✦	**116** Lv 𫟷▲ 293.204(4)✦	**117** Ts 鿬▲ 293.208(6)✦	**118** Og 鿫▲ 294.214(5)✦	Q P O N M L K

★ 镧系	+3 **57** La★ 镧 $5d^16s^2$ 138.90547(7)	+2, +3, +4 **58** Ce 铈 $4f^15d^16s^2$ 140.116(1)	+3, +4 **59** Pr 镨 $4f^36s^2$ 140.90766(2)	+2, +3, +4 **60** Nd 钕 $4f^46s^2$ 144.242(3)	+3 **61** Pm 钷▲ $4f^56s^2$ 144.91276(2)✦	+2, +3 **62** Sm 钐 $4f^66s^2$ 150.36(2)	+2, +3 **63** Eu 铕 $4f^76s^2$ 151.964(1)	+3 **64** Gd 钆 $4f^75d^16s^2$ 157.25(3)	+3, +4 **65** Tb 铽 $4f^96s^2$ 158.92535(2)	+3, +4 **66** Dy 镝 $4f^{10}6s^2$ 162.500(1)	+3 **67** Ho 钬 $4f^{11}6s^2$ 164.93033(2)	+3 **68** Er 铒 $4f^{12}6s^2$ 167.259(3)	+2, +3 **69** Tm 铥 $4f^{13}6s^2$ 168.93422(2)	+2, +3 **70** Yb 镱 $4f^{14}6s^2$ 173.045(10)	+3 **71** Lu 镥 $4f^{14}5d^16s^2$ 174.9668(1)
★ 锕系	+3 **89** Ac★ 锕 $6d^17s^2$ 227.02775(2)✦	+3, +4 **90** Th 钍 $6d^27s^2$ 232.0377(4)	+3, +4, +5 **91** Pa 镤 $5f^26d^17s^2$ 231.03588(2)	+2, +3, +4, +5, +6 **92** U 铀 $5f^36d^17s^2$ 238.02891(3)	+3, +4, +5, +6, +7 **93** Np 镎 $5f^46d^17s^2$ 237.04817(2)✦	+3, +4, +5, +6, +7 **94** Pu 钚 $5f^67s^2$ 244.06421(4)✦	+2, +3, +4, +5, +6 **95** Am 镅▲ $5f^77s^2$ 243.06138(2)✦	+3, +4 **96** Cm 锔▲ $5f^76d^17s^2$ 247.07035(3)✦	+3, +4 **97** Bk 锫▲ $5f^97s^2$ 247.07031(4)✦	+2, +3, +4 **98** Cf 锎▲ $5f^{10}7s^2$ 251.07959(3)✦	+2, +3 **99** Es 锿▲ $5f^{11}7s^2$ 252.0830(3)✦	+2, +3 **100** Fm 镄▲ $5f^{12}7s^2$ 257.09511(5)✦	+2, +3 **101** Md 钔▲ $5f^{13}7s^2$ 258.09843(3)✦	+2, +3 **102** No 锘▲ $5f^{14}7s^2$ 259.1010(7)✦	+3 **103** Lr 铹▲ $5f^{14}6d^17s^2$ 262.110(2)✦